智能电网关键技术研究与应用丛书

智能电网通信—— 使电网智能化成为可能

[美]史蒂芬·F.布什（Stephen F. Bush） 著

李中伟 程丽 金显吉 佟为明 译

机 械 工 业 出 版 社

本书全面阐述了智能电网、智能电网通信和网络技术。全书共分三大部分：第一部分回顾了传统电力系统及其基本法则，分析了智能电网的驱动因素和目标，介绍了发电、输电、配电和用电等电力系统基本组成部分；第二部分介绍了通信网络这个智能电网的主要推动者，阐述了电力系统信息理论和通信架构、需求响应和高级量测体系、分布式发电和输电、配电自动化和智能电网通信标准；第三部分将通信技术应用到实际电网中，并展望了纳米电网和机器智能等智能电网终极目标。本书通过电力系统、通信和网络技术的交叉，为读者提供了一个理解电力系统和通信网络技术的途径，从而为人们探索和发现电力、能源和信息之间的新型关系提供了动力。

本书适合电力行业广大科研和工程技术人员阅读参考，也可作为高等院校电力系统自动化、智能电网通信等相关专业高年级本科生、研究生和教师的参考用书。

Copyright © 2014 John Wiley & Sons, Ltd

All Rights Reserved. This translation published under license. Authorized translation from the English language edition, entitled Smart Grid：Communication – Enabled Intelligence for the Electric Power Grid, ISBN 978 – 1 – 119 – 97580 – 9, by Stephen F. Bush, Published by John Wiley & Sons. No part of this book may be reproduced in any form without the written permission of the original copyrights holder.

北京市版权局著作权合同登记　图字：01 – 2014 – 5109 号。

图书在版编目（CIP）数据

智能电网通信：使电网智能化成为可能/（美）史蒂芬·F. 布什（Stephen F. Bush）著；李中伟等译. —北京：机械工业出版社，2019.3
（智能电网关键技术研究与应用丛书）
书名原文：Smart Grid：Communication – Enabled Intelligence for the Electric Power Grid
ISBN 978-7-111-62110-2

Ⅰ. ①智… Ⅱ. ①史…②李… Ⅲ. ①智能控制 – 电力通信网 Ⅳ. ①TM73

中国版本图书馆 CIP 数据核字（2019）第 037081 号

机械工业出版社（北京市百万庄大街22号　邮政编码100037）
策划编辑：刘星宁　责任编辑：朱　林
责任校对：肖　琳　封面设计：鞠　杨
责任印制：李　昂
北京机工印刷厂印刷
2019 年 4 月第 1 版第 1 次印刷
169mm×239mm·28 印张·578 千字
0 001—2 700 册
标准书号：ISBN 978 – 7 – 111 – 62110 – 2
定价：149.00 元

译 者 序

随着经济的发展、社会的进步、科技和信息化水平的提高以及全球资源和环境问题的日益突出，依靠现代信息、通信和控制技术，积极发展与建设具有自愈、互动、安全/坚强、优质、开放/兼容、高效等特征的智能电网，适应未来可持续发展的需求，已成为世界各国的必然选择。

智能电网是典型的信息物理融合系统，通信网络是智能电网的重要组成部分。智能电网通信网络规模和覆盖范围的不断扩大为电力系统通信专业和电力系统通信产业的发展提供了很好的机遇。然而，计算机科学与技术、信息与通信工程专业毕业的学生不懂电力系统，电力系统自动化专业毕业的学生不懂通信，这就造成了目前社会上缺乏对电力系统和通信这两个领域都较为精通的专业技术人才。而本书的主要目的就是在电力系统和计算机通信领域之间搭建一座桥梁，为读者提供一个理解电力系统和通信网络技术的途径。

电网正处于快速发展时期，智能电网的内涵和外延也在不断地发展与演变。当我们试图阐述政策、标准和特定技术的整体现状时，这些内容有可能已经过时了。因此，本书最重要的目标是专注于阐述基础知识——那些接近系统运行物理现象的最难改变的基本概念。

本书分三大部分，共15章。作者用深入浅出的语言全面阐述了智能电网技术、智能电网通信技术及其两者之间的关系，展望了纳米电网和机器智能等智能电网终极目标。每一章都有一些习题，这些习题将有助于加深读者对相应章节所叙述内容的理解。本书可作为科研院所从事智能电网研究工作的科研人员的参考用书，也可供电力系统广大工程技术人员学习使用。

本书由哈尔滨工业大学网络与电气智能化研究所的李中伟副教授、金显吉助理研究员、佟为明教授和哈尔滨工程大学理学院的程丽讲师完成翻译。哈尔滨工业大学网络与电气智能化研究所的裴碧莹、张啸、关亚东、魏晶晶、孟迪、张宝军、黄鹏、卜万锦、张鹏伟、崔秀帅、周伟健、武东升、朱识天、谭凯、白子杨和宋爽等硕士研究生在本书的翻译过程中也做了大量的工作，在此一并致谢！

由于译者水平有限，书中难免出现疏漏和不当之处，恳请广大读者和专家批评指正！如发现翻译内容有疏漏和不当之处，请发送电子邮件至：lzw@ hit. edu. cn，谢谢！

译者

原书前言

1. 目的

如果生活中突然没有了电，哪怕只有几个小时，文明的核心就会消失，成群的美国市民马上开始哄抢和制造混乱。那个场面一定非常可怕，社会必定变得非常不安定、不和谐。

——Alexander Solzhenitsyn 于哈佛毕业纪念日午后练习课

1978 年 6 月 8 日，星期四

对于那些不是非常精通电力系统和通信技术的读者来说，他们很自然会对这门不断发展的技术的许多方面感到好奇。例如，电力系统和通信技术是如何发展到目前的状态并创造出"智能电网"等一系列术语的？当然，电力系统和通信技术是电气工程的两个分支并都包含对电能的控制。那为什么两个领域相去甚远？思考这些问题又会引出更多的基础问题。电力系统和信息到底是什么关系？具体来说，就是电力系统和通信理论的基本关系是什么？思考这些问题有助于我们解决更多实际问题。通信效率对电能传输和分配效率具有怎样的潜在影响？什么类型的通信技术最适合电网的不同部分？考虑遥远的未来也是非常有趣的。在未来几十年，电网会变成什么样？无线电能传输如何使电网发生巨大变革？其基本限制因素是什么？有没有分布式发电数量的根本限制？如果有，应该如何克服该限制？电网中的通信技术真地能如人们所预想的那样使更多的用户参与、机器智能化和自组织化吗？你的特别研究对未来电网有所贡献的机会在哪里？本书将通过电力系统和通信技术的交叉，为您解决以上问题和其他问题提供必需的知识储备。对信息和图论专家以及网络科学研究者来说，深刻理解先进的电力系统信息理论和网络分析技术以在电力系统领域实施快速、高效、可行的解决方案是非常重要的。

本书的主要目的是在电力系统工程和计算机通信领域之间搭建一座桥梁。据我所知，在这次电网"现代化"过程的早期阶段，许多电力系统工程师都有点过于自信，认为通信系统在任何情况下都能够可靠、高效能、低延迟地工作。当然有这种观点并不奇怪，因为当今时代通信网络几乎无处不在，并且嵌入了越来越小的设备。对于非通信工程师而言，认为通信网络已经不存在问题且已准备好应用于任何地方是很自然的。从另一个方面来说，由于电网也已无处不在且又如此可靠，大多数非电力系统工程师也想当然地认为电力技术已经不存在问题。事实上，我们中的大多数人认为电源插座很容易找到，并且我们的电子设备只要插到插座上就能很好地工作。很少有人在将插头插入插座或操作他们的电子设备时考虑电网的复杂性。从某种意义上来说，电网和通信取得了它们各自的成功——电网和通信网络都被想当然地认为几乎在任何情况、任何应用背景下都能完美地工作。读者很快就会发现，电网和通信系统本身来说都是高度复杂的系统，它们的结合将会产生更加深远的影响。

本书的另一个目的是避免本书先前所提到的糟糕假设成为可能：展示不断发展中的电网所具有的复杂性和操作要求，将所谓的"智能电网"展现给通信网络工程师；同样，将通信系统的复杂性和操作要求展现给电力系统工程师。在撰写本书的时候，很少有实际工作者在电力系统、计算机通信和网络这些领域都具有很深的造诣。因此，本书的又一个目的，可能也是最重要的目的，就是为读者提供一个理解电力系统和通信网络技术的基本途径。电力系统涵盖很宽的知识范围，从大功率电力设备本体到保护机制再到潮流和稳定性分析。同样，通信网络也涵盖了信号处理、信息理论、图论和网络安全等多个主题。我希望电力系统和通信的这些主题以新颖的方式有机结合从而创造比它们简单叠加大得多的效应。换句话说，对电力系统工程师而言，如果在指导通信工程师实施电网通信时，仅仅考虑电力系统传统学科，那将是令人羞愧的事情；也就是说，那将失去在他们的领域中融入新的创意的机会。同样，对通信工程师而言，如果盲目服从电力系统工程师的指导并实施电网通信，而没有考虑电力系统和通信之间更好的结合方式，那也是令人羞愧的事情。我希望本书能够成为人们探索和发现电力、能源和信息之间根本新型关系的动力。

本书最重要的目标是专注于基础知识——那些最难改变的基本概念。智能电网标准与技术目前处于快速演变时期；在可以预见的未来，这种演变将会继续进行。因此，无论现有的标准和技术看上去是多么优秀，它们都将迅速改变或消失。对读者来说，理解更多接近系统运行物理现象的基本概念更有意义。例如，理解电网中每千瓦功率输送产生的信息熵和射频通信功率损耗比理解一系列监控和数据采集协议详细的信息包结构更有价值。值得一提的是，6.3 节阐述了能量、通信及所需计算之间的基本关系。这些关系非常好，即使是通信和电力系统专家也应该重视。鉴于技术变化之快速，就像理解生物体的演化过程一样，理解技术所经历的可预测的演变过程非常重要。例如，市场压力和知识产权的本质驱动着技术朝着我们所预测的方向发展，我们所看到的智能电网的发展也是如此。利用技术演变的基本常识来预测电网的发展方向并由此预测未来所遇到的挑战是切实可行的。

最后，许多有关智能电网的书籍，尤其是与可再生能源相关的书籍，往往利用全球变暖和环境灾难即将到来这些概念来强调所述主题的重要性和紧迫性。然而在本书中，读者会注意到，我故意避开讨论这一具有争议性的话题。我们一致同意电能需要被高效传输、减小电能传输的损耗和对进口能源的依赖。当然，如果这些能够以清洁、环保的方式完成，那将是一个额外的收获。

2. 起源

我之前的一本书一直专注于根本创新思想；例如，主动网络或纳米级通信网络。所以，读者可能想知道我这次为什么会选择电力系统的最新进展这样一个看似实用和普通的话题。读者应该注意到，我并没有失去思考"未知世界"的兴趣。在传递所需实用信息的同时，我也在尽可能地试图发现看待问题的新方法，以使读者具有全新的视角，从而获得更深的见解。

毫无疑问，在我的脑海里，智能电网的定义将继续随时间而变化。写这本书的时候，智能电网的含义是电网与通信相结合以实现新型的电力应用。然而，随着时间的推移，智能电网将不断扩展，并将机器学习应用于电网中，且会相继开发和整合新型智能电力组件。然而，一定要记住，如果没有底层通信，大多数其他进步是不可能的。

有一些常用的应用于通信网络的基本评价指标，如延迟、带宽、可用性、能耗、传输范围等。在设计智能电网时，第一要务就是确定电网每一部分合适的指标。例如，所谓的高级量测体系就具有不同的通信需求，因此，设计高级量测体系时要采用与设计继电保护时不同的设计思想。并且，理解不同部分会有不同需求的原因也是至关重要的。

这本书起源于 2010 年，当时，我参与一个与智能电网相关的项目，却无法找到与电网通信相关的综合性的好的资料。在我 2011 年 IEEE 讲学过程中，这本书也曾伴随着我。在讲学过程中，我更是发现听众对智能电网一直具有广泛而强烈的兴趣。如前所述，目前尚缺乏对电力系统和通信这两个领域的充分理解。

根据我的智能电网项目经验，通信经常被人们假设是存在的，然而，事实上却并不是这样。基于"在工程中通信非常容易实现"这一假设，依据地理上分散的信息，人们开发了复杂算法。对电力系统工程师而言，清楚通信网络所带来的挑战是非常重要的。举一个简单的例子：通过地波反射实现点对点无线通信是一个不平凡的任务。依靠蜂窝移动通信时，除了成本过高外，还要考虑覆盖率和可用性问题，并且考虑到特定时刻的带宽可用性时，移动通信通常会变得不稳定。电力线载波通信也有很多问题，其中最严重的问题就是电力线断路时，通信无法继续进行；也就是说，在最需要的时候，通信却无法实现。这些只是电网通信所需面对的一部分挑战而已；没有简单可言，但愿琐碎的方案会更加清晰。

我还注意到，正如在人类语言中每个地区的居民都有自己的方言一样，电力系统工程师和通信工程师都在不断发展独立的、独特的术语，有时候同一个术语有着完全不同的含义，这会造成潜在的混乱。例如，"安全"这个术语对电力系统工程师和通信工程师来说，其意义完全不同。再例如，"主动网络"或"主动联网"这个术语，对于电力系统工程师来说，它的含义是微电网；而对于通信工程师来说，它指的是可编程网络的一种高级形式。另一个具有分歧的术语是"电力路由器"：它指的是字面意义上的传输电能的设备还是一个服务于控制电能传输的"通信网络路由器"？专业术语的这些不同点以及其他不同点在本书中会详细阐述。可以说，电力系统和通信由同一门语言分化而来。本书的出发点就是试图理解这两个学科之间的异同点。

然而，正如本书所建议的那样，为什么会期望一种面向智能电网的综合全面的研究方法？从互联网和电信的发展过程中可以找到一个简单例子，互联网和电信的发展驱使人们探索通信和信息的关系，并最终导致了信息论的产生。互联网和电信互相为对方提供了一个应用平台，在这个平台上诞生了以前从没出现过的应用。更加综合全面的方法使我们更具有创新性——从而发现各组成部分之间如何以更深入的方式相互作用以提高效率，进而开发全新的应用。正是"使系统更加高效、降低产品输送成本"这样一种需求推动着信息理论的发展，正如一系列需求推动着电网发展到目前所谓的智能电网时代一样。在香农看来，信息论是由工业研究实验室而不是大学所做出的主要创新。情况通常如此，今天也是这样，基本创新点和全新视角往往源于工业需求，并被工业需求所驱动。

3. 方法和内容

电网正处于快速发展时期。当我们试图阐述政策、标准和特定技术的整体现状时，可能内容还没有出版，它就已经过时了。因此，本书尽可能专注于基本知识；信息理论和电力电子相对于政策、法规和标准来说变化较慢。读者完全可以相信本书中的内容肯定是具有相关性的，只是它的实现过程可能会变化。无论商业模式如何变化，可靠性、安全性、低成本和高效率一直是并且未来仍然是技术的重要驱动力。

事实上，我们称之为"智能电网"的技术并不是突然出现的，而是一直以来都在发展变化的。试图在"传统电网"和"智能电网"之间画一个精确边界将非常困难，甚至可以说这个尝试没有任何意义。自20世纪以来，通信就已经是电网不可分割的一部分，因此，仅仅将通信技术添加到电网上，这种想法既不新奇也不会使电网更加智能。本书的方法之一就是探索，想要揭示智能电网的智能体现在哪些方面。因此，撰写这本书的过程中区分以下事实和观点是非常重要的：什么是电网中真实存在的？什么是有可能存在的？什么是由学术界经常错误假想而产生的？

本书涵盖了电网的发展及其与通信的融合，希望所需的必备知识尽可能少。我们先简单直观地介绍电力系统的基本原理，逐步建立基础的同时，以合适的方式指出电力系统与通信网络的关系。

本书共分为三大部分，每个部分涵盖5章内容。图1给出了本书的框架结构。本书第一部分的内容可使读者熟悉电网的基本运行。这一部分涵盖的基础知识可为第二部分、第三部分奠定基础。第二部分介绍了通信网络这个智能电网的主要推动者。通信网络与电网的结合方式是在持续发展的，因此，我们也在考虑当技术发展时如何预期通信网络的演变。第二部分为第三部分奠定了基础，第三部分将通信应用到了电网中。当基于第二部分所述的通信框架的智能网络最终实现时，智能电网将真正变得"智能化"。因此，第三部分将着重描述传统智能电网中的嵌入式智能和有关目前的研究内容在智能电网中如何实现、在智能电网中如何实施、在哪里实施计算智能的最新研究。

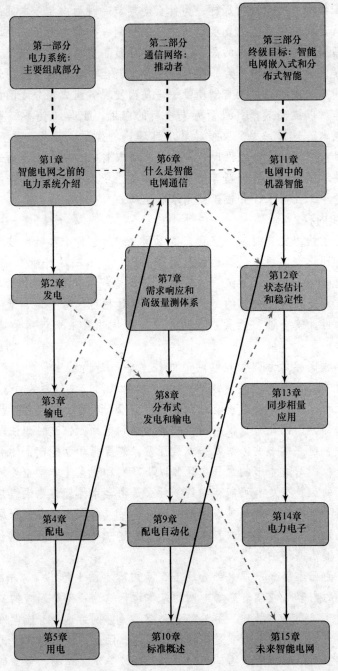

图 1　为具有特定兴趣的读者安排了可选择的阅读顺序（对发电感兴趣的读者
可以先阅读第 2 章，然后沿虚线依次阅读；对输电感兴趣的读者可以从第 3 章开始，
然后沿虚线依次阅读；对配电感兴趣的读者可以先阅读第 4 章，然后沿虚线依次阅读）

本书每章都有一些习题，这些习题将有助于加深读者对相应章节所叙述内容的理解。本书的每一章都建立在先前章节的基础上，因此，如果连续阅读，学习过程将非常流畅。然而，对于具有不同知识背景和观点的读者来说，也可以采用其他的阅读方式。电力系统工程师可能在传统电网领域基础扎实，因此，不需要阅读本书的第一部分，可以从第二部分开始阅读。另一方面，通信工程师除了6.4节的电力系统信息理论外，可以跳过第6章的其他部分。如果读者仅对技术的总结性内容感兴趣，可以简单地阅读每一部分的第1章，也就是本书的第1章、第6章和第11章。

随着电网不断地发展壮大，发生了一个有趣的现象，就是现在已经很难将电网划分为传统的发电、输电、配电和用电这几个组成部分。这些组成部分的相关性越来越强。如果读者只对发电感兴趣，第1章、第8章、第15章（纳米级发电）与该领域最相关。如果读者只对输电感兴趣，第3章、第6章、第12章、第13章最为合适。如果读者仅对配电感兴趣，那么第4章、第9章、第12章、第13章也许相关性最强。然而，分布式发电、需求响应、故障检测、隔离、恢复、状态估计与稳定、同步相量等概念在配电网中都有涉及。

正如在本书中通篇都可以看到的那样，这里所描述的智能电网通信预示着信息理论和电力系统的高度融合。具体来说，虽然在电网中，人们对熵这个概念的理解水平较低，但是，通过学习信息理论和麦克斯韦方程组之间的基本关系，您会以全新视角来准确理解通信在电网中所处的位置。今天，这个位置以相当特别的方式来确定。也许有一天，我们会发现有关"安全分配每千瓦电功率需要多少比特"的精确理论。最后，我们可以想象，小规模发电所取得的研究进展让人们开始关注全新的效率形式，这可能导致纳米级发电和配电的广泛应用，纳米级通信将用来支持该系统。例如，人们的电动汽车可以通过外部电磁场进行无线充电。本书将提供与从外部电磁场提取能量和纳米级通信相关的研究和参考资料。在遥远的未来，我们甚至可以想象通过量子传送能量。所有这些主题都将在本书的最后一章有所涉及。

作者简介

　　史蒂芬·F.布什毕业于卡内基梅隆（Carnegie Mellon）大学，并在通用电气信息服务部门工作。在这儿，当他作为一名研究人员在堪萨斯（Kansas）大学信息与通信技术中心工作时获得了博士学位。同时，他还参与了一个自配置、快速部署、波束成形无线电网络的设计。

　　布什博士目前在通用电气全球研究中心担任资深科学家，在那里他发表了许多会议论文和期刊论文，出版了一些专著，并指导了有关新型通信和网络主题的国际会议专题报告。他出版的《主动的网络和主动的网络管理：一个主动的管理框架》解释了有趣和有争议的主动的网络范例的开发和运行。Bush 博士曾获得美国国防部高级研究计划局（DARPA）颁发的金杯，表彰他在主动网络研究领域的研究工作。布什博士一直是 DARPA 和洛克希德马丁公司（Lockheed Martin）赞助的许多研究项目的主要研究者，包括：主动式网络（DARPA/ITO）、信息保障和生存能力工程工具（DARPA/ISO）、容错式网络（DARPA/ATO）和无连接网络（DARPA/ATO），涉及能源感知传感器网络。在奥尔巴尼（Albany）大学的伦斯勒理工和计算机通信网络学院（Rensselaer Polytechnic Institute and Computer Communication Networks）教授量子计算和通信时，布什博士还喜欢与学生进行创造性互动。布什博士已经撰写了有关"纳米级通信网络"的论文，它帮助我们更好地了解了这个新的领域。他是 IEEE 通信协会标准化项目开发委员会的负责人，也是 IEEE 智能电网通信新兴技术分委员会的成员，是为纳米和分子通信框架标准工作组做推荐工作的 IEEE P1906.1 的主席。布什博士还担任了 IEEE 智能电网通信技术方面的杰出讲师。

致　　谢

　　首先，也是最重要的，我感谢我的妻子对我的耐心和理解，我还要感谢 IEEE 通信协会 2011 年智能电网巡回演讲的主办方和听众。他们提出的有针对性的问题、评论和讨论帮助我完成了本书。我也感谢所有参与 IEEE 智能电网 2030 项目的成员，这其中包括 Alex Gelman、Sanjay Goel、David Bakken 和 Bill Ash，以及其他很多人。在有智慧的人之间进行探讨，并怀揣着探索新的想法、愿景会使我们受益匪浅。

目　　录

第一部分　电力系统：主要组成部分

第二部分　通信网络：推动者

缩略语表

英文缩略语	英文名称	中文解释
6LoWPAN	IPv6 over low – power wireless personal area networks	基于 IPv6 的低功耗无线个域网
ACE	area control error	区域控制误差
ACFFI	average communication failure frequency index	平均通信故障频率指数
ACIDI	average communication interruption duration index	平均通信中断持续时间指数
ACK	acknowledgment	确认
ACO	ant colony optimization	蚁群优化
ACSE	association control service element	关联控制服务单元
ACSR	aluminum conductor steel – reinforced cable	钢芯铝绞线
ADA	advanced distribution automation	高级配电自动化
ADI	advanced distribution infrastructure	高级配电设施（体系）
ADP	adaptive dynamic programming	自适应动态编程/设计
AGC	automatic grid control	自动电网控制
AHP	analytical hierarchical programming	层次分析编程/设计
AIEE	American Institute of Electrical Engineers	美国电气工程师协会
AMI	advanced metering infrastructure	高级量测体系
AMR	automated meter reading	自动抄表
ANSI	American National Standards Institute	美国国家标准协会
AODV	ad hoc on – demand distance – vector ad hoc	按需距离矢量
APDU	application protocol data unit	应用协议数据单元
API	application program interface	应用程序接口
ARQ	automatic repeat – request	自动重传请求
ASCII	American Standard Code for Information Interchange	美国信息交换标准码
ASK	amplitude – shift keying	幅移键控
ASN. 1	abstract syntax notation 1	抽象语法描述1

ATM	asynchronous transfer mode	异步传输模式
BAN	body – area network	体域网
BAS	building automation system	楼宇自动化系统
BCS	Bardeen – Cooper – Schrieffer	巴丁－库珀－施里弗
BE	best – effort	最好性能
BFSK	binary frequency – shift keying	二进制频移键控
BMC	best master clock	最佳主时钟
BPL	broadband over power line	电力线宽带
BPSK	binary phase – shift keying	二进制相移键控
BS	base station	基站
CA	contingency analysis	事故分析
CAES	compressed air energy storage	压缩空气蓄能
CAIDI	customer average interruption duration index	用户平均中断持续时间指数
CAIFI	customer average interruption frequency index	用户平均中断频率指数
CAN	controller – area network	控制器区域网络
CBR	constant – bit rate	恒定比特率
CC	control center	控制中心
CCITT	Comité Consultatif International Téléphonique et Télégraphique (International Telegraph and Telephone Consultative Committee)	国际电话与电报顾问委员会
CID	connection identifier	连接标识符
CIGRE	Conseil International des Grands Reseaux Electriques (International Council on Large Electric Systems)	国际大电网会议
CIM	common information model	公共信息模型
ComSoc	IEEE Communications Society	IEEE 通信协会
COSEM	companion specification for energy metering	能源计量配套规范
CRC	cyclic redundancy checksum	循环冗余校验
CSM	common signaling mode	公共信令模式
CSMA	carrier – sense multiple – access	载波监听多路访问
CSMA – CA	carrier – sense multiple – access with collision avoidance	带冲突避免的载波监听多路访问
CSMA – CD	carrier – sense multiple – access with collision detection	带冲突检测的载波监听多路访问
CT	current transformer	电流互感器

CTAIDI	customer total average interruption duration index	用户总平均中断持续时间指数
CVR	conservation voltage reduction	保护压降
CVT	constant voltage transformer	恒压变压器
DA	distribution automation	配电自动化
DAG	directed acyclic graph	有向非循环图
DAU	data aggregation unit	数据聚集单元
DCF	distribution coordination function	分布式协调功能
DCT	discrete cosine transform	离散余弦变换
DESS	distribution energy storage system	分布式储能系统
DG	distributed generation	分布式发电
DHP	dual heuristic programming dielectric	双启发式编程介质
DIO	DODAG information object	目标导向型有向非循环图信息体
DLMS	device language message specification	设备语言信息规范
DMI	distribution management infrastructure	分布式管理设施
DMS	distribution management system	分布式管理系统
DNP	distributed network protocol	分布式网络协议
DNP3	distributed network protocol 3	分布式网络协议3
DODAG	destination – oriented directed acyclic graph	目标导向型有向非循环图
DR	demand – response	需求响应
DSL	digital subscriber line	数字用户线路
DSM	demand – side management	需求侧管理
DSP	digital signal processor	数字信号处理器
DSSS	direct – sequence spread – spectrum	直接序列扩频
DVR	dynamic voltage restorer	动态电压恢复器
EDFA	erbium – doped fiber – optic amplifier	掺铒光纤放大器
EHV	extra – high voltage	超高压
EIA	United States Energy Information Agency	美国能源信息局
EMC	electromagnetic compatibility	电磁兼容
EMF	electromotive force	电动势
EMS	energy management system	能源管理系统
ENS – C	energy not served due to communication failure	通信故障导致的断电
EPRI	Electric Power Research Institute	美国电力科学研究院
EPS	electric power system	电力系统
ertPS	extended – real – time – polling service	扩展实时轮询服务
ESI	energy services interface	能源服务接口

ETSI	European Telecommunications Standards Institute	欧洲电信标准协会
EPSEM	extended protocol specification for electronic metering	电子计量的扩展协议规范
FACTS	flexible alternating current transmission system	柔性交流输电系统
FAN	field – area network	场域网
FCL	fault current limiter	故障限流器
FCS	frame check sequence	帧校验序列
FDIR	fault detection, isolation, and restoration	故障检测、隔离和恢复
FDM	frequency – division multiplexing	频分多路复用
FERC	Federal Energy Regulatory Commission	联邦能源调整委员会
FET	field – effect transistor	场效应晶体管
FFD	full function device	全功能设备
FFT	fast Fourier transform	快速傅里叶变换
FHSS	frequency – hopping spread – spectrum	跳频扩频
FN	false – negative isolated fault segment vector	伪负隔离故障段向量
FSK	frequency – shift keying	频移键控
GenCo	generating company	发电公司
GFCI	ground – fault circuit interrupter	接地故障断路器
GIC	geomagnetically induced current	地磁感应电流
GIS	geographic information system	地理信息系统
GOOSE	generic object – oriented substation events	面向通用对象的变电站事件
GPS	global positioning system	全球定位系统
HAN	home – area network	家庭局域网
HART	highway addressable remote transducer	可寻址远程传感器高速通道
HDP	heuristic dynamic programming	启发式动态编程
HEMP	high – altitude electromagnetic pulse	高空电磁脉冲
HMAC	keyed – hash message authentication code	基于哈希函数的消息验证码
HTS	high – temperature superconductor	高温超导体
HTS – ISM	high – temperature superconducting induction – synchronous machine	高温超导感应同步机
HVDC	high – voltage direct – current	高压直流
IAE	integral absolute error	积分绝对误差

ICCP	inter – control center communications protocol	控制中心间的通信协议
ICT	information and communications technology	信息与通信技术
IE	information element	信息元（素）
IEC	International Electrotechnical Commission	国际电工委员会
IED	intelligent electronic device	智能电子设备
IEEE	Institute of Electrical and Electronics Engineers	美国电气电子工程师学会
IEM	intelligent energy management	智能能源管理
IETF	Internet Engineering Task Force	因特网工程任务组
IFFT	inverse fast Fourier transform	快速傅里叶逆变换
IFM	intelligent fault management	智能故障管理
IGBT	insulated – gate bipolar transistor	绝缘栅双极型晶体管
IHD	in – home display	在首页显示
IMF	interplanetary magnetic field	行星际磁场
IoT	Internet of things	物联网
IP	Internet protocol	互联网协议
IPv6	Internet protocol version 6	互联网协议版本 6
IRE	Institute of Radio Engineers	无线电工程师协会
ISE	integral squared error	积分误差平方
ISO	independent system operator or International Standards Organization	独立系统操作员或国际标准化组织
IT	information technology	信息技术
ITAE	integral time – weighted absolute error	积分时间加权绝对误差
ITIC	Information Technology Industry Council	信息技术产业委员会
ITU	International Telecommunication Union	国际电信联盟
IVVC	integrated volt – VAr control	集成电压无功控制
L2TP	layer 2 tunneling protocol	第 2 层通道通信协议
L2TPv3	layer 2 tunneling protocol version 3	第 2 层通道通信协议版本 3
LAC	L2TP access concentrator	L2TP 访问集中器
LAN	local – area network	局域网
LBR	LLN border router	LLN 边界路由器
LC	inductor – capacitor	电感 – 电容
LDP	label distribution protocol	标签分发协议
LED	light – emitting diode	发光二极管
LEO	low Earth orbit	近地轨道

LER	label edge router	标签边缘路由器
LLC	logical – link control	逻辑链路控制
LLN	low – power and lossy network	低功率有损网络
LM/LE	load modeling/load estimation	负荷建模/负荷估计
LMP	location marginal pricing	区位边际定价
LMS	load management system	负荷管理系统
LNS	L2TP network server	L2TP 网络服务器
LPDU	link protocol data unit	链路协议数据单元
LRC	longitudinal redundancy check	纵向冗余校验
LR – WPAN	low rate – wireless personal – area network	低速无线个域网络
LSE	load serving entity	负荷服务实体
LSR	label – switch router	标签交换路由器
LTC	load tap changing	有载调压
LV	low voltage	低压
M2M	machine – to – machine	机器对机器
MAC	media – access control	媒体访问控制
MAIFI	momentary average interruption event frequency index	瞬时平均中断事件频率指数
MAN	metropolitan – area network	城域网
MDL	minimum description length	最小描述长度
MDMS	meter data management system	计量数据管理系统
MFR	MAC footer	MAC 页脚
MHR	MAC header	MAC 报头
MIB	management information base	管理信息库
MMS	manufacturing message specification	制造报文规范
MOSFET	metal – oxide – semiconductor field – effect transistor	金属氧化物半导体场效应晶体管
MPDU	MAC protocol data unit	MAC 协议数据单元
MPLS	multiprotocol label switching	多协议标签转换
MPPT	maximum powerpoint tracking	最大功率点跟踪
MRF	Markov random field	Markov 随机场
MR – FSK	multirate – frequency – shift keying	多速率频移键控
MRI	magnetic resonance imaging	磁共振成像
MR – OFDM	multirate orthogonal frequency – division multiplexing	多速率正交频分复用
MR – OQPSK	multirate – offset quadrature phase – shift keying	多速率偏移正交相移键控
MS	mobile station	移动基站

MSDU	MAC service data unit	MAC 服务数据单元
MSH – DSCH	mesh – distributed scheduling message	网格分布式调度信息
MSH – NENT	mesh network entry request message	网状网络入口请求信息
MSH – NCFG	mesh network configuration	网状网络配置
MTU	maximum transmission unit	最大传输单元
NACK	negative acknowledgment	否定应答（确认）
NAN	neighborhood – area network	邻域网
NIST	National Institute of Standards and Technology	美国国家标准与技术研究院
NLDN	National Lightning Detection Network	国家雷电探测网
nrtPS	non – real – time polling service	非实时轮询服务
OFDM	orthogonal frequency – division multiplexing	正交频分复用
OFDMA	orthogonal frequency – division multiple access	正交频分多址接入
OGW	optical ground wire	光缆地线
OMS	outage management system	停电管理系统
ONR	optimal network reconfiguration	最优网络重构
OpenADR	open automated demand response communication standards	开放的自动需求响应通信标准
OpenDSS	open distribution system simulator	开放分布式系统模拟器
OQPSK	offset – quadrature phase – shift keying	偏移正交相移键控
OSI	open systems interconnection	开放系统互连
PAN	personal – area network	个人区域网络
PAP	priority action plan	优先行动计划
PCA	principal component analysis	主元件分析
PCB	polychlorinated biphenyl	多氯化联（二）苯
PCF	point coordination function	点协调功能
PCS	power conditioning system	功率调节系统
PDC	phasor data concentrator	相量数据集中器
PDU	protocol data unit	协议数据单元
PER	packet error rate	封包错误率
PES	IEEE Power and Energy Society	IEEE 电力与能源协会
PEV	plug – in electric vehicle	插电式电动汽车
PHR	physical – layer header	物理层报头
PMP	point – to – multipoint mode	点对多点模式
PMU	phasor measurement unit	相量测量单元
PN	pseudorandom sequence	伪随机序列

PPDU	physical – layer protocol data unit	物理层协议数据单元
PPP	point – to – point protocol	点对点协议
PQ	real and reactive power	有功功率和无功功率
PSDU	physical – layer service data unit	物理层服务数据单元
PSEM	protocol specification for electronic metering	电子计量协议规范
PSK	phase – shift keying	相移键控
PSO	particle swarm optimization	粒子群优化
PST	phase – shifting transformer	移相变换器
PT	potential transformer	电压互感器
PTP	precision time protocol	精确时间协议
pu	per – unit	标幺值
PV	real power and voltage magnitude or photovoltaic	有功功率和电压幅值或光伏
QAM	quadrature amplitude modulation	正交调幅
QoS	quality of service	服务质量
QPSK	quadrature phase – shift keying	正交相移键控
RAN	radio access network	无线接入网络
RBAC	role – based access control	基于角色的访问控制
RDF	resource description framework	资源描述框架
RF	radio frequency	无线电频率
RFC	request for comments	请求注解
RFD	reduced function device	简化功能设备
RFID	radio – frequency identification	射频识别
RMS	root – mean – square	方均根
RMT	random matrix theory	随机矩阵理论
ROLL	routing over low – power and lossy networks	低功率和有损网络路由
RPC	relay protection coordination	继电保护配合
RPL	routing protocol for low – power and lossy networks	低功率和有损网络路由协议
RPM	rotations per minute	每分钟转数
RS	relay station	中继站
RSVP – TE	resource reservation protocol for traffic engineering	流量工程资源预留协议
RTO	regional transmission organization	区域输电组织
RTP	real – time pricing	实时电价
rtPS	real – time polling service	实时轮询服务
RTU	remote terminal unit	远程终端装置

SA	substation automation	变电站自动化
SAIDI	system average interruption duration index	系统平均中断持续时间指数
SAIFI	system average interruption frequency index	系统平均中断频率指数
SCA	short circuit analysis	短路分析
SCADA	supervisory control and data acquisition	监控与数据采集
SCFCL	superconducting fault current limiter	超导故障限流器
SCL	substation configuration language	变电站配置语言
SDN	software – defined network	软件定义网络
SDR	software – defined radio	软件无线电
SERA	Smart Energy Reference Architecture	智能能源参考架构
SGIP	Smart Grid Interoperability Panel	智能电网互操作面板
SHR	synchronization header	同步报头
SIL	surge impedance loading	阻抗加载
SMES	superconducting magnetic energy storage	超导磁蓄能
SNMP	simple network management protocol	简单网络管理协议
SONET	synchronous optical networking	同步光网络
SPS	standard positioning service	标准定位服务
SPSS	supervisory power system stabilizer	电力系统稳定器
SRE	slack – referenced encoding	松弛的参考编码
SS	subscriber station	用户站
SNTP	Simple Network Time Protocol	简单网络时间协议
SUN	smart utility network	智能公用事业网络
SuperPDC	super phasor data concentrator	超相量数据集中器
SVC	static VAr compensator	静止无功补偿器
SVD	singular value decomposition	奇异值分解
T1	transmission system 1	输电系统1
TAI	international atomic time	国际原子时间
TAM	technology acceptance model	技术接受模型
TASE	tele – control application service element	远程控制应用服务单元
TCC	time – current characteristic	时间电流特性
TCP	transmission control protocol	传输控制协议
TDD	time – division duplex	时分双工
TDMA	time – domain multiple access	时域多路访问
THD	total harmonic distortion	总谐波失真
TLS	transport layer security	传输层安全

TPDU	transport protocol data unit	传输协议数据单元
TSO	transmission system operator	输电系统运营商
TVA	Tennessee Valley Authority	田纳西州流域管理局
TVE	total vector error	总矢量误差
UCA	Utility Communications Architecture	公用事业通信体系架构
UDP	user datagram protocol	用户数据报协议
USG	unsolicited grant service	主动授予服务
USN	ubiquitous sensor network	泛在传感器网络
UTC	universal time coordinate	通用时间协调
VA	volt – ampere	伏安
VAr	volt – ampere reactive	无功功率单位
VFT	variable – frequency transformer	变频变压器
VO	voltage optimization	电压优化
VPLS	virtual private LAN service	虚拟专用局域网服务
VSI	voltage stability index	电压稳定指标
VVO	volt – VAr optimization	电压无功优化
WACS	wide – area control system	广域控制系统
WAM	wide – area monitoring	广域监测
WAMPAC	wide – area monitoring, protection, and control	广域监测、保护和控制
WAMS	wide – area monitoring system	广域监测系统
WAN	wide – area network	广域网
WAPS	wide – area protection system	广域保护系统
WASA	wide – area situational awareness	广域态势感知
WDM	wavelength division multiplexing	波分复用
WEP	wired equivalent protection	有线等效保护
WiFi	Wireless Fidelity	无线保真
WiMAX	Worldwide Interoperability for Microwave Access	全球互通微波存取
WLS	weighted least squares	加权最小二乘法
WPAN	wireless personal – area network	无线个人区域网络
XML	extensible markup language	可扩展标记语言
XPath	XML path language	XML 路径语言

第一部分 电力系统：主要组成部分

第1章

智能电网之前的电力系统介绍

这种"电话"有太多的缺点以至于不能严格地看作一种通信方式。这种设备本质上对我们来说是没有价值的。

——西部联盟内部备忘录，1876 年

那些认为这件事不能做的人不应该干扰我们这些正在做这件事的人。

——S. Hickman

1.1 概述

电力系统和通信系统是近亲。首先，这可能不很明显，但却是我们如何看待这两个电气工程衍生学科的关键。通信系统和电力系统是具有不同侧重点的相同领域。它们都传输能量。通信系统追求消耗最小的能量、传递最多的信息内容。而电力系统追求采用最少的信息内容、输送最大的能量。琢磨一下当这两个领域在技术上结合在一起的时候会发生什么将是非常有趣的，比如电力线载波和无线电能传输。在电力线载波中，通信试图像电能一样沿着相同的导电路径传递。在无线电能传输中，电能试图像无线通信一样通过空间传送。在通信和电力系统的这些交叉点上可以对这两个领域之间的差异进行最尖锐的对比。认为电力系统将转变为"智能电网"的夸张说法逐渐减弱或完全消失的时候，这本书到了读者手中。然而，开辟智能电网的技术变革已经建立了一个可以使电力系统向智能化演变的平台。我们的目标是专注于通信和网络技术的结合，探索这个电力系统转变的理论和技术基础。有些人认为将通信整合进电网将给电力分配带来一场革命，他们认为这与20世纪90年代互联网爆炸式增长类似。提供数据互联的简单行为（例如，通过互联网、蜂窝电话和其他便携式计算设备）已经派生出了新的应用、思路和解决方案，这是没有人能够预测到的。电网中的通信可以产生新的和未曾预见的电力系统应用。与此同时，我们也应该注意到通信成为电网的一部分已经一个多世纪了，正如之后我们将会看到的一样。

在通信和网络已经快速发展领先了很多的时候，电力系统却在缓慢地发展，这作为智能电网的一个诱因经常被提到：亚历山大·格雷厄姆·贝尔（Alexander

Graham Bell）就无法识别今天的手机系统，而托马斯·爱迪生（Thomas Edison）仍然会认识今天的电网。然而，这当然不是非常确切。事实上，电力系统已经发展了，只是难以准确界定在什么时候、什么地方开始出现了所谓的智能电网；大部分使能智能电网的技术已经存在了一段时间。本书的第一部分涵盖电力系统的基础，这些都是在智能电网出现之前长期存在也将在今后长期存在的基础，所以它们是非常值得花费时间和精力去理解的。尽管如刚刚提到的那样，在智能电网之前和之后之间画一条分界线有些武断，正如我们将要预见的那样，电网智能化也许仍在进行中。本书第二部分定义了我们所说的"智能电网"这一术语，并专注于通信方面。本书第三部分开始探索通信已经使能了什么以及还能使能什么，包括同步相量应用和机器智能。

每一个在工程和技术领域的新的科学发现或进步都不会耗尽新的思想；相反，探索新的可能性的数目将呈几何增长。本书将为您——学生、学者、工业专业人员或普通读者呈现智能电网的基本要素；然而，将会是您用新的还没有被考虑的方式去结合这些基本要素来提供创意和创新。请继续在内心思考，这些是新的想法、创新或者新的产品的基本要素，而不仅是以它们自己为终结。关于智能电网的令人兴奋的事情之一是，它是一个高度动态的、不断演变的系统，一个无论是作为一个研究人员、设计人员、开发人员或消费者都参与其中的系统。

第一部分由第1～5章组成，介绍电网和电力系统的基本概念。这一部分的目的是提供理解电网必须先具备的知识、电网演变的历史视角和智能电网概念提出的动力。

本章即第1章提供电网的一般概述，包括理解其余部分必须具备的基础知识。第一部分的其余内容聚焦于更详细地介绍本章中涉及的主题。由于本书第一部分聚焦于历史上的传统电网，因此电网被分为这些标准的组成部分：第2章主要介绍发电，第3章主要介绍输电，第4章主要介绍配电，第5章主要介绍用电。

本章首先概述电的物理本质，这是由于它与电力系统和通信都非常相关。然后，我们讨论电网，这是由于电网经历了20世纪的发展演变并迎来了智能电网的曙光；这为我们提供了一个简单的历史展望。接下来，我们来看看传统电网中的设备；大多数设备或者至少它的功能和智能电网中的设备及其功能将是相同的或是类似的。在智能电网中设备将通过通信系统进行监控和互连。接下来，由于电网的基本物理本质不会改变，我们回头来看看应用于传统电力系统的基本电力分析，这也同样能应用于智能电网。这种分析为我们提供了对电网运行的理解，也为我们提供了有关智能电网通信和计算需求的提示。仿真和建模工具在附录中被介绍；当读者正在好奇目前还在用什么工具的时候，这种信息可能很快就过时了，因此，它们并没有被放入本书的主要内容中。虽然这种信息可能很快就会过时，但是它为我们展现了一些智能电网建模会遇到的挑战。接下来，我们简单考虑一下传统电网中的停电问题，这为我们提供了有关我们希望在智能电网中对什么进行改善的清醒认识。智能电网的目标包括以许多不同方式拓展电网的能力，然而，如果智能电网不能降低停电的可能性，那么其所有其他优点都将显得毫无意义。1.5 节和 1.6 节讨论了智能电网产生的驱动力和目标。最后，我们回到基本理论，在 1.8 节讨论能量和信息。我们的目标是直观地激励读者来思考在电网中综合通信和计算可能得益于对能量和信息之间关系的基本理解。本章以要点总结作为结束。最后，在本章结尾处的习题可用于巩固对本章内容的理解。

"智能电网"这个词已经在前文中多次使用，并且由于它是本书的主题，将在后面的内容中被频繁地使用。在深入理解之前，这个词的定义将按照下面的顺序给出。让我们首先给一个简单的、广泛的和直观的定义，再按照我们的进展重新进行定义。智能电网是一个为了提供高效、可靠、经济和可持续的电能传输服务，试图智能响应供应商和消费者等所有与它互连的组成部分的电网。通过智能电网，这些目标得以实现，但它定义的细节和方式在全世界从一个地区到另一个地区都是不同的。这部分是由于世界上不同的区域具有不同的基础设施、不同的需求、不同的期望和不同的监管系统。然而，即使没有这些不同，电网也是一个由许多不同的组件和技术组成的非常广泛的系统。研究人员聚焦于一个窄的研究区域，如发展智能电表或开发新的需求响应（DR）机制，有时候不经意间就使他们的研究区域等同于智能电网涉及的所有区域总和，如图 1.1 所示，就如同每一个盲人都认为大象等同于他所触摸的区域。图 1.1 所示的区域为：

- 高级量测体系（AMI）：测量、收集和分析能源使用信息。
- 配电自动化（DA）：将对应电网各种功能的智能控制延伸到配电领域并予以超越。
- 分布式发电（DG）：从许多较小的能源和微网发电。
- 变电站自动化（SA）：电力自动化分配和输电变电站。
- 柔性交流输电系统（FACTS）：基于电力电子设备的系统，以增加可控性和电网的输电能力。
- 需求响应（DR）：管理用户使其能响应供电情况进行电能消费的系统。

虽然这些主题部分为智能电网的目标提供了一种认识并且我们将在本书中详细介绍这些主题，但这些部分的子集都不能定义智能电网。事实上，这些独立的部分应该仅仅被视为智能电网可能组成部分的一个子集。其中的一些组成部分按计划可能已经成熟，另一部分可能会消失，还有许多新的组成部分将作为创新正在不断地被创造。为了认知这些组成部分如何完善和发现潜在新的组成部分以进行智能决策，理解电力系统和通信的基本原理非常重要。

智能电网涵盖电网的演变、发展过程。在这方面，我们讨论电网从何而来、它的当前状态、它如何过渡到由 DG 和微网组成的电网。然而，本书由于从长远的视

图 1.1 什么是智能电网？由于智能电网只是众多出现的不同系统之一，因此，对智能电网的理解和认识存在分歧。理解智能电网的完整视图对于发展智能电网通信来说至关重要。

来源：Stebbins C. M. 和 Coolidge M. H. （1909），启蒙读本，美国图书公司，纽约，89 页，通过维基共享资源

角来看待智能电网而应该具有持久价值；即在未来几十年智能电网如何能进一步发展。在这一点上，承担风险并预测未来电网如何发展是具有启发性的。任何技术从整体结构发展到更加动态、灵活并最终与它的环境完美融合都是一个普遍的趋势。智能电网最终的进步是演变成一个物理场，比如电磁场。图 1.2 描绘了一系列不断改进的复杂的无线电能的使用：从集中式发电和无线电能传输到今天难以到达的地方，到明天的离岸式微电网，从纳米电网和电磁辐射中获取电能。从这一视角来看智能电网的定义是包括大量纳米级电源的任一电源都可以连接到电网并能提供电能且可以汇聚到更高电能传输系统的电网。值得注意的是，这个传输系统在自然界中是完全无线的，电能以无线的方式传送给消费者。当然，在目前这是在科幻小说中描绘电能使用的场景。然而，个别部分以小规模形式实现这种功能在今天已经存在，这将在本书后面的内容中进行讨论。在本书的前面提到这个未来场景的原因是想提醒读者以开放的心态面对通信与众不同的需求的可能性，这种通信需要通过今天的预见得到。

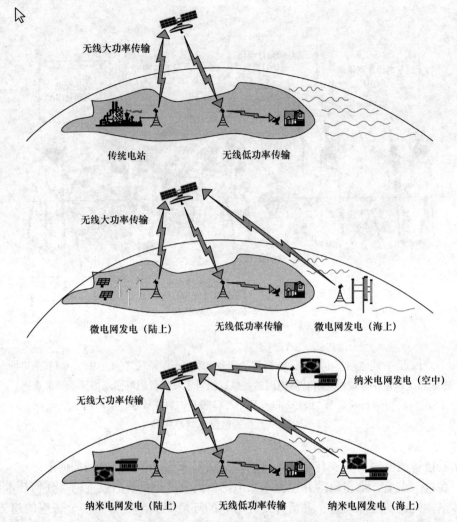

图 1.2　未来电网可能包括带无线电能传输的集中式发电和微网、纳米电网和通过许多
其他创新方式获得的电磁能量。智能电网通信应该预测电网技术将如何发展以使其在
未来仍然是切实可行的。来源：Bush，2013。经 IEEE 许可转载

1.2　传统的电网

　　电网的典型场景如图 1.3 所示。电网由数量相对较少的大型发电站、大量远距离输电到密集用户区域的传输系统、通过馈线将电能传送给配电系统的配电站和将电能传输给各个用户的配电系统组成。电能主要沿一个方向流动，从大型集中发电机流向用户。正如后文将要解释的那样，即使在这个前智能电网的框架中，许多时候潮流也不是严格按照一个方向流动；即，在电网内振荡、发电机组之间流通的无功潮流就是如此。然而，现在先忽略这些复杂的因素，在之后将会对其进行详细的

解释。

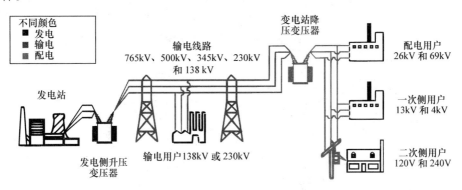

图 1.3　电网的典型场景是从发电、输电、配电到用电的电能单向流。来源：美加电力系统停电工作组，2003 年 8 月 14 日最终报告。美加大停电：原因和建议，2004 年 4 月

从运行的角度来看，在北美地区电网被分成同步区或互连区。同步区内电网高度互连且运行在相同频率。例如，北美地区的电网互连如图 1.4 所示。电网（请记住，我们正在谈论的是智能电网之前的电网）是人们曾经创造的最复杂的机器之一。美国国家工程院将北美电气化看作 20 世纪最大的一个成就。那么，这个复杂的成就是怎么产生的呢？

纽约爱迪生电力照明公司于 1881 年建造了第一个发电站。这个发电站有 250hp⊖蒸汽锅炉，它通过地下配电网输送 110V 直流电。正如我们所知道的那样，交流电的传输方式及其优势在当时尚未被发现。由于电流移动是有电压降的以及早期的发电站不能很远地传输或分配电能，所以许多电站主要分布在城市区域并就地供电。在一定意义上，它们是第一个原始微网。电网发展迅速，从 20 世纪初到 20 世纪 70 年代电力增长超过了 400 倍。这是非常突出的，而同期其他能量形式只增长了 50 倍。

对支持电网的通信的需求几乎立即被意识到。在 1880 年年底实现了用于自动抄表的电话线通信，1898 年在英国、1905 年在美国用于抄表的有关电力线载波的专利分别被申请（Schwartz，2009）。

变压器的发明允许高电压交流电通过 1000V 高压线有效安全的传输。第一个交流发电系统是于 1866 年由西屋电气公司（Westinghouse）开发的。尼古拉·特斯拉（Nikola Tesla）于 1888 年发明了感应电机，该电机采用交流电，它有助于推广交流电而反对直流电。在 1893 年，第一个三相系统由南加州爱迪生公司（Southern California Edison Company）开发出来。这种早期进步的结果是大量相对较小的电力公司的产生。例如，在 1895 年，仅费城（Philadelphia）就有 20 家电力公司，他们操控/运行着 100V 和 500V 两线直流线路、220V 三线直流线路以及频率为 60Hz、66Hz、

⊖　1hp = 745.7W，后同。

图 1.4　互连区或者同步区都是相对密集的电能互连区域,其交流电是同频率的。来源:
Bouchecl(Own work)〔CC－BY－SA－3.0(http：//creativecommons. org/licenses/by－sa/3.0)〕,
通过维基共享资源

125Hz 和 133Hz 且带 1000 ~ 1200V 和 2000 ~ 2400V 馈线的单相、双相和三相交流电。这个历史插曲的意义在于通过减少多样性和寻求规模效益来提高效率。

规模效益体现在 1973 年田纳西河流域管理局坎伯兰站(Cumberland Station of the Tennessee Valley Authority),该站建有高达 1300MW 的发电单元,从初始发电站生产数百马力电量并传输很长距离。随着发电机规模的增大和电力需求的增长,传输和分配电能的需求要求高电压高效、长距离传输电能到用户以及在电力生产商之间移动大量的电能。现在的配电电压一般为 5kV、15kV、25kV、35kV 和 69kV。

注意到这一点是很有意思的,即在某种意义上,智能电网通过鼓励 DG 接入正在回归到拥有大量小型发电机的时代,智能电网也通过降低配电电压来节省能耗。

这是因为智能电网的部分概念是获取由许多小型发电机从环境中提取能量的能力；尤其是在大多数情况下，环境指的是风和太阳。然而，在理论上，这是无止境的；我们可以继续保持小型发电机更深度融合于环境以至于达到分子大小这种趋势。接下来我们将更多地讨论智能电网及其未来发展方向。

在生产商之间移动大量电能的能力使得电能可以被最经济的发电机生产，也允许电能被分配以满足无论什么时间、什么地方出现的需求高峰。需求高峰是由于当今起动大型发电机组并短时间运行的高成本和低效率引入的问题。大量的措施已经用于使电能需求变平；这个作为智能电网的组成部分已经被包含。长距离在同步区域之间分配电能的一个有效的方式是采用高压直流（HVDC）线路。在1954年，第一条高压直流线路在波罗的海（Baltic）投入运行。该线路长60mile$^{\ominus}$，运行于100kV。输送相同功率的电能，电压越高，电流越小，损耗也越小。在传输之前将电能转换成直流，在接收的时候再将其转换为交流，这样的事实允许同步的发送和接收区域之间不同相且不会引起不稳定的问题。这个问题将在随后进行详细的讨论；本节的要点是使理解技术的发展历史简单化。

1.2.1 电网中的早期通信网络

正如前面历史插图中所提到的那样，通信自电网产生那天起就已经成为其重要的部分。电报被用于抄表，紧接着电力线载波在20世纪初被用于抄表。电力线通信在1918年被用于语音通信（Schwartz, 2009）。然而，电网至少有两个关键特点制约了现代通信快速、广泛地部署于整个电网。这两个特点分别为经济规模和安全性。经济规模意味着在大型系统中的巨额投资；这样的大型系统将生产大量成本低廉的电能。但是该系统一旦建成，它就被设计为保持原状运行数十年。因此，只是为了保持与每一个技术进步同步而移走并重新安装大量装备是不适合的。这些通信技术进步神速。此外，大功率电气设备的安全性和可靠性是最重要的；任何能察觉到的漏洞都必须减少或者避免。因此，除非十分必要的地方，电网控制均被设计为用来实现当地的控制，而不需要用来进行通信（Tomsovic等，2005）。事实上，也许在不知不觉中，电力系统工程师已经成为了直接从电网的运行中提取通信信号并且开发一种自组织系统的专家。这将随着本书的进展变得更加明显。

我们将马上详细讨论电网技术及其基础知识，但现在考虑的是传统电网通信和控制之间关系的高级别讨论。我们说的传统电网指的是智能电网这个术语被创造出来之前的电网。我们可以考虑把控制分为高级别区域保护、发电、电压、潮流和稳定性。读本书时需要去考虑的要点是：①如果没有通信，怎么能够完成这些工作；②通过通信，这些工作怎么能够完成得更好；③通信系统需满足的要求是成本、延迟、带宽和在其他方面的可用性等质量指标；④可以额外赋予通信能力哪些特征。

$\ominus$　1mile = 1609. 344m，后同。

因为涉及人身安全，所以电力系统保护是最重要的控制系统之一。保护的目的是隔离故障，如切断电源线，同时为尽可能多的消费者保持电力供应。保护控制必须快速和准确。常见方案是尽可能简单地检测是否过电流。然而，也可应用基于其他特征的保护，如过大的频率偏差和电压偏差或过度不稳定。通过精心设计和布局，通过大家都知道的保护协调，能够保证由本地检测信号控制的每个继电器在适当的时间断开。然而，配置和管理这样的系统是一个手动的过程，每次有变化时都需要手动调整。差动保护继电器监测一条线路每端的电流，比较该线路的输入电流和输出电流；出现较大的差异表示存在一个潜在的故障。在这种情况下，需要一些形式的反馈来确定输入电流和输出电流之间是否有差异（Voloh 和 Johnson，2005）。

发电机调速控制的目标是使发电机保持生产出所需的电量。调整施加在轴上的机械功率以保持发电机转子以正确的运行速度转动。同样，这种控制也在本地实现。

电压控制可以通过各种机制来实现；比如，通过励磁机增加或减少流过发电机转子线圈的电流，或者通过改变线抽头式变压器抽头从而有效改变线圈电压比，还可以改变电容器、电抗器（电感器）的相应电容、电抗值。可以通过检测发电机输出电压和保持一个给定的恒定电压来就地控制该励磁机。线抽头式变压器和电容器/电抗器的变化相对缓慢，并且经常可以由负荷曲线和时间预先确定。

潮流控制涉及控制通过电网特定线路的潮流的量。经典潮流控制技术是使用移相变压器（Verboomen 等，2005）。然而，与线抽头式调节变压器相似，这也是一个相对缓慢和可以预先确定的过程。FACTS（柔性交流输电系统）是使用电力电子技术的更先进的一种控制形式。但是，仍然可能采用手动配置潮流控制来操作该系统。

当多个互连的发电机组互相失去同步时，就需要进行稳定控制。简单地说，它们的电气互连是为了保持发电机组一起运转；然而，该互连表现为一种有弹性的方式。发电机组开始互相偏离同步意味着一点：它们将不能返回互相同步，而是将会失去控制。因此，实施一种机制来抑制这种振荡是非常重要的。一种方案是利用设在发电机上的电力系统稳定器，该稳定器通过调节励磁机来监测和补偿这种振荡（Yang 等，2010）。

正如前面提到的那样，不管是即兴的还是有特定目的的，通信均已经成为电网的一部分，比较典型的是在一些地方实施的自动抄表和特殊保障机制。随着所谓智能电网的出现，通信在电网中承担了更为重要的角色。开始引起每个普通人注意的一个简单例子是需求响应，需求响应要求每块用户电表与电力公司之间实施双向通信。这种应用是一项非常艰巨的任务。然而，通信的更为复杂的应用也正在开发中。先前提到的本地控制机制现在可以通过扩大到广域控制而得到改善。在本书的其余部分，在提供理解所必需的背景知识之后，将详细对这些广域应用进行介绍。

1.2.1.1 为什么电网中通信的历史是重要的

请记住，虽然这可能是看起来很有趣但却没有用的古老历史，事实上却并非如此。首先，正如"记不住过去的人难免重蹈覆辙"一样，事实上，许多所谓智能电网实现正在回归到过去已经做过的事情上来。这不一定是坏事，它能很好地避免重复过去所犯的错误。其次，当今电网中使用的术语已经由来已久。通过了解这些术语的起源，它们的意义将更加清晰。最后，我们知道，技术遵循一定的模式，了解过去越多，我们就可以更好地预测未来。数字通信首次通过电网控制中心应用于电网，而后随着数字计算引入到电网的各个部分而应用于变电站。无论是控制中心还是变电站都是在空间上相对较小的区域；当然，最初的数字通信是有线的。然而，模拟有线通信之后的惯性思维需要非常缓慢地去克服；有线通信思维的残余思想甚至会出现在今天的术语和标准中。

1.2.1.2 早期模拟计算机

通信的存在是为了服务于一个目的，收集电力系统数据进行计算并将结果传播给电网控制中心操作员或用于变电站和现场控制。计算硬件需求和接口已推动了通信技术的进步。作为早期电网历史显著的一部分，在电网中采用模拟方式进行计算。在你认为这种技术已经是多么原始之前，需考虑到在计算速度方面模拟处理技术是优于数字处理技术的（Deese，2008），并且可以继续应用模拟计算进行电网分析（Nwankpa 等，2006）。当然，在计算与通信产品中数字技术都占绝对性的优势；然而，模拟计算采用更简单、便宜的模拟通信可能工作得更好。模拟计算可以至少追溯到古希腊时期，大约公元前 150 年，当时安提凯希拉（Antikythera）机制估计已建成（Freeth 等，2006）。该安提凯希拉机制对研究人员来说一直是一个谜团，因为它在如此早的年代就展示了令人惊叹的工艺和工程。它是用来计算天体位置的齿轮机械计算机。类似技术直到 14 世纪没再出现过。由于电气式适用于如弹簧和减振器这些机械部件，所以从线性机械到电气元件实际上是简单直接的。

1.2.1.3 电网中的模拟计算机和模拟通信

1929 年，通用电气（GE）公司和麻省理工学院（MIT）建成了第一台基于交流电瞬时网络分析仪的模拟计算机。在 20 世纪 40 年代中期，通用电气公司的加布里埃尔·克朗（Gabriel Kron）为电网开发了一个模拟计算机交流电网络分析仪，他还被聘请去解决薛定谔式、核电问题和早期的无线电通信分析问题（Kron，1945；Tympas 和 Dalouka，2008）。因此，模拟计算机被用在电网的实时操作中。最初，控制中心成立了控制操作员办公室（Wu 等人，2005；Dy－Liacco，2002）。控制操作员即"调度员"，这个术语仍使用在各种电力系统专有名词中。再如"经济调度"，是指分配一系列发电机输出功率以使电网运行成本最低的过程。

1.2.1.4 变电站早期监控和数据采集

到 20 世纪 50 年代中期，模拟计算机和模拟通信被用来实现自动电网控制（AGC）。负荷频率控制使用交流电流的频率评估发电机供应和需求之间的功率平衡，这可以在本地完成。这个细节将在书中稍后说明。事实上，早期 AGC 只是一个为了保持发电机恒定转速的飞轮，随后输入正比于交流电流的频率偏差加上其积分的量。然后，输电线路功率损耗增加了惩罚因子。20 世纪 30 年代的监控和数据采集（SCADA）使用模拟电话线路。因此，在这里我们看到数字计算机通信的第一次使用和 SCADA 的诞生。这种替换使得在变电站工作的人员必须手动调用收集信息或发出控制命令。

1.2.1.5 数字计算机和数字通信介绍

数字计算机出现于 20 世纪 60 年代；远程终端单元（RTU）被用于收集电压、有功功率、无功功率和输电变电站中断路器的状态等实时测量数据，然后通过专用传输信道传输给中央计算机。在 1965 年美国东北部发生的停电事件加快了数字计算机的应用，以使能对更多的电网实时控制。到 20 世纪 60 年代末和 70 年代初，更小的数字计算机开始被引入到变电站。在 20 世纪 70 年代，电力系统安全的概念催生了对更多计算能力的需求。电力系统的安全性主要涉及回答一组"假设"问题，即考虑电力系统潜在的故障和评估电力系统承受故障或意外情况的能力。因此，计算机开始被引入到控制中心，并最终从控制中心扩展应用于变电站。

1.2.1.6 智能电子装置

计算机技术的每一个进步及其在电网中的每一项新的应用都需要相应的通信技术的进步。但是，因为极高的可靠性是必需的，所以计算机处理器和通信在电网中的应用发展缓慢。需要高可靠性既是为了安全，也是因为大家都有这样的观念，即认为电力系统设备在更新之前需持续运行数十年。到 20 世纪 70 年代末和 80 年代初，微处理器集成到了电力系统设备中，产生了"智能电子装置"这一术语。此外，在 20 世纪 80 年代，微型计算机因 UNIX 的出现而被取代，同时个人计算机占据了主导地位，并运行于变电站局域网（LAN）。因此，我们可以看到计算的触角从控制中心扩展到了变电站，现在更是嵌入到了单个设备中。这种分布式系统中计算能力的扩展为更多潜在的通信打开了方便之门，以支持计算的互操作性。

1.2.1.7 解除管制对通信的影响

对计算和通信的另一个重要影响产生于 20 世纪 90 年代中下旬，在当时电力市场解除了管制。垂直调整权力垄断，即控制发电、输电和配电所有方面的电力公共事业变成了竞争性市场。在这里理想的是，发电、输电和配电开始由不同的相互竞争的企业设计和运营。现在许多不同的有竞争的组织需要密切合作、共享足够的信息来保持系统平稳运行，但并不是需要共享如此多的信息，以至于让它们失去竞争优势。我们的目标是，利用自由市场的无形之手鼓励所有的供应商和消费者最大限度地保护他们的利益和创造一个更高效的系统，在这个系统中电价最接近其真实成本。有关这些主题的更多细节将在后文提供；这里，我们更关注对通信的历史影响。解除管制后，对通信的影响是：

1）垄断公用设施系统被分成多个独立的自主实体：独立系统运营商（ISO）

和区域输电组织（RTO）、发电企业（发电公司）、输电公司和负荷服务实体（LSE）共同运营分布式系统，其中每个实体现在都需要分享他们的信息和相关影响。

2）随着通信和电力控制的集成，业务和市场运行结合得越来越紧密。

1.2.1.8 进化成不同的管理系统

我们可以看到控制中心的计算变得更为复杂，其涉及状态估计和近实时的潮流式求解以为了使电力系统稳定性与经济调度更准确地结合。这作为能量管理系统（EMS）被我们所熟知。同时，变电站的计算复杂性也不断增加，并作为分布式管理系统（DMS）被我们所熟知。解除市场管制刺激了电网中业务管理系统的需要。让我们通过调查变电站通信的当前状态来结束这个有关电力系统通信历史背景的讨论。

1.2.1.9 目前的 SCADA 系统的详细信息：以 DNP3 为例

本节以分布式网络协议 3（DNP3）为例总结了 SCADA 系统的当前状态。当然，SCADA 是一个常规术语，通常指的是各种各样的工业控制系统，例如应用在生产、提炼、船上系统、建筑、车辆和电力系统中的控制系统。有各种各样的SCADA 通信协议；DNP3 只是其中一个。SCADA 是另一个历史术语的例子，它可能已经开始变得过时了。这可能是因为 SCADA 和分布式控制系统正在向实现相同的功能进化：实时控制。从历史上看，在通信具有快速性和可靠性之前，在SCADA中的术语"监控"定义了系统所能实现功能的限制。SCADA 系统过去不能实现实时控制，但是可以作为一个监控系统。SCADA 系统允许运营商能够看到和管理正在发生的事情，但通信比较慢并且不可靠，不能够实现实时控制。然而，由于通信性能的提高，SCADA 系统开始能够实施实时控制；它们正成为分布式实时控制系统的实例。

熟悉通信的读者通过简单网络管理协议（SNMP）将很容易理解 SCADA 协议。SCADA 协议与 SNMP 具有一些显著的相似之处。这没有什么好惊讶的，因为从某种意义上对通信网络来说，SNMP 是最接近 SCADA 的系统。SCADA 协议和 SNMP都被设计为将控制和状态信息快速、轻便地提供给管理系统和系统操作者。它们都涉及控制点的面向对象的映射以及处理查询和基于关键控制决策的异常行为报告。

DNP3 是一个 SCADA 协议，该协议互连客户控制站、远程终端单元（RTU）和其他智能电子设备（IED）（Mohagheghi 等人，2009）。当 IEC 60870 – 5 协议正在开发过程中时，通用电气（GE）公司开发了 DNP3 以满足 SCADA 协议的需要；DNP3 通过 DNP 用户组向公众发布。DNP3 是一个只包括链路层、传输层和应用层这三层的小型、简单、轻量级协议。它被设计为快速和可靠地传输相对少量的消息。正如我们在通信和互联网中所看到的，在快速（即具有小的通信延迟）和可靠性之间总需要有一个权衡。通信数据可以是任何长度，包括长度为零的命令。通信数据在应用层被分成 2048 字节的数据包，并生成一个应用协议数据单元

（APDU）。这些 APDU 被分解成 250 字节的传输协议数据单元（TPDU）。在链路层，通过附加循环冗余校验（CRC）序列生成链路协议数据单元（LPDU）。该 LPDU 由物理层发送，每次发送的数据序列包含 8 位数据外加一个起始位和停止位。物理层原来是一个简单的有线连接，比如 RS－232 用于单向的短距离通信、RS－422 用于双向的长距离通信、RS－485 允许多点通信。随着互联网的更加普及，DNP3 正如所预想的那样被加以实施，通过 IP 传输层、传输控制协议（TCP）或用户数据报协议（UDP）使更长距离的广域通信成为可能。

　　如前所述，DNP3 只是大量 SCADA 和电力系统相关协议中的一个。在这部分讨论 DNP3 的目的只是为了提供一个被广泛使用的 SCADA 通信协议的有代表性例证。我们的目标不是试图详尽地列出每个 SCADA 协议；当你在阅读本书的时候，更多的协议标准可能正在制定当中，任何当中的一个都可能迅速过时。相反，我们的目标是集中在基本原理上，正如他们认为通信和电力系统的那样。例如，许多电力系统通信标准明显就是通信协议，然而它们位于现有通信协议之上，表现得更像一个网络工程师的应用。在电力系统领域，网络协议和应用标准之间的分界线已相当模糊。例如，有一个跨控制中心通信协议（ICCP）定义了控制中心之间的广域通信。然而，ICCP 位于制造报文规范（MMS）之上，MMS 经常位于 TCP/IP 之上。MMS 发布了一个将物理设备作为逻辑设备进行建模的标准方法。MMS 的目的是使其能够易于实现并且通过在一致的标准化逻辑设备中隐藏特定供应商的设备行为实现代码重复利用。因此，MMS 创建了一个具有简单、知名接口的虚拟制造设备，用它可以很容易和许多应用进行互操作。然而，为了编码机器对象和详细说明与打开、关闭通信连接有关的问题，MMS 通过标准化抽象语法记法 1（ASN.1）到达了网络协议层的尽可能的顶部（即表示层和会话层）。因此，ICCP 是真地没有定义传输层以下任何新的部分，而是定义了如何表示对象和服务。ICCP 和 MMS 正在使通信更加广义化，但它和真正的网络工程没有太大关系，因为它没有创建或修改现有的通信网络协议。另外，在网络和应用之间边界模糊的最近实例是 IEC 61850。IEC 61850 主要侧重于特殊范例、示范范例和配置电力系统信息，而且还位于一套可替代现有实际提供通信的网络协议之上。有许多处理电力系统对象表示与配置的标准。其中的一些标准是完全独立于网络协议的，而其他一些标准详细介绍了电力系统对象如何映射到现有网络协议和精确描述网络协议是如何运作的。不管特定的协议如何，基本的、全局的设计问题都涉及古老的工程决策，即易用性和复杂性在简易性－性能曲线中的关系，这个曲线被简称为功能－复杂性曲线。DNP3 和 IEC 61850 是这个曲线上对应两端的例子，因为 DNP3 是一个具有良好性能的相对简单的协议的例子，而 IEC 61850 却尝试做更多的自我配置并增加了相应的复杂性。IEC 61850 试图处理的功能－复杂性曲线的一个方法是通过提供一套可替换网络协议，从对以太网帧直接编码用于低延迟要求实时应用到一个在 MMS 和 TCP/IP 之上的完整的客户端－服务器体系架构。举例来说，从功能－复杂性的权衡中可以看出，在直接映射到以太网帧时，因为 IP 基本功能相对比较轻便，诸如路由、经过较少的可靠链路（如无线链路）高效的处理错误不可用，往往需要复杂的非标准的方法来解决这些问题。

我们从中学到的是，从网络的角度来看，当你希望了解新的智能电网通信协议时，首先要考虑的事情是该协议是否真正定义了一组新的低层网络协议或它是否真地利用现有的网络协议运行一个应用，如果是，它又是如何利用这些协议的。本书主要侧重于通信的网络工程视角，而对电力系统对象模型（其中已经存在的模型中有许多可供选择）的设计关注较少，虽然前者和后者相互之间都有一定的影响。既然我们已经详细讨论了电力系统和通信的历史背景，1.2.2 节将从更深层次看待电力系统和通信，通过比较和对比这两种技术来学习这部分内容。接下来，为了更好地理解电力系统通信的需求，我们将详细地介绍电力系统基本原理。

1.2.2　电网和通信网络两者之间的一个类比

为了更深入地了解电力系统和通信，在两者之间做一个松散的类比。我们的想法是能够使用一个领域的知识来理解另一个领域。具体而言，在表 1.1 中有 3 列：一般的网络特征；电网网络；通信网络。作为与电网的一个类比，我们将使用电网网络和通信网络之间的特征来构建类比，检查通信网络。

表 1.1　电网网络和通信网络之间的许多类比

一般的网络特征	电网网络	通信网络
内容	能量	信息
媒介	电	电
方式	有功功率	调制
传输模型	广播、多播、P2P（点对点）	广播、多播、P2P（点对点）
路由	交换	存储转发
服务质量（QoS）	电能质量	服务质量
形式	千瓦时	包
误差校正	电容器组	通道编码
压缩	通过同样的线路传输更多的功率	信号源编码
缓冲	能量存储和 DR	存储以稍后重发
信道利用率	无功功率	带宽 – 延迟产品
流量整形	DR	漏桶
网络管理	潮流、状态估计	SNMP（简单网络管理协议）轮询
…	…	…

让我们开始对在每个网络中正在转移的产品进行分析。通过电网运送的内容显然是在一段持续时间内的电能，这个过程需要能量的消耗。而通信网络，被运送的内容则是信息。需要注意的是，我们在这里没有使用"数据"这个词是因为信息比数据更普遍。例如，可执行代码可以被传送，并且其在运行时可以产生预定的信息。可以在介质上传送的能量叫作电能。请注意，这种介质一般为电源线或者某种

形式的导电材料；然而，这个说法也不是很准确，因为电能也可以进行无线传输。在通信中，信息通过发送信号进行传输，信号涉及能量的流动。在电网中传输的内容是有功功率。有功功率将在后文进行详细的介绍；然而在这里，可以这样理解，有功功率就是用户实际使用的能量。在通信网络中相似的是一种调制方式；接收机为了解析信号必须使用调制。

就传输模型而言，电网可以被比作广播（从发电机并行连接到每个节点）、多播（从发电机只并行连接到设备开启接收能量的那些节点）或点对点（通过电力线从一个节点到另一个节点）。同样，通信网络允许采用广播、多播或者点对点传输。电网主要是一个广播网，从大的集中式发电站获取电能，通过输电和配电网络将其传输给成千上万的用户，电力线提供点对点链路。与通信相比较不同的是，信息可以被复制，而能量不能。因此，在一个通信网络中，一个单独的多播包能够传输到它的目的地，然后沿着该网络的每一个分支路径涌向一个接收器，创造比原始输入更多的多播包。不幸的是，这对电能来说是不可能的，每一个新增用户都会增加发电机的负荷。

考虑到网络路由，电力采用的是电路交换；它通常需要转换：一个电路被调整通常用来连接或断开目的地的电源。注意，调节潮流可以使用更细微的方法，如FACTS，这在后文将进行详细的解释；但是，现在我们会忽略这个考虑。在通信网络，数据包通过一个存储和直达的机制到达目的地。换句话说，数据包被传输到网络中的中间节点是为了更接近它们的目的地。然后，数据包从中间节点被传送到目的地的路径中的其他节点。可能这种方式有一天可以作为能量的传输方式，采用无线电能传输从一个节点到另一个节点，直到最后的用户。

服务质量（QoS）的概念在电力系统和通信中都存在。理想情况下，消费者应该能看到电流和电压的完美流畅正弦波形，在实际中这几乎是不可能的。在通信网络中，服务质量可以有许多不同的特定含义，但它们都与接收器感知正在被发送的内容的能力有关，尤其是反映收到的数据包的顺序和时间的能力。在电网中，最终的产品形式是能量，用户接收和测量的单位是千瓦时。在通信中，"消费者"接收数据包；有效变量是有效数据速率（类比功率）和数据的接收的总量（类比能量）。

电网和通信网络都具有数据校正这个概念。发生在电网中的因为感性负荷引起电流滞后于电压的错误，将导致功率因数的变化，在后文我们将详细讨论。电容器组被用于校正功率因素。类似地，在通信中，在数据包会出现比特错误，并且错误校正技术可被用于检测和纠正错误比特。

压缩在电网中涉及概念上的解释，而在通信中只是字面上的意思。智能电网的目标之一是现有的电网的更有效的利用，这将在稍后讨论；换句话说，即通过相同容量的电力线提供更多的可用功率给消费者；实际上，这基本上可以看作是"压缩"功率，使得更多的电力流过相同的电力线；例如，通过改进监测、功率因数和稳定性，从而使系统能够运行于更接近其物理极限的状态。在通信中，压缩也被称为信源编码，通常用来在相同容量的通信信道中发送更多的可用信息。众所周知，这样的系统将变得更加脆弱（Bush 等，1999）。

缓冲既发生在电网中又发生在通信网络中。人们常说，电力供应和需求必须总是完美平衡的；正如我们所知的，这不仅在大规模电力供需中是真实存在的，而且在小规模电力供需中也是如此。在电网中总是存储了一些"剩余"感性电量，值得庆幸的是，允许决策在数秒之内做出，而不是瞬间做出。在更大规模的供电系统中，电网中能量存储的发展试图提供相当大的缓冲，从而消除昂贵的峰值发电。缓冲明显存在于通信网络中，多媒体内容往往作为缓冲，以消除抖动，从而为用户带来流畅、愉快的体验。

信道利用率在电力系统和通信网络中是重要的一个方面。如前所述，从现有电网提取更多的电力是智能电网的一个显著目标。为了管理通过电网的有功和无功功率流，通过使用潮流分析，电力生产可以被控制，这将在这一章后续内容进行解释。回想一下，消费者实际只消耗有功功率；无功功率只在用户的设备和发电机之间振荡。因此，有效地利用电力线这个"通道"是智能电网的一个关键目标。信道利用率在通信网络也是一个同样的目标。消费者和通信供应商希望尽可能有效地利用昂贵的通信设备。

流量整形发生在电网和通信网络中。一个似乎已与智能电网强烈关联的著名部分是 DR 机制，即使这个概念在智能电网被创造出来之前就已长期存在。这是通过自由市场机制来促进供需之间平衡的理念。理想情况下，消费者会设置他们的需求价格曲线，而发电机将设置其价格生产曲线，它们之间的平衡发生在这两条曲线的相交处。在这个意义上，发电率经历了流量整形。在通信网络中，流量整形即利用涉及漏桶机制变化的技术，用来控制进入通信网络的流量流动，使得网络能够更有效地处理流程。事实上，网络流量吞吐率定价可以达到的效果非常类似于电网中的 DR。

最后，一种网络管理的形式在电网和通信网络中都需要使用。DNP3、ICCP 和 IEC 61850 在 1.2.1.9 节中作为电网中监视和控制协议的例子被提到。为了妥善管理和控制电网，潮流必须被直接监控，或通过分析来推断，这个过程称为潮流分析。状态估计是通过许多潜在的错误测量来推断一般状态下电网状态的技术。同样，为了妥善管理，通信网络需要知道通信网络状态，包括数据包的流量。网络状态往往是通过在通信网络中简单的网络管理协议（SNMP）获得。

有一组丰富、有用的类比可以给出。当然，还有一些没有被列在这里的其他类比，但希望从类比的过程中获得的洞察力是明确的。越来越明显的类比已经被研究人员运用到电网进行通信。根据表 1.1 中的类比，我们可以看到，电力系统和通信网络工程师应对类似基本问题，使用适当的类比，应该能轻易地了解对方的领域。更多的细节将由这些类比中提到的所有电力系统主题提供。1.3 节将进入一个更彻底但简单的电力系统介绍，该介绍从基础物理学开始。这个介绍和本书的其余部分介绍的独特之处是，我们将通过介绍电力系统来明确其与通信网络的关系。

1.3 电力基本法则

本节提供了解电力系统和通信所需的物理概述。这可能是一个复杂的问题；然而，我们的目标是把它作为简单的基本内容，同时尽可能提供足够的知识去理解本书剩余部分的主题。熟悉电子专业知识的读者可以跳过这一部分；但是，你可能会错过一些涉及电力系统和通信的有用知识。本节和本书剩余部分的独特之处是读者可以一边讨论电力系统和通信，一边选择可用的知识点。希望这将激发读者有关这些话题可能使用新的方式进行整合的思维过程。在本节中，我们将学习涵盖电荷、电压、接地、电导率、欧姆定律、电路、电磁场、电磁感应、电路和磁路的知识。

1.3.1 电荷、电压和接地

自下而上开始，可以这么说，第一个主题是电力系统中的"电荷"。没有电荷，就没有电力，也没有电子通信。电荷是一项基本物理属性，人们是比较熟悉的。因为缺乏一个简单的定义，将电荷视为物质的特性，当电荷放置在另一个带电粒子附近时会导致粒子受到力的作用。电磁理论的早期工作基于有关电荷力的实验。这个力被量化描述为"场"；将在后面进行更详细的讨论。据我们所知，电荷被量化；存在最小电荷单位，并且电荷只以最小单位的倍数存在。据我们所知，电荷存在两种形式，即正电荷和负电荷。并且同极相斥，异极相吸。最小的负电荷是电子，最小的正电荷是质子，并且这些电荷相等。但引出了一个问题：电荷相等是什么意思？电荷怎么测量？这需要另一个基本单元的定义，安培（A）。安培是单位时间内通过一段导体的电荷量。因此，安培是电流的单位。电荷的单位叫作库仑（C）。1C 有 6.241×10^{18} 电子。正如我们所看到的，电荷所产生的力在电力系统方面的作用发挥了很重要的作用，从发电机到电动机。当这些领域都涉及之后，它们将应用于无线通信领域，之后将进行详细的解释。

因为电荷同性相斥、异性相吸，如果可能的话，局部电荷的不平衡将产生自然的流动。换句话说，相同类型的过多电荷会在压力下移动，使得该系统的状态保持在一个较低的能量水平。这种能量也被称为势能；它代表了电荷的势能，类似一个球在山顶上的重力势能。重力势能是把球移动到山上确定的位置；同样地，电势能是电荷移动到其最小能量的位置。这项工作包括：克服在其移动路径上的障碍的困难，这可能会导致热量的产生。

势能这个概念对理解电能是非常重要的；势能涉及定义电力系统内的一些内容。更大的电荷将施加更多的压力，这种势能可做更多的工作。注意，电荷是唯一的粒子，而势能，正如我们所描述的那样，是电荷从一个位置到另一个位置所增减的能量。这种势能是公知的电压，或者更专业的叫作电势差；更严格的定义，势能由电量除以电荷量得到。我们将使用电压这个词。电势能相当于电荷倍数的电压，如式（1.1）所示，其中U_E表示电势能，q表示电荷，而V表示电压：

$$U_E = qV \tag{1.1}$$

从直观来看，在电力系统中电压提供电能流动所需的压力，而在通信中，电压的变化经常提供表示被传输信息的信号。

因为电势能是一个相对于两者之间位置的量，理想的参考位置将是一个没有电荷的位置。这样的地点在实际中是很难找到的；下一个最好的选择是正电荷和负电荷完全抵消或电荷很容易消失的位置。这是在地球上很常见的事情。参考位置通常选为"地面"。但请记住，对象在不同的高度具有不同的势能，任何不同的两个地方都存在不同的电势能。概括来说，电压由每个电荷（C）的能量（J）定义。请注意，1J也可以表示为$1W \cdot s$。

1.3.2 电导率

本书不需要详细地介绍分子结构，导体是电子可以自由进行移动的材料。但是请注意，单个电子通常不能快速地移动并且不能移动很远。我们可以认为电荷能到达导体的一端是因为导体中的电子施加斥力给电荷，从而重新调整自己的位置。这种调整通常以一种缓慢漂移的方式进行，如式（1.2）所示，其中I代表电流，n代表每单位体积带电粒子的数目（或电荷载体密度），A代表导体的截面积，v代表漂移速度，Q代表每个粒子的带电荷量：

$$I = nAvQ \tag{1.2}$$

假设一个横截面积为$0.5mm^2$的铜线携带5A的电流。电子的漂移速度仅为1mm/s。然而，电子位置的变化将立即在导体外建立磁场，我们将在后面讨论这个问题。这个场以一种波的形式存在，并且其速度为光速。实际上，导体引导的电磁波通常被作为波导。这种现象经常被用于电力线耦合通信，被称为电力线载波通信。随着我们内容的继续，将会更多地解释与此相关的问题。

虽然我们通常认为金属是导体，但其他材料也能作为导体，这种现象会给电力系统和通信都带来影响，有时可能会带来负面影响。例如，在1837年，德国慕尼黑的Carl August von Steinheil将一根电报线与埋在每个站地下的金属板相连，使用单线电报通信，消除了电路的一条线。这引起了猜测，两根线都不用，通过大地传输电报信号也是有可能的。通过水这种载体传送电流的企图得以尝试，这是为了允许跨河流通信。由美国的Samuel F. B. Morse和英国的James Bowman Lindsay沿着这些线路做了实验。1832年，Lindsay给他的学生进行了无线电报的课堂演示，1854年他能够演示通过一段距离2mile的河进行传输，从Dundee到Woodhaven横跨泰河，这里现在是泰新港的一部分。从电力系统角度来看，在强电势场或高温情况下，气体分子的电子可以自由地移动。气体在这种状态下被称为等离子体。空气可以成为一个导体，电流的危险放电可以通过空气发生，即电弧。

最后，有一种传导形式，对于低于某一特征温度时电子的流动没有电阻抗。这显然在电力系统中有很多用途，从超导电力线（通过它没有因电阻而产生的功率损耗或热效应）到超导磁能存储（SMES）（能量被存储在超导体的磁场中，通过超导体电流可以直接进行流动）。从通信的角度来看，超导可以用于量子计算，特别是用于量子通信（Bush，2010b）。采用超导电力线进行有效传输功率的概念和智能电网量子通信是值得思考的，在本书第 15 章将会再次进行讨论。

与水进行类比是有帮助的。电流（单位为 A）是电荷流动的速率，类似于水通过管道流动，而电压类似于水压，但不同的是水压是一个管子的两个端部之间的水的压力差。电流是每单位时间内通过的电荷，或 C/s。电流流动的影响是快速的，是一定百分比的光速。然而，如所提到的，电子本身不能够移动得如此快；它在导体中的传播受周围电场的影响，类似于在一个池塘中产生的涟漪。水实际上并不能从卵石上流过；它仅仅是以波的形式流过去。这带来了在电力系统和通信中定时的问题。大电网可以及时地经历一个可测量的延迟，电流可以从电网的一端传输到另一端。此外，像所有的事物一样，通信信号从理论上受到光速的限制。通常在电子中，传播延迟在极端情况下成为了问题；即最小规模（例如，高精度定时）和超大规模（即电网）。在电力系统大多数情况下，传播延迟可以被忽略，这样的电路被称为"集总电路"。另一方面，对于通信来说，克服或者至少管理传播延迟是一个中心问题。在通信系统中，信道的带宽时延把通信通道作为管道；信道的带宽延迟是管道满时所能容纳的水量。带宽延迟产品是一个驱使通信协议如何有效利用信道的特性。延迟，无论是电流流过的线路的延迟还是通信控制它的延迟，都将是智能电网的一个极为重要的问题。从电力系统的角度来看，考虑 500mile 的输电线路，它以光的速度到达这个距离（虽然实际电磁速度将更慢）将耗时 2.7ms。60Hz 的交流电每秒有 60 个过零点（即改变方向）或者说每隔 16.7ms 有一个过零点。因此，我们可以看到，传播开始以固定的时间周期进行。

1.3.3 欧姆定律

我们已经在一个直观的水平上讨论了电流和电压，现在我们需要将它们关联起来。如果电压是两个电荷之间的压力，电流是电荷的流动的话，那么电压应该驱使相应数量的电荷的流动。然而，正如我们提到的，电荷在它们的路径上通过典型导体时会碰上障碍，这会导致摩擦或阻碍电流的流动，从而产生压力差。我们可以认为在电压和电流的比例这个恒定的值是电阻。因此，著名的公式如式（1.3）所示，其中 V 代表电压，I 代表电流，R 代表电阻。

$$V = IR \tag{1.3}$$

应当可以理解的是，式（1.3）是一种理想情况，假设电流和电压之间呈线性关系。在现实中，这是不正确的。对一些材料而言，电压和电流之间的比值可能显著地变化。另外，这个比值还取决于温度。例如，一些金属的电阻随温度的升高而增加。最后，导体的形状在电阻中起到了很大的作用。电阻率指的是固有材料抵抗电流流动的性质，其被表示为 ρ。此属性可以基于导体的长度和横截面的面积被量化，如式（1.4）所示，其中 R 代表电阻，ρ 代表电阻率，l 代表导体的长度，而 A

代表一个导体横截面的面积：

$$R = \frac{\rho l}{A} \tag{1.4}$$

由式（1.4）可直观得出，导体长度增加电阻也增加，因为电流需要流过更长的路径；降低截面积也增加了电阻，因为电流被约束在较薄管道内。电阻的单位是欧姆（Ω）或伏特每安培（V/A），重新排列式（1.3），而电阻率的单位是欧姆·米（Ω·m）。

电导是电阻的倒数（$G = 1/R$），电导率是逆电阻率（$\sigma = 1/\rho$）。因此，电导可以来自于电阻，如式（1.5）所示，其中 G 代表电导，σ 代表电导率，l 代表导体的长度，而 A 代表一个导体横截面的面积：

$$G = \sigma A / l \tag{1.5}$$

对电力系统而言，绝缘是一种重要的材料特性，为了获得高电阻或低导电性的目标，以保持电流安全流动。塑料和陶瓷通常用于此目的。一个用于估计电力线上电压的量的老技术是按杆塔电力线上挂的陶瓷绝缘子的数量计算。绝缘子的数量和电力线上的电压成正比。在高压线上的绝缘子的比例可以取决于气候，因为正如前面所提到的，空气可以被离子化并导电，湿润、潮湿的空气会更容易传导电流，因此需要更强的绝缘。

1.3.4　电路

从电力系统的角度来看，重要的一点是压降。正如在1.3.3节已讨论的那样，电压正比于电流和电阻。在电力线中，电阻是明显的。然而，电流将根据负荷而变化；即，消费者和工业使用由电力线传送的能量给电力设备供电。随着越来越多的用户使用更多的电器，电流增大，这会增加电压。结果可能是电压不足和停电。

正如前面提到的，当电荷流经导体时，与障碍物相撞，并且这些碰撞引起摩擦，这将导致电阻发热。发热随着电荷向低电势流动。这种热可用于电加热元件或者它可能会产生潜在的和不被希望的危险，因为这有一些发生在电力线或电气设备中的例子。电力线的目标是尽可能高效地传递能量；电力线传输能量过程中热不是所期望的目标。类似地，电子装置（诸如变压器）是被设计用来从一个电压到另一个电压转换功率，同时不产生热量。正如我们所提到的，这样的热量趋于增加阻力，增加电压降。热最终可能达到电力线的熔点或损坏绝缘的点，从而导致电源故障，这将在后面详细讨论。电力系统的一个完整方向专门为防止或减轻这些问题，被称为保护。

从通信的角度来看，电阻发热是比较小的问题；这就是电力系统和通信之间的一个明显的、但根本的不同。通信着重于最大化信道容量和最小化功耗。通信中额外的功率通常会导致噪声；它降低了信噪比。通信系统努力在一个通道中最大化信噪比。这通常意味着增加信号的功率电平，但通信的功率电平数量级低于电力系统的功率电平数量级。因此，尽管电力系统尽可能地寻求最大化功率流，而通信系统力求用尽可能少的功率最大程度地接收信号。

电阻加热给我们带来了我们所讨论的有用的第一个实例，即热量产生的形式。让我们来进一步看看。产生的热量可以用功率来度量，即每单位时间产生的能量。这是能量转换成热量的速率，这种度量认为是很有用的。让我们来看看这如何涉及我们目前讨论的电气参数。电压以单位电荷能量为单位。因此，单位电压包含我们需要的电力的能量，这是每单位时间的能量。然而，电压本身缺少时间概念。但请记住，电流是电荷的流动或者电荷流动的速率。因此，电流包含时间的概念，并且因为它涉及速率，即一些随时间变化的事物。如式（1.6）所示，不难看出功率和电压及电流之间的关系：

$$\frac{电荷}{时间} = \frac{能量}{时间} \tag{1.6}$$

式（1.7）显示的同样是功率和电流、电压的关系。

$$P = IV \tag{1.7}$$

式（1.7）来自焦耳定律，它还有另一种形式，如式（1.8）所示，其中 I 代表电流，R 代表电阻。该式可由欧姆定律推导出来，用 $V = IR$ 替换式（1.7）中的 V：

$$P = I^2 R \tag{1.8}$$

功率的单位是瓦特（W）。需要注意的是电流的二次方，因此随着电流增加它产生比相同的电阻增加所产生的影响更大。然而，应用这个公式的时候考虑其他的关系也是重要的；换句话说，不能够盲目地应用这个式子。举一个简单的例子，在一般情况下，不能通过简单地增加电阻来增加电网功率。电力部门需保持住宅输入电压恒定为120V，而不管从电网中需求多少功率。由于欧姆定律适用和电压保持相对恒定，故需减小电阻，来使电流增加。电流是通过二次方的形式增加来影响功率。因此，在这种情况下，降低电阻实际上能显著增加功率。这样做的极限为，设置电阻为零，造成短路，也被称为电源故障。

电力线经历了不同的情况：当电压变化的时候电流是持续稳定的。由电力线上的负荷吸收的电流控制流过电力线的电流；线路电阻对于电力用户电流的影响可忽略不计。这样，从电力线的角度来看，电流是恒定的时候电压沿着电力线降低。因此，电力部门必须处理这个电压降问题，以保持恒定120V电压提供给整个电力线上所有的电力用户。$I^2 R$ 表明电阻加热，将会消耗功率，功率正比于电阻。

现在依照式（1.7）和式（1.8），考虑电压与传输线损耗。产生一个给定的 P 有很多的 I 和 U 的选择。然而，由于热损耗与 I^2 成正比，故可以通过选择一个较低的 I 和较高的 V。因此，高压输电似乎是更有效的，而且这个已经实际应用在输电中。在配电初期，变压器还未被发明出来；由于大电流和低电压，输电距离被限制在只有几英里之内。维持现代高电压输电和配电需要更高的成本，并且要求维持更高的绝缘水平。

1.3.5 电磁场

场被提出来是为了作为一种量化一个实物与另一个实物没有物理接触时怎样对

其产生作用的方式。场可能像一个抽象的数学图或正面拓扑图，但没有明显的物质现实。电荷的吸引和排斥是场的经典例子，虽然引力可能是一个我们遇到的更普遍的场。我们被地球吸引，虽然没有明显的力推动或拉动我们朝向地球。有一个明确的方向和力，在空间中所有映射的点的物体都能被吸引到地球。这个映射是一个场。然而，一个场更甚于一个抽象数学图。在研究磁场的过程中，迈克尔·法拉第首先意识到了一个场作为一个真实的物理对象的重要性。他意识到场有一个独立的物质现实，因为它携带能量。

场在电力系统和通信中都极为重要。场创建流经电网的功率，场沿输配电力线路波动，场移向电力用户的设备。在通信中，场是电子振荡器的关键组成部分，它们最终通过空间传送信号。场是电力系统和通信的真正主力。

回想一下，电势能赋予一个电子吸引和排斥其他所有电子的势能。如果其他电子保持固定，电势能随着我们正在讨论的特殊电荷的位置变化。从概念上讲，电荷可以移动到每一个位置，势能相应地变化，从而创造出类似于一个地形图的图，其中，图上的高度对应于在该位置的能量。在地形图上，线路沿恒定高度的路径绘制；线更接近在一起，表明高度更快速地变化。该地形图是类似的电场，但有显著差异。电场图是由在一个给定位置的电荷的力绘制的，不是由电势能绘制的。电荷上的力以距离的二次方的一定速率减小。

还有另一种场其本质与电场不同：磁场。运动电荷产生磁场。这发生在亚原子层面也发生在宏观层面。电子是运动的电荷，有轨道运动和旋转运动。当这些运动方向一致，该材料产生磁性。然而，不同于电荷，磁场有两极，正极和负极，或指南针中的南极和北极；磁场必须作为双极子存在。由于运动电荷产生磁场，按理说，电流是一组运动电荷，也应该创建一个磁场。右手定则是每一个学生都记忆深刻的法则：用你的右手，你的拇指指向的方向代表电流的方向，那么你的手指卷曲的方向即磁场的方向。增加电流可以增加磁场，或者可替代地，将多个通电导线朝着同一方向彼此邻近，在这种情况下，磁场将增加。这通过将导线缠绕成线圈可以方便地实现。磁场线被集中在中心，将彼此增强，在中心创造一个强电场。我们可以用表示强磁场的线圈中心的线形成我们的地形图。右手定则如图1.5所示。

该磁场具有方向，并且用向量$\vec{B}$表示，单位为特斯拉（T）或高斯（Gs）。1特斯拉等于1牛顿每安培米 CN/（A·m）。这可以被看作是具有1库仑（C）电子的粒子通过1T的磁场，以1m/s的速度，受到1N的力。1T仅仅是10000Gs，磁通量与磁场密度有关。磁通量，记作ϕ，指通过一个给定的表面上磁场的量，其单位是韦伯（Wb）。

1.3.6　电磁感应

我们已经知道电荷的运动产生磁场，并且，正如1.3.5节所述，磁场可以对电荷施加一个力，导致电荷移动并产生电流。产生电流的过程是极其重要的，因为它是生产电能的基础，并参与在电动机的运行以及其他应用的运用中。但是，为了创

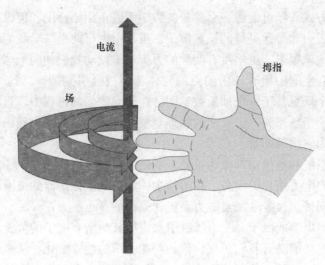

图 1.5 右手定则，其中拇指指向电流的方向、卷曲手指指向磁场的方向。来源：通过 Jfmelero（自己的工作）［GFDL（http：//www. gnu. org/copyleft/fdl. html）或 CC－BY－SA－3.0－2.5－2.0－1.0（http：//creativecommons. org/licenses/by－sa/3.0）］，通过维基共享资源

建一个持续的电流，该磁场必须不断移动。让我们来看看在电流产生过程中涉及的几何知识。想象，磁场线是向上穿过纸面，如尖峰一样。现在想象从页面顶部向页面底部穿过的线，从页面左滑到右。跨页导线的这种运动将导致电流流过导线，迫使负电子从导线的底部流出。洛伦兹公式描述如下：

$$F = qv \times B \tag{1.9}$$

式中，q 是电荷；F 是力的向量；B 是磁场。该叉积可以通过再次使用右手定则被记住。食指指向线的移动速度运动方向，中指指向磁场的方向。拇指指向电流的方向。叉积被定义为 $a \times b = ab\sin\theta n$，其中 n 是由定义右手定则定义的，θ 是 a 和 b 之间的角度。因此，线的速度的方向与磁场的方向所形成的角度小于直角时，电流减小。如果导线移动方向与磁场平行，那么将没有电流流动。线的运动和磁场强度的改变将导致电流产生。这两种方法都用于电流的产生。产生电流的这个过程被称为电磁感应。

电磁感应在感应和通信方面起着一个显著作用，在电力系统内的发电机和电动机方面也起着重要的作用。一个简单的例子，嵌入在路面的导电环在交叉路口用来检测车辆什么时候位于其正上方。这是可检测的，因为在车辆内的金属改变环的电感；一个 LCR 振荡与频率的变化，说明车辆的存在，这通常用来改变交通信号。感应用于植入式医疗设备的电源和通信，如助听器。最后一个例子是，感应应用于早期射频识别（RFID）。RFID 读取设备发射的电磁波，用来与 RFID 标签进行通信。阅读器的电磁波的磁性部件可以感应在标签上的电流不仅用来传递信息，而且还可以将电力提供给标签。因此，该标签可以是无源的；它不需要电源供电。然而，它需要一个并不总是像用户所希望的那样小的导电线圈。后来，电容耦合被用于纸张上的碳油墨。最后，使用有源标签，其中标签可以存储大量的电能并主动发送射频信号。这里的目标不是详细介绍交通探测器或 RFID 技术，而只是简单地强调功率、通信和在这种情况下的电感之间的关系。

我们现在已经引入足够的背景信息，以解决一个有趣的现象：电磁场的传播，即电磁波。几乎每一个年级的学生都知道无线电波；我们大多数人在成长中已经被"教"过无线电波，并认为这是理所当然存在的，但电磁波是什么？我们怎么知道它们是波呢？为什么能量应该这样传播并且什么使我们相信，这种传播以波的形式？因为电磁波在通信中发挥如此大的作用，它是重要的，需要花费一些时间来解决这个问题。现在，继续讨论我们知道它们是波的假设；波方面的知识将在后文进行更详细讨论。

如前所述，在一个场中运动的电荷产生一个磁场。电场以脉冲波的形状连续地运动；因此，它的运动产生垂直于其电场的磁场。波是自我繁殖的，每个场感应出另一个场。波频率的单位是每秒多少周期或赫兹（Hz），波长是从一个波峰到下一个波峰的距离。频率乘以波长，或从一个周期到另一个周期的长度，产生波传播的速度。波传播的速度恰好是常数：光速，或 $3 \times 10^8\,\mathrm{m/s}$ 或 186000mile 的时速。因此，波长和频率之间存在固定的关系，因为该结果是恒定的。更快的频率导致更短的波长。光的速度产生物理感觉，产生电磁场能够诱导彼此在相同的强度的速度。如果波的传播速度更快，场会产生能量，这是不可能的。如果波的传播速度更慢，其将失去能量，因为能量守恒。因此，从能量守恒，可以推导出电磁波的传播速度，光的速度。

这种传播现象已被用于许多不同的通信方式，从光缆携带光波到无线电台通信。无线通信是特别有启发性的考虑。在发射机中，在某种方式下电荷移动或摆动传达信息。此电荷，通过天线移动，创建一个电场。此电场创建一个相应的辐射到空间的磁场。当独自传播的电磁波通过天线，如前所述，磁场与导线的相对运动导致电荷流过导线。这个电荷将与产生它的磁场有相同的频率。因此，嵌在磁性波中的信息的特征，如它的幅度或频率，将反映在感应天线上的电荷中。然而，需要注意的是电磁场不"知道"导线或其他导体是否恰好是一个接收天线。这显然会诱导在任何导体中产生相应的电流。因此，来自于太阳辐射地球的电磁波将有充分的能量在电力线内部激发危险电流。这个电流足够引起变压器熔化或断路器跳闸。换句话说，上述天线将成为行星天线。

1.3.7　电路基础

现在我们已经完成了一个非常简短的和直观的基础物理的介绍，包括电磁波的传播，让我们以非常简短的和直观的目光回到电路和磁路。在本章的其余部分，我们将假设读者具备基础电子学方面的一些背景。因此，本节将快速地略过基本材料知识，仅仅介绍在电力系统和通信方面重要的内容。

我们首先从电源系统的角度介绍电阻或负荷。当电阻串联时电阻值相加。电导是电阻的倒数。当电阻彼此平行时，电阻率相加：

$$\frac{1}{R} = \frac{1}{R_1} + \frac{1}{R_2} + \frac{1}{R_3} + \cdots \tag{1.10}$$

假设3个电阻并联，简单的代数运算结果为

$$R = \frac{R_1 R_2 R_3}{R_1 R_2 + R_1 R_3 + R_2 R_3} \tag{1.11}$$

可以利用矩阵进行分析和讨论（Bush，2010b，第102~106页）解决复杂的随机电阻网络问题。将在第6章中进一步讨论网络拓扑和复杂性；这里重要的一点是，通过电路的电流和电压主要是网络拓扑结构的问题。

在电力系统中，用户负荷被设计成并联连接于电网。这使得电压为所有用户负荷保持恒定。然而，负荷将会吸引更多或更少的电流，其操作变化，可以提供适当的功率。因此，并联的负荷，每个负荷与在同一根电力线中的其他负荷可以保持独立。在不正常状态下负荷的相互独立性才成立；也就是说，如果吸入大量的影响局部电压的电流，在线上的全部其他电压也将受到影响。

基尔霍夫电压定律为，闭环电压之和一定为零。有很多直观的方式来体现这条规则。一个实例，以电路上的任何点为始，测量在其周围的电路点电压（参照另一个共同点为所有点测量），它才有意义，当我们测量了电路中的所有环路，到测量回起始点时我们将测量到相同的电压；这没有理由认为它是不同的。此外，这是电能保护的一种形式；如果围绕该环路的电势总和不为零，则可以产生无限期地围绕该环路的电荷。这将类似于著名画家埃舍尔所画的题为《瀑布》的画作，其中水道形成一个环路，但沿途所有的瀑布似乎都向山下流动，但是这本身又是不可能的。

基尔霍夫定律存在于麦克斯韦基本式中。开始查看式（6.40），在静电场中的法拉第感应定律（这将在第6章详细地介绍），为了解释基尔霍夫电压定律。然后考虑其 $\nabla \times \vec{E} = 0$。接着运用开尔文-斯托克斯定理，如式（1.12）所示：

$$\int_{\Sigma} \nabla \times \boldsymbol{F} \cdot \mathrm{d}\boldsymbol{\Sigma} = \oint_{\partial\Sigma} \boldsymbol{F} \cdot \mathrm{d}\boldsymbol{r} \tag{1.12}$$

这将导致

$$\oint_{C} \boldsymbol{E} \cdot \mathrm{d}\boldsymbol{l} = 0 \tag{1.13}$$

式（1.13）表明，围绕闭环 C 的线积分电场是零。换句话说，闭环 C 周围没有电位差，其中 C 是任意闭环。

基尔霍夫电流定律指出，在一个电路中的一个点流入和流出的电流总和必须为零。这有另一种守恒定律：电荷不能创建、销毁或以一些隐藏的形式存储在电路中。基尔霍夫电流定律可以在高斯定律（6.37）和安培定律（6.41）中发现。

基尔霍夫电压和电流定律非常简单，但它们构成了电力系统的基础。给定电路，可以使用基尔霍夫定律构建用于解出电路中所有元件的电流和电压的线性独立方程矩阵。事实上，因为网络拓扑定义了电路，所以基尔霍夫或导纳矩阵在学习网络拓扑中起了很大的作用。值得一提的是，研究人员正在探索使用出现在麦克斯韦方程组中的算子，如网络图中的散度算子。主要区别在于出现在麦克斯韦方程中的算子，如拉普拉斯算子是连续算子；也就是说，它们适用于连续的空间和流量。网络图中的类似算子是离散的，如离散拉普拉斯算子；它适用于与在网络中的节点关联的离散值。

还存在适用于电路的叠加原理。该原理指出，在一个电路内的多个电流或电压源的综合影响可以独立地进行分析，并产生可以独立进行总结的效果。概念上，例如，DG 系统中的各发电机可以被独立分析，将电力传送至一系列客户；可以增加电力线上的传输电流的总和。因为，正如我们前面提到的，电压保持恒定，每个电源都可以被认为可提供电流，其中，通过输电和配电网络的电流是累加的。可以策略性地应用叠加原理以帮助简化分析。

1.3.8 磁路

我们刚刚完成了电路的一个非常简短的回顾，涵盖了一些比较重要的知识点。我们继续这种模式，在本节以发现电方面主题的类比开始。在这里，我们讨论对电路的模拟，也就是说磁路。电路是大家相当熟悉的，通常它被认为是载电导体从电源处携带电流通过负荷并返回到电源。电流是电荷流动产生的。回来讨论磁场，在磁场中没有磁荷。磁场是由环路组成的；磁力线没有开始也没有结束。磁场线的密度由磁通量表示。磁通量是一个测量穿过给定表面面积的磁场的量。需要注意的是，在技术上，磁通量是通过给定的表面积磁场线的数目，从总数中减去通过表面以相反方向通过的磁场线。另外，磁通量取决于通过表面场线的角度；垂直于表面的磁场线比具有平行于给定表面的分量的磁场线增加磁通量更多。

正如电路承载电流一样，磁路承载磁通量。由于磁场线总是形成环路，因此有些磁通的路径相当于自然电路的路径。磁体，作为磁场线的来源，因此接近磁体具有更大的磁通，远离磁体具有较小的磁通。磁路在发电机和变压器中起着重要作用，一般存在于强磁场和线圈中。

用于磁路分析的磁阻R_m类似于电路中的电阻。它量化了磁通流过材料的难度。类似的电场导致电流沿着阻力最小的路径流动，磁场导致磁通沿着最小磁阻的路径流动。磁通渗透性是指磁场流过的物质的容易度，由μ表示。磁阻与材料的物理性质有关：

$$R = \frac{l}{\mu A} \tag{1.14}$$

式中，l是材料的长度；A是材料横截面的面积；μ是磁通量，就像电流的电导率一样。磁通和电流之间的一个显著不同之处在于金属的电导率比常用的在导电材料中的材料高得多。μ_0 代表真空磁导率，不是零，并且空气具有非零的磁导率。因此，磁通量不局限于导电介质。通常有一个漏磁通量的概念必须被考虑。

既然我们知道 B 场，它是由于材料内磁场可以自己改变而变得可变，那么这个可以改变的场就称为 H 场。如前面提到的，磁导率 μ 是一个材料允许磁场流过它的能力的一个属性。B 和 H 场之间的关系如下：

$$B = \mu H \tag{1.15}$$

我们知道，磁通量是电流在电路中的模拟，但电压模拟的是什么？有一个磁通势（mmf）类似于产生磁场的电动势。正如我们所知，该磁场的强度取决于产生的电流。通过将导线绕成线圈，电流的影响在产生磁场时增强了。因此，式（1.16）量化了磁动势，其中 N 代表线圈匝数，i 代表流过线圈的电流：

$$mmf = Ni \tag{1.16}$$

如前所述，欧姆定律涉及电压、电流和电阻，$V = IR$。霍普金森定律是磁路相应的模拟：

$$mmf = \phi R_m \tag{1.17}$$

式中，mmf 是跨越一个磁性元件的磁动势；ϕ 是通过磁性元件的磁通；R_m 是元件的磁阻。一个简单的代数运算是

$$\phi = \frac{mmf}{R} \tag{1.18}$$

对于大部分材料而言，磁阻与磁通量通常不是线性关系；因此，不能简单地把磁阻看作阻抗。然而，例外地，在串联时磁阻采用阻抗类似的方式。

如前面提到的，磁通量采用磁场线的方式流过给定的表面。该表面可以是一个线圈的表面。磁通量流过一个线圈的线匝叫作链接线圈。磁链 λ 为磁通通过线圈产生的影响的量度：

$$\lambda = N\phi \tag{1.19}$$

式中，N 是线圈的匝数；ϕ 是磁通量。

回想一下，通过线圈的电荷产生的磁场，从而生成通量，不仅磁场存储能量，并且可以创建一个流过线圈的电流。在之后的进程中，正如我们已经讨论的那样被称作诱导，交链磁通的作用被展示在如下式中：

$$\lambda = Li \tag{1.20}$$

式中，L 是测量的电感（H），这将在后面的章节中详细讨论。看上面的两个公式，电感在概念上是衡量磁通量与给定电流量相关联程度的一个量。

本节介绍了电荷、电压、接地、电导率、欧姆定律、电路、电场和磁场、电磁感应、电路基础和磁路等相关内容的基础。还有更多涵盖电力系统和通信的基本原理；涉及章节主题的内容将在下文进行详细的叙述。上文介绍的内容在发电、输电、配电和用电方面有用的将在后面的章节中使用。在本章的剩余部分，重要的一点是发生在电力系统中一组复杂的物理现象。随着电网变得更大和更互联，电网的

复杂程度持续增加。因此，让我们改变观点并且简要地看看电力系统故障研究，激励电网如何以及为什么可以改善。在此之后，我们将讨论驱动力和智能电网的目标。最后，我们用熵和信息的概念结束本章，因为它们与电力系统有关。

1.4　案例研究：停电事故的事后分析

从电力系统的基本物理学中结束，让我们短暂的休息之后，来研究电网如何运行在更高，更抽象的层次。当考虑电网的时候，头脑中有低级别操作和高级别系统互联性的意识是重要的。仅仅聚焦在低级别物理学方面会错过重要的、潜在的、灾难性的、高层次的特点。更具体地说，我们将从一个系统级的网络角度观察电网是如何产生故障的。我们要寄希望于智能电网并且仔细考虑它应用的地方，这可能让我们思考是否存在更可靠系统或是否它可以使我们更接近于"临界点"。大部分智能电网的研究都集中在假定它们完全运作的情况下试图提高系统的效率。另外，从错误中得到经验也是可能的。

1.4.1　停电事故的启示

读者可能已经开始从电力系统的基础介绍中获得了电网的概念，电网是一个大型的、相互关联的、动态的系统。它被称为有史以来人类建造的最复杂的系统。它是一个复杂的系统，在这个系统中，复杂系统的规则应适用，并洞察其运行。复杂的系统是介于秩序和混乱边界的系统。如果太有序，系统被锁定成平衡状态，因此，缓慢并无法适应变化的条件。如果太乱，响应就会太快，分割成不规则成分，失去系统的连贯性。因此，许多复杂理论集中在秩序和混乱之间过渡的系统。在这样的系统中，一个吸引的条件是系统倾向于被吸引甚至扰动的系统状态。

一个复杂系统的最简单和直观的实例之一是，有一个增长的沙堆：加一粒沙子到沙堆，对大多数沙子可能完全没有影响或可能导致灾难性的雪崩。这样复杂系统的一个共同特点是在整个系统中所有尺寸均有尺度不变性，也涉及自相似性、行为的相关性的概念。作为一个单一的连贯系统，一个复杂系统能够应对全球范围内的活动。不知怎的，信息在整个系统中传播，使其吸引者恢复到自然状态。这种复杂系统理论的特殊的形式被称为自组织临界性（Bak 等，1987）。电网出现这种行为的迹象，我们将拭目以待。电网故障类似于向沙堆上添加沙子：要么没有效果要么发生大雪崩，相当于级联故障事件，或灾难性的失败。这是尺度不变性方面；有扰动也和无相关性造成的影响。因此，即使一个小的扰动也可导致大的功率电网级联故障。这是脆性系统理论（Bush 等，1999），高性能系统往往不会经常失败，但是当它们失败时往往是灾难性失败，而不是简单降级。如果复杂系统恰好是电网，我们想知道，如果为了寻求更高效率而推动电网接近其极限运行，智能电网会不知不觉设计一个引子，使我们进入这种高性能但灾难性的失败机制。

尺度不变性可以以数学方式来表达，而不是简单地通过电力准则。给定关系的函数 $f(x) = ax^k$，通过常量 c 改变自变量 x 的幅值会导致幅值函数本身成比例变化，如式（1.21）所示：

$$f(cx) = a(cx)^k = c^k f(x) \propto f(x) \tag{1.21}$$

换言之，由一个常数 c 通过一个恒定值 c^k 简单地乘以原始幂函数进行缩放。与给定的比例指数 k 所有的电力规则都与一个常数因子等价，因为每个都只是另一个的一个缩放版本。当对函数 $f(x)$ 和 x 取对数，这将成为一个明显的线性关系。当然，在进行概括时必须小心，因为只有有限量的真实数据能够被绘制，在电力规则的指示下的对数曲线的直线标记是必要的，但不是充分的、真正的电力规则下的条件关系。那么，根据电网真正表现出复杂系统的特点了吗？如果是这样，这对智能电网意味着什么？我们可以直接解决第一个问题。第二个问题是，读者可能工作在智能电网，随着我们在整本书中更深入地研究电网将会回答。许多网络都遵循度的分配，如式（1.22）所示的幂法则，指数 γ 通常位于 2 和 3 之间：

$$P(k) \approx k^{-\gamma} \tag{1.22}$$

一个典型的网络分析检查渗透或连接，网络节点失败或者遭到恶意攻击。我们的目标是检查网络结构的坚固性；即，保持在网络中所有节点被连接或在删除节点或边缘时保持网络中所有节点连接的能力。一个典型的假设是发生在节点的错误是随机的，而攻击会发生在有高度连接的节点。关键分数 f_c 在网络瓦解前为从网络中移除的节点的分数；即，网络不再是单一的连接结构（Cohen 等人，2000）。f_c 可从一个特定的网络拓扑结构中解析确定。欧洲电网的研究（Solé 等人，2007）与理论临界分数比较真实中断。对于较大的幂指数 $\gamma > 1.5$，预期 f_c 值非常类似于由理论所预测的值。这些在下面的讨论中被称为稳健网络。然而，电网具有较低指数（当 $\gamma < 1.5$）时与预测值偏离较大。这些在下面的讨论被称为脆弱网络。虽然没有发现这种区别的明确的原因，但就老化的电力基础设施中不断增长的互联性提出了建议。具体而言，为了增加电网的可靠性，更多的冗余连接被补充，增加了电网网络的互联互通。然而，虽然提高可靠性的用意是好的，但意想不到的影响可能是故障也可以通过这样的高互联网络更容易地传播，并且它可以成为一个更复杂的过程来隔离这种高互联网络的故障段。理想的情况下，智能电网通信应该能够更有效地实现更复杂的广域故障检测、隔离和恢复，并有助于在这种高互联网络中的问题传播太远之前抑制不稳定问题。然而，谨防意想不到的后果始终是重要的。

图 1.6 清楚地表明在欧洲电网历史上功率故障的尺度不变性质。正如我们讨论的自组织临界性，这些尺度不变特征可以是复杂或脆弱系统的迹象。随着智能电网通信被添加到电网，电网变得复杂，并且将变得更加复杂，我们预期幂律指数将继续增加。电网将变得更加有效和操作更接近其极限，例如其热极限。电源故障会变得少之又少。然而，为了保持幂律，当故障发生时，它们会更大，并且更具灾难性。此外，我们需要注意意想不到的后果和避免脆弱系统（Bush 等人，1999）。

采取超越单纯的网络结构的一个步骤，研究观察网络的带负荷能力如何与网络结构交互（Zhao 等人，2004），在这里负荷是一般商品；例如，数据、电力或水

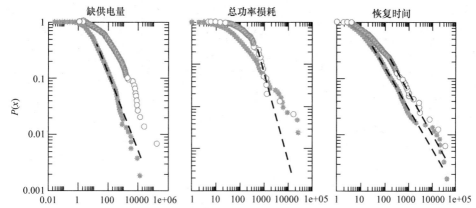

图 1.6   停电的严重程度体现在没有被提供的能量的数量、功率的损耗以及电源恢复时间。能量以兆瓦每小时（MW/h）为单位，功率以兆瓦（MW）为单位，而时间是以分钟（min）为单位。圆圈表示"稳健"网络拓扑（即，它们具有相对高的程度互连性）而星号表示更脆弱拓扑（即，那些具有相对少的互连性）。智能电网技术的发展如何影响这些曲线，智能电网通信的影响是什么？更复杂的系统中，会更接近其极限运行，导致更少的但更严重的灾难吗？来源：Rosas-Casals，2010，经过 IEEE 许可转载

流。换言之，它能解决一个系统，当网络结构被干扰时，怎样能重新分配负荷的问题。在这里的这个概念是均匀负荷。也就是说，所有链路负荷的平均分配，在这样的系统倾向于比多相负荷生存更好。功率流熵的概念被定义来解决这个问题。

在讨论智能电网通信时，我们需要认识到当电网处于压力之下时，通信最被需要，也是最重要的；即当网络上发生边缘灾难性故障的时候。然而，当电网处于压力下，被测量和传输的信息变得更不稳定，难以压缩，并且需要更多的带宽来表达相同的保真度的信息。事实上，目前的运作方式，没有应用通信技术，就是在系统崩溃后详细分析电网数据。作为一个例子，图 1.7 示出了处于麻烦中的电网电压随时间的变化。电压不再持续，且大幅波动。既然我们以前讨论过无尺度系统，那么现在在讨论无尺度数据，无尺度数据有几个模式；它类似于白噪声，几乎不可压缩，可能需要大量的带宽。实际上，通过检查其测量参数的可压缩性来确定系统健康的研究已经完成了（Bush，2002）。

1.4.2   一个简单的案例研究

最大的停电事故之一发生在 2003 年 8 月美国东北部。我们可以试着去了解这一事件作为电力系统故障在现实生活中的例子，激发我们思考"智能电网"在未来可能会做什么去改善这种情况。我们还应该思考通信在这个现实生活中的级联故障停电中将扮演什么角色或可以发挥什么作用。

2003 年 8 月 14 日，跟往常一样普通，当时间到了美国东部时间 15：05 的时候一切变得不一样了。停电没有任何迹象就发生了。这是一个炎热的一天，空调器需求高的电功率。然而，需求没有过高。电能调度从南部和西部，通过俄亥俄州到达包括密歇根和安大略湖的北部和包括纽约的东部。正如我们将在后面学习的，交流

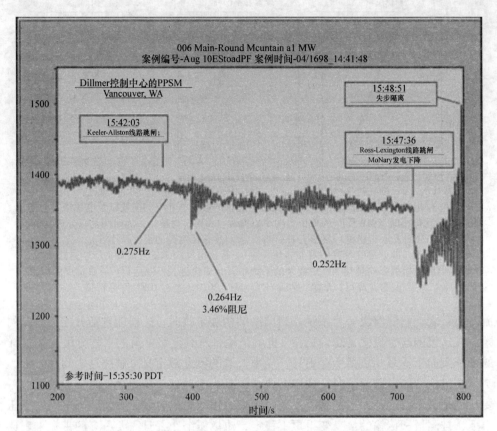

图 1.7　遇到问题的电网的电压随时间的变化。最被系统需要的通信应该被强调并且
大量难以压缩的数据必须被转移。来源：Dagle，2006，经过 IEEE 许可转载

电频率是衡量电网健康状况的重要指标。频率是可变的，但不可过量。那天几个发电机都停止服务；然而，电力系统经营者，他们通常可以应急分析那天的情况，确定仍有安全运营的余地。事实上，调查发现，事件发生后，东北互连能够经得起至少 800 个进行模拟的可能的紧急情况中的任何一个情况。换句话说，该系统应具有正处于停止服务的备用发电机。断电范围如图 1.8 所示。

在俄亥俄州北部，8 月 14 日上午和下午的电压很低；但从历史的角度来看，显然不应该是这样。事实上，俄亥俄州周围的北部地区的运行接近电压崩溃，虽然没有发现这一事实是直接的停电原因。用于空调的高功率需求和无功功率缺乏导致系统接近电压崩溃，之后将详细解释。后来确定电力系统运营商还没有充分研究在克利夫兰－阿克伦（Cleveland－Akron）地区的供电最小电压和无功功率。由于比较重的负荷，俄亥俄州北部那一天是电力净进口地区，进口的高峰期达到2853MW，这也造成了高消耗的无功功率。如那些在空调中使用的，感应电动机重度使用使功率因数降低，并增加无功功率消耗。如所提到的，在该地区的一些发电

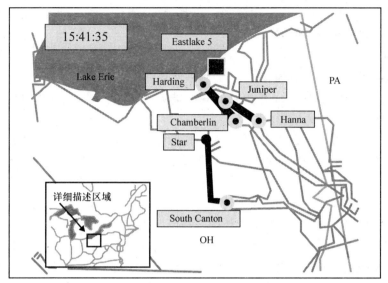

图1.8 2003年美国东北部大停电的起源位置突出了升级为大停电事件的主要地点。

来源：Makarov 等，2005。经 IEEE 许可转载

机可以供给按照计划维护服务之外的无功功率；然而，这不是停电的直接原因。

8月14日中午前后在该地区的一些保护继电器开始跳闸。这些跳闸都不是大停电的直接原因，但它们对停电有影响。首先，由于陷入困境，Columbus – Bedford 线跳闸；陷入困境很快在后面发生的停电事故中扮演了重要的角色。然后，由于导套失效引起的断线，Bloomington – Denois Creek 230kV 线路跳闸。这是重要的，因为这条线路的损失没有包括在该系统的状态估计流程中。状态估计用于当经过给定有限的采样信息的系统确定功率的状态时提高精度，这将在后面详细讨论。东部夏令时13：30，能够提供急需的无功功率的 Eastlake 5 号机组发电机为满足需求被推到了极限，跳闸了，然后从系统中脱机。这进一步增加了进口更多电力进入该地区的需要，虽然输电线路负荷仍在其最大的限度能力之内。

操作员清楚地意识到即将发生电压问题，因此采取措施来解决这个问题（NERC 指导小组，2004 年），打了下面的电话。

- 在13：13 给 Sammis 发电厂打电话："你能把你的电压提高到138V 吗？"
- 在13：15 给 West Lorain 打电话："谢谢！我们开始使系统各地的电压下降"。
- 在13：16 给 Eastlake 打电话："我们得到了一个比我们认为的更大的负荷。所以我们开始使系统各地的电压下降"。
- 在13：20 和13：23 之间："我们正在使系统电压下降，我需要一些帮助"。问另一个发电厂："你能提高你的电压吗"？
- 在13：24 给"第9 单元"打电话："你能提高到345V 吗"？在13：26 和13：28 又给另外两个地方打电话："你能给我更高的电压吗"？

- 在 13：41 给 Bayshore 和在 13：43 给 Perry 操作员打电话："给我看看你们能做什么，我正在受到伤害"。
- 在 14：41 给 Bayshore 打电话："我需要关于电压的一些帮助……我全部的系统都瘫痪了……"对方回答："我们刚刚恢复过来"。

该操作员还要求在 Avon 变电站的电容器恢复服务。我们将在本书后面看到增加电容对校正功率因数的影响。

现在，我们可以看到，该系统接近电压骤降，但发电机没有被要求放弃有功功率来产生无功功率。如前面所提到的，通过俄亥俄州北部从西南到东北比较大的功率转移正在发生。被考虑的一个问题是在俄亥俄州北部的电压问题是否是由正在发生的高要求电能传输引起的。功率传输有最小的影响这件事是确定的；无法提供高需求的无功功率是电压问题的主要原因。在该地区的交流电流频率分析精确地展示了中午的频率平均降；然而，这是一个为了实现时间校正的计划事件。频率一般是变化的，在停电之前频率出现尖峰，但是这可通过计划中的增加发电量来解释。

既然我们已经描绘了导致停电的情况，那么我们现在来看看到底是什么被确定为停电的直接原因。第一个原因已经提到：Bloomington – Denois Creek 230kV 线路损坏，事实上，更显著的线路损坏并没有反映在状态估计上，导致状态估计不准确。一系列地方事件的发生，导致了 Sammis – Star 345kV 输电力线路跳闸，由此级联的故障开始不受控制，通过北美洲东北部进行传播。因此，这些事件是怎么发生的呢？

首先，如所提到的，Eastlake 5 号发电机跳闸。有人猜测如果 Eastlake 5 号发电机没有出现跳闸，级联故障和相应的停电事故可能是可以避免的。然而，Eastlake 5 号发电机事件并不能真正被认为是停电的首要原因，因为即使 Eastlake 5 号发电机故障，系统仍然在安全运行极限之内。停电的更直接原因发生在美国东部时间 14：14，在控制室内的报警和记录系统出故障，从而导致运营商感知能力下降。这显然影响了 EMS 的能力和严重退化了运营商监测和控制该系统的能力。14：30 左右时这似乎已非常明显了，接到的电话表明 Star – South Canton 345kV 联络线重新闭合。直到接到电话，当地运营商还没有意识到本次事件的严重性；这是运营商盲目地运行以来第一次明确的指示。接下来直接导致停电的本地事件是在俄亥俄州北部的两个关键的 345kV 线路与树木接触而损坏。这种转向功率流从 345kV 线路流到网络容量较小的 138kV 线路上。在这里，我们开始看到一个在运行中的级联故障。138kV 线路没有被设计来承载如此大的功率，因此它们迅速超载。与此同时，在俄亥俄州阿克伦（Akron）区域的电压突然下降。现在，可以理解，继电器保护为什么十分重要，这将在后面的章节详细说明。现在，简单地说，增加负荷和衰减电压造成 16 个 138kV 线路在 15：39 和 16：09 之间相继跳闸。换一种方式说法就是，在俄亥俄州北部的 138kV 系统正处于连锁故障的进程中。重负荷线路迅速下降，其他配电线路导致了分布广泛的电气故障。现在迫切需要功率能够满足该地区唯一剩余输电线路的需求，满足地区内功率需求所需巨大即 Sammis – Star 345kV 线路。该 Sammis – Star 传输线终于放弃运行，在 8 月 14 日 16：05：57 跳闸，东北互联电力系统级联故障开始无法控制。这个线路跳闸是一个"相变"或表面上，本地级联故障之间，局限于俄亥俄州东北到互连系统的其余部分。这条重负荷线路的损坏开始了重负荷线路的多米诺骨牌效应，从西密西根往东，隔离了宾夕法尼亚州的纽约和新泽西州。

有迹象表明，在这整个事故中发生了许多有趣的细节，其涉及以各种方式进行通信，虽然通信还没有作为一个关键因素被提到。回想一下，Bloomington – Denois Creek 230kV 线路跳闸后，状态估计没有更新此信息，并且状态估计与测量之间的不匹配变得非常明显。虽然这个问题很快得到校正，但是运行状态估计分析师忘了复位估计到以 5min 的间隔运行，因为它通常应该自动运行。到 14：40，在斯图尔特 – 亚特兰大（Stuart – Atlanta）345kV 线路跳闸后不久就发现无法自动运行状态估计器。然而，在没有最近一次跳闸的信息的情况下，该估计器被重新启动。因此，状态估计器再次出现不可接受的大错误。状态估计器最终在美国东部时间16：04左右被校正，太晚了以至于来不及给即将发生的级联故障提供严重报警。

很显然，到美国东部时间 15：46 时，即使没有控制室警报和不正确的状态估计，ISO 和当地运营商也都知道情况极其严重。此时，保存该系统唯一的选择是不得不去切断负荷，故意切断本地客户的电源，以至少保持系统正常运行，可能保护它的一部分。然而，即使他们原本想这样做，但由于报警故障和状态估计误差，当地运营商缺乏监测和这样做的必要控制。事实上，即使一切都已经正常使用，当地运营商也并没有计划以最快的速度按要求将负荷甩掉。因此，从这点看出，任何避免即将发生的停电的希望已经丧失。

后经过调查发现，当该单元从自动控制跳闸到手动控制，Eastlake 5 号发电机配置错误导致无功功率变为零。当操作员试图将其置于自动控制下时，该装置最终完全停止服务。最后，一个泵阀没有重新安装得当，造成差点让单位重新联机显著延迟。事实证明，为了保持发电机运行的净效应，将无功功率设置为零实际加剧了该地区的损失，而不是帮助其减轻无功功率。另外还有一个重要的细节。级联故障的关键原因，Sammis – Star 线路跳闸，不是因为电气故障而发生。相反，大电流高于电力线的应急等级与该地区内的低电压同时发生，导致过载，作为系统上的远程故障出现在保护继电器上。换句话说，没有实际的电气故障，而是出现了导致保护继电器的跳闸和降低传输线故障。该保护继电器无法分辨远程电气故障和高线负荷条件。我们将在后续章节详细讨论距离保护机制的运行。

最终，随着级联故障的扩散，孤立的东北电力岛发电不足，并且随着大型电涌及频率和电压波动其变得不稳定。在整个区域的许多线路和发电机跳闸，将这个区域划分为几个较小的岛屿。虽然大部分的干扰区域完全变黑，但是一些岛屿能够达到平衡去克服负荷总损失，包括新英格兰大多数地区和纽约州西部大约一半的地区。

那么我们如何解决这种级联故障？使用比喻，有几个树形电力线接触点似乎是引起雪崩的"沙粒"。清楚地，检测和除去潜在危险是一个问题。还有一个导致运营商失去监控系统能力的计算机故障。最后，由于灾害开始升级，没有一个人似乎愿意或能够拔出插头并且故意关闭用户电源，也称为负荷脱落，以保护该系统。很显然，更可靠的感测、通信，甚至系统可视化都可能使经营者采取行动防止发生级联故障。但是，即使有可靠感测和通信，网络管理也是必需的。这是因为运营商没有察觉到，计算机报警系统无法正常工作。他们没有计算机和通信系统的实时状态，以检查监视和通信系统的健康。同时，如前所述，出现了一个为这一天做的事故分析（CA），它没有更新，随着时间的推移反复关心安全保证金的损失。监督系统可靠性的该区域的 ISO 在状态估计中没有使用实时网络拓扑。因此，当输电力线路跳闸时，它没有正确估计出状态。最后，当它意识到在邻近的 ISO 的网络中发生故障时，相邻的 ISO 组织缺乏协调活动的能力。现在让我们考虑一下推动智能电网发展的是什么，但也要在心里知道它在这一事件中是怎么工作的。

1.5 智能电网驱动因素

现在，我们已经了解了电网故障，让我们来看看"智能电网"是什么。本节将讨论智能电网引领经济和社会朝着什么方向发展，智能电网如何实现。更重要的是，现在智能电网没有绝对的技术，只是一种政策，它有简明的定义。试图挖掘第一次使用"智能电网"这个词，就像在考古学中任何事物总有一些人喜欢宣称其掌握最古老的证据，很快就会被更"年长"的证据替代而变得过时；有人会毫无疑问地声称已经早就使用过这个术语。在 2003 年美国东北部停电之后，术语"智能电网"成为 2003 年前后工业领域的主流。它在学术期刊上第一次出现，是马苏德·阿明（Massoud Amin）于 2004 年在 IEEE 电力和能源杂志上发表的题为"平衡与安全问题的优先市场"的一篇论文（Amin, 2004）。虽然之后有少数的论文中提到过这个术语，但直到 2010 年使用这个术语的论文才大量出现。毫不奇怪，在美国联邦政府的经济复苏法案公布之后，这样的出版物大量涌现，研究者争相追逐研究智能电网的课题。当然，投资总是能够驱动新的研究。术语"智能电网"在美国国会法案的官方记录以及其他以"智能"开头的单词的条款中被发现。具体而言，从 2007 年之后法案规定：

这是美国为了获得可靠和安全的电力基础设施推行的全国电力输配系统的现代化政策，其能够满足未来需求发展并实现以下每一项，它们一起表征了智能电网的特点。

1）增加使用数字信息和控制技术，提高电网的可靠性、安全性和效率。

2）全网络安全的电网运行和资源动态优化。

3）分布式资源的部署和集成，包括可再生资源。

4）需求响应、需方资源和能源效率的资源的发展与结合。

5）"智能"技术的发展（实时、自动化、互动技术、优化设备的物理操作消费类设备）用来进行测光，有关电网通信的操作和状态，以及配电自动化。

6）"智能"家电和消费电子设备的集成。

7）先进的电子存储和调峰技术的部署和集成，包括插电式电动汽车和混合动力电动汽车以及蓄热空调。

8）提供给消费者及时的信息和控制选项。

9）通信标准的制定和连接到电网的器具和设备互操作性，包括基础设施服务网络。

10）采用智能电网技术、实践和服务识别和降低不合理或不必要的障碍。

在欧洲，智能电网发起于 2006 年，是由欧洲技术平台的智能电网发起的，这是由欧盟委员会支持的。

智能电网采用创新的产品和服务以及智能监测、控制、通信和自我修复，以便：

1）更好地促进各种规模的发电机和技术的连接和操作；

2）允许消费者在优化系统的操作中发挥作用；

3）为消费者提供更多的信息和选择的供应选项；

4）显著降低整个电力供给系统对环境的影响；

5）维持甚至提高现有高层次的系统可靠性、质量和供应安全；

6）维护并有效地提高现有服务。

有许多驱使智能电网发展的社会驱动因素，此类话题不在本书的范围内；然而，一些在这里被提及的缘故是为了理解智能电网的发展是从什么地方开始的。首先，在世界许多地方电网基础设施正在老化；在更换电网内的电源系统组件时，我们可能会采用新技术更换这些组件。此外，公共利益集团已经迫使政治家对"绿色"的环境采取措施，如通过减少二氧化碳排放量和增加系统的效率。许多更环保的系统，例如风能和太阳能，提供间歇性发电，则需要更大的电网智能化和新的格栅设计并带有一些功能，如为了安全、可靠和具有成本效益而进行能源存储。几乎每个人都会欢迎能源价格下降；这给监管部门在降低价格方面带来了竞争压力。这反过来，需要在相互竞争的实体之间进行更多顺利运作。在这一切之上，社会对更多能源的需求迅速增加。由于广泛地使用电动汽车，这种状况更加加剧。

1.6　智能电网的目标

智能电网的定义特征由美国电能传输和能源可靠性办公室进行了总结：

- 在数字经济中提供满足一系列需要的电能质量；
- 容纳所有发电和存储单元；
- 拥有新的产品、服务和市场；

- 使用户能积极参与；
- 有弹性地运行以抵御物理攻击、网络攻击和自然灾害；
- 以自愈方式预期和响应系统扰动；
- 优化资产利用和运行效率。

以下小节简要讨论每一项目标。

1.6.1 在数字经济中提供满足一系列需要的电能质量

假设是，随着电力监测和控制的精度和覆盖范围在整个电网中的增加，输出的电能质量将更加集中。可以以不同的成本提供不同水平的电能质量。这个目标面临的挑战之一是电源质量有很多定义和方面，我们将在本书的后续章节中看到。当然，有一种电能质量的概念，但目前还没有明确的、定义的每个人都可以达成一致意见的标准，更重要的是，基于一个定价模型。

1.6.2 容纳所有发电和存储单元

智能电网应该成为一个有各种形式的 DG 和能量存储技术的"插件和播放"界面。当然，这将需要一个相应标准的发展。显然，我们的目标是缓解引进新的可再生能源到电网中。大规模储能将减少用于发电的峰值需求，从而降低了短时启动大型工厂的成本，短时启动大型工厂既浪费又昂贵。

在这方面成功的衡量标准可能仅仅是互操作的 DG 和存储标准的数量和覆盖范围。由 DG 集中生产的功率速率是一个度量，也是可以存储的能量的量。最后，及时地减少安装一个分布式发电机或能量存储装置，也将是一个相关的度量。

1.6.3 拥有新的产品、服务和市场

公用事业、独立电力生产商、ISO 和 RTOS 一直是电网设备和应用的主要购买者。如果通信成为电源产品和应用程序更加不可分割的一部分，这些组织将作为传统市场，服务新智能电网的产品。然而，有人设想到，通过智能电网，它将有可能使电力消费者成为智能电网产品的直接购买者。这不仅指大工业用户，也包括小规模个人住宅用户。这意味着该智能电网必须能够由住宅用户充分地监测和控制，它使个人住宅用户能够购买有效的和想要的产品成为了可能。这个目标与下一个目标是紧密结合的。

1.6.4 使用户能积极参与

由用户积极参与电网的操作似乎已初步与 DR 相关联，想法是用户应该能具有高清晰度的监控及其财产的用电量控制并有竞购他们希望购买一定电量的能力。这就要求每一个用户都有合适的通信系统执行监控及接收发行功率招标的价格信号。

然而，很容易可以看到，鉴于微电网技术的进步，可以通过延长生产和销售电量，提高用户的参与能力。在这种情况下，用户被称为"产消合一者"，用户既可以生产又可以消费电力。当产销一体可以自给自足的时候，零能量建筑物和零能量社区的想法就成为可能。

用户的积极参与的措施通常是使用"智能电表"统计用户的数量。然而，随

着用户变得越来越精明，这一措施将要变得更加成熟。例如，零能量实体的数量或管理负荷的用户的数量可能会被更好地测量。

1.6.5 有弹性地运行以抵御物理攻击、网络攻击和自然灾害

这个目标表明，网络攻击（对电网恶意攻击有可能利用电网的通信网络）包含自然灾害（扰乱电网的自然物理事件）时，应考虑应变能力。在这两种情况下，网络攻击和自然灾害，电网将工作在一个容错方式下。弹性的概念和它的对立面（脆性）由 Bush 等解析定义（1999 年）。这一观点认为，一个弹性电网将继续运行，其性能损失与网络攻击或自然灾害造成的损失严重程度成比例，希望是一小部分。换句话说，系统没有突然和灾难性的崩溃。但是，这一目标可能与其他目标竞争，例如优化运营效率。这正如 Bush 等（1999）所讨论的那样，高度优化、接近其极限运行的系统也趋于脆弱。因此，需要牢记这一目标，并在实施其他目标时予以认真考虑。

1.6.6 以自愈方式预期和响应系统扰动

这一目标的一个关键词是"预期"，提供电网能够预见并避免潜在干扰的能力。如果干扰可以优先避免，这将是理想的。如果它们出现，它们应该能够快速使尽可能小的影响成为可能。最后，对干扰的影响，如果它确实发生，应尽可能快地纠正。这个目标点的所有方面指向自动化解决方案。"干扰"保持足够模糊，以包含可能干扰该系统运行的任何类型的事件。这可能包括不稳定、功率流异常振荡、一个故障和一段线路短路。

1.6.7 优化资产利用和运行效率

这就是"位取代铁"的概念。换言之，利用电网资产的知识，从中获取最大价值，目的是避免采购和部署重型设备。这可能包括一些简单的东西，如准确的地理信息系统（GIS）。它也可能包括分析（例如，优化技术）和建模了以最有效的方式利用提供的资产。这也包括预测与健康监测，以准确确定何时以及如何在取代资产之前提取出资产的最大价值。很显然，提高电网的效率是本书显而易见的一个主题。

那么这些目标正在如何实现呢？表 1.2 为智能电网的目标及为了帮助实现这些目标而对应选择的一些技术。

表 1.2 实现智能电网定义的一些技术的能力的说明［这些技术包括地理信息系统（GIS）、AMI、停电管理系统（Outage Management System）、DMS、DA 和 SCADA］

定义	GIS	AMI	OMS	DMS	DA	SCADA
电能质量（1.6.1 节）	√			√	√	√
DG + DER（1.6.2 节）	√			√		√
新服务（1.6.3 节）	√	√	√	√		
参与（1.6.4 节）	√	√	√	√		
信息 + 灾难（1.6.5 节）	√	√	√	√	√	√
自愈（1.6.6 节）	√		√	√	√	√
优化资产（1.6.7 节）	√		√	√		

1.7 标准简括

对于渴望了解如何实现智能电网的实用型读者而言，国际标准正在整合和编纂智能电网相关概念。第10章更详细地介绍了智能电网标准的状态。一些制定智能电网标准的相关机构包括：

- 美国国家标准技术研究所（NIST）智能电网互操作性小组（SGIP）；
- 美国电气电子工程师学会（IEEE）标准研究所；
- 国际电信联盟（ITU）关于智能电网的 ITU－T 焦点组（FG 智能）；
- 微软电力和公用事业智能能源参考架构（SERA）；
- 国际电工委员会（IEC）；
- 国际大电网委员会（在大电网方面的国际安理会）（CIGRE）；
- 美国电力科学研究院（EPRI）；
- 美国能源部。

1.8 从能量和信息到智能电网及其通信

电网和通信之间有很深的关系；其中很大一部分还没有被发现。我们希望，本书能刺激读者去思考，不仅仅增加通信链连到今天的电网，甚至超越已被实际应用于"智能"电网的操作。相反，关于电网和通信的新的思考可以通过能量和信息之间的关系得到启发。功率是能量的流动，正如通信是信息的流动，在能量和信息之间已经有很长的历史。

研究人员已经开始探索能量需求和大型传感器网络的电池寿命这个话题，如图1.9 所示。从他们的观点来说，一个信息单元需要能量来产生、传输、路由和接

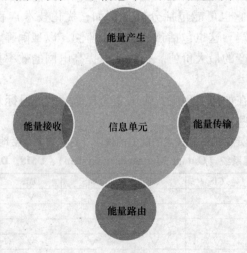

图1.9　用于通信的最小化能量的概念被示出。这里的目标是
最小化进行通信所需要的能量。来源：Bush，2010

收。我们的目标一直是要了解这些步骤的每一步骤的能量要求和最小化总能量的消耗。现在考虑能量的单元，而不是信息的单元。能源单位需要信息来生成和管理、路由保护和由消费者购买起作用，如图1.10所示。换句话说，如果我们扩大用于产生通信信号的功率，它反而可能成为提供给消费者的能量。这更加强了本章的开头提到的概念，遍观这本书，电网和通信密切相关足以相互启发。

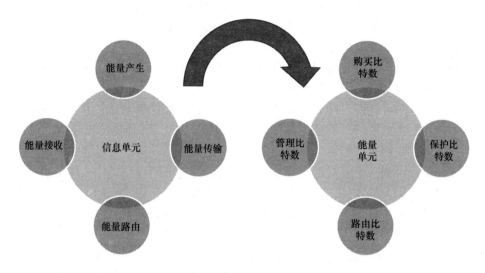

图1.10　说明了传递能量信息的概念。这里的目标是最小化传递能量
所需的比特数。更多关于这个主题的内容在本节第6章。来源：Bush，2010

1.9　小结

本章讨论新兴的智能电网的背景和环境。意识到电网发展的深度和广度是很重要的；电网的许多技术组件均被要求作为智能电网的一部分正在独立兴起。在本章的后面，我们看到了法律和公共政策如何定义了智能电网的目标。

历史上，我们看到了电网如何演变成目前的状态。值得注意的是，当前有多少趋势实际上向着刚开始有电网时已经存在的趋势发展，尤其是许多小型DG系统。同样值得注意的是，从19世纪后期开始通信如何已成为电网的一部分。我们还用了一个小题外话来讨论通信的必要性，即电网的早期控制变为电网的模拟计算的小话题。我们还介绍了早期SCADA，因为它们演变成今天的许多电网通信存在的基础，并且会在电网中影响通信未来的发展方向。接下来我们来谈放松管制和市场力量对电网的影响；这对电网向着智能电网目前的概念发展有一个更显著的影响。

然后，我们做了电网和通信网络之间的类比。这个类比的元素将在整本书后面的内容中再次出现。这个类比在快速使电力系统工程师了解通信和使通信工程师了解电网方面是非常有帮助的。

假设电力系统中没有介绍预先的背景，本章开始介绍了电网的物理基础的进程。我们讨论了从电荷、电压到电磁电路和电场、磁场的主题。运用这些知识去理解本书其余部分。它也同样适用于通信。

在第 2 章介绍电网物理之后，我们过渡到讨论电网中的停电事故。这给我们带来了电网中出现的真正问题。虽然许多人可能认为智能电网正在实现飞跃并重新定义了电力运输，但这部分提醒我们，我们最好确保这些变化能解决现实和潜在威胁生命的问题。特别是，我们注意到，引入智能电网的复杂性可能会对不太频繁、更大、更具破坏性的停电趋势产生意想不到的不利后果。

接下来的两节讨论建设智能电网的驱动力和智能电网的目标。我们注意的是，智能电网的目标是通过引入新的功能和服务扩展电网的能力；但是，如果智能电网不能减少停电的可能性，则其所有的其他特征和服务都是毫无意义的。在接下来的部分中，我们考虑所谓"智能电网"从何处起源以及它是如何被塑造出来的。

接下来，我们更详细地考虑智能电网的目标的公共政策。通过详细考虑这些目标，我们可以得到一个直观的、非技术意义上的智能电网应该是什么样子的感觉。

电网是特别大的实体，并且它涉及太多的实体以至于它没有标准去引导各部分结合在一起。无论是电力电子还是通信组件都需要标准和准则，以确保组件的互操作性，并且，以期望的方式架构成型。在本书后面，有一整章专门用于智能电网标准化工作的介绍。然而，为了理解和领会标准，本书的基础知识是必需的。

接下来，我们回到基本理论，讨论能源和信息。我们的目标是直观地激励读者考虑结合电网内的通信和计算，这可能仅从能源和信息之间的关系的基本理解中能够实现。具体来说，我们考虑从传播理论的信道容量推导，然后将把它应用到一个类似于理想气体的压缩。气体和液体涡轮旋转产生电力，这个比喻激励着我们要更加深刻地考虑信息通信和电力效率之间的关系。

为了帮助测试和巩固对内容的理解，在每章的最后都给出了一些习题。一些更大编号的问题需要本书后面章节的信息，其被设计是为鼓励读者去思考将在后面讨论的问题。

从这一章已经明确表示出，通信和电力系统已经有很长的合作历史。电力系统是复杂的动态系统，可以从信息理论和传播理论理解智能电网的制高点。现在，我们已经介绍了智能电网的基础内容，让我们在随后的章节详细地看一下电力系统的每个部件的电网经典描述；即，从生产到传输，然后到分配，最后到用户的使用。

第 2 章将侧重于前期智能电网发电。特别是，我们将在电力物理学的基础上去介绍发电，特别是集中式发电有关的方面。这包括交流电的基础知识，有功和无功功率的概念，及最终发电机怎么运作的介绍。为了了解智能电网，这些基本知识是必需的；这些都是基本的物理知识，将仍然适用于 DG。在发电方面无论是集中式还是分布式，通信和控制都发挥了核心作用。因此，在第 2 章中，我们深入细节的介绍用于控制发电的 SCADA 系统。最后，第 2 章以智能电网的储能系统为例进行了讨论。在智能电网中，这些系统和其特性也将保持有效。对发电和储能的理解将为智能电网的后期通信和控制理念奠定基础。

1.10　习题

习题 1.1　电阻

1. 考虑一根电源线直径是另一电源线直径的两倍。如果线有相同的长度并且材料也相同，怎么比较电阻大小？

2. 考虑在 20ft[○]、16 号导线中的电流是 5A，这个导体两端之间的电压差是多少？

习题 1.2　散热

1. 考虑 120V 电压的烤箱工作在 8A 电流下，以热的形式消耗了多少功率？

习题 1.3　由负荷获得功率

1. 考虑两个白炽灯泡，分别有 320Ω 和 500Ω 的电阻。连接到 120V 插座，每个灯泡分别消耗多少功率？

习题 1.4　串联电压

1. 在 120V 电源插座上有 60 个相同的灯泡串联，每个灯泡上的电压是多少？

习题 1.5　电流

1. 考虑同一电源线上有多个设备正在运行：一个是 40Ω，一个是 80Ω，一个是 20Ω。每根线上的线圈具有 0.1Ω 的电阻。通过各个正在使用的设备的电流是多少？

习题 1.6　电压有效值

1. 如果 120 V 是电压有效值的标准，那么其幅值是多少？

习题 1.7　阻抗

1. 一种电气设备包含电阻、电感和一个电容，所有连接在一起。它们的值分别为 $R = 1\Omega$，$L = 0.01$ H，$C = 0.001F$。在一个交流频率为 60Hz 的电流下，该装置的阻抗是多少？

习题 1.8　电抗

1. 考虑一根传输线具有电阻 $R = 1\Omega$，其与电抗 $X = 10\Omega$ 相比是小的。什么是近似的电导和电纳？

习题 1.9　欧姆定律

1. 考虑白炽灯泡的额定功率是 60W。这意味着，灯泡工作在给定的电压时消耗能量的速率为 60W，我们假定为正常家用电压 120 V，电流为 0.5A。就其电阻而言现在计算所使用灯泡的功率。

习题 1.10　功率因数

1. 考虑一个装置，消耗真实功率为 750W，并且工作在 120V 交流电压下，具

○　1ft = 0.3048m，后同。

有 0.75 滞后功率因数。它的电流是多少？

习题 1.11　无功功率

1. 对于前面的例子中，有多少装置消耗无功功率？

2. 真空吸尘器的阻抗是多少？

习题 1.12　功率因数和线损

1. 对于前面的例子，假设实际功率保持不变，通过提高功率因数到 0.9，线路损耗减少了多少？

2. 在供应这根电力线的变电站变压器上有多少容量被释放？

习题 1.13　电压保护

1. 比较一个 100W 功率的灯泡分别在 114 V 与 126 V 下的消耗。

习题 1.14　电阻和热耗散

1. 在 120V 电路中有一个 100W 的白炽灯泡使用老式变阻器或可变电阻器以一半的功率输出变暗，作为调光器。在这个调光器中的电阻值是多少，变阻器本身耗散了多少功率？

习题 1.15　相 - 相电压

1. 对于一个商业的运营商要包括 3 根导线——A 相、B 相和中性线，其中，每相的对地电压约为 120V。在商店附近有 120V 的负载，例如光和普通插座，可以另外连接到 A 相或 B 相。更重的负荷将连接到 A 相和 B 相之间。最重的负荷的电压是多少？

习题 1.16　星 - 三角变压器

1. 具有 10:1 比率的星 - 三角变压器将电压从 230kV 输电电路降至配电电路。其二次电压是多少？

习题 1.17　时钟频率

1. 假设 60Hz 频率维持较低的值，1 天内均为 59.9Hz。在直接依赖交流电周期来保持时间的时钟中损失了多少时间？

习题 1.18　汽车电池存储

1. 汽车电池在 12 V 电压下有 80Ah（安时）的存储容量。假设损失可以忽略不计，那么需要多少这样的电池才能在 24h 为 5kW 住宅负荷供电？

习题 1.19　标幺值

考虑三相电能传输系统，该系统处理 500MW 的功率并且使用 138kV 作为用于传输的电压。任意选择 $S_{base} = 500\text{MVA}$ 作为基准功率和使用 V_{base} 138kV 作为基准电压。然后，我们有

$$I_{base} = \frac{S_{base}}{V_{base} \times \sqrt{3}} = 2.09\text{kA}, Z_{base} = \frac{V_{base}}{I_{base} \times \sqrt{3}} = \frac{V_{base}^2}{S_{base}} = 38.1\Omega$$

$$Y_{base} = \frac{1}{Z_{base}} = 26.3\text{mS}$$

1. 如果在传输线的一个实际测量电压为136kV，那么它的标幺值是多少？

习题1.20 对称分量

不平衡三相电压的对称分量是 $V_0 = 0.6 \angle 90°$，$V_1 = 1.0 \angle 30°$ 和 $V_2 = 0.8 \angle -30°$。

1. 获取原始不平衡相量。

习题1.21 变压器

1. 一个线抽头变压器是如何工作的？

2. 在变压器的能量损失中有许多来源，描述其中至少3个。

习题1.22 功率类型

1. 解释无功和有功功率是怎样被绘制在复平面上的。相电压相对于电流是如何表示在这样的图中的？

习题1.23 柔性交流输电系统（FACTS）

回想一下，一个FACTS可以操纵线路 X 的阻抗以控制和优化其潮流。

1. 用数学的方法展示为什么随着阻抗减小，提供给FACTS控制输电线的无功功率必须增加。

习题1.24 故障分析

1. 解释对称分量可以如何用于分析故障。

2. 如果上述过程是自动的，什么通信是必需的？

习题1.25 能源和信息

1. 香农信道容量如何类此于理想气体的压缩？

习题1.26 变电站

1. 解释下面的在电网和通信类型中将会需要的层次级别：控制中心、变电站层、间隔层和过程层。

2. 每个级别的一般通信要求是什么？

习题1.27 能效

1. 最大限度地提高功率传输和提高效率之间的区别是什么？为什么这些不是相同的？

2. 通信系统在利用最大功率传输和传输效率最大化时的并行性或相似性是什么？

第 2 章

发　电

电能只是有序的闪电。

——George Carlin

2.1　引言

本章介绍"预智能电网"的发电，和往常一样，要记住所谓"智能电网"更像是一个不是十分明确的学术术语，它不能反映真实的、不断演进的电网。电网一直在不断演变，变得越来越"智能"。此外，和本书一贯的主题一致，电网间的通信仍然是本章的焦点。同时，我们将会回顾并深入研究选定电源系统的问题，因为这对于认知本书其余部分是很有必要的。本章更高的目标是在大规模分式和可再生发电成为热门话题之前传达电网状态的概念，与此同时，也将在后续章节介绍电力以及发电的基础知识。

发电包括直流发电和交流发电。这里面包括无功功率以及功率质量的问题。从通信的角度来看，对通信以及集中式发电系统的控制有一个基础的理解是很重要的。因此，本章涵盖了在发电厂中使用的现场总线协议，因为这些监控以及数据采集协议将在现在和未来的电力系统通信中扮演重要的角色。我们能从发展、监测产物以及数据采集协议的经验中获取有用的信息；微型电网和智能电网将在很长一段时间遵守这些协议。因为电力系统一个重要的目标就是提高发电以及电能传输的效率，本章主要介绍发电的效率和环境。相关储能技术已在智能电网的进步中不断发展；然而，许多形式的储能系统在智能电网存在之前就出现了。因为电能的产生和存储的界限有时是模糊的，所以在本章中储能将和发电一起讨论。储能包括电能转换成其他形式的能量来进行存储，如化学能、动能及潜在的其他能量，同时这些转换后的能量以损耗最小的方式再转换回电能。有人可能会说，任何电能的产生（如太阳能、风能、蒸汽、水力发电厂）都是简单地将自然形式存储的能量转化为电能，因此蓄电减半的过程也就是将能量从存储的形式转换成电能的形式。在本章的最后还为读者提供了简短的总结和习题。

图2.1为整个美国电网的能量生产和消耗的关系。测量数据巨大，10^{15} Btu⊖

⊖　1Btu = 1.05506kJ，后同。

或 1.055×10^{18} J（焦耳）。这是一个便于全球和国家讨论能量的大单位。为了对这个能量有一个直观的感受，它相当于 8007000000USgal⊖ 的汽油所拥有的能量，293083000000kW·h 的电能，52000000t 的 TNT，或最有威力的核武器在沙皇炸弹核试验中释放能量的 5 倍。由图 2.1，我们可以获得一些更高级别的观察结果。在图的左侧有两个主要的能量源：①煤和天然气；②石油。煤和天然气为日常生活和工业提供能量，而石油为运输业提供能量，这两种能源在工业使用中会有一些重叠。从图的右端可以很明显地发现超过半数的能源是不可再生能源，也就是损耗型能源。在交通领域中对石油能源的消耗似乎是最大的。尽管从能源消耗的效率上看，电能的效率约为 32%，要高于石油的 25%，在所有能源中电能损耗了最大数量的不可再生能源。除非电力的生产效率发生显著提升，或是将其转换成新的能量形式，否则即使将油耗交通工具更换成使用电能的，也会有显著的能源浪费现象。从这个能量流动的图来看，电力可再生能源的使用是可以忽略不计的。从这张图中可以获取一些信息，比如在电能效率的提升上还是有很大的空间的，包括去生产更有效率的设备来减少在输电过程中能量的损耗，同样也鼓励在电能生产过程中使用

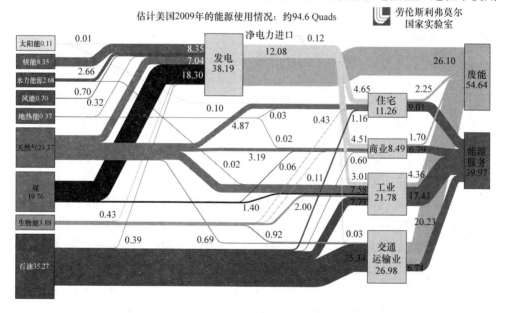

图 2.1　2008 年的能源使用状况。列举了电能和其他能源的关系，也展示了废弃能源，也就是无法做有用功的能源。这可能是因为热力学第二定律或是使用了效率低下的设备和工艺的原因。本书最基础的问题就是如何通过智能电网通信联系电能效率（http：//www. nap. edu/reports/energy/supply. html）［来源：LLNL 2008；根据美国能源部（DOE）/EIA－0384（2006 年），2007 年 6 月的数据。向劳伦斯弗莫尔国家实验室和美国能源部提供信贷，在其主持下工作］

⊖　1USgal（美加仑）＝3. 78541dm³。

更多的可再生能源。另一个值得关注的地方是住宅和商业办公楼能源的使用，他们与其他部门电能的使用的区别相对较小。最后，随着电动汽车市场不断地扩大，我们可以发现图 2.1 中交通运输业中石油的用量正被电能取代。从最下面的线可以看出，为了全面改善能源利用率，提升电能生产效率是很有必要的。

2.2　集中式发电

几十年来，大型集中式发电一直是发电的主要形式，其中的原因我们在第 1 章已经讨论过了。集中式发电最主要的特点是能量的单向流动，从大型集中式发电站通过高压传输线路到低压配电系统，然后再流向千家万户。此外，发电量一定要遵循需求，任何供需平衡的偏差都可能引发灾难性的事故。这意味着系统中发生的突然变故，如发电机转动惯量所引起的频率波动，如果没有按预期中快速的缓解，会导致系统的不稳定，发生危险的事故。为了更好地理解通信在智能电网中的作用，对这些发电特性一定要有充分的认识。因此，本章着重介绍电力系统中与发电过程相关的基础知识，即使你之前并没有电力系统或通信方面的知识，也能很容易理解。

2.2.1　交流电

这一部分是要介绍交流电和电能的基础知识。在第 3 章我们将要基于本节的基础探讨发电的内容。在大多数情况下，发电主要指交流发电，这是因为大部分的智能电网将参与到最有效的交流电传输和配送中。本节就是要介绍交流电的不同之处，因为这些知识对于理解后面章节中关于在传统电网和智能电网中电能的传输和配送是很有必要的。

交流电的电流不断变换方向，在北美每秒变换 60 次，在世界的其他地方每秒变换 50 次。电压、电流的方向都在改变，形成了波形。正如我们前面关于波形和麦克斯韦方程组的讨论中知道的那样，变化的电流将引起电场和磁场的形成，还会引起一些有趣的现象，这些我们将在本节的后半部分一起讨论。自动生成的这些场的一个主要的优点就是变压器很容易就能改变电压的等级。一个直流系统无法生成一个这样的磁场。

在电能刚开始使用的时候变压器还没有发明，人们都使用直流电。这意味着为了保证安全，电压不得不保持相对较低的状态。为了达到必要的电压等级而提高的电流会在输电线路上产生大量的损耗。因此，直到变压器能安全地将电压升高或降低之前，电能都不能输送到很远的地方。在这一历史问题上，人们花费了一些时间在交流电的频率上达成了共识。对于发电机来说生成更低的电流频率会更容易一些，因为发电机内安置较少的磁极就可完成频率的产生。但是我们也会看到，保持较低的频率也能减少输电线路上的损耗。然而，从消费者的角度来看，更高的频率整体上说是更好的。例如，当灯泡在更高的频率下工作的时候，闪烁的问题就不会那么明显。众所周知，最终美国将标准频率设定为 60Hz，而欧洲定为 50Hz。

交流电的理想形式，很简单地被描述成基本三角函数，如正弦函数或是余弦函数。描述交流电有 3 个要素：幅值、相位和频率。这与典型的信号波形的描述要素没有什么区别，信息可以通过幅值、相位或者频率的变化来传递。不同的是，当通信工程师尝试去调节波形振荡来作为有效修改信息的方式时，电力系统工程师为了保持一个高等级的电能质量更希望有一个完美的正弦波形。稍后我们会讨论更多的细节，现在我们简单地介绍在电力系统中所需的交流电的基础知识。

幅值是正弦波形的高度，频率是单位时间内振荡的次数，频率的倒数是波长。周期指从一个位置到下一个相同位置的时间，通常指从一个周期的波峰到下一个周期的波峰。相位可被认为是来描述波形是在哪里开始的，不论是在波峰还是波谷还是其中的任何位置。相位很重要，因为拥有相同幅值和频率的波形可以在一个周期内任意位置起始。当所有其他条件相同时，被称为异相，就是指其中一个波形可以由另一个轻微的移动得来。

然而，我们通常会认为波形是位置相对时间的函数（见 6.6.2 节的波动方程），将水平轴设定为角度而不是时间往往会更方便一些。就像我们把正弦函数、余弦函数的水平轴设定为角度是一个道理。了解交流电基础的特性对于更进一步地理解如相量和同步相的问题是很有必要的，这一问题我们稍后会有进一步的讨论。因此，在这里我们需要时间来说明交流电的角度分析问题。

角度最经常以弧度来表示。想想看，以 r 为半径的圆，周长为 $2\pi r$。用弧度来表示，旋转一周的角度为 2π。任一 2π 的弧度都代表旋转了完整的一周。半径 r 没有具体的意义，因为我们并不关心圆的大小。角频率 ω 表示每秒弧度旋转的大小。

美国通用的交流电角频率为 60Hz，即

$$\omega = 60\text{cycle/s} \cdot 2\pi\text{rad/cycle} = 377\text{rad/s} \tag{2.1}$$

可知每秒旋转 60 周，每周的弧度是 2π，由此可得每秒旋转的弧度。

需要注意的是我们现在讨论的是交流电，这时，电压随着电流变化。然而，电流、电压并不是一直同相位，在学习了相应的背景知识以后再来讨论这一问题。

电流在任意时刻都能用正弦函数来表示：

$$I(t) = I_{\max}\sin(\omega t + \phi_{\text{I}}) \tag{2.2}$$

这是一个特性有所改变的正弦函数：幅值（波峰的高度）正时为 $I_{\max}$，负时为 $-I_{\max}$，频率为 ω，如方程（2.1）所示；相位或者说起始偏移为 π。因此可以表示任意形式的交流电。相位 ϕ_{I} 可以从零开始，表示没有起始偏移，最大偏移为 2π。如果偏移的弧度为 2π 的话，波形将会恰好覆盖（略过）下一个，好像没有发生偏移一样。

电压可以用相似的方法描述：

$$V(t) = V_{\max}\sin(\omega t + \phi_{\text{V}}) \tag{2.3}$$

正如之前提到的那样，即使在同一个位置测量，电压和电流的相位也可能不同。因此 ϕ_{V} 不一定等于 ϕ_{I}；这有很重要的含义，接下来我们将会讨论。

一定要记住这些来描述理想中完全平滑的波形的方程。但是，因为许多潜在复杂的原因，特别是暂态的或者短期的变化，如开关和谐波等，会使电力系统中任意点的实际波形与理想波形相比出现明显的差异。谐波失真在不同情况下都会出现，它的频率可能是额定频率的几倍，并与基波信号整合，使其波形发生畸变。例如，就像很早之前讨论的那样，负荷是以并联的方式与主网电流相连接。因此，在负荷或多或少改变电流时，电压会尽量保持原有的波形形状。一些负荷会以一种非线性的方式改变电流，因此会使电流相对电压发生扭曲。

　　直流很容易测量，因为它只有一个恒定值，一些相对简单的交流电测量方式是由单独测量一个方向的标量值而得出结果。交流电是连续振荡的，没有可以被测量的恒定值。不过可以使用方均根，也就是有效值来表示交流电。步骤是先二次方正弦值，这消除了负值的分量，否则，只是单纯的求正弦函数的平均值会得出结果为0，这是因为正弦波形关于 x 轴是对称的。在二次方后我们可以得到非零的平均值。有效值在整个电力系统交流电世界中无所不在，从表面上看120V的交流电指的就是其有效值为120V。

　　回顾我们之前讨论的麦克斯韦方程组，可知现有的电场会抵制电压的变化，而现有的磁场也会抵制电流的变化。交流电流和电压在不断地变化，变化得越快（就是波形振荡得越剧烈），变化产生的阻力越大。尽管微观的物理阻碍与实际的电磁阻抗完全不同，这种阻抗以类似的方式随变化的电流和电压一起变化。因此，与电磁阻抗类似，我们称它为电抗。阻抗需要考虑实际的电阻和电抗。

　　电抗分为两种：感抗，由磁场产生；容抗，由电场产生。感抗为

$$X_{\mathrm{L}} = \omega L \tag{2.4}$$

由此方程可知，感抗会随电感频率的增加而增加。

　　因为我们同时考虑电感和电流变化率，在这种情况下有可能应用欧姆定律 $V = IR$，式（2.5）使用电感 L 和电流的变化率来计算整个电路中一个电感元件的压降：

$$V = L \frac{\mathrm{d}I}{\mathrm{d}t} \tag{2.5}$$

　　直流电简单地在电容两极板上堆积，但是不能穿越两板的间隙。回顾我们早期的讨论，电流的形成实际上是由电磁场"推动"的，当最初的形式足以形成电流时，电场会产生这种"推动"。交流电在线路中不断地变换方向，形成持续的一系列"推动"，这种状况在电流流过电路时出现。如以下公式所示：

$$X_{\mathrm{C}} = -\frac{1}{\omega C} \tag{2.6}$$

　　由式（2.6）可知，电抗与频率成反比关系。较大的电容 C 在极板上可以存储更多的电荷并增加电流，因此一个较大的电容会降低电抗值。最后，添加了个负号是为了表示容抗与感抗相反。容抗和感抗倾向于相互抵消。事实上，一个电路中如果感抗和容抗相互完美抵消，在电路中没有阻抗的现象叫作谐振。谐振现象发生在同时有电感和电容的电路中。电感中的电流产生的磁场可以存储能量，电容两极板

间的电场也能存储能量，电场和磁场中能量的变换可以产生振荡的电压和电流。当电抗和容抗彼此完美抵消之后仍有一些阻抗，这种振荡将在初次施加电压和撤去电压过程中持续进行。实际上，在智能电网中有种特殊的现象，谐振可以产生非常大的电压或者电流，被称为铁磁谐振（Dugan 和 McDermott，2002；Rye，2007）。

与电感的表达式（2.5）类似，欧姆定律也可以这样表示：

$$V = C \frac{\mathrm{d}V}{\mathrm{d}t} \tag{2.7}$$

阻抗 Z 结合了电阻和电抗。因为它结合了电阻和电抗，阻抗是最综合的表现形式，即使有的时候电阻或者电抗可以忽略，也能用阻抗来表示。阻抗并不是单纯的电阻和电抗的总和；它通常以一个更有效的方式来区别电抗和电阻的影响。阻抗用复数来表示，电阻是复数的实数部分，电抗是复数的虚数部分：

$$Z = R + \mathrm{j}X \tag{2.8}$$

这是一种很巧妙的方式来表示阻抗，因为它不仅区别于电抗和电阻，同时，如果在复平面显示的时候以 x 轴为实轴，以 y 轴为虚轴，通过给定的电阻和电抗分量形成的阻抗角来表示电压和电流之间的相角差，这个结论可由欧拉方程得出。

$$\mathrm{e}^{\mathrm{j}\theta} = \cos\theta + \mathrm{j}\sin\theta \tag{2.9}$$

阻抗的倒数叫作导纳，从概念上讲，它是由阻抗的逆，由电导 G 和电纳 B 组成：

$$Y = G + \mathrm{j}B \tag{2.10}$$

然而在处理复数的时候我们一定要注意，可以将复数简化成两个分量，一个实分量，一个虚分量。在这种情况下，我们讨论的是向量代数，它的逆为

$$Y = \frac{1}{Z} \tag{2.11}$$

其中幅值为彼此的倒数，相角是相同的，如式（2.12），其中式（2.13）表示 G 和 B 的值。

$$
\begin{aligned}
Y &= \frac{1}{Z} \\
&= \frac{1}{R + \mathrm{j}X} \\
&= \frac{R - \mathrm{j}X}{(R + \mathrm{j}X)(R - \mathrm{j}X)} \\
&= \frac{R - \mathrm{j}X}{R^2 + \mathrm{j}RX - \mathrm{j}RX + X^2} \\
&= \frac{R - \mathrm{j}X}{R^2 + X^2} \\
&= \frac{R - \mathrm{j}X}{Z^2} \\
&= \frac{R}{Z^2} - \mathrm{j}\frac{X}{Z^2} \\
&= G - \mathrm{j}B
\end{aligned}
\tag{2.12}
$$

注意电导 G 并非简单的电阻 R 的倒数形式，电纳 B 也不是电抗的倒数，而是同时相对应除以 Z^2。因此 G 和 B 保持正比于 R 和 X；含高电阻的阻抗拥有高的电导，电抗与电纳与此变化一致。

$$G = \frac{R}{Z^2} \qquad B = -\frac{X}{Z^2} \tag{2.13}$$

现在我们可以进入在很多人看来是电力系统的核心部分的电力系统分析部分，利用基础知识直接进行相关计算。让我们从最基础的方面（功率的物理定义）开始讨论。功率的定义是单位时间的能量。在这里面功率指产生的能量的消耗或者传输的速率。同样，因为功率是能量除以时间，给定功率和总时间就能够计算总能量；用功率乘以时间就可获得总能量。正如我们将在后面看到的，如果功率的单位是瓦特（W），那么能量的单位就是 W·h。回顾式（1.8），功率使用方程 I^2R 来计算：

$$P = IV = I(IR) = I^2R \tag{2.14}$$

用复习的方式，让我们回顾为什么以上方程能得出功率的结果。早在式（1.6）的时候，我们能够看出为何能得出功率的量纲。然而，从我们在麦克斯韦方程组的讨论中可以得出，功率的流动结合了同时存在的电场和磁场。从电磁场的角度看，也可以用电场和磁场的矢量的积分来定义功率，如式（2.15），矢量的乘积叫作坡印廷矢量。

$$P = \int_S (E \times B) \cdot DA \tag{2.15}$$

坡印廷矢量和在电磁波中传播的 E 和 B 拥有相同的方向，然而式（2.15）是通过坡印廷矢量计算周围表面上的电功率，所得结果为标量。在这一领域我们不会再进一步讨论，在该节的其他部分将介绍电力系统分析的简化计算。

2.2.2 复功率和无功功率

交流电不像直流电那样可以直接使用公式 $P = IV$ 来计算功率，交流电由于之前介绍的电抗功率计算起来会更复杂一些。然而，我们先忽略现在的这些复杂因素来进一步讨论功率的复数形式，就是用复数来表达功率。首先，简单的直流电功率定义式 $P = IV$ 同样也适用于在任意一点交流电所产生的功率。回想一下交流电流和电压明显不具有恒定值，而是随着时间的变化不断变化。因此，为了正确地计算交流电的功率，一定要考虑时间的因素。

$$P(t) = I(t)V(t) \tag{2.16}$$

现在我们回顾有效值的定义，是它表示振荡数值的平均值，如果负荷为纯电阻（即没有感抗或容抗的成分），这时我们可以用电压和电流的有效值来计算功率，如下式：

$$P_{\text{ave}} = I_{\text{rms}} V_{\text{rms}} \qquad (2.17)$$

需要注意，这个公式只能在没有电抗的电路中使用。

现在考虑电路中有电抗的情况。这种情况会复杂一些。回想一下，如果有电感和电抗，它们都会阻碍电流的流动。这种阻碍导致电流或者电压的相位发生变化。仔细思考一下，如果电流和电压总是同相位，在一个纯电阻电路中，电流和电压的乘积总是正的，因为它们总是拥有相同的符号，同正或者同负。当它们彼此的相位改变后会发生什么呢？很明显，它们的乘积不再总是正的。随着它们的相位发生改变（就是电压电流的相位发生变化）功率中一大部分变为负的。换句话说，在某一位置上电压可能是负的而电流是正的，反之亦然。

现在我们发现功率可以为正或者为负，更精确地说是正、负功率（流动），正向电流从发电机流向负荷，负向电流从负荷流向发电机。向量的符号将稍后讨论，然而尽管把向量理解清楚才能把它弄明白，电压和电流均可以看作矢量，从零点起始，长度等于它们的幅值，围绕在复平面转动。点积是一个矢量在另一个矢量上的投影，$I \cdot V = |I||V|\cos\theta$ 为点积的定义式。如果完美对齐（即一个矢量平行另一个矢量），$\theta = 0$ 点积是矢量量值的乘积：

$$P_{\text{ave}} = I_{\text{rms}} V_{\text{rms}} \cos\phi \qquad (2.18)$$

式中，$\cos\phi$ 是功率因数。

回想一下，有效值是先取周期信号平均值的二次方，再开根号求得的。如果原始信号的幅值或者说最大值为 A，那么有效值为 $A/\sqrt{2}$，因此功率为

$$P_{\text{ave}} = \frac{1}{2} I_{\text{max}} V_{\text{max}} \cos\phi \qquad (2.19)$$

让我们再考虑一下 ϕ 的含义，如果 ϕ 为 0，那么 $\cos\phi$ 是完全电阻式的，不存在电抗，此时功率是电流和电压的乘积。所有的功率为正，并在预期的方向从电源到负荷上流动。另一方面，如果 $\phi = 90°$，负荷是电抗性的。这时电流和电压就完全不同相了，功率因数 $\cos\phi = 0$，因此没有功率。这意味着功率来回振荡，正负功率等价，实际上并没有发出功率。

正功率流叫作有效或有功功率。它是实际传输和消耗的功率。然而，基于我们其他的数学描述，功率还有几个其他形式的描述方法。例如，人们可以简单地忽视相位的移动来计算使用的功率。

$$S = I_{\text{rms}} V_{\text{rms}} \qquad (2.20)$$

换言之，功率计算可以将不同相的电压和电流当作是同相的。这种形式的功率叫作视在功率，并在单位上与其他的功率形式相区分，它的单位是伏安（VA）。因为视在功率与功率因数相互独立，它往往在电力设备评级中使用，其中的电流参数是会经常改变的；电压通常是保持恒定的，相位差也不是那么重要。最后，注意

功率值可以被定义为如式（2.21）所示的复数形式，其中功率用 S 表示，所有现在使用的值都用复数来表示。

$$S = I^* V \qquad (2.21)$$

也有另一种形式的功率。我们已经讨论了有功功率（它是用来衡量电流和电压产出正功率的大小）和视在功率（它是假设电流电压没有相位差）。还有无功功率，它是之前所见负功率产生的。

$$Q = I_{rms} V_{rms} \sin\phi \qquad (2.22)$$

为了保证这种形式的功率不同于其他功率形式，它的单位为 var。对于不熟悉电力系统的读者来说，"var" 并不是印刷错误。小写字母 "r" 可能看起来很奇怪，但这个是特定的；它是 volt – ampere reactive 的缩写，代表了在交流电电力系统中无功功率的总量。有功功率和无功功率都是视在功率的组成部分。很容易可以看出有功功率是功率因数 $\cos\phi$ 的函数，是视在功率在 x 轴的投影，而无功功率是 $\sin\phi$ 的函数，是视在功率在 y 轴的投影。当 $\phi > 0$ 时，无功功率为正，电流滞后电压。回想一下，这种情况发生的时候感抗为主导；如果 $\phi < 0$，电流超前电压，这是因为容抗占主导。

从术语上讲，感性负荷消耗无功功率，容性负荷提供无功功率。这些术语不能从字面上理解，无功功率并不是真地在这里被消耗或是提供。感性负荷引起电流相对电压滞后之前讨论过；从这个意义上来讲，无功功率似乎是被感性负荷"使用"和"需要"的。同样的，容性负荷可以抵消感性负荷引起的电流滞后电压的现象并产生超前的电流。因此，容性负荷似乎补偿由感性负荷"所用的"无功功率，也就是"提供"所需的无功功率。实际上，我们经常只是简单地增加功率来补偿所需的无功功率。这里我们发现，我们需要用通信的手段来控制有功功率和无功功率。

实际上，有功功率和无功功率必须总能够满足负荷要求。关于这点我们接下来继续讨论；然而，要注意，如果功率要求没有得到满足，物理定律要求保留残存的能量。因此，如果有功功率或者无功功率的要求没有得到满足，系统会用一种不被希望的方式来补偿功率的欠缺。如果有功功率不能得到满足，振荡的频率会从标准的 50Hz 或 60Hz 减少。如果无功功率不被得到满足，电压为了补偿无功功率会开始降低。换句话说，系统中本应保持稳定的标准值会为了保证供需间能量的平衡而发生变化。同时，无功功率和电压密切相关的问题将在 3.4.1 节中继续讨论。

如上文提到的那样，电网中负荷的主体是感性的，因此会产生一个滞后的功率因数。对于任何给定的相互连接的电力网络，都能够计算总体的功率因数。这可以通过简单地基于在串联或者并联电路中的阻抗负荷来计算。阻抗最重要的部分为无功部分；因此，总的阻抗值包括复数阻抗。回想一下，复数阻抗的相角 ϕ 就是功率因数。

考虑一个实际的例子，老式荧光灯中的镇流器就起到了产生较低功率因数的作用。镇流器限制了荧光灯中的电流并提升电压。镇流器可以认为是一个感应线圈或是半导体，无论哪种方式，结果都有 0.5 或 0.6 的功率因数，造成明显的滞后电流。一个理想的白炽灯应该为纯电阻电路，它的功率因数为 1.0。一个荧光灯可消耗更少的总功率，因为和老式白炽灯泡相比它使用了更多的无功功率。当然，消费者只应该支付实际用电量的费用，不过最后，我们支付了所有的费用，只不过换了一种方式，为无功功率补偿的公共事业建设纳税。

2.2.3　电能质量

电能的质量考虑了电压的幅度、电流和电压的频率以及对应波形的形状。消费者使用的电压应该是在规定范围内的。频率在北美应该稳定在 60Hz，在欧洲为50Hz。波形应该是理想的正弦波。从波形的观点出发，为了保证波形是理想的，它应该不受谐波的影响。然而，电网尤其是保证理想的波形的时候不能总是满足所有的这些条件。通常情况是，为了达到用户最低的用电质量电子器件已经足够好了。提供一个电能质量的合理范围或是一直保持电能质量较高的问题，是一个持续的争论。

从电压的角度来看，由于负荷增加有较高的要求，按照欧姆定律更多的电流从电源中流出，同时电压也增加。电压的大小随需求改变。公共设施可以使用不同的技术来适应电压的变化；然而，还不能完全实现全部的消费者保持一个稳定的额定值。对于美国来说，标准电压的幅度范围为 ±5%；也就是说对于一个 120V 的线路，电压的变化范围是从 114～126V。当负荷需求高到引起电压降低，以致电灯变暗时会发生停电的事故。很明显，过高的电压会损坏设备。考虑到公共事业的收入是基于消费者电能表的读数，为了保持电能表走得更快，就要将电压保持在最大允许电压，实际上通过系统推动了更多的电能使用量。

考虑到公共事业的收入是以消费者的电能表的读数为依据。使电压保持在允许电压的最大值是使电能表走得最快的一种方式，能推动更大的系统电能消耗。另一方面，尽量地降低电压能够节约能源，提高输送效率。这被称为保护压降（CVR），并且至少在 20 世纪 70 年代已经被提出来保护电能。公共事业监控和维护电压电平的能力是有限的，如前面提到的，电压更倾向于更高而不是更低，这样也降低停电和客户投诉的可能性。智能电网和通信的目标之一就是能够提供先进的监控和控制使电压能够安全地降低。再次，我们看到通信在电网中被用来控制系统接近极限的实例，在这个例子中尽可能地限制电压幅度使其接近下限。

比如在配电网络出现故障的时候，电压的骤升和骤降在随时都有可能发生。直到故障被隔离和检测以后，过高的电压和电流才能下降。这是电压暂降的一个例子，在故障被检测到或是电路断开之前，在有故障的电路上会产生很大的压降。在4.1节中详尽介绍的重合闸，从它的时间–电流特性曲线可以看出，较低的故障电流更难检测出来，所以较低的压降会持续更长时间。电压暂降是美国最常见的电能质量问题，每年估计损失50亿美金（Von Meier，2006）。虽然该实用程序能够记录和得出电能质量问题的结果，不过由于图像和潜在责任的问题很少有人这么做，电能质量也是一个不能完全控制的事情，电能质量的问题就像铲子在错误的位置挖土一样。

类似于电网中的电压控制，通信和网络已经处理了稳定控制问题，比如拥塞控制问题。在通信中，拥塞控制是控制要传输的数据包的速率以避免过多的通信延迟、充满的队列、数据包丢失以及甚至于最终通信链路崩溃。

电网中负荷突然消失的时候会产生过剩的电量，使用传统的方法来解决这一问题有两种方法，一是电阻断路，二是停止发电。电阻断路的过程涉及开关上的三相电路，三相电路将向电路中增加负荷，负荷应足够大使发电机转子减缓到适当的速度。电阻断路中的电阻通常价格便宜，寿命短；如果超速的情况持续超过几个周期（需要断路器花费一定时间来清除超速现象）在这段时间内断开电路连接并减少发电量。发电量的减少最简单是使用脱机的方法，停止发电机的工作。这个过程充满戏剧化；电阻断路的方法相应更为平滑，在某些情况下，插入串联电容可以通过减少电抗和提高波形幅度和质量来帮助减轻稳定性的问题。最后为了减轻过载和系统的不稳定性，更多的电能可以导入高压直流输电线路中。由于电能不足产生的不稳定性，选项会受到更多的限制；即，负荷的某种形式，以及转子对增加的能量所产生的明显反应。

2.2.4 发电

如前所述，发电机通过电磁感应现象来产生电能。如式（1.9）所示，变化磁场中的电荷会受力，该力的方向垂直于磁场的运动方向，并与磁力线的方向相同。作用于导体内部电荷的力会产生一个引起压降的电动势，并在导体内部产生电流。产生电流的关键要素是变化的磁场：相对导体内不动电荷变化的磁场。磁场的变化包括磁场强度的变化或是磁场的机械运动，大规模发电利用磁场的机械运动的方式来产生电流。

在发电机中用来产生电流的相同机理反而用于电动机中来产生机械运动。并非轴间旋转的力引发原本用于产生电流的磁场，而是电流产生一个力来阻碍电动机转轴的旋转。实际上，相同的装置既可以作为发电机也能作为电动机来使用。

现在考虑由电磁线圈构成的发电机。现在我们回想之前关于磁通的概念，磁通是电磁场的产物并与其穿过的面积有关。磁场周围导线中的电流与磁通穿越的表面积成比例。而且不需要完全跟随磁通和线圈周围任意点变化，只要知道通过线圈的全部磁通大小即可。

随着磁场在线圈中旋转，磁通不断地相对于线圈平面变化。当磁力线与线圈的平面平行的时候，线圈内没有磁通。随着磁场继续旋转，磁力线变得与线圈平面相垂直，此时通过线圈平面的磁通达到最大值。持续变化的磁场产生穿过线圈表面正弦变化的磁通量。

线圈中实际产生的电流与穿越线圈表面的磁通成比例。正弦的导数是余弦；也就是说，电压相对磁通偏移 90°。也可以简单地视作磁通的变化率。磁通为 0 时变化率最大，此时电压的值最大，也就是电压波形的峰值。在磁通最大时磁通的变化率最小，此时电压波形经过零点。

线圈中感应的电流会产生自己的磁场。然而，这个磁场的方向与本身磁场旋转的方向相反。显然，磁场的方向一定是相反的，否则，两个磁场将会互相加强，引起磁场旋转速度增加，无需额外的能量就能获得无限的电能，违反了能量守恒定律。实际上，感应电流的磁场与旋转磁场的方向相反是尤为重要的。变化磁场所需要的力用来抵抗感应电流所产生的磁场，并且保持适当的磁场旋转频率以将机械能转换为电能；换言之，这就是发电的本质。因为负荷接到发电机上需要更多的能量，实际也产生了更大的电流，如前所述，电压应该保持恒定。因为负荷会产生大电流，由电流产生的感应磁场强度也更强，所以磁场需要更大的力来保持旋转频率不变。旋转磁场与感应电流磁场之间的力也保证了众多发电机保持平稳运行；这将在后面详细讨论。现在通信并不能使多个发电机保持同相；相互作用的磁场用来保持平衡。线圈中产生感生磁场的现象叫作电枢反应。

实际发电机不可能拥有一个永磁体，而是以直流电通过线圈产生电磁的形式来代替。电磁体的优点在于可以通过控制流过线圈电流的大小来控制磁场的强弱。这就是所谓的励磁电流，电流源叫作激励。同样，实际的发电机可以通过增加旋转磁场中线圈的匝数来增加电压。在提高输出电压方面来说，增加额外的线圈是一个很有效的方法。

此外，一个真正的大规模发电机，产生的是三相电能。三相发电机产生的电流包括 3 根独立的电源线，每相交变电流相互偏移 120° 相角。这是因为发电机的三组电枢相互之间的物理位置相隔 120°。每个电枢绕组都能向发电机独立输出电能。三相发电机（电动机）将电枢反应的磁场力均匀地分布在旋转磁场周围，因此产生对系统的机械部件较为平滑的力。三相发电机的电枢反应以一个精确地围绕电磁铁转子旋转的磁场形式出现。因为两个磁场在相对彼此固定的地方旋转，这种形式的发电机叫作同步发电机。

考虑到在发电阶段控制电力特性的一些设计方面。如果发电机要产生 60Hz 的交流电，且内部磁体拥有两个电极，那么电磁体一定要以每分钟 3600 转的速率旋转，这样才能生成每秒变化 60 次的电流。为了以这个速率旋转，涡轮叶片的外围速度会超过声速。因此，构建能承受这样压力的叶片是一个巨大的工程挑战。为了减缓旋转的速度，需要添加更多的磁极。可以是每转一周提供更高频率的交流电。如式（2.23），r 为旋转频率，p 为磁极数。

$$f(\text{周期/s}) = \frac{r(\text{r/min})\,p(\text{极/磁铁})}{60(\text{s/min})\,2(\text{极/磁铁})} \qquad (2.23)$$

发电端典型的电压是 10kV。电压值是两个竞争因素的稳定值：一个较高的电压需要更高的绝缘设施和更高匝数的内部绕组以防止电弧放电。最终，由于空间的限制，匝数和绝缘不能无限提高。另一方面，能量一定时，电压越低电流越大。就像我们所说的那样，根据公式 I^2R 可知，电流越大所产生的电能消耗越大。因此，就如在配电时我们用高压输电以减少电能损失一样，还有其他一些设计限制和目标，包括设备冷却、优化利用磁场以及减少涡流。

回想一下，发电机内部提供旋转磁场的电磁铁也需要能源来产生磁场。可以有多种方式来提供这种能源。一种方式是从另一台发电机获得较小的直流电流，这种方式叫作励磁。问题是励磁怎么开始，因为它本身也是发电机同样需要励磁电流。它可以自励，它可以用自身的电流来产生自身的磁场。即使已经完全停止了，励磁发电机仍能够在上次关闭后在金属结构中用剩余的少量磁场来起动。对机械能的利用可以通过转动转子以及剩余磁场来产生电流，并能引起自身放大效应，不断增大。一些没有励磁的发电机需要从电网中获得交流电，然后转换成直流电。换句话说，如果没有已经运行的电网提供必要的励磁电流，发电机无法起动。

回想一下，同步发电机之所以同步是因为转子的磁场与定子的磁场完全吻合，两者的磁场同步旋转。这意味着发电机的输出电流波形直接与转子的旋转相对应。如果存在同步发电机，一定相对应存在一个异步发电机。异步发电机有时也叫作感应发电机。异步发电机转子是被动的，也就是说没有额外的电流源，也没有激励。当多相电流流过异步电动机的定子绕组，转子感应到一个变化的磁场。这会在转子绕组产生感应电流并产生相反的磁场带动转子转动。然而同步发电机与异步发电机间拥有关键性的不同点，为了在转子绕组中产生感应电流，定子中旋转的磁场一定要比转子绕组中的旋转磁场要快。一定要记住，同步发电机和异步发电机的定子在物理上是固定的；多相（通常是三相）的交流电流产生移动的磁场。因为定子磁场一定比转子磁场旋转得要更快，因此定子磁场与转子磁场不再同步，所以这种磁场也起名叫作"异步"。

转子磁场速度与定子磁场速度的比值叫作滑移。由于滑移，交流电流的频率会比会略微比感应发电机的频率低一些。另外，交流电流的波形不再直接与转子相对定子的位置有关。同步发电机与异步发电机的权衡使用主要是在比较相对效率和使用难易度的复杂性上。同步发电机更复杂一些，需要励磁电流，但是频率易于调整。而异步发电机构造相对简单，但是需要联系电网来起动。异步发电机的速度可以变化，例如，改变风力涡轮机的风速。因此，它不需要精确的机械结构来控制输出频率。总之，异步发电机更便宜，并且拥有更灵活的 DG。然而，由于感应的过程，有同样关于电感负荷的问题，它消耗无功功率。

现在假设存在一个同步发电机，我们用某种通信方式来控制发电机。发电机主要的控制方式是改变转子的旋转频率，相对于直接发电，在发电端的电压与发电机的有功功率有关。实际电能和转子旋转频率之间的联系很简单，且与电能的供应与需求间的瞬时平衡有关。考虑当更多负荷加入电力系统的情况。电压保持连续但是需要更大的电流来带动新的负荷，额外的电流最终来自发电机的电枢绕组，它可以增加额外使转子反抗的内部磁场。除非提供更多的机械能，否则发电机旋转的速率会降低。这可以看成 60Hz 交流电的一个要求。因此，单纯从配电网络提供的电流频率信息可以看出所需实际能量的值。

电压和无功功率由励磁电流控制。增加励磁的直流电流能够增加转子的磁场并且可以在发电侧产生一个更大的电动势来激励电流。电动势是发电机的电压。然而，实际电流是由负荷决定的；负荷越大，电流越大。感性负荷（使电流相位落后）影响发电机内部的电磁场。因为是同步发电机，定子转子协调一致运动，然而，感性负荷会造成定子和转子间的相位改变，这会影响转子的磁场。同时也会减少电动势和发电机的电压。因此，感性负荷会使发电机的电压减少。可以用增加励磁电流的方式来使电压和有功功率恢复正常。很重要的一点是发电机的电压和无功功率不能单独控制：电压和无功功率随着励磁电流改变同时改变。因此电压 – var控制经常出现。让我们返回之前所聊的话题，如果发电机电压保持连续，则电压因素和无功功率是由负荷的形式决定的，即电阻、电容或者电感。

为了满足负荷的需求，电力系统需要多台发电机同时工作。以美国电网的要求为例，要求 120V 交流电，频率 60Hz。同时工作的发电机保持持续不变的频率。然而，没有主时钟将转子频率传递给所有发电机；相反，内部磁场自然地起作用以在同时运行的发电机之间保持恒定的频率。从某种意义上来说，在相互连接的发电机上有共享磁场。每个发电机的定子磁场是由同一个电流产生的。如果一个互连的发电机减少了机械功率，其他的发电机会尝试做功来保持频率稳定。假设其他发电机有功率需求来保持额定频率，降低转子功率的发电机不必提供一样的力来使转子与定子的旋转磁场对抗，并且可以利用减少的电能来保持旋转的速率。然而其他的发电机利用减少的转子功率来满足发电机所需的功率。同样的，试图通过向其转转子提供更多动力来加强其定子磁场。更快旋转的发电机增加的力当其他发电机不得不提供相同功率的时候被减轻。换言之，对于在多电机系统中的一个发电机来说，系统想要改变额定频率的时候需要很大的能量。如果不出现大的事故，系统有倾向于保持频率平衡的特性。

鉴于互连的同步发电机的转子速度自然平衡，每个发电机的转子在相同时刻应该在相同的位置。平衡位置的相角叫作功率角。如果给定的发电机的功率角偏大，那么推动这个发电机很难而且产生大份额的电能。当然，如果功率角偏离得过大，发电机相互之间不是同步的且很难达到与其他发电机达到平衡，可能丧失与其他发电机达到频率平衡的能力。用一个比较粗糙的比喻来说，多台发电机就像一组车轮一样。车轮一字排开，如汽车的前车轮一样，只不过数量与发电机的数目一致。车轮由灵活的车轴相互联系，车轴表示共享的磁场并且车轴的灵活性表示磁场对转子施力的能力，就是抵抗转子磁场的能力。车轴是刚性的，这样如果一个车轮顺利地旋转，那么另一个车轮也会以同样的速度旋转。然而，考虑到存在突变的情况，如一个车轮突然停止或是加速。力的突然变化会通过灵活的车轴转移，引起其他车轮不受控制的振动。虽然这不是一个完美的比喻，但它为我们提供了关于发电机突变时其他发电机将会发生不同步甚至混乱的一个直观的感受。发电机保持相互平衡的能力叫作稳定性。

当一台发电机的频率相对其他发电机的频率变化，这意味着电压波形相对发生偏移。各发电机间电压的不同会引起电流，叫作环流，因为它并不流经负荷只是从发电机流向发电机。因为电流是通过电枢绕组流到目标发电机，这个电流几乎都是感性负荷产生的。因此，电流比发电电压超出了 90°。在相对更快运行的发电机的定子侧的磁场由环流可以加强，使转子受到更大的力，并且需要更多的机械能。

为了保证稳定性，一台发电机联机时，可以支持首次运营电网到下次停电期间频率和电网的频率相互匹配。只有当发电机的频率完美匹配电网时才能与电网相连接，这叫作同步。一旦发电机联网，在与电网频率准确匹配后，它具有零负荷；也就是说它尚未产生任何功率。然而，在这一点上，转子的功率不断提升，并将功率输入电网。

能量守恒定律认为整个电网在任何时间，发电功率与负荷功率是平衡的。如果打破这个平衡，就会有故障发生。首先，频率将会为了保持供需平衡而改变。如果供大于求，频率会增加来进行补偿；如果发电减少，频率会减少。因此，广域通信对于这样的频率监测是很有必要的。如果频率的变化不足以使供需平衡，那么电压会改变。显然，如果供不应求，那么频率和电压都会降低。

无功功率在任何时候都能保持平衡。回想一下，无功功率是功率从一个场到另一个场振荡流动。因此，并没有固定的网络流动方向；然而，无功功率一定平衡。如前所述，无功功率的大小是由负荷控制的；负荷可以为纯电阻、纯电感或者纯电容，大多数情况下负荷多为感性，是滞后的。另外，如前所述，电压和无功功率

（var）是成对的，并且不能单独改变。因此，无功功率是由发电侧电压决定的。

如果两台发电机同相并且其中一台发电机提供更多的无功功率，由于发电机间的压降将会产生一个发电机之间的环流。回想一下，可以通过增加励磁电流来增加电压。电流和电压间有 90° 的相位差。再次，电流从高电压处流向低电压处，会流经目标发电机绕组的感性负荷。因此高电压发电机向低电压发电机提供无功功率。由较高电压输送的无功功率经过低电压发电机叫作容性功率。为了支持内部的转子转动，功率角会发生改变，同时，电压较低的发电机电压会升高。较高电压的发电机的滞后电流有相反的作用；它也会改变内部的电角度，减慢转子的旋转。因此，所有其他条件保持不变，两台发电机倾向于相互保持平衡。在一个更大、更复杂的发电系统中，提高或是降低发电机的电压用来在发电机间分配无功功率。注意，发电机间的循环电流是一个真实的现象，并给输电线路增加了压力。由式 I^2R 可知，输电线上会产生热量。因此循环电流并不是白白产生的。

然而，应该强调的是总无功功率是由负荷的类型决定的。最终，负荷所需的无功功率一定是由整个发电系统产生。无功功率在发电机间的分配是由商业和市场需求决定。本地方面，发电机操作员只能测量发电机的有功功率和无功功率，或是功率因数。系统的有功和无功功率或是功率因数会因各个发电机实际的有功、无功功率输出有关。因此，发电机之间的通信是很有必要的。

发电机在运行的时候承受机械应力；如果不发生一些程度的损坏，它的固有指标不会被打破。典型的故障是过热，可以通过增加冷却装置并减轻负荷来解决。如果发电机持续超出额定容量运行，会发生磨损，绝缘设施也会被破坏，最终发生许多形式不可逆的破坏，比如弯曲轴和结构破坏。因此传感通信对于发电机的监测是至关重要的。在电力系统中有一个趋势，对发电机也一样，设备基本在额定范围附近工作。换句话说，操作员有信心将设备接近其临界点运行。

2.3　管理和控制：SCADA 系统介绍

一个集中的发电厂管理与控制本身并不是智能电网的技术，因为集中式发电很多年都是发电系统的主力。然而，关于这些系统的集中控制是值得商讨的，因为这些知识可以延伸到智能电网中，因为这样的通信大家认为是成熟、安全和可稳定运行的。

工业通信包括一系列硬件以及软件，保证实时操作中对昂贵的危险设备的控制，使其稳定可靠运行。典型地，工业通信结构是分层的，并且人机交互界面在最顶层，允许人对系统进行操作和控制，如图 2.2 所示。在人机交互的下一层（中间层）是可编程序控制器。可编程序控制器是通过非实时通信互联的。最后最底层是与可编程序控制器互联的现场总线来执行工作，比如传感器、制动器、开关、阀门以及其他设备。

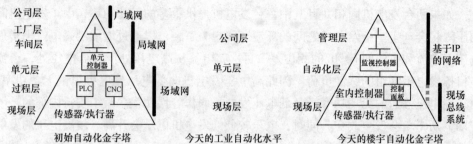

初始自动化金字塔　　　今天的工业自动化水平　　　今天的楼宇自动化金字塔

图 2.2　　SCADA 网络源于分层网络框架的概念，该框架旨在应对覆盖广泛区域的集成环境中预期的通信复杂性，同时还深入到系统的实时运行中。这起源于 20 世纪 80 年代的工厂过程自动化。电网及其相关的通信网络只是应用于电力发电、管理和运输的过程自动化的一个例子（来源：Sauter，2010，经 IEEE 许可转载）

由该硬件和软件形成的工业网络通常称为现场总线。现场总线的起源和意义经过了 20 多年的发展，仍然不是很明朗。英文单词"fieldbus"在 IEC 的标准化工作大约是在 1985 年。然而，它是从德语意译过来的，可以追溯到 1980 年。有趣的是，很多关于这个话题的早期工作都是在德国完成的。术语"场"在过程工业中用于指代"过程场"，意指工厂和发电厂的位置并依靠分布式传感器和执行器直接控制。早期的拓扑结构是模仿星形的，在现场每一个设备线路都通过连线连接到中央控制器。当然，这导致了混乱昂贵的布线，使整个系统具有整体性质。特别是基于软件部分的组件，不能被替换用不同厂商的组件。

人们希望用一个更简单更有效的单一总线形式来替代星形总线，因此现场总线应运而生。由于现场总线系统是在不同的控制进程并行进行的，这导致了大量不同组织的不同标准。它们与信息技术（IT）也不同，IT 是以无线技术和以太网为核心的。人们认识到，如果将 IT 和工业自动化结合起来会很完美。然而，由于需求不同开发环境也不一样；工业自动化需要实时通信控制；也就是说，小分组低延迟。IT 注重的是高带宽，大数据的传输，并不需要对延迟有严格的限制。同样，IT 技术发展得更加迅速，而工厂自动化需要在较长时间内保持与大量昂贵设备的兼容性。

如图 2.3 所示，有大量不同的现场总线技术并且在智能电网世界有很显著的影响。将智能电网单纯看作 IT 和通信技术的结合是不恰当的。因为它们是工业自动化通信的一部分。例如，发电厂和 DG 将在未来持续利用现场总线协议。变电站自动化是现场总线技术的衍生物，尤其是 IEC 61850。然而，研究每个现场总线协议的细节没有什么价值；我们的目标只是了解它们的基本特点和相对智能电网的倾向。一个趋势是，从图 2.3 可知，现场总线协议有向国际标准靠拢的趋势。另一个趋势是，这个趋势在图中并不是很明显，在图中，现场总线技术都融合了计算机网络和通信技术。

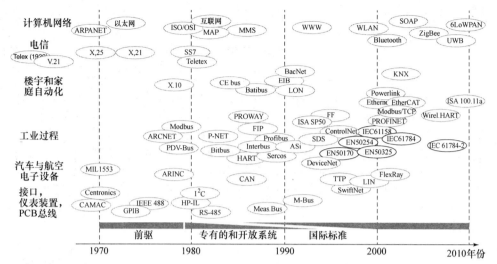

图2.3 现场总线的时间线开始以后，随着电缆重量需求的减少以及由空间技术发展的军用
1553 总线标准可以认为是真正意义上的现场总线。它表明了现场总线系统的所有性质，包括
①相同的串行传输线控制和数据信息，②主从通信架构，③更长距离覆盖的可能性，④综合控
制器。最终，只有"开放"系统稳定，并且获得了客观的市场份额。国际标准获得了市场的广
泛认可（来源：Sauter，2010，经 IEEE 许可转载）

图2.4 为关于不同媒体介入的概述：通过现场总线协议的多样化探索协议的解
决方案，显然，有效率的媒体访问控制一直是巨大的挑战，现在我们使用的是以
太网为交换方式的技术。

图2.5 为如何在不同的现场总线协议的条件下，达到国际标准的开放系统互联
（OSI）的框架。我们不应该认为这些协议是完全相互兼容的。总线的协议子集与
其顶层是完全兼容的，而一些是不直接兼容的，但具有兼容的数据和对象模型。

虽然无线通信对移动物理电缆和电厂移动部分是很关键的，不过对于实时控制
来说，它有潜在的不可靠性。这一点随着无线通信开始证明自己对于电厂不太重要
而开始改变。图2.6 显示了更高层级的无线现场总线协议。更换以太网开关和无线
系统是一个有效的办法。

数字工业通信的最早形式是 RS 系列；即 RS - 232、RS - 422 和 RS - 485。这
些标准没有定义软件通信协议，而是定义了连接所需的电特性。RS - 232 是最简单
的并且只支持点对点通信。然而，由于布线和接口的优越性，RS - 232 可以在速度
和通信距离上比以往更优秀。RS - 422 使用差分线路编码，从而使其更加适应噪声
和干扰，可以可靠传输得更远。这在电场中是很重要的，因为潜在的电磁干扰是很
严重的。此外，RS - 422 允许 10 个接收器并入一条，被称为多点传输。RS - 485
进一步提高了性能，并且允许多达 32 个收发线路同时工作实现多点通信。由于这
些基本通信标准不指定更高层次协议堆栈，寻址和协议数据单元（PDU）是由应
用程序定义的。然而，常见的结构是一个主从关系，从其中一个主装置发送到线上

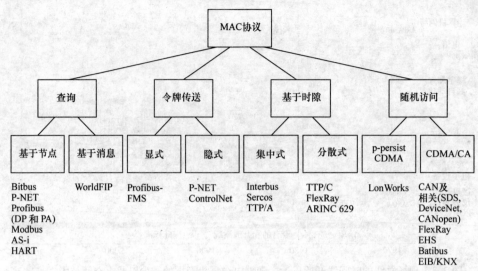

图 2.4　20 世纪 80 年代中期，在 SCADA 系统中可以看到，更多智能传感器和执行器的电力线载波的使用量显著增长。这些新的系统都适用于不同的应用程序中。在种类繁多的媒体访问机制中显示了现场总线系统仍然有显著的市场份额（来源：Sauter，2010，经 IEEE 许可转载）

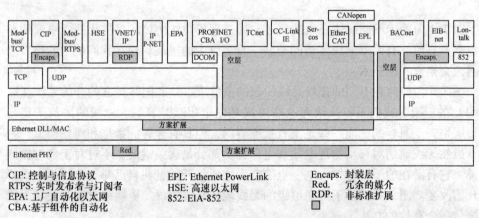

CIP: 控制与信息协议　　　　EPL: Ethernet PowerLink　　Encaps. 封装层
RTPS: 实时发布者与订阅者　　HSE: 高速以太网　　　　　Red.　冗余的媒介
EPA: 工厂自动化以太网　　　 852: EIA-852　　　　　　 RDP: 非标准扩展
CBA:基于组件的自动化

图 2.5　从现场总线架构可以发现，在最初阶段，要小心避免违反概念和以太网标准。然而，这种希望是徒劳的。不同行业的不同操作使得得出以太网的解决方案很难，并且无法得到定制的解决方案。这个图说明了不同的媒体访问控制技术（来源：Sauter，2010，经 IEEE 许可转载）

的其他设备，如果有消息发送到一个从机上，从机会返回一个值。这是媒体访问控制的一种非常原始的形式。一高速可寻址远程传感器（HART）增加了一个数字信号到 4～20A 通信标准上。在串行通信过程中实行上述接口标准。

上面明确提到的串行通信电气标准没有做到完全一致，来允许不同的工业应用实现完全相互操作。不同工业应用的统一是很困难的且耗资巨大。此外，智能电子

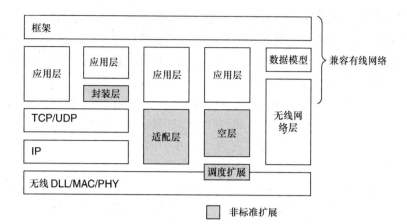

图2.6 无线现场总线架构通过使用较低层次的技术保持兼容性。这允许更高的协议层从有线、现场层网络与无线系统兼容（来源：Sauter，2010，经 IEEE 许可转载）

设备越来越复杂，需要更多的监测与控制，因此需要更多的带宽。在早期更多的标准需求需要被承认。然而，工业设备有很多种类的通信需求，因此通信用不同方式进行了分类和标准化。查看通信要求分类的一种方法是用简单的低带宽的设备启用更复杂更高带宽的设备。例如，传感器总线信息规模小，但是响应时间快。设备总线拥有适度的信息大小和响应时间，而现场总线具有较大的信息，较久的响应时间。从简单的电气串行接口标准转向工业网络协议都要求从简单的 ASCII 命令/响应集合转变为更完整、可以互相操作的协议。

以太网最初采用总线架构设计；多计算机共享相同的以太网媒体，被称作总线。因为微处理器相对于这样的总线架构速度较慢，这种形式的以太网可以提供更有效的容量并能被更广泛地应用。这在 IT 界几乎无处不在。由于计算机间公用的总线和通信没有计划或者同步，同一时刻多台计算机同时传输信息是可能的，这导致它们以太网帧之间的碰撞，这会导致乱码或者损坏，并造成可用带宽的损失。但是，只要流量负荷远低于最大容量，这种架构就能提供一个速度快、简单、有效益的解决方案。

然而，随着微处理器速度的增加，计算机共享的以太网总线数目显著增多，有时，共享的以太网架构使系统变得稳定，称作脆性系统；冲突和丢失的以太网帧数的增加，带宽减少并且延迟显著增加，这是因为总线上过度拥挤的缘故。

至少有两种比较明显的解决方案：要么继续探索来增加以太网总线系统使其保持远远领先于他们期望的负荷，从而避免阻塞（这是因为在脆性的系统中，设计时容量应该大于实际应用）或考虑一种新型的架构，比如以太网交换机。

从直观的意义上说，以太网交换机可以看作是以太网桥的一种变形。以太网桥用来获得一个较大带宽的以太网总线网络，这个网络的连接部分叫作桥接设备。以太网桥只能传送所需的帧到达目的地段。换句话说，这会阻止不必要的传递反生，以避免帧的碰撞。然而，每个桥都会增加一个小的延迟量和成本到网络中。在每一段放置传统的以太网桥会使网络变得更有效，但是价格更贵并造成显著的延迟。确定以太网桥的最佳位置是一个有趣的优化问题；目标是簇微处理器，这些簇微处理器通常在相同的以太网网段上相互通信，同时在这些簇之间添加网桥，在这些簇中通信发生频率较低。那么可以最小化等待时间/成本，同时最大化可用带宽。

交换式以太网网络并没有像前面解释的那样真正地使用网桥。然而，它允许每台计算机都出现在网络中，好像在它自己的专用网段。举一个非常简单直观的比喻，利用当地道路上行驶的车辆可以解释这个概念。在夜间或是非高峰时段从一个位置到另一个位置是相对容易的。在上下班的高峰期拥挤迅速产生。换句话说，负荷已增加，与以太网总线网络保持相同。我们可以给交换式以太网打一个比喻，每个司机都有一个理想化道路来通向目的地，没有拥挤的交通并且可以运行得更快。

在实际应用之前有几个检查要考虑周到。最重要的是任何大的道路系统都是非平面的；混凝土桥梁或者立交桥需要考虑车辆的冲撞。相似地，建立一个电子开关的结构是至关重要的。我们已经有效地将以太网总线问题转移到设计一个有效开关的问题上。一个更具成本效益的开关具有内部输入输出端口的队列，因此仍然存在一个取决于通信业务负荷特性的排队延迟。如果交换机队列已满，帧会被舍弃。因此以太网交换机不是一个完美的以太网解决方案。对于流量整形、调度，实现帧优先级的机制仍然存在以减少内部开关阻塞。

以太网交换机一般有3种类型：存储转发式、直通式和混合式。它们的操作与前所述有微小的变化。存储转发交换机通过它的输入接口接收每一帧信息，然后通过CRC检测错误，如果没有发现错误，该帧传输到其指定位置。这意味着每个开关只穿过未损坏的帧。然而，检查帧的完整性需要时间，这增加了等待时间。因此，存储转发式交换机拥有相当低的错误率。直通转换技术是交换开始以后，立即转发到它的目的地址，以及其相应的输出端口。结果是帧快速输送，但是浪费带宽。混合式交换机尝试获得最好的存储并且进行直通交换。它通过简单的改变，根据动态存储来发现错误。该概念是交换机对帧错误率进行采样：如果它相对很慢，使用直通交换技术；如果它超过一个给定的约束，才使用存储转发技术。

2.3.1 效率和环境

改善电网效率和降低成本的同时也能改善环境。产生电能的方式有很多种，包括煤、核能、天然气、石油还有水。每种能源的发电设备都将采用SCADA系统进行通信，如前关于现场总线网络的论述。使机械、化学或者核能转换成电能的技术变得更有效率，减少能源的浪费可以转换更多的电能。然而，目前智能电网工作的重点应该在提高电能传输效率上，负荷由需求响应（DR）和需求侧管理（DSM）来控制，并集成了许多更小的单位注入电网。从环保的角度来看，最大的污染来自燃煤发电厂。污染物包括二氧化碳、氮氧化物、硫氧化物和汞、固体小颗粒。

一项由美国能源信息署（Energy Information Agency，EIA）所做的研究获得了一些到 2035 年的近似推算结果（Conti，2010）。该研究假定电力需求正常增长，现有发电容量 45GW。据预计，2035 年增加发电容量 250GW。该项研究预计天然气发电量占总发电量 46%，可再生能源占 37%，新型燃煤电厂占 12%，核能占 3%。当然这些假定值并不是准确的，只是提供一种趋势供参考。一项由 EPRI 做出的预计，到 2030 年如果智能电网设施完全运行，可以节省总能量的 12%（Siddiqui，2008）。这种不仅能节约成本，而且环境效益良好。预计具体减少的污染物将来自智能电网的以下几个方面。DR 和 DSM 将使消费者来管理他们的负荷以节省电力。电动汽车的电能来自电网，去除了汽油发动机的污染物，但是会增加电功率的污染物，这个我们稍后将进行讨论。可再生能源和分布式能源对环境的影响是有限的。

交通运输中汽油和柴油的污染包括二氧化碳、未燃烧的烃、一氧化碳和氮氧化物。虽然轿车和轻型卡车汽油中的铅已经被去除了，它仍然是航空业燃料的一个组成部分。引起的化学反应物有臭氧。要注意的是臭氧当靠近地面时对呼吸系统有严重危害；然而，臭氧层是在平流层，可以防止紫外线到达地球表面。因此如果汽油、柴油车辆不使用油，它们的污染物就会大大降低，但是根据所使用的电源，发电产生的污染物会相应地增加。还应当指出的是连接电网以后也可能有其他污染源。例如，多氯联苯（PCB）和其他在变压器中使用的油，许多变压器仍使用其工作。同样，开关、继电器、重合器使用这种流体可以减轻高压电弧操作期间产生的影响。

对于智能电网需要考虑的另一个方面是环境效益，到了一定程度以后，自愈成为现实，实用车辆的数目减少，可能会大大降低其对环境的污染。同样地，如果能够避免故障或者恢复供电的速度很快，这也能降低在孤岛运行过程中柴油发电机的污染。另一种环境关系是室外温度和传输热评级的关系。传输容量受限于电源线的热评级，它可以改变温度。因此，可以当温度下降，而不是假设的最坏情况时通过传输线来增加负荷。

2.4　能量存储

本节将介绍储能技术。先进的与智能电网相关的能量存储技术将在第 8 章中讨论。在智能电网被创造出来之前能量存储系统就已经长期存在；然而，它们往往是唯一的、专业的系统，而且没有标准方法连接到电网或操作和控制（Mohd 等，2008）。事实上，存储系统已经被当作使用过程中的黑盒子，它取决于存储系统供应商提供的专有的安装，及通信和控制机制。智能电网的一个目标是标准化储能系统的操作，使得它们成为一个更自然和不可分割的组成部分。

能量存储系统在过去与间歇发电相结合作为辅助电源，以平滑电力输出。例如，发电机可用于周期性地重新充电并用作一个微电网中，以用作一个比较小的，局部能量电池。类似的概念也适用于从间歇性的可再生能源输出平滑的动力。因此，从通信的角度来看，能量存储是可以类似于补偿电力系统随机行为的缓冲器。另一个潜在的应用可以是使用低功率的传输线；在电力线的末端设置储能装置，可以连续地充电，允许负荷消耗的功率短时间内超过电力线额定承载的功率。

许多不同类型的不同能量存储系统具有不同的特点，应该重点考虑其在电网中特定的应用。实例包括功率和能量密度；即，单位体积能量或存储能量的多少。单位体积能量和功率之间有显著的差异。存储机制的寿命是另一个重要的考虑因素，例如，随着时间的推移存储系统是否会发生故障。充电时间是另一个重要的特点。一个需要很长充电时间的系统对于许多应用来说并不方便。另一个相关的特征是动态响应：当电能注入电网以后，存储系统有多长的反应时间？一个需要较长反应时间的存储系统可能不适合很多应用程序。例如，存储系统为了改善电能质量需要在某个确定时刻注入电能。维护成本是另一个问题：即符合或者超出所有技术的存储系统的要求时，维护的成本很高。当然相关的特征是用每千瓦的成本来表示。这里的成本包括充电、存储和释放的成本。另外还要考虑潜在的环境效果，无污染，使用可再生能源是一个环境友好的发电系统的目的。最后一个特征叫作往返效率；即，充电、存储、释放过程中能量损失的百分比。存储技术因这些特点广泛变化，并且对于匹配适当存储要求也很重要。

关于能量的存储形式，我们能够立即联系起电和电池的关系。我们购买电池来为手电筒、笔记本电脑或是移动电话供电，大部分都是我们日常生活中的亲身经历。我们对经过多久电池需要再次充电有过体会。电池涉及的原理包括化学反应，导致电子在阳极的积累；即电池的负电极。这导致阳极和阴极间产生电势，这是正电极电池。电子具有一种自由运动的趋势，为了使其平衡，唯一的办法是使其从电池的阳极流向阴极。然而，电子不能流经电解质，它驻留在电池内阳极和阴极间的材料内。解决这种不平衡的办法是使电子从外部电路中从阳极到阴极流动，并在这个过程中驱动负荷。这个化学过程中产生的自由电子是有限的，这是电池容量所限制的。许多类型的电池化学过程是可逆的；通电时电池化学过程逆转，允许对电池充电。不同类型的电池具有不同的阳极、阴极和电解质材料。在一些电池中，阳极电解质和阴极电解质是不同的；有自己的电解质的每个电极叫作半电池。半电池放置在串联线路中形成一个整体单元。

化学反应的强度驱使自由电子产生一个电动势。在电池两端电极上测量的为端电压。如果测量时的电池既不充电也不放电，测得的电压称为开路电压。但是，请注意电池内阻；即，阳极和阴极间的电阻。这会导致电池被放电到开路电压中较低电动势的部分。相反地，一个正在充电的电池将具有较高的端电压。理想情况下，一个电池将没有内阻，当电池充满时开路电压将下降到零。当然，电池是不理想的，存在内阻，因为电阻上有压降，这导致开路电压下降。

在 19 世纪末期得出的 Peukert 定律，这个定律至今仍在使用，因为电池放电时其端电压降低到容量的近似值。

$$I^k t \ = \ 常数 \tag{2.24}$$

在式（2.24）中，I 是放电电流，t 是电池放电的实际时间（单位 h），k 是 Peukert 系数。k 的取值范围为 $1 \sim 2$，它是由电池的品牌和型号决定的。负荷越大，电流越大和电池消耗速度越快。因此，有效容量低于用同一电池驱动较小负载时的容量。换句话说，当安培数升高时，电池容量具有更少的容量，因为更高的电流会使电压下降超过更低的电流负载时的电压，因此更快达到终点。

如果 $k = 1$，则该电池的容量将不取决于电流放电速率。铅酸蓄电池一直是最广泛使用的电池存储系统。Peukert 系数 $k > 1$，电池制造商用其表示电池在特定放电时间 n（以 h 为单位）的能力。Peukert 定律［见式 2.24］可以转换为 Peukert 等式：

$$C_{n_1} \ = \ C_n \left(\frac{I_n}{I_{n_1}} \right)^{k-1} \tag{2.25}$$

式中，n_1 是绘制电流图像时一个新的时间段（h）；I_{n_1} 为新的放电率（A）。

值得注意的一点是，要想有效使用像电池这样的系统的容量也是比较复杂的。通常，电池储能可以作为支持智能电网的通信或者用于缓冲电网能量的电源。这种相互依赖的复杂网络需要仔细分析。

抽水蓄储（即泵送水）能量系统似乎是最古老和最广泛使用的系统，可能是因为它可以经济有效地存储大量的能量，容量高达 1000MW，而且操作比较简单。水可以包含两个不同级别。在存储过程中，水被泵压到较高的位置。然后能量释放，水降到较低位置，同时带动涡轮旋转。

压缩空气能量存储（Compressed Air Energy Storage，CAES）通过压缩空气使之进入如地下油层来存储能量。当电源是必要的时候，被压缩的空气通过涡轮释放并产生电功率。在一个城市范围内压缩空气存储系统自 19 世纪晚期已经出现。1978 年德国不来梅已经完成一个储量很大的压缩空气存储系统，专门用来存储电力。这个设备被称为 Huntdorf 厂，它可以提供一个存储容量为 290MW 的存储系统。从那时起，开始建造容量更大的 CAES 工厂。利用盐矿内的空间，可以提供 290MW 的存储能力供电 3h。从那时起，开始开发更大容量的 CAES 工厂。

飞轮存储系统加速，然后保持转子高速旋转。存储的能量与角动量的二次方成比例。逆转过程中能量被释放；此时角动量的能量被供给电动机，它变成一个发电机，从而产生电力。飞轮通常用于 150kW ~ 1MW 范围的电力系统，并用于提高供电质量和供电可靠性。

中小企业的系统必须能够对超导材料保持高电流流通的能力。这些存储系统允许电源与电网进行能量交换；单个周期可以在需要时被注入，这对电能质量的改进以及大量存储很有好处。

超级电容器具有如电池一样直接接收并保持电荷的能力，因为没有中间化学反应，与电池相比它能够更迅速地充电和放电。电荷在两个电极中就像一个电容器之间的电场中一样；然而，它的能量密度比常规电容器要高得多。

燃料电池是被普遍用于蓄电过程中的另一个存储机制。然而，"燃料电池"中的技术主要使用的是存储技术。它们共同的特征是燃料拥有多种不同的形式，如氢、天然气和醇与氧气或氧化剂的化学反应中将化学能转换为电能。燃料电池具有一个正端（阴极）和一个负端（阳极），还有电解质。充电时，电解质允许电子在燃料电池的阳极和阴极之间移动。电解质通常是液体、胶状体或气体，可以通过电解的装置创建离子。燃料电池的电解质决定燃料的类型。阳极催化剂（如铂）可以分解成离子和自由电子。阴极催化剂（如镍）可以分解离子产生副产物，例如水，如果氢气是燃料，如二氧化碳。燃料电池可以通过所产生的电流来驱动放置在阳极和阴极间任何负荷。典型的燃料电池电压约 0.7V，然而，许多燃料电池可以堆叠在一起，以增加电流和电压。我们刚才描述的是燃料电池最简单的操作，存在更先进的类型的燃料电池，如质子交换膜燃料电池、细胞和固体氧化物燃料电池等。氢、氧质子交换膜燃料电池使用质子导电性聚合物作为电解质。这种膜是绝缘体，它不允许电子通过。燃料氢扩散到阳极催化剂，分离成质子和电子。质子与氧化剂反应，然后通过膜传递到阴极。因为膜是绝缘体，电子必须流过外部电路到达阴极。一旦到达阴极，质子和电子再次相遇，形成水。固体氧化物燃料电池是不同的，它使用稳定的氧化锆作为电解质，并且必须在高温下（800～1000℃）进行反应。

氢能存储是另一种存储；然而，氢能存储仍然是在发展的早期阶段。氢可以以气体、液体或固体形式存储。电解通常用于获得氢气，并且所得的氢由燃料电池释放能量。

除了抽水蓄能，最近其他的储能方式都被认为过于昂贵，不能大范围使用。然而从另一个角度看，不使用这些技术的成本已经比较便宜，也就是说，如果必要的话只需提供备用电源。然而，发电的成本仍然比存储便宜，并且输配电容量很大，可处理更多的发电、输电和配电要求。当大规模储能成本降低及发电和输电成本增加时，存在的价格门槛将打破能量存储和其潜在的好处标度。

储能的好处是多方面的。也许最大、最明显的好处是负荷平衡和调峰。新发电机组的投入成本可能是非常昂贵的，降低开闭次数可以显著降低成本。因此，目标是使需求尽可能保持恒定。这可以通过在低需求时存储电力并在高需求期间释放存储的电力来实现，这也被称为一种"调峰"。

利用电力存储的另一个好处就是所谓的电网电压支持。正如术语所说，目的是维持电压电平，或使其保持在至少指定的容差范围内。回想一下，负荷消耗有功功率，但也可以消耗或产生无功功率。这两种形式都会影响电压电平，应用的储能技术在有需要时支持这两种形式，并成为动力。

回想一下，当需求超过发电量，交流电流的频率降低。电网频率可以通过能量存储系统支持，以便它们能减轻任何突然、短暂降低频率的事故。电网角度稳定性可以在正确的时间通过存储的能量注入动力以抑制振荡,例如,由于电气故障使传输线路作用突然丧失,导致发电机变为不同步。能量存储系统还可以充当旋转备用,即,电力并未全部用于产生动力。

显然,如果有足够的可用存储能量,可以通过能够使用存储的能量,提高功率可靠性,以在停电时提升功率。术语"穿越"指的是电力系统设备如发电机异常发生或干扰发生时保持连接到电网的能力。作为一个示例,存储的能量可能在电压暂降时提供电压,允许一个发电机运行。否则,尤其是在低电压或故障时,许多设备均可能需要从电网临时断开。

电能质量可以通过使用存储能量得到改善。有许多影响电压和电流的波形的"噪声"源,如功率因数、暂态不稳定、闪烁、电压骤降或溶胀,还有谐波。存储的能量可以纠正这些问题。最后,储能系统能够实现不平衡负荷补偿。三相系统的三相是大小相等和相位差相等。如果相位差暂时不平衡,存储的能量可以使相位恢复平衡。

2.5　小结

在新一代智能电网时代到来之前,大型集中式发电厂一直占据着发电的主力地位。电网的大部分也围绕此架构设计。例如,在大型发电机之间的同步的问题,不仅要理解大型电力系统如何同步,还要理解如何与电网的其余部分同步。交流电的基本覆盖,并且可以管理无功功率。大型集中式发电更带动了相应的通信系统的发展。它们往往是相当老套而简单、可靠、层次化和集中化的 SCADA 系统。最后,本节结束时总结了预智能电网时代的能量存储系统。对一些以前的术语的介绍是为了深入了解电网是从哪里来的,以及未来的走向。

第 3 章介绍智能电网之前的传输系统。电能传输系统的好处和目的是与常用的传输系统通信。它对于理解传输系统如何发展是非常重要的。介绍了在输电系统和整个电力网中起作用的电网系统组件,包括控制中心、变压器、电容器、继电器、变电站和逆变器;为了满足这些设备进行通信的需求,应设计和实施更好的通信网络。该章还介绍了电力系统中频率分析、相量以及每单位系统的概念。电力系统控制通常被设计成感测与控制本地的结构;避免显式通信以最大限度地提高可靠性。网络控制被引入并用于评价控制通信选择。在传输系统中,面对同步的问题,降低功率损耗和减轻地磁风暴的影响的问题描述已经给出。无线电能传输问题,在后面的章节将会更详细地介绍。总体而言,第 3 章提供的信息是了解智能电网的先决条件。

2.6　习题

习题 2.1　发电机类型

1. 同步和异步发电机之间的区别是什么?

2. 哪些类型的发电机将最适合风力涡轮机？为什么？

习题 2.2　同步

1. 多台发电机如何保持相互之间的同步？

2. 上述问题的答案是否包含了发电机间通信的形式？

3. 如果发电机变得不同步，另一台发电机会发生什么？

习题 2.3　发电控制

1. 发电机功率如何控制？涉及哪些通信？

习题 2.4　频率

1. 描述所产生的电量低于需求会发生什么？

2. 描述所产生的电量大于需求会发生什么？

习题 2.5　发电机同步

1. 什么是循环电流？

2. 为什么环流不可取？

3. 如何可以循环电流最小化？

习题 2.6　功率种类

1. 解释有功功率、无功功率和视在功率的关系。

习题 2.7　发电网络

1. 电厂采用的是什么类型的通信网络？

2. 电厂通信网络与互联网有什么不同？

习题 2.8　现场总线网络

1. 要做出什么变化才能使经典以太网作为一个现场总线网络？

2. 经典以太网总线架构和交换式以太网之间的区别是什么？

3. 交换式以太网的发展是否解决了实现以太网现场总线的问题？如果是这样，为什么呢？如果不是，为什么不呢？

习题 2.9　Peukert 定律

假设一个电池具的 Peukert 系数为 1.2 和额定充电速率为 100Ah，电池完全放电时间 20h。

1. 如果电池的放电速率为 5A，多久会完全放电？

2. 如果电池放电速率为 10A，多久会完全放电？

习题 2.10　储能

1. 哪些储能机制将适用于应用中缓解突然的、短暂的电能质量问题？

习题 2.11　分布式发电

1. DG 建议建设更多、更小的分散的电力发电机。

2. 传输系统在高 DG 环境的作用是什么？

习题 2.12　微电网

1. 一个微电网怎样才能使它的交流电与主电网同步？

第 3 章

输　电

就像一道闪电，顷刻间，真相被揭露出来。我用棍子在沙子上画着我的电动机图标。我曾经对可能发现的大自然的秘密进行了深深的思考，不顾我的存在。

——尼古拉·特斯拉

3.1　引言

本章介绍从发电机产生电力后的运输过程，在第 2 章中讨论过，电能沿着它的路径最终走向用户。这是电网中电能运输的第一步；在本章中，许多基本组件和概念将会首次出现。需要注意的是，本书的这一部分是在智能电网概念之前，对电网的介绍。输电系统从发电机获取大量的电力，通常发电厂中的大型的集中式发电机位于人口较少的区域，并将电力（通过很长的距离）传输到位于用户附近人口更密集的分布式系统中。

接下来，请牢记电网与通信之间的关系。对通信网络进行分类的另一种方法是将它们分成场域网（FAN）、广域网（WAN）、城域网（MAN）和家庭局域网（HAN），如表 3.1 所示。通信网络分类的另一种方法是根据能量被利用的方式。第 2 章讨论的场域网是一个能使电能实现快速、精准的沟通和控制的一个大的工厂设置，如发电厂。广域网是一种通信网络，用于在较远距离下传输信息，因此，广域网具有适用于远距离传输的电能传输特性。在城域网中，覆盖面积大致是城市的面积；因此，它最适合配电系统，网络的功率和能量是应用于远距离传送信息和处理多个节点之间的争用。最后，用户经常被视为在家庭局域网环境中运行；也就是说，在家里对电能进行控制。在这里，人们预计在相对较小的区域里有很多设备。

表 3.1　网络架构及其在电网内的相应适用性

网络类型	电网	特性
场域网	工厂/微电网	保持确定性的控制
广域网	输电	长距离
城域网	配电	中等距离和节点密度
家庭局域网	用户	小区域内短距离

虽然电网组件和网络类型之间的上述对应关系可能听起来像一个很好的、清晰的和定义明确的架构，但却不太理想。这是因为缺少对场域网、广域网、城域网和家庭局域网的精确定义，并且每种网络类型中都有许多可能的技术。另外还有一些跨越多种网络类型的网络技术。但是，即使过于简单，表3.1也可以作为粗略的初步准则。由于本章涵盖输电，所以直观地说，长距离传输大量电力的传输系统所需的通信类型是广域网。

接下来，将介绍在输电系统和整个电网中发挥作用的基本的、有形的电网系统组件，包括控制中心、变压器、电容器、继电器、变电站和逆变器。在过去，这些组件通常都会被设计成在本地感测和控制，通过网络控制系统的连接通常被认为是智能电网的一个方面。请记住，这些组件的物理组成正在发生变化，大功率固态器件正在发展来替代这些相对简单的机械部件。然而，了解这些设备在当今电力系统中存在的价值是很有意义的，因为它们的基本功能和技术中的大部分将在未来被运用。介绍基本的电网组件后，本章将介绍涉及这些组件的分析技术。这些是预智能电网分析技术。理解这些分析技术是很重要的，这是电网运行以及如何发展所必要的，因为需要通信来为这些算法提供大量的数据输入，并且这些算法的结果可能需要传达到远端地点。更好地了解通信的需求和要求，可以使通信网络设计和实现得更好。这也为理解电网演进和与之发展的支持性通信奠定了基础。我们假设在没有现有的电力系统背景，包括简单的频率分析、标幺制系统和相量符号情况下呈现概念。然后讨论对称分量分析、潮流分析和故障分析。最后介绍了状态估计和柔性交流输电系统背后的概念。接下来，我们来看看输电系统中涉及的挑战。如前所述，最基本的挑战在于长距离运输大量电力的最有效方式。如后所述，高电压、低电流、交流传输通常在如此长的距离内是最佳的。然而，高压直流传输也具有将在本章讨论的意义。本章稍后解释的无功功率是电力运输的另一个方面，必须加以考虑，其管理对通信和控制的需要起着重要的作用。长传输线本质上是能够产生由地磁风暴引起的电流的大型天线；这些意外的电流对电能传输构成另一个挑战。另一个挑战是，电网的相互连接的部件必须保持同步：每个部件中的电流必须精准地以相同的频率和相位进行交变。在如此大的区域下维持同步是另一个挑战。本书着重于电力和通信的基础物理学，而不是金融或经济方面。不过，因为市场与电网通信的相互作用，会有对电能传输市场的简要讨论。本章的最后一个主题是无线电能传输。虽然这看起来可能是一个未来的概念，但是这个想法至少可以追溯到19世纪90年代的尼古拉·特斯拉。本主题在此简要介绍，并在8.4节中详细介绍。本章结尾如同所有章节，简要总结了本章关于古典输电系统的主要内容。它被称为"古典"，因为它是指在智能电网出现之前的电网架构。随着智能电网的发展，较小的可再生能源可能开始取代目前相对较少的大型集中式发电厂的发电。这意味着将来，大型、长途电力运输的需求可能会大大降低。本章末尾的习题不仅审查您对本章的理解，还要通过提出的想法来激发您的创造力和新思想。

输电展示了网络的力量，或者更具体地说是电网的力量。在 19 世纪 80 年代，在电力初期，发电机直接连接到特定的负荷，形成许多独立的、隔离的电力系统，与今天发展出的微电网概念没有太大的不同。在 20 世纪初之后，这种独立系统互连的趋势开始。这样做有很多好处，如前所述，例如，共享发电机和获得负荷多样性的能力。今天，美国只剩下 3 个大型独立同步系统，西部互联系统、东部互联系统和得克萨斯州互联系统。西欧有自己的互联系统。交换经济（与规模经济相反）利用电力购买和销售的能力，这需要高度互联的系统。高度互联的系统的主要优点是规模经济、负荷因素的改善以及汇集发电储备的能力。互联的另一个术语是"广域同步电网"或"同步区"，这些是电能传输互联并同步运行的区域；也就是说，由于它们的直接互联和循环电流以及彼此之间的磁力拉动，处在相同的频率。请注意，这与通过高压直流链路连接的互联或同步区域完全不同，因为这种连接不同步；交流电被转换成直流电传输，然后以需要的任何频率转换回交流电。有关高压直流互联的更多内容，请参见 3.4.4 节。还有在异步操作的互联或同步区之间传递功率的其他方法，例如，可变频变压器（Variable Frequency Transformer，VFT），其将在下面更详细地讨论。可变频变压器是一个相对较新的发明，首先在 2004 年商业运作。它的优点是互联异步互联系统的强力方法。VFT 本质上是发电机，其中三相转子绕组连接到互联中的一个，并且连接到另一互联的三相定子绕组。如果互联恰好彼此同步（即彼此同相），则转子将保持静止。在这种情况下，发电机成为大型变压器，转子为一次绕组，定子为二次绕组。如果互联彼此不同相，则转子将移动以补偿互联之间的相位差，同时系统继续充当变压器。

回到互联的概念，在发电能力方面最大的互联或同步区似乎是北欧互联或欧洲大陆的同步电网，两个互联似乎都能生成和管理大致相同的功率容量。土地覆盖面最大的互联网似乎是前苏联的互联网络。

回想一下，规模经济只是意味着建立一个大型发电机而不是多个较小的发电机，这样更便宜和更有效率。大型发电机的建设成本一般是固定的，它们不依赖于发电机的最终功率输出，而是依赖于铺设基础和利用重型设备的固定成本。对于任何大型发电机，操作成本同样相对固定。因此，如果成本相对固定，无论尺寸如何，那么构建最大、最高输出的发电机就是有意义的。到 20 世纪 60 年代末期，越来越大型的发电机建设趋势就是这样。似乎在当时达到了规模经济的上限，似乎有一些证据表明，这个限制预计不会那么早到。预计建设较大的发电机将继续推低能源成本，不幸的是，它没有。然而，存在的大型发电系统需要大量的输电和配电网络才能达到其服务的广泛分散的客户群。

如前所述，负荷系数是任何或所有负荷的平均功耗与最大功耗的比值。公用事业必须建立自己的系统来预测最高的需求，即最大瞬时功耗。但是，它们只需支付用于实际消耗的电力。低负荷因数，意味着相对较高的最大值和低平均消耗速率，意味着需要大型昂贵的发电机来满足最大需求，这可能只持续很短的时间。如果负荷因数低，那么大部分时间大的昂贵的发电容量是空闲的，而不是为该电力公司"生成"利润。一个大型、高度互联的输配电网络有助于确保负荷因数处于较高的值。这是由于拥有大量客户群的统计数据，混合了许多不同的用途模式；也就是说，最大化使用熵，使得使用概率均匀分布。

最后，随着电力网络的互联互通，可靠性将会提高。如果发电机或电源线掉电，则将有替代的发电机和路径来接管故障组件。在配电水平上，电力网络的任何部分的电气故障均可以与电网隔离，并且客户可以通过电力网络中的新路径重新连接到同一馈线或不同馈线。这是通信网络中非常熟悉的场景。将链路路由到关闭或不可用的链路的能力对于特别网络和网状网络的概念至关重要。但是，具有高度互联的电力网络不仅有可靠的优点，而且具有商业上的优势。发电者向消费者出售电力变得更加容易，对其他公司也是。它还在为寻求从更便宜或更"绿色"的电力生产商购买电力的客户提供更多的替代方案。

然而，更大的电力网络存在缺点，即由于较大的网络中更多的较长的电力线，存在更多的电阻损耗。如前所述，增加电压降低了电流和相应的功率损耗，因而在长距离输电中提升电压变得更有动力。长输电线路引入稳定性问题。发电机之间的长输电线引入了必须远距离传输的循环电流和发电机间潜在电磁同步的延迟。较长的线路也更容易受到地磁暴的影响，见 15.2 节。

3.2 电网基本组成部分

本节介绍传统电网的组成部分。这样做有几个原因。首先，对于非电力系统工程师，特别是通信工程师，可能需要对这些组件的介绍。其次，请记住，这一章是关于传统电网的，但重点关注传统电网如何转型到所谓的智能电网。因此，讨论这些组件的目的是了解它们如何与通信相关，以及它们如何在智能电网中过渡。本书第 14 章介绍了智能电网大功率固态电子产品的更多细节，本节作为该主题的介绍，以便读者能够获得本书其余部分所必需的基本信息。

当我们介绍一组选定的电网组件时，请记住，这些组件只是一组选择，解释所有组件将需要一本完整的书籍。此外，目标是要牢记这些组件与通信的关联以及它们将如何在智能电网中应用。要牢记的另一个方面是在什么程度上，组件可以在智能电网内发生根本的变化。换句话说，智能电网的组件基本上保持不变，但是添加了一些感应和控制，还是在不久的将来会有一个根本不同类型的设备的前景？

3.2.1 控制中心

我们从控制中心开始，顾名思义，它是大型电力部门的最高级监测和控制位置（Zhang 等，2010）。这就是电力健康的"大局"结合在一起，也是做出战略决策的地方。在任何工业控制过程中，电网运行的设计必须将控制要求与通信延迟进行平衡。本书的其余章节将介绍这个平衡的细节，但重要的是要保持这一概念。一般来说，控制决策必须迅速而且可以在本地进行，而无需沟通。5.5.1 节详细解释的下垂控制，就是一个例子。这个想法是关键的功率控制参数可以在本地进行测量，并且在本地进行控制以对变化的条件做出反应。当在整个电网中完成这一工作时，就会创建一个自组织分布式系统。因此，控制中心实际控制电网每个细节的想法是不正确的；相反，控制中心呈现了大的蓝图，并提出了更高层次的战略决策，因为它在空间和时间上对电网具有更广泛的视角，并且因为它保留了来自电网关键信息的历史。随着广域通信变得越来越普及，控制中心可能能够提供更高的分辨率和更直接的控制。在控制中心实时使用同步相量就是一个例子，同步相量在 13.2 节中有详细描述。

图 3.1 显示了在控制中心可以找到的通信草图。能源管理系统是电力公司电网运营商用于监测、控制和优化发电和输电系统性能的关键部件。这是利用通信网络完成的，并且涉及调度发电机以满足市场需求。控制中心还需要与发电机和变电站通信连接。还有与其他电网控制中心的潜在连接。

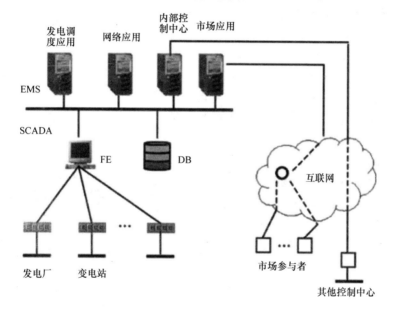

图 3.1　典型的预智能电网控制中心需要 EMS、在 2.3 节描述的 SCADA 过程控制系统、能源市场参与者和其他控制中心的组件之间进行通信。请注意，粗横线表示局域网。所有其他行代表点到点的连接（来源：Wu 等人，2005，经 IEEE 许可转载）

3.2.2　变压器

变压器是电网中除电力线以外的最基本最普遍的设备之一。如以前的历史部分所讨论的，变压器是一种关键发明，它增强了交流电长途运输的能力，在保持功率不变的情况下降低电流和增加电压，显著降低了线路电阻损耗。单个配电网络可以有数百个配电变压器。该变压器不仅可以在大电量运输下用于升压和降压，还可用作电压调节器,在较小幅度下调节电压或维持所需的恒定电压电平。事实上,随着智能电网的发展,像几乎所有其他电力系统设备一样,变压器变得越来越智能,获得越来越多的特性和功能,尽管这些功能仍处于开发初期阶段。

变压器是电网的转换者。它们将电力转换成为适合传输的优化方式,并应用在任何需要的地点。然而,它们并不总是大多数人首先想象的静态双线圈感应变压器。它们已经纳入了一些动态行为,并且在第 14 章中介绍的固态变压器正在变得非常动态,并且能够为电网提供许多功能。线路抽头变压器如图 3.2 所示。线路抽头是一种可以改变线圈内的触点或抽头的机械开关,从而可以动态地调整线圈的相对长度。这允许变压器调节电压增加或减少的程度,以便控制电压。许多这样的线路抽头变压器仍然在现场,并且在固态变压器可能发生升级之前,有很长的剩余寿命。令人感兴趣的是,随着电网变得"更智能",它将更快地做出反应,以调整电压并在这些变压器的机械抽头上产生显著的磨损。

变压器的最简单的视图是一对绕组或线圈,使得线圈 1 中的单个绕组的数量为 N_1,在线圈 2 中为 N_2。在电压 V_2 下流过线圈 2 的交流电将导致线圈 1 产生成比例的电压,关系为式 (3.1)。

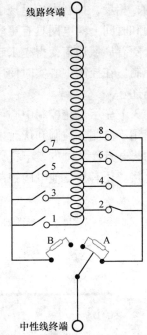

图 3.2 线路抽头变压器允许有效数量的绕组可以通过在其沿不同位置机械地接触线圈来改变长度。因为电弧在有电流时改变触点需要仔细设计。图中标有 A 和 B 的组件是由靠近电动机的底部旋转开关接触的大电阻器。在旋转开关更换侧面之前,通过打开或关闭旋转开关位置相反侧的抽头来更换抽头 1~8,以关闭新的分接开关位置的连接。这个多步切换过程目的是避免电弧。但是,频繁切换可能会降低变压器的使用寿命;有对智能电网的担忧是它可能会尝试更频繁地切换,因为它试图保持精确的电压调制

$$V_1 = \frac{N_1}{N_2} V_2 \qquad (3.1)$$

3.2.3　电容器组

电容器组是用于提高电网质量的大排电容器。通过消除功率因数低的电动机和其他负荷的无功功率,电容器会降低线路电流。减少电流释放容量;相同的电路可以承担更多的负荷。降低电流也显著降低了电阻损耗。电容器还提供升压电压,可以消除部分由系统负荷引起的跌落。开关电容器可以调节电路上的电压。控制电容的重要性将在剩下的章节中更明显。检测功率因数并将正确数量的电容插入电网的能力就是通信可以发挥重要作用的一个例子。例如,介绍集成电压 – 无功控制的 3.4.1 节详细介绍了这一方面。

3.2.4 继电器和重合闸装置

继电器和重合闸在 4.2.1 节中有详细的讨论。这些保护装置旨在保护电网和环境免受过大故障电流的影响。它们的操作必须快速准确。如果这些设备不能快速运行,可能会对电网、财产和生命造成重大损害。另一方面,如果它们运行得太快,则它们会不必要地为客户断电或造成不稳定,可能导致整个电网的级联停电。因此,支持保护装置的任何通信都必须快速可靠。

3.2.5 变电站

变电站可能被认为是微型控制中心。变电站一词来自配电系统成为电网一部分的日子。第一个变电站仅连接到一个发电站,变电站设在其中,被认为是当地发电站的附属机构。目前,它们在不同的传输区域或传输和分配系统之间的交汇处存放设备,通常是开关、保护和控制设备以及一个或多个变压器。传输变电站连接两条或更多条传输线。最简单的情况是所有传输线均具有相同的电压。在这种情况下,变电站包含高压开关,允许线路连接或隔离以进行故障清除或维护。

配电变电站将电力从输电系统传输到配电系统。将电力用户直接连接到主传输网络是不经济的,除非它们使用大量的电力,因此配电变电站将电压降低到适合于局部分配的值。在风电场等分布式发电项目中,可能需要汇流变电站。汇流变电站有些类似于配电变电站,尽管功率流从许多风力发电机到输电网都是相反的方向。变电站的一个例子如图 3.3 所示。从图 3.3 中可以看出,在变电站内部进行了大量的通信。事实上,变电站是数字网络发展最早的地方之一。

3.2.6 逆变器

逆变器将直流电转换成交流电。这意味着它们必须将稳定的单向直流电流转换成双向正弦波形。另外,由于许多直流电源是相对较低的功率和低电压,所以逆变器需要将电压提高到 120V 标准。在电能质量较差的情况下,逆变器也被用于提高质量。一个例子是,将风力发电机产生的交流电的频率稳定到 60Hz。事实上,逆变器的质量看的是它如何能产生理想正弦波形的函数。与理想波形的差值由总谐波失真测量。在任何实际的实施中,将始终存在来自理想正弦波形的一些失真。谐波或基频的倍数有一个自然趋势,即与预期产生的波形一起出现。总谐波失真测得了无意混入预期波形的谐波量。它只是所有谐波分量的功率之和(方均根值)与基频功率的比值,如式(3.2)所示。

$$\text{THD} = \frac{P_2 + P_3 + P_4 + \cdots + P_\infty}{P_1} = \frac{\sum_{n=2}^{\infty} P_n}{P_1} \tag{3.2}$$

电力逆变器最古老的形式是为交流发电机供电的直流电动机。显然,这是一种强大的方法,需要沉重而且效率较低的机器。大功率固态技术允许半导体物理学使用二极管和晶体管来控制电流。在 20 世纪 70 年代,固态方法的早期尝试简单地逆转了恒定的直流电流,产生了方波而不是正弦波。这不能为三相异步电动机等设备提供运行所需的渐进上升和下降。几乎所有电气设备中的快速变化都会导致不必要

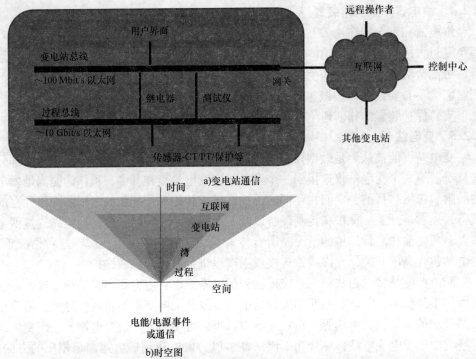

图 3.3　这是变电站内局域网更详细的视图。请注意图 a 中过程总线以比变电站总线更快的速度运行，允许对时间关键操作的快速响应，而较慢的变电站总线处理监视和更一般的接口和控制活动，在图 b 中，时空图示出了通信距离与时间的最大距离。通信空时配置文件必须匹配或超过正在监视或控制的电源事件。过程总线由最小的倒三角形表示，而变电站总线和互联网是最慢的，但是到达更长的距离，如最大的倒三角形所示

的压力，并可能在音频设备中引起明显的"嗡嗡"声。

利用技术来平滑方波的边缘；然而，它们都导致高谐波失真。通信方式实际上解决了这个问题。脉冲编码调制用于通过数字通信链路发送正弦波形。至少在奈奎斯特频率（即要传输的理想波形频率的至少一半）下可以采样到理想的正弦波形。可以传输数字样本并通过在短时间内播放和保持采样值重建近似理想波形；重构波形实际上由许多非常微小的步长值组成。脉冲宽度调制在电力系统中实现了类似的结果。大功率半导体器件可以对原始波形进行采样，并在每个电压值下产生一系列短脉冲，产生一系列由微小步长值组成的波形，其近似于原始理想波形脉冲宽度调制是一种更简单的方法。在这里，只有两个电压输出值：最大正电压值和最大负电压值。用于近似波形的差异是电压处于"开"位置的时间长度。当原始正弦电压值上升时，最大电压阶跃值保持在导通状态。随着正弦波形值的降低，最大电压值会打开较短的时间。虽然所得到的电压波形看起来并不是很像正弦曲线，但是随着时间的推移，它所带来的功率是近似的正弦曲线。窄脉冲携带很少的功率，而较大的脉冲携带更多的功率。

3.3　经典电网分析技术

本节介绍智能电网之前使用的常用电网分析技术。目的是了解智能电网中可能需要什么类型的计算和智能，以及通信需要什么样的要求。

3.3.1　频率分析

在电力系统中突然增加或移除大量负荷或发电将导致频率变化。例如，发电机跳闸导致频率下降，而负荷脱落导致频率增加。这些变化在整个电网的空间和时间内都会传播［参见图3.3b的时空图］。被称为故障检测、隔离和修复（FDIR）的设备已被用于电网内以测量和记录频率变化。通过将结果与电网图联系起来，观察到了在整个电网中传播事件的有趣结果。因为FDIR结果本质上是一种具有全球定位系统（GPS）时间戳的频率读数，它基本上是一个同步器。频率事件的一个有趣的例子如图3.4所示，其中较低的频率由较暗的阴影表示，较高的频率由较亮的阴影表示。

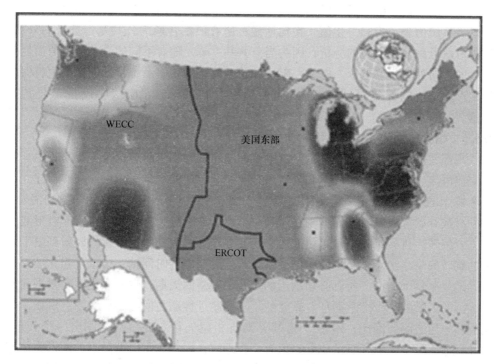

图3.4　频率图说明了广域上的相对交流频率。较暗的阴影表示较低的频率，因此表示负荷可能超过供电的区域。通信在广泛采集数据方面起着至关重要的作用，以保持地图的更新（来源：Zhong等，2005，经IEEE许可转载）

图3.5显示了特定频率读数，其中发生了影响频率的重大事件。y轴表示频率，x轴表示时间。显然，发生供电不能满足需求的突发事件；然而，该系统能够

逐渐恢复正常的电力。

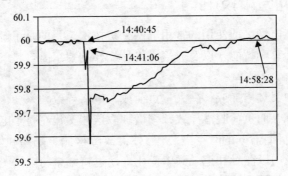

图 3.5　特定事件的细节在频率－时间图中被捕获。前两次表示发生继电器跳闸
的事件。最后指出的是恢复系统时间（来源：Zhong 等，2005，经 IEEE 许可转载）

3.3.2　标幺制系统

　　与一般通信分析的显著区别是，电力系统中广泛使用的是标幺制系统。它只是将电力系统值表示为归一化值。换句话说，所有值都转换为公共基本数量的分数。这种方法可以简化系统的分析，因为当公共基本单元随着不同的设备额定值而变化很大时，诸如功率、电压、电流、阻抗和导纳的公共功率系统特性的标幺值将保持恒定。单位值的标签是"标幺"。当使用标幺制系统时，应该明确指定公共基础值。

3.3.3　相量

　　现在我们介绍一个用于表示交流电流和电压的有用工具。这个工具是相量。它将交流电流、电压波形、矢量和复数组合在一个方便的视觉表示中。同步器建立在这个概念的基础上，稍后将在 13.2 节中介绍。让我们从沿着 x 轴的实数和沿着 y 轴的虚数开始进入复数平面。现在想到一个位于原点的矢量，并以围绕起点形成圆的方式旋转。目标是将来自正弦波的交变波形作为幅值和时间的函数映射到复平面上的旋转矢量。注意，复平面中的旋转矢量没有明确的时间轴；由于理想化波形是精确地复制每个周期，所有必须表示的是一个完整的周期；也就是说，在复平面上形成圆的矢量的一个完整循环。重要的是不同物理性质之间的相位关系；例如，在电流和电压之间。因此，术语"相量"来自相位矢量。要做的是画出一个矢量，比如说电流矢量，在任意的位置，但有一个理解，因为它是沿着原点的圆形路径不断地扫。可以以类似的方式添加电压矢量，但是以相对于电流定位在特定相角的条件。这个角度是功率因数。如果该角度为零，$\cos\phi$ 将为 1，功率因数为 1。角度将直接位于彼此的顶部。欧拉方程

$$e^{j\phi} = \cos\phi + j\sin\phi \tag{3.3}$$

表明相量如何映射到复数指数。欧拉方程的两个术语可以被认为是使用 $\cos\theta$ 项复平面的实数轴和具有 $j\sin\theta$ 项的虚轴上的投影值。当 ϕ 增加时，实分量和虚分量交

替地变大变小，从而绘出由表示的矢量形成的圆周围的路径。

图 3.6 示出了正弦波及其相关联的相量，其中振幅为 A 并且角度为 ϕ。我们还没有解释如何将具有实轴值的波映射到复平面，其中一个轴是真实的，而另一个轴是虚拟的。这是一个技巧，换句话说，虚轴与欧拉方程（3.3）一起使用以便紧凑地表示循环。例如，虚轴并不表示电抗，这可能是造成某些混乱的原因。

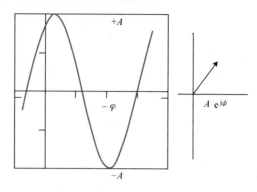

图 3.6 左侧为幅值为 A 和相角为 ϕ 的正弦波形，右侧为对应的相量表示（来源：Martin，2010。经 IEEE 许可转载）

请注意，由于相量表示不包括明确的时间概念，所以绘制在同一图形上的所有相量都假设以相同的频率 ω 运行；相量之间的唯一差异可能是它们的大小或彼此的相对相位。因此，相量符号只有两个部分：振幅和相位。振幅可以由最大值或方均根值表示。相角由 $\angle\phi$ 表示。因此，完整的相量符号的例子将是 $\vec{V} = V_{rms}\angle 0°$。

使相量符号更有用的特征是阻抗可以与功率、电流和电压相量一致地表示。回想一下，阻抗 Z 由电阻（实数）和电抗（虚数）分量组成。当在复平面上表示时，阻抗具有大小和角度。因为这个角度是功率因数，它是与其他相量表示一致。欧姆定律用相量符号表示

$$V = IZ \tag{3.4}$$

当这个方程扩展成幅 – 角符号时，它成为

$$V\angle 0° = I\angle - \theta \cdot Z\angle\theta \tag{3.5}$$

当我们记得量纲和角度来自复指数时，相量算术相对简单，如方程式（3.7）所示。应该清楚的是，相量乘法通过幅值相乘和角度（指数）相加来实现：

$$\begin{aligned}Ve^{j\theta V} &= Ie^{j\theta I}Ze^{j\theta Z} \\ &= IZe^{j(\theta I + \theta Z)}\end{aligned} \tag{3.6}$$

类似地，相量相除需要幅度相除并且角度（指数）相减。

现在我们可以使用相量来推导功率，如式（3.7）所示。I 和 V 是电流和电压相量，其产生复功率相量 S，* 表示取复数电流的共轭复数。如读者可能记得的那样，共轭复数简单地改变复数的虚分量的符号。这样做是因为按照惯例，电流通常由于系统中的感性负荷而滞后于电压，并被分配为相对于电压的负相位。取共轭将电流相位改变为正值，如式（3.10）所示，其中详细计算了等效幅度 – 相位角乘积。

$$S = I^* V \tag{3.7}$$

$$S = I_{\text{rms}} \angle - \theta^* \cdot V_{\text{rms}} \angle 0° \tag{3.8}$$

$$= I_{\text{rms}} \angle \theta \cdot V_{\text{rms}} \angle 0° \tag{3.9}$$

$$= I_{\text{rms}} V_{\text{rms}} \angle \theta \tag{3.10}$$

3.3.4 潮流分析

潮流分析的目的是确定通过电力线网络内的每个路径传输的功率的数量和特性。电力网络中的每个节点通常被称为总线，其来自单词母线，通常为金属的宽条状导电材料，可以连接额外的电力线以便将功率分到其他位置。因此，作为电力网络中的公共导电点的总线具有单个公共电流和电压。我们网络中的总线或节点可以具有进入和离开节点的电力的多个连接。可以使用电流和电压来分析功率，如

$$S_i = V_i I_i^* \tag{3.11}$$

其中索引 i 为正在描述的总线的号。我们将分析的功率特征包括区分有功功率 P 和无功功率 Q 的能力。我们可以通过使用欧姆定律和基尔霍夫定律来分析这样的网络，概念上和任何其他电路一样。回想起早些时候的解释，欧姆定律的一般形式，考虑到电抗，我们必须做是因为我们需要区分有功和无功功率，$V = IZ$。I 通过式 $I = V/Z$ 产生。由于我们计划最终使用矩阵来描述网络，所以通过使用导纳而不是阻抗来避免划分比较容易。导纳被定义为 $Y = 1/Z$，我们有 $I = VY$。请注意，节点之间没有连接，这可以通过无穷大阻抗来表示，由零导纳表示节点之间由无限阻抗分析，这对矩阵分析更为方便。

回顾用于区分有功和无功功率的电抗，回忆一下导纳的形式 $Y = G + jB$，其中 G 是电导（与电阻有关的实部），B 是电纳（与电抗有关的虚部）。我们可以使用矩阵 Y 来描述完整的导纳网络，其中矩阵的行和列表示连接，或者使用不太美观的下标 i 和 k 来明确地指示从 i 到 k 的连接，$y_{ik} = g_{ik} + jb_{ik}$。节点连接然后是

$$I_{ik} = V_{ik} y_{ik} \tag{3.12}$$

现在我们需要做的就是把式（3.12）中 I 的值代入功率方程，然后把所有连接的功率流相加，如式（3.13）所示。请记住，我们可以这样做，因为式（3.12）是当前的，并且一点上的电流总和必须为零——一个点的流入必须等于同一点的流出：

$$S_i = V_i I_i^* = V_i \left(\sum_k 1_n y_{ik} V_{ik} \right)^* \tag{3.13}$$

我们可以用导纳的扩展形式代替它：

$$S_i = V_i \left[\sum_k 1_n (g_{ik} - jb_{ik}) V_{ik} \right]^* \tag{3.14}$$

接下来，我们通过以复指数形式写入电压来继续扩展方程：

$$S_i = \sum_k 1_n |V_i| |V_{ik}| e^{j(\theta_i - \theta_k)} (g_{ik} - jb_{ik}) \tag{3.15}$$

在上述等式中要注意的一点是，表示复共轭的星号已经通过相位差 $(\theta_i - \theta_k)$ 来实现。虽然电流和电压之间的相位差决定了无功功率，但我们将电流表示为电压

和导纳的乘积。

下一步是通过用其欧拉方程式来代替复指数，进一步扩展方程：

$$S_i = \sum_k 1_n |V_i| |V_{ik}| [\cos(\theta_i - \theta_k) + j\sin(\theta_i - \theta_k)] (g_{ik} - jb_{ik}) \quad (3.16)$$

最后一步是执行式（3.16）中的项的乘法，并将实数和虚数项汇集在一起。实数是 P，虚数是 Q：

$$P_i = \sum_k 1_n |V_i| |V_{ik}| [g_{ik}\cos(\theta_i - \theta_k) + b_{ik}\sin(\theta_i - \theta_k)] \quad (3.17)$$

$$Q_i = \sum_k 1_n |V_i| |V_{ik}| [g_{ik}\sin(\theta_i - \theta_k) + b_{ik}\cos(\theta_i - \theta_k)] \quad (3.18)$$

现在我们需要退一步再想一想，为什么我们得出这些方程式，以及如何使用它们。我们从电网开始。假设这个方程中的一些变量在实际系统中是可测量的，然后我们使用这些方程来导出剩余变量，以描述整个网络中的有功和无功功率。回想一下，每个节点是实际电力系统中的节点。总线可以直接连接到负荷，在这种情况下，它被称为负荷总线。负荷总线没有直接连接发电机。具有直接连接的发电机或分布式发电系统中潜在的许多发电机的总线被称为发电机总线。具有发电机的总线之一被任意选择，称为"平衡节点"。

假设对于所有负荷总线，有功和无功功率是已知的；因此，这些总线也被称为有功和无功功率（PQ）总线或 PQ 节点，因为假设 P 和 Q 是已知的。对于发电机，假设所产生的有功功率的数量以及电压的大小是已知的；因此，这些被称为有功功率和电压幅度（PV）总线或 PV 节点。我们选择作为平衡节点的发电机总线是特殊的；在这里，我们假设电压幅度和电压相位是已知的。因此，我们可以看到，每个负荷总线或 PQ 节点需要一个电压大小和相位的解决方案，这被认为是未知的。对于每个发电机或 PV 节点，电压角是已知的，必须找到。对于任意一个平衡节点，一切都被认为是已知的，没有什么需要找到。我们可以使用先前导出的方程，如式（3.19）和式（3.20）所示：

$$0 = -P_i + \sum_{k=1}^{N} |V_i| |V_k| (g_{ik}\cos\theta_{ik} + b_{ik}\sin\theta_{ik}) \quad (3.19)$$

$$0 = -Q_i - \sum_{k=1}^{N} |V_i| |V_k| (g_{ik}\sin\theta_{ik} - b_{ik}\cos\theta_{ik}) \quad (3.20)$$

这些是每个 PQ 或负荷总线的有功和无功功率平衡方程以及每个发电机或 PV 总线的实际功率平衡方程。发电机总线只包括有功功率平衡方程，因为在发电机处不知道无功功率。请注意，包括无功功率平衡方程将创建一个附加的未知变量。由于假设所有变量对于平衡节点是已知的，所以没有为平衡节点编写的方程式。

重要的是要注意，这些方程式没有封闭形式的解。相反，使用迭代技术，其中针对解决方案进行猜测，然后检查结果以查看结果与已知值的匹配程度。基于这些猜测进行细化结果并且该过程继续，直到结果收敛到适当地接近已知值的值。

3.3.4.1 潮流分析解决方案

对解决方案，假设未知数是除了平衡节点之外的每个总线的电压相角和幅度。假设它们都是 PQ 总线。在平坦的起动中，假设所有的电压相角都为零，幅度都是其标称值，或标幺值为 1。这些估计值被输入到潮流方程中，起初结果将不正确。也就是说，结果将与在平衡节点处观察到的 P 和 Q 值不匹配。解决方案是通过利用这些结果提供的信息来减少错误，为下一次迭代选择更好的估计值。标准技术是 Newton – Raphson 法、Gauss 法和 Gauss – Seidel 法。

无论使用哪种技术，总体思路是使用估计值确定误差的大小和方向。这与灵敏度分析类似，因为目标是准确地确定结果对参数变化的敏感程度，以便对新的参数进行良好的估计，这将使结果与观察到的参数更加一致；这就是我们这种情况下的平衡节点的意义。用于有功功率的雅可比矩阵 P 与电压相角 θ 巧妙地包含在平衡节点处的有功功率对每个总线的电压相角的敏感度的组合：

$$\frac{\partial P}{\partial \theta} = \begin{cases} \dfrac{\partial P_1}{\partial \theta_1} & \dfrac{\partial P_1}{\partial \theta_2} & \dfrac{\partial P_1}{\partial \theta_3} \\[2mm] \dfrac{\partial P_2}{\partial \theta_1} & \dfrac{\partial P_2}{\partial \theta_2} & \dfrac{\partial P_2}{\partial \theta_3} \\[2mm] \dfrac{\partial P_3}{\partial \theta_1} & \dfrac{\partial P_3}{\partial \theta_2} & \dfrac{\partial P_3}{\partial \theta_3} \end{cases} \qquad (3.21)$$

式 (3.21) 是一个简化的示例，显示 3 条总线。将需要另外 3 个雅可比矩阵；即 $\dfrac{\partial P}{\partial V}$、$\dfrac{\partial Q}{\partial \theta}$、$\dfrac{\partial Q}{\partial V}$。这 4 个雅可比矩阵中的每一个被组合成一个大的雅可比矩阵 J。J 可以基本上被用作大的、复杂的导数。我们可以令 $f(x)$ 是计算出的 $P(\theta, V)$、$Q(\theta, V)$ 与实际值之间的矢量差。因此，目标是为 $f(x)$ 实现尽可能接近零的值。$f(x)$ 被称为失配方程。

在继续之前，可以使用简单的标量参数 x 和简单的通用函数 f 来帮助查看一些基础知识。首先，式 (3.22) 应该是明显的，将 x 调整一些值等于沿函数 $f'(x)$ 的斜率移动该值。如果我们碰巧需要一个参数，来使我们的失配方程式这个函数值为 0，那么这在式 (3.23) 中显示。最后，我们可以将式 (3.23) 重新排列成式 (3.24)。在概念上，这些基本步骤可以用于更复杂的矩阵分析。

$$f(x + \Delta x) = f(x) + f'(x)\Delta x \qquad (3.22)$$

$$0 = f(x) + f'(x)\Delta x \qquad (3.23)$$

$$\Delta x = \frac{-f(x)}{f'(x)} \qquad (3.24)$$

基本想法很简单：使用函数及其导数来确定参数所需的调整量。如果我们通过将所有的 V_s 和 θ_s 作为单个矢量 x 来简化，使用上标来指示迭代，则 x^0 是我们的初始猜测。式 (3.25) 在概念上表示了我们想做什么，这只是将式 (3.24) 应用于我们的矩阵：

$$\Delta x = \frac{-f(x)}{J} = -f(x)J^{-1} \tag{3.25}$$

已经获得了 x 的变化，这个值被简单地添加到 x 的前一个值，并重复该过程直到 $f(x)$ 不匹配的量足够接近零。因此，已经为每个 PQ 总线确定了 θ 和 V 的值。对于 PV 总线，确定 θ 和 Q 的值。回想一下，PQ 总线是负荷总线，PV 总线是发电机总线，其中 V 指定发电机的电压。因此，从功率潮流分析中，发电机和负荷的功率是确定的，并且差异是功率损耗。简单地应用欧姆定律可以找到每条电力线上的潮流。从为 θ 和 V 确定的值，在潮流分析中，可以为每条线确定有功和无功潮流。现在，对于给定的发电量和负荷需求量，系统状态已被完全指定。

3.3.4.2 去耦潮流分析

从两个假设工作，我们可以对之前的分析做出简化。第一个假设是传输线主要是感性的，而不是阻性的。因此，它们的阻抗的反应分量主导其简单的电阻分量。第二个假设是电力线和母线之间的电压相角差异往往很小。问题是有功和无功功率各自大多数依赖于电压相角或幅值？可以通过观察 P 和 Q 对 θ 和 V 中的每一个的导数来找到答案。回想一下，当我们执行潮流分析时，这些导数在雅可比矩阵里。因为我们对从一条母线流到另一条母线的功率感兴趣，所以对相邻线路或母线的相关参数的导数感兴趣，而不是在同一条线路或母线上。因此，使用一组简化的总线 1、2 和 3，我们可以检查导数。式（3.26）和式（3.27）示出了相对于电压角度的电压幅度和无功功率的有功功率的导数。我们现在可以开始解释每个参数的有功和无功功率的敏感度。

$$\frac{\partial P_2}{\partial V_3} = |V_2|[g_{23}\cos(\theta_2 - \theta_3) + b_{23}\sin(\theta_2\theta_3)] \tag{3.26}$$

$$\frac{\partial Q_2}{\partial \theta_3} = |V_2||V_3|[g_{23}\cos(\theta_2 - \theta_3) + b_{23}\sin(\theta_2\theta_3)] \tag{3.27}$$

回想一下，g 是电导，b 是电纳。回到我们的假设，如果传输线与电抗相比具有可忽略的阻力，那么与电纳相比，电导可以忽略不计。这意味着只有在上述每个等式中具有正弦的项是不可忽略的。然而，回到我们的另一个假设，电压相角小，在每个方程中，正弦项也可以忽略不计。因此，可以得出结论，实际功率的电压幅值或无功功率对电压相角的依赖性很小。

现在考虑式（3.28）和式（3.29）。在这些方程中，可忽略的电导和正弦值在同一个术语中，不可忽略的电纳和余弦值在自己的表达式里，因为我们假定的小角度的余弦值接近于 1。因此，实际功率对电压相角度最敏感，无功功率对电压幅值最为敏感。

$$\frac{\partial P_2}{\partial \theta_3} = |V_2||V_3|[g_{23}\sin(\theta_2 - \theta_3) + b_{23}\cos(\theta_2\theta_3)] \tag{3.28}$$

$$\frac{\partial Q_2}{\partial V_3} = |V_2| [g_{23}\sin(\theta_2 - \theta_3) + b_{23}\cos(\theta_2\theta_3)] \qquad (3.29)$$

根据我们的初始假设和刚刚确定的灵敏度，可以在方程中做一些简化的近似，通过去除可忽略的项并将小角度的余弦值近似为1。近似值显示在方程（3.30）和（3.31）中：

$$\frac{\partial P}{\partial \theta_3} \approx - |V_2||V_3| b_{23} \qquad (3.30)$$

$$\frac{\partial Q}{\partial V_3} \approx - |V_2| b_{23} \qquad (3.31)$$

这些近似在数学上将参数 P 和 θ 从对 Q 和 V 中解耦。只有这些组合的导数在执行潮流分析时将具有雅可比矩阵中的值；雅可比中的所有其他导数组合将为零。因为这是一个近似，所以潮流迭代过程可能不如其他方式那样有效地进行。然而，通过足够的迭代，它将达到类似的结果。

3.3.5 故障分析

故障分析涉及了解可能发生的不同类型的故障，设计系统以有效地防范最可能或严重的故障，并确定故障发生在哪里，恢复系统或修复故障。有许多不同类型的故障，最普遍的是众所周知的短路（即在到达负荷之前无意中返回电源）或者开路故障，即功率流在达到预期载荷之前停止。在这两种情况下，通常的示例是在短路或开路情况下简单地切割不与外部物体接触的短路或电力线中的接地或另一电力线的断线。当然，在电力线以外，还有更多的电力故障发生的情况。较不常见的故障状况称为高阻抗故障。在这种类型的故障中，电源线可能会掉落并接触地面或外部物体，但阻抗如此之高，故障电流不会过大。大多数故障检测方案通过检测到异常大的电流来发现故障。如果由于外部物体的高阻抗或该区域的土壤类型而不会发生大电流，则故障可能难以被快速检测出来。鉴于大部分功率在三相系统中传输，承载不同相位的电力线可能意外接触，从而在不同相之间产生短路。因此，短路故障可分为与"接地故障"不同的"相位故障"。相位故障可进一步分为"对称"或"不对称"故障。如果故障同时影响所有 3 个相，则称为对称故障。如果它影响到不同的相，它是不对称的。设计三相电流，使得所有电流幅值相等。然而，不对称的故障导致该条件被违反。因此，不能利用在单线图中将所有相处理为一条电力线的简单化方法，每相必须独立分析。然而，称为对称分量的技术可用于通过将不平衡系统分解为平衡电流或电压的叠加来简化对这种复杂故障的分析。13.2.1节详细讨论了对称组件。不对称故障包括：

- 线对线故障，其中不同相的电源线彼此接触；
- 线路对地故障，其中仅在一个相和地之间形成短路；
- 双线对地故障，其中只有两条电源线接地或相互接触。

故障的另一个方面是它们的持续时间。许多故障是短暂的。瞬态故障是自己可消失的，或者电源被短暂地移除并恢复。典型的例子是接触电力线的动物、闪电袭击、狂风和树木接触。在高压系统中，导体和地之间会发生电弧。这样的电弧是危险的，但是难以检测，因为它们是高阻抗故障的形式。由于这些类型的瞬态故障是常见的，因此清理它们的过程已经通过使用重合器自动化了。这些是自动检测故障的保护装置，然后短暂关闭电源，最后恢复电源。另一方面，永久性的故障是最终不会自动消失的，不能通过切断电源来进行纠正。

在故障分析中，可以使用许多技术来帮助简化故障系统。如上所述，对称组件可用于从不平衡的系统中获得平衡系统。发电机被假定为同相，电动机可以被视为电源，因为它们可以在故障期间实际参与供电。当将所有其他电源从系统中删除以进行分析时，故障位置可以被视为带有负电压源。此外，应考虑故障的时间演变。这包括一个开始的子瞬变阶段，其中最大的电流最初流过故障。然后在故障达到最终状态之前发生瞬态，最后达到稳态故障状态。

用于检测故障位置的一些经典技术包括尝试利用在故障位置处的导体中发生的阻抗变化。例如，时域反射计可以将脉冲发送到导体中并评估返回信号以估计故障的位置。更积极的方法是将短暂的高电压脉冲注入导体，并监听沿着损坏的电缆发生负荷弹出的位置。

3.3.6 状态估计

状态估计是一种用于从系统测量中估计系统内部状态的技术。显然，对电网的任何理解和控制都需要了解其实际状况，即有功和无功功率、相位差、电压、电流和系统的许多其他特性。由于不能直接测量整个电网的实际状态，所以需要进行状态估计。智能电网正在开始变化。更多的传感器和通信能力的部署使整个电网可收集更多的信息。然而，仍然存在这样的情况：因成本和效率的原因，利用较少的已知测量有益于在没有完全利用传感器装配的区域中导出电网的状态。如果系统是可观察的，那么其状态可以从这种部分状态测量中得到充分的推导。

在整个电网中使用状态估计，包括输电系统。传统上，传输状态估计集中在电压幅值和相角估计。通常假设互连的传输线的信息是已知的，并且采集一些电压数据并将其传输到控制中心。控制中心可以利用读数的知识，并且可以使用输电拓扑的先验知识来估计输电系统的所有区域中的电压值。从这些信息可以推导出传动系统的健康，如安全裕度；也就是说，传输线容量有多紧密。这当然也包括得出诸如设备的健康性以及操作人员采取行动来避免问题的信息。状态估计处理不仅使得系统的状态能够以很高的精度和概率进行可观察，而且允许检测和校正观察信息中的错误。实际上，这是通信中用于纠错和确定通信信道中的物理层的状态而使用的技术。

重要的是要牢记，电网是一个动态系统，它的实际状况会随着估计而变化。然而，如果状态估计运行得足够快，并且经常足够快，那么可以构建一个相当准确的状态模型并保持最新状态。用于状态估计的经典用途是电力负荷流分析和 CA，其中 CA 使用电网的当前状态以及潜在可能出现的预先计算过的问题，以在状态估计的时候确定电网的安全性（即安全裕度）。CA 允许电网运营商快速了解他们需要做什么以保持电网始终安全运行。12.3 节更详细地介绍了状态估计。

3.3.7 柔性交流输电系统

柔性交流输电系统（FACTS）利用大功率固态电子学的发展来改变电力系统的一些潜在的基本物理特性，以便控制潮流。这不仅仅是通过变压器或电容器的功率的离散切换，而是使用固态电子器件瞬时改变底层阻抗。应用包括无功补偿、相移和潮流控制。

考虑线路两端有发电机的长输电线路。回想一下，如果发电机试图在线上分享太多的电力，可能会损害稳定性。这将导致功率角增加到使系统变得不稳定的程度。还要注意，功率角也是简单的电压相角，也就是说，传输线两端的电压相位差。FACTS 装置可以将电压相位角移向较小的差值，允许更多的功率流动而不失去稳定性。极快的大功率半导体开关允许许多操作在一个周期内发生。FACTS 的使用为电力系统过去运行的方式提供了有趣的根本性变化。这可能涉及新的应用和将通信整合到电力系统中的方法，希望在我们继续进行时能激发读者的思维。接下来，我们来回顾一下电网传输系统所面临的挑战，然后再考虑通信的一些帮助方式。

3.4 输电面临的挑战

电能传输涉及几个挑战。因为传输线路通常很长并且承载着大量的电力，所以甚至可能看起来很小的问题也可以被大大地放大。最明显的挑战之一是将输电线路的损耗降至最低。简单的电阻损耗，这是通常电压升高的原因，以减少电流 I，从而减少电阻损耗。但是，这可能会带来其他问题，后面即将讨论。

另一种类型的损耗是由于交流电流引起的"趋肤效应"。当直流电流流过电线时，流动是均匀的，流过导体的整个横截面。然而，交流电将创建不断扩展的磁场。靠近导体中心的电子经受来自周围电场的影响。这将产生自感，自感导致电线中心附近的电子经历更大的磁通密度变化；与沿着导体外部流动的电子相比，它们通过导体的速度降低。这导致大部分电流实际上沿着导体的外壁或皮肤流动，而不是中心。事实上，在非常高的频率下，导体的中心可以在不影响电流的情况下被移除。然而，这意味着大部分电流流过较小的导体横截面，导致电阻增加。因此，增加的频率将导致更多的电子必须流过面积更小的外层，导致电阻增加，损耗增大。

还可能有感应和辐射损失。如果导体周围的电场碰巧穿过一个无关的导电物体，那么在该物体中会引起电流，导致电力流过外部物体而不是传输线。这可能是一种恶意的企图，用线圈或偶然的感应窃取一个离群物体的能量。尽管在电网中使用的低频很少，传输线周围的一些电磁场可能辐射到空间中，而不是折回到传输线上。这种电磁辐射是耗散到空间中的功率损耗，进一步增加了传输损耗。电晕功率损耗是由传输线路使用的高电压引起的。传输线周围空气分子的电离为电源提供导电路径。这种损失很大程度取决于天气条件，如湿度和温度。

传输线路的另一个挑战是控制流经这些线路的电力越来越大的拥堵。FACTS 技术（3.3.7 节）的应用是一个潜在的解决方案。输电线路的另一个挑战与它们的长度有关。长导体更容易受到地磁风暴的影响。简而言之，传输线就像一个长天线，从而吸引来自太空中的电力。这种明显的随机注入电流可能导致严重的问题，并可导致停电。然而，这种风暴的能量可被捕获以用于有用的目的。15.2 节更详细地讨论了利用地磁风暴的潜力。

最终的挑战来自电网本身的演变。如果分布式和可再生能源发电足够成功，以取代或尽量减少集中式发电的使用，则可以提出是否需要输电系统的问题。换句话说，一个新的电网结构类型能够进化，完全由微电网供电。在这种情况下，可能不再需要长距离输电线路。接下来，我们考虑一个特定的电力系统应用程序，突出了通信的重要性。

3.4.1　集成电压 – 无功功率控制

通信用于支持降低功率损耗并提高电网内电力质量的控制系统。图 3.7 给出了概念性的图示，其中黑色条的厚度表示网络中的功率损耗，灰色条的厚度表示所使用的通信信道容量。该图说明了电网效率与通信信道信息流之间的关系。我们对这种关系的基本了解是缺乏的。相反，通信链路往往以随意、特别的方式添加。图中仅显示了一小部分功率应用，即稳定性控制、IVVC、FDIR 和 AMI。这些应用中的每一个都实现独立的控制机制来优化电网运行。

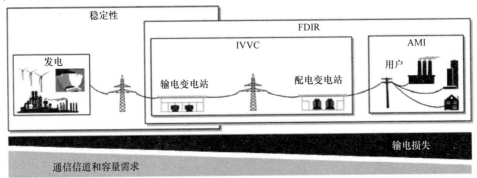

图 3.7　电能传输过程中通信带宽（灰色）与功率损耗（黑色）之间权衡的简化概念图。功率在图的左侧产生并传输到图的右侧。黑色楔形表示通过电网的累积功率损耗。更多的通信带宽可实现更好的控制和降低功耗。通信中有一个基本的衡量信道容量的方法（这可以通过通信能量或功率来衡量），通过衡量由于通信所带来的高效运行可以减少功率损耗（来源：Bush，2013。经 IEEE 许可转载）

以 IVVC（Borozan 等，2001）应用程序作为示例，让读者深入了解在特定电力系统场景中如何应用通信。顾名思义，IVVC 是电压和无功功率的联合控制，其中 var 是无功伏安的首字母缩写，也称为无功功率。当电力系统包含导致电流滞后或导致电压滞后的无功分量（例如电感或电容）时，存在无功功率。当被认为是相量时，功率可以在复平面中用实部和虚部表示。无功功率是复功率的虚分量。在物理方面，无功功率保留在电网中，并在电网内的电抗分量之间流动。虽然无功功率不会产生能够为消费者做有用工作的能量，但为了支持有功功率的流动，它是必需的。事实上，无功功率与整个电网的电压水平密切相关。无功功率流量和电压电平必须严格控制，以使电力系统在可接受的范围内运行。电网内部有一些调节电压的设备，并有独立的设备来控制无功功率。控制无功功率有多种形式，包括并联电容器、并联电抗器和静态无功补偿器。并联电容器，以电容器组的形式，可以被切换进出电路，这是常见的。抽头变换变压器（有载分接开关）是电压调节器的常见形式，其中变压器绕组匝数比可以通过简单的机械开关来改变，结果是维持正常工作电压所需的电压变化。因此，在整个电网中存在许多空间上分离的电压调节装置和无功功率支持装置，它们必须协调一致地工作，以将电压和无功功率保持在最佳工作范围。这是一个复杂的任务，因为电力需求将随着电力的增加而下降。对于远离电源的负荷，电压降落的数量也会增加。无功功率的动态在实际操作环境中也很复杂，因为无功组件的大小取决于消费者正在操作的负荷类型的混合。电动机是高感性的，许多固态电子器件是电容性的。结果是复杂的，动态变化的电压和无功功率曲线，其需要恒定的监视和控制共同相互作用的电压和无功功率补偿装置。另外考虑的是降低电压（在安全限度内）会降低设备消耗的功率。CVR 是一种技术，其中针对负荷消耗的功率有意降低电压；然而，这会使电压电平更接近其下限，从而降低了处理电压波动的安全余量。同样地，在可能的情况下和在安全限度内减少无功功率也可以释放实际功率的资源，而有功功率是实际支付的产品。从通信的角度来看，重要的一点是，电压和无功补偿装置必须位于电网内的空间分离的特定点。监控信息必须在设备之间连续可靠地交换，以保持电网安全运行。也就是说，在极端情况下避免电压崩溃或导致电气故障。

因为 IVVC 可以优化各种不同的指标，所以 IVVC 可以被看作是一个多目标优化问题。例如，IVVC 可以尝试通过传输和分配系统来最小化功率损耗，使功率因数最大化，这是有功与视在功率之比（前面提到的复合功率的大小），或者维持电压分布作为与电源的时间和距离的函数的电压电平。当应用在传输系统中时，稳定性是另一个最大化的目标函数，其中稳定性是传输线上的电压相角的差异，如果太大，可能导致发电机失去同步。如在多目标优化中典型的情况，没有一个点同时最大化这些目标。相反，有一个帕累托最优前沿，这是一套解决方案，这样就不可能在不降低其他目标的前提下改进一个目标。因此，执行 IVVC 需要大量的计算，包括解决电力网络结构高度依赖的最优潮流方程。IVVC 需要通信大量的最新状态信息，以及快速、可靠的通信。同步电网正在越来越多地被部署在整个电网中，以便提供所需的信息。请记住，这只是电力系统应用程序需要通信网络的一个相对简单的例子。希望一个特定应用程序的这个比较简单的例子在不需要电力系统背景下提供了在电力系统通信信道容量和信息理论以及网络科学之间的潜在交互作用。在这个例子中，一个差的通信信道可能是①降低 IVVC 操作接收数据或发出命令的速率，从而减少其反应时间并导致误动作，或者②丢弃数据包，导致不正确的状态被推断，也导致误操作。接下来，让我们考虑对传输系统的影响的一个真正迷人的话题：空间天气和通信的影响。

3.4.2　地磁感应电流

有一种自然现象，会对电网、通信等导电系统造成严重破坏。这种现象涉及通过空间移动的自然发生的大的磁场。这些场足够大，有时足够扩展到地球上的导体，以引起意外的电流。这个现象被称为地磁感应电流（GIC）。虽然大多数人认为这种现象是异常的，也许是奇怪的，也可能是一种潜在的危险滋扰，并试图减轻它，但过去一直利用它的力量去做有用的工作。关于利用 GIC 的更多内容将在 15.2 节中讨论。现在我们来回顾一下这个现象的基本知识。我们从众所周知的概念开始，地球本身就是一个大的发电机。地球的磁场是通过熔融的铁心，和其运动以及地球旋转的结合产生的。结果是形成一个行星磁偶极子，场线大致从北极到南极。

GIC 源自地磁风暴，这又是由空间天气引起的。"空间天气"一词在 20 世纪 90 年代才开始使用。它涉及太阳和地球大气层之间的空间区域中的等离子体、磁场、辐射和物质的变化，其中大部分是由太阳的色球和电晕驱动的。太阳风由太阳辐射的带电粒子组成，扰乱了地球的地磁场线，使它们朝着面向太阳的地球表面方向展开，并将它们伸展到地球背面（就是朝着地球的夜晚）。然而，实际发生要复杂得多；我们只会讲述这里的一些复杂的情况（Lui，2000）。

图 3.8 显示了由地球磁场捕获的带电粒子的图示。粒子沿着从某一磁极跳到另一极的磁场行进。然而，经过磁场的带电粒子将遵循麦克斯韦方程；这意味着粒子不仅沿着磁场线方向具有速度，而且具有类似于微波发生器中流过磁控管的电子的圆形或螺旋形分量的速度。粒子的总能量是守恒的，使得当

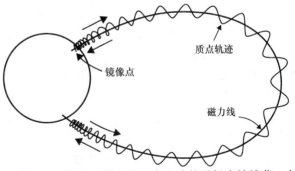

图 3.8　显示了带电粒子在地球的磁场中被捕获。由于粒子电荷与地球磁场的相互作用，粒子轨迹形成螺旋形状（来源：Lui，2000。经 IEEE 许可转载）

粒子沿着磁场方向的速度增加时，圆周运动将减慢，并且当粒子沿着磁场的运动速度减小时，圆周运动将加快。

由于带电粒子遵循地球的磁场线方向运动，它们看起来像从磁极延伸的环，所以粒子的运动有时被称为"环"电流。许多带电粒子及其运动的净效应是暂时压低地球磁场。有一个用于记录空间天气的标准指数和被称为干扰风暴时间指数的地

磁风暴，简称为 Dst，可以提供一些洞察地磁风暴发生的情况。首先，我们需要了解地球磁场的组成部分。

磁场可以由许多不同的部分表征，然而，Dst 的 3 个最相关的组件是：①水平强度 H；②垂直强度 Z；③总强度 F。水平强度与地球上的点相切，可以被认为是影响指南针阅读的领域的组成部分。垂直分量是指向地球中心的场分量。总强度就是：H 和 Z 分量矢量之和。

知道了水平强度，我们可以继续介绍扰动风暴时间指数 Dst 的定义。首先，Dst 意在作为地磁活动的标准测量，用于量化地磁风暴的强度，从而允许对风暴强度进行标准比较。Dst 是由位于赤道附近的 4 个地磁观测台以小时为间隔测量的地球磁场的水平分量的平均值组成。测量单位是（mT）。请注意，还有其他的电流会影响 H 磁场，如磁层顶电流；以及静态时间环电流，计算时要从 Dst 指数值中减去这些附加磁场。

表面附近的地球磁场的强度与前面提到的环电流成反比，这被称为 Dessler - Parker - Sckopke 关系。一般来说，地磁风暴将从地磁场 H 分量的突然增加开始，被称为"风暴突然开始"，然后是一个持续强烈的时期，称为"初始阶段"，其次是一个持续的磁场强度，其显著低于正常值，称为"主要阶段"。最后，该场返回到其正常的静态值，称为"恢复阶段"。为风暴每个阶段的持续时间提供一个概念，风暴突然开始阶段、初始阶段和主要阶段通常都是数小时或数天，而恢复阶段可以持续数天到数周。像任何我们熟悉的天气现象一样，磁暴的精确时间和场强的变化很难预测。

如通过电线、金属电话线和金属管等导体的磁场发生变化，导体中也会产生电流，如图 3.9 所示。有趣的是，对于长导体，例如加拿大和美国的输电线路，效果更为明显，而欧洲通常使用的短线的影响可能略小。但是，在所有地点都发生了 GIC 的损失。感应电流具有强大的直流分量，可以在变压器中引起磁心饱和，并导致大多数设备加热，可能超过安全的热限制。此外，保护装置可能被诱导跳闸，从而在整个电网中产生级联效应。GIC 造成许多记录中断。通信在帮助企业减轻 GIC 影响方面发挥了重要作用。空间气象卫星传送关于地磁风暴发生前兆事件的信息，从而使公用事业机构能够采取预防措施。

3.4.3　质量问题

鉴于我们刚刚讨论了电能传输中涉及的一些挑战，不仅影响传输效率，而且影响传输功率的质量，现在我们考虑电能质量。传输系统中的质量是一个广泛的话题，可以包括从电能可用性、电压幅值变化、瞬态电流和电压、功率波形中的谐波含量以及频率变化等方面的所有一般电能质量特性。这些都是不受欢迎和不期望的方面，会降低电能质量。输电系统正在经历电力电子学的进步。这些包括 8.3.1 节中所述的 FACTS 设备和 3.4.4 节中讨论的高压直流输电的互联，并在后面的章节中逐渐更详细地介绍。FACTS 允许潮流控制，因为它可以增强可控性并增加传输

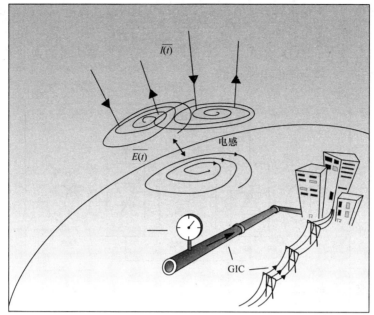

$\overline{I(t)}$

电感

$\overline{E(t)}$

GIC

图 3.9　GIC 发生在诸如管道和电力线的长导电结构中，因为它们通过源于太空的磁场

系统的功率传输能力。这些技术都利用电力电子与开关元件。开关组件通过电路的不同部分快速打开和关闭电源，或形成功率输出。问题在于它们有点像手指拨尖，使弦不仅以期望的基频振动，而且还伴随着称为谐波的附加频率分量，其是基频的整数倍。这些谐波通过电网运行，并导致电源信号失真，除非过滤。由于大量的电能通过输电系统到达用户，因此输电系统级别对电能质量的影响可能会波及大量用户。电能质量的另一个相关问题是在长距离输电线路上保持许多不同电能之间充分同步的挑战，这将在下面讨论。

3.4.4　大规模同步

由于传输系统可以在大型互联系统之间传输电力，因此必须仔细考虑连接这种大型独立系统的含义。一个问题是每个互联都由相对紧密耦合的发电机系统提供，这些发电机系统已经在其工作频率上稳定下来。发电机转子的机械运动有很大的动量。如果传输线在同一频率运行的互联区域之间运行，即使是稍微偏离相位，也会对传输线的操作产生重大影响。

目前已经开发了几种方法以允许在这种相位差的情况下传输功率。一种方法为4.1.1 节讨论的 VFT。VFT 可以被认为是电动机，其中电枢被连接到输电线的目的地，并且转子连接到来自传输线的输入功率。在电动机上没有外加转矩的情况下，转子将基于传输线的源和目的地之间功率的相位差而转动。如果向转子施加转矩，则可以改变潮流的方向。VFT 的好处是，与 HVDC 输电相比，不需要电力电子逆变器；因此，系统中引入的噪声较少。

不同于大型互联传输的另一种方法是 HVDC 输电。处理 HVDC 电相位差的基本思路很简单：把交流电转换成直流电，以高电压传输直流电，以减少电阻损耗，然后在目的地将直流电转换成交流电，并确保其与目的地处于同一相位。图 3. 10 说明了 HVDC 输电。HVDC 输电的一个问题是传输线两端所需的逆变器会导致畸变，如前所述，可能会降低电能质量。

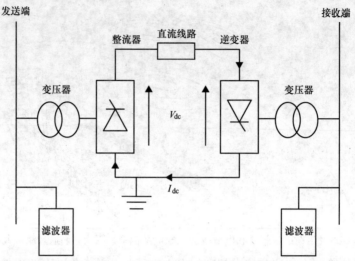

图 3. 10   HVDC 输电互联连接两个交流电系统。这个概念很简单：发送端的交流电被整流成直流以传输到接收端。在接收端，直流电流通过逆变器将其转换回交流电。每个端部的频率在相位上可能不同。整流器和逆变器引入了可能需要过滤的谐波（来源：Wang, 2010。经 IEEE 许可转载）

3.4.5   输电市场

重要的是要记住，正如发电和用电已经通过放松管制和 DR 转变为商业市场一样，输电系统也是一种市场活动。输电系统运营商（TSO）负责处理分配运营商的电能传输。TSO 通常独立于发电和配电公司。TSO 组成自己的市场，可以收取与其所持有的电力成正比的费用。本书着重于电力和通信技术，而不是市场，除了市场对技术的任何要求。在下一节中，我们将讨论另一种新兴技术，其中涉及重新思考电能运输的基本原理。它重新考虑了特斯拉的想法，并且涉及去除或最小化普遍存在的电力线的能力。

3.5   无线电能传输

无线电能传输，在一定距离内不需要导电电缆传输电力。能量是功率对时间的累积，所以无线能量传输也是这个话题的用语。无线传输大量电力的能力将是电网的巨大进步，降低了电力线路的成本，增加了电网的灵活性，并允许许多便利的移动电力系统应用，如充电电动汽车作为一个具体的例子，它们正在运行。它也将允许电力容易地运送到世界难以到达或不可到达的地区。以类似的方式，它还将允许从难以到达的地点（例如来自太空、飞行风力发电机或位于海上或近海的发电机）实现方便和低成本的运输。鉴于无线电能传输的所有优点，这是特斯拉输电的一个初步考虑，已经多次被重新考虑。

我们应该记住，无线电能传输实际上已经普遍部署：无线通信是无线电能传输，感应充电系统被广泛利用，电力变压器在很小的距离上传输大量的电力，也就是在一个变压器线圈间。在无线通信中，功率需要足够高以与背景噪声区别开来。目标是传递功率水平的变化，而不是大量的电力本身。当然，随着无线电能传输的发展，电力的数量和效率变得至关重要。

无线电能传输通常使用电磁感应开发。谐振感应提高了效率，我们在8.4节中进行更详细的讨论。电磁辐射在较高频率下的实验也表明无线电能传输具有可行的效率。电力也可通过其他天然导体（如土壤和水）有效传播。

3.6 小结

本章介绍了智能电网输电系统的基础知识，着眼于理解后期开发的智能电网概念的基础知识。我们已经回顾了输电系统中发现的基本电网组件，并开发了一些潮流分析的基本技术，以及引入的相量、故障分析和状态评估。这些概念将在后面的章节逐步展开。我们还介绍了电能传输系统中涉及的一些挑战，并强调了哪里通信和通信专业在哪里可以发挥作用。IVVC被强调为涉及沟通的示例。然而，我们也涵盖了 GIC、质量问题和大规模同步。最后，我们介绍了无线电能传输的概念，这将明显受益于电网无线通信的相应发展。

下一章基于这些想法，将讨论智能电网的配电系统。配电系统必须将大量的电力以相对较小的数量分配给许多不同消费者。提高效率保护公众免受电力故障和自我修复的技术需要具有挑战性和独特性的方法。虽然本地传感和控制的一般规则适用于配电系统，但通过配电系统的通信，诸如配电线载波等技术的应用，如自动抄表，保护和许多其他这里介绍的配电系统应用有着悠久的历史。随着更多的通信和控制被纳入电网，电网越接近其运行极限。但是，这样会使系统更脆弱；引入脆性系统分析，作为研究这种现象及其对通信系统的影响的手段。因此，第 4 章为理解本书第二部分所述配电系统中发生的许多智能电网应用奠定了基础。

3.7 习题

习题 3.1 无功功率

1. 什么是无功功率？

2. 为什么无功功率是电网中必不可少的？如果电网中没有有效的无功功率将会怎样？

3. 通信在控制无功功率中扮演着什么样的角色？

4. 你能想到一个无功功率和通信开销的类比吗？

习题 3.2 输电潮流

1. 简单来说，潮流在电力线上如何控制？

2. 在输电系统中通信扮演着什么角色？

3. 和通信系统相比，输电系统具有什么特性？

习题3.3　集成电压－无功功率控制

1. 什么是集成电压－无功功率控制？
2. 电压控制与无功功率控制有什么关系？

习题3.4　地磁感应电流

1. 什么导致了地磁感应电流？
2. 干扰风暴时间指标是如何定义的？
3. 地磁风暴中地磁场强度变化的典型模式是什么？

习题3.5　电压降低保护

1. 什么是电压降低保护？
2. 电压降低保护的优点和缺点是什么？
3. 电压降低保护如何增加对通信的依赖？

习题3.6　电能保护

1. 什么是电能质量？
2. 它是否应该设计得与负荷所需的电能质量相匹配，也就是说，质量不比要求的质量更好或更差吗？设计这样的匹配的优点和缺点是什么？
3. 信息熵与电能质量的关系是什么？是否有一个理论上的最佳通信量，以维持给定的电能质量水平？描绘信息熵与电能质量之间的关系。

习题3.7　高压直流输电系统的互联

1. 高压直流输电系统互联的优点是什么？
2. 它的缺点是什么？
3. 在控制这样的互联系统时通信具有什么样的作用和要求？

习题3.8　Goubau 线

1950 年，Georg Goubau 发现，添加电线周围的介质层会减慢表面透射波，减少辐射损失的能量。这些波是在 UHF 和微波频率，这不同于运行在低得多的频率和高达几百 W 的电力线载波。

1. Goubau 线通信涉及什么？
2. Goubau 线通信的优点和缺点是什么？
3. Goubau 线通信与电力线通信有何区别？
4. 什么使得在输电系统中使用电力线作为波导比在配电系统中更容易？

习题3.9　输电线路监测

1. 在输电系统中传感器应该监控哪些参数？
2. 什么将决定这些值的通信需求？

习题3.10　无线电能传输

1. 什么是无线电能传输？
2. 无线电能传输的优点和缺点是什么？
3. 你认为什么将是无线电能传输的主要挑战？

第 4 章

配　　电

神说："要有光。"于是灯出现了，然而供电公司告诉他，灯要等到周四才会通电发光。

——Spike Milligan

4.1　引言

本章论述关于传统供电网络在传输系统层面上进一步达到用户层面的问题。输电系统在高电压大电流条件下传输大量电能到远处需要电能的人口集中地。在预智能电网系统中下一步是为用户分配电能，这里用户包含住宅用户和工业用户。从总体上看这里主要有两个关键步骤：利用变压器降低电压和分配电能至单个用户。

从表3.1可知，这里涉及的通信接近城域网（MAN）。输电系统一般在变电站处结束，通过馈线来向人口集中地区分配电能。本章首先讨论配电系统中的变压器、馈线，并简单介绍电力线和配电系统拓扑。因为配电系统分配到了用户，这部分网络向外界暴露了电力系统的信息，因此需要提高安全意识和更加重视电力系统保护的优先级。4.2节主要论述了电力系统保护机制。虽然这其中的很多机制可以根据本地信息来配置操作，但是有一些保护机制需要依赖于通信技术作为机制的一个组成部分。关于保护机制中的问题主要在于处理发生的危险电气故障时，速度和可靠性都非常重要。而通信往往在没有设计妥当的情况下，会提高电力系统的复杂性和脆弱性。因此，对如何增加有益于保护机制的通信精确时间和方式的研究就显得尤为重要。前面讨论的每个保护机制都将会装配到一个更大的系统中来处理FDIR。我们的目标是快速确定电气故障发生的时间和位置，通过除去故障位置的供电来隔离故障，然后尽可能多地对消费者恢复安全供电。因此，通信在这个自动化过程中起着关键的作用。FDIR过去往往采用人工操作，如今全自动的FDIR被视为智能电网自愈性的特性之一。另一种在传统电网与智能电网之间的技术差别是保护电压降低，它在为用户安全地输送所需要电能的同时，保证了电压值的降低。降低电压的同时，降低了功率使用率。然而，不足之处是电网运行电压往往会接近电压下限或电压突然跌落导致问题故障。这也是智能电网中面临的普遍问题之一；即高效率往往导致电网崩溃，同时也意味着电网在处理面对故障问题的不灵活。换言之，系统稳定性降低了（Bush 等，1999）。这里，我们引进供电系统的电力线载波。同时也可以叫作配电线载波。配电系统中往往包含许多变压器、继电保护装置，以及电力线载波中包含的干扰。考虑到配电系统的通信能力，DA 可能实现。本章讨论不断发展中的智能电网的 DA。上一章讨论过的 IVVC 在配电系统中已经实现并代表了配电自动化。最后，总结了本章中的要点。同时课后习题帮助读者巩固知识点并为读者拓宽通信技术和配电系统的思路。

众所周知，输电和配电系统由在不同的电压等级下分等级进行功率流动的结构组成。最长的距离是传输数百千伏级电压的输电线。当电能将要到达用户所在地区时，电压会在进入配电系统前下降。输电系统的作用是远距离传递电能，而配电系统的作用是让用户可以使用电能，即把电能分配到单个用户手中。配电系统可分为几十千伏级别的一次配电系统和与如 120V 供电用户相连的二次配电系统。因此，变压器划定了输电、一次配电系统、二次配电系统的界限。一般情况下，通常用封闭结构的变电站作为输电系统和配电系统的界限。在变电站到一次电压之间传输几十千伏电压的电力线被称为馈线。通常假定馈线加载从发电厂发电机流到这里的三相电流。从这些主馈线分出的侧馈线加载着一相或两相电流传输到目标消费者处。配电变压器通过侧馈线调节电流来接入二次配电环节，并降低电压到 120V 为用户所在区域供电。一个工业用户或二次输电用户可以直接从主配电系统接收三相功率。图 4.1 为经典"预智能电网"的简要概述。该图展示了电能从发电机经升压变压器升压，再经电力线传输到变电站，然后配送给工业输电用户、一次用户、二次用户的过程。

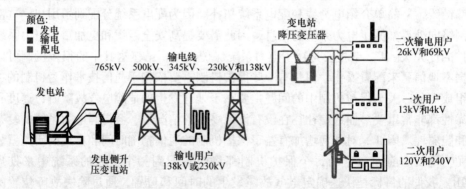

图 4.1　输电后的下一步是为配电系统，如右图所示（来源：由 MBizon 撰写，来自维基百科）

输电系统被设计为双向网络结构。根据负荷和可用的发电机容量，功率可以通过传输系统沿任何方向流动。另一方面，配电系统一般在属性上被设定为放射状结构；即电流通过传输线流入变电站并分成若干支路为用户供电（见图 4.3）。配电系统的继电保护假定有一个沿电网向下流动的电流。后边会对保护机制给予详细介绍；然而不妨设从馈线流入的负荷电流在接近配电线末端时单调递减，因此负荷电流的消耗量也会减少。人们也可以通过设置保护机制使系统以期望的方式跳闸，即假定负荷附近的放射状馈线的端部负荷减小来降低保护机制对用户的影响使之最小。

环状配电系统是另一种类型的配电网络结构，其中，用户连接到在树状网状结构中的放射状分支机构，但在环网系统中从两个不同的馈线开关的放射状分支之间会有一个常开"叉"。图 4.4 所示的概念在电气故障的情况下是提供一种冗余路径。配电系统可以说是整个电力系统中最暴露在外的一部分，通过设计要求可知，它的分支要到达每个要求供电的位置。这种暴露也意味着，配电网络最容易发生短路事故。如汽车撞坏电线杆，松鼠爬上或待在电源线之间，或是闪电击中了电源线。结果导致配电系统对人的生命财产安全特别关注。因此配电系统被设计成对电力故障特别敏感，并会对任何过电流迹象给予切断隔离。但是，开断电路的过程会停止电力流向下级用户。公用事业必须根据停电用户的数量和持续时间支付相应的赔付，因此公用事业会在开断电路过程中会提供备用线路为用户传输电能。通常在循环配电系统通过在电力故障的情况下关闭常开联络开关来切换备用线路。这使得电力从带电的放射状分支流向一个因故障断电的分支。配电系统可以通过在可能发生故障的旁路增加更多的冗余路径来实现高度互联。这种配电系统被称为网络或网格分布系统。而环网和网状配电系统比简单放射状配电系统可靠性更高，它们要求允许电流双向流动以及交换硬件并根据需要允许路径配置和关闭保护机制，因此与单放射状配电分支系统相比也更加复杂和昂贵。

而 DG 一直存在着孤立的问题。如果电能在一个区域内缺失，用户所在地的发电机可能能够将电力提供给用户或甚至在受影响的本地区域用户。这种利用现有的电网线路加载用户需要功率的能力，同时从电网断开过电流故障点并建立一个断开连接的"孤岛"或子网来使用户自己发电。不幸的是，与使用 DG 可以在停电时供电的能力相比，任何形式的孤岛已经被供电公司禁止。首先，孤岛有显著的安全隐患，就是当供电公司的修理工试图修复供电系统可能会意外地遇到来自孤岛上供电线路的干扰。第二在孤岛工作时孤岛内部功率无法控制。如岛上的电能质量不高造成的损害，引起电力故障的责任负担问题。第三自动重合闸系统的经常使用，后文会详细介绍。在电网重新连接好时主电网和孤岛电流必须同步，然而通常情况下这点很难办到。因此，要求 DG 可以在电网主电源故障自动断开时禁止孤岛运行。

电路中电流路径的增加会导致功率环流的增加。与通信网络方向通过可以经由路由来控制的报文传输不同，电流必须遵循基尔霍夫定律，由电力系统中的阻抗来确定功率流动方向。潮流分析部分详见 3.3.4 节，或参见 2.2.4 节所讨论的发电机存在的循环电流。结果往往不是十分明显；增加发电机输出实际上可以减少对一些线路的拥堵。当电力线接近其容量极限或变得拥挤时，这个性质就显得十分重要。

欧洲与北美洲由于人口总数的差异，配电系统不完全相同。由于北美的人口比较分散，配电系统的主体部分就会变得很大，同时需要维持一个较高的电压等级，使电能可以传输到更远的距离。经过二次配电传输到达用户或配电变压器处进行功率分配。在人口密集的欧洲，一次配电系统往往范围较小并且单个二次变压器会连接到更多的用户。因此，欧洲二次配电线路往往选择在地下运行，而不是高架在地面上。

一般来说电网的输电和配电变电站的内部设备需要接入不同的建筑区域。例如，变电站需要安装可以接入不同的传输系统或传输和一次配电系统的设备。大型变电站需要人员并安装了控制室，而较小的变电站可实现无人运行。变电站的主要组成部分是变压器；一般来说作为不同建筑区域网络之间的接口，变电站主要为不同的输电系统之间或输电和配电系统之间升压或降压。变电站还安装了电容器来减小感性负荷。由于功率是通过三相电流来流动，通常每个设备有三组，被称为"库存"。一般来说，变电站根据系统需要也可以通过开关来修改当前电流路径。变电站组件一般由过电流继电保护装置保护。过电流继电保护装置会检测组件一段持续时间电流的大小，并当检测电流在一个给定时间超过所定的给定值，会采取断开连接来保护电路。

其中一个最直接的方法控制涉及潮流变换的电网是通过大功率连接。这可以通过人工、自动或通过 SCADA 系统解决。在大多数情况下，继电保护系统是自动操作。例如，重合闸装置是当检测到给定持续时间的过电流时会自动断开电路的设备。重合闸装置将自动重复打开、等待故障解除，然后尝试关闭的过程。它将自动重复开关过程数次。如果该故障没有解除，经过数次开关过程，该处电路会永久断开并自动发送信号到并行开关来为尽可能多的用户恢复供电。然而这个过程特别是恢复部分可以由人工进行。为中断区分配人员来人工查找电力故障和恢复供电。同时恢复大面积电力需要特别小心，以免破坏供电网络并引进跳跃性的大负荷。反之，载荷要渐进地重新连接到主电力系统。在这个恢复过程中，孤岛会与主电网逐渐同步，并与主电网重新连接。

电力切换可以用来解决线路拥挤或变压器过热问题。电力切换也可被用在更加紧急的情况下（即减载），电网有意关断部分用户，作为保持电网其余部分正常运行的最后手段。最后，电力切换用于配电系统负荷平衡。配电系统负荷平衡的关键点是通过均衡流过所有馈线和变压器的电流，来减少阻抗线路的功率损耗。考虑 I^2R 的功率损耗；当流过的电流相等，阻抗线路的总功率损耗会达到最小值。

电力系统原理图在考虑三相功率问题时，通常示意性地只画出单相电力线的情况。即称为电力系统的单线图。三相电源往往有利于驱动三相电动机。使用每个相间隔120°的3个定子绕组，就可以使转子在旋转时产生平滑、连续的转矩。相数少于三时，这个条件是达不到的。相反，会使电动机转子产生不连续的脉动转矩。三相功率的另一个优点适用于传输电能。三相功率可以使功率得到更有效的传输，并具有比任何其他数量的相节约导电材料的特点。传输直流电时，有时需要使用接地回路；也就是说，只需要一条电力线供电，因为可以通过地面来完成电路。此技术有时被用在偏远农村地区；然而，它并不总是可行的，可行性主要取决于地面的阻抗大小。

三相电源的各相电能来自发电机定子的各相绕组。单个相电路可以被认为是一个单独的电路，每个相电路具有一个单一的电力线输送电能到负荷和另一条电力线使电流返回到发电机完成电路。因此，对于三相电路，总共将有 6 条电力线。但实际情况无需 6 条电力线。众所周知，3 个返回的电力线可以组合成一条电力线或甚至相互抵消为零，仅留下 3 个或 4 个必需的电力线。因为从单相负荷返回的单个电力线是具有完全相同的大小并相互错开 120°相位的正弦电流。通过基尔霍夫定律和叠加原理计算可得电流的总和为零，同理电压也有这样的性质。如果这条性质成立，则公共端电力线可以直接撤除。如果这不成立即如果有一个相位的幅值或其相移略微不同，则会产生一个剩余电流，就需要一个公共端电力线。这时如果发电机和负荷接地，在相位不平衡的情况下，任何残余电流都可以通过大地流走。

选择三相供电的优点之一是与单相、两相供电相比，三相供电可以容纳在幅值和相位中发生的更多的错误。另一个优点是三相以上的多项供电电路相比于三相供电电路来说需要更复杂和昂贵的设备。把电力线分成 4 条或 4 条以上会减少电力线的直径要求；但是，在供电网络中需要 4 个或 4 个以上的变压器，在每个电容器组中需要 4 条或 4 条以上的电容器等。在考虑经济效益的情况下，使用数量少体积大的设备比使用数量多体积小的设备更加划算。

现在我们可以了解到三相所有负荷平衡的重要性；理想状况下是指，在任何时候保持相等的幅值和相位。这需要保持负荷平衡。这对于工业场所大型三相电动机是比较容易的，因为工业使用的大型三相电动机往往每相同等使用。然而，对于住宅用户来说，只使用一个相位；所以没法保证各个相电路被不同用户同等使用。许多住宅设备是开关不同，导致负荷进行离散性变化。

然而，随着用户载荷的聚集并开始远离住宅区更加靠近变电站，用户负荷的差异性在相互抵消和离散性变化也开始越来越小。在美国，目前趋势是使用 3 根线，每相需要一条电力线并加入中性公共端线，组成了一个四线系统。在欧洲，倾向于只使用 3 根电力线；没有中性公共端线。如果出现任何单相电路的不平衡，电流就必须流过地面。

4.1.1　配电系统中的变压器

使用三相电路时，假定每相提供一根电力线，则 3 根电力线在存在载荷的情况下，可以有两种不同的连接方式。一种方法是将各相电路和地之间连接负荷。由于连接电路与字母"Y"相似，这种连接方式被称为星形联结。另一种连接负荷的方法不涉及地线接地，取而代之的是，在每对相导线之间连接负荷，因为它看起来像希腊字母"Δ"，所以被称为三角形联结。

对于星形联结来说，鉴于各相负荷两两相连，每相负荷电压相位相差 120°。在三角形联结中，负荷加载在不同相的电路之间，因此负荷与相电路电流电压的关系不是很明显。负荷侧的电压与相间电压往往不同。两者幅值相差 $\sqrt{3}$ 倍，相位相差 120°。变压器往往采用星形联结和三角形联结。三角形联结缺少接地的地线，往往会带来三角形联结的电压相对性和流动性。因此，当三角形联结发生意外接地时，往往比会导致非三角形联结中过电流事故所导致的更大的意外事故。所以三角形联结必须在安全性上多下功夫。因此，接地事故必须在其产生过电流并导致事故之前及时发现并及时处理。总之，三角形联结比星形联结多余的可靠性是建立在其隐藏了潜在的故障危险的条件下。

为了简化分析，这里采用单相电路来代替三相电路。这里假定三相电路各相平衡并且没有事故发生。为了进行功率计算，只需单相电压和对应相的电流做矢量乘法，并把结果乘以 3 作为三相系统的总功率。而三角形联结和星形联结之间的不同之处和 $\sqrt{3}$ 的关系就比较复杂。如式（4.1）所示，功率在星形联结的计算方法。 V_{rms} 是相间电压，而 I_{rms} 是相间电流：

$$S = 3I_{\text{rms}} \frac{V_{\text{rms}}}{\sqrt{3}} \tag{4.1}$$

如式（4.2）所示，功率在三角形联结的计算方法：

$$S = 3 \frac{I_{\text{rms}}}{\sqrt{3}} V_{\text{rms}} \tag{4.2}$$

如式（4.3）所示，单个负荷在三角形联结或星形联结的计算方法相同（ $3/\sqrt{3} = \sqrt{3}$ ）：

$$S = \sqrt{3}I_{\text{rms}} V_{\text{rms}} \tag{4.3}$$

另外，直流输电有自己的优势，特别在长距离输电方面。第一，直流输电无需关心稳定性的限制，式（4.8）会详述直流输电。第二，直流输电中无需考虑电感。直流输电相比三相输电来说两条电力线更加好识别。虽然早期的电网大的功率损耗成为直流输电问题，但如今的高压输电解决了这个问题，高压输电降低了电流，使损耗 I^2R 极大地减少。直流输电是理想的大容量远距离电能传输方法，因为它的输出被转换成交流电，所以它可以轻松地连接两个异步系统。

输配电系统的关键部分是变压器。变压器由两个绕组：一次或输入绕组，二次或输出绕组。从根本上来说，一切都可以通过麦克斯韦方程组来解释。在变压器的一次绕组上的交流电流在线圈中心产生了磁场。这里所述的线圈中心可以是空的（即空气的），或者是磁敏感的材料。磁场的强度与输入电流的大小和一次绕组匝数的数目相关。回顾前面的知识可知，磁路规律类似于电路规律。如式（4.4）中，磁通势是电流 I 和绕组的匝数 n 的乘积：

$$\text{mmf} = nI \tag{4.4}$$

线圈中产生的磁通计算公式如下：

$$\Phi = \frac{\text{mmf}}{R} \tag{4.5}$$

磁通与磁动势和线圈芯材的磁阻都有关。前面讨论过的，磁阻是有点类似于电阻在电路中的性质，是芯材的磁导率的倒数。变压器的设计目标是尽量减少漏磁通，这是利用线圈中心材料具有低磁阻的特性来完成的。每秒周期性变化 60 次的电流循环引起一次绕组磁通量的变化，相应的也影响到二次绕组的磁通量变化。变化的电流在二次绕组上产生与二次绕组匝数成正比的电动势。通常，流过二次绕组的电流大小将由连接到二次绕组的负荷的阻抗大小来确定。注意，此过程与类似的发电机的操作有明显的差异：没有转子，并且没有机械操作的部件。事实上，该 VFT 基本上用作变压器来连接两个独立的异步区域的发电机，因为转子可视为变压器的一次侧，可以通过调节转速来补偿异步区域之间的频率差异。

匝数比、电动机转速和输入输出的电压电流之间的关系如下：

$$\frac{V_1}{V_2} = \frac{n_1}{n_2} = \frac{I_2}{I_1} \tag{4.6}$$

众所周知，匝数比是综合考虑电压和电流来使流经变压器的功率保持恒定。当然在效率方面往往不尽如人意，常见的能量损失有感抗损耗、阻抗损耗和热量集聚。

传统的变压器往往会具备小幅度改变匝数比的能力；即可变"抽头"，或连接在不同的二次侧之间绕组可以改变二次绕组的有效匝数，并如式（4.6）可以改变二次绕组匝数比的器件。这种变压器主要使用在配电网中，为适应负荷的变化增加或减少电压是必要的。因此，它们也被称为"可变负荷抽头"LTC 变压器。

变压器中阻抗发热的损耗被称为"铜损"。而另一种变压器内部电磁能量损失被称为"铁损"。这是由于磁路常量和磁场的连续迅速变化。磁场的连续变化导致细小铁粒迅速调整，进而产生热量。一般变压器的效率约为 90%。对于小型变压器来说，这种热损失容易通过接触并消散到空气中的热量来计算。但是，许多容量较大的兆瓦级变压器会产生巨大数额的热量。这可看出，在变压器采用了许多叶片和活性油冷系统的设计，来帮助热量辐射发散。变压器的容量受到热量限制，因此其处理热量的能力决定了变压器容量。当容量接近变压器的热量极限时，温度监测过程必须小心谨慎。这里网络传感器为电网提供了一个有用的功能。

上面关于变压器操作的讨论假定在一种简单的单相连接方式下进行。关于讨论三相负荷连接成三角形或星形的情况也适用于三相电流通过变压器的问题。在这种情况下，负荷是变压器线圈。因此，变压器可以三角形－三角形联结，其中 3 个一次线圈连接成三角形和二次线圈也连接成三角形。在这种情况下，电流和电压只由线圈的匝数比，即式（4.6）确定。同样地，用星形变压器连接的一次和二次绕组各自采用星形联结，并且电压和电流也是仅由匝数比确定。然而，其他两种联结方式可以是：星－三角联结和三角－星联结。在这些情况下，它不仅是匝数比确定电压和电流输出大小，并且与一个乘数因子$\sqrt{3}$有关。具体而言，考虑到三角形联结或相－相接法联结星形或相－地接法时增加了电压大小。因此，对于三角－星联结的变压器中，星形连接的各线圈将会导致电压上升超出由线圈绕组匝数比确定的电压。同样，相反的情况也适用于星－三角变压器联结上的电压将通过乘数因子$\sqrt{3}$被缩小。另外，如前面提到的需要重点注意的是相－相三角形联结使电压产生了30°相移。各相电路之间可以同等地变换，这个性质是重要的；只改变单相电路往往会造成问题，如果三相电路通过另一个三角形变压器联结，那么各相电路之间理想的120°的相位差性质将不再适用。相反，相间相位差的不平衡可能会导致浪费电能的环形电流出现。下一步，我们考虑关于馈线为变电站分配电力的问题。

4.1.2 馈线

在配电系统中馈线的工作是对从变电站朝向用户的潮流流动进行安全的延伸拓展。从变电站开始，馈线通常起始于变压器和断路器设备。变压器提供电压下降并为断路器提供保护，防止任何可沿馈线发生的严重故障。但是，馈线也被进行保护的自动重合闸装置划分成各个分段部分，这些在后文会详细讨论。自动重合闸装置检测到沿馈线部分的故障电流，并可以自动断开连接，并尝试清除瞬时性电力故障。自动重合闸装置通常与分段装置一起工作。分段装置位于馈线在每一段自动重合闸装置的另一端。分段装置感应出电路电压。如果故障是持久性的，则自动重合闸装置最终将结束其试图重合闸的过程并保持电路断开，导致电压降为零。当分段装置感应到故障时，其也会响应打开，来确保由自动重合闸设备保护的馈线部分是分离的。因为分段装置不能中断故障电流，并且因此设备价格比较便宜。可能的是，一旦分段装置已经在电路隔离馈线的部分打开，则其可以再次关闭来将电力提供到馈线的其他部分。还可以在馈线上附加其他设备，包括额外的熔断器、电容器和电压调节器。接下来，我们更详细地讨论配电线路的问题。

4.1.3 电力线

架空线路的导电材料一般是铝，优点是重量轻。并使用钢绞线来增加线路强度。地下电缆一般是由铜制成，这是因为铜比铝导电性更好，但是更加昂贵。正如前面讨论有关式（1.4），大直径导体有可以减少功率损耗的优点。然而，这需要考虑重量和成本的问题。

将电力线分析为一阶时，考虑到问题的关键是线路电感而不是线路电阻。事实上，电力线路的电阻一般认为可以被忽略，仅有电感的电力线被称为无损线。众所周知电感电抗是由导体回路连接引起的。电力线一般是直线连接，不会连成回路。然而，一条直的电力线的磁通可以认为是无限长线的一部分且由无穷小的磁通相加而成。事实上，磁通由两部分组成：如上文刚刚所描述的电力线的磁通和三相间产生的互感磁通即电容；电力线之间的电容，在本文里可以被认为是电力线和地球表面之间存在的板电容器型电容。因此，电力线模型是由电阻、电容和电感组成。电力线模型如图4.2所示，电阻和电感串联并与许多小的电容并联。因此设计一个小长度的涉及电阻、电感和电容的模型来模拟实际线段。

电力线的电容和电感影响其电能传输的效率。具体来说，串联阻抗（图 4.2 中的 R 和 L）分流器，或并联电阻 – 电容（图 4.2 中的 G 和 C），电力线模型中确定的电路参数特性被称为线的特性阻抗值。特性阻抗也可以认为是沿直线传播的电力线中的电压和电流振幅的

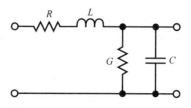

图 4.2　传输线单位长度的模型。电阻 R、电感 L、电导 G 和电容 C 是传输线长度的标幺值。当上述单位长度的传输线的尺寸减小并且单位数量增加以形成线路的总长度时，传输线模型接近实际情况（来源：由 Omegatron 撰写，来自维基百科）

比值。假设电力线中的电感和电容忽略不计，电力线中只具有阻抗或电阻。在这种情况下，电力线上传输的功率不会在电力线本身有损耗。输电线路中有限长度上的电力线末尾的特定阻抗在电路中等同于具有同样阻抗的无限长的输电线路。如果电力线模型的阻抗可以忽略不计，然后特性阻抗比减小到与串联电感和并联电容比值的二次方根，这就是电力线上的波阻抗。这在通信中很重要，因为当端线的电阻等于波阻抗时，信号在电力线上的损失最小。波阻抗负荷（SIL）是传输电压的二次方除以电力线的波阻抗。它是电力线忽视电感和电容值时真正的功率传输量。如果在电力线上输送的功率小于波阻抗加载，则该线显示为容性负荷，无功功率流入系统。如果在电力线上输送的功率大于波阻抗加载，则线显示为电感性负荷并消耗无功功率。

电力线的特性阻抗是这样定义的：

$$Z_0 = \sqrt{\frac{R + j\omega L}{G + j\omega C}} \tag{4.7}$$

式中，R 是每单位长度线的电阻；L 是每单位长度的电感；G 是每单位长度电介质的电导；C 是每单位长度电容；ω 是电流的角频率。

从电磁波的角度来看电压和电流相量在电力线上的相关特性阻抗为：$V^+/I^+ = Z_0 = -V^-/I^-$，其中上标加号和减号分别表示前向行波和后向行波。无损线上的 R 和 G 都是为零，所以特性阻抗方程化为 $Z_0 = \sqrt{L/C}$。虚数单位 j 也被取消，使 Z_0 因而是纯电阻性与 Z_0 变成纯粹表达电阻幅度的值 $\sqrt{L/C}$ 的真实表现。传输线的特性阻抗表述了 SIL 或日常的负荷，这是电力负荷既不生产也不吸收的无功功率，$SIL = V_{LL}^2/Z_0$，其中 V_{LL} 是线间电压。加载在 SIL 的下方，电力线给系统提供无功功率，提高了系统电压。当加载上 SIL 时，电力线吸收了无功功率，倾向于降低电压。

浪涌阻抗在电力负荷线上作为负荷通过另一种方式来研究。随着载荷的加大，电流大小也随之加大，电压保持不变。电感随着电流增加而增加；因此，高负荷引

起更大的电流，并增加了电感和无功功率损耗。另一方面，电容大小取决于线路的电压；较低级别的负荷，电流较小并且电容在电路中占主导地位，产生了无功功率。

第一次在 1887 年 Sebastian Ziani de Ferranti 10000V 配电系统的地下电缆中观察到的费伦蒂效应，描述了轻载（或开路）传输线远端的电压增益。地下电缆通常有低的阻抗特性，导致 SIL 通常高于电缆的温度限制。因此，电缆经常是滞后的无功功率的来源。我们可以看出在发送端电压升高将导致长输电线路的接收端的电压升高。这种效应发生在电力线的通电量较少或断开其连接的负荷。这是由于在发送端相电压发生下降时，电力线电感上的电压下降。这种效应在较长的电力线和更高的电压情况下更加明显。电压升高与线的长度的二次方成正比。由于地下电缆的电容更大，费伦蒂效应往往发生在地下电缆或者是在长度较短的电力线上更加明显。

正如前面提到的变压器，电力线被它们可以承受的热量的能力所限制。随着电力线中电流的增加，以热形式的能量损失随着增加电流的二次方而增加。如果电力线过热，电力线会开始凹陷。如果当前继续持续增加热量，电力线就可能融化。因此，即使电力线是根据它们可以处理的数据量做出的评价，但是这只是一个近似，因为天气条件发挥了重要的作用。因此，测量和温度通信、预测天气状况的能力在接近电力线的热量限制时的系统安全运行中起到了重要作用。

实际电能在理想的无损线上的传输量为

$$P = \frac{V_1 V_2}{X} \sin\delta_{12} \tag{4.8}$$

式中，δ_{12} 是发送端和接收端的功率角的差；V_1 和 V_2 是电力线两端电压；X 是线路的电抗。

传送大量功率的方法是增加电力线上的 δ_{12}。翻阅 2.2.4 节中讨论发电机协调性可知，传输功率变大，系统变得不稳定和失去同步的机会变得更大。如果 X 相对较小，即对于短的电力线路来说，小的 δ_{12} 仍然可以产生大的流动功率。这种流动可能超出电力线的温度限制。因此，一个问题围绕着温度或稳定哪个先达到极限。这里长距离输电线路有大的电抗 X 可以允许大的的 δ_{12}，δ_{12} 如果足够小来使热量在限制之内，但如果 δ_{12} 足够大的话将会使系统变得不稳定。热限制以电流或视在功率表示，因为两者都直接有助于加热，而稳定性限制则以单位有功功率表示，因为式（4.8）定义了实际的电能。热限值表示为电流或视在功率，因为两者都直接导致加热，而稳定极限以有功功率的单位表示，因为式（4.8）定义了有功功率。

如多次在这一节之前所述的，电压通常是保持不变的，电流的变化取决于负荷所需的功率。然而，这条定理不需要加以提炼；通常情况下，系统目标是保持电压恒定。在实际中，电压等级可以在额定电压的负荷和系统平衡几个百分点范围内变化。在任何位置上的电压取决于造成的电压损失的电阻和在本地区域内消耗的无功功率产生的电压降。电阻式电压下降的效果可以在作为例子的放射状分布网络中看到。在放射状分布系统中馈线在电力线上提供给定的电压，电压水平沿着电力线距离变电站远的一端下降。很简单，电力线的电阻随电力线长度的增加而增加，造成较大的电压降。因为由欧姆定律 $V = IR$，R 随电力线长度增加而增加。但是，随着人们对电力的需求负荷的增加，电流也同时会增加。增加了这两个量，同时电压降也会增加。根据美国的政策标准方针电压需要维持在目标值的 $\pm 5\%$ 以内。因此，对于足够长的电力线或有足够负荷的电力线，电压水平可能跌到可接受的指标值之下。在这种情况下，馈线末端电压可以升高来弥补电压降或变压器可能需要被添加到电力线某处来将电压还原到目标值。当然，负荷往往整天波动，因此电压调整可能需要相应地更改。电压调整通常是由 LTC 变压器来处理的。如果是因为太多的电感，或者滞后电流产生电压降，而添加电容来平衡电感是可能的解决电压降的办法。如果负荷开关变压器放置在沿配电线路方向上，这种变压器被称为电压调节器。

如前所述，可以通过增加无功功率来提高电压，如果出现大电感负荷引起的电压降。增加无功功率的方法是通过添加电容器、同步调相机或静态无功补偿器（SVC）。在之前的基础电子设备中讨论过电容器。同步调相机基本上是零有功功率输出的同步发电机。转子自由旋转虽然可以通过增加其励磁电流来添加系统的无功功率。同步调相机与简单的电容器相比优势是它可以不断地进行调整转子中存储的能量，即可以在短瞬变条件下，帮助平衡系统，并且其操作与线电压无关。最后一个优势是指工程中可以通过一个简单的电容器使功率增大或使用电容器降低电压水平；随着电压的降低，同步调相机可以增加电流。同步调相机的缺点是其机械操作效率低下。SVC 是可以快速提供无功功率的固态器件，是 FACTS 设备系列的一部分。这里的"静态"指的是 SVC 没有移动部件。如果电力系统加载电容性负荷，或电流相角超前，SVC 将作为电感器，类似于电感线圈，通常作用在晶闸管控制电路时作为电抗器，并从系统消耗无功功率并降低电压。在感应电流或滞后电流的条件下，简单的电容器组会自动切换电路，来提供更高的电压。

综上所述，增加无功功率（加载补偿电感负荷）相当于将功率因数从小于 1 到恢复为 1 的值。因此，上面讨论的技术使用的电容器、同步调相机和 SVC 是向系统添加无功功率的分布式的方法。从上文可知发电机可以提供无功功率，由于无功功率是在以电场和磁场的形式连续振荡的可以存储的能量。因此，这里涉及与无功功率相关的一个循环电流。如果系统本身可以提供无功功率，然后加载环形电流所需的"带宽"或电力线容量可以减少，从而提高系统效率。

4.1.4 配电拓扑

同通信网络一样，配电系统中的潮流拓扑，在系统成本和可靠性方面起了显著的作用。如图 4.3 所示，最简单和最昂贵的拓扑结构都采用了放射状馈线系统。在图中的系统拓扑下，功率沿变电站的树状结构向外辐射。变电站是树的根而树的分支机构位于远离变电站并且电压逐步更低。这种拓扑结构的缺点是隔离故障后，系统也会阻止所有的下游客户的供电。

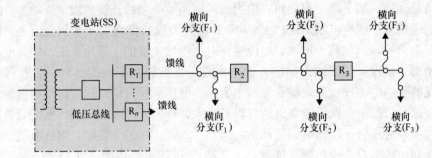

图4.3 是放射状配电拓扑结构由一个变电站表示。低压（LV）总线连接着变压器和熔断器并向两条每条都有一个继电保护器的馈线供电。侧线随着有继电保护装置保护的馈线而延伸来保护馈线的各个部分

  和放射状系统相反的是网状配电系统。这实质上是一种在树的分支之间附加了额外运行电力线的放射状系统。如有必要，通过开关可以使用额外的线路。这以构建额外的电力线为代价提供了更高的可靠性。这种方法的核心是建立一个类似于网状通信网络，其中通过允许多条路径接入网络来增加系统可靠性。在网状拓扑输电网络中，系统可以在隔离故障的同时允许其他路径保持为供电用户输电。

  最后，闭环系统需要在冗余性的成本和需要的可靠性之间做出权衡。在如图4.4 环形拓扑网络所示，在环形拓扑网络中，两个馈线通常由联络开关相连。联络开关是常开的，保持馈线的相互隔离。然而，如果电力线上馈线发生故障，联络开关关闭，允许功率向通过馈线相反方向流动，使故障孤立后，为尽可能多的客户提供电能。

4.1.5 配电系统设计

  保护和拓扑是设计配电系统的关键方面。在电力系统中的保护是指减轻电气故障对系统的影响。故障是有意外的大电流流动，过大的电流以至于严重到足以对生命或财产包括输电网络本身短路造成损害。故障通常是短路。一般常见的故障有两个类型：一是单相接地短路，二是相间短路。单相接地短路故障是指带电的导线与地面通过中间的物体如树木，产生意外的电流流动。与地面的低阻抗连接基本上可以视为负荷，这导致了大的电流流动的情况。当两相或更多相间意外地足够接近并在它们之间产生大电流时，发生相间短路故障，它们之间产生了大电流。在加载任何负荷时，故障电流是系统故障的阻抗和系统能够在故障期间保持目标电压的参数的函数。

  保护机制的第一目标始终是准确地检测故障，然后尝试清除或断开故障段的电力网络，使受到影响的用户数量最小化。故障总是可以通过关闭整个电力网络或分布系统来清除，但这将会不必要地影响到大量的用户。检测故障不同于网络安全，

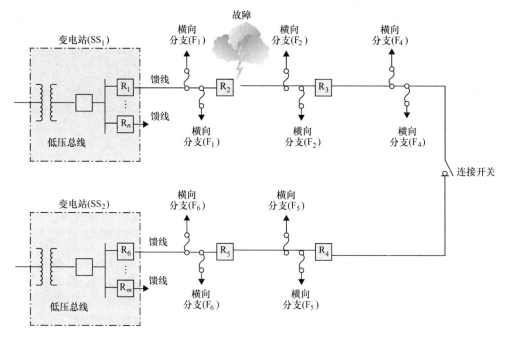

图 4.4　环形配电拓扑网络由两个变电站来表示。每半个环形网络是放射状的拓扑。然而，环网中还有一个常开的联络开关，必要时可以关闭，以便使变电站馈线给其他的变电站的馈线供电。这一过程被称为故障发生后的恢复过程，这说明这里由雷击引发的故障已被隔离

特别是入侵性检测中，其中一个是寻找异常部分的模式，分成"自动"和"非自动"。电力系统故障检测可以基于检测在一段时间异常高电流、异常低电压、无功功率、频率的异常变化或许多其他参数组合的模式。

熔断器是其中一个最简单的保护设备。然而，熔断器提供一种固定水平的保护，它是不可配置的。此外，熔断器需要人工替换。较高一级复杂程度的保护设备是断路器。这是简单的时间的继电保护装置，当电流在一个给定长度的时间中超过给定的电流值时会将继电保护装置打开。一些断路器往往具有设置灵敏度的变量。当前继电保护装置开关所需时间与数量已经定义在时间电流特性（T_{CC}）曲线上，T_{CC}曲线给出了可以导致继电保护装置被打开的电流与当前时间的关系。

故障在阻抗相对较高时可能发生，足以高过额定负荷。这就是所谓的高阻抗故障。在这种情况下，可使用 T_{CC} 曲线来检测出故障，故障运行状态会与正常运行状态数据重叠。在这种情况下检测系统故障更直接的技术是在当前系统中衡量系统状态数据。如果与正常情况下运行的系统数据有差异，根据基尔霍夫电流定律可知，一定存在一部分故障电流。上述方法是差动继电保护装置的保护原理，即继电保护装置在进入一侧的电力线的电流和当前流出电力线另一边的电流，在假设没有别的沿电力线的其他电流的情况下发生显著差异时响应断开。然而，这种技术需要得到

当前电力线载波通信的距离。换句话说，这种保护办法需要通信技术。

　　另一种保护形式是接地故障断路器（GFCI），其工作原理有些类似高灵敏度、快速的差动继电保护装置。GFCI放置在电源插座处可以监测相线和零线电流之间的差异。通常情况下，所有电流应从相线流出通过负荷都流到零线。然而，如果电流对地面路径电阻过小即对地短路，也许在危险的情况如电流流经人体时，相线与零线电流之间就会有差异。因此，GFCI作为生命安全的重要保障制度，在这种故障情况下，要有高灵敏度、操作快速、可靠的特点，以便及时开路。

　　"开关设备"一词用于指任何能够隔离电力线的电力系统设备。这包括熔断器、断路器和自动重合闸器件。这些设备必须能够处理非常大的电流；这里的大电流往往指的是引起故障异常的大电流。开关设备必须能够安全地同时控制并熄灭连接的高电压大电流设备彼此分开或发生中断时产生的电弧。高电压可以产生很大的电流来跳过空间的间隔实现电流流通。控制电弧的典型方法就是将开关设备放在非流体如变压器油储罐内或六氟化硫（SF_6）。SF_6这种分子由于没有多余的电子来传导电流，因此多被用在绝缘材料中。SF_6分子是结构对称的，因此SF_6是无极性材料。真空结构同样可以熄灭电弧。另一个非常有趣的熄灭电弧的方法是喷砂或喷气，通过其中的压缩空气在潜在的燃弧地点，迅速注入非极性气体来灭弧。在交变电流断路器中，如连接着的电气部分分开将在周期性电压的正极和负极部分产生电弧。然而，当周期电压接近零点时，因为电压接近零，所以电流会消失。在这个较短的时间间隔内，开关设备可以在无电弧状态下断开。如果开关设备在这个时间段内不能打开，那么很可能在相反方向的周期电压上的开关设备动作响应就引起新的最大电弧，这就是所谓的重燃。开关设备的开关动作率必须超过正弦周期从零到最大电压的时间；开关设备的机械动作必须具有加速到几毫秒内的速度的能力。因此在改变电流和电压之间的间隔时间时，必须考虑到电路中的电抗器。所以，加压的淬弧气体必须以超音速的速度放出。因此，开关设备无疑比普通开关更加复杂并昂贵。

　　重合闸装置是一种特殊类型的开关装置，自动打开并在延迟后故障即会清除的情况下尝试再次重合关闭。这种设备主要针对的是临时性故障，即这些故障往往只是短时间出现，然后消失掉。动物可能不小心同时触摸两相的电路，很快会触电而死并从电力线上掉落，于是电路恢复正常。电力线可能被吹到与树接触，造成短暂性故障。因而，重合闸装置一般使用T_{CC}曲线。当过电流条件超过规定的时间期限时，重合闸装置将在预定的时间内打开，然后再次关闭。如果已清除故障，电路将一切恢复正常。如果故障仍然存在，重合闸装置将立即打开，并立即重复上述步骤。这整个的开关过程可能会重复到指定的次数，一般是3次。人们可能经常见到一场暴风雨后，灯光开始闪烁，如果开关设备最后依然断开，最后灯光熄灭，供电停止。如果重合闸装置动作后重新闭合，故障仍未清除，它将保持永久断开。这就是所谓的锁定。在这一点上，它通常需要维修人员按照程序操作并手动清除故障。在输电网络的许多部分中，维修人员直到用户来电抱怨之前，并不知道故障时间的长短，这已成为一种相当简陋，但很有效的遥感和通信方法。设置 T_{CC} 曲线、重合闸的时间间隔和重合闸操作总次数是有点像一门艺术。例如，输电线路的重合闸时间往往要短于配电线路上的重合闸时间。输电线路涉及更多的电力、更多的用户，而且往往在空中放置的位置更高。理想情况是任何沿输电线路的瞬时性故障持续时间很短，以至于造成这一事实：它们受到地面的干扰比受到分布系统的干扰要少。同样，供电网也希望传输的瞬间变化足够短，以至于用户没有注意到。在配电网中重合闸的 T_{CC} 曲线设置为允许重合闸开关重合闸过程的那段时间之内。这是假定实际中配电系统更加接近地面，更易遭受到动物和树木的影响，可能需要更长时间的故障清除。

保护协调是关于控制和利用开关设备迅速隔离故障以便减少故障对系统的其余部分的影响的技术。这包括断开尽可能接近故障位置的无法操作的电路，来尽量减少其对整个系统的影响，以及利用其他保护装置充当备份来保护发生故障的电路。当所有保护机制都配置为整个系统提供所需的保护级别时，保护被称为是协调的。每个设备都保护系统中称为保护区的区域。保护区是使用保护装置来隔离给定的部分电力系统区域。这种保护区可能是一个嵌套在另一个保护区中。在放射状系统中，即单个电力线从支线延伸到所有的用户，对保护协调设置进行相对简单的说明。这种电力线路的整定保护将旨在提高设备与馈线的距离的敏感性。这样做有两个原因。第一，目标是当发生故障时尽量在远离馈线的位置切断电路。这允许尽可能保持电力线继续连接尽可能多的客户。第二，因为越来越多的电流流向馈线，并且馈线附近接有较大的负荷。因此，在理想情况下，熔断器，断路器或上级重合闸这些器件中最接近故障的设备会动作响应来隔离故障。通信中的保护装置、联络开关和变电站可以有效地隔离故障并快速、高效地恢复供电。

拓扑结构更复杂的网络往往不是一个简单的放射状或环形配电系统，它的保护配置会变得更复杂。如果系统电流是需要双向处理的故障的保护配置，且电流从零星 DG 来回流动，那么系统正常与异常电流将很难区分。如果电流是双向的，保护配置需要在两个方向上处理故障。如果偶尔出现的电流来自偶尔的 DG，则会使对异常电流的区分异常困难。

甚至当系统保护设备涉及相对简单的系统、如放射状配电系统，这里有许多值得考虑且有趣的微妙之处。第一，故障电流不是简单地瞬时增加交变电流的大小。相反，根据电力线中的电感大小，最初的故障电流与最后的稳态故障电流相比往往大一个数量级。这是由于在电力线中的电感将阻碍电流的突然变化。实际上，交流电的直流电流分量将随着时间的推移按照指数迅速衰变。因此，电感与电阻对电路影响较大时，故障电流将继续具有相同频率的交流波形，但故障电流波形开始向上转移，然后逐渐跌回零直流分量的波形。电力线中的电感电阻比率 X/R 确定了故障电流直流电流分量衰减的时间常数。第二个影响保护系统的问题被称为反电动势（EMF）。正如上文提到的，电动机和发电机基本上是相同的设备。当大型电动机断电时，其转子由于惯性可以继续旋转。这时，电动机在短时间内就成为了发电机，生成了流回系统的电流。因此，保护系统需要预估出不太明显的发生故障的因素，例如故障电流开始时的直流分量和电动机中的反电动势。

对智能电网更加重要的保护机制的另一个问题是 DG。连接整个配电系统的分布式的发电机在非传统位置配电系统注入电流，这些地点通常由用户使用。这无疑会提高故障电流的大小且破坏保护协调措施，假设保护配置中没有 DG 的情况，将在 4.2 节中详细讨论。

4.2 保护技术

本节将继续介绍在配电系统重要设备中使用的继电保护技术。因为配电系统高度暴露于环境和公众，所以易发生电力故障，并对电网造成巨大的危害。这样就有了许多种电力系统保护措施。实际中的电力保护往往涉及许多不同的保护方案的协调工作，用以检测短路，限制或停止故障电流，同时尽量减少对用户侧的影响。电力系统保护是在合适的时间限制或停止指定的电流。因此，电力系统保护与网络安全具有一定的相似性：它涉及的检测异常电流和阻断可疑电流就像网络中网络安全系统尝试检测可疑信息流和阻止有潜在危险的活性信息流。在本节中，对各种不同常见类型的保护装置和方法进行了介绍，包括熔断器和继电保护装置、距离保护、纵联保护和特殊的保护方案。

4.2.1 熔断器、断路器、继电器和重合闸装置

熔断器、断路器、继电器和重合闸装置以及这些设备的变形设备，是电网保护技术措施的主要机制。故障限流器是将在 14.4 节讨论的另一项先进技术设备。熔断器、断路器、继电器和重合闸装置是基于检测到故障电流，并在一段时间内流过的电流超过了一定的安培阈值时给电路一个断开动作的设备。这些装置之间的唯一差别是它们从故障中自动恢复的能力。熔断器是最不自动化的，需要手动更换恢复。断路器不需要更换，但一般需要人工干预才能恢复。继电器，特别是数字式继电器，可以通过编程使其更复杂、精致以至可以检测出故障和自动从故障中回。最后，重合闸装置通常是这些设备中最复杂的，在解决瞬时故障问题时具有自动执行多个断开和闭合操作的能力。下面我们将对这些设备的更多细节进行详细探讨。

熔断器是一种一次性装置，在正常操作下可以看成小电阻，但在电流超过给定阈值时会很快熔化，从而永久地中断电流流动。如上文所示的熔断器在运行时会遵循时间－电流关系，来确保熔断器只会在故障电流持续时间和幅值大到足以造成损害时熔化，并不会在不会造成损害的短时间的大电流情况下熔化。如果熔断器在较低的电流情况下熔化，这将产生不必要地手动更换熔断器和用户供电停止的状况。

熔断器的类型可由几个参数来确定。额定电流 I_N 是熔断器持续进行不熔化的最大电流。一个熔断器的熔化速度取决于电流流过的量并可以通过改变熔断器的材料来控制。熔断器的动作时间 T_{CC}，与本节中的所有其他设备一样，不是一个固定

值；相反，动作时间随电流增加而减少。熔断器的 T_{CC} 动作曲线与继电保护装置或重合闸装置相比相对比较简单。熔断器可快速熔断、缓慢熔断或延时熔断。所需熔断器的熔断时间和电流取决于被保护负荷的类型和在电路中与其他保护装置所用的熔断器的关系。较敏感的设备需要熔断器在较少的电流下快速熔断，同时设备的其他防护装置，如继电保护装置或重合闸装置，可能需要更长的时间，并需要更多的电流，来恢复成原来的状态，并允许其他自动化保护装置进行第一级操作。

熔断器的另一个特性是它的 I^2t，其中 I 是电流，t 是时间。如果我们假设电压是恒定的，那么则熔断一定数量的熔断器所需能量与所需熔断的熔断器成比例。一般有两种 I^2t 值：熔断值和清除值。熔断值指熔断器开始熔化时所需的能量，而清除值指让用户可以通过足以熔化熔断器并切断连接从而清除故障所需的总能量。因为它给定了故障所能产生的能量，并因此产生热和磁场作用在由熔断器隔离之前所保护的负荷的最大能量，因此规定上述能量等级是有用的。熔断器的另一个特性是分断能力。这是熔断器可以安全中断对应的绝对最大电流。这种能力比较重要，因为一些熔断器无法中断一个比其大几个数量级的电流。同理，提出电压等级的概念，一个熔断器的电压等级指可以由这种熔断器所能处理的最大电压。熔断器可能根本没有能力阻止一个相对高的电压。另一属性是熔断器的电压降。熔断器的电阻随着电流和温度的改变而改变。具体地来说就是大电流使熔断器发热会引起熔断器的电阻增加。这将会导致整个熔断器的电压降也相应增加。如果电压降足够大，就会影响电力系统电路的设计。熔断器的时间 – 电流特性可以随温度而变化。熔断器在较高的温度更敏感并在更低的温度较不敏感使之动作更加有效。这些特性使其比熔断器更加重要，并适用于所有在本节讨论的常见的保护装置。

断路器作用方式类似于熔断器，但具有不需要更换的优点。不同于熔断器的是，断路器可复位到正常运行状态。众所周知一般小型断路器一般装在封闭空间中。一般房主所熟悉的相对小的断路器通常包含在单个外壳内。电力系统中大容量断路器可以利用电流互感器来感测电流并用一个独立的、电池供电的螺线管来中断连接。此外，在大容量断路器中使用电机来复位。当断路器工作时往往会产生电弧，电弧使触点受到磨损，所以触点常常需要定期更换。大容量断路器必须处理好其产生的电弧，即产生电弧、冷却电弧，在各种不同介质（其中包括使用各种气体、真空或油作为介质）的断路器内，熄灭断路器操作期间形成的电弧。这里已经发展出花样繁多的熄灭电弧的方法。例如，电弧可以被偏转、冷却，可以通过技术手段来将电弧分成多个较小的电弧，或在可以监控当前的电流波形时，触点仅在电流处于在周期性电流波形零点或接近零点处开断。

如先前所讨论的，三相供电中可能出现不对称故障。剩余电流装置或者被称为接地故障断路器的装置可确定当其中一相电流或中性电流不均衡，这表明有一相接地短路；这将会引起严重危险故障或者漏电事故。因而，保护器件需要跳闸断开电路。

继电保护装置是许多电力保护器件的核心工作部件，并且发展日益复杂化。继电保护装置测量流经其的电路特性并确定何时开断，切断故障电流来保护供电系统。继电保护装置能够测量过电流、过电压和反向电流，并对出现的异常频率情况做出反应。后面将讨论的距离保护可以通过编程来响应距离保护一定范围内的被精确定位的电路故障。所有继电保护装置的智能化都可以，使其能够更好地识别电路故障，做到只对真正的故障做出响应。继电保护装置同时可以有效地协同工作，这种工作方式被称为保护协调，我们将在后面详细讨论。即使继电保护装置有先进的协同数字化处理能力，人们仍然利用电力系统中几十年前使用的术语，所以基于通信目的理解一些术语是非常重要的。

  最常用的继电保护装置是感应式过电流继电保护装置。这种继电保护装置的术语一直都在使用。后面将详细介绍感应式过电流继电保护装置。感应式过电流继电保护装置的基本设计思路是通过磁场给旋转的金属圆盘施加转矩，金属圆盘在磁场中产生涡流并在磁场和金属圆盘上的涡流之间相互作用产生转动金属圆盘的扭矩。这与单极电动机的原理比较类似，9.2.1节中将会有详细的说明。电磁场的强度、金属圆盘的惯性作用和金属圆盘的阻尼之间的相互作用可以用来创建一个控制触点关断响应的"程序"。在某种意义上，这就是粗略模拟的计算机。

  数字化或"数字式"继电保护装置现如今被广泛使用。在这些继电保护装置中，机电式的"程序"被可以传感测量并做出响应的可编程微处理器所替换。当然，电流、电压以及任何其他电路特性的测量采样必须被转换为数字以方便显示。因为数字式继电保护装置拥有更少的运动型部件，所以数字式继电保护装置的一个优势是它的寿命可以更长。数字式继电保护装置还提供了接口输出信号采样值到通信网络的功能。

  事实上，数字式继电保护装置可以允许更复杂的操作，这些将在本节后面距离保护和差动继电保护装置处加以探讨。这里我们首先解释简单的过电流继电保护装置原理。这种类型的继电保护装置基于上文所述逆向的 T_{CC} 曲线进行操作。我们在9.2.1节将详细讨论时间–电流曲线。电流互感器测量给定的电流大小和持续时间，如果该电流超过规定给定值的持续时间，继电保护装置就会被设定为打开状态。

  重合闸装置类似于继电保护装置，但比继电保护装置多了自动关闭功能。重合闸装置的设计思想满足了不必人工复位故障后的继电保护装置，人们只需确保故障恢复或已经被清除就可以自动恢复电路接通的设计需要。换句话说，它们被设计为允许可自动清除瞬时故障。

  正如我们所看到的，重合闸装置用于配电系统中的馈线。重合闸装置的操作是可编程的。通常情况下，两个或三个快速重合闸装置将发生几秒钟的延迟，接着在最后一次尝试闭合时将会有较长的延迟。如果故障在最后一次尝试闭合之前没有被清除，将会启动"锁定"状态。当这种情况发生时，重合闸装置将会"放弃"重合闸装置并保持断开用来隔离电力线上的故障部分。

如前面提到的，重合闸装置可以与另一设备一同使用作为分段开关。分段开关是一种价格不高的设备，并且当电流流过时不能打开。但是，分段开关可以计算重合闸装置开断和闭合的次数，并可以判定重合闸装置是否锁定。当重合闸装置锁定时，电路没有电流流过并且分段开关可以安全地打开，用来确保电力线的故障部分已经被隔离。

4.2.2　距离保护

简单来说，距离保护是一个常用的继电保护装置。距离保护使用较多，因为距离保护可以对在特定距离内发生的故障给予响应。理论上，这使得距离保护更容易协调多个继电保护装置，使得每个距离保护保护电网的特定部分，或对作用于电网的特定部分的设备进行备份保护。

距离保护三段保护响应的概念是，假设每公里电力线阻抗相当稳定并且已知。因为阻抗是电压和电流的函数，所以电压和电流可以被感测。如果知道该种电力线的阻抗，则可以推断确定出电力故障与继电保护装置之间的距离。因此，继电保护装置可以从其他部分故障的电力线中区分出特定故障的电力线的部分。继电保护装置与造成跳闸的故障点的距离被称为"到达点"。

考虑由继电保护装置的阻抗随测量点与继电保护装置距离增加而增大。如果距离给定就可以推导出一个阈值阻抗。当继电保护装置测量出电压和电流并计算出阻抗，如果计算出的阻抗小于阈值阻抗时，就可以假设故障发生在继电保护装置和给定的距离或到达点之间。

如上文所述，阻抗不仅取决于电压与电流，并且还与这些值的相角有关。这些关系可以通过图 4.5 所示的电阻（$R-X$）阻抗图表示出来。图 4.5 还可以得出电流、电压、和阻抗的更多信息。首先，复阻抗的幅值 $|Z|$ 为电压幅值与电流幅值的比值。复阻抗的表示公式为 $Z = |Z|e^{j\theta}$，其中 θ 是电压和电流相角之差。复阻抗笛卡尔坐标也可以为 $Z = R + jX$，其中 R 为电阻，jX 是复阻抗。请注意，复阻抗使用 j 用于表示

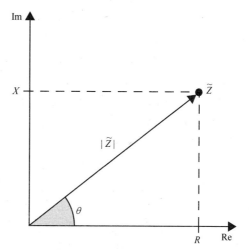

图 4.5　复阻抗 Z 由两部分组成，其中 X 表示电抗，R 表示电阻，θ 表示相角，$|Z|$ 表示阻抗的幅值大小（来源：Inductiveload（Own work）［公开］，通过维基共享资源）

复数而不是用"i"，这样与电流单位不会混淆。考虑到故障发生时继电保护装置的复阻抗计算结果可以在 $R-X$ 图的指定区域中表示出来。在理想情况下，我们可以

绘制出"正常"情况下电压和电流的幅值和相位之间的变化并把它画在 $R-X$ 图内，这可用于帮助从正常运行状态中隔离故障状态，该故障状态被认为是脱离了正常运行区域，从而确保继电保护装置只在故障情况下动作。

考虑到一些故障通过定义 $R-X$ 图故障区域来定义故障条件。圆心在原点的圆轨迹阻抗将只响应阻抗幅值变化，因此故障电阻在给定阻抗所有的相角都可能出现。引起这种跳闸故障电阻的故障在继电保护装置前端后端都可能出现，即它将没有方向。如果需要进行方向控制，则会使用一个半圆形状的轨迹。推广成一般情况，轨迹可以创建任何复杂的形状，以取决于电压和电流的大小和其相对相位的条件。请注意没有明确的要求，通信手段需要完成这种形式的保护，在感应测量电压、电流和相位时，往往需要通信手段。

4.2.3　纵联保护

纵联保护，也被称为差动保护，利用基尔霍夫电流定律来检测存在的电路故障。根据电荷守恒定律可知，在任何的交界处或节点，电路中流入该节点的电流之和等于流出该节点的电流之和。换句话说，流入和流出节点的电流之和为零。纵联或其他保护方式的判断故障方法正是依靠这个理论。在电力系统中，电流互感器可以用来测量任何点流动的电流。如果它们的和不为零，则系统就会假定发生了电力故障。例如，我们可以在电力线或输电线路的两端实测电流。如果电力线上发生故障，一个相当大的电流可能流经地面，减少了电力线末端能测到的电流。电力线末端中的电流将会比原来的预期电流更大。结果是产生不为零的差动电流，从而表明电力线处于故障状态。注意，对于采用这种保护方案而出现的电流之和不为零的情况，必须比较远端电流。这就需要通信技术，一种典型的被长期使用的通信技术是在采用通过同一被保护线路的电力线载波来传递信息。必须考虑到在故障情况下系统可能会切断电力线，如果这时采用电力线载波通信，通信信息将会丢失。

电力系统中一般采用两种保护措施，具体措施取决于继电保护设计者对通信系统的可靠性的信心：阻断和许可。阻断方案是一种有点悲观保守的通信系统。它使用通信"块"来开关继电保护。如果通信信息丢失，继电保护装置将默认打开。这意味着，如果当系统通信故障或没有真正的故障存在，噪声将可能造成线路跳闸。另一方面，宽松的保护措施要求通信信号"允许"跳闸。如果通信线路有故障，系统可能错过故障，因此电力系统的安全稳定得不到保障。所以，我们往往可以在供电公司中看到电力系统工程师查看通信系统来增加复杂性并增加另一个系统中的故障点。通信技术与20世纪初刚刚出现时相比已有很大的改善，故障预防技术已经比较准确并在很大程度上贴近真实情况。通信技术增加了系统的复杂性，甚至使系统具有了近乎完美的可靠性，通信技术除非作为一个备份的机制来在有限自由度系统使用，否则并不可靠。

电网在试验保护措施时往往还需要考虑到几个复杂的问题。在保护作用于电力系统中大电流电路部分时，设定的触发故障保护作用的差动电流也必须增大。这是因为大的工作电流往往会出现相应较大的异常电流，但这些并不是故障情况。此外，测量系统本身并不是理想状态。电流互感器通常用来测量电流，然而大的电流可能会使电流互感器饱和。这意味着，待测量的电流超出了当前电流互感器输出与输入电流成比例的测量范围。

4.2.4　保护和稳定性

考虑到系统保护与系统稳定性之间的关系是非常重要的。电力系统稳定性将在12.5节中详细介绍。通常我们指电力潮流稳定性，即当功率变动后，电网能恢复其正常的运行状态的能力。多个发电机转子运行在可以产生整个电网所需潮流流动的转速。转动产生的磁力矩在电网内与转子旋转的机械力矩保持平衡。总负荷的突然变化将会导致单个发电机转子的加速度突然变化。如果负荷变化足够大，转子可能会与其他发电机失去同步并开始摆动或不正常旋转。

瞬间断开大型输电线路的电力系统保护措施可能导致系统不稳定，可能导致负荷如发电机一样发生迅速改变。并且，系统的瞬时不稳定性可能导致继电保护系统断开。例如，由于瞬时不稳定的潮流振荡可能超过了电力故障阈值，导致继电保护系统认为发生故障并进行响应。如果继电保护装置断开，则可能导致系统进一步的不稳定。关键在于继电保护系统与系统器件的响应必须经过设计者的细心斟酌。当下的研究新思路总是考虑用通信技术来帮助减轻这些问题。

4.2.5　特殊保护方案和校正措施方案

"特殊保护方案"是专门用于应对发生概率低的、具体的、独特的、潜在的灾难性突发事件的类别给予保护的继电保护名称。它有着许多不同的名称，如"特殊稳定控制""动态安全控制""应急动作方案""校正措施方案""自适应保护方案""纠正行动方案"。我们可以从所有的这些保护措施中搜集出共同的特点。第一，保护机制可以有打开或关闭两种状态，它不是永久性动作。保护机制采取的措施针对的是相对罕见的事件，可能一年出现一次。控制机制是通常特设性质，并具有精心设计的脱机能力。最后也是这种类型的保护机制最重要的通信技术，因为它通常是建立或设立在广泛的领域，需要系统之间的信息沟通才能正常运行。

特殊保护方案设计思路如下，在一个给定的电力系统中对所有可能的条件下可能会影响保护措施的情况进行离线仿真。确定这些情况中危害最大或最有可能发生的故障问题，并对其进行离线仿真研究。因此，确定可衡量的指标是识别这些故障的关键条件。可衡量的指标往往是复杂、特殊的一些信号。最后，即使系统已被广泛地建模并且实现了自动检测故障的临界条件，输电系统中仍然包含了反馈回路来确保操作的正确。综上所述，是否开启或解除特殊保护系统是需要人来决定的。

4.2.6　录波器

录波器已被用于测量交变电流和电压。如今许多电网设备正变得越来越复杂，录波器和它生成的波形图表示的类型信息，现在已经倾向于采用数字记录和传输方式实现。录波器在整个电网可以通过投影系统来分析系统中测量的电流波形。专家可以通过阅读波形图来分析出故障响应中的参数，如故障的类型和故障的位置，以及保护系统的性能。例如，波形图可以指示出系统中电力线载波通信系统当出现故障时阻断或许可操作响应是否正确。

4.2.7 保护协调

保护协调是由一个或更多的保护机制组成的保护措施，这些保护机制互相配合来提供对正常运行的最小影响级别的系统保护措施。举一个简单而具体的例子，假设有一套从馈线到放射状分布电力线的继电保护装置，该继电保护装置只在电力线内部发生故障时保护系统而断开。这意味着远离馈线的继电保护装置应该更加敏感，即该继电保护装置应该设置成比接近馈线的继电保护装置开断响应更快。这是因为所有放射状线上的继电保护装置将会感应到相同的故障电流，但是我们只想要接近故障的上一级继电保护装置断开。因为这种保护方式在继电保护装置开断电路时只影响极少的用户。如果离故障较远，则更加接近馈线的上一级继电保护装置将会断开，它将比正常情况下切断更多的电路。这将意味着与正常情况下相比更多的用户断电。然而，这是一个相对简单的例子。上文我们讨论了所有不同类型的保护机制、距离保护、重合闸装置和限流熔断器，每一种保护机制都可以兼容，并可以通过复杂的方式与其他保护机制重叠在一起。另一个例子，距离保护可以设置成为其他保护机制提供备份保护。

供电公司具有多种类型的度量技术来测量停电或停机期间受影响的用户数量，本书将在12.5.1节更详细地讨论。因此，在故障情况下给电能提供足够的保护，同时尽量减少不必要或不当跳闸的保护机制对用户造成的影响。参与尝试设计自动配置保护系统使受影响的客户数量和约束的充分隔离故障停机时间降到最低的优化算法的研究工作一直没有停止。相关的主题是FDIR，本书将在第9章更详细地讨论。这一理论概念是尝试通过迅速隔离故障，同时尽可能影响尽可能少的客户，然后找到减轻故障和为尽快恢复电力的手段。配电自动化技术即"DA"，包括尝试FDIR过程自动化和保护机制之间的通信技术。

从通信的角度来看，保护协调机制是一个比较复杂的系统，其中很多的通信都是隐式的；故障电流本身就可以看成是通信信号，并且保护装置需要对这个信号做出局部响应来完成整个系统对故障所需的响应。保护装置之间的正常通信可以确保输电网络的正确和高效运作。然而，显式通信的失败概率无论多么小，总是可能会发生失败，这将无疑会增加整个系统的失效概率。在通常情况下，显式通信机制包括的顶部（就是并行的）都会采用现有的比较成熟的保护技术。这将提高继电保护系统的可靠性，并增加通信时效的先进性。

4.3 降压节能

降压节能（CVR）数据可以追溯到20世纪80年代，当时供电公司开始尝试降低馈线电压。由于功率是电流和电压作用产生的，降低电压将会减少功率消耗。许多设备不受电压减少的影响。这样不仅减少了有功功率，同时也减少了所需的无功功率。通常情况下，供电公司用于特定的分布式系统的模型和假设用户使用的配置文件都设置用户为较低的电压。问题是，过低的电压可能导致电压崩溃，造成电压不足或断电。有着大量不同负荷的工业用户当使用低电压工作并提供故障保护时，一直是比较特殊的具有挑战性的区域。更先进的可以测量接近实时的时间电压等级和响应负荷以及电压的动态变化的 CVR 已经被开发实现。这就是智能电网的本质：动态感知和使用通信来响应不断变化条件下电网的能力。

值得说明的是，CVR 是被广泛使用的旧术语，如今被如电压优化（VO）、电压无功优化（VVO）以及 IVVC 所取代。所有这些术语都表达了优化电压的概念，并结合其他紧密耦合的值，如无功功率。因为 CVR 长期以来被视为一种相对简单的降低功耗的方式，并可能在智能电网和智能电表中首次应用。CVR 目的是要时刻监控电压来保证其尽可能低于美国国家标准研究所（ANSI）C84.1 标准，并设定所需的电压额定值。电压随功率消耗而波动，所以降低电压并使其不低于标准电压并不是简单的电压控制。

CVR 对负荷的影响随负荷类型的不同而不同。如简单的电阻性负荷，功率与电压为线性关系，进而将导致有功功率直接减少。然而，电压大小和电感性负荷，如电动机功率之间则存在非线性关系。加载感性负荷的情况下，CVR 将减少无功功率，因此可按需要增加有功功率。保持较低电压的三相电动机也有其他好处，如提高电动机的寿命。这是因为当驱动三相电动机的电压比需要的电压更高时，三相电动机铁心将会饱和并产生涡流电流。进而导致热累积，而不是产生有功功率。增加的压力将会缩短三相电动机的寿命。另一方面，三相电动机电压过低将会增加阻尼力。阻尼力将随着变化的磁场驱动的转子速度的减少而减少。另一方面，先进的三相电动机变速驱动器可能增大电流，以应对减少的电压。然而，电动机将会因此更容易使功率下降。

在智能电网出现之前，我们已经可以看到很多现有的通信应用程序，让我们研究如何处理通信问题。具体来说，这种利用配电系统进行通信的很老的通信系统我们称为配电线载波技术。

4.4　配电线载波

配电线载波，顾名思义，是一种用于配电系统中的电力线载波的通信形式。本书将在 8.5 节更详细地讨论低压电力线载波。深入研究不难发现，智能电网中配电线载波的概念已经不是新提出的了。1898 年英国专利记述了通过电网电力线通信传输仪表数据。因此，"智能电网"通信已在过去一个多世纪中广泛使用。早期电网发展的基本概念是整个分布式系统中电力线可以起双重作用：一是电能的导电路径，二是通信时使用电磁波的导体。没有电磁波导体时，电磁波会向外从源头向各个方向同时传播。然而，如果传输到特定导体时，电磁波的大部分能量可以通过导体传输到接收地点，这个过程被称为电磁波引导。因此，电磁波沿导体结构传导，使大部分的能量从源头传导到另一端，而不是通过空间传播电磁波。根据麦克斯韦方程组可得电磁波由电场和磁场即相应的 E 和 H 方程组成。E 和 H 方程从直角空间映射到另一个坐标空间。通常使用基本波的概念来分析电磁波传导，如电磁波干扰和反射。

一些配电线载波中的经典问题包括实际中载波频率信号不能非常有效地通过变压器，并且谐波噪声会干扰信号。所以低频率的电力线载波将会更有效地通过变压器；然而，60Hz 相关的谐波噪声如今已经成为一个问题。从 20 世纪 80 年代已经开始使用将通信通道划分为多个频带区的技术，使信号在 60Hz 频率左右低噪声区域传输。这使得配电线载波传输更多的数据时不会受到噪声干扰。该技术已被主要应用于自动计时仪表的使用和保护机制。有趣的是，研究人员从 20 世纪 80 年代或更早明确提到他们在解决"DA"的问题；因此，我们可以看到"智能电网"通信应用并非新奇的想法。

4.5 小结

本章介绍了预智能电网时代的配电系统，并介绍了配电系统的单个器件。然后主要通过了解其拓扑结构和保护机制，探讨了配电系统的功能、系统大小及分布面积、拓扑。配电系统中所采用的保护机制对通信体系结构的重大影响，将在后面的章节中看到。然后介绍了一种着眼于解决系统的通信需求，用于管理配电系统的应用程序。最后，介绍了配电系统内利用电力线通信的配电线载波这一古老的技术。

第 5 章将介绍传统电能传输的下一步，即功率消耗。曾经有一句玩笑话说电力系统如果不是为了那些令人讨厌的负荷将会更容易管理。电网的用户侧是系统存在的第一原因。大载荷对响应的影响，其中各自不同情况体现了系统的动态功率损耗，并成为电网的主要挑战之一。电力系统用户侧管理 DSM 技术是解决这个问题的方法，并且是开发微电网技术的早期主要解决方案之一，本书将在第 5 章加以详细介绍。第 5 章将涉及用户愿意使用智能电网的理由和讨论对用户电动汽车上的影响。

4.6 习题

习题 4.1 配电网拓扑结构

1. 3 种一般类型的配电网络拓扑结构是什么？

2. 为什么电力保护是配电系统的关键？

习题 4.2 电力故障检测、隔离和恢复

1. 什么是 FDIR？

2. 取决于电力分布网络的拓扑结构的故障检测、隔离和恢复的响应原理是什么？

3. 自动化 FDIR 在电网通信中有什么作用？通信网络的最重要需求是什么？

4. 哪些因素使在分布式系统中的通信比一般通信系统中更具挑战性？

习题 4.3　电力保护协调

　　1. 什么是电力保护协调?

　　2. 电力保护协调中定时功能如何使用?

　　3. 如何在电力保护协调条件下进行电网通信?

习题 4.4　纵联保护

　　1. 什么是纵联保护协调?

　　2. 什么是许可和阻断保护方案?

　　3. 如何在纵联保护方案中使用通信技术? 在这种电力保护方案中通信技术的关键需求是什么?

习题 4.5　过电流保护

　　1. 什么是逆 T_{CC} 曲线,逆 T_{CC} 曲线如何用于电力保护中?

　　2. 逆 T_{CC} 曲线可否支持电力保护技术的通信延迟要求吗? 如果可以实现的话,技术是如何实现的?

习题 4.6　距离保护

　　1. 什么是距离保护,距离保护如何实现电力保护?

　　2. 3 种不同类型的距离保护是什么?

　　3. 什么是继电保护的“范围”?

　　4. 为什么直流电流继电保护比交变电流的继电保护更具挑战性?

习题 4.7　配电线载波

　　1. 什么是配电线载波?

　　2. 干扰分布配电线载波通信的噪声来源有哪些?

习题 4.8　数字式继电保护装置和重合闸装置

　　1. 什么是数字式继电保护装置以及它的工作原理?

　　2. 重合闸装置与数字式继电保护装置有什么不同之处?

　　3. 什么是脉冲式重合闸装置?

　　4. 为什么位于重合闸装置或继电保护装置（馈线的另一端）的 DG 电流倒灌会产生严重的潜在问题?

　　5. 通信技术是如何帮助解决上述问题的?

习题 4.9　特殊保护方案

　　1. 什么是特殊保护方案?

　　2. 一般情况下,为什么计划特殊保护需要大量使用通信?

习题 4.10　相量

　　1. 解释相量如何将周期波形与复平面上的向量相关联,这种关系可以用哪种恒等式来表示?

　　2. 什么形状的相波形信号形成的三相波形会完全取消另一个波形?

　　3. 如何分析交流电通过相变换到直流电的问题?

　　注意,dq0 变换以及使用的相似的概念,将在第 8 章介绍。

第 5 章

用 电

我们将使电能变得极其廉价，只有富人会用蜡烛。

——托马斯·爱迪生

5.1 引言

本书的第一部分处理非智能电网时代的电网问题，而本章将结束此部分。用电也是经典的电力系统产业链导向最终用户的最后一部分。我们从发电以及由大型集中式发电厂，到人口稠密地区的大电量、长距离电能传输和将电能变换得适合最终用户使用并分配给单个用户的配电等趋势开始讨论。即使可能不是很明显的，最终用户仍可以被认为是电力系统的一部分。事实上，智能电网的某些方面牵涉到寻找方法来管理终端用户负荷或通过像 DR 的定价方案管理终端用户他们自己。在智能电网出现之前，所有这些概念都已经存在并早已经过测试或投入使用。希望在通信方面的最新进展将使这种机制更可靠、无处不在，和效能价格合算。因此，重要的是要学习从过去的认知跳出智能电网的原本定义，因为用户很容易成为这样技术的参与者，而我们忘记了用户是电网最重要的方面。如果用户看不到智能电网的价值，它就不可能成为现实。

本章首先讨论电负荷及其与用户和电网的相互作用。这包括电力市场及其短暂的历史和方向，负荷、供电和电流频率之间的关系，以及电网的运行和管理。特别的是，我们的期待不仅在于峰值功率需求的问题，虽然也有各种方法使得峰值功率被量化和测量。如前所述，本章的重点是电网的最重要的方面：用户。因此，下一节的重点是电网可以为用户解决的问题。类似互联网的发展，最好的新思路和许多解决方案将不是来自学术界和研究人员，而是来自普通用户所面临的实际问题以及他们解决问题的创造性思想。互联网已经成为一个有用的工具，但这实现于在 20世纪 80 年代和 90 年代的普通水平的程序员作为互联网工程工作组的一部分获得了兴趣，比如开发标准和协议以解决实际问题。同样，只有当普通电力用户发现智能电网服务值得发展到解决实际问题，智能电网才可能被认为是成功的。虽然几乎不可能知道用户的创造力会朝哪个方向发展，但也有一些明显的实际问题以及本章讨论的调查线索有可能得到解决。一个预期的问题将涉及电网透明度的缺乏。如果用户有足够的可视性，这也将是理想的，以确定精确的可能发生的停电时间，准确地说，电力将随之恢复。这也将是理想的用户，以确定他们的权力是如何使用以及如何最好地去省钱。另一个预期改善的用户目标是如何拥有最好的购买力。这也可能包括是否用户可以选择和选择他们的电力生产商，也许包括其他选择方面，如他们的动力源是否可再生、电能质量、可靠性、运输效率，当然还有成本。然后这儿有一个是用户的问题，即用户也可以是一个电力生产者。用个混成词表示这个就是"生产消费者"。这导致了一个对微电网的讨论，特别是小微电网的用户，让他们出售多余的电力，便于他们生产的应用。最后，对用户或专业用户的灵活性问题的讨论。这涉及如何使得电网可以适应用户的喜好。这可能包括用户，甚至专业用户，可以在移动的环境中运行。一个例子是用户或专业用户可以接入电网的任何位置并期望它有适当的费用，或许可以在移动电源支付、消耗或产生电能。在本章结束部分的关键知识点和习题的总结，可使读者进一步思考本章中介绍的概念。虽然这本书的第一部分提供了所需的背景，专注于智能电网时代之前的电网，但本章通过检查对用户的影响，开始介绍智能电网的概念，这将与本书的第二部分联系起来。

5.2 负荷

电力消耗是电网中关于负荷的特性，特别是负荷的聚集特性。负荷的一个主要特性是它的阻抗。回想一下，阻抗包括电阻分量和无功分量。单个负荷可以有固定的阻抗，一个最简单的例子是老式白炽灯泡，这是一个高电阻负荷。灯泡无论是在打开或关闭状态，它的阻抗均是固定的。其他负荷可能会更复杂，如电动机，有一个更大的电抗感应元件，以及一个可变的速度，允许绘制更多或更少它的随时间变化的功率连续曲线。负荷也可以是容性的，例如电子计算设备。然而，容性负荷的影响往往是可以忽略不计，负荷绝大多数是感性的。从电力公司的角度来看，主要关注的是这些负荷的总统计特性：即，合并后的负荷看起来像什么，随着时间的推移它如何改变？直到能量存储在一个大的范围内并被最大化，生成必须精确到在任何时候匹配这个总负荷的分布图。

如上所述，纯粹的电阻性负荷最容易理解的。它们没有电感或电容电抗，这意味着它们的功率因数是 1。这种负荷有白炽灯泡以及几乎所有其他基于电阻加热的设备，如烤面包机、电热毯、取暖器、电热炉、电烤箱。在每一种情况下，功率转换为热，根据熟悉的 I^2R 功率损耗公式。使用欧姆定律，这相当于 V^2/R，在那里我们将 $V = IR$ 代入 I^2R，V^2/R 明确显示了设备的电阻的作用。随着电阻的减小，功率随着热的增加而减小。由于负荷并联到电网，电压保持在一个恒定的水平，除非在消费处所上另有不同。纯电阻性负荷对电能质量的变化是相对宽容的，他们一般可以在电压或频率的适度变化下有效地运行。显然，在电力消耗的 V^2/R 公式中将看到，电压过度增加，随之增大的电压的二次方将导致设备迅速过热，可能导致设备被破坏。美国民用电一般必须保持电压在标准 120V 的 ±5%。最后，电阻负荷甚至不需要交流电流，它们往往会以同等数额的电力供应的直流形式运作。

调光电路可以通过光照减少功率，它们利用快速打开和关闭电压，类似于脉冲宽度调制的概念而不是通过改变电阻。因此，时间越长，设备的功率接收和消散的光或热就越多。脉冲太快了，人类的眼睛看不见它们。调光器不需要非常准确的波形输出质量，因为它只对接收到的功率量敏感。

考虑白炽灯和荧光灯的区别是很有意义的。荧光灯作为负荷，与白炽灯泡有很大的不同。荧光灯不是纯粹的电阻，因为它有一个镇流器作为感性负荷。一般来说，电阻有正数值。如果我们认为电阻为 $R = V/I$，那么电压的增加，通过电阻的结果是增加通过电阻的电流。然而，对于一些材料，如在许多类型的荧光灯的电阻上，减少电压实际上可以绘制更多的电流曲线。因此，不是电阻或负荷电压在下降，而是有一个跨负荷电压上升。越来越多的电流将由设备产生，直到损坏发生。因此，一个限流装置（称为电子镇流器）必须用来保持负阻不造成损害。镇流器的目标是使设备作为一个有正常阻抗的典型负荷。一个简单的镇流器可以是纯粹的电阻，但大多数用荧光灯提供一个感性阻抗。这样的设备不能利用先前描述的调光器，因为电感镇流器依赖于一个合理的正弦波形。它比纯电阻白炽灯泡对电能质量更敏感。

人们可以简单地试图通过插入一个变阻器或可变电阻，再与被控制的设备串联来改变电压，而不是使用一个调光器改变占空比或相对电压的时间。在变阻器上会有相应的电压降，从而改变提供给光的电压或被控制的装置。这种方法的问题是，变阻器最后成为一个负荷。为了提供电压降，它消耗的功率根据 I^2R 算。这不仅造成电能浪费和效率低下，它消耗的热量也是足够危险的。

让我们从纯粹的电阻过渡到电感。电动机主要由定子和转子中的导体绕组组成。因此，电动机有一个巨大的电感量存在。在美国，超过 60% 的电力消耗在电动机上。这包括风机和水泵电动机，电动工具以及电动割草机。电动机功率大小是历史数据给出的，相当于 0.746kW。记得 2.2.4 节的发电机中，电动机基本上是相同的装置以相反的方式运行的发电机。换言之，不是提供机械功率使转子产生电动势来产生电流，而是将电流施加到同一设备上使转子转动。与发电机类似，电动机有 3 种类型：同步电动机、感应电动机和直流电动机。正如第 2 章所讨论的，感应电动机是最简单的；在美国，超过三分之二的电动机是感应电动机，它们造成的电动机功率消耗在 90%。

为了使感应电动机转子转动，磁场必须在转子上产生转矩。转矩是施加的力乘以从旋转轴到这儿的距离；从更远的轴施加的力需要较小的力。就像感应发电机一样，感应电动机会感应转子内部的磁场，从而推动定子的磁场。然而，正如在感应发电机的操作中所描述的，对于这种感应发生的定子磁场必须旋转，但速度更快，而不是以同样的速度转动。定子和转子之间的速度差称为转差。

一个有趣的现象是，电动机首先会自己起动。由于最初没有交流电流，没有磁场阻碍电流，所以进入电动机绕组的初始电流阻抗很小。它几乎就像在很短的时间内发生一个短路，即前几个交流周期。这就是所谓的浪涌电流，它不仅限于电动机，任何具有高电感线圈的设备，最初起动都将遇到浪涌电流，特别是变压器和电容器组。浪涌电流使电气保护机制难以实现，因为它很难从一个真正的电气故障，也就是说短路来区分出浪涌电流。保护设备通常是基于时间的，这意味着它们的设计是基于时间－电流曲线，使得过电流不被认为是一个错误，除非它超过给定的持续时间。通常情况下，保护设计，使大电流触发的保护装置（如熔断器或断路器）的操作越快，而较低的过电流量需要更长的时间，使保护装置做出反应。保护的话题在 4.2.7 节进行了更详细的讨论。我们知道，一个大的浪涌电流可能不会使熔断器或断路器断开，但它可能会导致灯昏暗和其他设备运转缓慢，虽然持续时间短，但大的浪涌电流也会导致电压暂时下降。

当浪涌电流进入电动机，并建立所需的内部电磁场时，电动机仍然会消耗大量功率，直到它可以"加速"，这被称为起动电流。大型电动机包含电子设备，以帮助软化对电力系统的影响，因为这些电动机首先起动，并实现其运行速度。同样，电动机是电网中重要的感性负载，其功率因数范围从 0.6 ~ 0.9。

比如，同步电动机像同步发电机一样，有一个转子，有它自己的磁场电源。因此，感应电动机不需要创建转子的磁场。定子磁场直接"推动"转子，使定子和转子以同样的速度相互跟随。因此，等效同步电动机往往是感应电流比感应电动机小，虽然它仍然高度感性。

磁阻电动机是电动机的另一种类型。它们有一个类似于同步电动机和感应电动机的定子，但是转子没有绕组。它仅由铁磁材料组成。这个概念是，转子的铁磁材料将对准自己，以尽量减少通过定子磁极的磁阻。磁阻电动机和直流电动机有多少对电网的影响，因为有这些设备相对较少。

另一个区别是在单相电动机和三相电动机之间。三相电动机运行更平稳，由于三相电流产生了自然均匀和平衡的波。大多数住宅只使用单相电流，即使它是可以通过简单地分裂电压的 3 种方式，并调整它们的相位转换三相电流为单相电流。

由于电动机消耗了产生的大部分功率，因此它们的运行效率就变得至关重要。电动机的效率范围从 65% ~ 95%。提高电动机效率，可以通过有效的监测和检测电动机的健康状况及电动机控制。可调速驱动器通过将交流电转换为直流电，调节功率，并将其转换为交流电。在这个转换过程中有功率损耗，但是，通过变速控制的电动机效率的收益一般大于由于电能转换造成的损失。运行电动机的成本可以超过电动机的原始成本的 10 倍以上，因此，增加电动机的成本，以减少能源消耗可以得到多次净增益。事实上，昂贵的电动机（在工业厂房）的业主将购买额外的电力系统硬件，以提高电力公司的电能质量，并提高电动机的寿命。

最后，我们将注意力转移到电子消费、半导体、计算机和通信设备上，这些都依赖电网。这些设备的直流功率消耗非常低，因此，它们似乎与电网几乎没有什么关系。然而，几乎所有这些设备都是通过插入电网的电源进行操作或充电的。这些设备主要集中在移动通信公司，这听起来与实际工作的重型工业相比微不足道。

很明显，在计算电子设备中，通过它们的阻性部分消耗的功率较小，就像较小的感抗和容抗一样，相对于工业机械来说是较小的。然而，还有另一个细微但有趣的现象，可能会消耗能量。这种现象之所以很有趣，是因为它把能量与信息联系起来，这是智能电网的一个重要目标。这种现象被称为兰道尔原则。从概念上讲，这个想法是相当简单的，根据热力学第二定律的规定，在封闭系统内的熵永远不会减少。这个概念是，电子器件计算时，如果计算的逻辑状态的数量减少，即为不可逆转的，则没有任何补偿效果，这将导致违反热力学第二定律。因此，自然补偿计算熵损失的方法是以物理熵的相应增加，以热的形式。简单地说，对于温度 T，给定的熵 S 发射的能量是 $E = ST$，如果一个比特的逻辑信息是不可逆的损失，然后产生的熵的量是 $k\ln 2$。一个比特的能量耗散到环境中，即 $E = kT\ln 2$，是一个非常小的量。

半导体电子学的目标是使更多的晶体管集成进入一个较小的空间，同时使用较少的电流，以免由于密集的电路造成设备过热。即使电子设备被关闭，它们也可能继续消耗少量的电力。例如，遥控设备需要有足够的系统组件运行，以检测何时远程打开设备。这就是所谓的备用电源。此外，电源转换器和充电器插入插座继续使电流通过线圈。虽然在很短的时间内，对于一个设备来说，耗散的能量很小，但是许多这样的设备消耗的能量在一年中加起来不是小数。这些设备发出的热量通常伴随着冷却周围环境所需的能量。这可能是明确的，例如一个房间的大型计算机，需要自己的冷却系统。然而，这也可能会在不知不觉中发生，人们打开空调，以应对电子设备发热在家里造成的影响。前提是，减少设备中的加热不仅减少了设备本身浪费的能源，但它也减少了额外的冷却所需的能量。

从实用的角度来看，电子设备的组合看起来像一个电阻和感性负荷。主要的区别，从其他感性负荷，如电动机，是显著灵敏度的电子设备的电能质量。灵敏度的一个简单例子是稳定的交流频率和时钟之间的关系。人们可以考虑一下数字时钟的例子。我们已经敏锐地意识到闪烁的数字时钟和音响，需要每一个瞬间断电复位后停电。直到1926年，由同步电动机驱动的电子钟才被开发出来。当然，这意味着，时钟电动机的定子需要一个精确的60Hz的波形，否则时钟的时间将随着交流频率加快或减慢。因此，时钟成为依赖于电网操作员的设备，以确保频率保持不变。事实上，电网操作员调节电网频率，从而使同步电动机时钟将停留在正确时间的几秒内。在北美洲，当北美互联系统中，变化的时钟误差超过给定的量，一个 ±0.02Hz频率校正可以被应用。这发生在时钟误差超过10s的东部，德克萨斯的3s，或美国时间的2s。时间误差校正在开始或结束的一小时或半小时。在欧洲大陆，交流相位和标准的50Hz频率之间的偏差在瑞士控制中心计算，在每天上午8

点进行。要求频率在偏离标准 50Hz ±0.01Hz 的范围内，保持每一天 24×3600×50 个周期的平均频率调节。

从电网的角度来看，单个负荷是整个负荷的极小部分。电网中的一个总负荷由许多单独的负荷组成。然而，每个单独的负荷贡献一小部分取决于它的个别用法，也就是说，当它被打开和随着时间的推移其负荷的大小。请记住，所需的电力需要平衡所需的功率，因此，电网操作员关注在任何时刻的瞬时功率（即电力和电力需求）。另一方面，典型的用户通常主要关注他们的电费账单，也就是说，他们消耗的能量是多少功率乘以多少时间。

直到最近，人们一直认为，这是工作的效用，以满足用户的负荷要求，无论成本或效率。换言之，电力系统工程师将把负荷作为一个外部参数，超出了他们的控制，在任何时候都不惜一切代价必须满足用户的需求。然而，有一个稳定的和不断增长的趋势，以平衡这一政策，更普遍的机制已被逐步开发，试图让用电户行使一些控制自己负荷的权利。这些简单的建议和要求、定价方案，鼓励负荷使用的预期变化，直接控制工业和家用电器的用电的定价机制，以控制负荷从面向服务的电网移动到一个以市场为导向的电网。这属于智能电网的需求响应（DR）计划，将在 7.2 节中讨论。以市场为导向的电网对预测负荷定价的目的提供了巨大的激励。负荷预测使用许多类型的历史数据，从用户配置文件到用来预测负荷的天气信息。

现在我们将更详细地讨论电力和需求中所涉及的时序问题。"一致需求"一词是用来在给定的时间内对用户或用户群所需的能量进行分类。它是由感兴趣的用户群组在同一时间内感兴趣的设备的数量决定的。如果我们把每个设备的运行时间视为实数线上的线段，则这些线段的数量与感兴趣的时间段重叠。"一致峰需求"的术语是同一组用户在高峰系统需求时的需求。用户的重合高峰需求通常是从电表读数的时候，用户的需求可能是最高的。不同位置的需求是需求的特定用户或用户群假设所有负荷运行。通常情况下，一个用户或一组用户不会将所有的设备在同一时间打开，因此，他们的操作通常不会与彼此"重合"。

因此，确定总的能源需求通常被看作是确定的问题，从统计的角度来看，对于每一个时间点，多少重合负荷将存在。正如许多网络通信工程师几乎立即看到的，重合负荷类似于通信网络的媒体访问层的传输请求。一致需求是类似的预期数量的传输，将重叠在一定数量的时隙。如果我们考虑一个炎热、潮湿的日子，许多居民已经运行空调。然而，空调有恒温器，限制其较低的温度，它们不需要连续运行，只要足够维持一个给定的温度。假设每个住宅的空调设置大致相同的温度，空调机的压缩机实际运行时有差异。只有一个子集的所有压缩机实际上是同时运行，这种差异有助于最大限度地减少峰值负荷。

另一种看待这个问题的方法是从效用和供给的角度出发。如果电力公司必须提供所有用户不一致的负荷，换句话说，如果所有可能的负荷同时运行的话，通常情况下，任何电力公司都不可能满足需求。正是负荷使用的多样性使电力公司能够满足需求；一般说来，越多样化越好，因为负荷随后会随着时间的推移而尽可能均匀地分布。事实上，有一种叫作"多样性因子"的度量方法，它测量一组用户的总非一致性负荷与同一组用户的一致性负荷的比率。因此，多样性因子是一个数字，通常大于1，该参数提供了一个指示，说明负荷是如何随着时间的推移而分布的。

由于所有的负荷很少同时运行，似乎非一致性负荷对电网的影响很小，但这是有可能发生的。举一个简单的例子，考虑中度停电后会发生什么。当电源恢复时，几乎所有的设备，包括空调和冰箱压缩机，都会在恢复电源后立即启动，以补偿停电期间发生的温度升高。一个更大的问题是浪涌电流，如前所述，这种电流是由于感性负荷的初始低阻抗而产生大于正常运行时的电流。若停电后打开电源，浪涌电流可能会导致电流尖峰而能够破坏电力系统设备，如变压器。电力公司更喜欢在用户关闭设备时恢复电源，以避免这个问题。

电力公司看负荷统计有几种不同的方法。最简单的一个是负荷曲线。负荷曲线仅仅是用户或用户群所使用的瞬时功率与时间的关系。与此类似的图表通常包含在电费单中，有时与上一年度的负荷曲线进行比较，以便用户看到不同年度使用的差异。从电力公司的角度来看，负荷曲线的主要属性之一是其最大值或峰值的特性。一个尖锐的峰值可能表明需要额外的发电机，以满足高峰期的需求。这些发电机的起动和关闭成本很高，特别是只是为了满足高峰负荷的需求，运行时间较短的时候。

另一种查看用电统计的方法叫作持续时间曲线。这类似于一个负荷配置图，只不过这些值是按瞬时功率的值排序的，而不是按时间排序的。排序按降序进行，因此曲线将从较高的值开始，并且是单调递减的。这条曲线对于确定负荷超过给定负荷的概率是很有用的。

平均功率需求和峰值功率需求之间的比值称为负荷因数，这不能与功率因数混淆。从实用的角度来看，高负荷因数与高负荷曲线是理想的情况。这是因为电力公司是由用户根据用电率付费的，在低用电高峰的情况下，用户没有必要支付起动新的发电机以满足高峰需求的费用。

随着电力系统中互联互通更加紧密，在节约成本方面增加了许多优势。举一个电力系统网络作用的例子。例如，一个高度互联的电力系统允许发电系统被更有效率地共享，甚至能共享发电机本身。此外，互联还允许电力公司以更加多样的方式共享负荷。

一个典型的住宅用电没有由发电机提供的完整的三相电源，只有单相电源；也就是三相中的一相。事实上，典型的住宅用户看到的是一条相线连接到较小的插槽电源插头。这种极化插头具有不同的插槽尺寸，以确保相线和中性线以正确的方式连接。当然，电流正在改变方向，所以这种连接方式对设备来说没那么重要。但是，设备往往是为了提高安全性而设计的。相线被放置在较难接触到的位置，以便它不会无意间接触到。例如，它位于灯具的背面，会比位于可能会触及到的金属螺纹更安全。中性线是白色的，使电路闭环导通。除非有电气故障，否则接地线不应是电路的一部分。在发生电气故障时，地面消散多余的电流。许多住宅也有一个额外的、更高的电压线进入家庭。这是一条 240V 或 208V 的线路，用于需要更高电压的大型电器。重要的是，要注意到，虽然这涉及 3 根电线进入家庭，即中性线、一条 120V 线和一条 240V 线，但这不是三相电流。这些电流来自一个单相变压器，不同的电压来自二次变压器绕组不同的抽头。

在 5.2.1 节中，我们将从负荷及其对电网的影响转到为负荷运行提供能量而付款的方式。智能电网的一部分包括电网的运行和买电价格之间的紧密耦合。更具体地说，需求侧管理（DSM）的一部分包括利用电力价格作为影响需求的信号。要理解这一点，我们需要回顾电力市场，因为在智能电网产生之前，它已经存在并发展。

5.2.1 电力市场

让我们从电力市场的简化视图开始。有 3 个主要实体：①独立系统运营商（ISO），负责运行系统，但在业务组件中没有任何财务上的利益；②负荷服务实体（LSE），基本上是电力公司或零售电力供应商；以及③发电公司（GenCo），负责产生动力。目前的传统市场和实时市场都是存在的。我们可以假定 ISO 具有运行高效可靠的市场目标。ISO 提前操作市场使用区位边际定价（LMP），结果导致考虑可能拥堵的情况下，在电网内的任何位置每单位电能边际价格，并考虑可能的拥堵。无论是 LSE 和发电公司都有着盈利的主要目标。LSE 想要购买尽可能便宜的电能以及将电能以更高的价格向终端用户出售。因此，LSE 需要有一些对第二天的电力需求的认知。LSE 不仅以单一的价格，还以在 24 小时中随情况变化的价格为第二天的电能出价。发电公司想要以尽可能低的成本生产电能，并卖给 LSE 以获得利润。每个发电公司将针对第二天的每个小时中的售电价格接受提议。这个提议是由在操作容量区间内的边际成本决定的。然后，ISO 要基于直流最优潮流问题公开报道每小时的供应和需求及第二天的区位边际定价（LMP）作为出价/报价。考虑到电网拥塞的主因是 LMP，所以目标是在市场中采取拥塞考虑。在购买和出售的金额与实际使用的金额之间产生的任何差异问题，都会在使用电能的实时市场中得到解决。因此，在未来，某天的市场总是在第二天交易，实时市场正在清除目前购买的电力和实际使用的电力之间的任何差异。

在过去，每个电网实体都有自己的系统运营商来调节其操作区域内的发电，需要记住的是一个特定区域可以跨越多个状态。然而，该系统已经改变，ISO 在该区域的所有公用实体中控制给定区域内的发电量。系统运营商有维持他们地区发电量和需求量平衡的工作要求。运营商控制的区域内实际的和预定的电源进出口之间的实时误差称为区域控制误差（ACE）。正值表示更多的输入功率、发电量或更少的负荷，或者输出功率超过预期；在这种情况下，发电量可以降低。负值表示区域内的生成量必须增加，因为超过预期的功率将离开系统。通常，增加发电量的命令需要人工干预；然而，使用自动发电控制可以实现发电机直接从 ISO 接收信号来调整发电量。当负载变得太高时，另一个实时控制操作是管理甩掉负荷，决定何时和谁与电网断开，直到系统能够再次劳动负荷。这可能涉及断开接受可中断负荷的用户的用电，也可能意味着被迫中断。这些中断可以通过轮流的方式依次断开不同用户区域来完成。这种形式的甩负荷在配电系统内发生。最后，实时控制已被要求重新配置系统维护和故障后恢复系统，特别是在一个大停电或完全停电后。在这些情况下，必须进行非常小心的控制，以便重新配置或重新连接系统，以免引起不稳定现象，如前面一节所讨论的那样。

时间尺度的下一级水平是开始更密切地影响经济问题的调度水平。直到现在我们一直在讨论的是纯技术方面。在过去，经济和技术方面均由同一经营组织处理。为了防止欺诈、滥用或仅仅是无意识的偏差，电力系统的运作已被调整，以便经济和技术方面分别由不同利益需求的组织单独处理。当技术和经济目标掌握在同一个经营者手中时，他们可能会操纵该系统，从而获得经济优势。举一个简单的例子，他们可以在纯粹的利益驱动下，通过技术安排特定的发电机运作。也许他们可以改变优惠方式或造成输电路线拥堵。因此，在 ISO，"独立"一词意味着在操作电力系统时，某些潜在的出于获得经济利益这个动机的滥用行为。

改变分布式发电（DG）被认为是负向显式纳入经济调度的概念正在发生。风能与其他形式的 DG 面对的挑战，导致未来的发电容量是未知的。换句话说，如果一个企业拥有风力涡轮机或风力发电场，运营成本就很低；然而，阵风的持续时间和强度当然是无法控制的，而且几乎不可能以任何重要的精确度来预测。在传统的发电机，如蒸汽发电机中，运营商对发电容量和相应的燃料量有精确的控制。的确，很难预测燃料的价格；然而，考虑到风的较大波动，预测风是一项更加困难的任务。因此，我们有不可预知的可再生能源和不可预知的负荷行为，寻找让这些不可预知的系统相互抵消的方法是一种解决方案。

这一目标和所有的经济调度算法一样，都是为了解决一个优化问题，以确定如何运行发电机，以最大限度地减少产生足够的电力以平衡预期负荷的成本。因为在任何给定的时间，可用的瞬时风力发电都是难以预测的，故做了简化的假设。例如，以前的研究已经表明，在一个给定的位置，风速廓线往往遵循威布尔（Weibull）分布。假定这是真的，则可以极大地简化设置的优化问题。其基本思想是，无论是高估还是低估可用的风能，都必须包括在优化模型中的因素。如果风力发电是高估的，那么这意味着，在现实中，不会有足够的电力来满足需求。这就需要具有从另一个发电源的购买力来弥补不足，是个不良后果。另一方面，如果风力发电被低估了，而且比计划中的发电量还要多，电力将不得不输出，导致其他发电机改变它们的计划，或者可能是由于破坏线路电阻而被迫浪费电能。

经济决策是由一个调度协调员来完成的。满足负荷要求的调度发电机被称为**机组组合**。调度算法是众所周知的**经济调度算法**。经济调度的目标是在以前讨论过的负荷－持续时间曲线下填充区域，同时也满足所有必要的约束。发电成本考虑每台发电机的输出在燃料和运营上的边际成本。该算法还必须考虑功率流分析和使用每台发电机时可能出现的线损。这是表示其作为惩罚因子，用来调节各发电机的成本。有三大类发电：**基荷发电、负荷跟踪发电和调峰机组发电**。基荷单元是操作时最便宜的，最好在一个连续的基荷上使用；其例子是火力发电或核能发电。负荷跟踪单元应对需求的变化；例如水电厂和火电厂。调峰机组的操作是昂贵的，最好储备起来以满足高峰时候的需求上升；其中一个例子是燃气轮机。分布式发电，如太阳能和风能，往往不被明确地列入经济调度算法。相反，这种小型和分布式发电机组被认为是"负负荷"，因为它们的相对随机性发电已聚集在需求，伴随着或多或少地取消需求。

　　注意，在过去，经济调度算法是以集中的方式实现的；单个组织将相应地预测负荷和调度发生器。在调整后的变化中，更具竞争性的自由市场的方法已被应用。这里有用户和发电商之间的双边合同，存在一个"电力联营"，作为一个买卖权力的交换所。一个实体作为调度协调员跟踪购买和出售的权力；这个操作过程可以类似于拍卖，在未来一小时或一天的基础上授予最低出价者。必须被考虑的项目为**旋压备用**。这些发电机，实际上是建立和运行在同步电网，但没有连接或发电。它们可以在线，以快速地满足需求中任何意想不到的变化。另一个问题是控制和无功功率运行。以与有功功率类似的方式处理无功功率；此外，进行需求预测，发电机投标生产满足需求。

　　尽管现代经济调度理论上是一个好的、整洁的、有序的、用自由市场的方法来处理电网运行的问题，但有的问题还可能会发生；如果事情不按计划进行的话，必须提前计划一个真正的实时性事件。当极端情况发生时，对电网的操作将恢复到简单地保持电网运行。

　　接下来，也是最高水平的，是时间尺度的规划。系统操作正如这一点所描述的那样，有使用操作时存在的设备和功能的约束。规划阶段是关于系统的重新设计和升级，这通常是在年的时间尺度上进行的。规划过程一般假定需求是由人口规模和可预见的负荷类型驱动的独立变量。然而，供电公司本身也可以通过广告来影响市场，并积极尝试收纳新用户。然而，撇开这一点不谈，过去的趋势是继续利用先前讨论过的规模经济。日益增长的对电力消费的渴望和习惯于拥有电力的用户群是常态。因此，预见未来的增长，建立比现在更强大的电网能力是有意义的。这意味着，计划周期往往很长。相比于立即构建必要的组件，在操作的多年前或几十年前考虑重大的升级，建造起来要便宜得多。从技术的角度来看，这是一个与通信有趣的对照，例如，当某手机成为过时的东西后，有时看起来像在每月的基础上用户会购买或听电信运营商宣传他们的下一个最好的技术。关键是电力系统的技术进步必须等待相当长的一段时间才能付诸实践，这几乎肯定会影响电力系统技术的进步速度。在同一时期，许多的通信技术有机会被部署，并从大量的实践过程中吸取了大量的经验教训。

5.2.2 重组的含义

在过去，电力生产是一个垂直、集成的业务：一个单一的组织即电力公司管理整个电力系统，从产生到传输电能，最终交付使用和在用户端现场抄表。反过来，电力公司受到严格的地方管制和国家严格的监管。20世纪90年代，通过放松管制或自由化，世界各地的垂直一体化业务发生了转变。这个过程涉及本业务许多不同的和相互竞争的成分分离。这在全世界发生的方式不同，毕竟能源市场运作的方式没有标准模式。主要有两种类型的市场：集中市场或电力联营，分散市场或双边合同模式。

在一个电力网中，所有电力供应商根据一条供应曲线提供一系列价格-用电量的对应点。系统运营商可以利用需求预测与供给曲线分配产生的电能。这就是所谓的单边电网。在一个更复杂的双边电网中，可以求解出一个价格-用电量曲线，它可以与原有的价格-用电量曲线相匹配来分配生成的电能。市场可以提前一天操控管理直到实时操作，即提前5min。一些实时市场允许不按固定的小时和固定天数运行的市场并行运作，以允许运营商预测未来的供应和需求。协商是一个多步骤的过程。最初，假设电网是一个"铜板"，价格就确定了，也就是说，在向任何地点输送电力时没有限制。在下一阶段，则是考虑电力输送的可行性。在这个阶段，传输过程中的任何约束条件都可能需要通过使用不同的、可能更高成本的发电机来缓解。这是增加成本，即众所周知的"隆起"收费。

在一个联营市场，更常见的包括传输约束和发电成本。在这种情况下，它允许区位边际定价（LMP）存在。LMP允许边际成本（即下一个能量单元中的费用）在电力网络中的任意位置都要确定兼顾考虑发电和电能传输的限制。这使得价格差异明显，包括拥挤的成本，比一般的提升费用方法用起来更准确。某位置的LMP计算称为一个"节点"，有时被称为一个节点费用。

电网模式的替代方式是能源购买者（通常是配电运营商）和卖方（通常是发电厂商）之间的直接双边合同。然而，如果预计到了生产的电能会短缺，发电厂商可以成为买方；同样，如果预期产能过剩，配电厂商也可以成为卖方。经纪人可以在这个过程中调解并且各方可以进行场外交易。当然，预测从来都不是完美的，而且总的购电量和实际用电量之间总是会有一些差异。这些差异必须由系统运营商解决。这可以在一个单独的市场上进行，即所谓的平衡市场，在这个市场上建立了一个市场价格来衡量这些差异。

能源市场的细节超出了本书的范围。然而，由于运营电网的业务影响了其设计的方式，因此必须对业务和市场方面有一个基本的了解，以及它们如何与系统的技术组件进行接合。

乍一看，似乎电力可以被视为类似于石油或小麦的商品。会有一个给定的供给和相应需求；当达到正确的价格时，就会建立均衡体系。实际上，价格是一个中介因素，以平衡供应和需求。然而事实是，电力市场和商品市场有一个显著的区别，不像其他商品，电还不能提前生产出来并进行库存；电力供应往往是重复的，并把必须瞬时平衡于需求作为操作标准的一部分。对于大宗商品，供给和需求的变化明显；这不是字面上理解的电力市场中的事情——可以回想一下发电过多对电力系统的影响。

另一个挑战是与电力的价格弹性有关。假定一个事实存在，即电力行业一直被看作是一个很必要的服务。用户习惯于支付任何固定价格的电力公司收费。而把电作为一种可以以更低的价格、更低的使用水平买到或干脆不用的东西，是用户思维方式的一个重大转变。因为在过去，电力公司与一定规模的经济实体合作，很大的系统被建设成有一定容量，以支持未来的发展。大量的廉价电力是正常的，价格上涨幅度相对较少，电价提升的情况会比较少，提升幅度也比较小。

在供应方面，对自由市场制度的另一个挑战是新的供应商进入市场的能力。建设一个集中的发电厂和输电、配电系统是一个庞大的事业，需要大量的资金。它不是一个市场以使得供应商可以在需求过剩时很容易地进入到其中，以及在需求较低时离开。在理论上，这将对任何供应商进入市场以满足需求都是理想的，然而需求很小。使这一理想的假设成为现实的方法是，智能电网将有助于从技术的角度让这个想法更实用。个体的电力用户成为电力生产商并向电网注入电力的能力将是市场运作方式的一个理想的、但也是根本性的改变。这个想法可以被延伸到纳米级电网和纳米发电机，在第 15 章中将有讨论。

典型的商品市场和电力市场的另一个区别是在电能传输上。输电的成本是微不足道的。在输配电线路上的拥塞成为更频繁的问题。因此，它不只是在单纯的供应和需求的情况下，因为在一个地区潜在的发电能力过剩，可能根本无法切实有效地向另一个需求高的地区输送足够的电能。换句话说，相比于其他商品，电能的传输成为了一个更加重要和复杂的问题。然而，还有另一个商品，在本质上与它是相似的，那就是通信和网络。通信和网络行业的主要目标是通过潜在的拥塞链路有效地给数据提供通路和传输数据。

设计一个自由电力市场的其中一个问题是供应商是否有可能与系统"博弈"。因为电力价格缺乏弹性，电力系统着手开始对一些地区的供应和运输能力进行限制，对市场在供应方面灵敏度的人为降低（即找理由拒绝权力）可以使供应商收获巨大回报。不难看出，需要确定和预测电力流的复杂性并考虑如何巧妙地与盈利意图结合起来，以创造供给和需求方面所需的巨大利润。

另一个问题是关于自由市场运作方法的，涉及透明度。公众对系统的成本和操作方面的了解将使用户能够掌握正确的选择所需的信息的方法。然而，以存在着相互竞争的理由来保持信息隐藏，也就是说强调安全性、隐私性和非直观性，以允许供应商之间拥有竞争优势。出于国家安全的考虑，显示所有发电机和输电线路的位置和容量，将使敌军能够准确地知道在何处进行打击，从而以最小的代价进行最大的破坏。从隐私的角度来看，特别是随着先进的计量和需求响应（DR）机制的普及，用户可能不希望透露他们个人用电信息的细节。最后一点，供应商不希望他们的竞争对手知道他们的电力生产能力的任何隐藏的独特限制。当供应商详细了解竞争对手的脆弱性或满足用电需求时的独特挑战时，在某些情况下可能会成为"不公平"的优势。

另一个问题，与上文有点关系，是典型发电方法受到的独特的环境影响。像许多这样的经济和市场的问题，这是一个敏感和高度热门的课题。基本概要是，例如使用"清洁"能源生产所征收的碳税或税收优惠的政策，已经成为混合能源的一部分，以尝试将改变环境的成本纳入发电成本。人类是否真的有可能对环境产生重大影响，甚至用精确的方法来衡量一个有意义的成本，似乎更多的是一种政治上的，而不是一种科学或工程学上的辩论。

最后一点，在提供高质量电力给每个用户时都有着一个"公平问题"。显然，从纯技术的角度来看，向大城市地区提供电力更具成本效益；这些地区在人口密集的地方，并有大量相对富裕的用户。可以最小化漫长而昂贵的输电和配电线路。然而，这意味着那些住在人烟稀少和相对贫穷的地区的农村用户，有着向距离遥远并有潜在的困难地形和可能有恶劣天气条件的地区提供电力的需求。在一个纯粹的自由市场，他们将不得不支付更多的钱来包含电力到达他们所在地区需要的费用，以吸引供应商。然而，在过去，这样的用户以同样的价格接受其他人的服务；费用大致相等，城市中心基本上有助于补贴边远农村地区。这是可能的，偏远的农村地区，可以更有效地产生自己的电能，特别是随着分布式发电（DG）的提出。然而，这表明了一个在研究自由电力市场的经济和形势时需要考虑到的其中一个难题。以上的最后一点突出的是"在系统中"或在"离网"状态下的表达方式。前者表示一个统一的、先进的社会的共享、互联，而后者表示自给自足，个人主义，也许是一种与自然更加协调的意识，或者它可能仅仅意味着经营你自己的微电网。

5.2.3 频率

如果市场失灵，频率是其中一个体现供需不平衡的重要指标。当电力需求超过发电机提供能量的能力时，能量要来自于转子旋转时产生的动能，从而使其减速。频率变化时最危险的主要是同步电动机和同步发电机，它们的绕组将流过不规则的电流，并承受着电流过载的危险。这样的对频率敏感的装置一般都有它们自己的频率监视器，拥有在频率偏离其标称值太远时与电网断开的能力。

某些输电和配电系统将利用频率作为一种手段，如果频率超过其标称值的给定范围，要使继电器从电网中解除一条线路。也就是说，频率比较大的变化表明某发电机潜在的不能满足给定需求的问题；在这种情况下，相对于保持连接状态结果让负荷导致系统失灵，释放线路上所有的负荷来减少发电机要考虑的需求，是更好的。

可接受的频率需求范围随着位置而变化。在发电量通常难以满足需求的地区，可接受的频率范围可能大于有大量发电能力的地区。正如前面提到的，一些电子钟依靠电网频率保持恒定的时间。在这种情况下，频率循环的增益或损耗变得很重要；供电公司会有意地添加或减去周期性时钟所必需的周期数，通常是在晚上或周末。显然，精确的定时应用方法，如 GPS 或通信，将不依赖于电网，而实现自己的内部时钟的精度要求。因此，以保持精确时间为目的的保持电网频率恒定实际上是一种便利。

下一个问题，也许是最有趣的，电能在质量方面要保持纯粹的正弦波形。归根结底，是绕组的形状和转子旋转的运动轨迹，产生电动势使电流流动。正如在通信系统中，噪声也可以进入系统。典型的问题是，电压畸变来自于发电机和负荷的电流畸变。波形畸变的一种典型形式是谐波，它们的频率是基波频率的整数倍。谐波失真导致一个很好的平滑正弦波形出现"潦草"与额外的上下波动，而不再是一个平滑的曲线。由于差的波形由基波频率波形和谐波组成，这些频率可以通过简单的傅里叶变换来分解。高次谐波对主导的基频波形的影响多少决定了谐波失真的大小。总谐波失真（THD）量化了谐波中的电功率相对于占主要地位的基频波形电功率的多少。

纯粹的电阻性负荷不受谐波失真的影响；然而，在电动机、变压器和其他电子设备中，谐波失真会引起"嗡嗡"声，并引起功率损耗的增加和过热。高阻抗负荷的影响特别大。例如一个变压器，有一个大电感并抵抗电流频繁的变化。高谐波频率电流不容易通过，能量损失并转化为热能。因此，这种变压器工作效率更低，以及将有较短的使用寿命。

现在我们来考虑一个三角形联结的变压器。记住 A–B、B–C 和 C–A，每相相差120°，相间电压的相位差产生电流流动。一个 60Hz 系统的三次谐波是180Hz 的正弦信号。A 相上的三次谐波是与 B 相和 C 相区分的，这对于三次谐波的每一个倍数都是成立的。这意味着三次谐波没有相间的电压差，因此无电流或功率流的产生。由于这种情况发生在基频的所有三的倍数的倍频中，这意味着所有谐波频率的三分之一"阻塞"或不增加功率流。例如，如果总谐波失真为 3%，那么这意味着将有至少 1% 的功率损耗。另外，随着 DG 的大量增加，谐波失真也相应增加，特别是从直流电转换为交流电所需的逆变器，这在第 3 章中讨论过。

5.2.4　系统运行与管理

本节开始接触把电网作为一个复杂系统的主题。人们常常重复，至少在能源存储系统得到广泛部署之前，发电量和需求量必须始终在电网中完美地平衡。然而，供应和需求必须始终完美、即时平衡的说法从来就不是完全正确的。如果这是真的，电网将无法控制。相反，在电网中的元件中存储的能量相对较少，例如发电机和变压器绕组内的能量和转子的惯性能量。然而，这对于控制应采取的措施所允许的时间短。因此，操作和控制的行为取决于动作被允许的时间尺度。

如前所述，只要变化不太剧烈，发电机就能够通过吸收或释放动能来适应负荷的变化。如果需求不被生产所匹配，频率就会改变，并且有一个小的但可以接受的频率变化，可以作为缓冲，并允许系统有时间适应变化。电压幅值的变化也有一定的缓冲作用。也就是说，当负荷要求超过发电能力时，电压开始下降。电压凹陷实际上会引起负荷减少电流，从而减少功率，使系统能够有时间适应这种情况。这也许可以被说是无意识的、保护性的电压降低。一个相反的，同样有益的反应发生在发电超过需求的时候，也就是说，电压会增加，引起负荷产生更多的电流，从而产生更多的电能，从而帮助发电机减速。本次讨论的目的是要说明，虽然时间尺度相对较小，但至少要有一些时间来适应系统中的变化。

因此，我们可以认为电网的运行及控制动作是由事件的时间尺度分类。最小规模的事件是发生在远远不足一秒内，也就是说，那些发生在周期内的事件。对于 60Hz 的系统，这个时间是 1/60s 或者说 16ms。频率调节出现在这个时间尺度内。第一级响应是系统对发电机的自然的、被动的响应，它相对于其他发电机的加速或减速。如前所述，有一种自然的磁恢复能力，使发电机回到适当的频率。"被动"用在这里是表明，无需任何人工干预。

频率控制的第二级水平是积极的——虽然，它可以是自动的。这是简单地对转子的机械功率进行控制，以积极增加或减少转子的速度来恢复标准频率。实施起来取决于发电机的类型。它可能需要控制汽轮机中的蒸汽量、水力发电机中的水量、从反应堆中插入或移除的控制棒等。电力系统保护机制也可以在一个单周期的规模内运行。将故障区与异常高负荷区分离开来，尽快隔离故障是很重要的。

更快的尺度是人为的尺度，即实时操作。在这里，操作控制和响应时间按照人类能够感知事件并采取行动的速度顺序，从几秒到几分钟不等。这种控制通常需要在异常情况下进行，如发电机起动或关机，以及一些开关事件。

大型集中发电厂的发电机起动是一个复杂的过程，需要协调整个电站的泵、阀、流量、压力和温度。它可以花费几个小时让发电机来平衡其额定速度。一旦它以合适的速度与电网并联，并且与电网频率相同，它就与电网相连了。熟练的操作员甚至可以手动控制发电机的速度，以在负荷相对于正常情况发生显著变化时匹配负荷。一个有趣的例子来自于加利福尼亚的匹兹堡发电厂的操作员，1989 年，他们在旧金山地震引起完全通信中断的情况下，保持了电厂与电网的在线连接。操作员拥有的唯一信息是他们本地的频率和电压测量值，而不知道电网实际上有多少连接。

5.2.5　自动化：智能电网的诱因

电网的主要组成仍然包含一个世纪前的电网早期发展时使用的相同的简单设备。发电和控制装置的基本原理并没有改变，同步发电机、变压器和电容器的使用情况仍一如既往。然而，设备的相对简单与整个电网的复杂程度相反，这些简单的设备在连接和正常运行时，产生了地球上最大、最复杂的工作机器。本书有着不仅为了解更先进的设备，也有只是简单地了解和提高这种大规模的、复杂的系统的大量机会。最重要之一，也许也是最明显的改进是允许远程监测和控制电力系统的监控与数据采集（SCADA）系统的引入。实现 SCADA 系统的通信已成为电网中的通信基础研究的一个进展。广域传感与控制可以通过专用电话线、微波实现，（现在的 WiMAX，即全球互通微波存取系统，也许也可以），或电力线载波。没有额外的通信，传输或分发操作员就无法知道系统的当前状态，也就是说，直到它达到一个足以影响整个系统的功率水平，或者在更可能的情况下，直到用户打电话抱怨才能了解。物业已经安装了根据在电网中的位置拨打用户电话号码的停电报告系统。

专家系统可用于自动化。在开环模式，他们为做出最终决定的人提供输入渠道。在闭环模式，专家系统将直接控制整个系统。自动化的机器学习系统可以应用于整个网络，例如，当负荷变化时，快速重新配置配电系统，以平衡负荷，这包括通过在馈线和相位之间均匀分配负荷来减少线路损耗。自动恢复服务是一个潜在的转换操作的另一个例子，它可以以自动化的方式更快速地执行。然而，如果有错误或意外事件，这些操作也是非常重要的，具有潜在的危险后果。这样的任务很难在完全自动化的情况下完成。

另一方面，我们应该始终记住，用户最终将向智能电网支付费用，包括初始开发和安装的成本，以及运营成本。相比于能源成本的降低，智能电网对于降低通信成本是更具有意义的。随着 DG 的不断增加，如果可能的话，在理想情况下可以更自主和分布式地控制数据以实现共同的目标，但一个能够大规模、集中地收集和控制数据的点是必要的。

5.2.6　人类影响因素

工程师和操作员对于电网有不同的心态。工程师将电网视为一个可以通过数学模型来理解和通过精心设计来控制的系统。电网操作员有更多的电网实践经验，他们往往把电网看作是一个复杂的动态整体，它有时会超出我们分析和设计的能力。在该领域的系统操作员或个人可以使用他们所有的感官来检测和解决问题。他们可以听到变压器或电力线的"嗡嗡"声，然后根据大量的经验，立即认识到问题。他们知道哪个变压器在什么情况下有更快过热的趋势。他们也从经验中知道如何纠正异常情况，以及知道电力系统并不总是按照手册规定的方式来做出反应。分析方法、工程方法或操作者对现象的理解，哪种方法是更好的不总是明确的，特别是在危急和高压情况下。在考虑如何呈现和使用信息并在电网通信中应用时，这种思维上的差异就变得极为重要，这种方式将给需要它的操作员带来价值。

工程师侧重于效率，而操作员的注意力集中在安全。受伤或死亡的可能性对操作员来说是非常现实的，这当然需要优先考虑。一个考虑安全的工程师和一个实际生活在其中的操作者之间可能是一个重大的区别。工程师将倾向于把重点放在速度和精度，意在追求效率。然而，速度和精度往往不是操作员的主要优先事项，事实上可以对操作员来说正好相反。一个操作速度太快、操作精度太高的系统会使操作更加有困难。操作员想要的是稳定性。操作员想要一个可预测的系统，并从平衡点缓慢地移动，以允许人为干预并使得系统恢复正常状态。

当然，在所有的系统，过多的信息可以比没有信息差。而通信或计算机专家可以让所有可能的传感器和控制器提供给操作员信息，操作员需要的是重要信息，更重要的是，操作员感受到的信息必须是可以信任的，而且是能够同时显示的。同时，提供更多的控制是必要的，对操作员弊大于利。一般来说，操作员知道在系统发生问题时如何使它回到平衡状态。增加更多的控制和复杂性只会产生更多混乱和错误的机会。操作员需要一个简单、稳固的系统，而工程师则专注于效率，这常常意味着增加复杂性，并增加操作员的压力。重要的一点是，操作员必须被考虑在任何关于"改进"的提议中，特别是在我们与通信有关的案例中。

现在考虑一下这种操作复杂性的多少可以转移给用户，应该向用户转移多少，或者用户希望拥有多少呢？这是本章的主题。

5.3 用电变化

智能电网概念最重要的卖点之一是这样的观念，即给用户提供更多的信息，让用户在与电网的关系中有更多的可视性，从而将会激励他们对作为一个整体的电网做出积极贡献。典型的例子是降低峰值功耗的老问题。本章前文讨论了功耗的可变性，它导致了需要昂贵的发电机短时间内连接到电网的主要问题，这是非常无效率地耗费电能。

电力消耗的大幅波动不仅影响发电量，还会加剧电网中的问题，影响所有的电网系统。输电和配电系统都将面临压力。有功功率和无功功率必须调整，电压调节机构，电容器组，以及几乎所有其他支持电网的组件必须在它们的设置上做出很大的调整，这就降低了这些组件的寿命。最终的影响将由用户感受到，如果必须实施减载，或者频率或电压的不稳定，将造成对此敏感的电子产品的损害。最后，电力需求的大幅波动可能导致发电机的功率角不稳定和电网失控，或大输电线保护机制跳闸。因此，保持尽可能恒定的消耗可以在许多方面简化电网操作，从而降低成本、提高可靠性及可以更流畅地操作。

这一点非常值得一提，而且它在本书的其余部分也将变得明显，即是否有许多不同的智能电网活动正导致峰值负荷减少。例如，由智能电网启动的可再生能源是间歇性能源的一种形式，很难预测它们何时投入运行，其发电量将是多少。智能电表可能会增加而不是减少需求的不确定性。对通信依赖的增加可能会降低系统的整体可靠性；通信故障和网络攻击可能增加间歇性中断的可能性。用户也在生产电力，或者在新的能源存储系统中存储电力来保持利润，这可能会增加电力市场的波动性，而不是减少电力市场的变动。最后一点，由于智能电网增强了传感和控制的能力，电网的操作能力接近极限，这可能使系统变得更加脆弱，需要快速的、随机的缓解技术来避免问题。换句话说，智能电网增加了电网运行的特征和范围，从而降低了将采取何种运行方式的确定性，从而带来电网中更大的杂乱性。既然我们已经考虑了电力市场以及电力运营者的观点，那么下面我们考虑一下用户的观点。

5.4 用户的观点

智能电网将是成功的，因为在某种程度上它满足了用户的需求和欲望。不幸的是，理解用户的需求往往是技术开发中被忽视的一个方面，对于智能电网来说也是如此。当然，有许多功能可以为用户而开发，从用户对电子设备的详细可见性和控制性，到消费的可见性，以及通过用户控制下的自动化方法来控制新类型的电子设备。智能电网所依赖的最重要问题之一在于用户真正想要的、将实际使用、并且愿意购买的部分。另一个重要问题涉及用户在多大程度上愿意改变他们的行为，即使他们愿意购买和利用智能电网的特性。这些是在这部分考虑的几个问题。

有早期的研究试图找出用户对智能电网技术的接受程度。让我们考虑一些这样的研究结果。一些研究利用技术接受模型（TAM）（Stragier 等，2010）。该模型已被开发用于预测新的信息技术。据推测，"感知有用性"和"感知易用性"是决定一个新技术是否将被用户采用的最重要的两个因素。它还包括"使用新技术的态度"和"使用新技术的行为意图"。该模型将研究这些因素彼此间的关系，探讨它们其中一个如何影响另一个。很多结果是或多或少符合常识的。例如，感知易用性对感知有用性有显著影响。因此，如果它们很容易采用、使用，智能家电将只被认为是有用的。显然，易用性必须考虑用户的采纳。感知易用性和感知有用性对"使用态度"有显著影响，其中"感知有用性"的作用最强。因此，用户必须相信他们所利用的智能电网的特点是有用的。另一方面，如果新的智能电网设备和现有设备一样容易使用，那么用户对于采用新技术的态度也将是积极的。有趣的是，"感知有用性"和"使用意图"之间没有相关性，表明用户对智能电网设备的"感知有用性"知之甚少。另一个有趣的结果是，"使用态度"是对"使用意图"产生积极的影响。说白了，看来用户有一种感觉，有一些好的东西可以驱动他们打算使用它，但他们不知道为什么或如何使用，这将是有益的。还应当指出，另一部分与TAM 不直接相关的调查表明，用户对智能电网设备启用需求侧管理（DSM）的安全性和他们对家电可能失去的控制能力感到关切。

席尔瓦（Silva）等（2012）的调查结果也在用户对新兴的智能电网技术的态度方面提供了一些启发。这项调查并没有实现一个正式的模型，而是试图衡量用户的在 5 个方面的思维：①愿意改变；②监测和理解能源使用；③自动控制和能源管理；④增值服务；⑤隐私问题。"愿意改变"测试了需求响应（DR）背后的概念，即用户是否愿意根据智能电网技术向他们提供的信息来调整他们的行为。这个问题不仅涉及他们是否会调整他们的行为，还涉及在什么程度和什么条件下，如响应电价信号而改变电力使用，参与能源交易，或为可再生能源获得更多的电力而支付更多的费用。总的结果是，在这项调查中，有 80% 的用户愿意在所有这些情况下调整自己的行为。大部分的受访者也愿意分享未使用的能源，特别是经济上的奖励。如果能降低能源成本的话，大多数人愿意与第三方，如能源零售商，分享能源使用的信息。然而，当涉及详细的使用信息时，如指示用户何时度假，愿意这样做的人数从大多数下降到一半。因此，传递必要的能源使用信息而不暴露用户的私人细节似乎是成功的必要条件。

超过90%的受访者表示想要有概括他们能源消耗情况的更多相关信息，并想了解个别设备的能源使用细节。这意味着家庭中不仅有智能电表，而且每个家用电器都能监测和关联其能耗情况与使用者使用它的方式。一些用户也希望更多地了解他们的能源使用方式如何影响了能源管理工作和环境工作。此外，超过70%的用户表示愿意将自己的能源使用情况与其他用户进行比较。这似乎表明，本次调查中的用户希望在智能社区或城市范围内进行观察。超过80%的用户希望能够在手机或笔记本电脑等移动设备上实时地查看自己的能源使用情况。由此得出的结论是，用户希望在现有设备上查看其能源使用情况，而不是要求购买新的专用设备。

有趣的是，在本次调查中，超过90%的用户会接受自动控制的设备，它们降低能源消耗而不会影响用户的舒适度。然而，结果下降到小于50%时，类似的控制权是给第三方的。这表明用户更愿意接受自动响应价格信号的设备，而不是外部实体为用户管理设备，即使结果是相同的。这似乎表明，用户更愿意采用需求响应（DR）系统，他们认为这些系统有一定的控制能力，不会降低他们的生活质量。然而，同样的用户们当被问及是否允许第三方管理他们的可再生能源系统所产生的过剩电力的销售时，绝大多数人都说是的。因此，用户似乎想要控制对电力的消耗，但并不关心控制他们的电力生产。虽然这可能意味着邻里间能源管理服务的商业机会，但这也可能是一个临时的事实，即用户在能源生产方面缺乏经验造成的。增值服务是信息分析的服务类型，其中包括与类似用户的比较和节能建议，以及预测能源账单和检测异常使用情况下（如大于正常值时）的账单。尽管调查中的大多数用户都希望获得这些功能，但他们是否愿意为这些服务付费，目前还不清楚。最后，关于隐私问题，调查中有一半以上的用户会为了降低成本而交易一些隐私权。更具体地说，如果他们能够精确地控制公用设施共享信息的数量和类型，就有超过一半的用户会这样做，以减少他们的电能账单。这意味着，在更多的有用信息被显示出来的前提下，用户的信息越被保持是匿名或私人的，他们就越愿意参与商谈，以减少能源消费。

5.5 可见性

消费水平的可见性主要在于以下两个方面：①供电公司通过电网向用户的可见性；②用户通过电网向供电公司的可见性。供电公司可以使用这种可见性确保在向用户交付电能方面满足需求。此外，供电公司可以利用更大的可见性和控制性，帮助引导用户采取措施，提高向所有用户提供电能的效率，而减少峰值负荷就是一个主要的例子。

提高用户的可见性可以使用户做出决定，使他们的电力成本最小化，更好地预测和应对停电和恢复供电，甚至通过出售或存储过多的电力参与发电和电力分销的过程。虚拟电厂的理念让用户更详细地选择如何产生他们自己的电力，以及他们的能量来源。

虚拟发电厂是一种分布式发电装置的集成，由一个中央部门来操作。虚拟发电厂中的分布式发电机通常被认为是可再生能源，但它们无须被这样定义。例如，它们可能只是发电机组－发动机－发电机的组合，其中发动机带动发电机，使其提供电能。虚拟电站的主要特点是灵活性，总的来说，它应该与典型的集中式发电厂没有什么不同，但是虚拟电厂的许多小单元可以使其更有效地提高发电量以处理高峰负荷。这种对灵活性的权衡是运行大量异构发电机集合的特殊复杂性。它需要更复杂的优化和控制，而且经常假设通信也需要相应地增加。正如"物联网（IoT）"一直是学术界的热门词汇，"能源互联网"与对规模较小的、具有很大灵活性的电源的收集是相关的。

　　在"智能电网"时代之前，如果没有整体地了解电能，用户就可能丢失电能。经常需要打电话警示物业要中断供电，然后必须派一辆修理卡车来诊断和修复这个问题。相反，故障管理系统应该提供故障的自动检测和定位服务，以及确定受影响的用户，并最终实现自动化的恢复过程。过去的抄表主要是手动的，要求人员到达用户的位置读取仪表；然而，这一过程现在正在变成自动化的。所谓的"智能电表"可以自动收集信息，不仅包含了所用的总电量，还提供了更多有关电力使用情况以及与电能质量有关的信息。如果可见性随着控制的加强而提高了，供电公司可以做出微妙的改变，以在用户层面上整体提高电能效率。

　　然而，关于这一切提高可见性和控制性的一些首要问题是：①在供电公司层面上增加的可见性是否真的需要或有用？②用户会愿意将多少隐私权和控制权提供给第三方？关于第一个问题，现在已经提供的基本信息如使用的总电量以及改进后的停电信息，肯定会受到欢迎。然而，可能不需要知道什么时候有人打开了吹风机或冰箱门。这种级别的细节和控制可以由用户自动掌握。第二个问题，关于隐私和控制，超出了本书的范围。然而，5.4 节中讨论的最近的调查分析开始洞察到这个问题。

5.5.1　微电网

　　微电网起源于减少分布式发电（DG）复杂性的需求。新的系统级方法建议将全球的电网在本质上分割成较小的电网，称为微电网，而不是以一个特设的方式将分布式电源增加到电网。然后，每个微电网理论上可以从大电网中独立管理。我们的目标是提供一个简单和模块化的方法来设计 DG 电网。在最终的实现中，整个电网将被分解成微模块。然而，直到（如果）时间一到，微电网就需要与主电网有互操作性。

　　一个关于微电网，特别是那些注入到主电网的微电网的互操作性问题，是如何确保它们的频率保持与主电网同步，即使它们供应的负荷有显著差异。许多方法已经提出来解决这个问题。其中之一如图 5.1 所示，它演示了虚拟原动机概念的具体形式。在这种方法中，一个能量存储装置被用作缓冲器，检测到主电网频率，并通过计算来控制电力电子转换器，使得功率输出与主电网同步。电力电子变换器是在

14.3 节中详细讨论的。点划线框里用控制信号说明了假想虚拟原动机系统，这个地方可能需要通信。

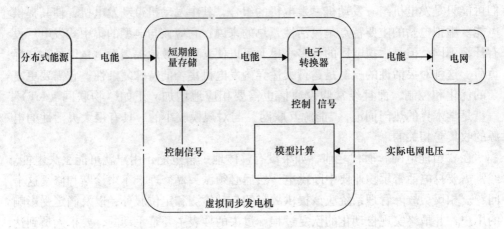

图 5.1　说明了使用虚拟惯性的概念。电子转换器控制的方式就像控制大型发电机转子的惯性一样（来源：Kroposki 等，2008。经 IEEE 许可转载）

　　一个大的微电网在配电系统中使用的例子如图 5.2 所示。电力从图中左侧的配电馈线流入。假设配电馈线在图右侧延续，额外的用户负荷附加在馈线上。此图中的关键元件是两个互连的开关：标有"开放微电网"的互连开关和标有"开放为

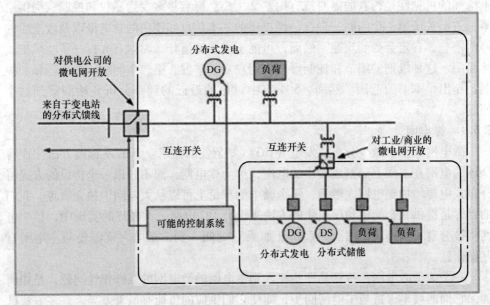

图 5.2　供电公司和工业微电网电布局。注意，两种类型的微网都展示在一个径向变电站的馈线中，如 4.1.4 节中所描述。风机通信系统可能需要用来控制微电网（来源：Kroposki 等，2008。经 IEEE 许可转载）

工业/商业微电网"的互连开关。如果这个微电网的开关打开，则所有电源开关线的下端必须由 DG 连接到供给处。这包括在图中大的、由点划线画成的表示整体微电网的点划线框中，其中概述了一个实用的微电网。如果工业/商业微电网交换机是开放的，那么在右下方勾勒出的较小的点划线框则表示成为一个独立的微电网，只供给自己本地的负荷。控制系统是需要通信的，也在插图中表示出来了。

微电网和主电网之间的更详细的连接图如图 5.3 所示。该图的关键点是，主电网的电流和电压（在图的左边）和微电网的电流和电压（在图中右侧）通过一个电流互感器（CT）和电压互感器（PT）统一地发送到数字信号处理器（DSP），DSP 负责监控、保护和诊断。注意，此图中的通信不是针对系统的高带宽动态控制，而是用于一般配置和报告的。动态控制并不一定需要明确的通信。接下来要解释的下垂控制，是一个需要共同的控制机制而不是显式通信的一个例子。

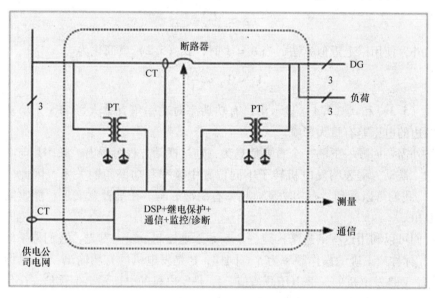

图 5.3 显示了一个微电网连接到主电网所使用基于互连开关的断路器
（来源：Kroposki 等，2008。经 IEEE 许可转载）

下垂控制是一种用于电网的，为避免明确的通信而需要的共同控制方法。因此重要的是，通信专家要了解它的优点和缺点。一般来说，下垂控制涉及在局部测量一个值，它可能会随着时间的推移而减小或下垂，并使用下垂量来控制局部系统来补偿测量值中的下垂量。因此，电网中的许多元件都可以在本地同时测量一个值，采取局部动作将其值恢复到标称范围内。一个简单的例子用来快速说明这个概念，即考虑一组发电机，每个都在本地测量频率。如果发电机添加了离线或额外的负荷，每台发电机都将单独检测频率下降值。其余运行发电机的下垂控制系统将增加其频率以补偿下垂频率。这个简单的技术，避免了对显式通信的需要，可以用于电网对许多其他参数的控制。

让我们更详细地考虑一个例子。在本书中对这一点应该非常熟悉，即理想传输线上的有功功率是由公式

$$P = \frac{V_1 V_2}{X} \sin\delta \tag{5.1}$$

式中，δ 是线路两边的电压之间的相位差；V_1、V_2 是线路两边电压的大小；X 是线路的阻抗。在理想传输线上的无功功率是

$$Q = \frac{V_2}{X}(V_2 - V_1 \cos\delta) \tag{5.2}$$

只要功率角足够小，就可以做一个近似的假设。利用这个近似，式（5.1）就可以简化为

$$\delta \propto \frac{PX}{V_1 V_2} \tag{5.3}$$

另外，使用以上近似方法，当 $\delta = 1$ 时，式（5.2）就简化为

$$V_1 - V_2 \propto \frac{QX}{V_2} \tag{5.4}$$

式（5.3）和式（5.4）显示出，有功功率对功率角有重大影响，无功功率对线路两边的电压差有重大影响。

另外需要回顾一下的一个重要信息为，通过摆动方程可看出，频率是与功率角有关的。摆动方程表明发电机转子不同位置中频率和功率角的关系。因此，从式（5.3），我们可以看到，有功功率对频率有关键影响，在某种意义上，能收紧或放松功率角。

我们可以利用这些信息来构建一个频率下垂控制系统。首先，我们称系统的频率为 f，标称或正确的操作频率为 f_0。同样，P 是发电机的有功输出，P_0 是标称有功功率，V 是发电机的局部电压测量值，V_0 是发电机的电压输出标称值。Q 是发电机的无功功率，同时 Q_0 为发电机的额定无功功率。

现在，构造发电机的有功功率和无功功率输出下垂控制就成为可能了。其概念是局部测量频率的变化，调整有功功率，就地测量电压，调整无功功率。下垂的频率表明需要更多的有功功率，下垂的电压表明需要更多的无功功率。如式（5.5）和式（5.6）所示，其中 k_p 是频率下垂控制系数，k_q 是电压下垂控制系数：

$$f = f_0 - k_p(P - P_0) \tag{5.5}$$

$$V = V_0 - k_q(Q - Q_0) \tag{5.6}$$

在这个例子中，下垂控制允许多个发电机以这样的方式进行反应，使它们处于平衡状态，从而使它们分担负荷。没有下垂控制，将无法控制发电机如何提供负荷，它们可能会突然振荡，甚至变得不稳定。

下垂控制的设置由下降的百分比决定。这就是说，测量值的变化会导致在控制

值上 100% 的数量变化。例如，3% 电压下垂意味着电压的 3% 变化，发电机将需要 100% 的无功功率输出的变化。这被假定为一个线性关系；因此，一旦下垂百分比是已知的，中间值可以很容易地被插值。

如前所述，一个下垂控制系统可以控制大量动态变化的电网组件，而不需要明确的通信控制。然而，如果出现显著变化，如大型发电机的损失，剩余的发电机可以在低于额定频率的前提下达到平衡。当掉线的发电机重新回到在线状态时，这里描述的基本下垂控制系统不会使系统自动恢复到正常运行时的频率。换句话说，顾名思义，下垂控制的补偿只有针对向下或下垂变化的测量值。必须使用额外的控制以使得新的电力供应产生作用，以及使频率值朝着其标称值上升。

绕开主题谈下垂控制的细节，原因是存在着当通信真地需要在电网中应用以及其效益仍然是对公众开放时的问题。例如，在一般的理论条件下，可以证明通信比下垂控制之类的局部传感技术更好吗？请记住，通信增加了额外的成本，增加了系统的复杂性，这就增加了组件故障的可能性，从而可能降低了系统整体的可靠性。

5.6　用户灵活性

这部分包含对用户来说的电力消费弹性的概念。在电力消费方面有太多的选择和灵活性。用户每月支付电费，他们唯一可以得到的信息是每月的账单，唯一的控制方式是手动打开或关闭设备。通过利用时间来改变电价，是供电公司为了降低峰值需求而控制消费的早期尝试。最近，设备已经越来越能感知它们如何利用能源；它们可以修改操作来控制能源消耗，无论是自主地或是根据用户反馈。此外，用户正在获得对他们所购买电力的类型和位置更多的选择。其结果是越来越多的信息和灵活性，以及用户对电力购买和使用的选择权。用户能源管理，也被称为 DSM，是本部分讨论的，其次讨论的是对插电式电动汽车（PEV）的介绍。

虽然智能电网可以增加用户的灵活性，但有一个与灵活性相矛盾的因素：电能效用正试图激发用户的行为。也就是说，为了最大限度地减少峰值负荷，要塑造用户的电能使用概况。这就是所谓的需求侧管理（DSM）。当然，使用价格来控制需求并不是什么新鲜事，在电信流量高峰时段对手机用户进行收费已经有着悠久的历史。基于 DSM 的更多细节，尤其是需求响应（DR）的内容，将包含在 7.2 节中。

DSM 比 DR 更广泛，包括通过使用较少的功率来执行相同的任务和动态需求，从而提高能源效率的技术，其中设备自动调整其运行周期，以秒为单位来增加一组负荷的差异因数。后者的概念是古老的，包括设备方面，不仅监测电网频率和自己的运行情况，而且监测导致很多小的区域动作的功率因数，扁平化整体功率需求和提高电网运行水平，这对用户来说是不可见的。

5.6.1　用户能量管理

用户水平上的能量管理在智能电网时期到来的很久之前就已经存在了。这包括从建筑 EMS（能量管理系统）到自主管理自己能量的用户电子产品，常常使用用户认识不到。在这里，我们将看到两个特定的能量管理系统（EMS）：建筑 EMS 和电能的管理。这都在智能电网出现之前很早就存在了。事实上，电能管理产生的概念是相当复杂的，其可预见的技术可用于未来的纳米电网中，将在 15.3.3 节中讨论。

建筑能量管理系统（McCann 等，2008；Virk 等，1990）很有趣，因为他们通常会利用基于模型的控制，主要集中在人的级别上热模型的发展。我们利用大量的电力对建筑进行的加热或冷却：为各种用途加热或冷却水和空气，包括微波炉、热水器、洗衣机、干衣机，当然也包括家庭取暖，以及空调、冰箱、冷柜。建筑物内的热质量或热惯性是很重要的，以便了解建筑物在受外界温度波动影响之前能保持多久的温度。热质量也称为热容或比热容，因为物质可以在不同的条件下以不同的速率存储和释放热量。就像一个电路，建筑物的组件可以利用存储和释放热能的方式，从而有利于建筑物的整体能源效率。了解"热循环"能带来一个可以用改进的 DSM 技术集成的更节能的控制系统。

当建筑 EMS 优化能源的使用时，人们已经设计了许多电子产品来自动减少能源消耗和对用户的影响。随着集成电路中开关元件密度的增加，对热积聚的管理变得越来越重要。降低能耗是降低热量损耗以及为用户节省能量的一种方式。请注意，虽然单个逻辑门所需的功率不断降低，但门密度的增大已有了增加产生的热量热产生和提高总功耗的结果。能源消费和信息之间的深度关系，将在 6.3 节中讨论。

有很多技术被用于优化集成电路的功率消耗。即使一些集成电路不能执行计算，它们所需要的最小时钟速率仍保持不变。由于这会浪费电能，一些集成电路可以降低时钟速度或者关闭时钟，并在无时钟的前提下保持信息处于稳定状态。然而，一些漏电流现象仍然是浪费。另一种方式需要通过操作电路来降低漏电流从而降低电压水平。不幸的是，这会导致电路操作更慢。然而，可以在设计电路时使用较低的逻辑电压，使电路在不影响用户体验的情况下更慢地运行。可能与这个概念相关的是电网中对电压降低的保护。

一个明显的降低功耗的方法是在不需要的时候关闭集成电路的所有部分。集成电路的断电部分可以被唤醒或周期性地唤醒以检查它们何时需要操作。与 14.5 节中讨论的超导相关的另一种方法是降低电路的温度。较低的温度降低了需要克服电压的热噪声量；如果减少热噪声，则电压也可以降低。对绝热，也称可逆或等熵的计算，使用完全可逆的逻辑门。因此，若电路工作而没有相应的功率损耗，则没有熵变的存在。不幸的是，这是很难实现的，在 6.3 节中将进一步讨论。

通信本身正在朝着更节能的方向发展。因为通信时需要计算，所有先前讨论的技术应用在通信时均要考虑功耗的降低。此外，由于通信涉及远距离传输电能，有许多技术解决了如何最小化传输和接收电能的问题。例如，对于网络中电能传输的节点，存在一个使传输电能最小化的最佳距离。传输得太远相比于利用中间继电器的单一节点之间的电能共享要耗费更多的电能。在短距离传输中也会引起更多的中间继电器节点的运行消耗超过必需能量，也是在浪费能源。因此，存在一个最佳的"温柔点"时对应的传输距离，称为特征距离。同时，等待接收传输的电能时往往浪费能量。允许接收机尽可能休眠的技术有助于将总体的电能消耗最小化。

总之，消费类的电子产品长期以来一直采用各种技术来优化和管理能源消耗。新兴的智能电网通信和应用方法应该认识到这些技术已经在需求方实现，并考虑如何利用这些技术。

5.6.2　插电式电动汽车

我们将插电式电动汽车（PEV）定义为包括设计成从电网获得电力来为车辆的电动机提供机械功率的所有车辆。这可以涵盖各种各样的车辆，包括电池电力汽车、插电式混合动力汽车，以及现有的内燃机车中的电力转换。这类车辆还有许多其他术语，包括"能接入电网的车辆"。

电池技术在生产高成本的电动汽车的过程中一直是一个挑战。插电式混合动力汽车让传统的内燃机运转，来帮助克服电池的问题。并不是所有的混合动力汽车都是"插件"，一些混合动力汽车从内燃机和再生制动中获取电能；然而，它们不能从车辆外部的电源（如电网）中充电。电池电力汽车是通过存储在电池中的化学能来驱动。发动机是电动马达，而不是内燃机。插电式混合动力汽车利用电动马达的充电－消耗模式运转。它可以切换到一个持续充电模式，此时电池已达到其充电的最小状态。

显然，PEV 将需要足够的基础设施使其能从电网充电。充电站、电池交换和利用汽车顶部安装的太阳电池板的涓流充电是众多想法中的一部分。充电站是专门设计利用连接到电网为车辆充电。电池更换的概念是简单地将一个耗尽电的电池更换为完全充满电的电池。耗尽的电池可以充电，而不需要使用者的汽车停放来等待充电过程完成。涓流充电的概念是利用低功率源，如屋顶安装的太阳能电池，尽可能地逐步给电池充电。其他更加创新的方法，涉及利用无线电能传输技术的车辆。

电动汽车的话题很广；我们的关注点限制在电动汽车和电网之间的关系。当然，还有着对电网能否处理来自大量 PEV 的新增负荷的关注。一些人估计，PEV 需要的电功率是普通家庭的 3 倍。然而，电动汽车可以考虑利用可以提供动力以及从电网获取电能的移动储能装置。有关能量双向流动的电网和 PEV 的许多复杂方案已经被探索。

5.7　小结

本章重点针对电力消费，即电力负荷和用户。很明显，在电网的早期历史中，负荷可以看作是电力网络的管理组件，无论通过供电公司远程管理，还是将电力价格作为一种控制信号，诱导用户将他们手中的负荷以有利于电网的方式运行。对电力市场的简短历史及其发展趋势进行了综述。从交流频率和电网运行管理两个方面研究了供电与负荷的关系。降低电力需求变化一直是负荷与消费相关的目标。讨论出了与峰值需求相关的各种措施。

用户的价值是智能电网的必要条件；智能电网的成功取决于用户的支持。因此，不仅从实用的角度考虑智能电网的问题至关重要，也要从用户的角度来看。在智能电网的应用中，如果被给予了适当的构建模块，用户将在背后推动创新，正如20世纪80年代和90年代，互联网给了普通程序员访问权和应用工具，他们就发展出了最有用和最具创新性的特性。

我们还从用户的几个角度考虑了电网，也就是说，讨论对电网的可见性，根据能源特征和电能质量来购买电力的能力，发电和出售电力的能力，以及电网为用户工作的灵活性。

现在我们已经完成了智能电网的前期介绍，书中的第二部分考虑了正在发展中的电网的"智能"方面。从第6章开始我们将概述通信和电网的关系。通信技术已在电网中使用了一个多世纪，在智能电网中解决通信问题的新概念需要清楚地阐明。基础物理学显示了能源和信息之间的关系；这种关系量化了电网中通信的独特之处，以及它如何提高电能效率。这形成了电力系统信息理论的新领域的核心，在即将看到的下一章中要进行首次解释。能量与信息的关系促进对能量传输效率低下时所需的最小处理量和利用通信的补偿量的基本理解。像普通的信息理论为通信服务那样，电力系统信息理论为智能电网通信对电力系统效率的实现提供了基本的理解和理论上的最佳限度。能量与通信的关系也应用于无线通信和波导媒体通信的基本物理方面。简言之，第6章中提供了与电力和通信相关的基本概念，这些概念将通信讨论放在后面的章节中，使之成为更好的上下文关系。

5.8 习题

习题 5.1 微电网

1. 什么是微电网？
2. 微电网的优势是什么？
3. 微电网的概念与分布式发电（DG）有什么不同？

习题 5.2 高峰电力需求

1. 高峰电力需求是什么？它是如何定义的？
2. 为什么高峰需求是个问题？
3. 什么样的技术已被用于降低高峰需求？
4. 如何增加通信对此问题的帮助？

习题 5.3 能量存储

1. 怎么储能可以帮助减少高峰电力需求？
2. 为了有效率，能量存储需要具有什么特点？
3. 为了控制这种能量存储系统，通信需要有什么特点？

习题 5.4   自动抄表

1. 自动抄表（AMR）和 AMI 之间的区别是什么？

2. 如果 AMR 从 20 世纪初开始运作，最近对"智能电表"的隐私和网络安全的关注是什么？

3. 针对 AMI，对通信的要求是什么？

习题 5.5   建筑能量管理

1. 零能耗建筑是什么？

2. 在这样一个建筑物内，一些相关的通信和网络方面的问题是什么？

习题 5.6   电力需求熵

1. 什么是电力需求熵？

2. 可预测性和汇聚信息的能力是密切相关的。这告诉了我们有关电力使用和通信的什么信息？

习题 5.7   能量需求模型

需求响应（DR）机制往往忽视通信成本。假设负荷和价格的信息总是立即可用的。

1. 当考虑 DR 通信成本时，会有什么问题？

2. 如果考虑到现实中的耗费以及通信中的约束，DR 的运算法则会如何变化？

习题 5.8   效率问题

1. 最大的电能传输量相当于最大电效率吗？

习题 5.9   产与销

1. 智能电网的一个特点是，用户能够产生和销售他们的过剩电力。电网必须做出什么样的改变，从而支持此功能？

2. 这产生了什么样的沟通交流方面的需求？

第二部分　通信网络：推动者

第 6 章

什么是智能电网通信

想象一下，如果麦克斯韦、特斯拉和香农可以见面，会出现怎样基础性的进步。

——Stephen F. Bush

6.1 引言

在本书的第一部分，我们回顾了电力网络及其基本运行情况。而它们在"智能电网"被提出之前就存在，因此第一部分是本书其余部分的重要基础和先决条件，它为"智能电网"的提出和发展提供了历史背景。若没有这个背景，智能电网中的很多内容就会变成不合逻辑的推论。第一部分解释了电网运行背后的物理学规律，这对于理解何时应用通信和网络来说至关重要。同时，第一部分也解释了电力系统设计背后的思维方式，而这些与网络通信的思维方式差异很大。

本章将开始介绍第二部分——通信网络：推动者，其重点是电力系统中的通信和网络。标题中的"推动者"一词很重要，即通信的作用是支持电网，而不以实现其本身为目的，但问题是要"推动"什么？几乎从电网诞生以来，通信就被用于其中，并且也在自然而然地增加。一个问题是，通信是否能从根本上实现新的东西或者仅仅是已经存在很长时间的观念的加强。"房间里的大象"这句谚语就生动地说明了为什么需要更多的信息交流。为什么电网中的大多数操作都不能在本地完成呢？换句话说，可以通过局部检测电网中的物理现象进行通信，而并不需要有复杂的通信设备，并且这些复杂的设备可能成为又一个故障点。明确的沟通可以带来什么好处？通常情况下，通信可以对即将发生的事件做出提前预警，或者进行远程控制即网络化控制。因此真正的问题是：利用远程通信控制能够比局部控制做得更好吗？我们无法做出具体的比较。但是，可以利用抽象模型来帮助解答这个问题。这涉及一个概念叫作"电力系统信息理论"，它明确地将电力系统和信息理论结合。虽然这个理论目前还不存在，但我们在这一章中对这一概念进行探讨。第三部分是本书的终极目标，即实现嵌入式和分布式的智能电网，更加深入地进入到具体应用并且为这些问题提供更多的答案。

本书的这一部分考察了第一部分经典电网结构中的每一部分，即发电、输电、配电和用电，并探讨了在智能电网背景下通信在这些系统中的使用。随着越来越多的通信网络在电网内得到应用，我们必须牢记电网本身正在演变，越来越多的分布式发电和储能系统正在并入到电力网络当中。电力电子器件正在得到长足的发展和进步。通过分布式发电和所谓的"智能电表"，电网与用户开始进行新的互动。在这一部分，将简要介绍通信和网络系统，包括与智能电网相关的通信架构。其次关注用电，即先进的计量设备和需求响应。然后我们再探讨与分布式发电和传输相关的通信网络。请注意，随着分布式发电得到越来越广泛的应用，电能传输的需求将会逐渐降低。接下来说明分布式系统内的通信，特别是故障检测、隔离和恢复方面。最后，我们回顾了一些关键标准及其在智能电网中的作用。智能电网的成功实现有赖于通信和电力系统内进行互操作的各部分向着简易化和模块化的方式演变。

本章的目标是对通信和网络的基本方面进行介绍，而本章题目（什么是智能电网通信？）的答案就是利用了电能与通信基本关系的电网通信。要实现这一点，就必须理解其基本关系。通信和网络覆盖的范围很广，并不能在一个章节中详尽阐述。相反，本章重点介绍的主题与电力系统最相关。本章首先对能量与信息进行对比。信息、通信和能量之间存在直接的物理联系，这可以为电力系统信息理论概念的产生提供灵感。下一节将从基于物理层面通信和能量的关系转移到电网的系统级视图，在此我们将从复杂性理论的角度来研究电网。接下来介绍图论和网络科学，这些理论不仅用于电力网中的网络通信，也可应用于其他的学科。之后是对经典信息理论和电力网的介绍。信息理论涉及信息的量化特征，包括信息的压缩和保护，而这既能保障信息在传输中不发生自损，又能使其在受到网络攻击时不被损害。再之后讨论电网的通信架构。

一个通信网络架构可以像简单地指定一个网络物理组件的框架以及它们功能组织和配置一样松散，并可能包含它的操作原则和过程。架构也可能与在操作期间使用的数据格式一样具体。在电网中有各种各样的通信技术及应用，因此，定义一个详细的架构难度很大。各种详细的通信协议标准将在第 10 章中进行介绍，本节重点讨论更高层次的广义框架或模式，并且思考通信技术和电网之间的关系。下一节讨论无线和波导通信的基本原理，包括电磁辐射和波动方程的基本概念，理解这些概念对稍后讨论的具体通信技术很有用处。因此，本章是通信的基础概论。关于特定通信、网络架构和协议等更详细的信息在接下来的章节中会有所体现。读者可以通过本章结尾处的习题进一步深入思考。表 6.1 是对一些通信技术的介绍。

表 6.1　之后讨论的一些智能电网通信技术

通信技术	章	在本书的位置
WiMAX	DA	9.3.6 节
LTE	DA	9.3.5 节
802.11	DR 和 AMI	7.5 节

（续）

通信技术	章	在本书的位置
光纤	DA	8.5 节
电力线载波	DR 和 AMI	8.5 节
认知无线电	机器智能	11.5.2 节
802.15.4	DR 和 AMI	7.4 节

电网自诞生之初就用到了通信技术。在当前，电网的通信系统由各种通信技术和网络协议组成。只有在通信和信息论共同的理论层面才能认识和理解智能电网通信，但是通信与网络又似乎是毫无意义的协议缩写词的混合。所以，本章退一步从不同的基本角度重新审视通信，这样有助于理解通信和网络。同时又因为涉及电网，所以这样也许有助于为通信与电力系统相结合提供新的基本方法。

任何通信网络的基础都是关于信息、信道和噪声的通用理论，统称为信息理论或通信理论。在这个基本层面之上，人们就可以深入看待电网及其网络通信。这使得设计师和工程师能够实现从在一个具体行为中增加自组织网络中的通信到理解和优化整体系统的转化。例如，不同组件的运行会生成具有不同信息熵的数据，了解这个就可以优化不同的压缩率，从而使信道资源得到更加充分高效的利用。

当优化单个信道时，可以利用网络化分析的方法，借助互联电网中的元件优化拓扑结构。网络分析不仅可以影响信息的路由方式，它也能对发生的事情进行有效的分析，这经常被视为扰动对系统稳定性的影响。因为网络可以表示成由节点和连线组成的图形，因此网络可以表示成矩阵的形式，所以网络矩阵的特征值和特征向量在网络分析中扮演着重要的角色。

从广义上讲，有两种网络拓扑结构：电力系统拓扑结构和通信网络的拓扑结构。电力系统拓扑结构包括发电机、输电线和负荷。通信网络的拓扑结构包括发射器、通信通道和接收器。有些通信技术受电网拓扑的约束，例如电力线载波技术。同时也有许多通信技术具有更大的自由度，能够不受电网的拓扑结构的限制，例如近距离无线通信系统。而有些通信技术可以完全独立于电网拓扑结构，例如通过电信公司或公共通信载体来实现的信息交流技术。电网的保护机制可以很好地说明拓扑的影响。如果电力系统的局部发生电气故障，就要在隔离故障的同时做到对用户影响的最小化。电力系统拓扑结构的变化成为达到最佳效果的关键。为了尽可能快的操作，通信延迟必须很低。当然，从通信的观点来看，拓扑结构在共享传输媒介和网络路由效率等方面起着关键的作用。

信息传理论定义了通信的基本特性，即在有潜在噪声的通信信道上传输数据包，而传输信号的功率和外部噪声的量是给定的。信息论则解决信息在信道内编码的效率问题，比如如何压缩信息使其尽可能适应信道（称为信源编码）的问题，以及在信道上由于噪声的影响使接收到的信息发生错误情况下的信息保护（称为信道编码）的问题。信道编码可以改正信息的错误，是一种信息自修复的方法。电网通信应兼顾高效高速、占用信道资源尽可能少以及可靠即无错误发生等方面的内容。这些都证明了信息论和网络拓扑是相关的。目前，图论已被用于分析信息编码，在图上利用信息论的技术可以对网络的性质进行分析判断。

理论方法在分析问题的过程中很有用，因为通过它不仅能够做到对原理的深入洞察，也因为理论分析能够为问题的分析提供理想的限制条件。同时也可以了解系统设计是否接近最优。一旦智能电网的通信基础设施得到充分完善，信息理论和网络分析就可自然而然地用于机器学习中（机器学习是智能电网中的一个概念）一个推论是智能电网通信将与互联网非常相似：新颖。通过以电网为媒介的通信和创新，各种复杂的应用将会以类似于互联网创新的方式得到发展。

考虑通信和电力系统应用的相互作用。电力系统应用包括系统的稳定、负荷平衡、需求响应、开关、IVVC、自动增益控制、保护、柔性交流输电、状态估计等。然后考虑什么是通信和电力系统共同的基础。是否还有一个尚未被发现的电力系统信息理论？它的原理是什么？它会怎样改变电网的性质？从传统上来说，电力系统技术与电力器件（发电机、电感器、电容器组、变压器和负荷）内的动态电磁场有关。电磁场的动态变化不仅可以用麦克斯韦方程来表示，也可以以更高层次简化表示，如基尔霍夫定律。另外，过去长时间使用的以导纳矩阵和拉普拉斯矩阵为形式的网络分析在如今的网络科学中不断被重新发现。电力系统和通信系统早就分道扬镳了，电力系统的重点在于优化电能传输，而后者的重点在于优化信息传输。它们能否从根本上以香农信息论和麦克斯韦方程组的形式重新结合起来？如果能够这样的话，电力系统的统一场信息理论将是智能电网通信的核心。

正如功率在基于信噪比的通信中所起的作用一样，从本质上我们应该逆向考虑，即多大功率的信息可以影响或控制电网。然后，问题就变成了在电力系统和通信系统中代码被发送和接收的位置，即电力和通信网络的拓扑结构。通信的三个关键要素是信息（信息论）、控制（网络控制原理）以及网络拓扑结构（网络学）。值得注意的是，虽然将麦克斯韦方程和香农信息论统一可能对电力系统信息理论有所帮助，但统一可能更容易发生在一个更简单的层次上，例如基尔霍夫定律，甚至在个别电力系统组件的水平上。我们以这种统一的思想来探索通信的基本原理。

在电网中，电能传输与通信之间的另一个共同点是电网从相对统一和静态的电力管道转变为一个动态的系统，其中的一点就是为用户提供高度灵活和个性化的服务。从这个方面来说，电网类似于一个主动通信网络。在主动网络中的信息包含可执行代码，可以通过可执行代码来修改通信网络的结构。控制在网络中广泛分布，了解它们与智能电网概念的关系是有益的。总而言之，本章的内容清晰并且易于理解，介绍了一些方程和简单的背景知识，即使没有相关数学背景的读者同样可以比较容易地学习本章。

6.1.1 麦克斯韦方程组

麦克斯韦方程组构成了电和磁的理论基础，可应用到电力系统和通信中。这些方程支配着电能从发电机发出通过传输和分配到达用电负荷。任何电磁通信都受这些方程支配。通过这些方式可以把电力系统和通信联系在一起，从而得到电力系统信息理论。麦克斯韦方程组可概括如下：

- 库仑定律

$$v \cdot \boldsymbol{D} = 4\pi\rho \tag{6.1}$$

库仑定律描述的是两个静止点电荷之间的相互作用力即静电力的大小。两个点电荷之间静电力的大小与两个电荷量的乘积成正比，与它们之间距离的二次方成反比。

- 安培定理

$$v \times \boldsymbol{H} = \frac{4\pi}{c}\boldsymbol{J} \tag{6.2}$$

安培定律将闭合路径上的磁场与穿过闭合路径的电流联系起来。

- 法拉第定律

$$v \times \boldsymbol{E} + \frac{1}{c}\frac{\partial \boldsymbol{B}}{\partial t} = 0 \tag{6.3}$$

法拉第定律描述的是变化的磁场如何产生电场。

- 无磁单极子

$$v \cdot \boldsymbol{B} = 0 \tag{6.4}$$

该方程描述的是：空间中的每个体积元，进入和退出体积元的"磁力线"数量完全相同。没有任何"磁源"可以在空间内存在。例如磁铁南北极的磁场都一样强。只有自由浮动的南极而没有北极的磁单极子是不存在的。

总的来说，信息论允许：①对设计的理论预期和实现结果进行比较，以达到最佳的理论结果，让设计者知道何时停止优化智能电网设计的尝试；②冗余信息的消除，这对于智能电网中潜在的海量数据是至关重要的；③在智能电网中轮询或传输信息所需速率和带宽的最小化。

网络科学是一个广泛、跨学科的领域，它研究的是各个领域中出现的复杂网络。它大量借鉴了图论和统计力学以及其他领域的观点，并着重于研究网络中节点之间的互连所产生的网络特性。例如：网络科学已经被用于寻找电网中的漏洞，将电网作为一个网络进行分析可以估计和控制潮流。电网的稳定性也是一个受互连网络节点拓扑影响很大的特性。网络科学是一门新兴的科学，它将为电力及其通信设施提供基本理论。

信息论研究如何有效地表示和交流信息。无论智能电网应用中的具体通信技术、链路或协议如何，信息论都将指导最佳类型的信源编码和信道编码的选择，其中可能包括了各种各样的方法，包括压缩感知、网络编码或信源信道联合编码

（Hekland，2004）等，可以应用于智能抄表和故障的检测、隔离和恢复等领域中。这些通信信息在信息量大小、延迟和可靠性方面都有不同的要求，从信息量小的、关键的、需要低延迟的信息到信息量大的、不那么关键的、允许更长延迟的信息。经典信息理论通过计算技术优化通信系统以满足上述要求。

网络科学和信息理论并没有完全孤立地发展，科学家用图论中"图的最大容量"和"图熵"等概念作为分析和计算噪声信道最佳编码算法的工具进而发展出了网络科学。

在此，图是由正在传输的符号即图的节点构造的。信息混合的可能性或无法识别接收者的符号用图的边表示。因此，人们希望可以传输一组包含信息量最大的代码，但它们是图的子集，彼此之间没有连接，这些子集称为稳定或独立集。因此，不是通道作为图的边缘，而是整个图表示一个通道。

网络科学和电能之间的另一个基本关系来自于"图的能量"的概念，为了容易理解，这里不进行数学运算。其基本思想来源于物理学和化学，即原子的低能级反应和量子力学。在量子领域中，能量是离散化的。这些值由波动方程的解来决定，只有当能量值取离散值时这些才有意义，而这些值恰好是波动方程的特征值。任何图都可以表示为方阵、邻接矩阵或拉普拉斯矩阵，因此可以计算其特征值和特征向量。图表示一个系统，其特征值表示图的允许的能量状态。因此，可以得到"图的能量"。邻接矩阵是一个方阵，是表示网络中每个节点之间相邻关系的矩阵。关联矩阵则用一个矩阵来表示各个点和每条边之间的关系，其行数与节点数相同，列数与边数相同。当把一个"1"放置在一个边上，那么就留下相应的节点，同时一个"0"进入相应的节点。因此，关联矩阵将边转换成连接节点之间的"差"。如果关联矩阵因为捕捉到相连节点之间的差异而将其作为图的一阶导数，那么拉普拉斯矩阵（也称为导纳矩阵或基尔霍夫矩阵）表示二阶导数，也就是说，它是关联矩阵的二次方。基尔霍夫矩阵在潮流研究中起着重要作用。与此相关的理论是随机矩阵理论（RMT），它考察了随机矩阵的性质，通常适用于网络结构。

6.1.2　特征系统和图谱

方阵的特征向量具有特殊性质。回想一下，向量是在 n 维空间中具有大小和方向的量。当特征向量乘以矩阵时，得到的向量与原来的向量方向相同，这就是其特殊性质。而特征向量与矩阵相乘后得到的向量的大小由对应的特征值决定，如式（6.5）所示，其中 λ 是特征值，v 是特征向量，A 是矩阵。

$$\lambda v = Av \tag{6.5}$$

矩阵中有多个特征向量和特征值。光谱这个概念就来源于物理学中对有关波和能量的矩阵的特征值的研究。

6.2　能量和信息

功率的单位是 J/S 或 W，表示能量流动的速率。电网用于支持电能从电源到用户的流动。功率在时间上的积累就是能量，能量以 J 为单位，大小取决于积分的路径。另一方面，虽然信息的单位是比特，但是信息和能量在基础水平上是相关的。既然如此，那么信息和能量在根本层面上也是相关的。如果能够把信息、能量和控制以一致的方式联系在一起，那么我们就可以看到有一个更好的把通信和电力系统结合起来的理论。

简而言之，这个故事开始于麦克斯韦妖（Plenio 和 Vitelli，2001）。这是一个用来测试热力学第二定律的实验。热力学第二定律指出，在孤立的系统中的熵永远不会减少。麦克斯韦假设在一个密闭房间里充满了气体，房间的中间用墙隔开。有一个妖知道何时打开墙壁上的门让气体分子通过，例如，高能量的气体分子可以离开较低温度的空间进入到较高温度的空间。因此，墙两边气体的温度不再平衡，而是冷气体继续变冷，熵减小。此时热力学第二定律似乎不再适用。为了驱逐这个妖，捍卫热力学第二定律的正确性，科学家声称妖的测量与行动需要能量，从而将熵释放到房间中来弥补差异。然而这些反驳常常被证明是不正确的，直到班尼特（Bennett）和兰道尔（Landauer）认为关键在于妖"内心"的信息处理。

麦克斯韦妖的内心是一个处理系统，它可能是一个生物系统或者电子设备，但不管怎样，这是一个物理计算系统，它有自己包括熵在内的物理性质。如果计算的逻辑状态数减少，为了保持外界系统的熵，该物理系统就必须有相应的熵增。换句话说，兰道尔的原则（Bennett，2002；Landauer，1961）指出，任何不可逆的逻辑运算（信息熵的损失）的结果都会使环境中的物理熵相应增加。更具体地说，1 bit 信息的损失会导致 $kT\ln 2J$ 能量的释放，其中 k 是玻耳兹曼常数，T 是绝对温度。这对明确计算过程中电能的消耗量有直接作用。通过开发不可逆的计算元件可以大大降低功耗。当然，这是一个计算量大功率小的问题，电力系统信息理论则与之相反，电力系统信息理论强调计算量最小化并且实现对大量的电能进行有效控制。尽管如此，能源和信息之间的这种关系仍然存在并得到了验证。

6.2.1 追溯信息的物理现象

因为数字信息是通过熵的概念来定义的，所以借用玻耳兹曼熵的概念，就可发现数字信息与热力学通信之间无数的关联和相似之处。因此，详细地理解其中一个就会有对理解另一个有启发意义。下文首先将为具有电力系统专业知识但对通信不太熟悉的读者提供相关的知识背景，其次希望能够使读者加强这一观念——电力和通信之间还有更深层次、有待探索的基本关系。

我们首先从 Shannon - Hartley 方程开始，然后我们可以继续研究它与热力学的关系。通信的目标是在存在噪声的情况下成功传输信息。换句话说，传输信号必须与噪声区分开来。电网的目标是最大限度地传递能量而不产生噪声，而通信的目标在最小化功率的情况下传递信息。考虑发射机、信道和接收机的结构。接收的总功率如下式所示：

$$P = S + N \tag{6.6}$$

式中，S 是信号功率；N 是噪声功率。在这个方程中的一个假设是信号和噪声互不相关。

而电压的方均根是相关的，即

$$V^2 = V_S^2 + V_N^2 \tag{6.7}$$

在这里我们假设信息是由电压编码的。因此，总电压可以分成 2^b 个电压带，每个电压带宽度相等。电压带数越多就可以允许编码更多的信息，但另一方面是单个电压带的宽度会更小。电压带太小会使噪声干扰的概率变大，噪声干扰会使电压大小超出预期的电压带，从而导致错误的发生。设每个电压带的宽度为 ΔV。

由于我们知道了噪声电压为 V_N，所以可以得到允许的最大的电压带数，用方程（6.8）表示：

$$2^b = \frac{V}{V_N} \tag{6.8}$$

接下来利用代数运算和等量替换获得信号和噪声功率的结果。式（6.9）只是把式（6.8）表示成二次方根的形式：

$$2^b = \sqrt{\frac{V^2}{V_N^2}} \tag{6.9}$$

利用式（6.7）把式（6.9）右侧的 V 替代得到式（6.10）：

$$\sqrt{\frac{V_N^2}{V_N^2} + \frac{V^2}{V_N^2}} \tag{6.10}$$

将式（6.10）简化得到式（6.11）：

$$\sqrt{1 + \frac{S}{N}} \tag{6.11}$$

由式（6.9）~式（6.11）可知，$2^b = \sqrt{1 + (S/N)}$，解得 b 的大小是

$$b = \log_2\left(\sqrt{1 + \frac{S}{N}}\right) \tag{6.12}$$

现在假设我们可以在时间 T 内对 b 个电压级进行 M 次测量，则该时间段内的测量的位数为

$$Mb = M \log_2\left(\sqrt{1 + \frac{S}{N}}\right) \tag{6.13}$$

信息的传送速率表示为

$$I = \frac{M}{T} \log_2\left(\sqrt{1 + \frac{S}{N}}\right) \tag{6.14}$$

正如电能的传输不是完全有效的一样，传输信息也不是完全无噪声的。即使在最低的物理水平，在通信信道中也存在热噪声，因此需要进行噪声补偿。

由奈奎斯特定理我们可以知道，如果 B 是信号最高频率的部分，那么当采样率至少为 $2B$ 时就可以完全重构该信号。

$$\frac{M}{T} = 2B \tag{6.15}$$

式中，M 是之前定义的测量数；T 是时间段，它们的比值就是采样率。

注意到式（6.14）和式（6.15）中的 M/T，结合两式得到

$$C = 2B \log_2\left(\sqrt{1 + \frac{S}{N}}\right) = B \log_2\left(1 + \frac{S}{N}\right) \tag{6.16}$$

该方程定义了在给定带宽、信号和噪声水平的情况下，信息流过信道的最大速率的一般界限。

通过上面的说明，加性高斯白噪声（AWGN）可以用式（6.17）来表示：

$$y = x + n \tag{6.17}$$

式中，x 是要发送的信号；n 是噪声信号；y 是接收到的信号。

假定噪声服从复高斯分布 $CN(0, N_0)$，其中 N_0 表示噪声的方差，$N_0 = E[n\ n^*]$，其中 $*$ 表示复共轭。我们的目标是搞清楚理想气体压缩和通过信道进行通信所需能量的相似性。和 N_0 一样，$E_S = E[x\ x^*]$ 表示信号的能量。理想情况下，信号需要足够强以克服接收机解码信号时的噪声。

根据式（6.16），加性高斯白噪声信道的最大信道容量为

$$C = \log_2\left(1 + \frac{E_S}{N_0}\right) \tag{6.18}$$

这个方程缺少带宽 B 是因为我们假设带宽无限，也就是说我们允许传输时间无限长。

通过少量的代数运算，总的信号能量可以表示成

$$E_S = N_0(2^C - 1) \tag{6.19}$$

现在我们只需将总能量除以信道容量（单位是 bit）来获得每 bit 的能量：

$$E_b = \frac{E_S}{C} = N_0 \frac{2^C - 1}{C} \tag{6.20}$$

无限长时间传输 1 bit 信息所需的最小能量可以表示为

$$E_b^{min} = N_0 \lim_{C \to 0} \frac{2^C - 1}{C} = N_0 \ln 2 \tag{6.21}$$

其中的信道容量趋近于 0。

现在考虑理想气体，它与电网的相关性很强，因为电力通常是由汽轮机工作使气体压缩和膨胀做功产生的，例如蒸汽发电、水力发电、压缩空气储能甚至是风力发电。让我们看看怎样将其与通信联系起来（Samardzija，2007）。

气体内能的微分是：

$$dU = dQ - dW \tag{6.22}$$

式中，Q 是热能；W 是用来做机械功的能量。这个方程表示从总能量去除做功消耗掉的能量的微分。

现在更详细地考虑方程（6.22）中的每个量。热能为

$$dQ = TdS \tag{6.23}$$

热能是温度 T 和热力学熵 dS 的乘积。"熵"一词应该引起我们的兴趣，因为信息熵也是一个与之类似的概念。热力学熵描述内部能量 U 在各组分之间的分布情况，在这个例子中是单个的气体分子。

$$dW = pdV \tag{6.24}$$

式中，p 是压强（容器两侧气体的压力）；V 是体积；dV 是体积的微分。从式（6.24）看到，增大压强或增加体积变化的速率都可以增加其所做的功。

单个粒子的平均能量为 $kT/2$ 每自由度，其中 k 是玻耳兹曼常数。在此基础上，式（6.22）中提到的平均内能的变化是：

$$dU = \frac{LMk}{2}dT \tag{6.25}$$

式中，L 是粒子数；M 是自由度。

式（6.26）是著名的理想气体状态方程：

$$pV = LkT \tag{6.26}$$

考虑在一般情况下，假设 $L=1$，$M=2$，即粒子数为 1 和自由度为 2。这相当于一个沿平面运动的粒子。考虑在恒温的条件下，将容器中的气体体积减少一半，$dT=0$。使用式（6.22）并带入适当的值。

$$0 = TdS - pdV = TdS - \frac{kTdV}{V} \tag{6.27}$$

利用式（6.27），可以求出将气体体积减少一半所需的功是

$$\Delta W = -\int_{V}^{V/2} \frac{kTdV}{V} = kT\ln 2 \tag{6.28}$$

当然，选择减少一半体积不是随意进行的，这与二进制信息有关，因为跟踪每个粒子所需的信息量也减少了一半。这相当于减少了二进制信息的比特数。而气体粒子被限制在一个特定体积内可以认为是信息的存储。把气体体积压缩至原来一半这一行为可以表示为"1"或"0"。这与兰道尔的原理相关，兰道尔原理从理论上描述了执行计算的最小信息量。

回顾方程（6.21）和信道中的噪声方差 N_0。如果 $N_0 = kT$，则式（6.28）和式（6.21）相等，就可表示为

$$\Delta W = E_b^{min}, \quad N_0 = kT \tag{6.29}$$

这个等式意味着在加性高斯白噪声信道上传输 1bit 信息所需的能量与通过理想气体等温压缩存储 1bit 信息所需的能量（$kT\ln 2J$）是相同的，其中 $N_0 = kT$。当然，理想气体和通信之间的类比可以进一步深入，但在此的目标很简单，就是指出通信、信息和能量的基本的关系，读者可以尝试发现它们之间更多更深入的关系。

能量、信息和通信之间的关系如图 6.1 所示。图 6.1a 表示"麦克斯韦妖"打

开和关闭两个相隔空间的门，一个空间变得更暖和，另一个则变得更冷。兰道尔的相关理论说明这样违反了热力学第二定律。图 6.1b 表示之前讨论的理想气体压缩和信息的等价关系。图 6.1c 表示用于纳米级网络通信的微小元件，将在 15.4 节详细讨论。因此，图 6.1 说明了能量和信息是相关的（见图 a），通信和气体（能量）定律是相关的（见图 b），纳米级通信网络在这些关系的最底层运作。

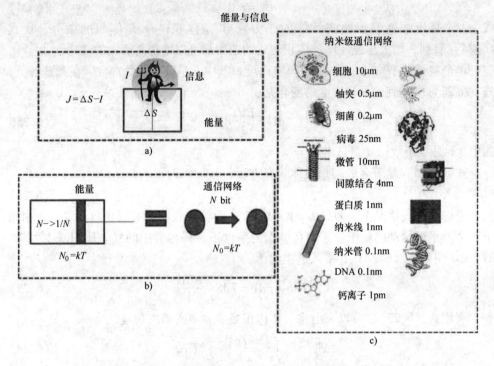

图 6.1　能源、信息和通信之间的关系　a）能源和信息相关
b）通信和气体（能量）定律相关　c）纳米级通信网络在这些关系的最底层运作
（来源：Bush，2010a. 经 IEEE 许可转载）

6.3　系统观点

　　敏锐的读者可能会看到这是如何引导我们的，然而，让我们先回顾一下形势再做最后的飞跃。电网的目的是实现电力的高效传输，传输的方式可以是有线无线传输、量子传输或是其他的形式。电源发出的能量与负荷接收到的能量不相等，也就是说电能在传输的过程中由于系统效率等原因损失了部分能量。智能电网通信就是要使计算过程以希望的方式高效进行。能量与信息的关系使我们对信息处理过程、通信所需的计算和通信最优化有了基本的理解，从而可以在一定程度上缓解能源传输效率低下的问题。这涉及理论上的最优值，正如信息论对于通信的作用一样，它提供了一个基本的理解和理论上的最佳限度。结果应与规模大小无关，即不管是能

量很小的理想气体还是通过传输线上的大量能量，结果都应该一样。

考虑一个简单的例子：一段时间内电能从电源传输到负荷。如果经过一定的时间，电源产生的功率和负荷接收功率存在 ΔE 大小的差异，然后就需要 $\Delta E/(2kT\ln 2)$ 位去补偿电力系统智能运行带来的损耗。换言之在电网中，麦克斯韦妖的化身必须进行大量处理来补偿系统的低效。这可以通过控制汽轮机中的气体分子、调节电网中的电容和电感、改变变压器的绕组比率或其他系统的活动来实现。

现在从更高层次的系统观点来分析通信和电力网络。信息论和复杂性理论的进展有助于理解能量、信息和自组织之间的关系。这种高级的抽象视图有助于优化电力网中的通信使用。智能电网的目标之一是建立一个可自我修复的系统，我们可以将其概括为自组织。自组织指的是可以自动适应扰动并且使系统返回到正常运行状态的能力。自组织是通信和电力系统共同的目标（Prokopenko 等，2009）。通过信息论可以对通信领域进行更广的探索。明确在哪里通信和需要多少通信等问题，使电网能够做到自组织，从而使其具有自愈能力，是当前研究的目标。

首先，需要更精确地定义相关术语。复杂系统动力学中的自组织涉及开放系统。对于一个开放系统，外界环境中的物质、信息和能量源源不断地进入到其中。所以很显然，这个系统不是一个高度工程化的反馈控制系统。在 8.6 节我们将利用经典控制理论对反馈控制系统进行介绍。研究复杂的动态系统更加具有挑战性。例如，智能电网时刻都在接收来自用户的价格信号，负荷在不停地变化，电力供应也可能会不断变化，电力线可能会出现故障从而导致不能正常输送电能。来自系统外的信号和事件不断输入到系统中，所以智能电网应该具有自组织能力从而处理这些事件。自组织是在没有中央或分级控制，也没有明确的指令来指示每个组件应进行什么操作的情况下系统的组织能力。由许多规则相对简单的小部分通过相互作用，构成全球性的、强适应性的"生命"系统，是研究人员试图理解和仿效的一种极具诱惑力的自组织形式。全球系统自组织的方式可能不明显或不易理解。而理解自组织的方法有很多种，其中一些方法涉及热力学的相关概念以及系统对能量的利用等。需要注意的是，这些分析方法中的"能量"指的是系统用于维持其组织的能量，而不是系统输送的能量。

6.4 电力系统信息理论

电网目前使用的概念来源于信息论和网络分析，这其中的每一个应用都超出了本章的范围，其中的部分应用如表 6.2 所示。经典信息理论的应用有效地提高了通信网络容量。利用压缩感知技术可以降低通信量，有利于 AMI 即高级测量体系。压缩技术可用于同步降低负荷。FDIR 即故障检测、隔离和恢复有利于网络分析。发生电气故障时需要对开关进行重新配置从而使故障对用户的影响最小化。判断电网状态所需的数据量越少越有利于进行状态估计。信息理论技术将提高电力需求预测的能力，并使电网能够更好地响应。分布式发电将从网络分析中得到更好的稳定性控制。一般来说，信息理论和网络分析的应用会提高总体系统的稳定性。将信源编码与网络分析相结合的网络编码在未来可能会进一步降低 AMI 以及智能电网中其他应用的流量负担。图谱理论可用于改善电网和通信网络的拓扑结构。熵和量子信息理论可以应用于智能电网中的网络安全（例如在第 15 章中所要讨论的量子密钥分发技术）。此外，熵和预测将优化网络内的储能利用。能量存储有利于减少用电高峰时的发电需求，从而使得电力需求相对平滑，这样相当于减少其熵。最后，一个最具挑战性的进步就是将电网延伸到纳米级的尺度，其中每一焦耳的能量都在分子水平上被有效收集。这需要新的能够在分子水平上操作的通信形式（Bush，2011a）。

表 6.2　信息论和网络分析相关概念在智能电网中的应用

概念	智能电网应用	作用
经典信道容量	贯穿整个智能电网	降低负荷
经典压缩	同步相量	相量数据压缩
压缩感知	AMI	降低仪表负荷
熵	安全性	提高加密强度
熵和预测	DR	预测输出功率
熵和预测	DG	平滑峰值需求
熵和预测	储能	减小波动
熵和预测	稳定性	信道编码
推论	状态估计	利用较少的数据推断状态
纳米级通信	纳米发电机，纳米级网络	由大量微小部件组成控制电网
网络编码	AMI	高效传输
量子信息理论	安全性	量子密钥分发
图谱理论	FDIR	配电网分析
图谱理论	电网和通信网	网络结构
图谱理论	智能通信网络	网络结构
熵	安全性	加密强度

本章指出：智能电网通信技术的进步将一直停留在肤浅和临时的状态，直到信息理论的基础扩展得到发展，进而使我们把通信和电力系统联系起来。通过展望未来电力系统的发展前景，我们对这种新的电力系统信息理论提出了要求。电力系统的发展需要有新的电力系统信息理论。这一愿景的重点包括：电力系统动态化，更多地使用物理场和可移动组件，微尺度和纳米级的分布式发电，以及可控性和复杂性的显著增加。这一愿景中的所有内容都有信息熵的增加，并且激发了对未来电力系统基础物理的基本限制的需求。

　　了解电网整体的最佳通信结构对工业、公用事业和标准工作组都是有益的。电网以零碎且非整体的方式发展越久，实现高效率、低成本运行的可能性就越低。首要的问题是通信对电能传输效率有什么影响？对于一个具体的电网应用程序，可以比较容易地分析噪声、带宽、延迟和抖动对该应用程序运行的影响。有许多这样的电网应用程序——如稳定控制、FDIR、AMI 等，每个应用程序都被设计成一个单独的控制系统，在这种系统中，通信的成本和延迟比较低，并且可靠性较高。每个网络应用都常常假设其控制系统由一个过度供应的通信设施支持。为了确保整个系统的优化和经济性，避免通信的低效和冗余，研究人员需要采取整体化的思路。为了做到这一点，我们应转而分析通信的基本原理。我们可以从通信本身来获取灵感。在数字通信的早期，就是以整体的方式对其进行建模和分析的。

更高层次目标之一是希望通过最大限度地提高集中式或可再生能源发电机对个人用户的输电效率来最大限度地降低成本和污染。我们需要知道：①我们的标准和架构是否正朝着最优化的方向发展；②能够实现理论上的最优化；③当我们在架构解决方案的空间中达到了理想的理论、低成本、最优效率的平衡。

例如，能够了解到诸如实现特定物理层通信解决方案所需的链路、接口和通信电缆或射频（无线电频率）能量的最小数量等度量的理论值是很有价值的。有必要根据物理层的特点了解这些解决方案对电力系统整体运行效率（而不仅仅是以特定方式实现的特定应用）的影响，这样设计可能效率不高或以非最佳方式影响着系统和其他应用。通信的一些基本度量如下：

- 传输每千瓦功率（有功功率）的最小比特数；
- 每比特（通信）的最大传输效率（接收/发射功率）；
- 每比特（通信）的最大稳定裕度（电压相角）；
- 每比特（通信）最小保护和恢复系统平均中断持续时间指数（SAIDI）；
- 每比特（通信）能够控制的最大负荷（最佳调度百分比）；
- 每比特（通信）的最大功率因数（无量纲）；
- 每比特（通信）的最大分布负荷平衡。

- 如果通信是通过无线方式实现的，那么以上所有的都按照最小射频功率或最佳空间复用执行。

我们还希望这些指标有通信延迟、抖动和容忍丢包等。对于特定装置来说，这些值很容易获得，但这不是我们的目标。我们的目标是假设在理想的传感、驱动和控制的情况下确定这些值的理论的最优值。

图 6.2 表示智能电网通信的抽象模型。在图的左侧，电力垂直流动。在图的右侧，控制系统感知功率参数子集，并做出必要的决策，将控制信号发送给执行器。图右上角的应用具有系统的高级管理功能。在此模型中，我们假设传感、驱动和控制过程都是"完美的"。此外，因为我们需要理论上的最优值，所以我们假设最基本的模型可以感知所有参数，并且可以进行任何驱动。此时不考虑某些参数可能具有有限的可探测性。我们想要知道通信和电能传输之间能达到的最佳状态。该控制

系统具有理想的潮流模型，在计算时延为 0 的情况下能做出理想的决策。我们将通信作为唯一潜在的不完善组件，这样我们就可以把重点放在通信对系统的影响上。

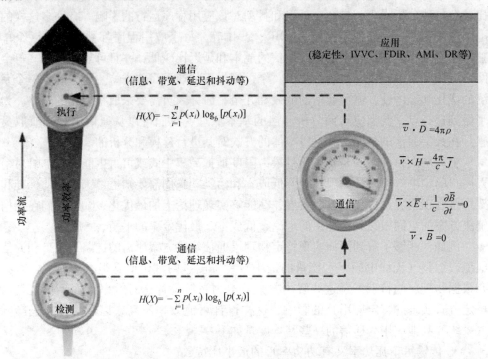

图 6.2　表示智能电网通信的抽象模型，电力在图中的左边竖直流动，系统检测功率参数，之后执行器对其进行修改。在图中的右侧，控制系统根据检测到的参数做出必要的决策，右上角的应用程序可以进行系统的高级管理。通信性能影响应用程序对电能传输效率的控制能力（来源：Bush，2013a，经 IEEE 许可转载）

　　研究表明，热力学定律和香农信息论之间存在着能量对应关系（Samardzija，2007）。将理想气体绝热压缩至其初始体积的 $1/N$ 所需的平均能量与实现等效加性白高斯噪声通道的容量 $C = \log_2 N$ 所需的平均能量相同。发电机特别是利用热力学过程提取转化能量的汽轮发电机，与通信有着直接相似性。理想气体体积与最小二次方码字距离之间也存在对应关系。同时，兰道尔原理通过信息和熵来表示信息与能量之间的直接联系。通信、信息和能量之间的这些关系暗示着通信理论和电力系统之间可能存在更深层次的关系，但这些关系究竟是什么还有待探索，如图 6.2 所示。

　　通信系统用于支持控制系统以减少电力损耗和改善电网内的电能质量。图 6.3 表示一个概念图，其中黑色条的厚度表示网络中的功率损耗，灰色条的厚度表示通信信道的容量。该图反映了电网效率和通过信道的信息流之间的关系。目前正缺乏对这种关系的基本了解。相反地，通信链路倾向于以一种随意的、临时的方式添加到电网中。在图中只有少部分的电力应用程序，即稳定性控制、IVVC、故障检测、隔离和恢复和高级测量体系。每个应用独立控制从而实现电网的优化运行。IVVC在 3.4.1 节已进行详细了说明。

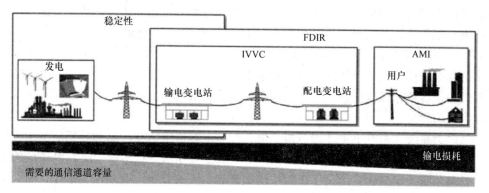

图 6.3　对图 3.7 进行重新说明，这是电能传输期间通信带宽（灰色）与功率损耗（黑色）的概念图。通信带宽越大，控制和降低功耗的效果就越好。作者认为通信功率、信道容量要求和电力系统内的低功率损耗之间存在着基本的平衡（来源：Bush，2013a。经 IEEE 许可转载）

从电力系统信息论的角度来看，最接近于此的理论是网络控制系统理论（Figueredo 等，2009）。然而，网络控制理论仍处于起步阶段，其并没有直接解决能量、信息和通信之间的关系等更为密切的问题。因为电网和通信网络本身都是复杂的网络，所以信息理论和与网络科学有关的概念在智能电网中发挥着越来越重要的作用。通信网络携带的信息必须以最有效的方式进行编码，从而减少其所需的带宽（源编码）并使其具有"自我修复"（例如，纠错或信道编码）的能力。

在本章中，网络科学的一些术语可以互换使用，如网络分析和网络拓扑。因为网络科学是一个新兴的研究领域，所以目前还缺乏官方公认的定义。美国国家研究委员会将网络科学定义为"物理、生物和社会现象的网络表示，导致这些现象的预测模型…建立网络科学将提供一个严谨的结果，从而提高复杂网络的工程设计的可预测性，并加速各种应用领域的基础研究"（用于未来军队应用的网络科学委员会，2006）。因此，网络科学的重点在于从系统的网络结构而不是特定应用的细节导出对系统的影响。换言之，网络科学试图将"网络"与"应用"隔离开来。毫无疑问，电网和通信网络的性能与它们的网络结构密切相关。当这两种网络结构在智能电网中以整体方式结合时，就有可能产生复杂的网络效应。网络科学广泛应用于社会网络、经济学和生物学在内的许多学科中——所有这些都在智能电网中发挥作用。然而，由于篇幅有限，我们只讨论网络科学中最直接影响电网物理结构和运行的方面。虽然网络科学在社会、经济等方面的理论可以用于对电力网的研究（特别是对需求响应的研究），但这些内容超出了本章所要讨论的范围。

信息论与网络科学是相关的，网络的特征可以用其矩阵编码表示（编码理论），而图可以用来分析信息编码。智能电网信息的编码必须可靠（无错误）和高效（传输迅速，占用更少的带宽）。信息理论为我们提供了分析的工具，从而可以通过它发掘通信的理论极限，这可以使我们确定通信网络是否达到了最佳性能。信息理论与网络分析早已拓展到了机器学习之外。本节重点介绍这些基本理论与电力电网的相关性，并在电力系统的背景下讨论这些理论的现状。例如，再次考虑图6.3。工程师们想知道当达到最优电能传输时的最小的通信成本。我们可以找到一个理论来告诉他们如何接近最佳的通信架构吗？当然，在通信领域中我们可以确定最佳信道容量和最佳压缩率。但是，电力系统的最优输电效率和通信之间的关系还没有搞清楚。

电力系统在根本上关注发电机、电力线、电容器组、变压器和高感应电动机负荷中电磁场的动态，这些动态由6.1.1节中的麦克斯韦方程组所定义。电磁场的上层是基尔霍夫定律，它定义了电网中的电流和电压的分布。基尔霍夫定律、导纳矩阵和拉普拉斯矩阵在网络分析中有着悠久的历史，本章对此做了叙述。但不幸的是，电力系统和通信沿着独立的理论路径发展起来。智能电网提供了一个统一这些不同领域的机会，而这一章恰恰提出了这样的愿景：统一的必要性，也许是以香农信息论与麦克斯韦方程为形式的统一。

当我们关注通信和电力系统应用，诸如稳定性、负荷平衡、需求响应、开关、IVVC、自动增益控制、保护、柔性交流输电系统、状态估计和其他电力系统应用时，我们需要考虑究竟什么是通信的共同基础。本章认为，常见的最基本原则是信息（信息论）、控制（网络控制）以及网络拓扑结构（网络学）。虽然我们建议将麦克斯韦方程和香农信息理论统一起来以创建一个"电力系统信息理论"，但统一更有可能发生在更简单的基尔霍夫定律的水平上，甚至是在单个电力系统组件的水平上。然而，正如功率在基于信号的通信中发挥作用一样，在本质上应该反向考虑：电网中1bit信息影响或控制多少电力。那么问题就变成了在电力系统和通信系统内该比特被发送和接收位置的讨论，即电力网和通信网的网络拓扑结构。智能电网也将电网从一个十分被动的电力通道转变为更自主且有活力的电网。主动配电网络就是一个很好的例子。因此，我们从信息论的角度研究主动通信网络，并将其作为理解和实现自我修复的一种手段，并将其作为机器间（M2M）通信的一种形式。

要设计一个良好的电力网，需要用基本的理论来检验设计工具和存在的局限性，并将这些检验结果与实际结果进行比较。对电网的完全控制需要进行实时的信息采集，并实现闭环动态控制。理想情况下，完整的数据集合（电网中所有点的测量数据——变电站、电力线设备和用户的测量数据）应该是持续有效的。但由于电力网络很大，这样理想的情况难以实现。为了解决这个问题，可以适当放宽实时性方面的要求。可以通过电网内的状态估计（Schweppe和Wildes，1970）来实现。状态估计用于控制理论和网络控制等相关领域。网络控制试图理解通信对控制系统行为的影响——例如，延迟如何影响控制系统的性能和稳定性。状态估计自诞生以来就在业界得到了深入的研究和发展。分散式和分布式状态估计技术已经被开发出来，可以实现在相关的状态空间内对信息的隐藏、操纵和模糊。一个明显的发展趋势是将状态估计与本章所描述的所有技术结合起来。简单地说，电网数据存在冗余，这意味着可以通过省略数据以减少带宽。信息理论有效地解决了确定"实时性"需要的程度以及冗余而可以忽略的条件这两个问题。此外，通过网络学分析电网，可以了解到电网的潜在优势和弱点，甚至可以了解其动态范围，即扰动如何快速流经电网从而产生共振或衰减。从信息论的角度来看，电网是一个复杂的系统，电力通过传输线在网络中传输。电网可以用图来建模（单向或双向取决于视图），以电气设备作为图的节点，功率流为边。这是电力系统工程师在潮流分析中经常做的事。

　　信息论研究信息的有效表示和传输。信息论应用到电网中可用于确定信源和信道编码的最佳形式，包括压缩感知、网络编码和联合信源信道编码等（Hekland，2004），从 AMI 中的客户抄表的编码到分布式系统中的 FDIR。这些通信应用程序在信息量大小、延迟和可靠性方面都有着不同的要求，从短的、关键的、低延迟需求的信息到更长的、不那么关键的、允许有更长延迟的信息。经典信息理论利用计算技术优化通信系统以满足这些不同的要求。对于电网来说，最好知道理论上每千瓦的最佳比特数，即尽可能有效地利用电能，或者每千瓦电能的比特数。这一概念可以降到物理通信层，这样就可以将电网效率作为最佳通信传输功率的函数来推导。例如，使射频传输功率达到信道容量从而能够对电网提供必要的控制。事实上，在物理通信层，通信功率（单位 dBm）和电网功率（kW）之间的统一性变得明显。它应该可以像通信电源一样处理电网功率，反之亦然。例如，无线电网可以实现吗？电网功率能以存储转发的方式传输吗？通信网能否可以嵌入或者更全面地与电网结合起来？当然，这些问题的答案是肯定的，在之后我们将对其做出解释。

　　信息论、网络科学和图论都与图的最大容量和图熵等相关联。在这些应用中，使用图形来分析信道编码的效率。图的最大容量使用图形表示传输符号的潜在混合，其中符号是节点，边表示符号之间的混合。图的容量是可以通过给定符号传播的最大消息数。图熵与图的最大容量有关，给定图中符号发生的概率，它返回图的信息熵（即其信息承载能力）。图论比较全面地研究了图和网络的结构，它研究了与图相关的矩阵的特征多项式、特征值和特征向量，其邻接矩阵与拉普拉斯矩阵。邻接矩阵是一个方阵，矩阵中的元素表示网络中每个节点之间的连接情况。关联矩阵的行数等于顶点数，列数等于边数。当在一个边上放"1"时，那么在相应的节点的边缘留下相应的节点和"0"。因此，关联矩阵将边转换成连接节点之间的"差"。如果由于关联矩阵捕获了互连节点之间的差异而考虑把它作为图的一阶导数的话，那么拉普拉斯矩阵（也称为导纳矩阵或基尔霍夫矩阵）可以作为图的二阶导数，也就是说，它是关联矩阵的二次方。它对电力潮流的研究有重要的作用。与其相关的一个领域是随机矩阵理论。6.4.3 将讨论随机矩阵理论，考察随机矩阵的性质，通常适用于网络结构的研究。

信息论的最新进展，即算法信息理论，着重于分析计算和信息之间的关系，即生成给定信息的程序的最小特征（最小大小、最小执行时间）。其在最小描述长度（MDL）原理和 Kolmogorov 复杂性原理（Barron 等，1998）中提到。这些可用于对正常与异常的操作状态进行分类，并可用于智能电网的网络安全和故障检测（Bush，2002）。它也在主动网络中起到重要作用，这一点在之后的 6.5.2 节进行介绍。信息论也和复杂理论、理解复杂系统行为紧密联系。复杂理论的产生是因为电力必须以受控的方式进行传递，系统必须能够适应外部事件以保持电能质量。为了保证电能质量符合用户要求，电网中各元件之间的信息交换是必需的。由于电网是一个复杂的系统，所以通过复杂性理论（如自组织临界性）可以了解产生信息的速率以及相应的通信需求、网络安全漏洞和运营效率等。

6.4.1 复杂理论

毫无疑问，电网是一个复杂的系统，能够通过多种变化条件保持供应和需求之间的平衡。图 6.4 说明当电网成为"智能电网"时，它开始在两个复杂系统之间相互作用：市场和用户。它正在成为一个双向的电力市场调节者。因此，复杂性理论成为寻找智能电网行为相关理论的很吸引人领域。

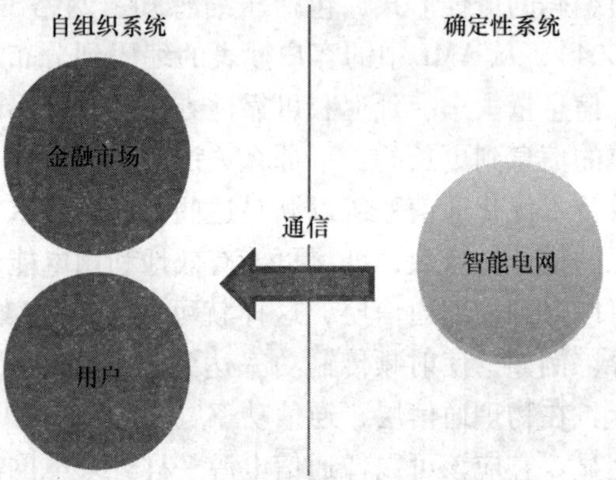

Kolmogorov 复杂性理论衡量了对某个对象进行描述所需信息量的大小，在之后的 11.2.1 节进行更详细的讨论。最小描述长度原理是形象化的 Occam 剃刀原理，它说明了一组数据导致信息最大压缩的最可能的假设。还有许多其他的对于复杂性的定义，图 6.5 表示对各种形式的复杂性进行分类。

图 6.4 金融市场是自组织系统的一种形式。将电网作为确定性系统进行了初步的分析和设计。需求侧相应作为智能电网的组成部分，正在利用通信技术把自组织金融市场与人类制造的最大、最复杂的机器之一——电网结合起来。结果是形成一个高度复杂的系统

目前电网采用的是来自信息论和网络分析的概念。列举出的每一个应用都可能超出了本章的范围，其中部分应用如表 6.2 所示。经典信息理论的应用有效地提高了通信网络容量。AMI 可以通过压缩感知来获得更大的流量。压缩技术可以用于 PMU 中以降低负荷。故障的检测、隔离和恢复得益于网络分析，发生电气故障需要对开关进行重新配置以使故障对用户的影响最小化。推断电网状态所需的数据越少越有利于进行状态估计。信息理论技术将有助于提高电力需求预测能力和负荷应对能力。分布式发电将通过网络分析获得更稳定的控制。信息论和网络分析的应用

复杂性测试

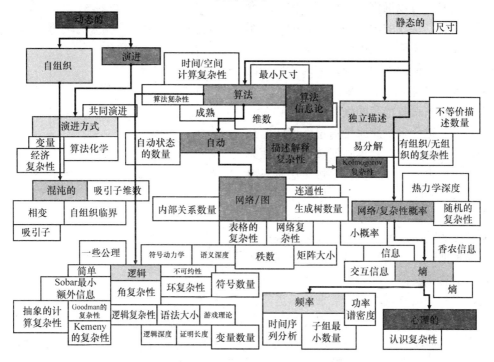

图 6.5　图中有很多复杂性的定义。该图对来自动态和静态技术的复杂性的定义进行了分类。
动态技术包括测量系统的转换或演进，静态技术则试图从系统静态中估计复杂性

会提高电网的总体稳定性。

　　信源编码与网络分析相结合的网络编码方式在以后可能会进一步降低 AMI 的流量负担，并且也可用在智能电网其他组成部分中。图谱理论适用于改善电网拓扑结构和通信网络拓扑结构。熵和量子信息理论可应用于智能电网中的网络安全（例如，量子密钥分发）。此外，熵和预测也可应用于优化网络中的能量存储。这是因为能量存储可用来帮助减少负荷使用峰值时的电力需求，使电力需求变得平滑就相当于减少其熵。而最具挑战性的进展之一是延伸到纳米尺度的电网，其中每一焦耳的能量都能在分子水平上有效获得。这需要有新的能够在分子水平上进行操作的通信形式（Bush，2011a）。之后的 15.3 节将叙述其更多细节。

6.4.2　网络编码

　　网络编码是信息论应用到电网通信编码的一个例子，下面对其进行简单说明。如图 6.6 所示，图顶部的节点 S1 和 S2 能够对网络进行充分利用，使它们发送的信息达到图的底部的目标节点 R1 和 R2。中间用 $a_i \oplus b_i$（表示 a_i 与 b_i）表示链路，为传递信息的中间通道。而目标节点接收到来自两个发射节点的所有信息。在本例中若不进行网络编码，那么中间链路只能单独传输从 S1 或 S2 发送的数据包，而不

能同时传输两个数据包。

此概念可以推广到随机网络中，即允许节点将其接收的消息进行随机的线性组合后发出，类似上图中间链路对信息进行线性组合的情形。随机网络编码所使用的系数来自 Galois 域。如果字段足够大，那么接收节点将有很高的概率得到足够多线性无关的组合来重建原始信息。可问题在于，若接收方没有获得必要数量的线性无关的信息组合，那么接收方将无法解码出任何有用的信息。为了避免发生这种情况，一个典型的解决方案是节点同时也传输额外的随机线性组合的信息以克服信道中的预期误差。虽然这样也额外增加了传输的信息量，但是网络得到高效利用的优

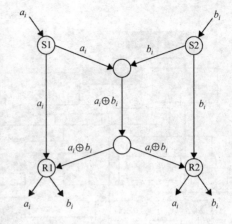

图 6.6　表示网络编码允许通过多个信道同时向多个接收节点传输信息，可以使网络得到更加充分的利用（来源：Katti 等，2008。IEEE 许可转载）

点足以弥补信息量增加所带来的不足，所以网络吞吐量仍将全面增长。

由于篇幅有限，无法介绍表 6.2 中列出的所有智能电网应用，下面我们详细介绍 IVVC（Borozan 等，2001）。通过这个例子，我们可以了解通信是怎样应用到特定的电力系统方案中的。顾名思义，IVVC 是对电压和无功功率的联合控制。当电力系统中存在电感或电容等无功元件时就存在无功功率，这些无功元件使电流滞后或超前电压。当把功率看成相量时，功率就可以在复平面上进行表示，这个相量由实部和虚部（无功功率是复功率的虚分量）组成。从物理学的角度来说，电网内的无功功率在无功元件之间来回流动。虽然无功功率不做功，但它必不可少，因为它支持了有功功率的流动。事实上，无功功率与电网电压水平密切相关。必须严格控制无功潮流和电压水平，使电力系统在可接受的限度内运行。电网中有各种调节电压、控制无功功率的装置，如并联电容器、并联电抗器、静止无功补偿器。并联电容器常常以电容器组的形式切入和切出电路。抽头可调变压器（有载分接开关）是一种常用的电压调节器，通过简单的机械开关可以改变变压器的绕组匝数。调节的结果是保持适当的工作电压。因此，许多电压调节装置和无功功率装置分布在整个电网空间上，它们必须协调工作，以使电压和无功功率保持在最佳工作范围内。这是一项复杂的任务，因为随着电网用电负荷的增加电压会下降，而且负荷距离电源越远电压下降越大。在实际的操作环境中，无功功率的动态变化也很复杂，因为无功元件的大小取决于用户所用负荷类型的混合。电动机是高感性的，而许多固态电子器件是电容性的。其结果是有一个复杂并且动态变化的电压和无功功率谱，需要对共同作用的电压和无功补偿装置进行持续的监视和控制。另外一个要考虑的是降低电压（在安全范围内）以降低设备消耗的功率。节能降压技术是一种通过负

荷降低电压的技术。然而，这将使电压水平接近其可接受的下限，从而降低了处理电压波动的安全裕度。与此类似，在安全的范围内尽可能减少无功功率，可以释放资源用于有功传输。从通信的观点来看，很重要的一点是电压和无功补偿装置必须位于电网中的特定点。此外，为了保证电网安全运行，必须在设备之间连续可靠地交换监测和控制信息，即避免电压崩溃或在极端情况下的电气故障。

因为有许多不同种类的 IVVC 优化度量方式，所以 IVVC 可以看作是一个多目标优化问题。例如，IVVC 可以通过在电能传输和分配系统中最大化功率因数和维持电压分布来使功率损耗最小化。功率因数是有功功率与视在功率之比（前面提到的复合功率），而电压分布是时间和到电源之间距离的函数。当 IVVC 应用于电力系统中时，稳定性函数是另一个需要考虑的目标函数，需要使其达到最大。稳定性是输电线路上电压相角的差异，如果过大就可能导致发电机失步。正如对多目标优化的典型情况一样，没有一个点可以同时实现所有目标的最优化。相反，存在一个 Pareto 最优解，在这种解决方案下，不可能在不降低其他目标的前提下改进一个目标。因此，IVVC 需要进行大量的计算，包括求解最优的潮流方程，该方程高度依赖电网的网络结构。IVVC 需要有大量的最新状态信息通信以及快速、可靠的通信控制。为了得到必要的信息，相量测量单元广泛应用于电网中的各个部分。但请注意，这只是电力系统应用需要通信网络支持的一个相对简单的例子。希望通过介绍这一简单的例子，为读者提供一些电力系统的知识，从而了解电力系统、通信信道容量、信息论和网络学之间潜在的相互作用。在这个例子中，一个糟糕的通信信道可能导致以下问题：①降低 IVVC 接收数据或发出命令的速率，从而减少其响应时间，导致错误的操作；②丢失数据包，使其对错误的状态进行推断处理，导致误操作。在一个大型网络上进行多目标的有效优化依赖于网络学的进步。此外，网络科学也有助于提高在电网中布局传感器和执行器的能力。

本章其余部分重点关注电力系统、信息理论和网络科学之间是否存在更深层次的关系。当以适当的深度和视角观察时，诸如 IVVC 之类的电网应用就成为简单的问题而不是一套复杂的启发式和估计，所谓的智能电网是否是简单地运用新技术就可以实现的。下一节详细介绍信息理论和网络分析。具体来说，首先简要介绍基本的信息理论和随机矩阵理论。由随机矩阵理论自然引出网络拓扑结构分析（即网络由随机矩阵描述）。其次是对压缩感知技术的讨论，这是传统的信息理论中一个相对较新的领域。然后从信息理论的角度，讨论自我修复和 M2M 通信的问题，这两者都是实现智能电网的组成部分。这是在主动网络的背景下进行的，主动网络是一种高度灵活的通信组网方式。

6.4.3 信息理论和网络科学

信息理论和网络学技术如何发展、我们期望其如何发展以及它们在智能电网中应用可能遇到的困难等背景下讨论的。信息理论是一个极为广泛的课题，包括由 Claude Shannon 开发的经典信息量化（Shannon，2001）以及由 Ray Solomonoff 和

Andrey Kolmogorov（Kolmogorov，1965）开发的算法信息理论的另一种量化方式。信息理论与图论、网络拓扑有关，例如图和图熵的最大容量（Shannon，1956），最近参考是 Solé 等人提供的（2004）。图论较为全面地研究了图和网络的结构，同时也研究了与图相关的矩阵的特征多项式、特征值和特征向量，例如图的邻接矩阵和拉普拉斯矩阵。对图论和随机矩阵理论的研究有着悠久的历史，至少可追溯到 20世纪 50 年代，其常用于了解电力网的拓扑结构。拉普拉斯矩阵也叫基尔霍夫矩阵，很早就用于研究电流网络。可以在 Bush 和 Li 的研究中找到拉普拉斯矩阵应用于纳米尺度电流的计算，这是一个对碳纳米管导线中传输纳米尺度功率流的研究。

电网是一个复杂系统，可利用复杂性理论进行研究。复杂性理论可以追溯到至少 1948 年（Weaver 和 Wirth，2004），复杂性是在预测系统属性的难度。Andrey Kolmogorov 在 1965 年和 Gregory Chaitin 在大约 1966 年分别独立开发出算法信息理论。算法信息理论的重要思想之一是信息的压缩率可以提供关于生成信息的源的性质的有用信息。最小描述长度原则和 Kolmogorov 复杂性理论（Barron 等，1998）中提到了这一思想。这一点可用于对正常和异常操作状态进行分类，并可应用于智能电网中的网络安全和故障检测（Bush，2002）。

RMT，即随机矩阵理论（Anderson 等，2011），已应用到物理学、金融经济和无线通信等多个领域中。随机矩阵理论的目标是理解矩阵的属性，矩阵的元素来自于特定的概率分布。如果用邻接矩阵表示图，则可利用 RMT 洞察到相应的网络结构。这种方法对于理解网络中的扰动和故障如何影响整体系统（例如电力网）是特别有用的。RMT 还为电网自我修复和抗故障能力提供理论基础，无论故障是由意外还是恶意造成的。并且为变化的可再生分布式电源（Marvel 和 Agvaanluvsan，2010）的稳定控制提供理论基础。众所周知，可以使用基尔霍夫矩阵的特征值来计算任意连接的阻抗网络中的任何两个点之间的电阻。（Bush，2010b；Wu，2004）。

考虑邻接矩阵 A，其中元素 $A_{ii}=0$ 且 $A_{ij}=n$，如果顶点 i 和 j 由 n 条边连接起来。在图论中，n 总是为 1，但在表示现实网络中，n 可以取任何正整数；也就是说，边将被加权。矩阵的特征值提供了网络拓扑结构的信息：零特征表明星形结构的存在，即存在与多个外围节点连接的单一的中央节点，而高密度在一定大小的特征值表示存在断开的节点对。但这个矩阵仍然是确定的。因为电网中有可再生能源（例如风能和太阳能）以及其他可随时添加和移除的分布式发电装置，所以其本身就具有不确定性，我们需要将上述技术应用到电网中。

信息理论的基础是对信息熵的定义。如果有 n 种可能的结果，那么熵可以被认为是获得的期望值（最高级）。在以下对熵定义中，对数的基数 b 通常为 2：

$$H(X) = -\sum_{i=1}^{n} p(x_i)\log_b[p(x_i)] \qquad (6.30)$$

6.4.4　网络科学和路由

图谱技术已被广泛用于解决通信中与路由相关的问题——从了解网络的结构，到优化无线传感器网络路由（Subedi 和 Trajković，2010；Wijetunge 等，2011）。节点聚类信息被编码在网络邻接矩阵和拉普拉斯矩阵的特征值和特征向量中。例如，特征向量用于识别互连的自治系统节点组。智能电网中传感器网络的路由是非常重要的，当传感器节点的数量增加时，就需要有高效的路由技术。特别是在传感器大量安装的情况下，转发路由表信息的传统方法增加了大量开销。研究人员发现，RMT 和图谱理论可用于网络路由（Wijetunge 等，2011）。

图的拉普拉斯矩阵是度矩阵之间的差值，它是表示每个节点与其他节点连接数量的对角矩阵，以及图的邻接矩阵。图的拉普拉斯矩阵是图的一个基本属性，它可以有许多不同但等效的导出形式。

人们已经发现，互相连接或耦合的部件（例如振荡器）的全局行为，对它们形成的网络结构非常敏感。研究人员最喜欢的示例是萤火虫或蟋蟀的行为，将它们以适当密度放置并保持之间的互相联系，于是它们开始感知到彼此的闪烁或鸣叫，并且在之后闪烁或鸣叫会逐渐变得同步，最终，整个系统的鸣叫或光的闪烁会完全同步。这一概念在电网的网络结构中起着基础性作用。FDIR 取决于分布式系统的电网的拓扑结构。继电器必须相互协调，使得电网故障"自愈"（Bush 等，2011a，b）。

通过将输电网中的扰动视为电网网络拓扑的函数，就可以在发电和输电水平上观察电网的同步和稳定性。举一个简单直观的例子。首先，摆动方程将发电机转子的功率角和加速度描述为发电机所施加的机械力和负荷的函数，发电机的这种特性在图中用一个节点来表示。传输线可以用理想阻抗建模，并用图的边表示。发电机之间以及发电机与负荷之间的联系用图的拉普拉斯矩阵描述。利用图谱技术可以对电力网中的扰动是否会被电网的拓扑结构放大或抑制做出一般假设。所得结果可用于研究电网网络的拉普拉斯矩阵的特征值。从而可以进一步研究增加显式通信机制对发电机与发电机耦合的影响（Li 和 Han，2011），从而将网络科学、信息理论和网络控制相结合。

6.4.5　压缩感知技术

压缩感知技术（Candès 和 Wakin，2008）最初是为成像而开发的，用于减少患者在计算机辅助断层扫描中的辐射暴露，之后被应用于其他不同的领域。只要存在"多余"的信号，就可以使用这种技术。简而言之，通过这种技术，我们可以减少用来表示信号的样本数，而不会丢失信息，或者至多只损失一小部分信息。在电网中也可以使用压缩感知技术。典型的例子包括电气距离很近的相量测量单元（PMU）和智能抄表（Li 等，2010）。

在以下的内容中，信号和向量同义，并且假设了离散时间信号。N 是 k 稀疏的信号，如果它是只有 k 个基向量的线性组合（$k \ll N$）。回想一下，基向量构成一组线性无关的向量组，通过线性运算，可以用基向量组表示给定空间中的任何向量。所以，可以利用转换编码技术将信号映射到 N 维的基底上（可能与上述 k 维向量不同），然后选择投影最重要的分量。最重要的分量的基数通常比 N 小得多，通过对它们进行传输，可以节省带宽，同时可以使信号进行精确的重构。

压缩感知的原理是提前了解哪些信号样本可以无需采样，因为这些信号样本对信号的重构影响不大。其目的是希望减少 CT 辐射扫描。通过变换、传输和反变换，我们可以避免对信号序列的全部采样。我们只对离散样本进行采样和传输，并利用离散变量的知识来帮助完成对稀疏信号的重构。

设 A 是一个测量矩阵，它表示我们实际采样的值（可能是一个性能良好的随机矩阵），然后由 $y = Ax$ 定义样本 y。为了重构信号，我们寻找稀疏向量 $\min \|z\|_0$，其中 $\|z\|_p = (\sum_{j=1}^{N} |x_j|^p)^{1/p}$ 是重建我们接收的样本的向量的 p 范数（或大小）。因此要解决的优化问题是：$\min \|z\|_0$ 以 $Az = y$ 为条件，因为这很难求解，所以在实践中使用：$\min \|z\|_1$ 以 $Az = y$ 为条件。

智能电网带来的结果可能是机器学习和人工智能应用的增加。有许多采用了机器学习和人工智能的应用程序被开发出来用于电网（Pipattanasomporn 等，2009；Saleem 等人，2010），这些将在第 11 章中详细讨论。信息理论和网络分析在机器学习和人工智能的研究中起到很大作用，但是本章主要讨论它们对通信的作用。电力网内的移动代理技术和动态可编程设备要求电力通信网络具有传输可执行代码的能力。从一种通信方式中可以学到很多东西，有助于形成一个高度动态、可重新编程的通信网络，即后文所述的主动网络。

我们希望信息理论和复杂性理论不断发展，以便更好地理解电网这一复杂的系统。此外，信息理论的发展将使人们能够理解主动网络和灵活且可重构的电力网络。压缩感知和网络编码等信息理论方面的课题可以应用于电网中的 AMI 和状态估计。更重要的是，与物理学结合的信息理论有助于将电力系统管理和通信结合起来（也就是说，通过创建新的属性和指标，从根本上将电力系统和通信进行整合）。

本章已经讨论了热力学和信息以及能量和信息之间的关系的有趣的理论工作。在信息熵的基础上，已经考虑了电力消耗信息熵的信息理论度量（Marculescu 等，1996）。本章的观点是将这种分析方法扩展到对信息理论和电力系统网络整合。虽然发电的原动机通常由热力驱动，但电力本身也遵循麦克斯韦方程组。所以很明显，我们可以从信息理论的角度直接分析用于形成通信通道的电磁波（Gruber 和 Marengo，2008；Loyka，2005）。通过这种分析，我们也可以从根本上将电力系统和通信结合起来（在电荷和电场的水平上）。这将使我们能够理解：①明确将通信放在何处，因为所有电力系统组件的熵都处于低水平与高分辨率（目前电网中的通信中都是以一种特别的方式实现的）；②波导理论上的通信限制（例如，电力线载波），而现在只能对其进行估计；③精确最小的"每 kVA 位数"去传递电力。

由于①和②，这可以精确地知道。这些概念在 Bush（2013b）的细节中得到了更多的讨论。

在电力行业工作的人都知道，在优化电力系统（例如，保护与可用性）时，必须考虑相互竞争的目标。了解上述的理论限制将有助于对电网进行优化。此外，上述理论限制与网络分析的结合会在传感器网络路由中发挥重要作用。它可以在更基本的理论层面上将场的潮流和通信路由统一起来。

信息理论和网络分析在改善通信方面已经有了很长的历史。在现有的发展势头下，信源编码、信道编码和网络路由相关的进展会继续下去。利用这些理论去研究复杂系统有着漫长的历史，而这些在今后也将持续下去。

反过来看，信息理论和网络分析在智能电网的应用中也存在着障碍。在解决新问题方面，学术界往往比工业界缺乏创新、开发新技术的速度更慢。也许这是因为学术氛围的原因，例如同龄压力或担心无法出版。尽管大部分的学术论文往往是对同一概念进行无限次的重新设计，但真正的创新需要通过本章之前提到的视角做出基础性的进步。对于学术界来说，继续出版关于安全话题的出版物要比探索新的领域容易得多。例如，要解决信息理论在主动网络中应用这个问题，就需要"跳出"香农创造的"盒子"，然而只有少数勇敢的研究人员敢于探索。通信和电力系统工程理论的统一需要以新的方式思考信息和能量，例如像 Landauer 这样的研究者（Landauer，1961）。同时，研究人员需要尊重和倾听在现场的电力系统专家的意见。他们熟悉电力网络，所以忽略他们的意见和关注是很不明智的。相关的研究工作和其优势必须用电力系统工程师的语言进行清楚、简明的说明，而不是用学术术语来叙述。

信息理论和网络分析技术应用于智能电网的主要问题是运行效率不高，在分布式和分散式电网的情况下这个问题尤为严重。复杂网络的矩阵和特征系统分析自其诞生以来已经过了很久，它们的不足就是只能对完整矩阵实现分析运算。而在实际应用中，完整矩阵的信息可能是不可用的，构建完整矩阵并实现集中式的解决方案将是低效且昂贵的。

例如，网络编码等通信技术目前并没有得到广泛应用。在理想条件下的理论分析中，它们占有一席之地。但在现实工作条件下，很难对其进行配置和调整。同样，依赖计算大图形矩阵特征值的网络拓扑技术也不能以集中的方式及时有效运行。智能电网必须是一个快速、分散且适应性很强的系统。在开发出新的有效方法后，即使其显示出了比现有的方法更明显的好处，也不应该立即采纳新方法。因此，对于学术界来说，不仅要与工业界有密切的联系，而且要理解和遵循行业的指导，不只是贡献那些没有实际意义的论文引文链。

在一个更具前瞻性的愿景中，纳米级发电和无线电能传输技术的进步将会表明灵活性和小规模发电的发展趋势。无线电能传输技术的进步将使其更加普及。电网将变得更有效率、更标准化，使其能够接受并聚集大量极小的（纳米级）电源。

这会使得用户在电力生产中更加活跃，而收集到的电能则可以进行无线传输。最后，个人电子设备可以接收到利用无线传输传来的电能，而且不需要电池或电力线（例如，无线充电的电动汽车）就可以连续运行。从电力的角度来看，世界终将会迎来无线时代。

显然，这一愿景的实现有赖于许多技术的突破，并且它已经远远超出了传统上对于智能电网的认识。但是，如果将微电网技术推广到更小，更无处不在，并使电网与通信及其环境更加一体化，智能电网的愿景就会自然而然地实现。在这种情况下，无线通信被外推到电能传输。未来相当长的一段时间里，与无线通信和自组织网络相关的信息理论和网络科学都将至关重要。

6.5　通信架构

这一部分讨论电网的通信架构。一个通信网络架构可以像简单地指定一个网络物理组件的框架，以及它们的功能组织和配置，可能包括它的操作原则和过程一样宽松。架构也可能与在其操作过程中使用的数据格式一样具体在电网中有各种各样的通信技术和应用程序，因此定义一个详细的架构难度很大。第10章将介绍大量不同的通信协议标准，而这一部分主要在更高的层面上（广义的框架或模式）进行叙述，同时思考经典通信技术和电网之间的关系。

网络有两类：①主动可编程网络，②被动网络，它们的对比如图6.7所示。主动可编程网络采用了高度动态和可编程的网络技术，通常允许在网络运行时进行编程。在主动网络中，数据包中含有可执行代码，当数据包流经网络时，包中的应用程序可以以受控的方式改变网络的运行。本质上，每个数据包都携带自身的协议，从而实现了一个动态灵活的通信网络。在可编程网络中以及软件定义网络（SDN）中，开发人员可以以标准的、编程的方式

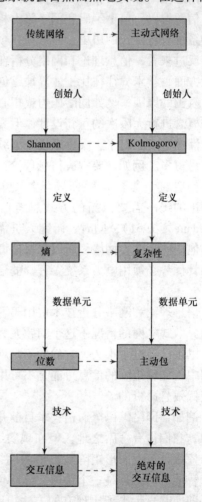

图6.7　传统被动通信网络与主动通信网络的比较。主动网络将计算和通信紧密联系起来，使得主动网络与被动网络的许多方面都存在不同点

访问通信交换接口。被动网络和主动可编程网络差异很大，所有人都必须遵守同一标准。互联网协议就是被动网络的一个例子。如图 6.7 所示，主动可编程网络需要有更加先进的操作理论，实现的难度也很高。SDN 是被动网络与主动网络的一个折中。

6.5.1 智能电网应用与通信

没有人能够预测到未来出现的所有新的智能电网应用，直到目前为止智能电网的应用程序也很少。这些应用包括 DR、发电和微电网的分布式控制、同步相量的相关应用、DA 等。对通信进行优化以适应这些应用程序的做法可能会导致忽视许多其他尚未发现的应用程序，这就是为什么需要电力系统信息理论的原因。在理想的情况下，它可以更基本地理解通信 - 电力关系，这是智能与应用程序无关的。

针对当今电网通信架构进行优化的另一个因素是前面提到的事实，即通信发展速度相对较快。不可避免的是，将数十亿美元花费到把电网升级到今天的通信技术后却发现这些通信技术在升级完成之前就已经过时了。我经常看到朋友们在购买了最新的手机后很快就会感到沮丧，因为他们发现要么在购买后价格大幅下降，要么是新手机很快就变成了老式的旧设备——这些通常都是同时进行的。考虑到这些，我们知道这些将很快改变，同时也深入研究当前的一些智能电网应用和通信技术。

对网络和电网应用进行分类最简单的方法之一是利用区域大小进行划分，比如：家庭局域网（HAN）、邻域网（NAN）、场域网（FAN）、城域网（MAN）和广域网（WAN），以及相应的智能电网应用程序，如表 6.3 所示。这种分类方法的不足是分类标准没有严格的定义。

表 6.3　智能电网的应用和相应的通信网络类型

应用	通信类型
家庭局域网，应用于 DR 和用电	HAN
邻域网，应用于发电和用电	NAN/FAN
城域网，应用于 DA	MAN
广域网，应用于输电	WAN

下面从架构和功能的角度对网络进行分类。互联网之所以能够成功，其中部分原因是应用程序可以很简单地与网络连接。每个互联网应用程序都不了解网络的状态，但它们只需要通过各自的接口发送数据包就可以了。网络成为了一个"愚蠢"的管道，应用程序"盲目地"相信网络可以完成数据包的传输，即应用程序接受网络提供的任何服务。在集成系统中，网络控制和数据包流紧密联系。研究人员一直在考虑如何在应用程序和网络之间建立更好的接口，以便应用程序能够了解网络的状态，从而更好地控制网络传输。软件定义网络（Skowyra 等，2013；Vaughan - Nichols，2011；Yap 等，2010；Yeganeh，2013）指网络中的数据包在数据路径中对网络进行独立控制。应用程序接口（API）允许以编程的方式实现对网络的控制。当控件与数据流分离并通过公开的 API 传输时，就可以更容易地构建新的网络

服务、功能和特性。互联网这个的"愚蠢的管道"可以被看作是经典的电力网络，数据和电力都是盲目流动的，不了解其所处的环境，不具备应用程序优化的能力。正如智能电网在新的维度上实现对电能的控制一样，SDN 也为通信网络特定应用提供了各种优化控制。在 SDN 之外的一个步骤是放置控件，该控件已从前面提到的数据流中分离到每个包中，从而产生一个数据包。下面我们将通过主动网络对智能电网与高级网络做出更详细的对比。

6.5.2 主动网络

智能电网的一个属性是其具有自愈能力。也就是说，网络必须能够不断进行动态配置以优化其性能，在不利条件下更要如此。由于智能电网是许多智能设备的集合，所以这种重新配置的通信使用 M2M 通信方式。

配电系统是电网中的一个特别有趣的部分，因为它处在许多不同学科进展的前沿。通过分布式系统，电能得到更加"积极"的管理，每单位的电力都需要更多的信息进行控制。智能电表、需求响应和分布式发电应用到配电系统，并为配电系统开发新的保护机制。所有这些发展都是同时进行的，一般统称为配电自动化。另一个被应用的是主动配电网，如图 6.8 所示，它的运行称为主动网络管理（Figueredo 等，2009；McDonald，2008；Nguyen 等，2008，2009；Samuelsson 等，2010）。配电系统将不再是一个仅仅支持客户使用电力的相对被动的电气系统。相

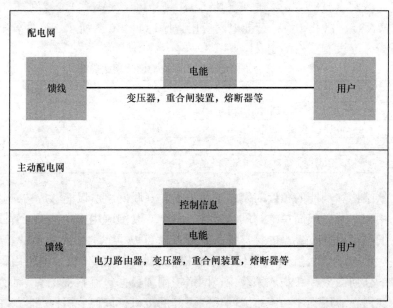

图 6.8 直观地表示了从传统相对静态的配电系统到主动配电网络结构的变化。在主动分布网络中，当电抗可能改变控制功率流时，主动通信网络代码可以在特定通信链路上动态改变信源或信道编码算法，以匹配变化的条件，如图 6.9 所示（来源：Bush，2013a. 经 IEEE 许可转载）

反，电网的这一部分在支持发电、控制潮流、监视使用以及更有效地检测隔离和恢复故障（即自愈）等方面变得非常活跃。

电网的正常运行需要有高效的通信，然而，研究主动配电网的通信难度较大，我们可以从另一种形式的主动网络——主动通信网络中汲取经验。与主动配电网一样，主动通信网络的计算机通信通道也不再是被动的，而是高度灵活且能够自我恢复的。主动分组允许通信包不仅可以携带被动数据，而且还可以携带存储在网络中的可执行代码，这些可执行代码可以控制和修改网络通信的行为。它也是一种 M2M 通信方式，数据包通过网络自动存入到网络上的设备中，即网络中的节点就是其执行环境。就像在主动配电网中可以通过改变电抗控制潮流一样，主动网络代码也可以改变特定链路上的信源或信道编码，从而达到与变化的条件相匹配的目的。主动网络是一种高度灵活和可自我修复的通信网络模式，它将信息理论推向了理论极限，并且为智能电网的发展提供了经验。早在 20 世纪 80 年代，科学家就已经考虑到通过传输自身代码并且利用这些代码修改自身运行状态的通信网络（Wall，1982；Zander 和 Forchheimer，1980，1983）。直到 20 世纪 90 年代中后期才提出了主动网络的严格定义（Bush 和 Kulkarni，2007）。

图 6.9 表示从电路交换（见图 6.9a）、分组交换（见图 6.9b）到主动网络模型的演进。图 6.9a 中的电路交换网络需要预先建立电路连接，因此它是一种被动传输方式，几乎没有网络交互。在图 6.9b 表示的分组交换架构中，数据包起着更加积极主动的作用，在通信过程中，需要与网络进行交互，以便将数据包头正确路由到其目的地。图 6.9c 表示主动网络，在主动网络中，分组行为变得更加频繁和活跃，并且可以对数据包的报头、代码和数据做出区分。数据包或 PDU 可以携带代码和数据，数据包中的代码可以改变通道的运行方式。

对主动网络技术的分析已经超越了香农的经典信息理论。在主动网络中，静态或被动数据 X 和"活动的"可执行代码 X' 的输入通道不同，如图 6.10 所示。每个分组中都有可执行代码，并且每个分组都携带自己的传输协议。主动网络发送的信息包含被动与主动信息，表示为 (X, X')。信息的主动部分可以动态地插入到通信通道，改变通道的运行使之成为一个关于 X' 的函数，即 $f(X')$（Bush 等，2011a；Bush，2011a）。

通信网络需要进行多少计算？其灵活性应该是怎样的？计算和通信之间的最佳权衡是什么？虽然人们对主动网络了解很多，但这些仍然是有待进一步研究的开放问题（Bush，2005）。可以在基于 Kolmogorov 复杂性理论的研究中得到这些问题的部分方案（Bush，2002），最小程序计算给定结果和通信复杂度的边界（Yao，1979），这是用分布式方式解决函数所需的最小信息交换。主动网络中的一个难题是通信和计算并不总是以清晰且可分离的方式结合在一起。实际上，无论是主动还是被动网络，技术人员都已经开发了相关规则，以确定在何时何处将计算放置在一个网络中（Bhattacharjee 等，1997）。

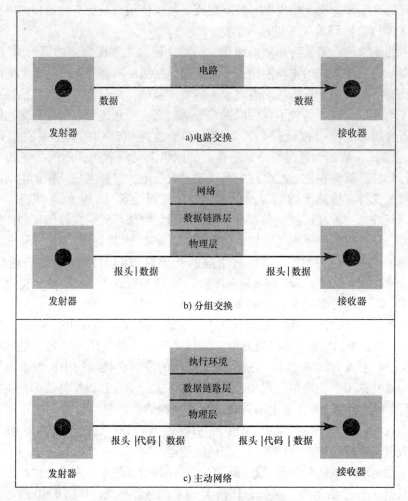

图 6.9 主动通信网络的架构由静态电路和分组交换技术演进而来。在主动网络的执
行环境中，数据包中的代码可以对通道的运行状态做动态修改。这样使得通信网络非常
灵活并且很容易改变其运行方式。例如，主动数据包可以携带自己的协议（来源：Bush，
2013a。经 IEEE 许可转载）

图 6.11 是主动网络信道的示意图。X 表示包内发送的信息，Y 表示接收到的
信息。虚线表示动态安装包的可执行代码部分，这部分代码会改变信道的运行状
态，在后文将对其进行更详细的解释。当数据包处于"飞行"状态时，可以通过
数据包的代码对信道中的噪声进行修改，从而产生一个高度动态和自我修复的
系统。

首先，考虑输入空间 X 通过有潜在噪声的信道传输到接收器的接收空间 Y，如果
X 表示发送信号集合的随机变量，Y 是接收信号的集合，则在 X 发出的条件下接收到
Y 的概率是 $p_{y|x}(y|x)$。为了实现正常的通信，接收到的信息应当和被发送的信息

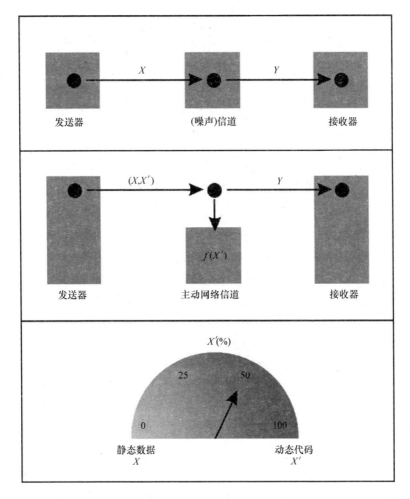

图 6.10　表示从经典信息理论到主动网络信息理论的演变。图的上方是经典信道模型。图中间表示的是主动信道。数据包用（X，X'）表示，其中 X' 表示包中的可执行代码，该代码可存放在设备中以改变设备的信道接口的操作。图的下方说明了数据包有效载荷比例，即数据代码与静态数据的比例（来源：Bush，2013a。经 IEEE 许可转载）

相同。从理论上看，可以选择或设计 X 信号，使其成为特定信道上的最佳信号。发送的信息和接收到的信息之间的联合分布是 $p_{x,y}(x，y)$，选择信号的概率是

$$p_x(x) = \int_y p_{x,y}(x,y)\,\mathrm{d}y \qquad (6.31)$$

发送和接收信息的联合概率是

$$p_{x,y}(x,y) = p_{y|x}(y|x)p_x(x) \qquad (6.32)$$

最大交互信息量或信道容量（Shannon，1948）为

$$C = \sup_{p_x} I(X；Y) \qquad (6.33)$$

图 6.11　主动网络信道可以利用输入包 X 中的可执行代码来创建或修改通信信道的运行状态。在经典的情况下，发出 X 和接收到 Y 的概率相同，而主动网络包含一个函数 $f(X)$，它会影响 Y 被接收的概率（来源：Bush，2013a。经 IEEE 许可转载）

这就是著名的经典信道容量，其适用于被动通信网络。然而，在主动网络中，输入 X 可以选择性地进行编码从而修改信道本身的信息，从而改变其运行状态。例如，参数值可以"调整"信道的运行，或者可执行代码插入到了对信道的操作中。这可能是打算修改误差修正的鲁棒性，融合网络中的数据流，或任何其他可能的更改通信通道的操作。信道成为了一个函数 $f(x)$，作用于流经它的数据。在主动网络中发送的信息 X 可以是可执行代码，该代码通过改变计算和通信资源从而优化整个通信系统。因此，如前所述，在给定信息输入为 X 的条件下，输入信息 X 中的主动部分影响接收信息 Y 的条件概率为 $p_{x|y}(y|x)$。主动数据包的源代码包括找到执行给定功能的最小程序，这是一个与 Kolmogorov 复杂性理论相关的工作。

随着智能电网通过其智能电子设备变得活跃和可编程化，我们还需要探索一些基本问题。

例如，如果对网络的操作可以分布在整个电网内的智能电子设备中，那么执行状态估计和功率流分析所需的最少信息是多少？对需求响应和智能电网的其他部分也可以提出同样的问题。主动网络可以用于智能电网中对通信网络的重新配置——例如，当信道发生急剧变化时切换各种不同的通信路径（例如，从无线通信到电力线载波的切换）。下一节介绍无线和波导传输的理论背景。请读者记住，主动网络的概念可以应用在物理层以及网络层。

6.6　无线通信介绍

这部分讨论无线和波导通信的基本物理问题，将提到电磁辐射和波动方程等概念，掌握这几个关键概念有助于理解之后要讨论的具体通信技术。

6.6.1　电磁辐射

下面简要介绍电磁辐射的一个方面：电磁辐射的量子力学性质。通过这个性质可以预示其在未来的应用。电磁辐射的量子力学性质在电力系统和通信中都有作用，但是这些远远超出了当前智能电网的思路，超出的部分将在第 15 章中详细讨论。具体而言，电磁辐射的量子本质是光子。光子可以认为是一个波包。简单地说，当光子击中半导体中的电子时，它为电子提供足够的能量后，使得电子从半导体中的原子内部跳出来形成电流。从通信的角度来看，光子为量子通信中的纠缠提供了必要的量子力学相互作用（Bush，2010b）。在很大程度上，我们将主要关注智能电网中的经典物理。

让我们从区分感应场和辐射场开始。感应场存储电路的能量，而辐射场损失了电路的能量。辐射出的能量传播到空间中。在一个由交流电源和电感组成的电路中，交流电源向电感供电，使电感周围产生了场。在理想的电感中没有功率损耗。因此，电源为电感提供的能量存储在场中，然后电感再将该场的能量反送回电路。由于这种周期性的变化，使得电流和电压相位相差 90°。电感的阻抗被称为无功阻抗，将在之后的章节详细讨论。如果有另一个电感 L_2 放在这个电感 L_1 的附近，那么电感 L_2 将会吸收电感 L_1 的电能。结果电感 L_1 的电场损失电能，并且将电能提供给电感 L_2。依据这个原理我们可以制造变压器。因此，电感 L_1 与电感 L_2 反应的区域就称为"感应场"。在电力线附近使用这种设备将会从电网窃取电能。

如果用天线（例如环路或偶极天线）替换电感，则产生的场就可以连续不断地发射到空间中。对于电路内的电源来说，这种能量损失表现为电阻。静止或以恒定速度运动的电荷仅产生感应场。电荷只有加速运动才能产生辐射场。电荷加速运动将同时产生辐射场和感应场。如前所述，波长 λ 与频率 f 的关系是 $\lambda = 1/f$，频率越低波长越长。如果把导线当作天线，当波长与天线长度相等或者比天线还长时，在该情况下，电荷将来回穿过天线，产生与天线一样长的电场线。辐射场的功率与电流大小成正比，也就是说，电荷流动的量，作为一个天线的导体的长度，因为它包含总电荷和频率，因为频率控制着电荷所经历的加速度：$P_r \propto I/f$，其中 P_r 是辐射功率，l 是天线的长度，f 为频率。因此有：$P_r \propto I(l/\lambda)$。

随着振荡频率的增加，通过天线的电流不再是单向的。相反，沿天线存在多个不同方向的波。也就是说，天线上一些部分的电流沿正向流动，即电流在正半周期，而一些部分电流流动的方向相反，即在电流在负半周期。它们互相抵消或加强，就像池塘里多个波纹相互碰撞一样。通常为天线长度选为 $\lambda/2$，考虑到刚刚讨论的组合波，这是一个很好的折中方案，可以减少发电量。此外，这个长度天线的阻抗是实阻抗而不是复阻抗，我们会在以后对其进行详细讨论。最后，天线输出图形是一个单一的宽瓣，也就是说，没有侧面裂片。与感应场和辐射场有关的术语还有：近场和远场。在与场源的距离给定的条件下，它们与该场的特征有关。感应场靠近发射源，因此被称为"近场"。辐射场距离发射源很远，因此被称为"远场"。近场的形状与发射源的几何结构有关，而在更远的地方，场的形状与源的形状无关，表现为向外传播的球体。距离再远，场的形状就变成了平面波。近场和远场的边界近似为 $\lambda/2\pi$。而在 3π 到 10π 以外时，场就几乎无法被探测到。因此，对于北美电力系统中 60Hz 的电流，其近场可延伸至 833km。几乎所有的场能量都是近场或无功功率。频率为 100MHz 时近场的直径是 0.5m，它的场大多是辐射场，因此这个频率是无线电通信的首选。最后，在频率非常高时，例如光波，几乎所有的场都是辐射场，近场或感应场很少。因此，我们可以看到电力系统和通信之间的电磁行为的一些有趣的共同点和不同点。了解这些属性对于有效地整合电力系统和通信非常重要。

6.6.2 波动方程

在整个讨论过程中，我们假设了标准教科书对电磁波传播的解释。然而，质疑为什么会这样是很有启发性的。电磁波为什么是波？回答这个问题对理解通信来说非常重要。本节也提供了功率方面的视角，如对频率和相位的理解。然而，要解释电磁场的波动性质一般需要相当复杂的数学推导，本书将尽可能地减少复杂的推导过程。数学基础薄弱的读者可以跳过。

回想一下，电场的大小可以量化，并且可以用电场线表示。电场线由正电荷发出终止于负电荷。这些电场线是有大小和方向的矢量。有许多软件可用于分析矢量的性质。首先对散度进行讨论。散度的直观概念是描述空间中一个点发出和汇聚矢量的程度。具体来说，它将给定点处矢量场所描述的总输出流的大小用一个标量值来表示。在某点处散度所度量的值是在该点内产生并向外延伸的矢量的大小，而从该点外发出的矢量不会影响该点的散度值。若矢量在某点结束，则该点的散度值为负，也就是说，该点是一个矢量场的汇聚点。如果某一点上散度不为零，则必有矢量在该点发出或汇聚。

矢量场的散度，例如电场在 p 点处的散度，定义为穿过边界光滑三维区域的边界面的通量除以该区域的体积 V，当 V 趋近于 0 时取极限得到的值。可以用下式表示

$$\mathrm{div}\boldsymbol{F}\ (p)\ =\lim_{V\to|p|}\iint_{S(V)}\frac{\boldsymbol{F}\cdot\boldsymbol{n}}{|V|}\mathrm{d}S \tag{6.34}$$

式中，$|V|$ 是体积；$S(V)$ 是边界，该积分是一个曲面积分，其中 $\boldsymbol{n}$ 垂直于表面向外。$\mathrm{div}\boldsymbol{F}$ 是关于场内的位置 p 的函数。通过该式我们可以清楚地看到，$\mathrm{div}\boldsymbol{F}$ 是场 $\boldsymbol{F}$ 在 p 点发出（或汇聚）矢量的密度。

散度描述了一个点是否是场的源点或聚点，而旋度描述场的旋转程度。散度是标量，而旋度是矢量。旋度是矢量的原因是因为需要用一个矢量来表示方向。因此，旋度在本质上是一个"聪明"的小矢量场算子，它表示一个矢量场的旋转程度，旋度运算的结果仍然是一个矢量场，从运算结果得到的矢量场上的每一点都可以得到被测量场在该点的旋转方向。

旋度的公式如下：

$$(\nabla\times\boldsymbol{F})\cdot\hat{\boldsymbol{n}}\overset{\mathrm{def}}{=\!=\!=}\lim_{A\to0}\frac{\oint_{C}\boldsymbol{F}\cdot\mathrm{d}\boldsymbol{r}}{|A|} \tag{6.35}$$

式中，$\hat{\boldsymbol{n}}$ 可以是任意单位矢量，将其定义为测量的旋转轴；$\oint_{C}\boldsymbol{F}\cdot\mathrm{d}\boldsymbol{r}$ 是一个线积分，

其定义了这个区域的边界；$|A|$ 是这个边界包围的面积。再次应用右手定则：拇指指向 $\hat{n}$ 的方向，其余四指弯曲朝向被测量的旋转方向。

对于矢量场的旋度最简单直观的理解就是，把一个有旋转轴的桨轮放在某一个方向上，桨轮旋转的大小和方向就是旋度。

现在我们有了足够的数学背景知识，可以直观地思考麦克斯韦方程式。麦克斯韦方程是电力系统和通信的核心。虽然 James C. Maxwell 最初推导出了很多方程，但这些方程可以归结为以下 4 个方程。需要读者能够回忆起之前对场、电磁感应和矢量算子的直观解释。第一个方程即式（6.37），称为高斯或库仑定律，在式中我们可以看到该方程用到了散度算子，所以我们可以知道这是一个关于场线的源与汇的定律。同样，式中 E 是指电场而不是磁场。这个方程表示：通过任意封闭曲面的电通量与封闭曲面内的电荷成正比。ε_0 称为自由空间的介电常数。真空中两个静止点电荷之间的力的大小是由库仑定律即式（6.36）给出的，两个电荷的大小是 q_1 和 q_2，它们之间的距离为 r：

$$F_C = \frac{1}{4\pi\varepsilon_0}\frac{q_1 q_2}{r^2} \tag{6.36}$$

ρ 是电荷密度，即单位长度、单位面积或体积的电荷量，而这取决于被分析的空间是什么样的。回到式（6.34）中对散度的定义，通过式（6.37）我们可以很容易地看到电场的梯度等于产生电场的电荷密度除以自由空间的介电常数。不同的材料的介电常数不同。请注意，由于式（6.37）中分母中出现了介电常数，所以从直观上来看，它起到了抵抗电场形成的作用。从物理学上来说，介电常数表征材料分子在电场中的极化能力，从而使环境中的电场强度降低，它涉及材料允许形成电场大小的能力。电场也可以用 D 来表示。D 与 E 的关系为 $D = \varepsilon E$（在各向同性材料中）。D 称为电位移矢量，指的是在电场作用下材料的内部定向迁移电荷的能力：

$$\nabla \cdot E = \frac{\rho}{\varepsilon_0} \tag{6.37}$$

之前对介电常数进行了讨论，现在介绍恒定磁场中与之类似的一个量——磁导率 μ。假设有两条细长静止平行且间距为 r 的导线，每条导线都通有电流 I，由于磁场的作用，每条导线都会对另一条施加力的作用。单位长度导线的力的大小是由方程（6.38）的安培定律表示，安培定律的意义是如果有两条相距 1m 的导线，每条导线流过的电流大小都是 1A，则两导线之间力的大小是 $2 \times 10^{-7} \mathrm{Nm}^{-1}$：

$$F_m = \frac{\mu_0 I^2}{2\pi r} \tag{6.38}$$

磁导率与电导率类似，是材料在磁场中导通磁力线的能力。与电场强度、介电常数和电位移矢量之间的关系类似，磁场中也有一个辅助量磁感应强度 H，它们之间的关系是 $B = \mu H$。

麦克斯韦方程组的下一个方程是高斯磁定律：

$$\nabla \cdot \boldsymbol{B} = 0 \tag{6.39}$$

通过对比可以看到该公式与用式（6.37）描述的高斯定律非常相似。很明显，这个定律的含义是磁场的散度为零。这意味着磁场是无源场，也就是说，在磁场中不存在类似于点电荷的磁场源。不存在磁力线从其开始或结束的单一磁荷或磁极，只有磁偶极子存在。磁场是无始无终的循环。正、负磁荷不可分离。不能通过把磁铁切成两半来获得两个单独的磁极，无论它被切多少次，切成多大，切开磁铁的每一部分会有两个磁极。然而，科学家依旧试图寻找难以捉摸的磁单极子（Giaco-melli 和 Patrizii，2003），但至今尚未找到。

接下来我们讨论麦克斯韦方程组的后半部分，这两个方程包含旋度算子。它们描述了电场和磁场之间的关系，特别是彼此如何从对方中产生的问题。这些方程说明了电磁波在空间中如何传播，在之后对这一点进行简要介绍。现在的目标仅是对这些方程做出必要的解释，同时让读者能够以直观的方式理解它们。显然，无论对于无线电波传输、电气传输或是光通信，这些方程都是电力系统以及电磁通信的核心。

麦克斯韦方程组的第三个方程是法拉第电磁感应定律：

$$\nabla \times \boldsymbol{E} = -\frac{\partial \boldsymbol{B}}{\partial t} \tag{6.40}$$

请回忆一下本节前面给出的对方程（6.35）中旋度算子的解释，以及一个放置在磁场中的桨轮及其旋转方向的直观概念。还有式（1.9）中对洛仑兹力方程的解释。利用方程（6.40）可以看出磁场 $\boldsymbol{B}$ 对时间的变化率是就是感应电场 $\boldsymbol{E}$ 的旋度。

正如前面所述，旋度算子的运算结果遵循右手法则。因此可以看到，磁场 $\boldsymbol{B}$ 相对于时间的变化越快，磁场线与导线越垂直，感应电流就越大。可以再次把电场看作是在变化的磁场中的桨轮，如果磁场在桨轮上施加更多的力，由于磁场的流动和桨轮的方向，感应电流会更强。麦克斯韦方程组中的每一个方程都有积分形式，在这里只关注更简单的微分形式，以便于对其进行更为直观和简单的解释。

麦克斯韦方程组的最后一个方程称为安培定律。如上所述，麦克斯韦方程组的最后两个方程描述了电场和磁场之间的关系以及电场和磁场如何互相产生。虽然最后一条定律用磁场表示电场，但安培定律指出可以通过电流或变化的电场来产生磁场，可由下式表示：

$$\nabla \times \boldsymbol{B} = \mu_0 \boldsymbol{J} + \mu_0 \varepsilon_0 \frac{\partial \boldsymbol{E}}{\partial t} \tag{6.41}$$

正如我们知道的，电场的变化率作为磁场的旋度。可以看到，磁场的旋度等于两项之和。第一项是导线中的感应电荷密度，第二项涉及电磁场的传播。$\boldsymbol{J}$ 是总电流密度，请注意，它与电荷密度 ρ 不同。另外，省略了电场项的安培定律的原始方程更简单但不正确，直到后来麦克斯韦对其进行修正才有了上式。

通过方程（6.41），我们可以看到时变电场如何产生磁场，而磁场的旋度与电流密度和时变电场有关。之后我们就会看到怎样利用这两个麦克斯韦方程来定义电磁波。

可以通过一个直观的方法来理解为什么电磁场的传输像波一样。首先考虑一种最简单的波：沿着绳子运动的波。想象一下系住绳子的一端，然后迅速地摇动绳子的另一端。摇动使得绳子运动。这样会发生一个有趣的现象：摇动绳子会使其产生一个波浪形的图案。当波浪到达绳子末端时，波浪就可能向着相反的方向运动，我们暂时先忽略这个复杂的情况，只考虑波向前运动的情况。

图 6.12 表示绳的一小部分。当波沿着绳子运动时，绳子本身不会沿着水平方向或 x 轴运动。绳子只沿垂直方向或 y 轴上下运动。图中截取了绳子从 x 到 $x + \Delta x$ 的部分。当波沿着绳传播时，绳上会产生张力，这个张力来自于波的扰

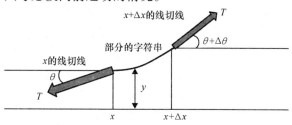

图 6.12　取绳的一小段进行分析，绳两端都有张力
（这直观地说明了在通信和电力系统中发生的波动现象）

动以及由于绳被拉伸而使绳返回到其原始位置的倾向。绳段上张力的方向如图 6.12 所示，在绳 x 的位置张力方向与水平面的角度为 θ，在绳 $x + \Delta x$ 的位置绳张力与水平面的角度为 $\theta + \Delta \theta$。

对于图 6.12 中绳段的右侧，由波引起的向上的力的分量为

$$\begin{cases} F_y = T\sin(\theta + \Delta\theta) \\ F_x = T\cos(\theta + \Delta\theta) \end{cases} \tag{6.42}$$

式中，T 是沿着绳方向的张力。

在绳段的左侧，拉力的方向与右侧相反，并且由以下分量构成：

$$\begin{cases} F'_y = -T\sin(\theta) \\ F'_x = -T\cos(\theta) \end{cases} \tag{6.43}$$

式中，F 是绳子左端的张力。

我们假设 $\Delta\theta$ 和 θ 都很小，所以它们的余弦值接近于 1。因此，F_x 和 F'_x 近似相等，沿着 x 轴的合力为 0。对于正弦函数来说，一个小的 θ 值能够产生一个较大的 $\sin\theta$ 值。在这种情况下，求 y 方向的合力为

$$F_y = T\Delta\theta \tag{6.44}$$

现在确定了力的大小，应用牛顿第二定律，把力与质量和加速度联系起来。假设绳索单位长度的质量为 μ，所以该段绳的质量 $\Delta m = \mu\Delta x$，绳沿 y 轴的加速度为 $\partial^2 y / \partial t^2$。因此，我们可以把前面推导的张力与绳的加速度联系起来，有下式：

$$T\Delta\theta = \mu\Delta x \frac{\partial^2 y}{\partial t^2} \tag{6.45}$$

进行简单的运算可得到下式：

$$T \frac{\Delta\theta}{\Delta x} = \mu \frac{\partial^2 y}{\partial t^2} \tag{6.46}$$

利用之前用过的微元法，使绳子的长度趋近于0，将上式变成微分形式：

$$T \frac{\partial \theta}{\partial x} = \mu \frac{\partial^2 y}{\partial t^2} \tag{6.47}$$

现在需要考虑的是如何进行下一步的推导。我们希望能够直观地理解行波，这样我们就能比较容易地理解麦克斯韦怎样证明电磁波是波。我们通过观察波在绳子上的传播来获得灵感，通过直观的现象我们可以很容易地理解波是如何传播的。到目前为止，推导出的方程（6.47）中有沿 y 轴的加速度和 θ 对 x 的变化率。理想情况下，我们希望看到波沿着 x 轴运动的速度或加速度，这样就可以知道波沿绳子行进的情况。因此，我们需要对方程进行变化，使得方程中出现沿 x 轴方向的速度或加速度。

首先，可以用正切 tan 表示曲线上某个点的斜率：

$$\tan\theta = 曲线斜率 \equiv \frac{\partial y}{\partial x} \tag{6.48}$$

对 x 求导可得

$$\frac{\partial}{\partial x}\tan\theta = \frac{\partial}{\partial x}\left(\frac{\partial}{\partial x}\right) \tag{6.49}$$

由式（6.49）可得

$$\frac{1}{\cos^2\theta}\frac{\partial}{\partial x} = \frac{\partial^2 y}{\partial x^2} \tag{6.50}$$

由前所述，当 θ 值很小时有 $\cos\theta \approx 1$，因此可以做如下的近似：

$$\frac{\partial}{\partial x} \approx \frac{\partial^2 y}{\partial x^2} \tag{6.51}$$

把式（6.51）带入式（6.47）中可得

$$\frac{\partial^2 y}{\partial t^2} = \frac{T}{\mu}\frac{\partial^2 y}{\partial x^2} \tag{6.52}$$

这种形式的方程在物理学中被称为波动方程。这个方程使绳子上下移动的加速度作为沿绳子的波的加速度的函数与时间相关。波沿绳的传播速度 v 为

$$v = \sqrt{\frac{T}{\mu}} \tag{6.53}$$

绳子单位长度的质量越大，波的传播速度越慢；绳子拉得越紧（即 T 越大），波的传播速度越快。

总之，我们已经从式（6.54）所示的牛顿第二定律得到了式（6.55）所示的波动方程的标准形式：

$$F = ma = m\frac{\partial^2}{\partial t^2} \tag{6.54}$$

$$\frac{\partial^2 \zeta}{\partial t^2} = v^2 \frac{\partial^2 \zeta}{\partial x^2} \tag{6.55}$$

如果能证明对麦克斯韦方程组进行推导后的结果符合方程（6.55）的形式，

那么就可以证明电磁场是以波的形式传播的。我们首先使用之前讨论过的麦克斯韦方程组的最后两个方程，即包含旋度算子的方程。对其进行变换，如式（6.56）和式（6.57）所示：

$$\nabla \times \nabla \times \boldsymbol{E} = -\frac{\partial \nabla}{\partial t} \times \boldsymbol{B} = -\mu_0 \varepsilon_0 \frac{\partial^2 \boldsymbol{E}}{\partial t^2} \tag{6.56}$$

$$\nabla \times \nabla \times \boldsymbol{B} = \mu_0 \varepsilon_0 \frac{\partial^2 \nabla}{\partial t} \times \boldsymbol{E} = -\mu_0 \varepsilon_0 \frac{\partial^2 \boldsymbol{B}}{\partial t^2} \tag{6.57}$$

接下来，我们可以使用以下矢量恒等式，其中 V 可以是任意矢量：

$$\nabla \times (\nabla \times \boldsymbol{V}) = \nabla(\nabla \cdot \boldsymbol{V}) - \nabla^2 \boldsymbol{V} \tag{6.58}$$

对式（6.56）和式（6.57）进行式（6.58）的变换，得到式（6.59）和式（6.60）：

$$\frac{\partial^2 \boldsymbol{E}}{\partial t^2} - c_0^2 \cdot \nabla^2 \boldsymbol{E} = 0 \tag{6.59}$$

$$\frac{\partial^2 \boldsymbol{B}}{\partial t^2} - c_0^2 \cdot \nabla^2 \boldsymbol{B} = 0 \tag{6.60}$$

式中 $c_0 = 1/\sqrt{\mu_0 \varepsilon_0}$ 表示真空中的光速，可以看到，这些方程的形式符合式（6.55）的形式。

因此，电场和磁场都以波的形式传播，人们早已认识到这一点并将其用于通信，特别是电力线载波和无线通信。当然，这也是无线传输的一种形式，所以它可以直接用于电力系统。

6.7　小结

本章的主要内容是通信和电力系统之间的关系，而它们之间的关系不只是那些显而易见的关系。本章不仅是对信息理论的介绍，也是对电力系统信息理论可能是什么样子的启发。本章首先介绍了通信和信息理论在电网中的应用，然后对通信网络和电网进行类比。本章在这些类比中逐渐展开，建立了能量与计算之间以及能量与通信之间的数学关系。在本章的最后介绍了电磁辐射和波动方程，这些基本概念适用于无线通信，在电网中它们以开关元件发射噪声的形式出现。

第 7 章深入探讨智能电网的需求侧管理，即 DR 及其通信需求。需求侧管理可以假想成是通过用户管理负荷来扩展电网的管理。实现这一目标的方法有很多种，有些需要通信，如需求响应，而另一些则不需要，例如动态需求。计量设施和电力线载波是旧的机制，这些可以追溯到 19 世纪晚期，了解它们的历史和重新发现风险是很重要的。最近有很多的无线 AMI 方法，特别是 IEEE 802.15.4 和它的变体，如 IEEE 802.15.4g 以及 IEEE 802.11 的变体。虽然智能电网的需求响应已经相当的夸张，但还有其他方法来实现同样的结果。例如，动态需求要求电子设备监控自己的交流频率，以自主调节其占空比。

6.8 习题

习题6.1 信息理论

1. 什么是潮流熵？

2. 当智能电网变得更高效时，你会期望潮流熵增加还是减少？为什么？

习题6.2 复杂性理论

1. 有人认为智能电网会使电网变得更加复杂，什么是电网复杂性的理想措施？

2. 这种复杂性对智能电网通信意味着什么？在智能电网的通信信道中，信息流动的复杂性意味着什么？

习题6.3 信息压缩

1. 数据压缩在智能电网和智能电网通信中起什么作用？

习题6.4 WiMAX

1. 在电网中哪里使用 WiMAX 最好，为什么？

习题6.5 电力线载波

与无线通信类似，电力线载波通信也具有多径效应，阻抗的差异将反映电力线载波信号回到源，降低原始信号。

根据 Philipps（1999），导出了电力线载波信道传递函数的近似方程：

$$h(t) = \sum_{1}^{N} |\rho_v| e^{j\phi_v} \cdot \delta(t - \tau_v) \qquad H(f) = \sum_{i=1}^{N} (\rho_i) e^{-j2\pi f \tau_i} \qquad (6.61)$$

习题6.6 主动网络

1. 定义主动通信网络用到了哪些主要概念？

2. 主动网络与智能电网的运行有哪些相似之处？

3. 主动网络应用于电网中可以带来哪些好处？

习题6.7 软件定义网络

1. 什么是软件定义网络？

2. 它与主动网络有什么共同点？

3. SDN 应用到电网中都有哪些独特的优点？

习题6.8 能量与通信

1. 理想气体的压缩与通信有哪些相似之处？

2. 它们之间的关系对智能电网通信有什么启发？

习题6.9 波动方程

1. 请解释与波动方程相关的主要概念。

2. 为什么波动方程对电网通信很重要？请列举出至少4个波动方程的应用。

习题6.10 熵在电网中的应用

1. 什么是电力网的功率熵？

2. 功率熵对通信有什么影响？

3. 通信对功率熵有什么影响？

第7章

需求响应和高级量测体系

我们相信电力是存在的，因为电力公司不断向我们发送账单。但是我们却无法弄清楚电路的运行情况。

——Dave Barry

7.1 引言

本章是第二部分"通信与网络：推动者"的第 2 章，它探究了用于电网的通信和网络技术。本章的重点是智能电网用电这一主题。这可以被认为是电网的扩展管理，即通过用户来管理各个负荷。一般来讲最终是以这样一种方式调度负荷的使用：在使用户满意的同时，使负荷以最有利于电网的方式运行。有多种方法来实现这一目标，一些方法需要通信，比如 DR（需求响应）；一些方法不需要通信，比如动态需求。

DR 旨在激励用户做出最有利于当地经济的选择，也是对电网最有利的选择。用户在理想情况下购买和消耗电力，从而降低峰值需求和流经最佳输配电线路电流，利用可再生能源，甚至可能影响有功或无功功耗。整个过程应该是全自动化的，并且能够实时地发生，从而允许市场力量以最优的方式来平衡供需。想法一直是这样，需要所有有关各方之间的双向通信，即用户、发电机和电力运营商共同作用。因为通信是这个概念的组成部分，所以隐私和安全成为重要的问题。

另一方面，动态需求要求电子设备监控自己的交流频率，并根据频率进行调节。请记住，频率与电力供需有关，当需求开始超过供应时，频率将开始下降。电子设备只需要监视频率，决定什么时候最好安排其活动以帮助将频率保持在其标称值。如果所有的电子设备都这样做，负荷本身的许多微小的自动调整可以显著地帮助降低峰值功耗。请注意，在这种情况下不需要数字通信，通信隐含在变化的频率之中。

之前描述的负荷管理机制的关键是适当的监控，其中所谓的智能电表起到了重要作用。因此，本章接下来介绍智能电表，特别是通过所谓的 AMI（高级量测体系）进行通信。本章回顾了一些用于 AMI 的典型通信机制。智能电表有两个方面：AMI 通过仪表将数据传输到应用程序，而 HAN（家庭局域网）可以在家庭或用户现场将功率计与完整的 EMS 集成在一起。我们从 AMI 和电力线载波开始，因为这是最早的机制之一，可以追溯到 19 世纪末。接下来，我们考虑无线 AMI 方法，特别是 IEEE 802.15.4 及其变形，例如 IEEE 802.15.4g。然后在这样的物理层系统上，我们讨论互联网协议。这里涵盖与 HAN 有关的进展。这些通常是 IEEE 802.11 协议及其变形。特别是，我们审查了 IEEE 802.11n 和 IEEE 802.11ac。应该指出，这些技术正在迅速发展，读者可以期待 802.11 标准的普及。由于这些协议主要提供给用户使用，因此随着新技术的发展可能需要短期内被更换。而更换整个电网基础设施十分困难。因此，我们预计用户通信将继续快速变化，而智能电网通信基础设施将不会如此波动。然而，还应该指出的是，快速变化并不是传播中的根本新思路，而是继续改进数十年前发展的概念。因此，如上所述，在本书中，更为重要的是了解技术的基本原理，而不是具体的协议或产品类型。智能电网通信网络的管理将变得越来越具有挑战性，我们简要介绍一下这个话题。已经有人认为，电动汽车将会拥有更多的市场。这意味着电动汽车成为电力额外需要关注的消费负荷。有趣的是，电动汽车是第一个重要的移动用户。因为电动汽车是一个用户负荷，所以在这一章中将会深入讨论。最后，在整个电网中考虑使用一些云计算技术。本章结尾讨论了应用于用户相关活动的云计算。本章末尾的习题引发了对本章主题的进一步思考。

7.2 需求响应

在过去，正如我们所看到的，电力公用事业要求电网和用户之间都要求均衡（Albadi 和 El – Saadany，2007）。电力公司过去一直纵向一体化，完全控制了电力供应。运营理念通常是使用大型集中式发电来降低成本，并在需要时提供所需的所有电力。大型集中式发电厂的高成本使得在小于满负荷的情况下运行是不经济的，并且这个概念起源于试图控制需求而不是供给，因为转移需求可能是更便宜的选择。电力放松管制后，不同的组织管理不同的发电和运输组成部分。每个人都可以按市场价格提供产品。这进一步推动了探索通过价格影响需求的方法。典型的例子是在需求高时通过提高价格来降低峰值功率，以试图平衡需求。

虽然这本书不是关于电力市场分析的，但是要对这个话题有一个基本的了解这本书是有一定帮助的，特别是对于这个话题之后是 DR 的概念，最终是 AMI 通信的要求。DR 相当广泛地用于包括在功率、使用时间、电力瞬时需求或总功率消耗方面修改用户使用电力在内的任何有意设计的尝试。这样做有 3 种一般方法。首先，用户只有在电力紧张的关键时期才能有动力使用较少的电力。二是用户对市场电价波动的反应更为连续。最后，可以鼓励有现场发电或存储的用户利用它，从而减少对电力的需求。像智能电网的许多方面一样，DR 作为降低成本并实现清洁环境的解决方案已经受到相当大的支持。我们需要退后一步，对 DR 是什么以及它能做什么而不能做什么进行仔细理性分析（Ruff，2002）。

DR 基本原理开始于经济学提供的供需曲线（Albadi 和 El - Saadany，2007；Alizadeh 等，2010；Barbato 等，2011a，b；Belhomme 等，2008；Bu 等，2011；Caron 和 Kesidis，2010；Choi 等，2011；Faria 等，2011；Goudarzi 等，2011；Hobby，2010；James，2008；Kallitsis 等，2011；Kefayati 和 Baldick，2011；Koutitas，2012；Langbein，2009；Li 和 Qiu，2010；Lisovich 等，2010；Lu 等，2011；Marku-shevich 和 Chan，2009；Medina 等，2010；Mohsenian - Rad 和 Leon - Garcia，2010；Nyeng 和 Ostergaard，2011；O'Neill 等，2010；Ott，2010；Palensky 和 Dietrich，2011；Parvaniat 和 Fotuhi - Firuzabad，2010；Peeters 等，2009；Pierce，2012；Pourmousavi 和 Nehrir，2011；Rahimi 和 Ipakchi，2010；Reid 等，2009；Roossien 等，2008；Saad 等，2011；Samadi 等，2011；Sankar 等，2011；Shahidehpour 和 Wang，2003；Spencer，2008；Su 和 Kirschen，2009；Vos，2009；Wang 等，2011b；Webber 等，2011；Yue 等，2011；Zhang 等，2005）。产品的价格单位是纵坐标（y 轴），供给量和需求量都是横坐标（x 轴）。假设供求曲线彼此独立，假设给定数量在供给曲线上可供出售的单位是给定数量单位的价格，假设给定的数量将由用户在需求曲线上购买。如果假设完全成立，则供给由成本确定；只要生产单位的成本低于可以出售的价格才能获利，供应商将继续生产额外的单位。需求曲线表示理想用户购买产品的数量，以及用户可以通过其他方式满足效用的所有可能的替代品。这被称为机会成本；只要价格下降，假设只要购买更多产品的用户的边际效用大于机会成本，用户就会购买更多的产品。两条曲线相交的点是平衡点，单位成本满足供需的点如图 7.1 所示。

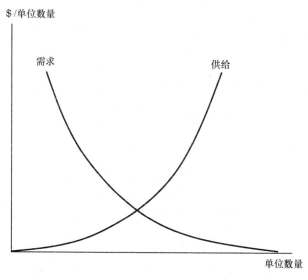

图 7.1 广义供需曲线以单位价格与单位数量为对照。供给趋于随着单位价格的上涨而增加，而需求随着价格的上涨而下降。曲线的交点是每单位的理论均衡价格。电力是理想地遵循相同行为的产品

现在考虑一个具体的电力示例，如图7.2所示。这图形有点复杂，因为有两对曲线：两条需求曲线和两条供给曲线。曲线S_N是"正常"供给曲线。这是电网正常运行时电力生产的供给曲线；也就是说，过度需求没有明显的缺陷或压力。但现在考虑S_E，这是一个不同的补充曲线，假设电力需求过大或发生对电网造成异常运行的重大事件。请注意，如果供需变化是由于需求变化，则前面提到的情况，供需曲线应该彼此独立，互不侵犯。现在继续进行分析，忽视这个事实。请注意，S_E导致产生相同功率的成本增加；其中最重要的例子是起动新发电机的成本。现在考虑一对需求曲线D_0和D_1。这些需求曲线在弹性方面有所不同，这是用户对价格变化的敏感度。电力一般被认为是相对无弹性的；换句话说，无论价格波动如何，用户将继续购买相同的金额。价格弹性的需求，因为它测量对价格的敏感性，与数量和价格的变化率或斜率有关。它衡量的是价格变化率的变化。D_0相对无弹性，消费量的变化对价格变化的影响很小。D_1更有弹性，随着价格的变化，消费量的变化更为显著。下一步是考虑各种情况下在均衡点发生的情况。一个平衡点是正常供应非弹性需求S_N和D_0，价格是P_N。如果电源发生异常事件，则新的平衡点跳转到S_E和D_0的交点，价格为$P_N + \Delta P$。但是，如果需求在某种程度上更有弹性且曲线D_1有效，那么在电网异常情况下，平衡点为S_E和D_1的交点，导致价格低于$P_N + \Delta P$的量Z。在总成本节约方面，电力单位的减少和总成本节约是三角形B的面积，假设线性供给和需求曲线的简化假设成立。

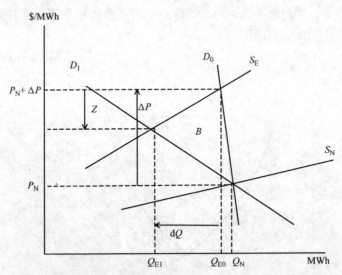

图7.2 给出了非弹性需求曲线D_0和弹性需求曲线D_1的DR图。显示两条电力曲线：当需求过大时，"正常"供给曲线S_N和有较大需求时应力下的供给曲线S_E（来源：Ruff，2002）

基于这些基本概念的变化提出了许多复杂的市场机制。这些包括一个负瓦特市场的想法，那就是一个消耗电力的市场，在这个电力市场上，消耗的电力是一种商品。此外，已经明确地提出将排放与成本相结合的想法。然而，这将使我们深入了解一些投机性的经济理论，它超出我们的范围。从智能电网通信的角度来看，这种分析的重要性是假设需求曲线将具有足够的弹性，以保证通信基础架构所需的成本，使得供需活动能够在一个有效的时间尺度。这将是 7.3 节讨论的 AMI 的目标。

7.3　高级量测体系

　　AMI 一直是智能电网里的系统，它能够实现 DR 的执行（Sui 等，2009）。从更高层次的角度来看，AMI 传输信息，使供需曲线找到均衡。理想情况下，这意味着需要从每个用户那里收集大量的需求信息，而且需要向每个用户发送有关供应的价格信息。虽然这听起来像是需要技术的突飞猛进，但 AMR 至少在广告方面已经存在了很长时间。这包括部分手动技术，如本地串行接口、红外线或 RFID 以及全自动化技术。通过使用电力线载波和早期 DMS 的采集读数程序，使用普通老式电话系统进行双向读取和控制。这与智能电网的大多数方面一样，实际上并不是一个新的想法。

　　要牢记的 AMI 系统的另一个方面是，与大多数新技术的趋势相似，目前被认为 AMI 的趋势将演变为与电网内其他系统的合并，特别是与 DA。这有时被称为配电管理基础设施（DMI）（Uluski，2008）。一般的概念是用户使用的智能电表的信息可以直接用于配电系统，以优化其运行。估计当前和未来负荷，到电能质量，再到检测和测量智能电表中断的一切对配电系统将都是有用的。然而，为了清楚起见，AMI 最初将被解释为一个单独的系统，其目标是收集用户的计量读数，以发送给公用事业公司，并支持从公用事业向用户传递价格信号。

　　AMI 系统的架构是其中大量空间分布的用户电表必须在相对长的距离上周期性地向实用程序发送相对较少数量的信息。这种信息的延展要求比智能电网内的其他通信要宽松；例如，与保护或控制相比。最好的通信网络将是将其带宽资源分散到许多空间上分离的节点上，并能获得大量资源的最佳优势。添加新节点的边际成本应该是低的，同时满足最小的通信需求。理论上，这对广播媒体和网状网络是有利的。

　　典型的解决方案是假定一个分层的通信网络，其中有分布在整个区域的节点，以便接收来自多个用户的数据。这些节点被称为各种名称，包括"收集器""数据集中器"和"数据聚合单元（DAU）"。因此，用户计费器信息在传输到其最终目的地的路径之前被聚合。更大的带宽回程通信信道用于将 DAU 中的汇总读数传送到仪表数据管理系统（MDMS），其中仪表数据在这儿进行处理。理想的情况是，一个网状网络——一个允许数据包从一个节点跳到另一个节点的网络——总是被提议用于 AMI 层次的最底层，即从仪表到 DAU。这个想法是为了使一个可靠的、自配置系统的仪表可以从其他仪表转发信息，如果有必要，以确保它们有一个路径。这是在 7.4.7 节讨论进一步检查为低功率和损耗网络路由协议（RPL）。

任何通信技术都可以被用于任何一种给定情况；802.15.4、WiMAX 和电力线载波只是许多可能的例子中的少数几个。此外，任何通信协议可能驻留在恰好使用的物理和媒体访问控制技术的情况下。一个更持久和有用的讨论是从理论的角度考虑问题，询问如何最好地利用基础设施以及通信要求（Niyato 和 Wang，2012）。随着更多应用和手段将 AMI 系统集成到其他智能电网运行系统中，其运行方式将不断变化。

智能电表的一个方面是推动创新，试图利用智能电表拥有的有限通信和处理来利用规模效益。对于传感器网络，已经探索了涉及自组织、出现和合作行为的思想。既然这是介绍 DR 和 AMI 的一章，让我们从成本和通信角度考虑合作行为。考虑仪表数据的协同通信传输的操作方法和情况。

正如我们在本书中多次提到的，HAN、NAN、MAN、WAN 这些术语经常被通信领域的人使用，就好像它们是特定的。不幸的是，事实正好相反；HAN、NAN、FAN、MAN、WAN 或任何其他（选择你最喜欢的字母）都没有明确的标准定义。除了指定一个通信网络应该运行的粗略区域之外，它们什么也不做。但是，由于没有更具体的标准术语可用，我们将使用这些术语来描述通用通信架构。根据 AMI 系统的一般概念，测量仪数据由 HAN 通过 NAN 传输到 DAU，DAU 将汇总的数据传输到 MDMS 上，数据被处理以确定需求和电力价格。

"协作网络"一词表明，在原发射机范围内的所有节点都可以听到消息，而这些节点中的任何一个都可以通过重复传输来充当继电器。这种技术提供了可靠性，以确保消息到达预定的目的地。许多网格协议利用各种形式的协作网络，允许中间节点帮助传输信息。我们想要解决的问题是，用户是否有能力拥有能够合作的网络的节点。为此，假设一个简化的、数学模型的抽象 AMI 系统，并应用 Nash 均衡。Nash 什均衡假设一个不合作的游戏，玩家可以独立地选择最佳策略来取胜。如果每个玩家都选择了一个策略，而没有一个玩家可以通过改变当前的策略来获得更好的结果，那么每个人都保持当前的策略，那么 Nash 均衡就存在了。让我们看看这是如何应用于一个网状网络计量系统的通信。

假设每个社区都有 I 个子社区，每个社区的节点数都是 N_i。从消费者传输的仪表数据通过 NAN［例如，无线保真（Wi–Fi）］传输到 DAU，DAU 通过 WAN 传输汇总的仪表数据［例如，用于微波访问的全球互操作性（WiMAX）IEEE 802.16j 或 802.16m］到 MDMS。MDMS 估计需求并分配权力。人们提出了一种协作通信的解码转发技术。指定中继站的任何节点均可以帮助 DAU 在其路径上向 MDMS 发送来自社区的聚合计量表数据。令 $r(C)$ 为给定 C 活动中继站的通信速率。

这个过程的关键之一是供给和需求估算在两个阶段进行，每个阶段都有不同的定价。在第一阶段，由于预期负荷的最佳估计，公用事业保留功率。这个第一阶段被称为"单位承诺"阶段。这发生在电力实际生成之前。在单位承诺期间确定的电力价格被称为"远期价格" p_f。接下来，第二阶段利用对实际需求的观察，并进行相应的调整以纠正初始需求估计中的任何不准确。这个第二阶段被称为"经济调度","期权价格"p_o是经济调度中估计的电力价格的术语。期权价格一般高于电力的远期价格。因此,激励用户帮助确保准确估计需求以获得最低价格。这是因为过高的需求估计比实际出现了更多的需求,价格将会比现在更高。如果需求估计太低,则修正实际较高需求所需的期权价格将比远期价格昂贵。让我们继续使用数学模型。

让实际的电力需求是$P_{i,n}$,这是社区i中节点n的平均功率需求。那么估计的总功率需求是$D = \sum_{i=1}^{I} \sum_{i=1}^{N_i} P_{i,n}$。现在假设有一些概率的通信包丢失$L$,它们是一致独立地发生的。丢失数据包意味着该数据包所指示的任何需求都不会计算在内。那么给予丢失数据包的总功率需求是$D(L) = (1-L)D$。数据包丢失会导致比实际需求更低的估计需求。假设电力需求z的实际功率需求概率分布函数是$f(z)$。那么在第一阶段(即单位承诺阶段),供电成本为$p_f D(L)$,因为$D(L)$分组已被MDMS接收,而前向价p_f。如果没有数据包丢失,那么这将是用户的实际成本。

然而,鉴于数据包可能丢失,经济调度阶段增加了额外的成本来纠正由于丢失的数据包引起的误差估计和相应的不准确估计。期权价格以$\int_{D_{min}}^{D_{max}} p_o \max[0, z - D(L)]f(z)\mathrm{d}z$的数量增加成本。这个值就是单位承诺阶段的需求差与需求数量乘以期权价格相乘的概率,D_{min}和D_{max}是概率分布函数有效的最小和最大值。在这种情况下,期权价格通常高于远期价格。将这些结果合在一起产生:

$$C^{\mathrm{pow}}(L) = p_f D(L) + \int_{D_{min}}^{D_{max}} p_o \max[0, z - D(L)]f(z)\mathrm{d}z \tag{7.1}$$

这是包括早期单位承诺价格和以后估计的经济调度价格的总成本。调度价格是实际需求量与在单位承诺期间保留的功率的差额。$f(z)$是概率分布函数或需求z的概率;因此,通过$\max[0, z - D(L)]f(z)$的积分给出超过最初分配的平均功率量。

为了获得更低的总电力价格,用户希望通过其节点帮助确保传输成功,以获得准确的早期单位承诺值。然而,通信还具有成本,其包括购买或构建通信基础设施或租赁设备的成本。因此,我们回到Nash均衡的概念。每个"参与者"都希望最大限度地减少电力和通信的总成本。每个参与者可以选择一种策略,这是支持邻居参与者的电表数据通信的概率。协作的可能性低意味着通信成本将得到节省,但是电力成本可能更大。协作通信的高概率导致更大的通信成本,但潜在地降低功率成本。然而,结果也取决于所有其他"参与者"决定做出的选择。如果没有参与者做出更好的选择,那么所有其他玩家的策略也都是不变的。

在我们的模型中更详细地考虑这一点。令用户i的策略是x_i。该策略只是选择x_i作为协作通信中继的概率。因此,x_i是将数据包从DAU中继到MDMS的概率。

智能电网通信——使电网智能化成为可能

当然，目标是为每个节点实现每单位功率的总价最低，包括通信成本。对社区 i 作为 $\vec{x}_{-i}$ 以外的每个社区的每个节点引入通信中继传输概率的矢量是有帮助的。下标 $-i$ 表示社区 i 以外的每个节点。

让社区 i 的权力成本 $C_i^{pow}(L)$ 仅考虑社区 i 中的节点。让合作中继传输的成本是 $C_i^{rel}x_i$。这包括与通信相关的所有费用。那么 x_i 是通信中继的代价乘以作为中继的概率。现在考虑电力成本。令 $C_i^{pow}[L(x_i\ \vec{x}_{-i})]$ 是权力的成本，允许社区 i 的节点的策略是可变的，并且所有其他社区的节点保持固定。那么

$$C_i^{tot}(x_i\ \vec{x}_{-i}) = C_i^{pow}[L(x_i, \vec{x}_{-i})]C_i^{rel}x_i \tag{7.2}$$

是电力和通信的总成本，假设社区的节点 i 选择策略并且所有其他社区节点均保持固定。

现在考虑最优策略。让 $x_i = \min_{x_i}C_i^{tot}(x_i, \vec{x}_{-i})$ 成为最好的社区策略和成本最低的策略。然后 $C_i^{tot}(x_i^*, \vec{x}_{-i}) \le C_i^{tot}(x_i, \vec{x}_{-i})$ 是 Nash 均衡。社区 i 中的丢失数据包为

$$L^{tot}(x_i\ \vec{x}_{-i}) = \frac{\sum_{i=1}^{I} N_i - R(x_1,\cdots,x_I)}{\sum_{i=1}^{I} N_i} \tag{7.3}$$

估计期间仪表数据的总包数 $\sum_{i=1}^{I} N_i$。DAU 的平均传输速率为 $R(x_1,\cdots,x_I)$。所有用户的集合是 $S = \{1,\cdots,I\}$。C 中所有节点执行中继时 DAU 的传输速率为 $r(C)$。DAU 的传输速率为

$$R(x_i,\cdots,x_I) = \sum_{\forall C\subseteq S} (\prod_{i\in C} x_i(\prod_{j=S-C} 1 - x_i)r(C) \tag{7.4}$$

要点是，在广泛的条件下，这是有益的。客户帮助确保邻居的通信可靠性。帮助确保通信可靠性导致更低的价格。

到目前为止，实现 AMI 的一般假设是将供需信息传达给中心位置，ISO 建立起来，并相应地生产电力，运输和分配给用户。这是一个相对简单的集中式方法，在 5.2.1 节中讨论过。

进一步了解 AMI 通信系统需要什么。支持来自于 OpenADR 规范。这是一个用于从实用程序到用户的 DR 信号的通信数据模型。该规范标准化了公用事业和用户预配置的 EMS 之间的价格信号之间的相互作用，使整个 DR 系统能够以自动化模式运行。

例如，该实用程序可以提供以下一个或多个开始和停止时间：

PRICE_ ABSOLUTE：每千瓦时的价格；

PRICE_ RELATIVE：每千瓦时价格的变化；

PRICE_ MULTIPLE：每千瓦时基本费率的倍数；

LOAD_ AMOUNT：一定量的负荷脱落或移位；

LOAD_ PERCENTAGE：卸负荷或移位的负荷百分比。

显然，前三个通知涉及价格变动，涉及用户；用户通过对这些通知进行编程响应来参与。最后两个通知应通常编程为根据需要减少负荷。如果接收到前三个通知中的一个指示价格上涨，则用户可以对系统进行预编程以按比例减少加热或冷却或减少照明。OpenADR 还包括与分布式能源相互作用的规范。

7.4 IEEE 802.15.4、6LoWPAN、ROLL 和 RPL

对于那些不熟悉智能电网通信的人来说，克服的最大障碍之一是了解标准的"字母组合"及其术语。经常发生在技术领域，术语成为一个不可逾越的盾牌，以至于不了解现实中往往是相对简单的基本结构。更糟糕的是，通信标准和技术术语通常由于政治而不是技术原因而被分配到标准或从其继承。除了所有这些混乱术语之外，还有许多组织标准实体独立工作，有时候由于缺乏对组织标准制定意识的理解，有时会制定涵盖现有标准或其他组织正在开发的标准。不幸的是，很难避免使用标准名称和术语经常被不合逻辑地定义的字母组合。试图在每一个例子中解释名称和术语的原因将是一项巨大的任务，并且这将我们置于我们的主题范围之外。然而，有一些简短的尝试，在可能的情况下解释这些通信标准名称和术语发生时的理由。

本节介绍 IEEE 802.15.4 通信协议，特别注意智能公用网络的 IEEE 802.15.4g。我们从 IEEE 802 系列标准的概述开始，并按照 IEEE 802.15.4g "任务组"的方式工作。在标准命名约定中往往有一些理由，每个点（.）表示一个次级分类，这在其规范中变得更具体，我们将看到有时从其他分类继承目标和标准。

7.4.1 电力线电压和通信的关系

大致来说，电网中的电压对应于所需的通信类型。电压和通信之间的相关性发生是因为较高的电压通常对应于更长的传输距离；即减少 I^2R 损失。更长的传输距离意味着需要更长距离的通信系统。另一方面，较低电压的电力线意味着较短的距离传输，并且可能接近大量终端用户。在这种情况下，通信范围较短，而端点数较多。事实上，人们可以说是有自然的设计关系；即电网中的电压电平与每平方米的通信网络位数成反比。高压电力线每平方米的位数相对较小（在间隔较宽的传输塔之间），而低压电力线将具有每平方米大的位数（密集的客户表）。

7.4.2 IEEE 802 介绍

最初旨在处理 LAN 和 MAN 的 IEEE 802 系列标准树。此外，该系列的这一部分旨在关注可变大小的数据分组，而不是处理诸如小区中继和异步传输模式（ATM）的固定大小分组的标准。在等时网络中，数据以规则恒定间隔。这些类型的系统不包括在 802 系列中。数字"802"除了由标准协会分配的下一个可用分配号码以外，没有特别的意义。802 标准着重于很差的国际标准组织（ISO）标准协议框架的数据链路和物理层。更具体地说，802 标准将 ISO 数据链路层划分为逻辑链路控制（LLC）子层和媒体访问控制（MAC）子层。位于 MAC 子层之上的 LLC 子层为诸如流控制和自动重发请求（ARQ）等特征提供逻辑位置。它还提供允许多个网络层在上述层中共存的多路复用机制。MAC 子层位于 LLC 的正下方，并提供寻址和通道访问控制机制，使得多个节点可以通过共享物理层介质进行通信。因此，MAC 子层用作 LLC 子层和物理层之间的接口。

7.4.3 IEEE 802.15 介绍

IEEE 802.15 任务组涵盖无线个人区域网络（WPAN），"X 区域网络" X 可以引用大量可能的地理空间术语，如"本地"（LAN）、"身体"［个域网（BAN）］、"校园"［控制器局域网（CAN）］、"广域"（WAN）、"大城市"（MAN）等，试图通过地理空间"区域"对网络进行分类被设计为最佳覆盖。从标准的角度来看，再次出现的问题是，这种区域网络使用的术语数量越来越多。区域网络的术语不是标准化的，人们必须经常猜测这个术语是什么意思。作为具体示例，NAN 可以表示"邻域区域网络"或"近域网络"。个人区域网络（PAN）表示诸如电话和个人数字助理的个人设备的互连以及提供与诸如互联网之类的较高级网络的接口。因此，IEEE 802.15 任务组似乎侧重于短距离无线链路。

7.4.4 IEEE 802.15.4

IEEE 802.15.4 任务组专注于低速率无线个域网（LR－WPAN）的物理层和 MAC 子层。实际上，这个任务组打算在 10m 的距离内假设数据速率只有 250kbit/s 的基本目标。802.15.4 标准是当时大多数标准的改变依据，其重点是支持更大、更快速的数据传输机制。相反，这些标准着重于支持更多、更小和更低的数据速率节点，当时这些节点主要被视为传感器网络的元素。从智能电网的角度来看，潜在的应用是所谓的"智能电表"，以及电网的传感器网络。

IEEE 802.15.4 标准仅指定物理层和 MAC 子层。它也不包括整个 IEEE 802 标准的这种短距离和低数据速率，因为许多这些功能在这些条件下是不可取的。该标准的主要目的是指定一个简单的无线电系统，不需要无线电技术来构建或使用技术。该标准还将指定一种在低功耗下稳定的系统。网络层及以上是未指定的，目的是允许其他人指定对较高层的多种方法。较高层协议的例子包括 IPv6 低功耗无线个人区域网络（6LoWPAN）和 RPL，这将在本章稍后讨论。

IEEE 802.15.4 的低数据速率主要来自于在低占空比下实现鲁棒性的操作。这意味着节点将尽可能地"睡眠"以减少能量消耗。这提出了在电网中使用的重点，即标准与低延迟要求相对应。换句话说，该标准通过增加延迟来实现低能耗。需要低延迟的电网应用（如电力保护机制）要求尽可能快地传输消息。IEEE 802.15.4 标准网络针对大量用户和低功耗进行了优化，但是以相对较慢的消息传输速率为代价。因此，我们可以看到，除非做出重大改变，否则这不是用于电力系统保护的良好协议。由于它是 IEEE 802 协议，它使用相应的 LLC 机制。

我们将详细描述 IEEE 802.15.4 标准，在 IEEE 802.15.4g 智能实用标准中也假设了很多。IEEE 802.15.4 中有两种物理设备：全功能设备（FFD）和简化功能设备（RFD）。RFD 以牺牲功能为代价，从而使其设计尽可能简单。具体来说，RFD 只能与 FFD 进行通信。有 3 种类型的逻辑设备：PAN 协调器、路由器和终端设备。PAN 协调器，其名称显而易见，是网络的关键逻辑设备。这是一个 FFD，至少为网络中的所有其他节点分配地址。路由器是一个 FFD 设备，顾名思义，通过网络路由数据包。最后，终端设备可以是 FFD 或 RFD，并且仅仅简单地聚焦于传达其自己的信息。

在物理层，标准规定了 3 个不同频段的 27 个信道，如表 7.1 所示。发射机输出功率规定为 0.5mW，或等效于 -3dB，以 1mW（dBm）为单位。这种低功率输出是实现低功耗标准的一部分，以及如前所述，设计目标是达到只有大约 10m。然而，智能电网应用非常重要的一点是，该标准允许将功率输出放大到所需的任何法定限制。这已经完成了扩展 SCADA 应用程序的范围。

表 7.1   IEEE 802.15.4 信道信息

频段/MHz	868.3	902~928	2400~2483.5
信道数量	1	10	16
带宽/kHz	600	2000	5000
数据速率/kbit/s	20	40	40
信号速率/ksymbol/s	20	40	62.5
未授权使用	欧洲	美国	世界范围内
频率的稳定性（$\times 10^{-6}$）	40	40	40

为了使通信发生，发射功率和接收机的灵敏度都必须能够被检测到信号。在 IEEE 802.15.4 中，接收机灵敏度由分组错误率（PER）指定。该标准需要 1% 的 PER。这转换为 2400MHz 频段的 -85dBm，低于 1GHz 的频段为 -92dBm。在实现无线电的芯片的天线端子处测量这些值。1% 的 PER 要求可使接收机灵敏度从当前实践中大大降低，从而允许接收机吸取更少的电流，从而有助于降低功耗。

本标准使用相移键控（PSK）调制。频移键控（FSK）调制在市场上得到广泛应用，由于其实施成本相对较低。然而，鉴于低信噪比，PSK 性能更好。幅移键控（ASK）、FSK 和 PSK 都是分别对幅度、频率或相位进行修改的基本调制技术，以便传达信息。更具体地说，在 IEEE 802.15.4 中，低于 1GHz 的信道使用二进制相移键控（BPSK），并且 2400MHz 频带使用偏移正交相移键控（OQPSK）。也称为 2-PSK，BPSK 是 PSK 调制的最简单形式，相角差为 180° 的两个相信号进行编码。这些相位尽可能地扩展，因为更大的分离将需要最大的噪声以使相位重叠。虽然 BPSK 是鲁棒的，但它只能传送两条信息，一条 1 或一条 0；因此它不是最快的调制形式。也称为 4-PSK 的正交相移键控（QPSK）简单地将用于将信息编码的相位数量扩展到 4 个，尽可能地扩展。因此，理想情况下，与 2 - PSK 相比，信息量可以传输两倍，或者，相同信息量只需要一半的带宽。

在 QPSK 中，与原始载波同相的分量被称为同相分量或 I. 总是相差 90°的其他分量被称为正交分量或 Q，正交只是指相位相差 90°的状态。I 和 Q 是信号的正交分量。OQPSK 是当同时改变 I 和 Q 分量时，可以避免 QPSK 信号中可能发生大幅度变化的技术。偏移背后的概念是将 Q 分量延迟半个符号周期或一个符号周期。这确保了 I 和 Q 组件不会同时改变，并限制最终信号的幅度变化，这对接收机硬件方便。

除了所描述的一切之外，IEEE 802.15.4 还使用直接序列扩频（DSSS）。一个 16 码片序列用于亚 GHz 频率，一个 32 码片序列用于更高带宽的传输。在 DSSS 中，要传输的信号乘以"码片"，伪随机序列（PN）为 1，-1 值为标称带宽。伪序列的伪随机性将产生类似白噪声的静态信号。这种类似噪声的信号可以用于通过将相邻的伪随机序列相乘（非常像 $1 \times 1 = 1$ 和 $-1 \times -1 = 1$）来将接收端的原始数据精确地重构。这个过程被称为"解扩展"，并且是发送的 PN 与接收机认为发射机正在使用的 PN 的相关。增强的信噪比被称为处理增益。PN 被分配为在共享不希望彼此通信的介质的无线电之间正交。PN 的正交性导致干扰无线电之间没有处理增益。

IEEE 802.15.4g 是智能公用事业网络（SUN）的 IEEE 802.15.4 的一个变体。IEEE 802.15.4g 使用了大量 IEEE 802.15.4 标准，因此我们需要完成 IEEE 802.15.4 的描述，然后与 IEEE 802.15.4g 进行比较。

继续介绍 IEEE 802.15.4 物理层，该系统使用带冲突避免的载波侦听多路访问（CSMA - CA）来帮助发射机之间共享信道。载波侦听多路访问（CSMA）非常像一群在电话会议上尝试相互交谈的人。人们看不到彼此，他们经常在同一时间开始说话。当他们互相交谈时，通信是乱码，没有一方收到一致的消息。然后，每个人都等待对方说话，出现冷场，这是不可避免的尴尬的沉默。然后人们再次开始说话，导致乱码，浪费电话时间。在通信中可能发生类似的过程，其中节点同时发送并彼此干扰，导致乱码信号，高比特错误率和分组冲突。在物理层，当多个节点同时传输并且信号被破坏时，CSMA 系统的变化可以感觉到。所发送的节点可以等待或"退出"一段时间，直到线路清除以重试传输。CSMA 的冲突避免变化使得硬件能够检测到传输，而不会实际发送并导致冲突。当感测到传输时，节点退出或等待一段时间发送，希望找到可用的信道。当然，现实情况比较复杂，例如，由于隐藏的终端问题。在这种情况下，并非所有节点都可以相互听到。基本上会发生冲突，但是一些违规节点将无法感知到它们正在引起冲突。可以使用更复杂的技术来避免这个问题，但它们不在 IEEE 802.15.4 标准中，因此不会被讨论。在良好的条件下，所有节点都可以相互听到，CSMA 的信道效率为 36%，而在恶劣的条件下，当节点不能全部相互接收时，信道效率下降到 18%，这与 ALOHA 协议相似。当标准被设计时，这是众所周知的，这些选择是为了平衡效率与低成本以及小的硬件尺寸要求而进行的。

IEEE 802.15.4 物理层定义了 4 种类型的帧：数据、ACK 信号、信标和 MAC 命令。框架的名称清楚地表明了它们的功能。如其名称所示，数据帧携带数据有效载荷。ACK 帧从接收端发送回发送方，以指示成功接收到帧。信标帧不太明显。它由节点实现功率节省功能和正在尝试建立网络的节点使用。稍后会详细解释网络建设。最后，MAC 命令帧用于传输低级命令。

所有 IEEE 802.15.4 网络接口都具有唯一标识接口的 64 位类似以太网的地址。然而，通过允许接口将其 64 位地址交换为唯一的 16 位本地地址，可以减少该长地址的开销，PAN 协调器负责管理此交换。

所有帧类型都具有相似的结构，如图 7.3 所示，以数据帧为例。数据帧由包含用于允许接收机获取并与到达信号同步的 32 位前置序列的同步头（SHR）以及用于指示开始的开始帧分隔符字节。接下来是物理层报头（PHR），其以一个字节开始，指示物理层服务数据单元（PSDU）的长度（以字节为单位）。SHR、PHR 和 PSDU 组成物理层协议数据单元（PPDU）。PPDU 由 MAC 报头（MHR）组成。MHR 具有：①两个帧控制字节，②数据序列号（8 位，1 字节），以及③地址的 4～20 个字节。回想一下，地址可能是 16 位或 64 位。MAC 服务数据单元（MSDU）包含数据有效载荷。MSDU 的最大容量为 104 个字节的数据。帧控制八隅体在帧的末尾包含 MAC 协议数据单元（MPDU）。MPDU 以包含 16 位帧校验序列（FCS）的 MAC 页脚（MFR）结束。

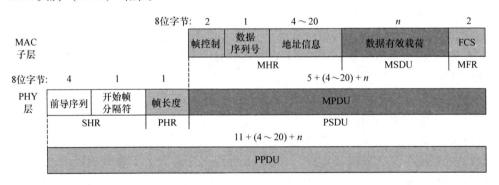

图 7.3 IEEE 802.15.4 数据帧的结构。这里表明是因为它是许多协议使用的相当典型的帧结构，通常，帧内的放置和字段的大小倾向于从一个协议改变到另一个协议（来源：Adams，2006。经 IEEE 许可转载）

物理层可由应用程序配置，以确定是否确认已成功接收帧。节点有两种基本类型：低功率传感器节点及更高功率协调器节点和路由节点。典型的操作方法是：传感器节点由于事件发生检查信道，以确保它是通畅的发送消息、等待一个回应如果配置的话，然后可以接收任何数据并用于节点或者回到休眠。

MAC 层包含二十多个用于实现数据传输和管理网络连接的命令。MAC 层生成允许其他节点查找并正确连接到网络的网络信标。例如，信标可以包含用于时域多址（TDMA）连接的定时信息。信标的时间间隔是可配置的，其中一个权衡是功率消耗。因此，信标仅从假定连接到电网的协调器或路由器发送。信标开始称为超帧间隔。超帧间隔包括节点可以随机发送的基于竞争的时间段，以及所有节点都保证时隙的无竞争时间。无竞争时间之后的竞争时间的超级的概念与使用罗伯特的"秩序规则"的正式会议类似。这样一个会议需要一个议程，其中所有项目都在特定时间进行处理，以便涵盖每个项目，与无竞争间相似。然而，在会议日程结束之前的新业务，只要没有其他人发言并提出新的业务项目，任何人都可以获得发言权。由协调器节点发送超帧的间隔是可配置的，并且它们落在信标的传输信号之间。因此，超帧出现在时隙之间，如果除了保证传输之外什么也不发送，则浪费带宽，而随机接入可以有效地被具有发送数据的节点利用，但可能存在冲突。

前面已经介绍了 FFD 和 RFD。与往常一样，通信是许多竞争层面之间的平衡。在这种情况下，它是功能和成本效益要求之间的权衡。简单地说，FFD 具有许多功能，正是因为它有很多的功能，所以需要更昂贵的硬件，而且尺寸更大。RFD 放弃了许多功能，但它需要更少的功率，并且可以在更小的占用空间中实现；也就是说，它更接近理想的传感器。然而，它需要至少一个 FFD 以形成网络。

如前所述，MAC 命令建立和维护网络。IEEE 802.15.4 设备通过扫描信标的可用信道来启动并搜索现有网络。如果没有找到，设备是 FFD，则可以建立新的网络。如果找到信标，设备将尝试与相应的网络相关联。每个网络都有一个 PAN 协调器。在发现网络并被允许加入网络时，加入网络的节点的 MAC 层将通过一个命令直到网络层，导致新节点和网络 PAN 协调器之间的地址交换。这可能涉及更少的 16 位地址的 64 位地址的交换。PAN 协调器还可以发出导致设备与网络分离的MAC 命令。

IEEE 802.15.4 没有具体标识网络架构。所有设备都可以直接与 PAN 协调器进行连接，创建星形网络拓扑。设备也可以直接彼此连接，形成对等拓扑。最后，每个设备都可以尝试连接到所有其他设备，形成完全连接的网状网络。诸如 ZigBee 联盟，互联网工程任务组（IETF）和 IEEE 等组织一直致力于为 IEEE 802.15.4 定义网络架构。我们在这里简要提及这些努力，并将在短时间内详细介绍 IETF 定义的网络。ZigBee 本质上是基于网格的。IETF 致力于定义 IPv6 如何映射到 IEEE 802.15.4 帧。挑战是将 IPv6 数据包和地址映射到拥有较小地址的较小的 IEEE 802.15.4 帧。称为报头压缩的技术用于将来自 IP 报头的所需信息映射到 IEEE 802.15.4 帧报头。IEEE 802.15.5 定义了 IEEE 802.15.4 无线电的网状网络架构。

术语"ZigBee"是指蜜蜂回归蜂巢后的跳舞。回想一下，网络层的功能是利用协议栈的较低层来启用通过网络的多跳路径，即路由。由于 ZigBee 建立在 IEEE 802.15.4 上，其功能是控制 MAC 命令到正确的目的地。ZigBee 使用一种简化版本的 Ad Hoc 按需距离向量（AODV）路由（Ondrej 等，2006）。AODV 的"按需"组件意味着路由仅在需要时确定；所有可能的路线都不是预先建立的。这减少了在建立路由时需要的资源，以延迟建立路由为代价。AODV 的"距离向量"分量意味着它属于距离向量协议类。这意味着链接更改被传播到最近的邻居，而不是立即广播到所有节点。同样，这样可以以牺牲实际网络状态的潜在延迟为代价，快速到达所有节点来降低开销。为了找到目标设备，AODV 节点向其直接邻居广播路由请求。邻居节点通过向其邻居进行广播来重复该过程，并且该过程重复直到找到目的地。目的地节点通过单播发送响应，而不是沿最低成本或最佳路径发送回到源地址。然后，源可以用下一跳更新其路由表和到达给定目的地的成本。因此，AODV 路由支持以牺牲潜在延迟为代价降低复杂度和能量最小化的 IEEE 802.15.4 目标。

7.4.5 IEEE 802.15.4g 智能公用网络介绍

AMI 与 DA 网络中存在竞争性的设计要求。具体来说，AMI 设计用于低能耗和大量用户，同时容忍高延迟。DA 网络具有完全相反的要求：低延迟是主要的要求，并且管理的节点较少。AMI 网络路由（IEEE 802.15.4g）形成一棵树，收集器为根，"路由器"具有较长的距离传输，可以在较长距离上转发数据。AMI 网络允许树木在通信量下降时进行大量改造；花时间保持树最佳化在 AMI 设计理念中更为重要，而不是快速将信息传递到目的地。从网络的角度来看，直接通过 AMI 运行 DA 应用程序将遭受高延迟，除非 DA 消息覆盖 AMI 协议。

IEEE 802.15.4g 以几种不同的方式扩展和修改了 IEEE 802.15.4。第一个是 IEEE 802.15.4g 包含 3 个不同的物理层，而不是一个，以提高灵活性并瞄准更多的市场。由于其信号的恒定包络，因此存在包含其传输功率效率的多速率频移键控（MR－FSK）物理层。多速率正交频分复用（MR－OFDM）物理层包括用于较高数据频率选择性衰落的频道的速率。最后，多速率偏移正交相移键控（MR－OQPSK）物理层类似于原来的 IEEE 802.15.4 标准，其设计用于降低成本并且更容易实现。正如 IEEE 802.15.4g 中扩展了物理层类型的数量一样，信道数量也扩展到 12 个频率范围。这些范围涵盖在日本、中国和韩国以及美国使用的频谱。

IEEE 802.15.4g 协议的其余部分涉及如何管理这些扩展。特别地，信道频率范围与诸如 IEEE 802.11 和诸如 IEEE 802.15.1、IEEE 802.15.3 及 IEEE 802.15.4c 和 d 的 IEEE 802.15 其他版本的变化的现有标准重叠。减轻重叠并收敛于最佳公共物理层的解决方案是包括允许 IEEE 802.15.4g 检测其他潜在物理层的预定义的公共物理层的概念。然后，IEEE 802.15.4g 设备可以使用公共物理层来允许切换到不同的物理层和信道，以避免潜在的干扰。公共预定义物理层称为公共信令模式（CSM）。CSM 是数据速率为 50kbit/s 的二进制移频键控（BFSK）信令方案。

7.4.6 6LoWPAN 介绍

无线传感器网络，例如使用 IEEE 802.15.4 及其变体实现的传感器网络，最初被认为是支持 IP 的对立面。这是因为这样的传感器网络被定位为包括极大数量的小型、低功率节点。IP 被认为太重，无法在这种受限制的设备上运行。假设必须开发专有协议；前面提到的 ZigBee 是一个这样的专有协议的例子。6LoWPAN 通过添加一个适配层，通过无线传感器网络连接 IP，该适配层在受约束的传感器网络设备上桥接重要的 IP。简而言之，6LoWPAN 通过实现所谓的"帧头压缩"来实现这一点，通过实现分段来支持 IPv6 最大传输单元（MTU）要求，并实现对二层转发来支持 IPv6 数据报的传输，从而减少多个无线电跳的开销。

当然，通过在无线传感器网络上移植 IP，它提供了传感器网络通过路由器与互联网直接通信的能力，这简化了整体网络并提高了鲁棒性，而不需要维持 IPv6 到 ZigBee 的网关状态。6LoWPAN 是专门针对 IEEE 802.15.4 的 IP。回想一下，IPv6 将 IPv4 地址从 32 位扩展到 168 位，满足了为预期的大量传感器节点分配唯一地址所需的更多地址的需要。为了满足与无线传感器网络相矛盾的要求，IPv6 扩展了 MTU 大小，以便将来可以提高预期更高带宽的效率。然而，对于无线传感器网络，带宽较低，并且需要较小的分组大小。

帧头压缩一般通过设计者可能不了解的概念实现，但来自于从 Kolmogorov 复杂性和主动网络派生的概念。基本上，这是通过附加处理来替换显式信息的传输的能力，以便导出发送者和接收者共同的信息。简单地说，信息可以通过计算从公共上下文导出，或者从已经在较低层中传输的信息导出。碎片非常简单，IPv6 数据包被分段成较小的块，以便它们可以适应较小的 IEEE 802.15.4 帧。无线传感器节点能够转发数据，而不需要实现 IP 路由器的开销。因此，IPv6 分段数据包需要通过无线传感器网络在链路级正确路由。6LoWPAN 通过在适配层数据包中包含较低层地址信息来实现。对于帧头压缩，可以去除 6LoWPAN 适配层，IP 网络和 IP 传输层帧头信息中的冗余信息，并且所需信息以几个字节表示。虽然可以讨论其他可能有用协议的更多细节，本书的目标是提供对电力系统和通信的基本和直观的了解，而不是作为每个相关协议的细节的手册；对读者来说太麻烦了，反而不利于理解电力系统。接下来，让我们向上移动协议栈，并考虑网络和路由问题。

7.4.7　Ripple 路由协议、低功率和低损耗网络路由介绍

让我们先来看一下这个术语。像通常的网络一样，让我们从直截了当的术语开始。和往常一样，在网络中，几乎是有目的地尝试来推广字母缩略语，这些缩略语可以是多余的，有时是无意义的，并且几乎总是令人困惑的。虽然 6LoWPAN 是允许互联网协议数据包驻留在无线传感器网络上的适配层，但是通过低功率和低损耗网络（ROLL）的 RPL 和路由集中在 IP 数据包通过低功耗和有损网络进行路由。ROLL 也是协议达成共识的工作组的名称。另一方面，RPL 代表"波纹"路由协议，IP 路由协议，设计用于在诸如 IEEE 802.15.4 及其变体以及 Wi-Fi、电力线载波或任何其他任何 IP 支持的物理层上操作。请注意，这里的"波纹"不应与 20世纪初为电力线通信开发的较老的波纹线路载波协议混淆。

低功率和低损耗的网络（例如通过 IEEE802.15.4g 实现的网络）对路由协议

施加了严重的限制。如前所述，IEEE 802.15.4g 智能公用事业网络由低数据速率通信的低功率设备组成。这种设备的最大传输功率设置为 20dBm（100mW），它们可以以 250kbit/s 的最大数据速率进行通信。由于设备试图节电，传输范围受限，占空比（设备正在主动发送或接收的时间比例）也受到限制。一个典型的目标是在一个电池上运行 20 年。占空比可能小于 1%；因此，路由协议需要尽可能少的开销，并且必须快速收敛到正确的路由。此外，重点是具有数十万个节点的无线传感器网络，并且需要高可靠性。

AODV 已经被称为 ZigBee 上层协议的一部分。正如 ZigBee 与 AODV 一样，而不是利用现有的路由协议，开发了 RPL。像 AODV 一样，RPL 是一种距离向量协议，指定无线传感器网络节点（如使用 6LoWPAN 在 IEEE 802.15.4 或 IEEE 802.15.4g 上的网络节点）如何形成路由。RPL 也被认为是梯度路由的一种形式。

随着大规模传感器网络中的节点数量的增加，通常使用的自适应路由协议（如 AODV）变得繁重，为网络的路由操作带来了巨大的开销。传感器网络本质上往往涉及大量节点向中心位置报告信息。因此，树结构，由于边缘传感器和根部的信息集中集合，成为一种自然的路由架构。使用"有向无环图（DAG）"代替树，这只是一个带有有向边（即指向特定方向的边）的图，（也就是说，没有一个留下给定节点并返回的路径实例到同一个节点）。这意味着图形必须形成树。新加入的传感器必须在 DAG 中找到它的位置；也就是说，它必须找到 DAG 附加到哪里，以便网络既有效又没有形成循环。网络通过为每个节点分配"等级"来实现；该等级必须高于新加入节点附加到的任何父节点的队列。因此，如果根节点为零，则等级从根节点开始进一步移动。排名大致是一个节点与中央根节点的距离。因为基于树的路由协议旨在改进现有的自组织路由协议并且被应用于大规模、低功率、有损网络，因此必须改进路由协议的典型目标。这些目标是最小化所需的状态量，以便受限的内存可以容纳由于网络大小增加所需的所有信息。所需状态的数量应该随着网络的大小而小于线性。此外，开销流量必须最小化。例如，链接的创建或丢失不应该广播到整个网络。此外，路由操作本身应该以小于生成数据分组的速率生成分组。换句话说，路由开销应该由数据流量限制。

RPL 尝试满足刚刚讨论的两个主要组成部分的要求：①目标导向有向非循环图（DODAG），基本上是一棵树；②定义路线成本如何确定的目标函数，那就是选择路径时要优化什么。DODAG 的根被称为 LLN 边界路由器（LBR）。通常，所有数据从树中的节点流向该根节点。

当 DBR 的树根传播 DODAG 信息对象（DIO）时，DODAG 的构建开始。该消息包含：①LBR 根节点的标识符；②发送消息的节点的等级和称为"最小秩增加"的参数，用于帮助接收节点在 DODAG 结构中计算其自己的等级；③目标函数，使得接收节点能够将要优化的度量转换成其等级。

DODAG 通过要求加入网络的节点的等级高于其父节点来维护非循环树结构。

因此，节点的等级与其和根的路径距离有关。在加入网络之前，节点监听其邻居的 DIO 消息，并通过选择哪个节点作为其首选父节点来确定其等级。然后将"步骤"值添加到父级。步骤值基于加入节点到达其父节点的路径。一个节点必须确保它在任何时候都具有比其父代更高的等级。如果节点的等级发生变化，则必须消除相对于当前节点的等级更高的父节点。当一个节点有一个要发送的数据包时，它检查其父节点的实际路径开销，找到 LBR 根的最优路由。

如前所述，路由开销流量必须最小化。考虑到存在快速链路变化的环境的可能性，为了保持网络稳定，使用定时器来减慢更新消息的产生。这被称为"涓流定时器"。涓流定时器抑制了生成和传播 DIO 消息的速率。涓流定时器由时间间隔 I 和冗余计数器 C 控制。间隔可以从 I_{min} 到 I_{max}。定时器可以在 $I/2$ 和 I 之间随机触发。当定时器触发时，C 被复位为零。然而，每次从父节点看到相同的 DIO 消息时，C 都会增加一个。如果 DIO 消息具有与先前消息相同的等级和路由成本，则称其为"一致"消息。如果 C 低于阈值并且定时器触发，则 I 被加倍，因此在定时器再次触发之前花费更长的时间。然而，如果一个节点收到一个不一致的父节点的 DIO 消息（也就是说，不同于之前从父节点接收到的等级或路由值），则节点立即通过重置其涓流定时器来采取行动。通过将 I 设置为最小值 I_{min} 并重新启动定时器来重置定时器。以这种方式，消息在发生变化时迅速传播，并且随着时间的变而减少。

加入 DODAG 后，节点可能会改变其等级。改变等级的关键是避免进程中的路由环路。在等级下降的情况下，其基本上靠近 DODAG 的根部，节点只需要确保它去除大于其新的较小等级的任何父节点。然而，当增加等级时，如果节点还尝试添加新的父节点，则需要小心。越来越多的等级逻辑上使节点离根更远，并允许更多可能的节点成为父节点，因为更多的节点将具有较低的等级；也就是说，更多的节点将更接近 DODAG 的根。然而，在这种情况下添加新的父节点时需要注意。因为新的父节点可能是等级增加节点的子节点。换句话说，新的父节点也可以作为一个子节点连接起来。节点既是父节点又是子节点的任何情况意味着有一个从节点返回到自身的路径，这意味着一个循环存在。循环不能存在于路由协议中，否则数据包将永远在这样的循环周围传播；环路成为分组的吸收状态。这说明了通常由网络和路由协议解决的问题的类型。下一节将介绍 802.11 及其特性如何影响智能电网中的应用。

7.5　IEEE 802.11

IEEE 802.11 协议是用来开发从笔记本电脑和无线路由器到手机和 MP3 播放器的设备的 LAN 的旧的、现在几乎无处不在的无线标准。首先考虑无线技术协议时，假设无线物理层将简单地是现有协议的实现，例如以太网（IEEE 802.3）。以太网是一种有线电话协议，使用具有冲突检测的载波侦听多路访问（CSMA - CD）。在 IEEE 802.3 中，节点在有数据发送时立即发送，并检测线路是否可能与同时发送的其他节点发生冲突。如果检测到冲突，则在尝试重传数据之前节点等待随机的时间量，以避免与其他节点同时发送。问题在于，在无线环境中实现这种类型的物理层由于信号功率在相对较短的距离上的快速衰减或降低而无法正常工作。将检测不到冲突。IEEE 802.4 令牌总线方案也被认为是实现无线物理层的一种方法。这种方法需要将单个令牌从一个节点传递到另一个节点；只有保存令牌的节点才能传输。这避免了冲突，但需要一个复杂的实现来处理令牌；也就是说，确定哪个节点接收到令牌，然后处理令牌消失时的情况，或多个令牌的情况。因此，这种方法被放弃，需要为无线物理层开发一种全新的方法。

IEEE 802.11 以 1 Mbit/s 速率提供免授权的 2.4GHz 频段的跳频扩频 (FHSS) 和 DSSS，并具有 2Mbit/s 速率的选项。类似于 IEEE 802.3，IEEE 802.11 使用称为分布式协调功能 (DCF) 的前后侦听机制。与 IEEE 802.3 不同，它采用了避免冲突的技术，而不是碰撞检测。由于在 IEEE 802.11 中无法检测到冲突，所以随机的时间间隔发生在传输之前，希望避免碰撞而不是在发生后采取措施。原来的 IEEE 802.11 具有无竞争时间，具有点协调功能 (PCF)，其中指定单个节点轮询节点进行传输以保证传输不发生冲突。隐藏节点导致这样的系统失败并且没有实现无竞争周期概念。

由于有线等效保护 (WEP) 的安全机制的不同，IEEE 802.11 设备并不总是有互操作，并且需要一个认证计划，导致 2003 年的 Wi-Fi 联盟能够实现市场的完全兼容性。此后，IEEE 802.11 在使用中爆炸式增长。其成功导致了对标准的大量修改，以便以各种方式扩展协议以满足市场需求。IEEE 802.11 在电力系统中使用的明显限制之一是其相对较小的范围。其范围限于室内约 70m 和室外 250m (IEEE 802.11n)。这就是为什么"本地"一词在局域网中。它适用于局部互连的电网，例如将电表连接到较长距离的网络，或者可能在相对较小的区域内互连设备。IEEE 802.11s 通过允许数据从较长距离的 LAN 跳到 LAN 来解决范围问题，从而形成 LAN 的互连。IEEE 802.11 的另一个问题是，它不是被设计为低功率或高密度处理设备。如前所述，IEEE 802.15.4 和 IEEE 802.15.4g 解决了这些问题。然而，已经努力在更大的范围上扩展 IEEE 802.11，使其可用于 DA；例如，IEEE 802.11y 和超级 Wi-Fi。

7.6 小结

本章介绍了智能电网 DSM 的关键要素：DR。DR 与任何 DSM 系统一样，需要直接访问每个用户。如果没有足够的挑战，它也应该是双向的，使用户能够接收价格并做出选择。它也可以允许应用程序控制用户的负荷。本章对 AMI 提出的许多不同的通信技术进行了回顾。本章的主要内容不应该是任何特定通信技术的细节，而应该是它们所体现的更基本的属性。其中主要的是利用规模的能力，能够有效地汇集大量用户的数据。这包括利用大量数据增加可靠性的能力。沿着这些主线，游戏理论的观念也起了一定的作用。具体来说，探讨了每个用户允许他们的通信节点为自己和他人转发信息的动机。

　　下一章将介绍 DG 和输电。新的电力电子设备正在改变 DG 和输电的性质，也改变了相应的通信要求。虽然起初可能并不明显，但分布式发电和输电系统相关。分布式发电机应该能够以与大型集中式发电机使用传输系统汇集电力资源的方式类似的方式共享电力。随着分布式发电和微电网的广泛部署，可能会降低对经典的大容量输电系统的需求。两个系统的技术演进应该一起考虑。分布式发电系统的控制对于了解微电网通信要求至关重要。此外，正在探索新的储能机制和电力电子设备，以帮助减轻可再生能源和分布式发电的变化带来的影响。因此，审查了电力电子和新兴能源存储系统的控制和通信要求。从输电的角度，介绍了柔性交流输电系统（FACTS）和高压直流（HVDC）输电系统。电能传输技术的最终进步是无线，即大功率、广域无线电能传输。下一章也详细探讨了这个迷人的话题及其对通信的影响。

7.7　习题

习题 7.1　高级计量基础设施
1. AMI 的主要目标是什么？
2. AMI 的竞争物理通信层是什么？
3. 功率计的典型接口是什么？
4. AMI 成功通信的关键标准是什么？

习题 7.2　早期电力线载波和仪表读数
1. 抄表与 AMI 有什么区别？
2. 什么是第一个抄表通信基础设施？

习题 7.3　AMI 和协议
1. 什么是云计算？
2. 如何将云计算用于 AMI？

习题 7.4　AMI 和需求响应
1. 什么是 DR？在供应、需求和效用方面进行界定。
2. 调度在 DR 中扮演什么角色？在电网内 DR 将如何影响周期的多样性？
3. 通信分组调度和能量使用调度之间的相似点和不同之处是什么？
4. 通信分组调度和能量调度之间是否存在对 DR 性能有影响的交互？

习题 7.5　ROLL
1. 什么是 ROLL 及其提供的功能？
2. 什么是 DAG 算法，它在 ROLL 中如何使用？
3. DAG 算法有哪些优点？
4. 在智能电网内最好使用 ROLL/RPL，为什么？

习题 7.6　电动汽车和需求响应

　　1. 电动汽车如何以独特的方式影响 DR？

　　2. 什么是电动汽车到电网的通信？它与智能电网通信的一般要求有什么不同？

习题 7.7　需求响应算法

　　1. 电力价格弹性与通信基础设施成本之间的权衡是什么？说明 DR 曲线的使用及其几何参数。

　　2. 您的智能电表能够在支持其他用户信息包通信（合作通信）的网状网络中运行为什么是有益的？

习题 7.8　抄表和压缩

　　1. 压缩感知的基本概念是什么？

　　2. 压缩感知如何与 MAC 结合使用？

习题 7.9　需求响应有效性

　　1. 如何衡量 DR 计划的有效性？

　　2. 电力的价格弹性如何在 DR 的有效性方面发挥作用？

习题 7.10　需求响应与控制

　　1. 根据需求信号控制电力应在哪里：在发电机、输电系统、配电系统、用户或这些地点的全部？DR 控制系统应该集中还是分散？为什么？

　　2. 关于通信基础设施的上一个问题的答案含义是什么？

习题 7.11　AMI 和网络安全

　　有关使用智能电表和 DR 的隐私问题受到关注，因为 DR 计划和客户节能计划的成功取决于对设备及其使用的能源配置文件的准确了解。

　　1. 从使用电力信息中可以推断出多少信息？需要哪些假设或辅助数据进行推论？

　　2. 智能电表网络安全和隐私如何增强？

第8章

分布式发电和输电

电力以不受局限的形式广泛存在，即使不借助煤、油、天然气或其他任何一种化石燃料也可以驱动机器。

——尼古拉·特斯拉

8.1 引言

本章是第二部分"通信与网络：推动者"的第 3 章，重点介绍分布式发电和输电。从某种意义上来说，它们是负相关的组成部分，随着无处不在的分布式发电系统的应用，对传统电力输电系统的需求会逐步消失。如果电力资源都近距离分布，就没有远距离大容量输电的需求。但是为了增加可靠性和在紧急情况下从远处获得电力支援，与电网高度连接总会有用。

本章从讨论 DG 和越来越多的具有高度可变的、相对较小的可再生发电机与电网集成的问题开始。本节考虑的主要问题是要求出什么形式的通信以及如何能够更好地融合 DG 和输电系统。值得注意的是本章考虑的配电系统的 DG 要么与用户在一起，要么离用户较近。这意味着配电系统需要变得像今天的输电系统一样，从发电设施侧耦合电力和处理双向潮流问题。因此，本章需要一个独特的定位，即包含 DG 和电能传输。平滑可再生能源发电输出功率变化的一个自然解决方案是将能量储存与可再生能源发电相结合，以便在发电机输出电能相对富余的时段内，过剩的能源可以储存起来并在发电机输出电能不足期间释放。在 2.4 节中综述了常见的能量储存技术。在 8.2 节中将会特别地回顾能量储存中涉及的分布式和可再生能源发电部分。8.3 节涵盖了智能电网中的输电系统。它包括对于柔性输电系统（FACTS）、输电系统的同步相量及广域的监测和控制的介绍。FACTS 通过传输链路使高度灵活的功率流控制成为可能，这也使功率流更好地优化以提高效率。在 13.2 节中详细介绍了同步相量，但是在这部分介绍时它们与输电系统相关。同步相量允许对输电系统进行更大程度地观测。所有的部分意在满足更高的监控和控制需求。因为长距离的电力输电系统可达几百千米远，所以需要对输电系统进行广域监测和控制。随着无线电力传输的增多，电能的传输已经不再依赖物理的输电线了。无线电力传输经常发生，从以通信为目的的低功率传输到微波通信链路高功率传输。8.4 节介绍了电力传输的这一方面。理想情况下，不受约束的电网将允许完全的灵活性和机动性。从此，你将不必拼命寻找墙上的插座来使用电能或者疯狂地寻找充电站为你的电动汽车充电。长期的无线电力传输观点将会在 15.6 节介绍。正如前文中已经提到的，广域监测是智能电网通信输电系统的关键组成部分，在8.5 节中将有更详细的介绍。由于远程传输的数据包延迟带来的数据可变性使远程控制十分具有挑战性。一个经典的例子就是，存在很大延迟的情况下，调节洗澡水的温度到当前设定的温度值处。最初阶段，温度可能太低，可以调节开关，让水温上升；过一段时间后，水温又会太高，则不得不转动开关到冷水的方向来降低温度，但是经过一段时间后，水温又会变得太低。由于存在延迟，达到设定温度后，就会出现校正现象，如果延迟是恒定的，则可以不断学会控制误差达到设定温度。如果传感和通信延迟是变化的，则会使情况变得更加复杂。在通信网络中，数据包可能会花费可变的时间来遍历网络。有时可能会遇到传输通路阻塞和数据丢失，需要重新发送。被称为网络控制和覆盖的通信控制在 8.6 节介绍。在本章的最后简短地概述了读者需要掌握的要点和习题。

8.2　分布式发电

术语 DG 和相关术语例如分散式发电、嵌入式发电、分布式发电、分布式应用、分布式容量等已经被广泛使用，遗憾的是，它们并没有精确的定义。分布式这个概念是指相对较小、空间上分散的发电机，既可以当作集中发电的补充，又可以当作唯一电源来使用。相对于集中发电系统，问题是多大容量的发电机是成为合格DG 系统所必需的，它们应该布置在什么位置（例如，用户现场，配电系统或输电系统的发电侧），它们的运行模式如何（例如，它们什么时候运行和它们必须遵循什么样的规则运行），它们对环境的影响如何（它们是否必须是可再生的或满足环境影响的最低标准）。一直以来都缺少对 DG 的官方定义。作为一个特殊的例子，一个大型发电厂将千兆瓦级别的电力传输到数百英里[⊖]外时应该考虑 DG。精确定义 DG 系统是具有挑战性的，但是这正是本章中所要提及并讨论的问题。

由阿克曼（Ackermann）等于 2001 年提出的很好的定义，将作为默认定义贯穿整本书。正在探索 9 个不同纬度的 DG 以寻找 DG 的精确定义：目的、位置、发电机额定功率、输电区域、技术、环境影响、运行模式、DG 的所有权和 DG 渗透率。评述这些方面的每一个都是有指导意义的。DG 的目的被定义为提供有功功率。在电网中也要提供感性负荷所需要的无功功率。DG 则不需要提供无功功率。DG 所在地的确定是至关重要的。理论上它们是可以被放在电网内的任何地方，但是确定位置有两个限制：用户需求场所和配电系统。原因在于 DG 的一个好处就是它可以位于供电场所附近。然而，这个定义需要明确区分配电系统和输电系统，但

⊖　1 英里（mile）= 1609. 344 米（m）。

是这件事的定义经常是模糊的。一些配电系统的电压要高于输电系统，所以电压等级并不是一个很好的标准。这个定义回到法律/市场的定义，即电网的哪一部分是配电系统，哪一部分是输电系统。一个直接连接到输电系统的风电场不被认为是DG系统。

许多人倾向于根据发电机的额定功率来考虑DG系统。该观点认为分布式发电机应小于集中式发电机，但是这一观点有悖于基于发电机额定功率的其他标准定义。原因在于，分布式发电机的额定功率应该与用户或正在供应的配电系统的电力需求相比较。规模可以差异显著。另外，建造小体积、大容量的发电机技术迅速发展。根据当前的技术，可以给出一个建议：1W~5kW微型分布式发电机、5kW~5MW小型分布式发电机、5MW~50MW中型分布式发电机和50MW~300MW大型分布式发电机。但是，再一次提醒，这些标准只是依据当前的技术条件，随着技术的不断发展，这些参考值将不再具有价值。

正如功率额定值不是定义的一部分一样，功率传递的区域也被排除在定义之外。如前所述，简单地说，DG必须在用户区域或配电系统中。由于分布式发电机的技术差别很大，有几十种不同类型的发电机，因此不认为特定类型的发电机是定义的一部分。此外，对环境的影响不是DG定义的一部分。任何发电机对环境影响的评估，即使是对所谓的清洁的、可再生的发电机，都不会产生一个清晰的定义。DG的操作方式也被认为与定义无关。这是由于管制DG运作的条例有很大的变化，因此，在运作方面没有任何明确的区分，例如定价或电力调度。类似的观点也适用于所有权。有些人提出DG的定义应该包括所有权者如用户、小群体、企业。而事实情况是所有权差别很大，并且对定义DG没有任何好处。普及程度对于DG的定义也是不相关的。有些人可能会认为，要真正实现分布式发电，电网就不应该再采用集中发电或输电系统，而另一些人则认为，分布式发电永远不会超过总发电量的一小部分。考虑到高度的不确定性，这个度量也不能帮助精确定义。因此，DG的最终定义就是直接连接到用户区或配电系统的有功电源。

配电网络中分布式发电机的一个问题是配电系统通常是单向的；电流从变电站的馈线流向消费者（Dugan和McDermott，2002）。保护系统以最低的成本进行优化，使电流在一个方向上流动。注意，这不是输电系统的情况。输电系统通常连接发电设备，可以采用网状拓扑结构。因此，它被设计来处理在传输线两端有保护的双向电流流动。另一方面，配电系统主要是径向拓扑结构。这包括从馈线到消费者的单一电源流，保护位于馈线附近和沿径向线的各个点。

保护继电器通常是距离继电器。它们在一个给定的距离内保护电力线路。它是通过假定电力线具有大小为 $Z = V/I$ 的恒定阻抗来实现的，当故障发生时（短路），阻抗降低，电流显著升高，电压下降。故障发生后，电压相位角将会严重滞后。当阻抗低于一定值后，故障还在持续，继电器将会动作以阻断电流。DG带来的问题是在辐射状路径上的一个发电机将会直接将电流注入电力线路。分布式发电机输出的电流将会引入一个下游故障，且从上游保护继电器的角度来看维持一个电压升高。因此，上游保护继电器可能不能探测到在它正常保护区域的下游故障，没有分布式发电机时的情况已在4.2.2节进行了解释。结果就是当使用DG以增大电网可靠性时，如果系统设计不当，反而会降低系统的可靠性。一种解决方案要求一旦发生故障，所有分布式发电机必须从电网断开，允许正常保护机制运行直至故障解除。然后发电机重起接入配电系统。

当配电系统过于依赖分布式发电机维持电压时，另一个问题就会出现。分布式发电机必须在故障发生后断开连接来维护单向保护的正常运行以清除故障。但是，如果要求电压等级足够高，分布式发电机则被要求一直工作来恢复正常电压，系统将永远不会恢复正常。这是因为在运行分布式发电机接入系统之前，应用程序要等待电压等级恢复正常。但是如果没有分布式发电机，正常电压将不能达到要求。这意味着DG在配电系统中允许的发电量是有限的。

这就是为什么限流器是潜在的解决方案之一（Damsky等，2003）。限流器提供保护的方法很简单，就是通过限制电流大小，甚至在故障发生时依然有效。因此，在理想情况下，不需要断路器、熔断器或自动重合闸装置，分布式发电机不会被迫在故障情况下被断开。

DG控制通信包括控制分布式发电机的逆变器，逆变器可以将直流电转换成交流电以驱动电网系统中的电力负荷（Ci等，2012年；Marwali等，2004年）。一个简单的案例涉及分布式发电机驱动单个负荷，如图8.1所示。回顾3.3.4节关于潮流公式的讨论，有功功率由功角控制，无功功率由发电机组的电压大小控制，分别用 δ_i 和 E_i 表示，在这个简单例子中 i 是分布式发电机编号1或2。对应进线的阻抗是 $j\omega L_i$，ω 是频率，L 是线路电感。因此，通过控制 E_i 和 δ_i，可以用来控制输出给负荷的必需的功率大小而不管电力线路的阻抗大小。

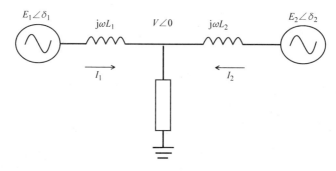

图8.1　逆变器控制方案示例（两个发电机为一个用接地电阻符号表示的负荷提供电力）

通常情况下，发电机可以在没有明确通信系统的情况下通过发电机感应电压大小和相位来实现对目标电压大小和相位的控制。这称为下垂控制，它使分布式发电机提供需求的比例。另一种方法是很大程度上允许两个发电机之间分享信息控制逆变器。下面来讨论更多的控制细节。

式 (8.1) 表示每个逆变器产生的负荷的复功率, 其中 $i = 1$、2, 并且 I_i^* 是逆变器 i 电流的复共轭:

$$S_i = P_i + jQ_i = VI_i^* \tag{8.1}$$

将电源线视作电阻的一部分, 式 (8.2) 解决了每个分布式电动机被视作电阻的复杂电流问题。

$$I_i^* = \left[\frac{E_i\cos\delta_i + jE_i\sin\delta_i - V}{j\omega L_i} \right]^* \tag{8.2}$$

复功率是电阻当前的电压值乘以复杂的电流变化:

$$S_i = V \left[\frac{E_i\cos\delta_i + jE_i\sin\delta_i - V}{j\omega L_i} \right]^* \tag{8.3}$$

第 i 个逆变器的有功功率如下:

$$P_i = \frac{VE_i}{j\omega L_i}\sin\delta_i \tag{8.4}$$

第 i 个逆变器的无功功率如下:

$$Q_i = \frac{VE_i\cos\delta_i - V^2}{j\omega L_i} \tag{8.5}$$

图 8.2 表示每个逆变器产生的复功率、有功功率和无功功率。

现在, 取代下垂控制, 考虑每个逆变器的有功功率、无功功率信息之间的通信。因此, 每个逆变器知道自己工作的电压幅值和相角以及其他的所有逆变器的工作电压幅值和相角。逆变器可以将这些信息输入到自己的控制算法中, 求解有功功率和无功功率的公式以计算出它自己的最优的电压幅值和相角。这可以让我们检验通信系统延迟是如何影响系统的。

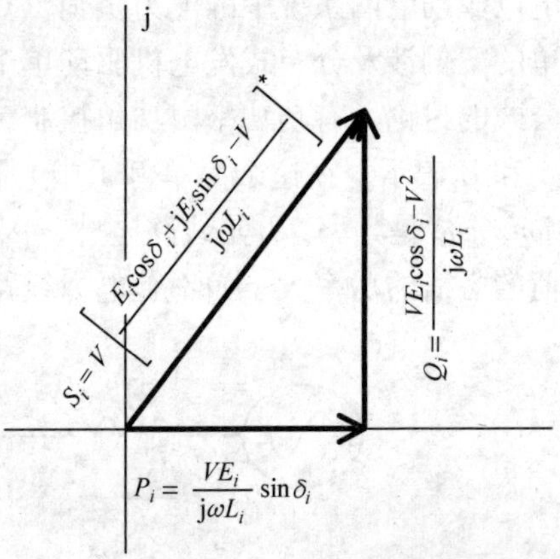

史密斯预估器提供了一个有趣直观的方法处理控制系统的延迟。一个典型的闭环传递函数为 (具体的推导见 8.6 节)

$$H(z) = \frac{C(z)G(z)}{1 + C(z)G(z)} \tag{8.6}$$

图 8.2　在图 8.1 给出的用于逆变器控制的复功率 S_i 作为有功功率 P_i 和无功功率 Q_i 的函数被给出

假设反馈信号存在时间延迟。长度为 k 的延迟由 z^{-k} 表示, 那么设备输出的信号即为 $G(z)z^{-k}$, 也就是说, 它的值延迟了 k 个时间单位。目标是设计一个带有设备延迟为 $G(z)z^{-k}$ 的控制器, 使得传递函数为 $H(z)z^{-k}$。可由下式表示:

$$\frac{\bar{C}Gz^{-k}}{1 + \bar{C}Gz^{-k}} = z^{-k}\frac{CG}{1 + CG} \tag{8.7}$$

相应的控制器解决方案为

$$\bar{C} = \frac{C}{1 + CG(1 - z^{-k})} \tag{8.8}$$

控制器如图 8.3 所示。图中有两个循环控制回路：外循环包括延迟是典型的反馈循环；内循环是延迟信号的纠正。用 $\hat{G}$ 表示模型的近似值，在 k 个时间单元中，由于外环的延迟而没有反馈，由内环提供模拟反馈。一个简化版的控制器如图 8.4 所示。可以很明显看出内循环和外循环是等效的，因此取消一个，允许控制器采取适当的行动。因此，我们就可以知道分布式发电机涉及对电力系统、控制和通信的理解。下一节解释电力系统分析的概念。

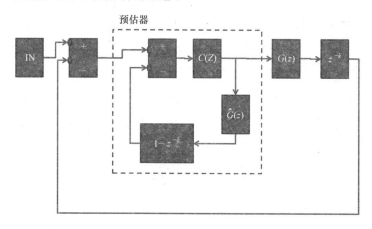

图 8.3　史密斯预估器处理控制系统的延迟并在虚线框内建模

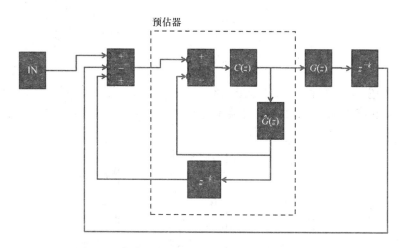

图 8.4　简化史密斯预估器中内环和外环是等效的

8.2.1 分布式控制

电力系统中常用的各种变换都被用来促进分布式发电机与电网接口控制算法的设计；例如，为了保持适当的同步，其中的一个转换就是 $dq0$ 转换。这些本质上是对具有不同特性的向量轴进行预测。然后，这些预测可以提供一个更简单的参考框架，从中开发解决方案。由于几个原因，了解这些转换对于电网中的通信非常重要。首先，它们提供了一种更有效的方式来表示或压缩要传输的电网信息。其次，正如它们帮助电力工程师简化控制算法的设计和开发一样，它们帮助通信工程师了解通信的真正需求、时间和地点以及相应的通信性能要求。

考虑到周期正弦电压或电流值在 ABC 相量图中用相量表示。记得三相电流作为三个相量从 0°开始，相互间隔 120°。一个相量假设有个恒定的角速度，且电压或电流值在相与相之间隔开。在这种情况下，$dq0$ 转换值将被转换。d 轴被称为直轴，q 轴与 d 轴垂直被称为交轴，顾名思义就是与 d 轴成 90°。电压和电流相量值都投射到两个坐标轴上，分别是 d 轴和 q 轴。$dq0$ 是适应不同幅值的恒定值，它没有相位分量。重要的一点是，因为 dq 轴以相同的角速度带着相量旋转，所以 $dq0$ 转换表示直流，而不是交流。数学转换如下：

$$I_{dq0} = TI_{abc} = \sqrt{\frac{2}{3}} \begin{bmatrix} \cos(\theta) & \cos\left(\theta - \frac{2\pi}{3}\right) & \cos\left(\theta + \frac{2\pi}{3}\right) \\ -\sin(\theta) & -\sin\left(\theta - \frac{2\pi}{3}\right) & -\sin\left(\theta + \frac{2\pi}{3}\right) \\ \frac{\sqrt{2}}{2} & \frac{\sqrt{2}}{2} & \frac{\sqrt{2}}{2} \end{bmatrix} \begin{bmatrix} I_a \\ I_b \\ I_c \end{bmatrix} \tag{8.9}$$

$dq0$ 逆变换为

$$I_{abc} = T^{-1}I_{dq0} = \sqrt{\frac{2}{3}} \begin{bmatrix} \cos(\theta) & -\sin(\theta) & \frac{\sqrt{2}}{2} \\ \cos\left(\theta - \frac{2\pi}{3}\right) & -\sin\left(\theta - \frac{2\pi}{3}\right) & \frac{\sqrt{2}}{2} \\ \cos\left(\theta + \frac{2\pi}{3}\right) & -\sin\left(\theta + \frac{2\pi}{3}\right) & \frac{\sqrt{2}}{2} \end{bmatrix} \begin{bmatrix} I_d \\ I_q \\ I_0 \end{bmatrix} \tag{8.10}$$

如前所述，$dq0$ 转换在概念上是相似的。$dq0$ 转换是将相量投影到以相同角速度旋转的双轴参考系上，而 $\alpha\beta\gamma$ 转换是将相量投影到静止的双轴参考系上，如下所示：

$$I_{\alpha\beta\gamma} = TI_{abc} = \frac{2}{3} \begin{bmatrix} 1 & -\frac{1}{2} & -\frac{1}{2} \\ 0 & \frac{\sqrt{3}}{2} & -\frac{\sqrt{3}}{2} \\ \frac{1}{2} & \frac{1}{2} & \frac{1}{2} \end{bmatrix} \begin{bmatrix} I_a \\ I_b \\ I_c \end{bmatrix} \tag{8.11}$$

$\alpha\beta\gamma$ 逆转换为

$$I_{abc} = T^{-1}I_{\alpha\beta\gamma} = \begin{bmatrix} 1 & 0 & 1 \\ -\dfrac{1}{2} & \dfrac{\sqrt{3}}{2} & 1 \\ -\dfrac{1}{2} & -\dfrac{\sqrt{3}}{2} & 1 \end{bmatrix}\begin{bmatrix} I_{\alpha} \\ I_{\beta} \\ I_{\gamma} \end{bmatrix} \qquad (8.12)$$

这样转换带来的好处有哪些呢？考虑一个平衡的三相交流系统。$dq0$ 转换将这个系统转换成由 d、q 分量组成的直流系统。如果三相平衡，则 0 分量是零。这是一种更简单的表达方式并且需要更少的信息来表示。另一个优点是有功功率和无功功率可以分别被 d、q 元件控制。

希望这些基本技术的知识能帮助我们了解电力系统的算法，尤其是控制分布式发电机组和主电网的接口。这是因为一般来说，分布式发电机有两个主要的控制元素：①在发电机的功率输入侧，控制器正在尝试生成的功率最大化；②在 DG 的电网侧，一直在尽力将功率转换成电网易于控制的形式（Blaabjerg 等，2006）。例如，电网侧控制器处理传输给电网的有功和无功功率、电能质量以及使电网尽可能同步；也就是说，确保提供给电网的交流电与电网电流同相位。此外，电网侧控制器可以更友好地控制电网电压和调节频率。一个重要的问题是重合闸，或是与电网电流不同步后重新连接到电网，如图 8.5 所示。这可能会对所涉及的所有组件造成重大损坏，包括电气和机械零部件。

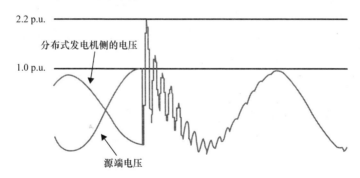

图 8.5　当分布式发电机与电网不同步时，有连接或重新连接到电网的风险。正如分布式发电机和主电网的电压曲线显示的那样，这将可能造成重大的损害
（来源：Walling 等，2008。经 IEEE 许可转载）

因此，直流分布式发电机需要一个逆变器将直流电流转换为交流电流，如光伏系统或燃料电池。在这些情况下，主要是控制逆变器的运行（Timbus 等，2005年）。然而，带绕组的风电机组和其他类型发电机产生交流电流且不需要逆变器将直流电流转换为交流电流。但是，使用这些类型的逆变器通常使分布式发电机更有效率。

应该指出，从通信的角度来看，在控制电网侧接口时，没有迫切的、直接的需要大容量或长距离通信。电力系统接口通信在本地发生；也就是说，直接位于分布式发电机电网侧和电网之间的连接中。还有很多通信是隐含的或间接的；也就是说，物理值在当地测量之后做出控制决定。

一个典型的电网侧控制技术需要使用两个控制环：①快速的内部控制环和②较慢的外部控制环。快速的内部控制环控制电网电流和与它相关的快速变化，如电能质量和保护；较慢的外部控制环控制电压和管理潮流，它有较低的动态性能。

通过前面介绍的 $dq0$ 转换，可以在分布式发电机控制算法中感知并表示来自电网的三相交流电。分布式发电机的工作是跟踪和保持其输出功率与主电网同步。这可以通过对 $dq0$ 转换的两个直流电作用的比例积分控制器来实现。

8.2.2　大量小型发电机并网

在电网中添加分布式发电机的目标是通过提供备用电源增加可靠性，通过减少使用昂贵的备用发电机以提高效率，提高电能质量，通过使用可再生能源以提供清洁发电。DG 已引起关注，如果系统设计不当，则会产生相反的效果。此外，随着分布式发电机数量的增加，电网稳定性也受到关注。正如前面所讨论的，每个分布式发电机通常都要跟踪主电网的频率，假定主电网是由一个具有大惯性的大型集中式发电机控制，以便保持稳定的相位。如果 DG 产生的电能将成为发电总量的重要组成部分，集中式发电设施将可能没有能力跟随 DG 变化的节奏，所以说，系统可能会变得混乱（Anwar 等，2011 年；Azmy 和 Erlich，2005 年；Delille 等，2010 年；Huang，2006 年；Marwali 等，2007 年；Reza 等，2004 年）。也就是说，每个分布式发电机都将跟踪主电网相位，但是，随着每个分布式发电机增加自己的相位偏移，这将不再是一个同步的过程。

只是简单地限制 DG 数量以不超过发电总量的一定比例并不是确保电网稳定的有效方法。稳定性取决于更多微妙的因素，如特定大小的分布式发电机，它们之间的耦合强度和电力线互连的具体的拓扑结构等。用于帮助提升稳定性的通信可看作是分布式发电机之间额外的虚拟电力线连接。由于 DG 导致电网失去同步的问题已通过许多不同的方式进行了研究。我们对这项技术给出了一个非常简短的描述，在6.4.4 节中介绍。概念是近似的，但它提供了一种可追踪的方法，同时也便于研究如何以最基本的方式来解决通信的问题（Bush，2013 年秋天）。作为一套耦合振荡器的一个简单的方法测试这个问题（Li 和 Han，2011 年）。这一概念是首先创建一个以发电机为节点的图表，并将发电机的连接作为边缘。摆动方程描述了发电机转子的角度和加速度，它是发电机施加的机械力和负荷的函数；生成器的这个特性表示图中的一个节点。在 12.5.1.1 节中详细讨论了摆动方程。摆动方程是二阶微分方程，因此需要进行调整，将问题转化为一阶微分方程，用拉普拉斯方程表示。另外，在转子角相对较小的情况下，用泰勒级数近似扰动；也就是说，发电机在稳定点附近工作，并且不会距离稳定点太远。理想情况下，传输线可以用阻抗来建模，用图边来表示。发电机之间的互连和负荷用一个拉普拉斯矩阵来描述。利用图谱技术对电网拓扑结构对潮流扰动的放大或抑制进行了一般假设。该结果可以简化为对电网图拉普拉斯矩阵特征值的检验。该方法基于李亚普诺夫稳定性；让我们花 1min 时间来简要介绍一下这种方法中使用的李亚普诺夫稳定性的形式。

如我们所见，如果把所有的细节都考虑进去，对复杂系统稳定性的分析就会变得棘手。李亚普诺夫方法的美妙之处在于，稳定性无需详细了解物理系统，只要找到合适的李亚普诺夫函数即可证明。这个概念是指物理系统中来自扰动的能量，在我们的例子中，不能与另一个发电机同步的分布式发电机可能不受约束地增长，从而导致一个不稳定的系统，直到系统恢复平衡。李亚普诺夫稳定性是指找到系统稳定的充分必要条件。李雅普诺夫函数是该方法中的一个关键元素，本质上表示系统受扰动时的广义能量；目标是确定在何种条件下它会发散并趋于稳定，这发生在李亚普诺夫函数的导数为负值时。

牢记上述内容，考虑一个线性时不变系统并且假定李雅普诺夫函数是 $V(x)$，其中 x 为状态向量。可以选择函数是正定的，也就是说 $V(x) > 0$，$x \neq 0$ 且有 $V(x) = 0$，假定 0 是平衡点。稳定的系统将要求函数递减；因此，它的导数是负的。可以用矩阵形式表示这些条件。一个正定矩阵，由 $P > 0$ 表示，对于任意的非零值 x 都有 $x^{\mathrm{T}}Px > 0$。它的所有特征值为正数，如式（8.14）所示：

$$x^{\mathrm{T}}Px = x^{\mathrm{T}}(P^{1/2^{\mathrm{T}}}P^{1/2}x) = y^{\mathrm{T}}y \tag{8.13}$$

$$y^{\mathrm{T}}y = \parallel y \parallel^2 > 0 \tag{8.14}$$

现在考虑用 $Q < 0$ 表示的负定矩阵。其所有的特征值为负值。此外，正如刚刚讨论的，如果 P 是正定的，则 $-P$ 显然是负定的：

$$x^{\mathrm{T}}(-P)x = -x^{\mathrm{T}}(P^{1/2^{\mathrm{T}}}P^{1/2}x) = -y^{\mathrm{T}}y \tag{8.15}$$

$$-y^{\mathrm{T}}y = - \parallel y \parallel^2 < 0 \tag{8.16}$$

因此，对于一个负定矩阵，特征值是负数。如上所述，这涉及李雅普诺夫函数的导数。因此，对于一个稳定的系统，我们想要 $\dot{V}(x(t)) = -x^{\mathrm{T}}Qx$，其中 Q 正定。这告诉我们，给出一个正定函数 $V(x)$，如果其导数是负的，则系统渐近稳定；反之，如果导数是正的，那么系统就会不稳定。

考虑一个线性时不变系统的形式

$$\dot{x} = Ax \tag{8.17}$$

如果对任意正定矩阵 Q，下面的李雅普诺夫方程存在一个正定对称解 P，则系统是稳定的：

$$A^{\mathrm{T}}P + PA = -Q \tag{8.18}$$

这可以通过对式（8.17）进行简单的替换证明，矩阵操作如式（8.24）所示：

$$V(x) = x^{\mathrm{T}}Px \tag{8.19}$$

$$\dot{V}(x) = \dot{x}^{\mathrm{T}}Px + x^{\mathrm{T}}P\dot{x} \tag{8.20}$$

$$= x^{\mathrm{T}}A^{\mathrm{T}}Px + x^{\mathrm{T}}PAx \tag{8.21}$$

$$= x^{\mathrm{T}} \left[A^{\mathrm{T}} P + P A \right] x \tag{8.22}$$

$$= - x^{\mathrm{T}} Q x \tag{8.23}$$

$$A^{\mathrm{T}} P + P A = - Q \tag{8.24}$$

因此，我们有一个用于确定那个 DG 电网拓扑将会同步的标准；也就是说，回到一个稳定的状态。

向上述模型添加通信需要简化添加到表示减少发电机之间相角差的控制指令的摆动方程的通信项，这些发电机在通信网络中是相邻的。这相当于添加了额外的用于通信链接的拉普拉斯矩阵中的项目。问题在于，对一个特定的 DG 网络，通信链路的最小数目是多少，放置在什么地方以确保系统稳定？对应功率耦合 DG 网络，基于最大特征值和通过寻找必要的和足够的同步条件可以轻松地回答这一问题。

8.2.3　分布式发电：未来展望

发电的历史一直以同步电机为主导。在同步发电机中移动转子的方法可以有很大的不同，从煤、水力到核能；大型同步发电机一直是电力生产的主要结构。然而，DG 已经成熟了。这种发电机本质上是不同的。我们在 2.2.4 节讨论了感应发电机。此外，还有光伏发电、微型涡轮发电和燃料电池发电等电源，稍后将进行讨论。

风力发电机从 20 世纪 80 年代就开始使用了。这些感应发电机只能消耗，而不能产生无功功率；增加电容可以帮助缓解这个问题。它们也不能控制电压或无功功率。它们难以控制交流电频率，而且没有主电网的电力无法起动。这意味着风力发电机不被认为是传统同步电力的替代品。只要部署的风力发电机数量相对较少，它们可能是一个可行的选择。电力电子学的最新进展，特别是电力逆变器，允许更多的控制无功功率、电压和频率。尽管倒置过程使效率低下，但它提供的额外控制抵消了电能损失。

微型燃气轮机通常依靠天然气发电，其转子移动速度非常快。它们还使用两步逆变过程来控制电压、无功功率和频率。这些装置的大小适合于住宅地下室。增加热电联产或联合发电可以获取更高的效率。这个概念是要利用从发电机中浪费掉的热量。

光伏和燃料电池没有旋转部件；它们产生直流电，因此需要一个逆变器连接到电网。光伏电池组和染料电池组类似一个电池的电路。它们被串联起来以提高产生的电压。来自于光伏模块的光伏电池组和燃料电池组形成几十伏的燃料电池堆。然后逆变器将输出转换为所需的电压和波形。

使用 DG，有一个具有规模经济且不同于传统的方法。除了可能鼓励小批量折扣外，与大型风电场或纳米电网不同，购买一个或十几个光伏电池或燃料电池并不能减少电力生产的边际成本。纳米电网有大量的纳米发电机，这些发电机一起产生大量的电力，这将在 15.3 节中讨论。DG 的优势表现在其他方面。一个优势是相对较小的尺寸和低成本，允许发电机在需要的时间和地方被放置；不再需要具有线损的长距离、昂贵的输电线路。

另一个优势是它们能够定位需要它们的地方，也可以提供需要的电压支持和无功功率。如果分布式发电机以这样的方式定位和运行并实现公用事业的目的，这可能会减少对电容器和电压调节器的需求。然而，有一些证据表明事实可能是完全相反的；DG 要求电网更快速地响应由于 DG 的固有可变性引起的变化，因而增加更多的磨损。

如果实施得当，DG 可以减少对输电和配电的需求，因为电力可以存于需要它们的地方。这将减少输电设备的使用和延长它们的寿命，就可以减少对输电系统扩展的需求。当然，如上文所述，DG 对保护机制产生重大影响，特别是在配电系统中。

从电力部门的角度来看，DG 的另一个潜在问题是控制和操作大量小型、空间分散的发电机的不定时的功率输出，需要大量的快速和可靠的通信。因此，电力部门把 DG 当作负的负荷，而不是真正的发电。从效用角度看，统计上变化的分布式功率输出应有助于抵消统计上变化的负荷。所有的部门都希望减少负荷，理想地避开峰值。

最后，DG 应该采取行动使电网更有弹性。故障，无论是自然的还是恶意的，都不太可能完全隔离电网用户。在理想情况下，DG 将允许电网继续供电，直到主电源恢复。然而，正如前面所讨论的，这是一种完全不同的运行电网的方式，并引出了一系列与孤岛有关的问题，包括最重要的安全，正如责任、核算和控制。

从成本角度来看，虽然早些时候提到，因为分布式发电机可以放在需要电力的负荷附近，DG 有减少输电和配电的优势，但对于广泛分布的 DG 存在的另一个潜在障碍是，从经济方面来看，并不清楚每个组织如何投资才能挖掘潜在的益处；例如，输电和配电企业必须做出投资，而发电企业获得好处，同样的问题也存在于储能领域。

8.2.4　光伏发电

本节介绍了光伏发电并且考虑一些使该转换更有效率所需要的通信和计算。这一机制可以用量子力学进行最好的解释。当被称作光子的能量包被物质吸收时，物质中的电子可能会激发足够的能量来达到更高的能级水平。此级别可能足够高以使它们能够达到已知的传导带，允许电子在电路中形成电流。光子导致电子达到传导带能级水平的能力通常不会发生；相反，电子一旦被光子激发，将会从放松状态回到最初的状态。为了保持电子在传导带，不对称是必需的。当足够的电子到达传导带时，产生电位差，允许电流流过电路并可能执行有效的工作。这就是众所周知的光伏效应。

Edmund Bequerel 在 1839 年注意到光触击浸入到电解液的银色铂电极涂层时会产生电流，他第一次观察到了光伏效应。在 1876，William Adams 和 Richard Day 发现了当硒放置在白金触点之间且存在光线时，会产生电能。然后，在 1894 年，

Charles Fritts 用硒在金和其他金属之间建造了第一个大型太阳电池。当然，爱因斯坦 1905 年的著名实验也解释了光伏效应。

前面提到过，非对称励磁是电子激发的一个关键组成部分。所有早期产生光伏效应的机制都涉及非对称。电子、金属－金属连接现在被称为肖特基势垒或二极管。半透明的金属被放在另一金属之上；这允许光线触击电子，而屏障连接是为了使电子保持被高效激发以从放松状态回到初始状态。

光伏发电系统的核心是一块单体太阳电池，其形状是约 $100\,\mathrm{cm}^2$ 大小的半导体薄片。当没有光线时，这个设备的运行像二极管；当有光子时，产生电能。一个典型的单体电池每平方厘米可以产生 $0.5 \sim 1\mathrm{V}$ 的电压和数十毫安的电流。因为单体电池的电压太小，不能使用，因此需要将许多单体电池串联在一起形成模块，1 个模块通常由 $28 \sim 36$ 个单体电池串联构成。这将产生 12V 的直流电流。必须考虑到个别单体电池可能由于暂时阻挡没有获得阳光或者彻底失效。由于这个原因，单体电池之间必须是隔离的，这样可以使模块在单体电池无法工作时能不影响其余单体电池的工作。这通过在每个单体电池周围的一个带有二极管的辅助电路来完成。此外，鉴于整个白天发光强度是可变的，一种能量的存储形式，如电池，通常被包含在光伏发电系统内。当然，光伏发电系统的输出是直流电，而用户通常需要交流电。因此，需要一个逆变器将直流电转换成交流电。

注意到电池的使用作为一种能量储存形式被提到。比较光伏电池与蓄电池以了解它们的不同是有指导意义的。首先，考虑光伏电池的电流－电压特性。光伏电池可以以其开路电压 V_{oc} 以及短路电流 I_{sc} 为特征，V_{oc} 为在其开路端子上的电压，I_{sc} 为当导线连接端子时流过的电流。如果将电阻为 R_L 的负载添加到电路中，然后电池将有一个介于 0 和 V_{oc} 的电压 V 以及电流 I，且其关系为 $V = IR_L$。电流也是电池电压的唯一函数 $I(V)$。这是众所周知的电池的电流－电压特性，并且它随照射电池的光强度而变化。因此，电流和电压是由负载的电阻和电池接收的光量确定。

光伏电池与蓄电池不同。蓄电池提供了一个输出端的相对恒定的电压，而不管环境条件和负载电阻的变化。蓄电池电流趋向于随负载的大小而变化；光伏电池完全不同，它取决于激发电子的光源，如前面所述，它依靠光源激发电子穿过势垒并产生电压，因此，输出电压不是恒定的，而是随发光强度变化而变化。这使得光伏电池变得更加复杂，因为它的输出取决于负载电阻和发光强度。因此，蓄电池可以被看作是一个电压发生器，光伏电池可以被看作是一个电流发生器。式（8.25）定义了光电流密度 J_{sc} 作为量子效率 $QE(E)$ 的函数：

$$J_{sc} = q \int b_s(E) QE(E) \mathrm{d}E \tag{8.25}$$

量子效率是能量 E 的光子激发电子进入传导带的概率。单位时间、单位面积内能量在 $E \sim E + \mathrm{d}E$ 范围内的光子数是光谱光子通量密度 $b_s(E)$。

照射到电池的光的量子效率和能谱可以用光子能量或波长 λ 给出：

$$E = \frac{hc}{\lambda} \tag{8.26}$$

式中，h 为普朗克常数；c 为光在真空中的速度。理想情况下，当那些波长的光携带最多能量时，光伏电池的量子效率将是最大的。

当负载被放置在光伏电池的终端上时，一个存在的电位差会产生一个电流，该电流沿着主光伏电流的相反方向流动。这被称为"暗电流"$I_{dark}(V)$。此电流与光伏电池处于黑暗处且电压源接在它的两端时流过的电流类似。回顾一下前面讨论的事实，产生光伏电流需要由二极管提供的不对称性。暗电流的流向沿着这个二极管的正偏方向。暗电流密度为

$$J_{dark}(V) = J_0 \left[e^{qV/(k_B T)} - 1 \right] \tag{8.27}$$

式中，J_0 为常数；k_B 为玻耳兹曼常数；T 为绝对温度。由叠加原理可知，总电流是所有短路电流和暗电流的总和：

$$J(V) = J_{sc} - J_{dark}(V) \tag{8.28}$$

式（8.29）表示用式（8.27）代替暗电流的总电流：

$$J(V) = J_{sc} - J_0 \left[e^{qV/(k_B T)} - 1 \right] \tag{8.29}$$

光伏电池在电阻无限大时电位差最大，即当其两端之间没有连接时。在这种情况下，没有光伏电流和暗电流。根据式（8.29），可以通过设置相等的电流并求解电压来推导式（8.30）：

$$V_{oc} = \frac{kT}{q} \ln \left(\frac{J_{sc}}{J_0} + 1 \right) \tag{8.30}$$

随着 J_{sc} 的增加，电压呈对数增加。当电压介于 0V 和 V_{sc} 之间时，电池输出功率。当电压小于 0V，也就是说，电流在光电二极管的正向流动——设备充当光电探测器，允许电流与激发电池的发光强度成比例流动。当电压超过 V_{sc} 时，设备可作为发光二极管（LED）运行。

现在我们可以看到，内部光伏电池势垒或二极管在它运行时起着重要的作用。回想一下生成电力的多少取决于发光强度和负载电阻。当负载电阻高时，更多电流流过内部光伏电池势垒（或二极管）且较少通过负载。没有内部二极管将没有电位差，则光伏电池两端没有电压。

光伏电池功率密度为 $P = JV$。回想一下光伏电池有一个电压 - 电流曲线。考虑光伏电池所能达到的最大功率由下标"m"表示。然后，$P_m = J_m V_m$，这是众所周知的"最大功率点"并取决于光伏电池的电压 - 电流曲线的形状。这意味着最佳负载将有一个由 V_m/J_m 提供的电阻。一个被称为"填充因子"的量由下式给出：

$$FF = \frac{J_m V_m}{J_{sc} V_{oc}} \tag{8.31}$$

因为光伏电池短路电流 J_{sc} 是最大电流，并且 V_{oc} 是最大的或开路的光伏电池电压。因此，这是可获得的最大电流和电压值；它们的乘积是可生成的理论最大功率。然而，在现实中，电流和电压的乘积不能达到这些最大值，一个理想的填充因子在实践中不

可能实现。也可以查看一下，如式（8.32）所示的效率，其中 P_s 是光功率密度：

$$\eta = \frac{J_m V_m}{P_s} \qquad (8.32)$$

式（8.33）给出了效率是填充因子的函数：

$$\eta = \frac{J_{sc} V_{oc} FF}{P_s} \qquad (8.33)$$

提高光伏电池效率的一个挑战是找到一种拥有高 J_{sc} 和低 V_{oc} 的材料。

保持在最大功率点的光伏电池的电压或电流调整技术称为最大功率点跟踪（MPPT）。因为光伏电池产生的是直流电，所以通常必须经过逆变器将直流电转换为交流电。因此，在光伏电池系统中通常将 MPPT 与逆变器结合起来。MPPT 是一个有趣的问题，有许多不同的解决方案。简单的解决方案涉及估计最大功率点和动态调整电压以达到 V_{oc} 的给定数值。更多复杂的方法包括梯度搜索技术，其中电压被干扰且沿着总功率增大的方向调整。很明显，粒子群优化（PSO）等技术可以应用在这里。其他技术包括周期性采样电流－电压曲线和沿着这个曲线调整电压到最大功率。问题是这非常困难，因为电流－电压曲线随着时间而变化。除了已经提到的主要因素之外，影响曲线的因素还有很多。例如，制造过程中的微小差异、风吹树枝的部分阴影、温度变化、电流－电压曲线出现多个最大值以及太阳电池板的老化和损坏等都会影响曲线。需要进行通信以将驻留在光伏电池处的监视器的信息传输给位于逆变器处的 MPPT 算法。另外，可能需要将控制信息从电力公司或用户发送到逆变器。如后面所讨论的，在电网中广泛使用逆变器使得它们可以用于许多功能，而不仅仅是将直流电转换为交流电。它们还帮助提高电能质量，包括提高功率因数。第 14 章讨论电力电子时，将更详细地研究这个主题。最后，注意光伏电池以光子形式接收能量；已经提出了由许多纳米级天线组成的光伏电池的概念（Simovski 和 Morits，2013），并且在第 15 章纳米发电这一主题之后讨论。光伏电池成为纳米级通信的平台，通信与光伏发电的基本耦合概念是一个潜在的研究领域。目前，许多有竞争力的技术和标准被应用于电网的各个方面，这些思想和技术涉及通信和电力系统的密切的基本的整合，潜力巨大。

然而，直到 20 世纪 50 年代，半导体技术拥有了足够先进的技术才使光伏发电成为可行，虽然每瓦的价格仍然太昂贵以至于从商业上看不太可行。目前，新材料和薄膜技术可以降低成本。

8.3 智能输电系统

本章剩余的部分主要涉及电力输电系统和通信。主要包括对控制输电线路上的潮流、对传输系统的监测和控制以及传统通信方式的介绍。本节也包括新兴技术——无线电能传输的介绍。为了使输电系统实现广域通信，广域监测和控制是需要的。本节最后介绍了网络控制系统。这是一个重要的概念，因为当尝试在广域范围内控制一个系统时，通信网络将经历延迟。

当我们定义的 DG 是应用于配电系统中时，首先讨论输电系统中的 DG 可能看起来很奇怪。综合这些主题的原因是：即使我们认为 DG 是应用在我们现在认为的配电系统中的，配电系统将不得不更像今天的输电系统一样运行。换句话说，今天的输电系统里有许多大的发电厂以至于过剩的电力可以在电站之间和不同同步区域之间共享。类似的方式，今天的配电系统将理想地允许分布式发电机以双向的方式合作和分享电力。在这个意义上，今天的输电系统技术，可能有益于设计未来的包含 DG 在内的配电系统。

8.3.1 柔性交流输电系统

本节介绍 FACTS（Edris 等，1997）。这实质上是一个潮流控制机制，本质上是一种电力路由形式。在开始的时候，电力从发电机流向用户。在过去输电系统比较小时，没有理由要控制电力从发电机到用户的路径即电力路由。随着发电机变得越来越大、越来越集中，它们离人口中心也越来越远，在这个时候，输电作为电力系统的一部分从配电中分离出来，控制电力路由和潮流的需求也越来越强烈。通过放松管制，简化的概念是电能会流向那些给出最高价格的地方。移相变压器（PST）、FACTS 和 HVDC 已经允许在控制潮流方面更加灵活。下面来看看这是如何完成的。

通过输电线传输有功功率为

$$P = \frac{|U_s| \cdot |U_r|}{X_L} \sin(\delta) \qquad (8.34)$$

式中，U_s 和 U_r 是传输线两端的电压；δ 是电压相位角；X_L 是线路阻抗。

式（8.34）表明，有几种方法可以控制线路上的有功功率流，可以通过改变传输线任一端的电压、传输线两端电压之间的相位角或者传输线的阻抗来完成。

类似地，传输线上的无功功率流为

$$Q = \frac{|U_s|^2}{X_L} - \frac{|U_s| \cdot |U_r|}{X_L} \cos(\delta) \qquad (8.35)$$

可以通过调整同样的参数控制无功功率流。

用于功率控制的技术可以扩展到机械切换、晶闸管控制切换和电源转换器快速切换这几种。每种技术都会牵涉通信和控制。机械切换涉及改变变压器抽头的活动。这是相对缓慢的，最少需要几秒钟。晶闸管，作为固态器件，其切换速度更快，几个电力信号周期就能完成更快的切换。如使用绝缘栅双极型晶体管（IG-BT），几乎瞬时完成电力控制，仅需不到一个电力信号周期。其他各种固态电力电子器件也正在兴起，详细地将在第 14 章讨论。

通过插入一系列的正交电压即可简单完成电压相位角变化，也就是使输电线一端的电压移相 90°。通过简单地增加输电线上的电容器即可控制阻抗。通过改变电容使阻抗线性变化。可采用晶闸管切换和晶闸管控制的串联补偿。切换的方法只是简单地打开或关闭输电线上的电容器序列。这意味着只能使用离散的电容值。控制的方法允许连续控制电容器的数量，因而更精细地控制输电线的阻抗，进而更精细地控制流过输电线的功率流。最后，应该指出的是输电线任意一端的电压幅值的明显变化通常不是一个选项，因为电压被设计和调节以保持在一个固定值上。电压可能因系统的压力而变化，可以提供电压支持，这实际上会导致更多的功率流向需要它的地方。然而，这既不是潮流控制正常的也不是期望的部分。

这些类型的潮流控制机制是模拟性质的。HVDC 输电线路和功率变换器/逆变器能提供更高的控制分辨率，并导致功率控制的分组形式，这可能更类似于通信网络数据包。这些在 3.4.4 节介绍。

8.4 无线电能传输

本节介绍无线电能传输的概念。它是指在没有电线或任何人为构造的导体时，将电力从电源输送到负载（Ahmed 等，2003；Benford 等，2007；Brown 和 Eves，1992；Brown，1984；Budimir 和 Marincic，2006；Carpenter，2004；Dessanti 等，2012；Dionigi 和 Mongiardo，2011；Drozdovskit 和 Caverly，2002；D'Souza 等，2007；Grover 和 Sahai，2010；Gundogdut 和 Afacan，2011；Ishiba 等，2011；Komerath 和 Chowdhary，2010；Komerath 等，2012；Komerath 和 Komerath，2011；Komerath 等，2011，2009；Kubo 等，2012；Kumar 等，2012；Lee 和 Lorenz，2011；Li，2011；Lin，2002；Mohagheghi 等，2012；Mohammed 等，2010；Neves 等，2011；Pignolet 等，1996；Popović，2006；Sample 等，2010；Shinohara，2011，2012；Shinohara 和 Ishikawa，2011；Siddique 等，2012；Smakhtin 和 Rybakov，2002；Vaessen，2009；Waffenschmidt 和 Staring，2009；Wang 等，2011a；Yadav 等，2011；Yamanaka 和 Sugiura，2011；Yu 和 Cioffi，2001；Zhang 等，2012；Zhong 等，2011；Zou 等，2010）。关于无线大功率远距离传输，有几个有趣的方面。首先，它是一个无线通信与电力系统协同作用的美妙的、直接的示范。无线通信将功率从发送器传输到接收器。唯一的区别是无线通信关心的是用最小的功率传输最多的信息，而电力系统则关心的是最大化功率和最小化信息传输，在这种情况下信息意味着信号的熵。无线通信系统已经将无线电能传输用于 RFID。无源 RFID 依赖于将无线电能传输到 RFID 标签，以便为其操作提供动力。长久以来，相对较近范围的感应电能传输已经在商业上用于 RFID。

大功率、远距离的无线电能传输将大大增加用户设备、配电系统和输电系统的便捷性和灵活性，这将允许卫星在轨道上吸收可再生太阳能。电源线可能会消失，电动汽车可以在使用时充电，电力线将不是必需的，而消费生产者和分布式发电机可以直接将电子束功率传输到最需要的地方，即使电价可能是最高的。今天大多数人是第一次听说无线电能传输，将其视为科幻小说或对感受不可见的电子束功率通过人体器官的危险表示担忧。这些忧虑经常被表达，但是人们不会想将移动电话束之高阁或放弃操作和打开微波炉这些事情。像今天看似很新的电力系统的许多方面，如直流电网、微电网和 DG，无线发电有悠久的历史，且发展技术在某种意义上会追溯到电力系统产生时的一个天才尼古拉·特斯拉（Nikola Tesla）的想法。

无线电力传输简史始于 1862 年，麦克斯韦方程组的形成奠定了无线电能传输的基础（Shinohara，2011）。不久之后，坡印亭（Poynting）矢量被提出，该矢量表征电磁功率通量密度；换句话说，每单位面积的功率流速度。这是以瓦每平方米（W/m^2）为单位。从我们的角度来看，是通量施加物理压力，虽然很弱。下一个主要的推动者是尼古拉·特斯拉，他在一个世纪以前推断所有的电能都可以通过无线传输。他进行了许多著名的实验来发展这个概念，其中之一就是通过 150kHz 无线电波传送 300kW 的功率。但是，特斯拉实验之后，研究的焦点普遍转向将无线传输应用到通信——一个更容易的应用。直到威廉·布朗（William Brown）在 20世纪 60 年代开始重新研究无线电能传输这一主题，他使用了 2.45GHz 微波，用磁控管和速调管作为功率源。他开发了整流天线，能够接收和校正微波。威廉·布朗的应用主要在航空航天领域；例如，传输能量给直升机和通过外层空间传输电子束功率。在 1975 年，30kW 微波功率通过 1.6km 的距离在 2.388GHz 被接收。然而，当时系统的成本使其无法作为广泛使用的商业产品。自那以来，人们已经认识到：以通信为目的，有足够的无线电能量连续被传输（例如，广播收音机和其他通信），这种能量不需要明显的功率传输即可获得。此外，在更短的范围内传输，如几米的距离，千瓦功率可以以无线方式完成传输，且使用共振会相对有效，如下所述。

近场和远场电能传输之间存在着差异，这些差异直接体现于麦克斯韦方程组以及涉及电场和磁场的方程式。更具体地说，通过电荷产生的电场与变化的磁场产生的电场不同。同样，通过电流产生的磁场与通过改变电场产生的磁场不同。近场是相对靠近功率发射源的区域，在这个区域电磁场受电流和电荷产生的场支配。远场是相对远离功率发射源的区域，在这个区域电场和磁场相互产生并彼此增强；也就是说，电磁波是主导的，并且前面提到的场是由电流产生的。

在近场中，电感和谐振耦合等技术可以用于无线电能传输。电感耦合是众所周知的技术，该技术采用变压器绕组生成变化的磁场，变化的磁场扫过二次绕组，从而在二次绕组中生成感应电荷。这要求一次绕组和二次绕组非常接近，也通常需要一个磁心。当绕组移动更远时，大部分能量是浪费在一次绕组阻抗上。

通过给每个绕组增加电容，谐振耦合提高了效率。每个绕组成为一个 LC 电路；众所周知，这样一个电路将振荡，且作为在感性环境中的一个磁场来周期性地存储能量并转移成电容器中的电场，又返回到感性环境。如果两个电路都在相同的频率振荡，那么一个会引起另一个共振。这种共振显著提高了远距离耦合电感的无线电能传输的效率。请记住，这仍然是一个近场效应。

最终，像秋千摆动，振荡将会因为它们两个能量的抵抗和消散而消失。一个称为 Q 因子的参数表征振荡的特征。一个特定的共振将以给定的能量、在给定频率范围内振荡。Q 因子是无量纲值，它表征共振器相对于其中心频率的带宽的特征。

高 Q 因子表示相对于储存能量而言有较低的能量损耗速率，因此，它的振荡消散得很慢。换句话说，高 Q 因子共振器的阻尼较小，将比同样的 Q 因子共振器形成"环"的时间更长。更确切地说，Q 因子是共振器中存储的能量与提供的能量的比率，每周期为了保持信号振幅恒定，在谐振频率 f_r 处，存储的能量不随时间变化，为一恒定值，如下式所示：

$$Q = 2\pi \times \frac{存储的能量}{每周期耗散的能量} = 2\pi f_r \times \frac{存储的能量}{功耗} \tag{8.36}$$

我们有一个振荡在高频的一次绕组，在二次绕组处是振荡诱发电流，现在二次绕组可以放到离一次绕组更远的地方。只有来自于一次绕组的相对较小一部分场到达了二次绕组以获得高效率的能量转移。在这种情况下，用于绕组的电气 RLC 电路的 Q 因子是

$$Q = \frac{1}{R} \sqrt{\frac{L}{C}} \tag{8.37}$$

式中，Q 因子处理共振无线输电系统中振荡的能量，耦合系数处理的是多少电磁场从一次绕组到达二次绕组。通过二次绕组的一次绕组部分通量分数称为耦合系数 k。很明显，这个值可以为 $0 \sim 1$。定性地，耦合可以从紧耦合到更紧密耦合即过耦合，紧耦合时耦合系数接近于 1，过耦合时二次绕组关闭的程度足够高以至于能引起一次绕组的场崩溃。对于无线电能传输，我们通常会想要更远距离的传输，此时有松耦合，耦合系数约为 0.2 或甚至低于 0.01。因此，无线电能传输系统的品质因数是 kQ。采用纯感性耦合时，没有共振，因此没有 Q。因此，采用共振耦合时，即使 k 是小的，由于远距离或小尺寸，增加 Q 仍然可以提高输电效率。

现在考虑更远的无线电能传输距离。如前所述，远场是由电波和磁波在太空中传播时的相互加强活动产生的。应该注意的是，远场的实际距离取决于波长。举例来说，可见光在距离光源大于 $1\mu m$ 的距离处表现远场行为，因为其波长在 $0.4 \sim 0.7\mu m$ 的量级。此外，为了完整性，应该注意到近场和远场之间的过渡并不突然；更进一步，存在一个区域，其中既有近场又有远场效应存在。

正如前面提到的无线电能传输简史，我们将把它看作是一个利用微波电能传输的远场过程，整流天线用于接收辐射功率。整流天线由天线、滤除高次谐波的低通滤波器、带输出滤波器的一个或多个二极管组成，二极管将接收到的微波功率整流为直流电流。在用于微波电能传输的 2.45GHz 波段，已开发出效率高于 90% 的天线。

我们先前讨论的共振耦合可以用来提高传输效率，微波电能传输技术是一个远场现象，发射机和接收机不是直接耦合。相反，光束效率由弗里斯（Friis）传输式控制：

$$\frac{P_r}{P_t} = G_t G_r \left(\frac{\lambda}{4\pi R}\right)^2 = \frac{A_t A_r}{(\lambda R)^2} \tag{8.38}$$

式中，P_r 和 P_t 是接收和传输的功率；G_t 和 G_r 是在发射和接收天线中的增益；λ 是波长；R 是发射和接收天线之间的距离；A_t 和 A_r 是发射和接收天线有效面积。注意式（8.38）返回接收和发送功率的比率，这是无线传输系统的效率。

天线孔径表征天线接收无线电波的效率。回顾 Poynting 矢量的知识，电磁波以一定的磁通密度在空间中发散流动。天线孔径是用来测量捕捉这种辐射流的能力。想象一下定位在一个直角的二维面板的辐射流。天线孔径是虚构面板的面积，它切断或阻止与天线实际接收的相同数量的输入辐射功率。实际上，它允许我们将天线转换成可以接收等效电量的面积。如果 PFD（功率通量密度）是通过单位面积的功率，P_o 是天线的输出功率，那么

$$A_{\text{eff}} = \frac{P_o}{\text{PFD}} \tag{8.39}$$

返回天线的有效面积，单位为 m^2。

天线的增益可用于衡量其方向性（或聚焦功率的能力）和效率（即它的传输或接收定向功率的能力）。增益无量纲，只是效率和方向性的乘积。

显然，相控阵列天线在通信技术中是众所周知的，它是一种将电能定向辐射到目标的可行方法。不同的是，无线电力传输的重点是最大化直流 RF 效率，这不是通信的主要设计目标。

8.5　广域监测

由于在不同地区的互连能力，输电系统通常倾向于远距离传输。因此，输电系统的管理通常需要相当不精确的"广域"通信架构和广域网（WAN）。对局域网、城域网、广域网或任何其他"区域"网络技术的确切定义有点宽泛；然而，这个想法是为了传达涉及通信距离的一些信息。从电力系统的角度来看，术语"广域监测（WAM）"、"广域监测系统（WAMS）"、"广域监测、保护和控制（WAM-PAC）"或其他任意以"广域"开头的术语都用于表示大规模、全局电力系统管理，包括输电系统。PMU、同步相量测量与传输的大量引入推动了电力系统广域管理的发展。第 13 章专门用于介绍同步相量应用，因此本节只是简单涉及该主题，其详细信息见第 13 章。然而，即使在输电系统中普遍引入 PMU，通信也是需要的，通常是以特别的方式实现，以提供广域网能力。举例来说，涵盖输电线的保护是需要的。我们回顾了对广域通信的需求，然后讨论了一些输电系统历史上常用的广域网方案。

在讨论输电系统通信技术之前，带宽延迟的概念将被引入，因为这个通信网络特性在广域网通信系统中变得非常重要。带宽-延迟乘积只是通信信道的带宽和通过信道的比特传播时间的乘积。因而单位是 bit。实质上，这是可在通信信道中瞬时能保持的最大比特数。跨越大型物理区域的通信信道将趋向于有很大的延迟。这种信道通常也有很高的带宽。这意味着在任意时间通信信道内都有大量的数据。从

通信控制的角度来看，这意味着任何流经信道的控制信息之后都紧跟着已经在信道中的大量信息。因此，如 ACK 数据包或更改在信道中的流的优先级等通信控制信息，将不能影响通道中已经存在的比特数，这可能是大量的信息。因此，需要精心设计通信控制机制以用于这样大的带宽延时信道。

广域网通信技术，包括电力输电系统使用的通信技术，往往有较大的带宽延迟。卫星、微波和光纤通信系统可以实现远距离通信，但通常用于回传系统；这是一个运载大量数据远距离传输的系统。广域网通信和广域电力系统监测与控制两者共有的挑战是通信时间延迟和时间同步的不足。从通信角度来看，需要更大的功率，传播时间在广域网中开始占据主导地位。这样大带宽延迟网络的效率容许大量数据传输。从电力系统的角度来看，这意味着实现跨越广域网精确的时间同步是一项重大挑战。当然，随着 GPS 的发展，时间同步不再是一个问题，只要接收到GPS 信号即可。

低带宽延迟通信方式，如电力线载波，被用于输电系统点对点保护方案。由于通信信号沿输电线传输，一个带宽相对较低但延迟较少的信号可用于传输少量的重要信息，如用于电力线载波等。

讨论四种在输电系统运行中具有悠久历史的广域通信：电力线载波、卫星通信、光纤通信和微波通信。不是偶然的，许多通信方式除了用于传输信息外，也用来传输电力。特别是，研究空间发电并将其传输到地球是一个活跃的研究领域，微波系统长期以来被认为是一种传输电力的方式，虽然规模相对较小，但是通过光纤线传输电力也已经被考虑。电力线载波明显利用电力系统作为波导。下面更详细地介绍一下这些广域技术。

电力线载波长期以来一直是电力输电系统通信的解决方案，因为如上所述，它利用了相同的导体，以电力系统作为波导形成通信通道。8.5 节更详细地讨论电力线载波。在相对简单的输电线路上可能有较少的干扰，而在拓扑更为复杂的配电系统中，有许多设备在配电线路上注入噪声。

电力线载波接口的主要组件如图 8.6 所示（Sanders 和 Ray，1996）。在图 8.6中，左边有一个继电保护系统将信号送入收发器中，标记为（2）。同轴电缆携带信号到线路调谐器。线路调谐器调整信号以实现电力线的最佳传输，并通过耦合电容器将信号耦合到电力线上。线路陷波器用于锁定信号以防止其走错方向，它将信号的能量导向正确的路径。现在我们已经将系统看作一个整体，我们可以更详细地讨论每个组件。

首先，线路调谐器通常放在交换机里，可以距离收发器相当远，收发器通常放在控制中心的机柜里。因此，同轴电缆需要足够长并能屏蔽噪声。此外，还有可能存在多个发射机共享同一个同轴电缆的情况，在这种情况下，隔离电路被用于防止信号重叠。

线路调谐器是电力线载波系统的特有的关键器件之一，目标是安全地为电力线

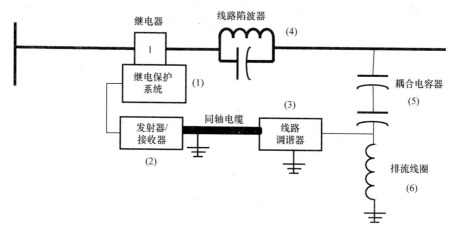

图 8.6　电力线载波系统主要组件包括：（1）继电保护系统，（2）发射器/接收器，
（3）线路调谐器，（4）线路陷波器，（5）耦合电容器，（6）排流线圈

载波信号能量到达传输线提供低阻抗的路径，同时为主要电能提供高阻抗的路径。这是通过耦合电容器和排流线圈实现的。线路调谐器和耦合电容器形成一个谐振电路，被用于将信号调谐到载波频率。如果没有相对于电能的接地连接，耦合电容器将无法正常工作，这是由电感器排流线圈完成的，它用于为工频能量提供低阻抗的接地路径，为电力线载波信号提供高阻抗路径；在电路的这一点上，电力线载波信号接地显然是不合适的。注意线路调谐器的部分功能也为电力线载波信号从同轴电缆到输电线路提供了阻抗匹配。同轴电缆的电阻可能是 50 ~ 75Ω，而输电线路的电阻可能是 150 ~ 500Ω。阻抗匹配是重要的，以确保信号最大功率加到电力线上而不被反射。

线路陷波器由并联谐振电路组成，该电路将信号调谐到电力线载波频率。这种并联电路在调谐频率处具有高阻抗；这允许输电线路的能量流经电路，但阻碍电力线载波信号，使它远离线路陷波器。线路陷波器还有助于隔离输电线潜在的阻抗变化或进入输电线的噪声。注意，因为通过输电线的潮流很大，所以线路陷波器的线圈物理上必须很大。

注意，除了线路陷波器以外，一旦电力线载波信号被放置到线路上，系统就像通信网络总线系统一样运行。换句话说，信号将传播到传输线的任何地方，对它所需要的方向的控制很少。除了物理切换电力线之间的连接，没有路由的概念。

当波在相反方向传输通过彼此时，它们通常会产生驻波。也许是由不合适的终端线路引起的阻抗不匹配，将会导致波被反射回源。这将产生问题，因为它可以减弱所需的波或生成必须克服的噪声源。因此，阻抗和波长的问题在电力线载波系统中变得非常重要。一个输电线可能长 100km 或更多。我们知道电力信号频率为 50Hz 或 60Hz。电力线载波频率通常比电力信号频率大 500 倍。用另一种方式说

明，输电线路对于电流信号频率来说实际上是短的，而对于载波频率来说是长的。关系是

$$\lambda = \frac{0.98c}{f} \tag{8.40}$$

式中，c 是光速。

对于 250kHz 信号来说，100km 输电线路长度为 85 个波长，而在 60Hz 时，输电线路长度只有 0.02 个波长。

当带宽随着载频的增加而增加时，由于线路损耗引起的衰减也随之增加。这在很大程度上是由于沿传输线的并联电容，其阻抗随着频率的增加而减小。线路损耗也受天气条件的影响；特别是霜会有重要影响，因为信号会沿着冰传播而不是沿着导体，这大大增加了信号的衰减。另一个衰减源发生在使用地球返回路径时。在这种情况下，土壤的导电性会随着时间的变化而改变，比如湿度的变化。还应注意的是，地下电缆的衰减往往比架空电缆的衰减大。

如前所述，线路阻抗在电力线载波运行中承担着重要的角色。假定输电线路无限长，输电线路特征阻抗是行波的电压与电流的比值。如式（8.41）所示，因为电力线载波接口设备必须与特征阻抗匹配以获得最佳信号传输，所以特征阻抗是重要的：

$$Z_0 = \frac{V}{I} = \sqrt{\frac{R + j\omega L}{G + j\omega C}} \tag{8.41}$$

请注意，如果传输线以正确的阻抗终止，这儿将不会有反射能量，且传输线看起来好像是无限长的。

当然，电力线载波必须克服的最大挑战之一是沿输电线路的噪声。既有连续噪声，也有脉冲噪声。顾名思义，连续噪声是长时间连续存在，但一般有低的振幅，且变化缓慢。脉冲噪声存在的时间短暂，但可能有相对较大的振幅。配电系统往往有许多直接连接到用户的设备，如电机和其他向配电网注入噪声的设备，但输电线路与这种噪声相对隔离。然而，传输线并不是无噪声的。例如，电晕放电发生在电力频率波形的每半周期，是连续噪声的来源。另外，开关操作可以将脉冲噪声注入到输电系统中。这些是相对突然的、对电力线载波设备造成严重劣化的大量的波能量注入。最后，还有来自不断增长的技术的噪声，即 HVDC（高压直流）输电。HVDC 输电线路需要利用变换器在源端将电能从交流电利用变换为直流电，在线路末端将直流电利用变换成交流电。此利用变换过程产生谐波噪声，谐波噪声通常处于电力线载波频带的下方，但仍能对电力线载波信号带来问题。例如，利用变换器谐波可以与耦合电容器和排流线圈共振（见图 8.6）。这可以使排流线圈达到饱和，导致电力线载波信号接地，正如我们在本节开始时论述的，不应发生这种情况。

最后，在传输过程中沿着输电线会出现一系列的电力故障。我们应该不会忘记，就像通信网络管理中的 SNMP 一样，当故障发生时，电力线载波的关键就是管

理系统。如果电力线载波不能穿过故障运行，那么从电力系统的角度来看，它会变得毫无意义，特别是因为它在输电系统中的一个最大的角色是实施保护。那么，当发生故障时，它如何正常工作？电弧是由周围大气中的气体击穿造成的，这允许一个无特殊目的的导电路径。这是高压输电线路的一个问题，对于配电系统来说可能不那么重要，配电系统工作电压较低，但有许多其他的电气故障源。当电弧刚开始时，前 4ms 的噪声可能会很严重。但是，一旦电弧产生后，就会创建一个传导路径且噪声变得很小。事实上，故障后噪声的幅值比故障前正常运行时的幅值要小，这是因为电压由于故障而减少。然而，要记住的是，在第一个 4ms 时间内，由于故障时的脉冲噪声，信号可能无法通过通信系统。为了提高电力线载波通信的可靠性，载波信号可以耦合到多个电力线，例如，利用三相系统的多个相。

阻抗不匹配导致的信号损失称为不匹配损失：

$$ML = 20\log\frac{Z_0 + Z_1}{2\sqrt{Z_0 Z_1}} \tag{8.42}$$

式中，Z_0 为输电线路的特征阻抗；Z_1 为电力线载波电路的阻抗。

在输电线路上用于电力线载波的频率在 30 ~ 500kHz 之间。然而，最佳频率的选择取决于对不同设计的考虑。这些包括应用的带宽要求、来自其他来源的可能干扰、所使用的耦合方法以及衰减和距离要求。公用事业电信委员会（http：// www. utc. org/plc – database）维护着一个电力线载波频率数据库，通过允许用户协调安装、配置和频率选择以尽量减少干扰。

注意电力线上的噪声随着频率的增大而减小；但是，如上所述，频率增加时，信号的衰减也增加。总之，对电力线载波系统的衰减源进行回顾是有益的。通过考虑链接预算分析，这有助于估计系统的性能。首先，当多个发射机共享同一个同轴电缆时，信号的隔离导致信号功率损耗。接下来，有一个耦合损耗，包括通过同轴电缆、线路调谐器、耦合电容器和排流线圈的损耗（见图 8.6）。然后是信号的传输线衰减，该衰减依赖于天气。还有，改变多线路系统中电力线位序是为了减少串扰和提高电力传输能力。然而，换位需要跨越多个电力线，这也将降低电力线载波信号的强度。因此，换位数量应包含在任何链接预算分析中。

卫星通信似乎是一种潜在的输电系统中的通信解决方案，因为卫星通信能有效地跨越输电系统覆盖的广阔区域（Holbert 等，2005；Madani 等，2007；Marihart，2001）。卫星和电力系统之间有着悠久的历史。气象卫星早已提供有关电力需求的信息；类似的方式，它们还可以提供有关可再生能源发电的供应信息，如光伏发电和风力发电（Krauter 和 Depping，2003）。因此，有广阔视野的卫星，可以理想地对可再生电力供求进行最佳的预测和控制，就像用于补偿供需不平衡的跨输电线的大功率潮流一样。GPS 卫星长期以来被用作时间同步源，以允许精确地比较在空间上广为分散的电力系统事件。卫星系统的一个缺点之一是与它们广域覆盖优点相关的工程矛盾；也就是说，它们离地球很远引入了相对较大的通信延时。对于地球同步卫星而言这是特别正确的，为了与地球的转动保持相对静止，它们必须停留在地球上方35000km高度。由于在地球与地球同步卫星之间存在光的传输时间，这导致了400ms的通信延迟。出于这个原因，地球低轨道（LEO）卫星被认为可用于时间要求严格的通信。LEO卫星通常位于地球上空500～1500km处，有25ms的延迟，这是通过光纤链路的延迟。随着航天工业私有化和成本降低，低成本、小卫星的有效载荷将变得越来越普遍，并将推动更多的基于卫星的电力系统通信应用的市场的发展。

卫星通信在电力系统中的许多应用是可能的。例如，用于广域保护机制和电力恢复是可能的。特别是，PMU存在仅是因为GPS使其实现实时的广域同步。通过考虑由卫星提供的同步相量信息的通信可以实现更多的应用。此外，如前面所述，天气预报和广域探测能力让卫星系统具有潜在问题提前警示的能力，包括因太空天气即将发生的中断问题，这被称为地磁感应电流。

卫星通信已被用于管理远程配电系统。远程光伏系统已通过卫星进行管理（Krauter和Depping，2003）。Inmarsat-C卫星通信系统已被用于配电系统的远程管理（Beardow等，1993）。Holbert等（2005）描述了电力部门对混合卫星-陆地通信的使用。在考虑安全性、可靠性和脆弱性时，卫星通信被认为是提高电力和通信基础设施安全性和可靠性的方法（Hui Wan等，2005）。卫星上的闪电探测器可以通过直接观察来确定雷击的范围、方位和强度。国家闪电探测网（NLDN）利用卫星将有关电场和磁场的信息传递给NLDN控制中心。一种基于卫星GPS的标准定位服务（SPS）已经被用来测量输电线的垂度，并精确地推断出线路过载，从而使输电线更接近其最大容量。关于GPS，标准定位服务的精度在2000年5月之前被故意降低。在这一日期之后，按照美国总统的命令，这种精度降低已经结束，并且充分、准确的定位信息向公众开放，这一条款规定，如果需要，美国军方可以建立区域拒绝能力。GPS可以在±25μs内提供同步，即在60Hz时在0.5°以内。

LEO卫星也已被用于通过实现一个基于空间的电力系统稳定器来提高电网的稳定性（Holbert等，2005）。电力系统稳定器是一种被设计用于缓解输电系统中潜在功率振荡危险的控制系统。注意到这种振荡的原因是很有趣的。通常，电力系统稳定器可以在发电机绕组内就地实现，被称为阻尼绕组。然而，对于长的输电线和更大的互联，阻尼绕组的方法在阻尼振荡中已经失效。另外，还有一个令人感兴趣的原因是在整个电网中使用了更多的自动控制系统。这些自动控制系统可以以意想不到的方式相互作用，从而产生负阻尼和放大振荡。最后，作为一个不希望的副作用，有人担心DR可能会导致更频繁的功率调整和更多的跨越输电线的容量交换。提出了一种电力系统稳定器（SPSS）监控系统——用于电力系统稳定器全局控制的广域控制系统。

然而，伴随着潜在的高成本和巨大的延迟，卫星通信在电力系统应用中也面临着其他的挑战。可能需要大型天线和卫星天线。另外，在一个相关的说明上，靠近地球两极的区域需要它们的天线以低角度对准，这可能会受到天线和卫星之间视线内干扰物的阻碍。最后，还有地磁风暴的问题，也就是偶尔干扰卫星通信的"太空天气"，或者在极端情况下会对卫星造成永久性的伤害。15.2 节详细介绍了地磁风暴。然而，相对于太空天气，卫星也能给电网带来好处。这是因为地磁风暴也会对地球上的电网造成破坏和带来危险。太空天气的强磁场能在电网的电缆和电力线中诱发电流和损坏设备，如变压器。可以对即将来临的地磁风暴提供提前报警的卫星将允许电力部门采取适当的行动来保护他们的系统。

LEO 卫星相对于高轨道卫星的优点是通信延迟低，多卫星发射需要较小的天线，通信设备的功耗更低，成本更低。较低的延迟意味着带宽 – 延迟乘积更小，系统变得更适合 IP 操作。目前已有一些 LEO 卫星，包括 Iridium、Emsat、Globalstar 和 Thuraya 等。

下面简要提及另一个将卫星通信与电网联系起来的活跃研究领域，即太空发电（Komerath 等，2012）。太空太阳能发电是一个有趣的例子，将卫星从作为传感和通信系统的用途转换为发电系统。这个概念是从太空收集太阳能并将电力传输到地球。从卫星收集太阳能的优势在于比从地球太阳能收集好约 144%，因为地面系统是通过大气过滤的。另外，卫星可以不断捕获太阳辐射，而地球系统当然在夜间被封锁。对于基于卫星的系统，云、天气和其他障碍物不是问题。从电力传输的角度来看，卫星收集的功率可以通过一个窄光束直接传输到地球上需要电源的地方。换句话说，电力可以在需要时准确提供，例如，为了减少峰值负载。这个概念提出了新的和令人着迷的挑战，特别是与成本和无线电力传输有关的问题，这在 15.6 节中会进一步讨论。

微波通信系统长期以来被用作电信网络回程通信，充当高容量核心交换系统与潜在的广泛边缘网络中的分散、较小的通信节点之间的链接。微波链接处理大量聚合的带宽容量核心和边缘网络之间的通信。

理解微波通信的第一个挑战就是对其进行简单的定义。"微波"中的前缀"微"可以使人想到微波通信涉及的电磁频率，其波的长度为微米级。与此相反，"微波"的前缀"微"并不是指微米级的电磁波。相反，这个前缀被用来泛指相对于标准无线电广播中使用的相对较小的波长。"微波"这个术语实际上指的是长度达厘米的波长。事实上，在红外、太赫兹、真正的微波和超高频无线电波之间的边界，往往没有严格的规定。许多定义的范围相互重叠。微波被认为在 300MHz ~ 300GHz 范围内；但是对于微波通信，通常使用 3 ~ 30GHz。

因为微波频率更高、更短，所以它们具有很强的方向性，具有支持高带宽信道的能力。这也意味着它们更需要被关注，并且经常被使用，如前所述，用于双向网络中的大数据传输和卫星到地面的通信。微波与电能也有很多关系。考虑普通微波炉的加热元件，其中热量由电源产生。这个装置包含一系列不同的空腔（即孔洞），可以被认为是像波导一样，其末端是短路的。结果是，只有精确长度的电磁波才会在洞内共振。即波长将是空腔长度的一半。由高直流电驱动的热阴极发射电子，该电子被施加的磁场驱动做圆周运动，使得磁场就穿过了空腔。波导把波从腔体耦合到负载，这是微波炉内的烹调量。微波在微波炉中发展的历史远非寻常，它说明了电力、通信和微波传输之间的关系（Osepchuk，2010）。除了腔磁控管以外，微波源还包括速调管、行波管和回旋管。速调管和行波管以真空管为基础产生微波，而回旋管采用微波放大的受激辐射，称为微波激射器。

微波通信已被用来沿着高海拔和相对通畅的输电线路形成通信链路，并已越来越多地用于传输载波以太网（MEF，2011；Wells，2009）。微波链路可以在基于 IP 的无线接入网络中使用包微波提供千兆比特容量。微波链路提供数据包数据和时分多路复用语音通信。微波链路已意识到光纤同步光网络（SONET）接口（在下一节中讨论），可以提供和维护 SONET 时钟同步，这对于电网应用来说可能是有用的。

光纤通信是另一种长期应用于电网传输系统的技术。尽管光纤通信已经被详细介绍过，因为它与电力传输系统有着悠久的历史，这里也已讨论过。光纤在电网中有许多优点，包括高带宽、无需继电器或放大器就能进行相对远距离的通信，并且天生不受电磁干扰。正如我们将在本节后面和关于电力电子学的第 14 章中看到的那样，光学器件还可以用作电流和电压传感器。缺点主要是成本及需要铺设和管理更长的电缆。帮助缓解后一个问题的一个技术是试图找到方法更直接地将光纤集成到安装电源线电缆的过程中（Ostendorp 等，1997）。注意，这是一个典型的技术通常被称为"超系统集成"；换句话说，技术进步是为了找到与其环境或彼此之间的协同作用。

光纤集成到电力电缆中的几个实例包括包含在地线内的光纤输电线路。这是众所周知的光纤地线（OGW）。它通过将光纤和地线集成在一起实现了接地和通信功能。光纤形成综合电缆的中央部分，它们被钢和铝线层包围。这一集成通信和地线沿着输电塔顶端分布。这提供地球地之间的连接服务和保护实际输电线路免于雷击的复位。光纤提供的宽带通信可以用于管理输电系统，用于传输其他有用信息，包括声音，或出租给第三方用于电信。光纤是一种绝缘体，其性质可以使其作为防止输电线电弧放电、闪电放电电流的感应和潜在的串扰的绝缘体提供有用的功能。

通常，实际的输电线为钢芯铝绞线（ACSR）。因为铝的其电导率高、密度低和成本低，所以外绞线为铝，而中心绞线由钢丝制成用于支撑铝绞线。许多电缆涉及与解决低成本、高强度和低损耗的工程矛盾有关的机械问题。尽管应该注意到无线通信和无线传输能解决许多这样的问题，我们的重点仍然是通信方面，另一种集成电力和通信的电缆将光纤捆扎在相线导体或地线上，利用了现有的电缆作为支撑。必须认真考虑光纤的扭曲和缠绕的电缆系统发生的机械变化，例如，由于风的作用，电缆可能发生疾驰或抽动，给整个电缆系统造成机械应力。

最后，全介质自支撑电缆是另一种广泛使用的光纤布线系统。术语"全介质"和"自支撑"都表明电缆完全由介质材料构成，没有加入额外的金属布线，以使电缆具有更大的强度。这为 OGW 提供了一种替代方案，而且安装成本更低。

光纤通信发展背后的推动力是其提供的意义重大的大带宽（Massa，2000）。因此，需要更详细地考虑光纤通信的原理。光纤通信是在 20 世纪 70 年代初发明的，并且自那时以来，随着在 20 世纪 80 年代的广泛使用，其发展迅速。早期的光纤系统在 90Mbit/s 或 1300 个同时存在的独立语音通道上运行。到 21 世纪初，它的运行速度为 10Gbit/s，并且具有相当于 130 000 条同时存在的语音通道的等效容量。其他的技术进步，比如大密度的波长分裂、多路复用、掺铒光纤放大器（EDFA），将传输速度增加到或超过 1Tb/s，相当于超过 100km 距离的 1300 万条同步语音通道。毫无疑问，这种技术的信道带宽非常大。

光纤相对于其他形式的电磁通信（包括铜）的优势在于，其在远距离传输时信号的衰减相对较低。每位信息传输所需的能量更少。音频级铜线要求信号每隔几千米放大，而光缆可以延伸 100km 而无需加工。光纤的直径比铜线小得多，带宽大，而且重量轻，这一点在电力传输线的安装中是非常重要的。由于光纤没有金属成分，因此它在电力电子的应用中也很理想；受到电磁干扰的可能性很小。

光纤如何实现这些通信的优势？从根本上说，光纤系统将电信号转换成通过光缆传输的光信号。在电缆的另一端，接收机检测信号并将其转换回电信号。这听起来很简单；然而，从这样一个系统中以最低的成本获取最大的信道容量，是一件有些复杂的事情。

我们将看到，在工程设计中需要解决的潜在矛盾围绕着成本、容量和距离这三个因素。例如，增加容量会增加成本并减小距离。典型的信号来源是 LED 或激光。所使用的是近红外光谱，波长刚好超过可见光，肉眼不可见。其波长只是由在光纤中传播最好的光的波长决定，术语"最好"将随着我们的进程被说明。频率范围集中在 850nm，1310nm 和 1550nm。操作范围通常是在这些波长的上下 50nm。

第一个问题是光纤衰减，以分贝（dB）表示：

$$\text{Loss}_{\text{dB}} = \log \frac{P_{\text{out}}}{P_{\text{in}}} \tag{8.43}$$

式中，P 是输出或输入到光纤的功率。由于衰减随着距离而增加，它经常被表示为 dB/km。简单假定输入功率为 1MW 时，其单位表示为 dBm，如下所示：

$$\text{Loss}_{\text{dbm}} = \log \frac{P_{\text{out}}}{1\text{mW}} \tag{8.44}$$

这使得计算线路预算——即计算信道上的所有损失成为一个简单的过程。可以去掉每个分量的损失。也可以方便地记住，每产生 3dB 的损耗，功率减半。

现在让我们更详细地考虑一下光纤中的信号。有三种类型的光纤：级射率多模、级射率单模和缓变折射率。这些光纤的类型与折射率有关，它会影响光波通过光纤的方式。级射率多模中的术语"级射率"表示在光纤内核与覆层或者环绕内核的外层之间的折射率存在急剧的变化。这会导致光波从一个光芯的壁通过直线反射到另一个光芯，沿着光纤向下传播。术语"多模"意味着有许多不同的反射路径，使得光束可以穿过光纤。在这种类型的光纤中，内核相对来说大一些，易于使用和互连不同的发射机和接收机。此外，这类光纤可以由 LED 和激光器驱动。这类光纤的缺点是，因为光可能通过许多不同的路径，所以存在模态色散。这类似于无线的多径系统，其中一个信号可以通过多个路径到达相同的目标；这会导致信号失真和带宽减少。

级射率单模光纤与上一种光纤相似，但其内核足够窄，光波只有一种模式或路径穿过光纤。这消除了模态色散，并允许了更大的带宽、更长的距离。然而，另一种信号扭曲现象可能发生，即共鸣误差。在共鸣误差现象中，单个波长的光以不同的速度传播，并以不同的时间到达接收器。缓解此问题的解决方案包括使光波以一个波长即 1300nm，在具有恒定折射率的光纤中传输，使用一个只发出一个波长的光源，或采用光纤内的补偿机制。由于级射率单模光纤的直径很小，它很难使用，只能由激光器驱动。LED 不被使用，是因为它很难在不产生高信号损耗的情况下把信号耦合到光纤。

最后一种光纤被称为缓变折射率光纤。在这里，光纤内核与外包层之间的折射率是逐渐变化的，而不是突然的急剧变化。结果是，光波不是直接从光纤的一面外壁反射到另一面外壁，而是以一种弯曲的抛物线方式弯曲，这样当它们穿过光纤时就会周期性地重新聚焦。其结果是模态色散的减少。这减少了噪声，增加了光纤的带宽。

讨论到目前为止，我们可以看到，通过为光纤在更远距离上获取更多带宽的进展中涉及减少分散的巧妙方法。光纤的色散来源于两个方面：材料色散和波导色散。材料色散是材料对光波的频率依赖性响应。其他类型的色散即波导色散，与在这种情况下光纤中光波的几何形状有关。事实证明，材料色散和波导色散可以有相反的标志，这意味着有一个最佳的波长，可以使得它们精确地抵消。这种情况发生在波长为 1310nm 的时候。然而，另一个因素即衰减，在波长为 1550nm 的时候达到了最小值。EDFA 采用 1550nm 的波长，在理想的情况下可以设计一个具有最小色散与最小衰减的光纤系统。事实上，这可以在一种被称为零色散位移光纤的光纤中实现。波导色散被调整以至于零色散波长被转移到 1550nm。EDFA 是一个利用激光直接提升光信号功率而不需要将信号转换为电子形式的光放大器。

色散是通过光纤传播的脉冲。传播越大，脉冲与另一种脉冲重叠的概率越大，导致信息无法区分，从而减少了通过光纤的带宽。测量色散，如下式所示，通常以 ns 或 ps 为时间单位：

$$\Delta t = (\Delta t_{\text{out}} - \Delta t_{\text{in}})^{1/2} \tag{8.45}$$

色散随距离的增加而增加，因此测量时应考虑到总色散作为距离的函数，由下式表示：

$$\Delta t_{\text{totel}} = L \times \frac{\text{Dispersion}}{\text{km}} \tag{8.46}$$

式中，L 为光纤的长度。因此可以看到更短的光纤可能提供更多的带宽；面对的挑战是在更远的距离内增加带宽。如果有不同类型的分散，它们的聚合为

$$\Delta_{\text{out}} = \left[(\Delta t_1)^2 + (\Delta t_2)^2 + \cdots \right]^{1/2} \tag{8.47}$$

式中，t_n 为每一种离散形式。

脉冲编码调制用于光纤通信的模拟码到数字码的转换。数字值可以以任意数量的标准编码格式从非归零到曼彻斯特编码传输。回想在功率系统中的脉宽调制，是一种通过改变从其交流电流周期中采样功率的持续时间的宽度，来对需要精细控制的电气设备的功率进行数字控制的技术。这与通信中的脉冲编码调制有关，在这种调制方式中，模拟信号被采样并转换成数字形式。

一旦信息被编码以便通过光缆传输，很明显，由于可用带宽巨大，许多不同的通道可以同时共享光纤。这是通过复用来实现的，复用有两种类型：时分复用和波分复用。当然，时分复用将信道划分为时隙，并根据时隙分配信道。光纤系统利用 SONET 来实现这一点。波分复用通过将信道放置在不同的波长上来划分信道。密集波分复用是在同一光纤内传输许多间隔很近的波长的技术。国际电信联盟定义了标准频率间距为 100GHz。这个频率间距导致了 0.8nm 的波长间距，其中 $\Delta \lambda = \lambda \Delta f / f$。典型的系统在 2.5Gbit/s 下可以复用 128 个不同的波长，在 10Gbit/s 下可以复用 32 个不同的波长。波长分割多路复用器分离或组合以不同波长传输的信号。利用光纤的布拉格光栅衍射分离波长。光纤的一小部分可以被构造成能反射特定波长并允许所有其他波长通过。这允许根据需要从光纤中添加或删除通道。

如前所述，LED 或激光器是光纤系统的光源。通过调制器将传递的信号应用到光源上。马赫 – 曾德尔（Mach – Zehnder）波导干涉仪是一种调制器。它可以在铌酸锂（LiNbO₃）的基片上制备。通过将光波分解为两条路径，可以在光波上留下一个射频信号。一条路径未经过调制，另一条路径通过电极。当电压被施加到电极上时，折射率与施加的电压成正比。这会导致光波相对于未调制光波要经历相位延迟。当光波在设备的输出附近结合时，它们可能建设性地结合，表示"打开"信号，或表示"关闭"信号。注意，我们可以把这个装置倒过来，说它是用光来测量电压的。因此，该装置在概念上可用于电网电压的测量。事实上，光学器件的存在是为了测量电压和电流，从而构建光学同步相位测量装置（Nuqui 等，2010）。

光纤接收器检测入射光；被吸收的光子以足够的能量激发电子，使其从价电带跃迁到传导带（回想 8.2.4 节中光伏发电的讨论）。这使得施加一定偏差电压时，

产生小电流，该电流之后会被放大。当然，在灵敏探测器成为性能更好的光纤接收器的发展过程中存在更多的细节；这一细节与接收机的典型能力有关，它能足够灵敏地探测到信号，但在有噪声的情况下却不会给出错误的输出。量子效率是探测器产生的电子与撞击探测器的光子数之比。暗电流是探测器在没有光线照射的情况下产生的电流。响应时间是探测器响应光输入所需的时间，这取决于信号的上升时间。

最后，可以进行典型的线路预算分析，以确定通过系统的电力损失和确保纯粹信号所需的裕度，通常涉及从光源传输的功率、光源到光纤的损耗、每千米的光纤损耗、连接器或连接损耗以及光纤到探测器的损耗。功率裕度是接收功率与接收灵敏度之间的差值。既然我们已经讨论了常见的广域通信技术，那么让我们考虑一下控制这种远距离网络的潜力。

8.6 网络控制

本节首先介绍网络控制。关于网络控制和稳定性的更多细节见12.2节。网络控制是在网络上实现控制系统的功能，使控制系统的各个部分可以彼此远程定位。在极端情况下，传感器、执行器和控制器可能彼此相隔数百英里$^{\ominus}$，并通过通信网络彼此通信。通常，就像通信、网络工程师和电力工程师存在分离一样，通信、网络工程师和控制工程师也存在着分离。因此，至少对控制理论有一个非常基本的理解是很重要的，因为很多电网都关注通过通信和控制来提高效率和可靠性。智能电网对通信的重视往往是为了使控制系统能够通过电网进行分布；传感器（如电流互感器、电压互感器、PMU和任何其他类型的传感器）、执行器（如电感器、电容器、开关、继电器和FACTS装置）和控制器，无论是位于控制中心、变电站，还是嵌入到智能电子装置中，都需要通过通信才能协同工作。

图8.7是一个网络控制系统的简化图示。网络控制系统对通过网络传输的消息的延迟很敏感，即使通信工程师努力使这种延迟最小化，这种延迟仍然存在，特别是在广域网的远距离传输中。在经典控制理论中，控制系统通常是通过频域的传递函数来分析的，频率是一个复数（Engelberg，2008）。参照图8.7，$H(s)$是通过"传感器"框中的反馈的拉普拉斯变换；$G_c(s)$是"控制器"框；$G_p(s)$是"系统"框。我们的目标是理解通信网络之间的关系，主要是通过$H(s)$延迟和控制器$G_c(s)$来表示的。

首先，暂时假定通信网络是完美的，它可以毫无差错地发送数据包。这使我们可以忽略通信网络，而专注于控制系统的基础。因为控制系统的目标是控制输入和输出之间的关系，所以，凭直观感觉，应该希望看到输出与输入的比值。为了推导出这个关系，请看系统$C(s)$的输出和下面的反向推导：

$\ominus$　1英里（mile）= 1609.344米（m）。

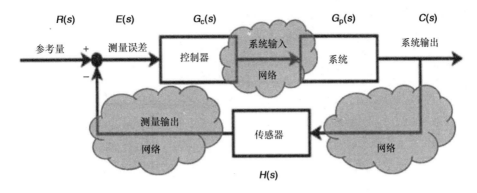

图8.7 一个拥有可通过远程定位和通过通信网络运行组件的网络控制系统

$$C(s) = G_p(s)G_c(s)[R(s) - H(s)C(s)] \qquad (8.48)$$

下一步，通过展开式（8.48）解出 $C(s)$ 并将 $C(s)$ 移到左边得

$$C(s) = \frac{G_p(s)C_c(s)}{1 + H(s)G_c(s)G_p(s)}R(s) \qquad (8.49)$$

为了得到输出与输入的比值，只需将式（8.49）除以 $R(s)$：

$$T(s) = \frac{\text{输出}}{\text{输入}}C_{(s)}/R_{(s)} = \frac{G_p(s)C_c(s)}{1 + H(s)G_c(s)G_p(s)} \qquad (8.50)$$

$H(s)$ 表示反馈回路，可以假定为一个。在这种情况下，得到输出与输入的直接比，且在传达反馈信息时没有延误。现在，为了继续使事情简单化，假定控制器被定义为 $G_c(s) = K$；也就是说，控制器只增加增益，使得下面假定成立：

$$T(s) = \frac{KG_p(s)G_c(s)}{1 + KG_p(s)} \qquad (8.51)$$

如果在这个简单的例子中，目标是确保输出尽可能地跟随输入变化，那么有 $T(s) = 1$ 和 $KG_p(s) = 1 + KG_p(s)$，只有当 K 趋于无穷时，它才能成立。因此，利用一个高增益控制器，至少在这个没有噪声或延迟的具体例子中，似乎会得到最好的控制系统。

考虑图8.8，噪声 $N(s)$ 在 $G_p(s)$ 之前立即进入系统。正如之前后向推导的那样，可以得到转移函数

$$G(s) = G_p(s)\{N(s) + G_c(s)[R(s) - H(s)C(s)]\} \qquad (8.52)$$

注意，噪声 $N(s)$ 现已包含在式（8.52）中。展开式（8.52）得

$$C(s) = G_p(s)N(s) + G_p(s)G_c(s)R(s) - G_p(s)G_c(s)H(s)C(s) \qquad (8.53)$$

下一步是重新整理式（8.53），以 $R(s)$ 和 $N(s)$ 作为系统输入，清晰地得到系统输出

$$G(s) = \frac{G_p(s)G_c(s)}{1 + G_p(s)G_c(s)H(s)}R(s) + \frac{G_p(s)}{1 + G_p(s)G_c(s)H(s)}N(s) \qquad (8.54)$$

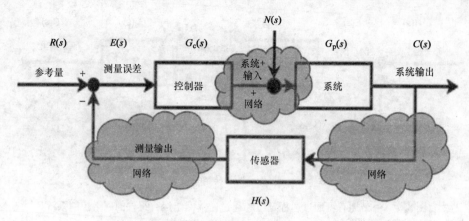

图 8.8　通信网络将噪声引入到控制系统的操作中。由于网络的条件，
信息可能被延迟、丢弃或重新排序

假定控制器纯增益 K 和 $H(s) = 1$，式（8.54）可简化为

$$C(s) = \frac{G_{\mathrm{p}}(s)K}{1 + G_{\mathrm{p}}(s)K}R(s) + \frac{G_{\mathrm{p}}(s)}{1 + G_{\mathrm{p}}(s)KH(s)}N(s) \qquad (8.55)$$

现在我们可以应用前面的假设，即 K 很大。如果这个假设是真的，因数乘以 $R(s)$ 等于 1，因数乘以 $N(s)$ 等于 0，如下所示：

$$C(s) = R(s) + 0 \cdot N(s) \qquad (8.56)$$

但愿这个小小的练习以简化的方式介绍清楚了控制系统以及经典控制系统的分析方法。下一个问题，从通信的角度来看，是发生什么情况的时候，通信网络不再是完美的。网络可能会经历线路上的噪声和数据包的丢弃，可能会遇到拥塞，数据包按照数据包排队的方式也可能在途中重新排序；任意常见事件可能导致网络延时传递数据包或根本不发送数据包。

考虑通信延迟的时间偏移 $y(t - T)$，其中 T 为延迟。其拉普拉斯变换是。$\mathcal{L}(y(t - T)) = \mathrm{e}^{-Ts}Y(s)$。然后反馈 $H(s)$ 采用 $\alpha y(t) + Ay(t - T)$ 的一般形式，α 是信息到达的正确时间，A 是延迟的信息由于网络滞后的时间。只要 $\alpha > A > 0$，就可以看出系统将是稳定的。然而，如果 A 相对于 α 很大，系统可能会变得不稳定。

稳定性表征来源于作为多项式比率的传递函数的检验：

$$\frac{\alpha s + \beta}{as^2 + bs + c} \qquad (8.57)$$

其拉普拉斯逆变换是以下形式：

$$\frac{\mathrm{e}^{(-b/2a)t}}{a}\left[\alpha\cos\left(\sqrt{\frac{4ac - b^2}{4a^2}}t\right) - \frac{\alpha b - 2a\beta}{\sqrt{4ac - b^2}}\sin\left(\sqrt{\frac{4ac - b^2}{4a^2}}t\right)\right]u(t) \qquad (8.58)$$

对于式（8.58）需要注意的重要点是，它的增长率是由式中第一项中 e 的指数决定的，即

$$\frac{-b}{2a} \tag{8.59}$$

从自变量到式（8.58）中的三角函数的振荡频率为

$$\sqrt{\frac{4ac - b^2}{4a^2}} \tag{8.60}$$

因此，很明显，式（8.57）在复平面正实部分的任何极点，即右半平面，将不取式（8.59）中的负值，并随 t 的增大而无限地增长，导致函数出现不稳定。当奈奎斯特曲线围绕一个极点或零值点时，系统将变得不稳定。

网络控制的效果可以通过控制系统输出的方式来衡量。这可以通过以下各式的测量来实现，即积分二次方误差（ISE）式（8.61）、积分绝对误差（IAE）式（8.62）和积分时间加权绝对误差（ITAE）式（8.63）：

$$\int \epsilon^2 \mathrm{d}t \tag{8.61}$$

$$\int |\epsilon| \mathrm{d}t \tag{8.62}$$

$$\int t |\epsilon| \mathrm{d}t \tag{8.63}$$

ISE 会使较大的误差不利，而不是较小的误差，因为它是二次方运算。以这种方式将错误最小化将导致快速响应但具有潜在的大量低振幅振荡。IAE 可能不会迅速减少误差，但会降低振幅振荡。最后，ITAE 是在很长一段时间后存在的，而不是短时间内存在的误差。这促使系统更快地收敛。其他措施包括稳态偏移量、超调百分率、最大绝对超调、上升时间、振荡周期、安定时间和衰变比率。每个措施都有精确的定义并为控制系统性能提供实际指示，最重要的是，从我们的角度来看，会受到底层通信网络的影响。

8.7 小结

本章从逆变器控制的通信入手，讨论了 DG 和传输。随着本书的进展，控制系统的通信被越来越详细地介绍。在 DG 和传输领域，网络通信要想在电网中发挥主导作用，快速、稳定控制的通信是关键。虽然 DG 有多种形式，但是本章将光伏发电作为 DG 的典型例子。再次，我们看到逆变器控制是智能电网通信的一个关键方面。从传输的角度上看，本章讲述了 FACTS 和 HVDC 输电。我们再次看到，逆变器控制和电力电子通信接口对智能电网至关重要。既然输电的覆盖面积很大，广域通信则要被关注。本章以进一步讨论网络控制为结束。

第 9 章涵盖配电自动化（DA）。正如前几章已经暗示的，配电系统是智能电网大部分操作正在发生的地方。这是因为智能电网系统的大部分恰好在配电系统中。因为配电系统很大程度上暴露于环境和用户，所以保护、可靠和自愈是它的关键概念。经典的配电系统是一个庞大的、复杂的且必须安全地将电能传输和分配给个人的用户系统。配电系统构成了电力运输的"最后一英里"。另外，配电系统对于许多不同的"智能电网"应用而言是一个自然的接口。在智能电网和通信方面，配电系统是"车轮遇到道路"的地方。这为分布式自动化提供了许多机会，比如以新的方式组合智能电网应用程序的许多新机会。保护和协调是配电系统的重要组成部分，本书讨论了自动保护与自愈结合的新方法；还讨论了在配电系统中最适合快速技术变化的通信。

8.8　习题

习题 8.1　光纤色散

一个 2km 长的多模光纤具有 1ns/km 和 100ps/（km·nm）的色度色散的模型。如果将它作为 40nm 线宽的 LED 灯来使用：

1. 色散的总量是多少？

2. 计算光纤的带宽。

习题 8.2　电力线载波

考虑到一条 250Ω 架空线，并且连接到一条 25Ω 的电缆。

1. 由阻抗不匹配引起的信号损失是多少，以 dB 为单位？

习题 8.3　谐振耦合

1. 电阻为 10Ω、电容为 $1\mu F$ 和电感为 $10mH$ 的谐振线圈系统的 Q 因数是多少？

习题 8.4　微电网

1. 解释一下尝试利用通信实现发电机控制和下垂控制的后果。利用通信来实现明确的发电机控制有什么危险和可靠性问题？

习题 8.5　纳米电网

1. 确定本章中的概念在多大程度可扩展到小型电力控制（见 15.3.2 节关于纳米发电的内容）。

习题 8.6　同步

1. 用式（8.64）中的状态矩阵确定线性时不变系统的稳定性。提示：使用李雅普诺夫函数。

$$A = \begin{bmatrix} 0 & 1 \\ -6 & -5 \end{bmatrix} \tag{8.64}$$

习题 8.7　对配电的影响

1. 预测一下微电网概念如何有助于解决分 DG 问题。请注意，微电网对配电的影响是在第 9 章中解释的。

习题 8.8　孤岛

1. 为什么孤岛被认为有潜在危险？解释在识别孤岛时如何使用通信技术。

习题 8.9　FACTS

1. 解释在输电线路上灵活控制功率的主要方法。

习题 8.10　FACTS

　　1. 高功率固态电子技术的进展是如何影响 FACTS 的?

习题 8.11　WiMAX Mesh

　　1. WiMAXMesh 协议与 WiMAX 有何不同?

　　2. 与 WiMAX 相比, WiMAX Mesh 的优缺点是什么?

习题 8.12　IEEE 802.11

　　1. IEEE 802.11 帧结构看起来是什么样的?

习题 8.13　IEEE 802.11s

　　1. IEEE 802.11 和 IEEE 802.11s 的主要区别是什么?

　　2. 在智能电网中, IEEE 802.11s 最适合应用于何地, 有哪些应用?

习题 8.14　IEEE 802.15.4

　　1. IEEE 802.15.4 使用了哪种类型的中等访问控制, 以及这些介质访问控制是如何运行的?

习题 8.15　6LoWPAN

　　1. 6LoWPAN 设计的物理/媒体访问控制层是什么?

　　2. 6LoWPAN 提供了什么功能?

　　3. 6LoWPAN 最适合用于哪些智能电网的应用?

第 9 章

配电自动化

如果这个"电话"有太多的缺点以至于不能作为通信的手段，那么这个装置对我们来说毫无价值。

——Western Union 内部备忘录，1876

我们不能用制造问题时的同一水平思维来解决问题。

——阿尔伯特·爱因斯坦

9.1 引言

本章是第二部分"通信与网络：推动者"的第 4 章。本章的重点是配电系统和智能电网。在过去，大量的研究集中于电力系统中大型集中式发电机和输电系统。而配电系统是电力传输到用户最后阶段的附属部分，对其研究则比较少。然而，智能电网正在为配电系统的发展带来新的机遇和动力。用户端的分布式和可再生的发电、自愈保护机制以及配电自动化等众多想法都对配电系统的发展有影响。从通信的角度来看，配电系统可以覆盖一个小城市大小的面积。因此，也可以简单地称之为城域网（MAN）。在其他章节中介绍了与配电系统相关的关键组成部分。第 4 章讨论了智能电网配电基础，8.2 节讨论了分布式发电（DG）。7.3 节讨论了配电系统内智能电表的通信——高级量测体系（AMI）。这些系统都表明配电系统是智能电网中的关键部分。配电系统是用户与电网之间的媒介，也是发电和输电对用户产生影响的部分。

第一个主题是配电系统内的 DG。简单介绍了系统设备类型、配置和面临的挑战。9.2 节阐述了配电系统内的保护。配电系统是电网中最暴露的部分之一，电力传输线很容易碰到建筑物、树木、动物以及用户自身。若发生故障，应使尽可能多的用户保持长时间的供电，并且需要重点考虑对可能接触到的物体和动物的保护。也就是说尽量减少电气故障带来的影响。智能电网应该能够检测故障，并能够在故障发生后自动修复。通过使用专业知识、经验法则和试错法对电力保护协调进行手动配置。9.3 节讨论电力保护协调的自动优化方法。配电变电站是电力系统以太网交换机进行高级通信的首要组成部分之一。随后节讨论变电站自动化与通信。9.3.6 节提到无线通信也是配电系统中的一个可选项，回顾了配电系统的无线通信技术。9.3.7 节讨论了配电系统通信网络的特别之处，集中讨论在分组路由和分布系统中可变延迟影响方面的问题。因为配电系统是电能到达终端客户的最后环节，所以 AMI 也随配电系统自然而然抵达用户端，但本节不再讨论其中的详细内容。本章的最后是小结和习题。

简单来说，配电自动化仅仅是指在配电系统中更大程度地实现自动化。自从电网诞生之初，配电自动化就开始发展。所以说，配电自动化并不是最近的智能电网才具备的。有时用其他术语如"高级配电自动化（ADA）"来更多强调最近发生的更多整合通信的活动如计算和网络控制。短期配电自动化的愿景是实现配电系统的高度自动化，使配电系统拥有灵活的电气系统架构并支持开放架构的通信网络。配电自动化系统应该是一个多功能的系统，并能够利用电力电子、IT 和系统仿真等新功能。应用实时状态估计工具来执行预测模拟和持续优化性能，包括需求侧管理、效率、可靠性和电能质量并帮助弥合通信电源架构。

除了第 4 章所述的现有自动化配电功能外，配电自动化还应整合其他发展中的智能电网系统。例如，8.2 节中讨论的 DG 和 7.3 节中介绍的 AMI。由于这几种系统在配电系统中具有独特的重叠性，所以这表明配电系统是唯一能迅速发展并受益于智能电网进步的系统。可以预期的是，配电系统内的系统集成将产生新的术语，将现有系统名称合并起来，例如高级配电设施（ADI）是指配电自动化与 AMI 的集成和用于配电管理的分布式储能系统（DESS）。最后，配电自动化将通过构建集成的智能电网系统和应用程序，发展出全新的、尚未被定义的自动化系统和应用程序。

通常来说，自动化从变电站开始，通过 AMI 系统向外扩展到用户和智能仪表，其也可能会继续从变电站到馈线继而延伸到用户系统。最终，通信和控制将与需求响应、实时定价系统相结合。集成需要漫长的时间来实现，在这个过程中信息和设备将得到整合，目前不同的硬件和软件系统将会合并以降低成本并消除冗余。降低通信成本是增加智能电网通信整合的动力。这是因为通信成本必须通过增加系统可靠性及提高操作和管理效率来抵消。有三种典型的通信方式，分别是配电线路、地线和无线通信系统。虽然配电线路载波在仪表读取和负载控制方面具有成本优势，但在某些保护机制下当线路被切断时通信就会被中断。这被称为配电线载波的开路问题。当一条线路被切断时，通信就会在最关键的时候中断。地线包括电话线和光纤连接，这些线路通常用于使各个变电站互连。但由于其成本比较高，因此很少用于配电自动化。光纤的优点是高带宽和优秀的抗噪声能力，但其价格也比较昂贵。无线通信方式的优点是其几乎可以在任何地方以较低的成本进行通信。私人无线系统可能很昂贵，但同时其允许使用者完全控制无线系统。公共无线系统相对比较便宜，但它们不在公用事业公司的完全控制之下。

我们可以看到，配电系统正在发展变得越来越复杂，包括从 DG 到 AMI 等。令人担忧的是，分布式系统可能会成为一种混杂的系统，或者是一个专门的集合，这些系统与通信网络连接在一起以达到良好的标准。需要有一个清晰而明确的理论和模型说明分布式系统是什么和其如何发展，以防止这种特别系统的形成。

配电系统的架构可能有如下三种发展趋势：主动电网、微电网、虚拟程序。"主动电网"在文献中也被称为"主动网络"，但不应将其与主动通信网络混淆，后者也被称为主动网络，这在 6.5.2 节中讨论过。本章将使用术语"主动电网"而不是"主动网络"，就是要将其与主动通信网络明确区分。但是，这一概念在电力和通信中是一样的：主动系统是一个更可控、更灵活且自由度更高的系统。电力和通信中的主动网络包括开放的可编程接口以实现系统的高度动态化。IP 是一个非活动网络，该网络经过配置后，信息从源流向目的地而不存在可编程控制。因此，当配电系统建成和配置后，智能电网的配送系统也会产生被动的电流。相反，主动电网允许系统在正常运行时双向调整功率。向主动电网的演进可以从简单地控制发电机输入到主动电网中的功率开始。然后，可以对所有分布式发电源进行控制，并且实现协调调度系统和电压分布优化。最后，主动电网就成为一个高度互联的系统，在这个区域中它可以实现自我管理，并可与主动电网中的其他部分进行信息交流。

5.5.1 节介绍了另一个模型——微电网模型。微电网是一个独立的发电和配电系统，其能够在不连接主电网的情况下运行。它与上述的主动电网模型中的局部区域非常相似。

最后是虚拟应用程序，这类似于 5.5 节中讨论的虚拟电厂概念，是对一组包括可再生能源发电机在内的分布式发电机进行管理和控制。这样一来，分布式发电机的集合就成为用户的一个单一工具。虚拟应用程序成为了单一协调系统传输和响应价格信号。

了解配电自动化的方法之一是研究典型的分布式管理系统。管理配电系统涉及许多不同的应用程序，这些应用程序监控和控制着整个配电系统。分布式管理系统通常将这些应用程序合并成一个统一的平台，在这个平台上它们的外观和感觉一致。这样做的目的是提高可靠性和服务质量，减少停电时间，保证电力质量（包括频率和电压水平）。分布式管理系统的应用包括 FDIR（故障检测、隔离和恢复）、IVVC、拓扑处理器、配电潮流、负载建模/负荷估计（LM/LE）、最优网络重新配置、事故（应变）分析、交换机顺序管理、短路分析、继电保护协调和最佳电容放置/最佳电压调节，甚至各种模拟器。这些应用程序开始独立地作为 SCADA 系统的扩展，从输电系统扩展到配电系统。因为这些应用程序都是独立的系统，所以操作人员不得不面对许多不同的、潜在的混合、接口和控制。随着分布式系统在整体电网中的重要性不断提高，将这些不同的应用程序集成到一个通用的包中意义重大。通过 AMI 和 DR 以及 HAN 上的家庭 EMS，监控、数据采集和控制将继续延伸到电网。这可以提供更高的分辨率，更多的"微小"的数据。这里假设更高分辨率的数据能够改进优化。继续与其他系统进行整合，包括地理信息系统、停电管理系统和计量数据管理系统等。随着更多的 DG 以及用户与电力生产商进行联机，FDIR 需要得到更多优化，并且配电网的配置变得更加复杂，从放射状网络拓展到网状拓扑结构。IVVC 和电压优化将逐步改善。随着用户行为越来越难以预测，LM/LE 将会改变。随着用户对价格信号的回应，关于电力消费概况的原假设可能不再有效。所有分布式管理系统应用程序可能会得到更频繁地使用，并逐渐进入到用户的住所中。DG 和电动汽车将增加所有这些应用程序的复杂性。为了支持所有这些更改，将会有更多的可视化和仪表度量。会有更多的分布式管理系统应用程序之间的交互，新的应用程序很可能通过利用现有应用程序的组合出现。智能电网不仅要做更好的事情，而且要发现新的可能性。随着应用程序的开发，共享通信基础设施、填补产品空白并利用现有技术在更大程度上实现更大的协同效应。鉴于分布式管理系统的广泛应用，对其进行标准化是至关重要的。

IEC 61968 定义了配电系统之间的信息交换标准。IEC 61968 的接口引用模型为每个应用程序定义了标准接口。它扩展了公共信息模型（CIM）。关于配电系统标准的更多信息在第 10 章中讨论。接下来叙述影响配电系统的性能指标。

9.1.1 性能指标

性能指标用于量化故障对客户的影响。系统平均中断持续时间指数（SAIDI）是客户中断时间的总和除以用户数量：

$$\text{SAIDI} \equiv \frac{\sum r_i N_i}{N} \qquad (9.1)$$

i 表示加载点；r_i 是加载点 i 的平均恢复时间。瞬时平均中断事件频率指数（MAIFI）类似于 SAIDI，与之不同的是它用"瞬时"停电的数量来定义对客户的影响，其中时间长度可以任意定义。因此，MAIFI 指的是大于指定时间间隔的中断次数除以用户数量：

$$\text{MAIFI} \equiv \frac{\sum U_i N_i}{N} \qquad (9.2)$$

式中，U_i 是在负载点 i 超过给定时间的中断次数。

需要更好地理解智能电网通信对配电系统可靠性的影响。新的包含通信的度量标准正在被开发。由于暴露在环境中以及用户的大量使用，配电系统的运行已经相当可靠。分布式发电（DG）和需求响应（DR）会增加配电系统的压力。一个关键问题是能否提高通信可靠性。虽然我们知道了 SAIDI 和系统平均中断频率指标（SAIFI），并且在 12.5.1 节中试图测量配电系统可靠性，但并没有明确地将通信考虑进去。提出的一种测量方法是平均通信故障频率指数（ACFFI）（Aravinthan 等，2011），该指数扩展了常用的配电可靠性指标。在通信中，信噪比的定义是当信号低于噪声水平时，有效的信息不能正确传达。这可能会导致位删除和位错误。如果信道编码提供的冗余信息无法恢复损坏的比特，则整个信息可能会出现错误。重传技术可以用于重传信息，但这会导致延迟增加。假设 AMI 启用此功能，ACFFI 度量尝试捕获这种行为，并且以传统的分布可靠性度量的形式应用到用户端设备。
ACFFI 定义为

$$
\text{ACFFI} = \frac{\sum w_i n_i}{\sum w_i N_i} \tag{9.3}
$$

式中，w_i 是预定义的 i 型设备权重；N_i 是一个家庭 i 型设备的数量；n_i 是 i 型设备通信信息被错过或者检测到低于阈值的次数。因此，ACFFI 是被忽略事件的总权重数与设备加权数的比值。需要注意的是，来自不同类型的设备所提供的信息可能有不同的权重，比如耗能大或需要重点管理的设备就需要配置更高的等级。有时会出现用户故意干扰通信以减少电费的情况。而这样一个指标可以促使用户进行可靠的通信，否则他们将会因非常高的通信不可靠率而受到惩罚。

另一个与分布可靠性指标相似的度量指标是平均通信中断持续时间指数（ACIDI），定义为

$$
\text{ACIDI}_k = \frac{\sum\limits_{\forall i \in k} 每个节点因通信障碍的故障持续时间}{总节点数} \tag{9.4}
$$

ACFFI 测量通信中断的发生率，而 ACIDI 测量中断的持续时间，其中 k 是传感器集群。空间上的局部传感器将形成通信集群以提高通信效率。平均通信中断持续时间仅为 ACIDI 的总和：

$$
\text{ACIDI} = \sum \text{ACIDI}_k \tag{9.5}
$$

最后，由于配电系统的主要目的是可靠地提供电能，明确包含通信的相应度量是由于通信故障（ENS－C）不能提供能量：

$$
\text{ENS} - \text{C} = \frac{\sum\limits_{i} 每个节点通信故障浪费的能量}{浪费的总能量} \tag{9.6}
$$

这是由于通信故障导致的能量损失。这个值可以用于进行设计，替代廉价的通信技术。较低成本的通信技术会相应增加 ENS－C，从而抵消了最初的较低成本。

这些指标十分有用，可以为通信技术应用于配电系统时提供直接比较，同时也可应用于与配电自动化相关的分析和模拟。这些指标本质上考虑到了网络安全、延迟和通信系统的可扩展性的影响。

9.2 应用配电自动化实现保护配合

4.2.7 节讨论了保护配合。本章是关于智能电网配电自动化的研究，从通信的角度探讨了保护配合的问题。首先讨论一个具体的时间－电流曲线（TCC），之后是故障检测、隔离和恢复（FDIR）。

9.2.1 时间－电流曲线

保护继电器具有悠久的历史，即使在实现上已经发生了显著变化，但它们在

20 世纪初的术语仍然一直延续到今天的技术。老式的保护继电器模型为我们今天的理解和继电器设置以及基于微处理器的继电器提供了基础。因此，理解术语及其来源非常重要。对保护装置的整定通常采用反时限电流曲线，反时限电流曲线的概念来自感应圆盘继电器（Benmouyal 等，1999）。图 9.1 所示的感应圆盘继电器是一个非常老式的设备，而该装置的操作概念现用在时间 - 电流曲线的术语中。有一个金属圆盘可以顺时针或逆时针旋转，旋转的方向取决于施加力的方向。有两个金属接触器，一个固定而另一个随圆盘转动。在图 9.1 中，顺时针旋转会使彼此接触。弹簧提供相反方向即逆时针方向的拉力。在图 9.1 的上部有一个由时间刻度控制的停止位置。弹簧迫使移动触点抵住停止位置。在感应圆盘继电器左侧是初级和次级线圈。这些线圈使金属盘中产生涡流，使其沿顺时针方向旋转。可以选择初级线圈的电流分接头以控制感应电流的强度。圆盘开始旋转的电流称为"吸合电流"。当进入抽头的电流足够大到足以克服弹簧的力，使圆盘转动，动触点接近固定触点。接触发生所需的时间取决于磁盘旋转的距离，而这是由时间刻度盘控制的。当移动触点与固定触点接触时，保护电路打开，以允许清除故障。阻尼触点是一个磁铁，用于减慢圆盘旋转的速度。一旦故障消失，弹簧就会带动磁盘旋转，这样移动触点就会打开并返回到它的初始停止位置。

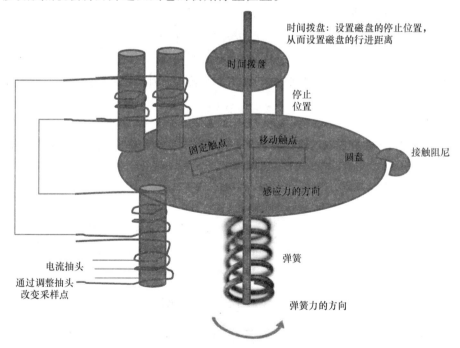

图 9.1 感应圆盘继电器主要由一个圆盘组成，圆盘的旋转力与表面感应电流成正比。可以调整设置以控制触点打开和关闭。这个经典设备的概念和术语继承到了基于微处理器的中继系统

该保护系统的基础模型由以下方程描述：

$$K_I I^2 = m \frac{\mathrm{d}^2}{\mathrm{d}t^2} + K_d \frac{\mathrm{d}\theta}{\mathrm{d}t} + \frac{\tau_F - \tau_S}{\theta_{\max}} + \tau_S \tag{9.7}$$

式中，θ 是圆盘旋转的角度；$\theta_{\max}$ 是圆盘行进到闭合节点时的角度；K_I 是与圆盘转矩相关的常数；m 是圆盘的惯性矩；K_d 是拖动磁铁阻尼因子；τ_S 是初始弹簧扭矩；τ_F 是弹簧在行进中的最大扭矩。假设圆盘的惯性矩可忽略不计，则可以将式（9.7）简化，弹簧扭矩可表示为常数，如式（9.8）：

$$K_I I^2 - \tau_S = K_d \frac{\mathrm{d}\theta}{\mathrm{d}t} \tag{9.8}$$

为了进一步简化，定义 $M = I/I_{pu}$，其中 I_{pu} 是吸合电流。因此 M 是实际电流与吸合电流的比值。在式（9.9）中，τ_0 是圆盘旋转一周所需要的时间。

$$\theta = \int_0^{\tau_0} \frac{\tau_S}{K_d} (M^2 - 1) \, \mathrm{d}t \tag{9.9}$$

接下来，式（9.9）两边同时除以 θ，并且引入一个时间电流函数 $t(I)$ 得

$$\int_0^{\tau_0} \frac{\tau_S}{K_d} (M^2 - 1) \, \mathrm{d}t = \int_0^{\tau_0} \frac{1}{t(I)} \, \mathrm{d}t = 1 \tag{9.10}$$

在 $t(I)$ 中，定义 A 为 $K_d\theta/\tau_S$：

$$t(I) = \frac{K_d\theta/\tau_S}{M^2 - 1} = \frac{A}{M^2 - 1} \tag{9.11}$$

如前所述，一旦继电器被激活，它将继续重置。圆盘恢复到原始复位位置的时间由下式给出：

$$|t_r| = K_d\theta/\tau_S \tag{9.12}$$

完整的时间电流特性用式（9.13）和式（9.14）描述，其中 t 为跳闸时间（s），M 是吸合电流的倍数，TD 为时间刻度设置，p 是 M 的常指数，替换其平方来模拟特定曲线的形状。当有 $0 < M < 1$ 时，则得到

$$t(I) = \mathrm{TD} \frac{A}{M^2 - 1} \tag{9.13}$$

式（9.14）与式（9.13）的不同之处在 $M > 1$，这表明电流已经超过吸合电流并且使线圈饱和，因此增加一个常数 B 来表示这种影响。

$$t(I) = \mathrm{TD}\left(\frac{A}{M^p - 1} + B\right) \tag{9.14}$$

时间 – 电流曲线如图 9.2 所示。多个继电器可以协作工作隔离故障。重要的是只隔离故障段，而不对更多用户造成干扰。因此，为了实现保护配合，就需要有精确的时间 – 电流曲线的配合，就需要使用式（9.13）和式（9.14）对曲线进行调整。

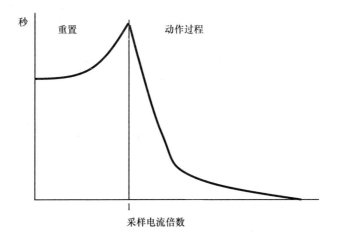

图 9.2 时间－电流曲线是时间和电流的函数，其定义了保护继电器何时跳闸并复位。吸合电流是继电器将要跳闸的阈值

9.3 自愈、通信和配电自动化

本节的重点是配电自动化的最重要的方面之一——保护和开关。保护系统必须能够正确检测并隔离电网拓扑中的故障，并确定配电元件是否具有足够的连接性和能力使用户通过故障隔离断开与主网的连接。检测、隔离和恢复电力是 FDIR 的目标。许多配电系统由带有单相分支的三相电流供电主干线组成。主干线的侧路分支也被称为"支路"。支路可以是三相或两相（带有中性线的两相馈线）或单相（单相馈线并带有中线）。支路通常用熔断器保护，在支路发生的故障不应导致馈线电平中断。单相支路用于将主干线与用户连接。智能电网应该具有自我修复能力，也就是说，在必要的时候，它应该能够快速灵活地重新配置，尽量减少故障损失。这通常通过局部传感和控制来完成。如本章前面的部分所述，时间－电流曲线的调整方式是在必要时自动触发开关断开。其中将在本节详细探讨的一个挑战是确定能否、何时以及何处将通信和功率保护控制进行有效耦合，更好地实现目标。配电系统中的通信有助于提高系统性能。例如，要进行局部故障感知通常需要测量电流大小及持续时间。如果电流超过给定持续时间的预设阈值，则认为发生了故障。靠近馈线的继电器则应延迟一段时间，以便使更接近故障点的继电器断开。如果故障点恰好位于馈线附近，那么靠近馈线的继电器等待的时间就比必要的时间更长。理想情况下，继电器之间进行通信可以使它们更快速地估计并对任何地点发生的故障做出反应。这样有一个潜在的好处是，通信有助于确保远离故障的继电器不会发生不必要的跳闸。另外，一些继电器在正常状态下是断开的，它们在故障发生后闭合，提供一条备用线路并替代原来的故障线路，以使电力输送到由于故障段切除而断电的用户。通信可以使常开的连接开关更快更可靠地闭合。通信的另一个潜在好处是帮助发现高阻抗故障（Ko，2009）。这些故障通常比较隐蔽，因为它们不能产生足

够大的电流使继电器动作。事实上，高阻抗故障的功率损耗类似于普通用户，这使得这类故障点难以定位。应用通信可以使继电器能够共享更精确的实时信息，检测到高阻抗的故障。通信也可以使误操作的继电器能够对其误操作进行自查，或者通过与其他继电器协同配合从而查出故障。最后，对所有保护设备进行监控可以提高其可靠性。例如，对继电器的温度、油、压力和绝缘性能指标进行监控（Santillan 等，2006）。

大多数保护装置，例如熔丝和继电器，都使用时间－电流特性进行控制。假设是一种开锁式重合闸装置（Peirson 等，1955）。这种重合闸装置具有由两个快开操作和两个延时开操作组成的操作循环，这样的目的是明确故障时间。在其动作的任何时候，如果故障清除了，那么继电器立即关闭并恢复正常运行。对继电器系统进行配置的一个关键要素是仔细设计时间－电流曲线，以便设定对应位置和顺序下继电器打开和重合闸的最佳时间。为了确定可能发生的故障，就必须在给定的时间段内测量过电流情况。继电器布置得越靠近变电站，时间－电流曲线就越远离初始位置。这降低了本应更靠近故障点的继电器动作而实际上更靠近变电站的继电器发生误动作的可能性。一个问题是一组时间－电流曲线能够优化到多好的程度才能单独执行而无需借助通信。本质上，时间－电流曲线规定了一种通信方式。过电流检测作为通信信道，它可以"感知"相邻的线段。然而，快速动作可能会增加误开的可能性（General Electric，1997；Russell，1956）。因此，需要考虑接收动作时间－电流曲线的概念，如假阳性和假阴性。假阳性会导致用户不必要地断电，这对SAIDI 可靠性指标有不利影响。假阴性可能会导致严重的损坏，并且可能需要很长时间才能修复。这也对可靠性指标不利。如何使用通信来改善时间－电流曲线？在本节其余部分我们将探讨配电网络和通信网络之间的动态耦合起着怎样的作用，从而可以说明在许多其他的应用程序中的智能电网通信。下一部分，将介绍典型的分布式配置，随后介绍一种检测、隔离和减轻故障的具体算法。分析这种算法的通信负载，采用 IEEE 802.11 建立了一个简单网络通信模型。然后对 WiMAX 进行了简要介绍，其中包括了对 WiMAX 网络模式的讨论，并将其与 IEEE 802.11 进行了对比。接下来，将介绍与通信模型相关的配电自动化性能指标。

9.3.1 节回顾了典型的小型配电网。9.3.2 节讨论了假设通信网是环网的情况下，配电网与通信网络的交互，并且对 FDIR 的简单算法进行了回顾。我们的目标是超越简单的环通信拓扑，去研究不同的配电拓扑和通信拓扑的影响。为此，9.3.3 节讨论一个简单的组合电力和通信网络分析模型。9.1.1 节讨论了常见的FDIR 指标，这些指标反映了停电时间和受影响的用户数的信息。本节的一个重点是推导出之前用标量定义的这些量的矩阵形式。矩阵形式的优点是可以使配电网络和通信网络直接整合到所定义的指标中。通过这种思想可以对两个网络结构进行动态分析。这一结果延伸到了随机故障分析，以及错误报警和漏失故障等概念。从通信的角度来看，矩阵分析有助于分析配电网络对通信网络中负载和路由的影响。该分析为其他网络科学概念应用于智能电网奠定了基础，例如更大网络结构的图谱。

9.3.1 配电拓扑结构

第 4 章在变电站层面介绍了配电系统的拓扑结构。这些网络的活动和拓扑都对通信网络有影响。网络的活动是指发生故障的可能性，拓扑结构会对故障造成影响并可以使用连接开关来恢复被隔离部分的供电。最简单的拓扑之一是径向分布系统（Taylor 等，2001），如图 9.3 所示。这个简化模型主要包括三个部分：变电站 SS、继电器 Rn（其中 n 是继电器标识符）、分段隔离开关（在图中没有明确表示）。电能通过馈线 Fn 传输到用户。继电器按照时间 – 电流曲线设定其开放和重新闭合时序（Witte 等，1992）。在第 4 章中提到，分段隔离开关不中断电流，而是与自动继电器一起工作来隔离故障线路的两侧。

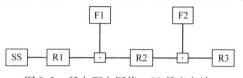

图 9.3　径向配电网络。SS 是变电站，R 是重合闸装置，F 是馈线

环路配置如图 9.4 所示。在这种配置中有两个变电站，分别记为 SS1 和 SS2。继电器 R4 是互联开关，通常处于断开状态。如果需要，R4 可以闭合，从而使得上下系统互联。下一节介绍 FDIR 简单通信算法，用更复杂的矩阵推导来分析 9.1.1 节中的内容。

9.3.2 一个算法实例

下面考虑实现 FIDR 算法（Hataway 等，2006）。故障可能发生在 R1 和 R6 之间的任何地方，为了更好地说明，假设在图 9.5 中所示的位置发生故障，当检测到足够长的过电流信号后，其中一个继电器锁定。当该继电器锁定时，它仍然保持打开状态。在此时，信息被传送到两个相邻的继电器。过电流检测在上游设备开始。常开的分段互联开关闭合，以恢复无故障段的供电。

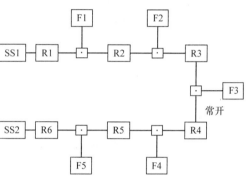

图 9.4　环形配电网络。有两个变电站 SS1 和 SS2。重合闸装置 R4 常开，但如果必要的话能关闭，这是为了使环中的上、下部分之间能共享电力

接下来对这个过程进行详细研究。首先，故障会使得电流明显增大。继电器 R2 感受到电流异常增高并且持续了足够长的时间后，确认有故障发生。这导致继电器 R2 启动自动重合闸。继电器 R2 自动断开闭合三次，等待故障清除并且电流回到正常范围之内。但

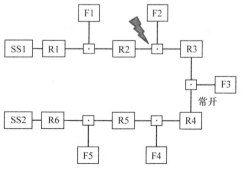

图 9.5　带故障的环形配电网络。故障点在 R2 和 R3 段

是在第三次尝试之后，仍然检测到了故障电流。这会导致继电器永久锁定并保持断开状态，在 R2 – R3 段的另一端的分段开关也将断开以确保故障段断电。由于 R2 断开，在 R2 – R3 和 R3 – R4 段上的用户断电。之后 R2 向 R1 和 R3 发出消息，指示它已经断开。直到此时，R1 和 R2 中的过电流传感器才检测故障。因为在这种情况下 R1 中的过电流检测优先级更高，所以从 R2 传送到 R1 的消息实际上被忽略。当 R3 接收到 R2 发送来的信息时跳闸，此时它还没有检测到过电流。当 R3 断开后，故障段被完全隔离。接下来 R3 向下游的 R4 发送信息。R4 在正常情况下是断开的，这样两条馈线独立工作，分别向各自的系统提供电能。当 R4 从 R3 接收到故障消息时，R4 闭合并恢复 R3 – R4 段的供电。注意，如果 R4 闭合，则会向下游转发信息，直到找到并关闭常开的联络开关。

配电系统的可靠性指标有助于确定该方法对系统是否有所改进。具体来说就是当发生故障时配电系统的 MAIFI 的减少量应尽可能小。如果停电时间小于 MAIFI 指标定义的用户停电时间的阈值，则正确。总的恢复时间是 R2 锁定时间加常开链接开关 R4 闭合的时间。R3 的断开则与前面的步骤并行进行。如果所有这些步骤能快速执行，那么就只有那些没有备用线路的用户才会意识到故障的发生。

若故障发生在 R3 和 R4 之间，则过程也是类似的，不同之处在于连接开关 R4 保持打开以隔离故障段。该算法在算法 1 中进行了总结，REQUIRE 语句表示必须存在的状态，例如过电流状态或从另一节点接收一位。最近故障点表示当前节点是故障段的直接相邻点，非连接开关表示当前节点不是连接开关，而连接开关表示当前节点是连接开关。该算法用于环网结构。若为星形或网状网络，则需要逻辑环结构或对算法进行修改以使其具备对特定节点进行寻址的能力。下一个部分将分析通信对性能的影响。

算法 1 用于环配网拓扑的重合闸故障缓解

Require：感测到过电流：

    立即发送位信息给临近的邻居们

Require：收到位：

  if 感测到过电流 **then**

    忽略该位信息

end if

if 最近的故障邻居 **and** 未感测到过电流 **and** 不是一个连接开关 **then**

  打开且让位信息沿着环通过

end if

if 连接开关 **and** 不是最近的故障邻居 **then**

  关闭连接开关

end if

9.3.3 一个简化的配电系统保护通信模型

本节用标量分析一个电力和通信网络的简单组合系统，9.3.4 节再将其扩展成为矩阵形式。首先考虑一般的问题。故障的影响取决于连接到每个馈线的用户分布以及故障发生段。假设用户在馈线上均匀分布，对于完全自动化的恢复系统，恢复时间取决于故障检测时间和尽可能多的用户恢复供电所需的传输信息量。将相邻继电器之间以大约 1km 的长度分段，得到的段数为 s，则每个分段上有 N/s 客户，其中 N 为用户总数。简单假设故障发生的可能性与电力线段的长度成正比。因为越长的线路与外界环境的接触越多，所以其更有可能发生故障。为了简化分析，假设所有线路长度都相等，还要假设能够利用通信网络独立验证由时间－电流曲线检测到的故障。考虑到故障可能在任何分段上发生，则平均有 $s/2$ 个继电器进行检测，也就是说，需要进行 $s/2$ 个传输量来确认距离故障最近的继电器已被识别。利用二进制搜索将产生 $\lceil \log_2 s \rceil$ 次交换。如果环形配电系统有连接开关，那么就需要额外的信息传输来关闭连接开关。如果是辐射网结构发生故障，那么故障下游的所有用户将会断电。因此，在简化的假设条件下，发生这些故障后的断电用户的平均数量为 $s/2 \times N/s$ 或 $N/2$。假设用户数恒定为 N，少量的馈线和分段意味能够进行快速通信和配合，s 比较大则意味着隔离故障段更短并使更多的用户不断电。因此，在设计配电系统时，需要给出 s 的折中最优值。

给定配电系统的大小，使用算法 1 中给出的过程，考虑通信传输量、负载、故障电流和隔离故障的时间。假设系统是一个环网，其中信息沿着环上的配电系统设备顺序流动。也就是说，配电系统设备不断转发信息直到信息到达目的地。这与完全连接的网状网络不同，在这个网络中，其中任何节点可以连接到其传输范围内的任何其他节点。所需的传输量是从锁定继电器 R_f 到连接开关 R_t 的节点数，如下所示：

$$n_t = R_t - R_f + 1 \tag{9.15}$$

通信负载是 IEC 61850 通用面向对象变电站事件（GOOSE）的传输量，其长度为 123B（字节）外加 176B 的 RSA 加密：

$$l = n_t(123 + 176) \times 8 \tag{9.16}$$

总延迟 d 是通信负载除以每条信息的总带宽 bw 加上继电器处理每条信息所需的时间 r：

$$d = \left(\frac{l}{bw\eta} + n_t\right)r \tag{9.17}$$

该协议需要有可靠的通信，η 是通信可靠性技术效率，称为返回－N ARQ。ARQ 协议需要 ACK 信号表示信息已被接收，从而确定是否需要重新发送信息。返回－N 协议，则不要求发射机停止发送并等待确认，而是允许通信传输继续进行，从而可以更有效地利用信道，在最后确认信息之前发送的信息形成滑动窗口。通信效率由返回－N ARQ 窗口的大小决定，它等于信道的延迟带宽乘积和 PDU 错误的概率，PDU 错误是基于无线物理通信传输错误和网络拥塞。返回 $-N$ 的通信效率近似为 $1/\{1+N[P/(1-P)]\}$，其中 N 是窗口大小，P 是 PDU 错误的概率。在这个简化的分析中假设无线物理信道是理想的，并且拥塞与通信流量负载成正比。

有效带宽是用于信息传递的实际带宽，即为除去所有协议和物理错误剩下的带宽。这里有一个微妙的折中：如果保护装置动作时间长，则网络负载较少，网络性能会更好。若保护装置的动作时间变短，即设备动作速度更快，则它也增加了通信网络的负载，可能导致拥塞和重传，从而增加了通信延迟。

9.3.4 通信模型

当收到一条信息表明出现故障时，该信息量可以很小，而典型的标题信息会提供发送源或故障发生方向的信息。在上面的例子中，通信的方向是从 R2 到 R1 和 R3。之后发生了从 R3 到 R4 的通信。因此，在这个简单的例子中，配电系统只有三个信息传输过程。另一个例子是在 IEC 61850 规定（Mackiewicz，2006）下，使用 IEEE 802.11 协议传输 GOOSE 报文的通信网络（Yang 等，2009），继电器之间的距离超过 1km，需要在继电器间距 100m 设置中继。如果使用 AODV 路由，则发送第一个数据包时就需要一定时间建立路由路径，并经历更长的等待时间，接下来发送的数据包则由于路由而延迟较少。

下面用矩阵的形式进行详细分析。表 9.1 定义不同的符号，字母上标一条线表示该量属于矩阵，而字母上标一条带箭头的线表示向量。有 r 条馈线就需要有 r 个继电器进行保护。令 $\vec{N}$ 为 $1 \times r$ 的向量，向量中的每个元素馈线的连接情况如图 9.5 所示。设一个 $r \times r$ 的矩阵 $\overline{F}$，其中每个矩阵元素用 0 或 1 表示，表示 r 馈线段上存在或不存在故障。用 $r \times r$ 的矩阵 $\overline{R}$ 表示连接开关，其中 1 表示连接开关，所有其他连接为 0。电力配电性的互联可以用 $r \times r$ 的邻接矩阵 $\overline{PoA}$ 所描述的图表示。假设图是无向的。通信网络也可以用 $r \times r$ 维的矩阵 $\overline{CoA}$ 表示，其可以表示互联性以及继电器的通信延迟。

表 9.1　分析中使用的符号

符号	维数	说明
$\overline{PoA}$	$r \times r$	配电网邻接矩阵
$\vec{SS}$	$1 \times r$	变电站矩阵
$\overline{CoA}$	$r \times r$	通信邻接矩阵
$\overline{R}$	$r \times r$	连接开关指示矩阵
$\overline{F}$	$r \times r$	故障指示矩阵
$\vec{\Psi}_F$	$1 \times r$	由于真实故障导致的隔离段
$\vec{\Psi}_{FP}$	$1 \times r$	由于假阳性导致的隔离段
$\vec{\Psi}_{FN}$	$1 \times r$	由于假阴性导致的隔离段
$\vec{N}$	$1 \times r$	每个分段上的用户数
$\vec{1}$	$1 \times r$	全 1 向量

（续）

符号	维数	说明
$\vec{R}$	$1 \times r$	联络开关闭合后恢复的馈线
$\overline{C}$	$r \times r$	所有的最短路径对
$\overline{\theta}_{\mathrm{F}}$	$r \times r$	发生真实故障的概率
$\overline{\theta}_{\mathrm{FP}}$	$r \times r$	误报故障的概率
$\overline{\theta}_{\mathrm{FN}}$	$r \times r$	发生故障未报警的概率
η	标量	ARQ 的效率
r_{m}	标量（单位 s）	人工恢复时间
r_{t}	标量（单位 s）	自动继电器动作时间
f	标量（继电器）	故障重合器（单故障）
t	标量（开关）	联络开关（单开关）

连接矩阵 $\overline{C}$ 表示从行索引节点到列索引节点的总传输延迟。也就是说，连接矩阵的每个元素代表了行和列索引之间传输的总通信延迟。可以从通信网络的邻接矩阵 $\overline{CoA}$ 得出矩阵 $\overline{C}$。如果有 n 个节点，那么可从 $\overline{CoA}^n$ 导出 $\overline{C}$，信息从故障段 f 传送到联络开关 t 有一段持续时间 $\overline{C}(f,t)$。由此得到正常运行过程中的馈线向量

$$\vec{SS} \cdot \sum_{i=1}^{r} \overline{PoA}^i \tag{9.18}$$

向量和矩阵的点乘用点表示。因为 $\overline{PoA}$ 为邻接矩阵，所以式（9.18）产生 r 跳后由相应节点释放的功率所遍历的节点，即变电站的可达性。

故障后接收功率的馈线向量由下式决定：

$$\vec{\Psi} = \vec{SS} \cdot \sum_{i=1}^{r} \left(\overline{PoA} - \overline{F} \right)^i \tag{9.19}$$

式（9.19）与式（9.18）类似，不同之处在于式（9.19）不包含邻接矩阵中的故障段。式（9.19）定义了向量 $\vec{\Psi}$，将其中非零值替换为零，表示它们仍继续接收电力，零值被替换为 1，表示它们与配电系统隔离。需要注意的是这里的 $\overline{F}$ 表示实际发生的故障，而不是发生故障的概率，这样可以简化分析。若考虑故障检测的细节，那么该分析就会更加复杂，例如利用了时间－电流曲线。在这种情况下，需要用更多的时间来检测较小的电流故障，在任何时候都可能发生假阳性或假阴性错误。以后再讨论这种情况。操作时间 r_{t} 包括检测故障所需的时间。

通过闭合连接开关而恢复的馈线向量为

$$\overline{R} = \vec{SS} \cdot \sum_{i=1}^{r} \left(\overline{PoA} - \overline{F} + \overline{T} \right)^i \tag{9.20}$$

式中，$\overline{R}$ 表示邻接矩阵，与 $\overline{F}$ 的不同之处在于其增加了新的链路。与 $\vec{\Psi}$ 类似，$\overline{R}$ 也是非零的指示向量，其非零值用 0 替换同时其中的 0 替换为 1。

用户总数为

$$\vec{1} \cdot \vec{N} \tag{9.21}$$

通过 $\vec{N}$ 与全 1 向量的内积得到所有馈线用户的总数。

由式（9.19）～式（9.21），得到如下 SAIDI 的表达式：

$$\text{SAIDI} = \frac{r_t \, \overline{C}[f,t] \, \eta \, \vec{\Psi}_F \cdot \vec{N} + r_m \vec{R} \cdot \vec{N}}{\vec{1} \cdot \vec{N}} \tag{9.22}$$

式中，$\vec{\Psi}$ 和 $\vec{R}$ 代表配电网络，$\overline{C}$ 代表通信网络架构。$\overline{C}$ 是由通信邻接矩阵 $\boldsymbol{CoA}$ 导出的，$\vec{\Psi}$ 和 $\vec{R}$ 是由配电网邻接矩阵 $\overline{\boldsymbol{PoA}}$ 导出的。

对式（9.22）进行变化得到

$$\text{SAIDI} = \frac{(r_t \, \overline{C}[f,t] \, \eta \, \vec{\Psi}_F + r_m \vec{R}) \cdot \vec{N}}{\vec{1} \cdot \vec{N}} \tag{9.23}$$

式（9.23）中的结果可用于任意大小和任意拓扑结构的配电网以及发生多重故障的通信网络。对于一个复杂的配电网，在一组可能的选择中找到最理想的连接开关是很有用的。这种情况下的目标是找到符合给定标准的 $\vec{R}$，例如使 SAIDI 最小化。整理式（9.20）可以得到

$$\overline{SS} \cdot \sum_{i=1}^{r} \left(\overline{\boldsymbol{PoA}} - \vec{F} \right)^i + \overline{SS} \cdot \sum_{i=1}^{r} \overline{R^i} \tag{9.24}$$

式中，将 $\vec{R}$ 分离出来并对其求和。

9.3.5 节将这种分析扩展到概率情况，即不再用 $\vec{F}$ 表示确定的故障，而是用 $\overline{\Theta}$ 表示故障发生的概率。

9.3.5 配电保护通信系统概率诠释

式（9.23）可用于从概率意义上检验时间 – 电流曲线的影响，由过电流的大小和持续时间可得到故障矩阵 $\vec{F}$，并用其表示发生故障的概率。

$\overline{\Theta}_{FP}$、$\overline{\Theta}_{FN}$ 和 $\overline{\Theta}_F$ 是 $r \times r$ 维矩阵，用于捕获时间 – 电流曲线设置的影响。它们分别代表了每个受保护部分的假阳性、假阴性和真阳性的概率。$\overline{\Theta}_{FP}$ 表示继电器在不应断开时断开的概率，继电器的误断开会造成用户不必要断电。$\overline{\Theta}_{FN}$ 表示出现故障时继电器应断开而未断开的概率，继电器的拒动会使设备受到损害。$\overline{\Theta}_F$ 表示发生真实故障的概率。

假阳性矩阵 $\overline{\Theta}_{FP}$ 以类似于 $\vec{F}$ 的方式处理，其表示发生故障的概率，不同分段可能有所不同。考虑将这些邻接矩阵转化为由于隔离故障线路的概率向量 $\vec{\Psi}$。可用该方法计算输电成功的概率为 $1 - \overline{\Theta}_{FP/FN/F}$。

令 $\overline{\Theta}_{FP/FN/F}$ 为由于任何原因导致的馈线断开的概率。那么 $1 - \overline{\Theta}_{FP/FN/F}$ 就是馈

线不断开的概率，这是真正无故障状态的概率。除正常运行外的所有其他情况（真正发生的故障：由于真正的故障而断开；假阳性：由于故障误报而断开；假阴性：发生了故障却未报）都会导致开放排序或开放状态的发生。式（9.25）表示在网络中通过任何路径发生假阳性的概率：

$$1 - \sum_{i=1}^{r} \overline{\boldsymbol{\Theta}}_{FP/FN/F}{}^{i} \tag{9.25}$$

具体来说，第一行表示从变电站到电网任何一点假阳性也就是误报的概率。发生假阴性和真实故障的概率与之类似。这提供了每一分段由于发生真实故障、由于漏故障并造成设备损坏以及由于假警报被误隔离的概率。距离变电站越远的分段被断开的概率就越大。因此，可以认为是降低被隔离的概率。例如，假设第一个继电器连接到一个变电站，那么可由式（9.25）得出的矩阵的第一行得到 $\overrightarrow{\boldsymbol{\Psi}}_{FP/FN/F}$。也可以考虑将一个随机矩阵 $\boldsymbol{P}$ 作为列总和为 1 的转换概率，其初始状态是一个向量 $\boldsymbol{p}$ 且和为 1。有 $\boldsymbol{p}' = \boldsymbol{pP}$。$\boldsymbol{p}$ 表示未被隔离的概率，$\boldsymbol{P}$ 是发生故障的概率。问题在于随机矩阵中行和（或）列的和为 1。在这种情况下，$\overline{\boldsymbol{\Theta}}$ 的值不一定是随机的。

式（9.26）表示在假阳性和假阴性的概率已给定情况下的 SAIDI 值：

$$\text{SAIDI} = \frac{(r_t \overline{\boldsymbol{C}}[f,t] \eta \overrightarrow{\boldsymbol{\Psi}}_{FP/FN/F} + r_m \overrightarrow{\boldsymbol{R}}) \cdot \overrightarrow{\boldsymbol{N}}}{\overrightarrow{\boldsymbol{1}} \cdot \overrightarrow{\boldsymbol{N}}} \tag{9.26}$$

在考虑概率的情况下，用风险值法来衡量类 SAIDI 指标。对于给定的概率和时间范围，将风险值定义为阈值，在给定时间范围内恢复时间超过此值的概率等于给定的置信系数。

SAIDI 的完整表达式为

$$\text{SAIDI} = \frac{\{r_t d(\overline{\boldsymbol{CoA}})[f,t] \eta z [\overrightarrow{\boldsymbol{SS}} \cdot \sum_{i=1}^{r} (\overline{\boldsymbol{PoA}} - \overline{\boldsymbol{F}})^{i}]\} \cdot \overrightarrow{\boldsymbol{N}}}{\overrightarrow{\boldsymbol{1}} \cdot \overrightarrow{\boldsymbol{N}}}$$
$$+ \frac{\{r_m z [\overrightarrow{\boldsymbol{SS}} \cdot \sum_{i=1}^{r} (\overline{\boldsymbol{PoA}} - \overline{\boldsymbol{F}} + \overline{\boldsymbol{T}})^{i}]\} \cdot \overrightarrow{\boldsymbol{N}}}{\overrightarrow{\boldsymbol{1}} \cdot \overrightarrow{\boldsymbol{N}}} \tag{9.27}$$

式中，$d(\ )$ 表示一个函数，其自变量为邻接矩阵，得到的函数值表示连通性矩阵或距离矩阵；$z(\ )$ 表示将一个向量的 1 换为 0，0 换为 1。在式（9.27）中需要注意的是，通信邻接矩阵 $\overline{\boldsymbol{CoA}}$ 的结构直接影响连接矩阵 $d(\overline{\boldsymbol{CoA}})$ 和 FDIR 消息 $d(\overline{\boldsymbol{CoA}})[f, t]$ 所采用路由的延迟。电网邻接矩阵 $\overline{\boldsymbol{PoA}}$ 与故障矩阵 $\overline{\boldsymbol{F}}$ 和连接开关矩阵 $\overline{\boldsymbol{T}}$ 共同作用影响隔离段的数量。

$\overline{\boldsymbol{\Theta}}_{FP}$ 和 $\overline{\boldsymbol{\Theta}}_{FN}$ 表示相互竞争的目标，即尽可能快地检测所有故障而不误报。假正增长和假负增长都会使 SAIDI 增大。我们能用高故障或隔离概率进行量化的环节收到更多来自于协作通信的提醒。

确定故障和隔离的概率也允许用于确定在 FIDR 过程中重新配置事件的概率。对于配电网络和通信网络的耦合网络系统，配电网发生故障的概率决定了通信网络上传输相应信息的概率。在没有先验故障信息的情况下，电网内的所有分段都可能发生故障，也就是说系统处于最高熵状态，相应地，通信网络必须能够处理来自任何分段的消息。随着发生故障可能性的先验信息越来越多，信息熵会降低，通信网络可将更多资源投入到发生故障概率较高的部分，Bush 和 Smith 讨论了可预测性和网络行为的概念（2005）。

利用这种矩阵分析，我们可以研究基于通信和电网络拓扑的自愈性能。$\overline{PoA}$ 和 $\overline{CoA}$ 分别表示电力和通信的拓扑。因此，如图 9.6 所示，可用不同通信网络拓扑研究对简单配电网络的影响。

有许多类型的通信技术可以用于支持配电系统中的智能电网通信，从 8.5 节讨论的光纤和电力线载波到无线技术。本节介绍无线通信。无线通信是一个十分广泛的领域，从 7.4 节介绍的 WiFi IEEE 802.11 与 IEEE 802.15.4，再到 WiMAX IEEE 802.16 和所谓的"长期演进（LTE）"。最新的无线技术是正交频分复用（OFDM）。OFDM 不仅广泛应用于无线技术，而且还应用于有线媒体，包括电力线载波、数字电视、音频广播以及数字用户线路（DSL）宽带互联网、无线网络和移动通信。OFDM 可以为许多配电系统技术提供关键视角。

从更高、更直观的角度出发，我们可以从缩写词看出 OFDM 涉及频分多路复用（FDM）。事实上，OFDM 将调制与多路复用结合起来。调制是将"信息"映射到载波信号中的扰动，包括相位、频率和幅值的变化。复用仅仅是在独立信道之间共享可用带宽的行为。在 OFDM 中，要发送的信号被分成多个独立信道。因此，可以将 OFDM 视为 FDM 的特例。一个直观的例子是可以将 FDM 视为一个单一的水流量很大的水龙头，将 OFDM 视为淋浴头，其流过的水由许多水量较小且独立的水流组成，可以用拇指堵住水龙头，但是很难将淋浴头完全堵塞。可以这样说，OFDM 将信号分成多个信道，希望在最坏的情况下，只有少数信号成分受到影响而不至于影响整个信号。其实，其独立的子信道也可以复用，实现的方式包括采用 FDM（非干扰频率）或码分复用（使用正交向量代码）。

OFDM 中的"正交"是指频率，正弦波在一个周期下的面积为零。正如我们所见，谐波是由电网中的开关引起的噪声信号，其频率是基频的整数倍，这类似于码分多路复用的正交向量，即乘积为 0 的二进制值的向量。具有正交频率的信道可以在更近的距离共存，因为它们互不干扰（乘积为零）。在通常情况下，频率必须足够分散以避免使用保护带造成互相干扰。使用保护带也会浪费带宽。

那么在电力系统中与 OFDM 最相似的是什么？正交性用于状态估计和正弦电流电压分析。但是，除了无线电力传输，真正通过正交率传输电能的概念是没有意义的。这是能量和通信的不同之处：通信涉及信息的转移，这是一个十分奇怪的物理概念。

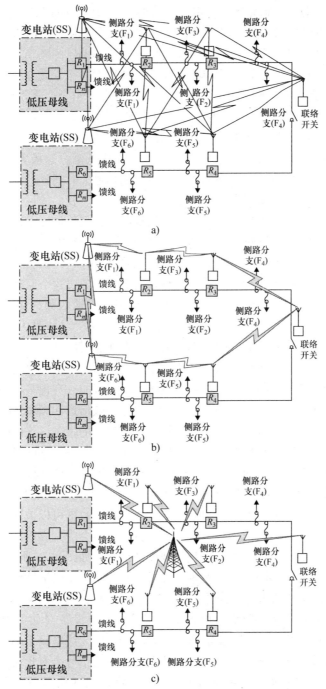

a)

b)

c)

图9.6 表示简单环形配电网络的通信网络拓扑结构：a）网状通信网络拓扑；b）环形；c）星形。
还有其他形式的通信拓扑。例如，具有随机或无标度节点度分布的拓扑。我们的目标是理解
通信与能量之间的相互作用如何影响 FDIR。通信拓扑由表 9.1 中的 $\overline{CoA}$ 表示

OFDM 技术将信号假定为 +1 和 −1 的向量，并将数据向量映射到正交信道上。每个信道都被分配一个正交频率。例如：如果有 4 个通道，则通道 1 可以在 1Hz 的频率下运行，通道 2 在 2Hz 的频率下运行，通道 3 在 3Hz 的频率下运行，通道 4 在 4Hz 的频率下运行。可以利用简单的 BPSK 调制来对每个信道上的数据进行编码。然后利用快速傅里叶逆变换（IFFT）将这些信道进行组合。将得到的波形发送到具有傅里叶变换（FFT）功能的接收器，接收器对每个信道的信号进行解码。

当发生衰减时，发射出的信号从传输路径上的障碍物反射回来。就如同水中的波浪相互抵消或加强一样，反射波可以相互加强或抵消，这极大地削弱了波的传输，使接收器难以检测。接收到的信号副本之间的最大时间延迟称为延迟扩展。

可用通道探测技术来确定信道上信号衰减的影响。我们的目标是研究不同频率信道的信号衰减情况，即识别哪些频率的信号可以被很好地接收，哪些频率的信号会有衰减的情况。可以通过发送伪随机信号来实现这个目的。该信号是一个除了零偏移以外的所有偏移都与自身无关的信号。如果反射存在，那么反射信号就会影响接收器，则接收器将会以频率非零的偏移量拾取值。通过这个原理可以指示延迟扩展，并可反映功率的延迟情况。理想情况下，用于传输的频谱应被接收器完全接收，如图 9.7a 所示。然而，衰减可能导致部分信道丢失，如图 9.7b 所示。一般来说，多路信号到达接收机的时间有先有后，即存在相对时延。如果这些相对时延远小于一个符号的时间，则可以认为多路信号几乎是同时到达接收器的。在这种情况下多径不会造成符号间的干扰，这种衰减称为平坦衰减。有很多与信道探测和衰减相关的术语，如相干带宽，其一般用来划分平坦衰减信道和频率选择性衰减信道的量化参数。对于平坦衰减，信道的相干带宽大于信号的带宽，这使得所有符号都会有同等衰减。对于频率选择性衰减，不同频率的信号会有不同程度的衰减。因此，信号的不同部分会受到不同的影响。OFDM 的显著优点之一是其能够处理频率选择性衰减。考虑之前用拇指试图堵住淋浴喷头中水的类比，只有特定的 OFDM 子信道会受到频率选择性衰减的不利影响，其他信道中的数据可以被恢复，例如通过更高级的编码方式。换句话说，整个较宽的带宽信道不会受到影响，只有较小的带宽子信道会受到影响。其余的子信道都会被成功接收，如图 9.7c 所示。

对于无线通信和移动电力线无线电设备，其自动化、灵活性和自愈性的发展趋势越来越明显。有一种配电系统通信架构被多次提出，该通信架构包括在配电系统的最高的关键位置安装多跳无线电设备，以及与配电设备（如保护设备）相结合等。这种架构的不足在于，与蜂窝通信发射塔相比，无线电设备的位置相对较低并且位置并非最佳。在配电线最高处收到的多跳无线电信号会有很大的衰减，这是由反射（由沿着无线电波传播路径的物体引起）和遮挡（由阻碍无线电波传播的物体引起）造成的。从时间、频率或空间等多个方面可采用不同的方法来减少无线电信号的衰减。例如，添加信道编码，这就需要增加额外的带宽开销；重复发送直到接收信息；以多个频率发送或沿着多个路径发送。所有这些方法都存在局限性，

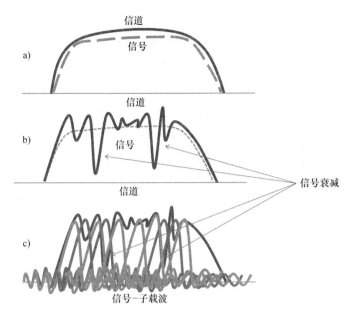

图 9.7　表示 OFDM 技术将数据映射到不同的子信道上，其中每个子信道被分配一个正交频率。
这提供了一种形式的频率多样性，有助于确保所有子信道不被各种形式的干扰所阻挡。
该技术用于许多不同类型的物理传输介质，包括无线通信和电力线载波等

因为它们减少了潜在的可用带宽，并且需要成本更高、协议更复杂的无线电传输。

一种简单、低成本并有效减少信号衰减的方法是使无线电设备沿着电力线进行自由移动。电力线机器人如图 9.8 所示。通过改变无线电设备的位置，使其移动到最佳位置从而避免信号的衰减。因此，其优点是能够使电网配电部分的无线通信系统保持良好的通信连接。相同的技术也可以应用于输电系统，但是输电塔比较高，无线信号不容易发生衰减。

目前已开发出包括电力线爬行机器人在内的自动化电力线路检修设备，并将其用于输配电系统（Elizondo 等，2010 年；Montambault 和 Pouliot，2010 年；Roncolatto 等，2010 年；Wang 等，2009 年）。但在过去的工作中，通信常被认为是机器人主要任务功能的辅助环节。这里，移动无线电的主要功能是缓解智能电网配电通信衰减。但是，出于对成本和效益的考虑，没有什么能够阻止移动电力线无线电将传感和控制元件连同其缓解衰减功能结合起来。由无线电台或天线组成简单的低成本电力线履带式装置，能够沿着电力线自主运动，以优化无线电通信。机器人履带装置是一种廉价的空心圆柱体，放置在电力线周围，使其不易从电力线上脱落，并利用各种方式沿电力线自行推进运动。运动的方式例如通过电机旋转使附在电线上的轮转动从而带动整个装置移动，以及利用电力线的电场和磁场特性进行磁悬浮和推进等。如果将整个无线电设备放置在机器人上，则从无线电到电网内固定设备的信息传输就可通过电力线自身进行。或者只需要将无线电的天线放置在移动机器人

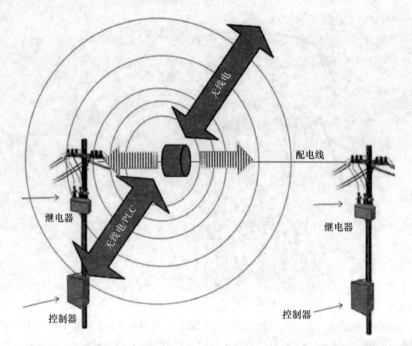

图 9.8 一种减小通信干扰的机械装置，为了改善配电系统中的多跳无线电信号，
让电力线机器人携带无线电装置在配电线路上移动

上。这样的话，无线电单元是固定的（例如集成在继电器内或附近），天线可以移动，通过调整其位置以改善通信。由于分布式无线电系统由许多移动无线电设备组成，因此就会有一个由底层电力线拓扑构成的动态通信网络拓扑。上述例子是增加智能电网可控性和复杂性的许多可能的例子之一。接下来介绍一种称为 WiMAX 的通信解决方案。

9.3.6 WiMAX 介绍

7.5 节介绍了 IEEE 802.11 WiFi 协议。另一种通信架构使用了 IEEE 802.16 标准系列，也称为 WiMAX（Kas 等，2010 年），该标准用于无线宽带末端接入。无线电的覆盖范围为 5mile$^\ominus$，带宽为 70Mbit/s。IEEE 802.16 标准系列包括支持移动性，网状支持模式允许用户通过路由到达基站（BS）。IEEE 802.16d 是固定位置标准，IEEE 802.16e 是移动 WiMAX 标准。IEEE 802.16j 标准定义了 IEEE 802.16e 的中继模式（Chang 等，2009 年）。

下面讨论 IEEE 802.11 和 IEEE 802.16 之间的差别。IEEE 802.16 网络的范围以 km 为单位，而 IEEE 802.11 无线电传输范围只有几百米。两者最大的区别之一是 IEEE 802.16 使用 TDMA，而 IEEE 802.11 允许帧冲突并采用载波传感。因此，

$\ominus$ 1mile = 1609.344m。

IEEE 802.11 可以隐藏和暴露终端，这些终端使用发送/清除的发送机制来寻址。而 IEEE 802.16 使用三次握手来建立专用信道。此外，在 IEEE 802.16 中，数据和控制信道是分开的，因此控制流量不会与数据流量发生竞争。IEEE 802.11 是一种最高效（BE）的通信类型，而 IEEE 802.16 具有 4 个 QoS 类。目前尚未有标准解决 IEEE 802.11 和 IEEE 802.16 之间的互操作性问题（Li 等，2007 年）。

从上述比较可看出，WiMAX 是面向连接的传输方式，而 IEEE 802.11 不是。WiMAX 的 MAC 连接通过唯一连接标识符（CID）识别，IP 地址映射到 CID。在 WiMAX 点对多点（PMP）模式有一个基站和多个用户站（SS）。在 PMP 模式下，通信只存在于用户站和基站之间，用户站之间不允许直接通信。

IEEE 802.16d 和 IEEE 802.16e 可以支持网络模式，该模式允许通过用户站实现多跳功能。对于移动标准来说，IEEE 802.16j 是一个支持多跳功能的草案标准。该草案规定：网络以基站为根形成树，中继站（RS）在各移动站（MS）和基站之间形成分支。在 IEEE 802.16 网络模式中，从用户站到基站的通信可以通过多个用户站进行。每个用户站都成为一个路由器，将其他用户站发送的信息传送到基站。利用这个我们可以对 Hayajneh、Gadallah（2008 年）和 Vu 等（2010 年）的研究进行分析并与 IEEE 802.11 进行性能比较。

有 4 种服务类型：主动授权服务（USG）、实时轮询服务（rtPS）、扩展实时轮询服务（ertPS）、非实时轮询服务（nrtPS）和 BE。USG 提供实时的固定比特率（CBR）服务。rtPS 适用于生成大小可变数据包（如 MPEG 视频）的实时应用程序。ertPS 分配一个类似于 USG 的专用带宽。但与 rtPS 相似，ertPS 可以分配大小动态变化的数据包。nrtPS 与 rtPS 相似，但间隔时间较长，它适用于容许有延迟的应用。BE 服务提供非最低服务要求，在空闲时可被使用。对于固定式智能电网设备如继电器，可以建立继电器之间无线电通信的固定网络配置，并且 USG 服务可以提供所需的 CBR 服务。另一个选择是使用 BE 服务并构建智能电网特定的可靠性机制。

物理层数据传输速率由下式给出：

$$\mathrm{PHY}_{\mathrm{rate}} = \frac{Mn_{\mathrm{data}}r}{T_{\mathrm{S}}C_{\mathrm{sector}}} \tag{9.28}$$

其中

$$T_{\mathrm{S}} = T_{\mathrm{b}} + T_{\mathrm{g}} \tag{9.29}$$

$$T_{\mathrm{b}} = \frac{S_{\mathrm{fft}}}{BC_{\mathrm{sampling}}} \tag{9.30}$$

$$T_{\mathrm{g}} = \mathrm{cp}T_{\mathrm{b}} \tag{9.31}$$

式中，B 是带宽（MHz）；C_{sampling} 是采样系数；T_{b} 是有用的符号时间（μs）；T_{g} 是保护时间；T_{S} 是整个 OFDM 信号时间（μs）；n_{data} 是 OFDM 信号中的载波的数量；M 表示用 M 进制进行调制；r 是编码率；C_{sector} 是单元扇区（每个单元中频谱使用的比例）系数（Xhafa 等，2005 年）；S_{fft} 是 FFT 的大小；cp 表示循环前缀。对于

采样因子，可参阅 So – In 等（2010 年，表 1 – 3）。对于 FFT 的大小，可参阅 Barber 等（2004）。

MAC 层速率由下式给出：

$$\text{MAC}_{\text{rate}} = \frac{B_{\text{total}} - B_{\text{overhead}}}{T_{\text{OFDMA}}} \tag{9.32}$$

式中，B_{total} 是一个时分双工（TDD）时间帧内发送的总比特数；B_{overhead} 是传送控制信息的比特数；T_{OFDMA} 是正交频分多址（OFDMA）的帧时间。帧时间的定义可参考 Jain 和 Al Tamimi（2008 年）。

需要注意的是，WiMAX 的网络模式与 PMP 模式相比存在更多安全漏洞。考虑到网络模式中互连节点的数量很多，所以会有较多中间人攻击和节点欺骗的机会。另一种简单的攻击方式是带宽欺骗，这种攻击会造成一个节点请求的带宽比其正常工作时需要的多很多，这种攻击方式可能发生在 PMP 和网络模式下。

9.3.7 WiMAX 网络模式

"网状网络"和"自组织网络"可互换使用。在这种网络中的每个节点都能够作为一个独立的路由器，从而实现高度互连的网络拓扑。PDU 可以通过网状或自组织网络从一个节点跳到另一个节点，并最终到达目的地。通过允许选择许多可能的路线，包括可以围绕断链的路线，提高了网络的性能和可靠性。无线网状网络支持节点的可移动性，并采用了 IEEE 802.11 和 IEEE 802.16 等标准，利用了蜂窝及多种技术类型的组合。目前，IEEE 802.11 是最广泛的网状路由系统，WiMAX 网络模式是一种可替代的解决方案。

分布式调度允许每个节点在本地进行调度决策。WiMAX 网状模式标准的设计是确保分布式通信在节点附近不发生冲突。空间复用支持两个或更多的节点。作为典型的分布式方法，分布式调度往往比集中式方法更高效且适应性更强。

IEEE 802.16 WiMAX 网状模式与标准 WiMAX PMP 模式的运行方式不同。在 PMP 模式下，用户站必须与作为其接入点的基站通信。在网状模式下，用户站可直接与彼此进行通信。在网状模式下，基站作为另一个用户站节点进行通信。基站节点与其他的用户站节点的不同之处只是在网状模式下基站可提供额外的服务，如通告网络配置和对尝试加入网络的用户站进行验证。

在 WiMAX 网状模式下，定义了两种调度机制：集中式与分布式。在集中式调度中，基站与所有其他节点一起形成逻辑树的根，并对所有节点实行集中的带宽调度。对于典型的集中式调度，因为基站构成了整个网络的单一中央控制器，所以较易于实现协调控制。然而，将整个网络的完整信息通知给各个基站是十分重要的。此外，基站易成为单一的故障点。

网状模式发生在 WiMAX 的 MAC 层，并且网状模式与常用的 PMP 模式使用相同的底层物理层。MAC 帧使用最多 16 个固定持续时间的时分双工非干扰频道。数据和控制信息是有区别的。

在网状模式下运行的一个关键信息是网状分布式调度消息（MSH-DSCH）。这些信息以无冲突的方式进行交换，目的是执行分布式选举程序以确定对数据帧的访问。控制这些信息交换速率的两个参数是相邻节点的数量和一个名为 XmtHoldoff 指数的系统参数（Cao 等，2007 年）。

尽管 MSH-DSCH 消息能够支持 WiMAX 网络内节点之间实现无冲突的信息交换，但在网络配置和维护中使用了其他信息。节点可进入或离开网络。在这种情况下，即将进入网络的节点发送网状网络入口请求信息（MSH-NENT）。网状网络配置（MSH-NCFG）用于向节点发送更新后的网络参数，并以类似 MSH-DSCH 的方式进行信息的无碰撞传输。通过这些信息，每个节点最终获得关于其两跳邻域的完整信息。

节点可以在任何时候尝试进入到网络中，因此，MSH-NENT 消息可能在任何时间到达并可能相互冲突。因此需要有标准制定冲突解决机制。控制消息的重要性被标准所认可，并且通过更可靠的编码率及更长的前导码和保护时间来获得额外保护。

下面介绍 MSH-DSCH 消息交换过程。在 MSH-DSCH 消息中有称为信息元素（IE）的字段。因为这些消息是广播的，所以附近的所有节点都能够接收消息并了解信息内容。有 4 种类型的 IE：请求、授权、确认和可用性。使用三次握手请求带宽如下。IE 请求用于请求带宽，即请求来自附近节点的带宽。附近的节点可能对请求做出 IE 授权，即为节点提供一系列时隙。之后原请求节点通过 IE 确认来响应，表示它即将使用这些时隙。当原始请求节点确认该授权时，它将使用附近节点指定的信道来进行信息传输，并使用已确认的时隙。由 WiMAX 携带的 PDU（例如 IP 数据报）可根据需要进行分段或聚合为 IEEE 802.16 帧以提高性能。MPDU 中存在字段以实现帧丢弃，以便对拥塞做出反应以及实现帧的优先级。

可用性 IE 用于识别有关时隙的可用性。IEEE 802.16 定义了 4 种状态以确定数据帧中时隙的可用性：11 表示允许发送与接收；01 表示仅允许发送；10 表示仅允许接收；00 表示不可用（Ge 等，2008 年）。

可用排队理论来分析 WiMAX 网状网络的调度（Bastani 等，2009 年）。假设用户站节点向基站发送消息。假设每个节点有两个队列：一个是用于来自节点的数据包；另一个是用于从网络中流经节点的数据包，这也称为中继队列。还有两种分组调度级别：为每个用户站分配时隙的网络调度程序和节点调度程序，节点调度程序决定何时从节点的每个队列发送数据。假定中继队列为 $M/M/1/K$，其表示缓冲区大小为 K 的单个服务器队列。在这些假设情况下分析了延迟和吞吐量。

在 Cao 等（2007 年）的研究中建立了 WiMAX 网状模式的随机模型。信道竞争是节点数量的函数，它决定了允许其他节点访问时隙和网络拓扑的保持时间。利用这些知识可以开发出一个概率框架。同时假定发送控制帧中所有节点传送时间序列独立统计更新过程。Guo 等（2009 年）在 WiMAX 论坛上描述了 ns-2 扩展，但未实现网状模式。后来 Cicconetti 等（2006 年，2009 年）研究了 ns－2 WiMAX 网状模式扩展。

9.4 小结

本章涵盖了配电自动化的各个关键部分，重点是电力系统的保护和自我修复。即使本章讨论了 WiMAX，它也只是一个具有代表性的通信机制，无需过分关注其细节，而是要了解什么是配电自动化通信网络常见的基本特征。例如，WiMAX 可以覆盖一座大城市，因此它足以覆盖配电系统。网状模式通过利用潜在的大量节点来改善整体运行情况。同时网状模式有效地利用了 OFDM。最后，它也考虑了 QoS 的需求。许多其他通信技术也可以满足这些要求。

第 10 章讨论了与智能电网相关的通信标准。我们将快速回顾这些标准并且只详细讨论其中最重要的标准。标准的目标是通过提供一个共同的思想框架来促进创新，以及实现组件之间的互操作性。因此，未标准化的领域有时比标准化的领域更有用。要成功实现"智能电网"就需要有相应的标准，而许多智能电网标准仍在发展中。许多标准组织都在开发智能电网相关标准，包括 NIST、国际电工委员会、国际大电网委员会、美国电气电子工程师学会、美国国家标准学会、美国电力科学研究院和国际电信联盟等。许多行业团体也制定了影响电力系统和通信的标准。Modbus 就是一个较早的例子。微软公司的电力和公用事业智能能源参考架构也为智能电网提供了整体的信息技术视角。

9.5 习题

习题 9.1 无功功率和电压调节

1. 电容和电压有什么关系？请列出两者关系的方程。
2. 上述问题的答案与无功功率的控制有什么关系？
3. 上述答案对无功功率和电压的控制有什么意义？
4. 上述问题的答案对通信需求有什么影响？

习题 9.2 AMI 和配电自动化

1. 为什么当 AMI 和配电自动化都存在于配电系统中时，可将它们认为是独立的系统？

习题 9.3 通信可靠性

1. 通信会提高电力系统的可靠性吗？为什么？
2. 在什么情况下进行通信会提高电力系统的可靠性？

习题 9.4

1. 用感应圆盘继电器解释图 9.2 中的曲线。并说明在故障发生时感应圆盘继电器怎样动作？重置过程是怎样进行的？

习题 9.5　IEEE 802.1Q

1. 什么是虚拟局域网？

2. IEEE 802.1Q 有哪两个特征？

3. 这些特征对配电自动化的通信有什么作用？

习题 9.6　路由协议

1. 被动、主动和地理路由协议的一般特征是什么？

2. 上述哪一种路由协议最适用于电动汽车网络？为什么？

3. 上述哪一种路由协议最适用于车载系统？为什么？

习题 9.7　自适应继电器

1. 逆时间 - 电流曲线、功率负载熵和适应自适应继电器所需的通信之间有什么关系。（提示：考虑使用马尔可夫不等式）

习题 9.8　反时限电流曲线

1. 如何设置动作配合时间从而实现单馈线径向配电系统中多个保护继电器的协调保护？

2. 上述情况下保护继电器之间应如何通信？

习题 9.9　配电自动化中的 WiMAX

1. 在电网的各个部分中，配电系统相对靠近地面，暴露在公共环境中。这些因素会导致信道出现哪些问题？OFDM 如何解决这些问题？

2. 假设保护装置在触发开启或关闭时会产生大量的瞬时电磁干扰。WiMAX 系统需要采用什么技术来确保其正确动作？

3. WiMAX 使用 TDMA，而 IEEE 802.11 使用载波侦听并允许数据包冲突。TDMA 相对于 CSMA 的优点和缺点是什么？

4. WiMAX 网状模式的优点是什么？

习题 9.10　矩阵的可靠性分析

在式（9.23）中，通过用向量和矩阵表示配电自动化系统中的 SAIDI 的值，表示配电系统和通信网络拓扑及其性能。例如，继电器的动作速度（自动重合闸动作时间）如表 9.1 所示。

1. 式（9.23）中的 $\overline{C}[f,t]$ 表示什么？如何从通信网络的相应邻接矩阵导出 $\overline{C}$？

2. 如果配电网拓扑图拉普拉斯算子的零特征值个数为 4，那么在配电系统中存在多少个孤立点？（图的拉普拉斯算子见 6.4.4 节）

第 10 章

标 准 概 述

关于标准的最好的事情是：人们可以从众多标准中进行选择。

——Andres S. Tannenbaum

10.1　引言

本章是本书第二部分"通信与网络：推动者"的最后一章，紧扣主题，我们将介绍这些标准。本书的着重点不是关于标准，而是介绍基本原则。然而，标准是"智能电网"能够成功实施的实际要求。在笔者撰写本书的时候，大多数标准仍在发展，并且在发展的过程中仍伴随着相当大的改动。本书中介绍的基本原理有助于理解这些发展中的标准。标准文档读起来是枯燥乏味的；我们将仅仅对那些有关未来电网运行基本原则的标准的关键点进行概述，并会对与智能电网通信整体和根本性背景相关标准的重点进行展开。这些标准与智能电网通信有直接关系，并预计将被广泛采用。如果从组织的观点来看，"标准"这个词释义为指定标准的标准组织；如果从功能的立场来看，"标准"又可释义为标准提供的规范功能。这两种解释都非空穴来风。标准往往有一个单一的标准组织的发展史，所以它有助于了解该组织的标准的起源和关系。另一方面，人们也想知道一个标准真正是用来干什么的。在本章中，根据组织分类的标准有着明确的功能说明。

鉴于 NIST（美国国家标准技术研究所）在协调智能电网标准的主导作用，10.2 节用来开始讨论标准化是再合适不过的了。IEC（国际电工委员会）也制定了大量的国际标准，10.3 节讨论这个组织的标准。尽管 CIGRE（国际大电网委员会）不发布标准，它确实影响并参与标准的制定。因此，10.4 节对此作了一个简要介绍。在 10.5 节中，讨论了关键的 IEEE（美国电气电子工程师学会）标准。接着讨论了来自 ANSI（美国国家标准学会，10.6 节介绍）、ITU（国际电信联盟）以及 EPRI（美国电力科学研究院）的标准。10.7 节简要介绍了与智能电网相关的由 ITU 开展的标准活动。EPRI 是由公用事业行业资助，像 CIGRE 那样不发布标准，但对标准的发展有很大影响，这部分在 10.8 节介绍。有许多特设的行业组织，它们创造了持久的影响电力系统和通信的标准。10.9.1 节介绍了 Modbus 实例。最后，10.9.3 节评论了微软电力和公用事业 SERA，它从一个有趣的、全面的信息技术的角度来看智能电网。本章结尾有一个简短的小结，并给读者提供了习题。

10.2 美国国家标准技术研究所

在 2007 年《能源独立与安全法案》中，NIST 被赋予了协调智能电网互操作性体系发展的角色。这是一个大事业，需要 NIST 与工业和政府部门等利益相关者共同努力来确定现有的和发展中的标准，以及标准和技术之间的差距。2010 年发行了路线图 1.0 版。该参考模型将智能电网划分为 7 个域：批量发电、输电、配电、市场、运营、服务供应商和客户。它还确定了每个域内的主要参与者和应用。参考模型也试图确定域之间的接口和要交换的信息。

NIST 尝试的另一项工作是确定所需标准的优先级。最终，数百个标准是必需的，但为了确保成功一些标准更为迫切。这些优先领域是：DR（需求响应）和能源效率，更大范围的态势感知，电动汽车储能，电动交通，AMI（高级量测体系），配电网管理，网络安全和网络通信（FitzPatrick 和 Wollman，2010；Nelson 和 Fitz-Patrick，2010；NIST，2009；Wollman 等，2010）。弄明白哪些是优先行动计划并评判它们的成功，这是有意义的。这里列出的只是一些与通信更相关的标准：与升级智能电表能力相关的标准，DR 信号标准，能源使用信息标准，映射 IEC 61850 的 DNP3，IEEE C37.118（同步相量标准）与 IEC 61850 以及精确的时间同步之间的协调，智能电网中 IP 的使用指南，智能电网中无线通信使用准则，能量存储互连指南，插电式电动汽车的互操作性标准，以及电力线载波标准的协调。显然，智能电网的标准数量庞大且不断增加；仅靠单独一本读物无法将这些标准全部涵盖。本书只涉及与通信相关的使用最广泛的智能电网协议。

NIST 智能电网互操作小组（SGIP）负责运营，利益相关者和 NIST 互动发展智能电网体系的过程是开放的。SGIP 启动优先行动计划（PAP）解决标准或体系已确定的短期缺口。2012 年 2 月发布了智能电网互动性标准 NIST 体系和路线图 2.0 版。该文档在第 1 版中确定的工作上继往开来。关于第 2 版有趣的一点是它的两个下一步；它确定了电磁干扰和干扰的关键部分，要解决长期的挑战，以及可靠性、可实施性、安全性。关于电磁干扰有一点是毋庸置疑的，即智能电网设备和通信解决方案将使得多达前所未有的数量的电磁源投入使用。这将导致潜在的电磁干扰和冲突显现出来。这些电磁源范畴甚广，从地磁风暴到如高功率定向天线或高空电磁脉冲（HEMP）武器系统这样的人造源。此外，更频繁发生源包括开关和快速瞬态电流，静电放电，雷电和射频干扰。不久，车辆与基础设施之间，以及车辆与其他车辆之间将会有标准的计算机通信。整个电网和车辆大量引进的电磁源将需要仔细注意电磁兼容性。值得注意的是，第二项即可靠性、可实施性和安全性，解决好大量标准和相应的复杂性将会有不可预见和意想不到的效果。

10.3　国际电工委员会

IEC 是非营利性的和非政府性的国际标准组织，涉及电气电子和相关的技术，称其为"电工学"。更具体地说，它包括技术如发电、输电和配电到家用电子、半导体、太阳能、纳米技术和许多其他技术。它还管理一些组织，以确认设备符合其标准。有超过 100 项 IEC 标准与智能电网相关。但是，从 IEC 的角度来看，有几个关键的 IEC 标准似乎是核心标准。我们总结了这些标准，这里以 IEC 62351 为例。

IEC 62351 是一系列标准的文件，包括 11 个部分，涵盖了 IEC 技术委员会 57 标准系列的网络安全，包括 IEC 智能电网通信的标准化工作的很大一部分（Cleveland，2012）。具体来说，这包括 10.9.3 节中讨论的 IEC 60870 – 6 或 TASE.2 IC-CP，1.2.1.9 节中讨论的基于 MMS 的 IEC 61840、IEC 61850 GOOSE 和采样值，10.5 节中讨论的 IEC 60870 – 5 – 104 和 DNP3，IEC 60870 – 5 – 101 和串行 DNP3。

IEC 62351 广泛使用传输层安全（TLS）1.2 版本（Dierks，2008）。顾名思义，TLS 为客户端 – 服务器应用程序提供传输层的安全性。它的设计可以防止窃听、篡改和信息伪造。它采用分组密码和密钥哈希报文认证码（HMAC）。HMAC 也用于 DNP3 安全性（见 10.5 节）。

一个分组密码可以理解如下。首先，考虑需要安全传输的原始纯文本。然后将纯文本拆分成块：$P = [P_1, P_2, \cdots, P_L]$，$P_i$ 是纯文本的一部分。其次，对每个块进行独立加密：$C_i = E_K(P_i)$，其中 $E_K(\cdot)$ 是一个加密函数。然后 $C = [C_1, C_2, C_3]$，C_i 是一个块加密个体。密码块链接通过将前面加密的块与当前被加密的纯文本块增加了更多的熵：$C_j = E_K(P_j \oplus (C_j - 1))$，其中 $\oplus$ 是异或运算。注意，必须有一个预定义的 C_0。HMAC 详见 10.5 节。

TLS 始于握手协议，为了确保客户端和服务器之间在以下方面保持一致：协议版本、加密和压缩算法以及一个可选认证。TLS 利用公钥加密来生成共享密钥。一旦握手协议完成，记录协议将接管处理数据传输，安全地利用握手协议中建立的共享密钥。更具体地说，10.5 节中指出记录协议将数据分块、压缩数据，应用报文认证码，使用 CBC 分组密码来加密数据，并传输最终结果。

如前所述，IEC 62351 是由 11 个部分组成。部分 1 是引言，部分 2 是一个词汇表。部分 3 ~ 6 将安全问题拆分为底层协议组件，即使用 TCP/IP 标准、使用 MMS 标准等。部分 3 涵盖了使用 TCP/IP 标准安全配置，即 IEC 60870 – 6（TASE.2 或 ICCP）、IEC 60870 – 5 的 104 部分、TCP/IP 协议 DNP3、基于 TCP/IP 的 IEC 61850。部分 3 指定使用 TLS 作为网络安全解决方案。部分 4 包括利用 MMS 标准，也就是 IEC 60870 – 6（TASE.2 或 ICCP），IEC 61850 使用 MMS，并再次指定使用 TLS。部分 5 涵盖了 DNP3 特定的安全，TLS 再度成为基于 TCP/IP 的 DNP3 推荐的解决方案，但对串行连接来说太过了。一种包含认证的更为轻巧的机制是为串行连接量身定制的。部分 6 包括不基于 TCP/IP 的 IEC 61850 方面，即 GOOSE 和采样值。由于 GOOSE 报文对于关键电源保护操作有严格的 4ms 时间要求，充分的网络安全保护可能会减慢操作，使得它不会满足 4ms 严格时间要求。相反，身份验证是唯一的网络安全要求。

IEC 62351 的部分 7 的有趣之处在于解决了智能电网通信的一个重要方面——网络管理。网络管理包含在网络安全标准的文件集是因为一个管理良好的网络是网络安全的一个必要组成部分。一个非托管网络也可能是不受监督的；由人为或偶然导致的异常会被忽视直到事态严重。SNMP 被广泛用于网络管理。依托于 UDP/IP 的 SNMP 设计简单且开销低。SNMP 客户端可以查询 SNMP 代理获得各种各样的信息，具体举例如数据包流经一个接口的数量。SNMP 代理位于管理设备如路由器或智能电网 IED 上。一个包含每个对象的 ASN.1 描述的 SNMP 管理信息库（MIB）定义了一个设备上可查找的对象。因此，MIB 提供了明确的所提供的设备管理信息的描述。一些 SNMP MIB 已在通用网络设备上实现标准化，而厂商也可以自由创建自己的 MIB 针对与他们自己设备相关的管理信息。MIB 对象间相互关联，好比一棵树有共同的根；因此，标准 MIB 可以很容易地扩展到厂商的 MIB 信息。目前对智能电网没有标准的 MIB。每个供应商的设备都有自己的通信接口与自己独特的管理对象；令人担忧的是，对于相同的基本电力系统的概念将有许多不同方式下不同的对象，导致效率低下和潜在的混乱。最后，设计良好的智能电网 MIB 将能够评估电力系统的问题是电气问题，还是应用程序或网络问题。

部分 8 讲述了电力系统管理中的基于角色访问控制（RBAC）。RBAC 这一概念来源已久，可以确保用户只有自己工作范围内的权限。它又名"最小权限原则"，为人们所熟知。这部分标准为实现 RBAC 定义了一整套机制，包括认证用户、角色和权限的类型、角色信息传输，实现 RBAC 所需要的数据模型的延伸，以及证书验证。

部分 10 为安全体系架构，提供了全面的网络安全指引，并指明了所有的网络安全组件及其相互作用的相互关系。

最后，部分 11 介绍了可扩展标记语言（XML）文件的网络安全。XML 文件可由 CIM（公共信息模型）生成，CIM 对象数据可通过 XML 传输，IEC 61850 变电站配置语言（SCL）可描述变电站设备和它们的配置、互连信息。因此，无论是 CIM 和 SCL 的 XML 文件通过网络存储并传输，都需要网络安全保护。

IEC 62056 涵盖抄表、计费和负荷控制的数据交换。电表协议标准有很多，将其一一枚举工作烦琐且收效甚微。重要的一点是，基于所需的预期效果、新型概念或智能电网相关性的基础上，我们只讨论一些选定的协议的小样本。IEC 62056 是取代之前标准 IEC 61107 的一个仪表通信协议。IEC 61107 仪表协议古老、简单，在欧洲广泛应用。它以一个串口在半双工模式下发送 ASCII，串口通信可以用 LED 和光敏二极管阅读器，也可以使用 EIA-485 基于线传输。

IEC 62056 这一系列解决了读表的国际标准化。在现实中，它是设备语言报文规范（DLMS）/能量计量配套技术规范（COSEM）的国际版，这些规范由 DLMS 用户协会维护。COSEN 包含 DLMS 协议传输层和应用层的有关信息。DLMS 用户协会用不同颜色的书对信息进行了分类：蓝皮书描述了仪表对象模型和识别系统；黄皮书介绍了一致性测试；绿皮书介绍了整体架构和协议；白皮书为词汇表。

IEC 组织了如下信息：

- IEC 62056 - 21：直接本地数据交换描述了如何在本地端口（光或电流环）使用 COSEM；
- IEC 62056 - 42：物理层服务和面向连接异步数据交换程序；
- IEC 62056 - 46：使用高级数据链路控制协议的数据链路层；
- IEC 62056 - 47：IPv4 网络的 COSEM 应用层；
- IEC 62056 - 53：COSEM 应用层（由 IEC 撤销）；
- IEC 62056 - 61：目标识别系统（俗称 OBIS）；
- IEC 62056 - 62：接口类。

IEC 61850 设计是以有线以太网为媒介，应用于变电站局域网内。对于 IEC 61850 而言，为了在如整个配电或输电系统更大的范围运行，则必须将 IEC 61850 的数据包翻译成不同的广域网协议，又或者必须将以太网大幅度扩大到运输要求的更大区域。因此，无需更改协议，扩展 IEC 61850 的一个直接手段就是扩展以太网本身——创建一个广域以太网局域网。事实上，这种方法已得到推荐并实现。这样的广域以太网有另外一个术语是"Carrier Ethernet（载波以太网）"，这意味着更多地将使用公共载体——大型电信公司来实现以太网帧传输。这个基本概念还是相当简洁明了的，即在广域通信网络上传送以太网帧。具体的实例就是利用虚拟专用局域网服务（VPLS），在 IP 多协议标签交换（MPLS）网络内提供基于以太网的多点对多点的通信。

首先，来看一下 MPLS 的本质。MPLS 通过相对短的路径标签而不是较长的网络地址来路由数据，避免了复杂的查找表，通过网络实现了更高效的路由过程。标签表示虚拟路径，而不是端点。MPLS 对来自许多其他网络协议的 PDU 进行封装，也允许与输电系统 1（T1）、ATM、帧中继、DSL、SONET 和以太网进行操作。目标是创建一个通用的数据链路层，独立于先前提过的具体技术；在这个意义上，它也适用于处理电路交换和分组交换业务。由于 MPLS 试图提供数据链路和路由能力，故它有时被称为一个层 2.5 协议，也就是说，在数据链路层 2 和网络层 3 之间。对于熟悉 ATM（异步传送模式）的读者来说，MPLS 的设计规避了 ATM 的缺陷以取代 ATM。MPLS 不再像 ATM 那样要求小型化，空间大小固定，但仍要求流量控制和带外传信（对 ATM 和帧中继都是有用的）。

如前所述，MPLS 的关键之一是它的标签路由。数据包的前缀是包含一个或多个标签的 MPLS 报头。在报头中的标签被称为"标签栈"，在堆栈中的每个入口是由 4 个字段组成：①一个 20 位的标签值；②一个 3 位的通信业务类别；③一个 1

位的栈底标志；④一个 8 位的现场时间。当 MPLS 分组流过网络时，数据包基于标签查找实现交换。由于数据包的标签可以控制数据包通过交换结构的路径，不需要 CPU 耗时查找，IP 地址也是如此。因此，路由器只看标签被称为标签交换路由器（LSR）。标签边缘路由器（LER）把一个 MPLS 标签贴到传入的 MPLS 数据包并把它从传出的数据包移除。在本质上，标签交换路径是相当类似于 ATM 和帧中继中的虚拟电路。在每一次变换，数据标签栈顶的标签由路由器检查；它可能是一个新的标签交换，上推一个新的标签，或标签仅仅被弹出，即从堆栈中移除。因此，最上面的标签控制下一节点的操作。当最后一个标签被弹出堆栈时，数据包也就离开了 MPLS 通道。注意最后的保持标签弹出堆栈之后，最后的 MPLS 路由器，必须使用数据包本地路由机制（典型如 IP）来路由数据包。因此 MPLS 通过 MPLS 网络高效采用任意 PDU 或数据包。PDU 可以是一个以太网帧；MPLS 是实现广域以太网的一个有效途径。然而，对一个 MPLS 标签交换/路由管理并不神奇；它需要一个标准化的协议来管理标签。这可以是标签分配协议（LDP）和资源预留协议流量工程（RSVP - TE）。最后，IEC 61850 GOOSE 报文需要多点传送；因此，采用 MPLS 多点传送是有用的。

MPLS 是 IEC 61850 可以使用的隧道协议的一个示例，其目的是为了扩大变电站自动化信息的范围。由于以太网的起源为有线总线，VPLS 的思想是通过虚拟总线或伪线连接地理上分布的站点。伪线可以仅仅是先前提到的 MPLS 或第 2 层隧道协议版本 3（L2TPv3）。然而，以太网本质上是一种广播技术：总线上的每一个接收器都有可能接收一个报文。一些如 L2TPv3 的伪线技术是通过层 2 协议堆栈的点对点隧道协议栈。VPLS 通过延伸每个连接网址的 LAN 到创建一个桥式 LAN 使得任意连接成功。因此，可支持以太网广播和多播传送。

第 2 层隧道协议（L2TP）是允许 2 层协议（即数据链路层数据包）驻留在 3 层网络层。这允许 2 层数据链路操作在网络上透明地进行。举个例子，这可允许通过网络上扩展串行链路协议。事实上，L2TP 最初被设计为超过 3 层的点对点传输协议（PPP），其中 PPP 在各种不同类型的串行连接中实现 IP 连接。

L2TP 的设计简单。它只提供最低限度要求的服务，由于协议通过隧道，它将提供任何额外所需的服务。例如，加密和身份验证都没有实现，因为通过隧道的层 2 协议被假定为处理任何服务是必要的。在 L2TP 术语内，L2TP 接入集中器（LAC）把 L2TP 连接到一个称为 L2TP 网络服务器（LNS）的远程主机。LAC 可以接受串行连接用户和建立串行连接 LNS L2TP 隧道；LAC 是隧道或隧道客户端的发起人，LNS 是隧道服务器。在本地，LNS 在传入的连接进行安全检查。L2TP 传输发生在 UDP/IP，可靠性必须通过隧道由 L2TP 实现。因此在广域的以太网框架上，L2TP 是另一个 GOOSE 隧道的可选项。

10.4 国际大电网委员会

CIGRE 是由法文 Conseil International des Grands Reseaux Electriques 的缩写。它于 1921 年在巴黎成立，是一个致力于高压电力的国际组织。CIGRE 的主要目标可以概括为：设计和部署未来电力系统，在尊重环境和便利获取信息的同时优化现在的设备。

10.5 美国电气电子工程师学会

IEEE 是一个非营利性的专业学会，由 38 个致力于技术进步和创新的技术学会组成。IEEE 正式成立于 1963 年，由 1912 年创立的无线电工程师学会（IRE）和 1884 年创立的美国电机工程学会（AIEE）合并而成。尽管 IEEE 是以其出版物、期刊和会议最出名，但它通过 IEEE 标准协会在众多的电气、电子产品及相关领域的标准发展上也扮演着重要角色。

与智能电网关联最为密切的两个团体是：IEEE 电力与能源学会（PES）和 IEEE 通信学会（ComSoc）。有趣的是，PES 可以说是最古老的 IEEE 学会，前身为 IEEE 电力工程学会；2008 年更名。先前提过的 IEEE 通信学会（以简称"ComSoc"更出名）随着 IRE 的形成在 1952 年正式成立。

IEEE 同其他标准制定机构一起正在与 NIST 开发智能电网标准路线图以及测试和认证标准。IEEE 已经发表超过 100 篇标准以及与智能电网开发相关的标准。在智能电网互操作性标准 1.0 版本里的 NIST 框架和路线图中制定了超过 20 个 IEEE 标准。详述每个标准细节工作量巨大；本书的目标是专注于基本原则，从中可以了解各种标准的相关性、实用性和效率。下面简要介绍一组最普遍的 IEEE 标准。

电力系统通信 IEEE 1815 - 2010 标准 DNP3，是分布式网络协议（DNP）标准的升级版本；它是按照最新的智能电网活动和网络安全担忧更新的。DNP3 自 1993 年以来主要在北美洲使用，第一次作为一个开放的标准发布。当时为实现同样的功能着手开发一项 SCADA 协议——IEC 60870 - 5。然而，行业没有时间等待 IEC 60870 标准完成；之前发布的 DNP3 很快投入运行。DNP3 吸纳了完整版 IEC 60870 的组成部分（IEEE，2010）；因此，IEC 60870 和 DNP3 很相似。另外，几乎是同一时间 EPRI 的实用通信体系结构（UCA）1.0 版发布了。然而，UCA 1.0 版因其效用无法广泛应用；它也引发了带宽效率问题。有趣的是，这最终导致 UCA 2.0 版演变成为 IEC 61850。

SCADA 协议 DNP3 用来实现主站和 RTU 及 IED 之间的通信。10.9.3 节讨论的另一个协议 ICCP 是 IEC 60870 - 6 的部分，可将主站间或控制中心间进行互联。DNP3 运行在简单的串行物理媒体——例如 RS - 232 或 RS - 485 驻留在物理层，如铜、光纤、无线电或卫星，也可运行在以太网。DNP3 提供的层等效于 OSI 数据链路层（2 层）、传输层（4 层）、应用层（7 层）。

DNP3 数据链路层在数据链路帧内每 16 个字节中插入一个 16 位的 CRC。数据链路帧有一个地址和控制信息，如确认（ACK）、否定确认（NACK）、链接重置、链路复位、请求确认 ACK 数据链路，请求链路状态和链接状态请求回复。

传输层将报文的分段与重组处理为多路数据链路帧。每一帧都有一个指示器，对于适应于每一帧的报文来说，可指示报文的开头、结尾或者两者皆有。序列号也包含在每个帧中，以允许接收器检测丢弃的帧。因此，数据链路层由 CRC 序列保护来检测错误和丢弃的帧。

DNP3 应用层有许多功能，解决智能电网相关的问题，包括网络安全，关键信息优先级分配能力，通过 IED 使用主动事件报告来节省宽带，实现时间同步的固有功能，以及和 IEC 61850 兼容的对象的使用。对于受以太网帧限制且时间严苛的 GOOSE 报文来说，前述功能使得 DNP3 比 Modbus 更复杂，也许比 IEC 61850 简单点且受限制较少。

虽然如 Modbus 早期的 SCADA 协议主要是轮询请求系统，当利益事件发生时，DNP3 可以通过配置 RTU 或 IDE 发送主动请求信息来节省带宽。因此，例如当数据值发生更改或超过特定的边界时才需要进行发送。这样省去了主站报文周期轮询的开销以及潜在的无信息响应报文的开销；也就是说，给主站重发一个没有改变的值。当使用轮询请求范例时，如果没有收到回应，应用层通常会做出决定是否重试。较低层通常不会自动重试，因为应用程序可能决定继续下一次查询，并不期待来自较低层的响应。然而，低层重试使能是可选择的。另一方面，RTU 或 IED 启动一个主动信息。主站不会期待这样的报文，它取决于发送单元，以确保传输成功。在这种情况下，鼓励低层重试。

DNP3 的优先级使用了类的概念，即类 0、类 1、类 2 或类 3。类 0 是静态数据，即在正常操作期间不改变的数据。主站可以轮询来自类 1、类 2 或类 3 的事件数据。不同类别的事件数据背后的含义对定义用户仍是开放的；但是，一个典型的方法是分配类 1 高优先级数据、类 2 中等优先级的数据和类 3 低优先级数据。每个类可以对应于自身优先级的速率进行轮询。值得注意的是，标准并没有表明优先级机制适用于网络内的较低级。除了类以外，还有一个完整性轮询。完整性轮询请求包括类 0 来自所有类的信息。完整性轮询不经常使用；通常情况下，例如启动时检查设备的完整状态。

如前所述，DNP3 支持并实现时间同步。在物理介质上的传播延迟以及在 RTU 或 IED 上的处理时间都是可测的。非局域网和局域网时间同步有所区别。局域网时间同步较非局域网更为简单，因为该局域网假定使用高速交换以太网；物理介质传播延迟可认为忽略不计，但就变化的流量负载和可能的帧碰撞而言有相对较大的变化。

DNP3 在个人信息级应用层实施网络安全。换言之，验证一些非其他的报文是可能的。这允许网络安全开销只适用于被认为是必要的地方。概念是简洁明了的；

如果接收到一个标记为关键的信息，必须由接收器校验。然后，接收器将向原始报文的发射机发出一个校验报文。原始报文的发射机必须在应答报文的回复中发送身份验证响应。如果校验机决定身份验证成功，报文将在正常情况下传送，一个正常响应返回到原始报文的发射机。如果身份验证失败，校验机将通知身份验证失败的发送者，允许给发射机一个重试的机会。然而，同一发射机只允许有限的重试次数。

这里使用的特定认证机制称为 HMAC。大致地说，可以看作是将哈希函数应用到秘钥和将要发送的报文的关联物，其中只有有效发送端和接收端知晓秘钥。实际的编码过程更为复杂，NIST FIPS（2002）对此作了详尽描述。校验器可以重复原始报文的过程，秘钥决定是否能得到同样的结果。如果结果相同，那么该报文是有效的；如果结果不同，那么有些地方发生了变化：可能是有一个无效密钥，或者是传送数据过程中发生了更改。这种技术存在缺陷，攻击者可能在身份验证过程中一直反复尝试不同密钥直到获得一个有效密钥。这就是为什么校验机对同一个发射机的身份验证尝试的数量进行有限次数的限制。DNP3 也处理加密、密钥管理和分发。该身份验证密钥被称为会话密钥，被称为更新密钥的一个独立密钥可用于处理会话密钥分发。

类似于 IEC 61850，DNP3 使用面向对象的数据和设备档。系统配置中用 XML和 aid 描述设备档。供应商可以利用 XML 中的 DNP3 对象描述一个设备，将其分享给公用事业公司以便确定是否符合他们的要求。或者，公用事业公司可以为供应商创建一个描述他们需求的 XML 文档。XML 文档使得设备配置和互联操作变得容易。最后，DNP3 标准要求 DNP3 和 IEC 61850 对象模型间用 XML 路径语言（XPath）进行匹配。

如前所述，DNP3 分为三层：数据链路层、传输层、应用层。这三层可以放在任何其他层协议之上，如 IP 传输层，即 UDP/IP 或 TCP/IP。DNP3 往往放在 TCP之上，假设这将提供额外的可靠性，因为 UDP 仅是一个 BE 传输协议。然而，我们应该仔细考虑 TCP 的额外可靠性是否值得这样的开销。运行在 IP 上时不采用DNP3 链路层帧确认；如果在有线连接上运行时，应用层处理重试。

在这一点上，关于错误更正的几句话是井然有序的。几乎所有的 SCADA 协议包括错误检测，但很少（如果有的话）使用前向纠错，即在接收机侧可以提供冗余位来纠正错误。这部分可能是有历史依据的，但也因为前向纠错在附加延迟上太昂贵。几乎所有的 SCADA 协议使用 CRC 检测误差。可以直观地认为是一个奇偶校验位：附加位添加到一个协议数据单元，该数据单元允许接收器确定是否在传输过程中位被损坏。一旦理解了二进制多项式表示的值，CRC 的操作就非常直观明了。多项式系数分别为 0 或 1。被保护的数据被视为这样一个多项式，并除以一个生成多项式，也被称为 CRC 多项式。选择生成多项式是误差保护设计的关键部分。多项式除法的余项是随着它所保护的数据一起传输的，就像一个简单的奇偶校验码。

接收器知道使用的生成多项式，并由生成多项式执行相同的数据除法；如果由接收器计算得到的余项不同于被传送的，那么可检测到一个错误。不幸的是，没有因子可以检测到位错误的所有可能的组合。然而，CRC 机制已经很好地工作，对可能会受到电磁干扰的关键信息是极其重要的。然而，重要的是要强调没有错误检测或校正机制是完美的；总是有可能以一种看似有效传输的方式使位损坏，也就是说，即使报文损坏，持有可能造成系统行为异常的无效数据，作为接收器仍接收有效代码。理解了这个事实，设计一个良好的 CRC 经常被忽视。这或许是因为它是一个难题，使用 CRC 的标准要精确指定。然而，在指定 CRC 时标准工作组要做出折中。与数据保护和错误保护程度相关的 CRC 的复杂度和规模之间有一个权衡。保护程度的一个度量是汉明距离。汉明距离是将一个有效的代码转换成另一个有效的代码所需的比特变化的最小数目。理想情况下，汉明距离应是远的，最好是无限的，虽然这是不可能的。距离越远，可以在错误中改变并且仍然可以检测到的比特数越大。复杂因素是 PDU 中损坏的比特的分布。错误位可以在整个 PDU 中均匀分布或它们都可以是连续的顺序，称为突发错误。常见的 CRC 是称为 CCITT – 16 的 16 位校验和。

如何知道 CRC 提供的保护的数量？查看由 CRC 提供的错误保护的一种方法是考虑汉明重量。汉明重量是在未被发现的所有可能的损坏中的错误的数量，即将显示为有效码字。作为一个例子，通常考虑 CCITT – 16 生成多项式用来保护一个 48 位的数据序列。汉明距离为 4；至少有 4 个位错误可能无法检测到。然而，汉明重量提供了更多关于 CRC 优势的凭直觉感知的知识。首先，我们知道，由于汉明距离为 4，单个、两位或三位错误的汉明重量必须为零。然而，对于 4 位错误，汉明重量是 84，这意味着检测不到的 4 位错误的可能组合有 84 种。

我们可以提一些关于 CRC 校验的一般性的意见（Jiang, 2010），包括：①错误模式覆盖率；②突发错误检测；③未检测到的错误的概率。错误模式覆盖率是非码字与码字总数的比值，即

$$\frac{2^n - 2^k}{2^n} \tag{10.1}$$

式中，n 是包括校验的 PDU 的总长度；k 是不包括校验的数据的长度。因此，n 必须至少是和 k 一样大；k 值越大，可以传送的数据越有用。错误模式覆盖率提供数据概率，数据损坏时不包括有效的码字，导致它不可检测。因此，对于良好的错误覆盖率，我们希望的比例接近 1，k 相对于 n 很小。这里就有一个保护和带宽开销之间的权衡。

如前所述，位错误可能不是统一的，而是出现在被称为突发的连续字符串中的错误。设突发长度为 b。显然，b 必须小于 PDU 的总长度 n。CRC 码中 k 是被保护的数据长度（不包括校验），n 是包括 CRC 的 PDU 的总长度，能够检测所有的突发，要求 $b \leq n - k$。注意 $n - k$ 仅是校验和的长度。它也将能够检测所有突发长度

$b = n - k + 1$ 的部分 $1 - 2^{-(n-k-1)}$，即误码比 CRC 长度多一点。最后，如果 $b > n - k + 1$，CRC 将能够检测到突发错误部分 $1 - 2^{-(n-k)}$。

最后，我们可以考虑未检测到的错误的概率。对于二进制对称信道，可以翻转二进制比特的一个简单信道模型信道误差概率小且码长相对较大，无论信道质量如何，未检测到的误差概率接近 $2^{-(n-k)}$。基于前面给出的 CRC 分析，我们可以看到，标准化单个 CRC 通常是为了方便，更高效的系统可能会使用适应性强的 CRC，适应预期的信道模型以提供保护级别需要并尽量减少开销。

10.6　美国国家标准学会

ANSI 是一家私营的非营利组织，负责监督美国标准的制定，并协调在美国使用的国际标准。其他标准组织也获得 ANSI 认证，以确保其结果符合国际标准要求。

因此，ANSI 不直接制定标准，而是通过认证过程监督标准制定的过程，以确保所有过程开放、平衡和达成真正的共识，并且通常使用适当的程序。当确定开发出符合先前要求的标准时，可以使用标签 "ANSI"。例如，IEEE 标准符合 ANSI 要求，因此也是 "ANSI 标准"。

在撰写本书时，有近 10000 个 ANSI 标准；试图介绍每一个涉及电网或智能电网的标准将是不可能的。本章介绍的许多智能电网标准也是 ANSI 标准。然而，我们关注通常以缩写 "ANSI" 为前缀的特定的智能电网标准，如智能电表的 ANSI C12 标准系列。

ANSI C12.18 以 PSEM（电子计量协议标准）详细规定了电表的光学接口。C12.19 定义了表的数据结构，通常被称为 "表"。C12.21 详细规定了调制解调器和计量的 PSEM。显然，可以促使 HAN 改变的技术和避免铺设额外布线的技术将成为有利于他们的有力论据。最后，C12.22 详细规定了电表的双向通信网络协议。

AMR 和 AMI 长期以来一直使用各种通信媒体，包括 RF（公共和私人运营）、电力线载波以及双向呼叫等。结果是公用事业公司最终陷入了专有的单一供应商解决方案。网络仪表标准 C12.22 规定了独立于底层通信系统的应用层协议以及物理层和数据链路层协议通信系统。该系统的目标是通过 PSEM 消息在 C12.19 表中传输数据。PSEM 是基于会话的协议，允许双方发送请求和响应。扩展的 PSEM 或 EPSEM 可使 PSEM 运行于带多个节点的共享信道。

ANSI C12.19《公用事业行业终端设备数据表》定义了 C12.22 传输的数据结构。C12.22 详细指定加密、认证、证书管理、入侵检测、日志和审计的结构变化。物理安全即篡改信息也纳入其中，如反转（打表后）、去除（打开或拆卸仪表）、和闪烁计数（检测一个电表是否比周围器件断电更频繁）。

C12.19 和 C12.22 进行双向通信，通过网络更新仪表配置和固件修改。C12.22 "网络" 有 C12.22 地址的节点，有一个伴随的组播通信协议。当然，电表运行取决于精确的时间信息，所以仪表的时间同步以及远程编程都包括在内。C12.19 还涉及处理数据存储。需求响应要求基于定价参数的程序性负载控制，这也包括在内。网络管理，涉及收集统计数据和自动报警的能力也包括在内。这也使 C12.19 和 C12.19 规范不仅测量功率，也测量更有意义的电能质量指标，如总谐波失真、骤降、骤升、中断、谐波、相位、电压有效值和近实时监测的能力。该标准还包括报告中断和恢复时间，以及仪表推断它所在位置的经度和纬度的能力。C12.19 和 C12.22 认识到保持仪表的低成本和约束环境中运行的需要。最后，规范认定了标准 ASN.1 编码和关联控制服务元素（ACSE）OSI 表示层呼叫建立机制。

IETF 请求注解（RFC）6142 定义了 C12.12 应用层通信协议在 IP 上的映射。更具体地说，它涵盖了 IP 网络上 ANSI C12.19 设备表元素的映射和编码。

IEEE 2030 – 2011《为能源技术和信息技术与电力系统（EPS）运行、终端应用和负载的智能电网互操作的 IEEE 指南》是一个涵盖智能电网互操作性的综合性标准指南。另一个标准 IEEE 1547，重点研究分布式资源及其与电网的互连。这两个指南都有一个综合的、系统级的视角。

IEEE 2030 – 2011 指南可以被认为是 NIST 开发的采用了高层次概念参考模型，通过不同的角度将其分割又添加了一细节层——即通信架构、电力系统架构和 IT 架构——作为智能电网互操作性参考模型被参考。

除了主要的 IEEE 2030 – 2011 文件，这里还有另外三个相关文件：IEEE P 2030.1《电源交通基础设施指南》、IEEE 2030.2《集成了电力基础设施的储能系统互操作性指南》、IEEE P2030.3《电力系统应用电力能源存储设备的系统测试程序标准》。

IEEE C37.118 – 2005 最初规定的是与同步数据的测量和实时传输都相关的方面。为了将测量和质量标准与实时传输标准解耦开来，该标准 2010 版已经把这些方面拆分成两个标准文件，即 C37.118.1 – 2011《电力系统同步相量测量的 IEEE 标准》，C37.118.2 – 2011《电力系统同步相量数据传输的 IEEE 标准》。解耦的想法是为了在继续使用相同的测量和质量标准的同时进一步探求可替换的通信机制的可能性。在这一章中，我们专注于通信方面，因此也就是第二个标准。然而，我们应该从第一个标准开始复习基础知识。在 13.2 节中介绍的同步相量是一个波形的矢量表示。矢量长度是振幅的余弦值，矢量角是余弦波相位角。目标是简单地指定用于传输这些值的一个标准报文格式。因此，除了允许将报文格式映射到从串行通信线到 IP 传输协议等许多不同的可能的协议外，这个标准只指定了一个应用层的报文格式，并没有直接处理底层的网络问题。定义了 4 种不同的报文类型：数据、配置、报文头和命令。数据报文传达实际的相量测量，配置报文包含关于 PMU 的元信息，例如校准因子和数据类型的描述，报文头携带与 PMU 相关的人类可读描述，并且命令报文将机器可读命令传送到控制或重新配置 PMU 的 PMU。报文大小可变，并且在初始报文帧开始指示符（SYNC）字段之后的标准字段中包含它们的长度。该报文具有相对简单的格式：SYNC（2B）、FRAMESIZE（2B）、IDCODE（2B）、SOC（4B）、FRACSEC（4B）、可变数量的 DATA 场，以报文帧结束校验和（2B）结束。请注意，我们不考虑所有报文的精确格式，因为这仅用作标准的概述。稍后将更详细地描述该报文，如图 13.7 所示。因此帧的大小是可变的；然而，典型的帧大小被认为是来自单个 PMU 的 40～70B 或来自相量数据集中器（PDC）的高达 1000B。通过串行线路的通信增加了 25% 的开销，而在另一个极端，TCP/IP 每帧增加 44B，或 50% 的开销。

前面定义的同步相量报文帧可以映射到 TCP/IP、UDP/IP 或能够及时传输帧的任何其他协议。由于此标准侧重于实时操作，因此在通过 UDP/IP 操作时，除非用户选择实现用户定义的恢复机制，否则将忽略丢弃的数据包和报文帧。可以使用混合 TCP/UDP 机制，其中 TCP 用于控制（即用于命令、报文头和配置报文），UDP 严格用于数据报文。这个想法是为了获得控制信息的 TCP 的可靠性和安全性以及数据流的低开销。

IEEE C37.112－1996《用于过电流继电器的 IEEE 标准反时特性方程》定义了测量和检测继电器或断路器中故障电流的特性（Benmouyal 等，1999）。本标准本身不是通信标准；但是，它规定并提供了对常用电力系统信息的了解，即故障发生的可能性或已经发生实际故障的通知。反时限过电流继电器产生反时间－电流曲线；它集成了电流相对于时间的功能。一个称为接触电流的值（更多细节见 9.2 节）确定积分值为正的电流水平。换句话说，接触电流是一个阈值，高于该阈值即存在一个潜在的故障。一个称之为时间刻度盘的值确定了继电器或断路器跳闸时的积分值。可以绘制一个曲线图，显示时间为继电器跳闸的接触电流的倍数的函数。与跳闸类似，也有一个复位；有一个时间－电流曲线控制器件在跳闸后控制何时复位。

IEEE C37.90.2－2004《为针对发射机辐射电磁干扰的中继系统的抵抗能力的 IEEE 标准》，关注的问题是无线通信设备在不经意间使继电器跳闸或由于辐射能量造成的故障（IEEE，1995）。其目标是确保所有的保护设备不受附近内任何形式的通信产生的射频能量的影响。IEEE C37.90.2－2004 涉及电场强度、测试频率、调制、扫描速率、设备的安装和连接、测试程序、验收标准以及测试结果文档。

IEC 61588 Ed.2（2009－02）（IEEE Std 1588－2008）《为网络测量和控制系统的精密时钟同步协议 IEEE 标准》，是一个用于时间同步的标准。该应用对智能电网极其重要；许多应用需要精确的时间同步。对精确的时间同步需求甚广，如三相系统中相与相之间的区别、反时间－电流曲线保护的积分计时、同步相量测量的比较、程序活动和计费目的的单纯精确时间记录；这些只是众多需要精确定时应用中的一小部分。

在这个时钟同步标准中，假定许多时钟连接通过一个单一网络联系起来，有一个所有时钟必须与之同步的"宗师"时钟。既然该协议被称为精密时间协议

（PTP），交换 PTP 报文来实现同步。PTP 假定所有的报文默认使用 UDP/IP 组播，允许所有时钟接收对方的报文。考虑潜在掉包的基础上，UDP/IP 提供必要的低开销、对时间敏感的报文。该协议允许大量时钟分组，在每组或网段内选定最佳主时钟（BMC）。这提供了一个分层方法来分解如何保持同步的问题。该算法的其余部分是简单明了的：先估计每个时钟与主时钟之间的通信时延，然后进行相应的修正。延迟是对称的这一常见的简化假设并不总是正确的，即从一个时钟到主时钟的延迟等于主时钟和时钟之间的延迟。

IEEE C37.238 - 2011《用于电力系统应用中的 IEEE 1588 精确时间协议的 IEEE 标准配置文件》，是 PTP 的另一种用途，旨在通过以太网通信在广域的地理区域内提供变电站之间的时间同步。

IEEE P1909.1《智能电网通信设备操作规程建议（工业标准）- 试验方法和安装要求》为测试和安装程序文件。安全性、电磁兼容性（EMC）及环境和机械测试都包括在这个标准。

IEEE P1906.1《为纳米和分子通信框架标准的操作规程建议》，目前正在发展纳米级通信网络基础。这显然是一个发展中的更有前景的技术，但它可能会对智能电网通信产生重大影响。一个共同的框架将大大有助于发展实用的第 15 章将介绍的纳米发电机和纳米通信的模拟器。该标准包括多个类型的纳米级模拟器的互连系统。由于纳米级网络涉及大量不同的技术领域，因此需要一个共同的抽象模型，以便能够使用共同语言从不同学科开始理论进展。更具体地，IEEE P1906.1 操作规程建议目标是创建：①纳米网络的一致性定义。②自组网纳米网络的概念模型。③纳米网络的常用术语，包括ⓐ定义纳米信道和宏观信道的突出根本差异，ⓑ抽象的纳米信道与纳米系统的接口，ⓒ与自组网纳米通信网络共用的性能指标，ⓓ纳米和传统通信网络之间的映射，包括主要部件图所需的高级部分：编码和分组、寻址、路由、定位、分层、可靠性。在更详细的讨论后，未来将以一种更灵活、特别的方式来进行非常小规模的发电和输电。

10.7　国际电信联盟

ITU 是法语 Union Internationale des Télécommunications 的缩写，是一个由 193 个成员国组成的负责通信技术的联合机构。此外，ITU 管理国际无线电频谱的使用，涉足卫星轨道国际协议，并致力于帮助改善发展中国家的通信。本章专注于 ITU 在发展国际通信标准的辅助作用。ITU 是由三个部门组成：①被称为 ITU - R 的无线电通信部门，专注于无线电频谱和卫星轨道；②被称为 ITU - T 的标准化部门，成立时间最久，旧称为 Comité Consultatif International Téléphonique et Télégraphique［国际电报电话咨询委员会（CCITT），1992 年之前使用］；③被称为 ITU - D 的发展部门，致力于发展中国家的通信基础设施的发展。

2010 年 2 月在日内瓦成立了智能电网 ITU - T 专题组或 FG Smart，目标为从电信信息和通信技术（ICT）视角收集和记录与智能电网相关的建设性意见的信息和观念。有3个工作组和5个项目：①智能电网概述；②术语；③使用案例；④要求；⑤架构（Martigne，2011）。

智能电网概述介绍了3个功能层：①能量层：由设备、传感器、控制器以及高级计量和智能电网控制组成；②控制/连接层：由通信网络和信息访问组成，其数据与语法和语义描述相关；③应用/服务层：由管理先前描述的能量层的应用和程序组成。确定标准化的关键领域是自动化的能源管理，包括DG、智能电网管理、智能电表和AMI、信息和通信基础设施、应用和服务以及智能电网的控制安全性。

智能电网概述提供了一个智能电网模型，其中有5个部分：①客户；②智能电表；③电网；④通信网络；⑤服务提供商。这些部分之间有4个参考点：①电网－通信使电网和服务提供商之间进行信息交换；②智能计量－通信网络使同客户端进行信息交换并控制；③客户－通信网络使运营商和服务提供商之间互动；④通信网络－服务提供商使与其他部分之间的服务和应用进行通信。最后，通过一个能源服务网关，智能计量和客户之间有一个可选的第5个参考点。智能电网架构文档上通过填充更多的细节扩展了智能电网概述三层模型文件从而形成了一个架构。

ITU－T智能电网主题组与其他标准制定机构都有关系，包括IEC、ISO和欧洲电信标准协会（ETSI）等。例如，ETSI M2M技术委员会将研究应用和使用案例，以及智能电网网络安全的影响。

ITU－T正在开展（在撰写本书时）一些与智能电网相关的活动（Brown，2011），即①M2M，包括与普适传感器网络（USN）、IP家庭网络以及USN应用和服务相关的活动；②智能计量；③车辆通信，包括网络化车辆和车辆网关平台的电信服务；④家庭网络，包括电力线载波；⑤未来的节能网络。ITU－T标准G.9955和G.9956描述了频率低于500 kHz的交直流电力线窄带OFDM电力线载波物理和数据链路层规范。这些标准的重要性在于它们支持通过变压器使得城市和边远农村实现低、中压电力线通信。

10.8 美国电力科学研究院

EPRI不是一个标准制定组织，为完整性，故在本章有所提及。EPRI在电力系统的研究和发展，以及在帮助制定公共政策方面发挥着作用。EPRI是由电力行业创立的非营利组织，主要研究电力行业的相关问题。尽管创立于美国，它有国际成员。EPRI成立于1973年，即美国参议院听证认识到在未来避免1965年东北大停电这样大规模的停电事故需要更彻底的电力系统研究。更确切地说，实质上是因为美国参议院商务委员会曾威胁要创建一个政府电力研究机构，如果该行业不能在一年内发展自己的研究和开发项目。因无须提供运作解决方案，往往是研究散漫，以耗资不菲且对行业和公众无实际价值而告终（Starr，1986）。为了减少这种情况，电力行业创立了EPRI。因为EPRI由电力行业集资资助，所以研究费用直接源于电力成本和待论证的结果。例如，20 世纪 70 年代 EPRI 为 FACTS 提供了原始的研究和开发，现在被改为"智能电网"的组成部分。作为其公共政策作用的一个例子，EPRI 拥有世界上最大的研究电磁场对人体健康影响的项目。

EPRI 认识到智能电网标准的重要性并与标准制定机构共同助力于开发实现效率和互操作性的标准，但没有突破创新瓶颈或长期开发或实施。EPRI 已经提出了值得注意的高水平、常识性的建议标准（EPRI，2010）。首先，通信中著名的分层方法已被证明是一种可以实现快速集成和创新方法重用的有效方法。通过仅对那些必要的、关键的方面标准化，标准能够被更广泛和有效地应用。对于智能电网来说，必须将可扩展性考虑在内；基础设施将继续快速增长。最后，当然，必须解决物理网络安全，充分预估任何由于增加攻击的复杂性或电网的复杂性产生的新威胁或漏洞。EPRI 智能电网项目已经是一个主要的 EPRI 项目，与 NIST 一道专注于支持智能电网标准开发。站在 EPRI 的立场上（EPRI，2010），发电机调度和输电已经如有组织的市场般实现自动化和结构化。配电侧只有部分受指导，并有更多的自动调配余量。EPRI 有许多智能电网示范项目，包括分布式能源资源并网方面的配电自动化示范项目。

EPRI 在智能电网输电方面也有示范项目，当更多的 DG 源添加到电网中使用同步相量技术来保持可靠性。EPRI 也认识到行业内将在未来的很长一段时间内继续使用部分旧电网。因此，新型传感器监测将能够快速确定资产健康老化和即将发生的故障。最重要的是，EPRI 研究影响电网广泛的通信和信息技术和相关标准的发展。

10.9 其他标准化活动

本节介绍一些与智能电网相关的其他标准活动。主要内容有：①Modbus，一个古老的、简单的、广泛使用的事实上的工业标准；②SERA，为智能电网尝试设计一个计算导向的架构，近期的电力线载波标准活动，CIM，以及中心通信协议的内部控制。

10.9.1 Modbus

Modbus 协议是在 1979 年开发的，其源于第一个可编程序控制器，由 Modicon 生产，代表 MOdular DIgital 控制器。鉴于其在电力线载波应用中的悠久历史和最初使用，今天的 Modbus 数据类型可能看起来很奇怪，因为它们来自于驱动继电器。例如，一个单一的物理输出被称为一个线圈，一个单一的物理输入被称为一个接触。Modbus 是一个相对简单的应用层协议，最初设计是在串行通信线路上运行，但目前已经运行在许多现代通信协议如包括以太网和 IP 上。

Modbus 对 SCADA 网络内主站、从站设备之间的报文格式进行标准化。报文包含设备地址、命令和数据信息以及以确保信息被正确接收的校验和。特定的报文格式变化取决于 Modbus 依赖的网络。例如，如果使用 TCP/IP，则不需要或不包括校验和。Modbus 协议还允许广播报文；单独寻址时从站响应，但它们不响应广播报文。当从站被单独访问时，它们响应一个报文，指示它们的状态或异常代码，从而实现一个请求响应类型的协议。标准串口 Modbus 包括两种模式下：ASCII 和 RTU。在 ASCII 模式下，报文的每个字符位作为两个 ASCII 位发送。计时是至关重要的，包括允许接收报文字符的时间。Modbus ASCII 模式允许报文字符之间的传输最多 1s。

Modbus 报文帧标志着报文的开始和结束。报文的每个字被放置在一个数据帧中，包括起始位、停止位和奇偶校验位。该地址包含 8 位，有效地址为 1～247。该函数代码字节允许编号 1～255 的命令。显而易见，Modbus 每个数据帧使用一个简单的奇偶校验；然而，它在 RTU 模式完整的报文帧也采用 CRC – 16 码，在 ASCII 模式下使用纵向冗余检查（LRC）。LRC 码通过操作一系列奇偶校验位来检测错误，每个字符并行一个。最后，串行线路上的 Modbus 消息限制为 256B，TCP/IP 限制为 260B（Modbus，2006）。

10.9.2 电力线载波

IEEE 1901 –2010《电力线网络宽带的 IEEE 标准》规定了电力线载波的使用，也被称为电力线宽带（BPL）。该标准设计用来广泛适用于各种类型的 BPL 设备，包括最后一千米连接、室内、局域网、车辆和广泛的智能能源应用等。该标准的目标不仅关于电力线载波的互操作性，而且关于电力线载波设备之间通信信道的均衡和有效利用。进一步的目标将囊括必要的网络安全机制。

10.9.3 微软电力和公用事业智能能源参考架构

微软电力和公用事业 SERA（Smart Energy Reference Architecture，智能能源参考架构）试图将与微软的技术和 NIST 的标准发展工作联系起来。因此，它包括通信、计算平台、可视化、信息建模、数据库以及特定通信领域之外的许多其他方面。它并没有声称尝试提供完整、详细的架构，而是一个松散定义的架构，其灵活性足以适应各种不断变化的标准开发情况。SERA 的整体组件包括面向性能的基础设施、整体、生活用户体验、能源网络优化以及合作伙伴支持，丰富的应用程序平台和互操作性。微软的目标之一是提供一个通用的计算平台，让他们的合作伙伴能够自由地专注于应用程序解决方案。

互操作性比通信更为广泛；它不单单指信息的传输，更是强调发送者和接收者就信息达成一致的能力。本体代表着知识在特定的领域内的一组概念以及概念之间的关系。这些概念和关系不仅提供了一个域的描述，也包括在该域内发生的推理。作为一个描述，它提供了一个共享的词汇，就像一个标准。本体在整个人工智能上的使用包括系统工程和系统架构的发展。它们通常包括实例或特定的个体实体，类或概念，属性和关系的描述。

CIM 是 IEC 标准。该标准与实体论相关，因为它的目标是允许应用程序交换电气系统的配置和状态信息。这意味着应用程序需要对信息的含义有一个共同的理解。事实上，它是由一个共同的词汇表和表示电力领域基本知识的本体论组成。

CIM 是实体论的电力系统版本。CIM 始于 20 世纪 90 年代，重要性体现出来是在发现专有的能源管理系统是不灵活且与其他网格系统不兼容，向能源管理系统增加新的应用程序成本太高。EPRI 开始控制中心应用程序接口，以创建一个标准化的能源管理系统和其他应用程序在控制中心的接口，使应用程序可以很容易地插入到 EMS。插件应用程序的一个好处是可以很轻松更改或替换系统软件组件和应用程序，从而可以保留对工作系统和应用程序的投资。这一项目的成果之一是被称为 CIM 的电网系统信息模型。CIM 的目的是提供一个共同的语言，使信息可以用 XML 表示并可在应用程序间共享。IEC 将 CIM 纳入其标准，它被称为 IEC 61970。

CIM IEC 61970 标准包含 CIM 的资源描述框架（RDF）概要。RDF 提供了信息模型的机器可读版本，被广泛应用于语义 Web 的发展。语义 Web 的目标是允许在网络上的机器尝试去"理解"信息，并更代表我们有效地处理它，创建一个链接知识，而不是简单的静态文件的 Web。因此，CIM 是电网和语义 Web 接口之间的自然点，已经超出了 EMS 的最初用途。

为了更深层次地理解 CIM，需要更详细地考虑它的类。类驻留在包中，并有 8 个主包。核心包包含所有应用程序共享的类。拓扑包扩展了核心包和模型连接；也就是说，它描述了装备如何互联的物理定义。电线包扩展了核心和拓扑、模型传输和配电网络。这有利于状态估计、负荷流量和最佳功率流应用。中断包扩展了核心包和电线包、模型电流和计划网络配置。保护包扩展了核心包和电线包，顾名思义，模型保护设备，如继电器。测量包包含描述应用程序之间交换的动态测量的类。负荷模型包对能量消耗和系统负荷建模。这有助于负荷预测和负荷管理。发电包包含两个子类类：生产和动态发电。生产模型发电机和动态发电模型准备好了原动力，如汽轮机和锅炉。域包提供了一个数据字典，用于通过其他包中的属性单元。金融包对能源交易结算与计费建模。能源调度包对公司之间的电力交换建模。这主要用于计数和计费。SCADA 包与通信密切相关，对 CIM 定义了一个 SCADA 逻辑视角。该类对远程终端单元和变电站控制系统相关的信息建模。

类之间的关系大致分为三类：泛化、关联和聚集。泛化可以被看作是特定的类和更一般的类之间的关系。链泛化的一个很好的例子是断路器，这是一个特定类型的开关。开关是导电设备的一个更具体的形式，导电设备是电力系统资源一个更具体的类型。电力系统资源是核心包中的原始资源。每一个更具体的类可以从更一般的类继承属性和关系。一个关联仅仅是两个类之间的关系，该关系具有一个命名的关联。例如，一个测量类含有测量接头。聚合是一个整体 – 部分关系；例如，多个拓扑节点类组成一个拓扑群。

作为一个例子，考虑 CIM 用于负荷潮流计算。CIM 拓扑包的类含有表示电力系统拓扑结构的数据。具体来说，节点有相邻关系，可以用来发现哪些节点直接连接在一起，可以确定适当的拓扑结构来做分析。CIM 数据模型还包括所有相关的电力线和变压器参数。其他所需信息可以从生成类和调度类中获得。重要的一点是，应用程序将确切知道什么数据是可用的，在哪里获得它（即哪个包、类和属性定义它），数据的精确含义，以及它与其他数据的关系。

IEC 60870 标准，也称为 ICCP 或远程控制应用服务元素 .2（TASE.2），提供了电力控制中心之间数据交换问题的标准解决方案。ICCP 是由北美公用事业和 EPRI 以及许多 SCADA 和 EMS 供应商共同开发，实现了通过广域网的实时信息传输。1992 年，ICCP 提交到 IEC，被称为 TASE.2。发展 TASE.1 起初是用来满足 1992 年的欧洲共同市场要求。TASE.2 融合 MMS 的用法，写作本书时使用当前版本。

由于电力行业的放松管制，现在随着智能电网以及在许多不同的实体和组织间更严格的和更精细的分辨率控制期望，对内部控制中心通信的需求变得更加紧迫。ICCP 确保交换实时和记录的电力系统信息，如测量值、状态和控制信息，能源核算数据，调度数据和运营商报文。ICCP 也用来交换有不同组织群体区域间功率的输入和输出，如发电机、输电设施、配电设施。这对大功率电力网间输电尤为重要。

ICCP 使用客户端－服务器模式。客户端是请求信息的控制中心，服务器是提供信息的控制中心。控制中心可以同时作为客户端和服务器。ICCP 位于 OSI 协议栈的应用层；如前所述，TASE.2 使用 MMS 提供信息服务。由于 MMS 使用 TCP/IP，必须支持 TCP/IP；然而，下层未指定。一个典型的案例是以太网上的 TCP/IP（IEEE 802.3）。

ICCP 使用它自己的对象定义来描述待传递的信息。它被划分为 9 个模块，其中除了模块 1，其余是可选的。这些模块包括：

1）周期系统数据：包含状态点、模拟点、质量标志、时间戳、值计数器的更改和保护事件。关联的对象还包括控制 ICCP 会话。

2）状态监测扩展数据集：提供了模块 1 中的数据类型的异常报告。

3）块数据传输：提供模块 1 和模块 2 数据类型的块传输，而不是点对点传输，这可以帮助减少带宽。

4）信息报文：提供了简单的文本和二进制文件交换。

5）设备控制：描述对象的开/关、跳闸/闭合、提高/降低和其他类似的控制操作，以及设定数字设定值。

6）程序控制：允许 ICCP 客户端远程控制在 ICCP 服务器上执行的程序。

7）事件报告：包含向客户端扩展错误条件报告的对象，以及服务器上的设备状态更改。

8）用户对象：与调度、会计、中断和工厂信息有关的对象。

9）时间序列：该对象使客户端从服务器请求开始和结束日期之间的历史时间序列数据。

这些模块中的对象不同于 IEC 61970 CIM，还未与 IEC 61850、IEC 60870 ICCP 以及 IEC 61970 CIM 中的对象协调。

10.10　小结

标准化的艺术在于鼓励创新的同时，确切地知道标准化什么以降低风险。我们可以看到，有多种多样的新框架试图定义不断变化的电网的有限方面，就像许多老的、行之有效的标准试图通过升级来融入到不断变化的电网，以及很多正在发展的详细的通信协议规范也是如此。明智的读者将首先了解运行的物理基础，能把握正确的时间和地点来应用标准。IEEE P2030《能源技术和信息技术操作与电力系统（EPS）的智能电网互操作性指南，以及最终用途的应用和负载》是一个进展中的工作，建立包括通信的全面的智能电网框架。

第 11 章通过复习在智能电网中的机器智能重点介绍了智能电网中的"智能"一词。它将研究什么是智能的，如何紧密结合通信和信息理论联系到电力系统。"智能电网"的"智能"一词让人联想到电网和"智慧"以人工或机器智能的形式联系起来。假设目标真是如此，长远来看电网通信和网络设计必须支持这样的智能。突出通信和网络作用的同时必须开发电网人工智能和机器学习技术。通信自身得益于机器智能的发展。机 – 机通信、语义网、认知无线电和认知网络都尝试将智能融合到通信中，也是动态网络概念的扩展。随着电力系统本身变得更加动态，动态网络本质上的复杂性和通信的复杂性都在电力系统信息理论中愈发明显。

10.11　习题

习题 10.1　同步相量标准 – 基频

1. 可以直接比较 50Hz 系统中的同步相量值和 60Hz 系统中的同步相量值吗？如果不能，说明理由。

习题 10.2　同步相量标准 – CRC 保护

1. 已知 C37.118 – 2010 消息帧有一个数据字段的变量值，一个常量 16 位 CRC – CCCITT 码用于错误检测。假设每个数据字段为 14B。当发送数据字段时，如何影响错误保护性能？绘制图像，显示数据字段和错误检测性能的函数关系。

习题 10.3　DNP3 – 网络安全

1. 考虑使用 HMAC 的严格 DNP3 报文。该机制不仅提供了身份验证，而且可检测通过恶意攻击或信道噪声报文值是否改变，CRC 也检测信息损毁。使用基于哈希的报文认证机制的同时在 DNP3 标准中使用 CRC 是否冗余？如果是，解释所有冗余的本质。

习题 10.4　IEC 61850 – 起源

DNP3 和 IEC 61850 是配电系统通信的现有标准，两者都有一个历史沿袭，涉及 IEC、EPRI 和 IEEE。

1. 简要概述 DNP3 和 IEC 61850 的历史演变过程，以及它们与 IEC 60870 和 UCA 的关系。

习题 10.5　IEC 61850 – 发布 – 订阅机制

1. IEC 61850 为 GOOSE 报文定义了一个发布 – 订阅机制。解释 IEC 61850 标准的发布 – 订阅机制如何工作。

习题 10.6　IEC 61850 – 组播

1. IEC 61850 标准没有规定组播机制。什么技术可以用来有效地发送一个报文给使用 IEC 61850 的许多用户？

习题 10.7　DNP3 – 报文优先级

1. DNP3 实现报文优先级了吗？如果是，怎样实现？将答案与 IEC 61850 实现报文优先级的过程进行对比和对照。[用文字阐述]

习题 10.8　DNP3 – 错误检测

1. 阐述 DNP3 用于实现错误检测的两种机制。

习题 10.9　DNP3 – CRC

1. 阐述 DNP3 CRC 错误检测机制是如何设计的。选择 CRC 必须做出什么样的取舍？什么是错误模式覆盖、错误漏检率和可检测的最大突发错误长度？

习题 10.10　Modbus – CRC

1. 串行通信线上的最长 RTU Modbus 报文的错误漏检率是多少？哪个协议提供了更好的错误保护：Modbus 还是 DNP3？

第三部分 终极目标：智能电网嵌入式和分布式智能

第 11 章

电网中的机器智能

计算的实用模型——就像今天的电力和电话服务到达我们的家庭和办公室一样，计算资源也通过网络进行传输——比以往任何时候都更有意义。

——Scott McNealy

11.1　引言

现在已经进入本书的第三部分——深入研究智能电网中智能的概念。通信仍然是焦点；然而，通信的存在是为了支持应用程序，这些应用程序承诺提供"智能"。我们已经讨论了电力网络中普遍使用的经典控制通信。现在需要考虑一下机器智能的发展，特别是机器智能的分布式形式，这对电网和通信来说都很有意义。智能网络中"智能"一词，用人工智能或机器智能的形式，使人联想到一个带有"智能"的电网的概念。如果以这为目标，那么电网通信和网络必须被设计来支持这样的智能。交流本身也会受益于机器智能和学习的进步。有必要了解和预见可能在智能电网中实现的机器学习方面，以及通信将需要提供的角色。本章探讨了人工智能和机器学习技术，同时强调了通信与网络的作用。

从讨论电力网络中的计算模型开始。这涉及观察当前电网的计算复杂度，以及随着机器智能的发展，它可能会如何发展。接下来，将讨论以活动网络形式存在的复杂性和通信的本质，并引入通信复杂性的概念。通信复杂性提供了执行分布式功能所需的最少通信量的指示，从而为算法提供了通信需求的指示。我们谈论了一些具体的机器智能算法，以及它们如何在电网中使用。这包括 PSO 和神经网络这样的算法、神经网络和专家系统以及其他众所周知的算法，这些算法都起源于人工智能的研究。下一个课题将切换到在智能网络中应用到通信的机器智能。这包括M2M 通信、语义网以及认知无线电和认知网络的概念。由于这是关于机器智能的一章，这里介绍了关于电网的语义推理的主题。本章以简明的总结要点和为读者准备的一系列习题作为结尾。

11.2　机器智能和通信

"智能电网"一词在电网中嵌入了智能的概念。然而，正如我们将要看到的，即使是"智能"这样的基本术语的定义也从未被明确定义过。本节回顾机器智能的各种定义，以及它与通信和电网的关系。例如，实体需要多少通信才能成为智能？或者反过来说，如果实体是"智能的"，那么它是否比不智能需要更少的通信，因为它足够智能，可以在不需要通信的情况下推断信息？这些都是令人着迷的、高层次的问题，这些问题让我们远远超出智能电网的范围，深入到早期人工智能领域。然而，它们值得简要回顾，因为如果认真对待"智能电网"中的"智能"一词，它们是十分必要的。

11.2.1 什么是机器智能

开始讨论机器智能的方法之一就是要考虑，如果智能电网将电网变得更加智能，那么机器智能是如何定义与测量的呢？从一般意义来说，量化机器智能这个概念是 19 世纪 50 年代由阿兰·图灵（Alan Turing）提出的，通过众所周知的测试来确定一台计算机是否足够精密，可以愚弄人类，让人误以为这台设备是另一个人。从那之后，其他测试，包括逆向的图灵测试都被设计出来了。逆向图灵测试是测量计算机是否能够分辨出与它交流的是计算机还是人类。图灵测试背后的力量是它的简单性，它能够提供一个实用的、可测量的结果。对图灵测试的批评是，它是拟人化的；它似乎认为，人类的智能是唯一一种值得衡量的智力。大多数人工智能研究已经放弃了创造一般智力的想法，转而专注于实际应用，这些应用可以用比图灵测试更具体、更少野心的技术进行测试。

然而，这仍然让我们知道机器智能是什么，它是如何被测量的，以及它在多大程度上可以被利用在电网中。一项扩展了信息理论的努力，被称为算法信息理论，与通信有关，并被用于以新的和有趣的方式来量化机器智能（Hernández – Orallo 和 Dowe，2010）。算法信息理论的灵感来自于柯尔莫戈洛夫（Kolmogorov）复杂度，柯尔莫戈洛夫复杂度将信息复杂度的概念与处理信息的最小程序的大小联系起来。柯尔莫戈洛夫复杂度的正式定义十分简单，如式（11.1）所示，其中 p 是在机器 U 上运行的一个程序，生成 x，$l(p)$ 是程序 p 的长度，$U(p)$ 是在 U 上执行程序 p 的结果：

$$K_U(x) := \min_{\substack{p \text{ such that} \\ U(p) = x}} l(p) \tag{11.1}$$

最初，U 特指通用的图灵机，它可以通过模仿任何特定的图灵机及其运行程序来模仿任何其他的计算机器。通用机器可以模仿任何其他机器，该为定义提供一般性。该定义背后的关键是，一个更复杂的序列 x 将需要一个更大的项目实施并且项目的大小最好反映了 x 的复杂程度。这是一个美丽的概念以至于研究员一遍又一遍的引用。不幸的是，这个定义的问题在于，计算最小程序是十分棘手的。从根本上来说，理想结果是一个不可计算的函数。因此，为了实现可计算的实现，基本思想已经被修改，并以许多不同的方式进行了近似。

有时使用的更容易处理的变化被称为莱文（Levin）的 Kt 复杂性。在这个版本中，时间被用来弥补不能确定绝对最小的程序的能力。术语 time(U, p, x) 被添加到复杂度的定义中，它代表了生成 x 的时间，如下所示：

$$Kt_U(x) := \min_{\substack{p \text{ such that} \\ U(p) = x}} \{l(p) + \log \text{time}(U, p, x)\} \tag{11.2}$$

然而，机器 U 存在的概念可以根据通用分布和所产生的 x 序列的值来分配一个先验概率，如下所示：

$$P_U(x) := 2^{-K_U(x)} \tag{11.3}$$

式中，$P_U(x)$ 是对于给定序列 x 的通用机器 U 存在的概率。这个想法来自于奥卡姆（Occam）剃刀，即在所有观测值中，最简单的假设往往是最可能的解释。这是 Ray Solomonoff（Solomonoff，1964）所做的另一项美丽的贡献。最大化通用分布将决定序列 x 的所有规则，这导致了许多变化，包括最小报文长度和数据压缩的概念，作为度量智能的手段。简单地说，最小报文长度用两个部分估计一个序列的复杂度：ⓐ用于描述序列如何产生的模型或者假说的大小；ⓑⓐ与实际序列之间的误差大小。这些部分的最小组合的大小是对该序列复杂度的最好估计。

这导致了这样的观念：机器对序列数据的了解越多，它就越能高效压缩序列。一般来说，机器越智能，它压缩信息的功能越强。

虽然到目前为止讨论的主题都是相当抽象和深入的，但是实际上有成千上万的机器学习算法和程序可供使用，每年有数百篇文章发表。这无疑给研究人员和开发人员提供了工作保障，使他们能够在电网中应用新的算法和程序。理解这些机器学习算法和程序的途径之一就是找到相对简单的方法对它们进行分类（Domingos，2012）。有点讽刺的是，我们必须使用机器学习算法的分类来理解它们，因为这就是机器学习算法的典型运行方式，正如我们将看到的那样。

机器学习算有三个基本特征：①表示；②评估；③优化。表示是如何以机器可读的形式表示分类器。例子包括简单的实例、超平面、决策树、神经网络和图形模型。简单地通过是否可以被表示出来，表示的选择限制了什么是可以被选择的，什么是不能被学习的。评价涉及一个目标函数的选择，它用来区分不同分类器的性能。例子包括准确度/错误率、精度和召回率、平方误差、信息增益和 Kullback - Leibler 散度。优化是用于在分类器中搜索最佳性能的算法。例子包括组合优化，比如贪婪算法、分支绑定和连续优化。

通常，机器智能涉及从示例中学习，并以泛化为目标。这意味着解决方案应该学会去识别的总体特征是什么"思想"是重要的，而非特定的训练集的细节。完全学好一个训练集是不够的，因为目标是学会正确将尚未分类的信息进行分类。

著名的"天下没有免费的午餐"定理与泛化有关，并认识到当目标函数随机选择时，所有的算法都具有相同的分布性能；因此，所有算法在大体上有相同的平均性能。从通信角度来看，当新的、临时路由算法开始爆发以及更深入地理解为什么会发生这种情况时，"天下没有免费的午餐"定理被应用于路由算法（Bush，

2005）。

11.2.2 智能和通信之间的关系

最近对机器智能的定义集中在机器可以学习压缩信息的程度。很显然，这对通信有直接的影响。一个明显的暗示就是：智能机器之间的通信可能会被高度压缩，即信息将很有可能有较高的熵或者更多的"复杂性"。另一个潜在的暗示是拥有更多机器智能的机器之间的通信将不那么频繁，需要的带宽也更少。原因是机器智能的特性之一就是能用较少训练数据形成较好的预测。由于机器能够推断出所需的所有信息，通信的需求可能会减少。从通信链路中获得的每一段信息都变得不那么"令人惊讶"，而且对于给定任务的智能机器来说更容易预测。这些对通信的未来影响非常重要，但却常常被忽视；在 Bush（2000）中可以找到更多的细节。

11.2.3 通信中的智能

正如我们所看见的，智能与通信相关的概念是紧密联系的。通信提供机器智能所需的数据来学习，而机器智能可以改善通信。认知无线电和认知网络可能是用于通信的机器智能中最明显的例子。然而，值得回顾的是智能、复杂性和通信的发展趋势，因为在电网中可能有适用的概念，这些趋势引导了通信网络的发展。

端到端原则建议应用程序特定的功能不应该在通信网络中实现，而应该放在网络之外，比如在网络边缘节点（Saltzer 等，1984）。直觉告诉我们在网络中增加额外的功能会增加整个网络的复杂度，并要求那些没有用到附加功能的分支去承担计算量和复杂度的成本。端对端规则被极端地认为是维护一个"愚蠢的网络"的概念，例如，所有网络协议尽可能简单。不幸的是，正如我们在本节前面所看到的，在测量复杂度的过程中存在困难。因此，在网络中保持协议是一种主观的、通常是拟人化的过程。智能网络中的问题将会自然出现在：①智能网络通信是否应该遵守这一规则；②智能网络本身是否能从这个规则中学到什么。

将端对端规则与活跃网络通信构架（Bhattacharjee 等，1997，Bush 和 Kulkarni，2001）进行对比是很有意思的事情。活跃的网络允许应用程序向通信网络中注入数据包，其中包含改变或调整通信网络的操作以更好地支持应用程序的程序代码。表面上看，这将会与端对端规则相违背，因为它允许网络在需要的时候和需要的地方嵌入智能。通信网络本身有智能化的潜力，能够快速适应并调整其智能。活跃的网络有很多变化，包括定义软件的网络。实际上，主动的网络支持，并不违反端对端规则。这是因为活跃的网络只在需要的时间和地点放置智能，并且只在网络中有效地利用信息，才能受益于各种各样的应用程序。

最后，作为另一种潜在的端对端原则冲突，认知无线电试图将机器智能放在物理层上（Clanncy 等，2007）。这是一些旨在从周围环境学习并适应环境的智能无线电。"认知无线电"一词，从它第一次在 Joseph（2000）中被创造出来之后，已经成为流行词，应用于很多不同的无线电概念之中。很多简单的例子已经被标准化，比如在 IEEE 802.11 标准中随着信噪比衰减，具备从 16 - 正交调幅（QAM）

到正交相移键控（QPSK）到二进制相移键控（BPSK）这种改变调制计划的能力。这其中体现了多少智慧，是有待商榷的。正如我们所提到的，概念的能力对机器智能是至关重要的。认知无线电扩展了软件无线电技术，应该包括一个由知识库、推理工具和学习工具组成的认知工具。知识基础是指无线电的长期记忆。例如，如果推理工具在专家系统中实施，则知识库就是一套规则，而学习系统是在知识库上管理规则；再例如，更新知识库或者添加新的规则。认知无线电会集中关注对无线电系统有益的部分，它是通道容量的最大值和可用频谱的优化。正如已经注意到的，通道容量的最大值一般涉及最优的调制类型和编码速率。频谱通道包括定位中心频率、带宽和传输时间，同时最大限度地提高容量和最大限度地减少对邻近无线电的干扰。在通道容量最大化和频谱访问最优化时，无线电的知识库能够通过规则进行更新，这样无线电就可以随着时间的变化和其他用户的传输而逐渐地学习。

11.2.4 电网中的智能

回顾 6.3 节中能量与计算之间关系的讨论。为实现能量效率所需的算法之间，推导出一种通用的、基本的、可量化的关系。然而，这只是一个理论上的局限，可以达到最好的效果。实际实施时，一如既往，面临相当大的挑战，不能希冀达到完美的理论效率。从这个角度，考虑 11.2.3 节关于机器智能和通信的讨论，电网的运行方式是类似于一个愚蠢的通信网络，一个活跃的网络，还是一个认知无线电才是最理想的呢？工程师们需要考虑电网中需要利用多少机器智能，与通信技术如何联系，以及从机器智能和通信网络中可能学到什么。很多机器学习算法在本节的最后部分详细介绍；本节的目标是从一个高层次的角度考虑这些主题。

显然，将机器智能和机器学习应用到电网中的想法并不新鲜。实际上，几乎电网的每一个部分已经受到机器智能研究的关注（Saxena 等，2010）。这其中包括电力系统操作、计划、控制、市场、自动化、配电系统应用、分布式发电、电力和天气预报应用。仅网络中的机器智能的内容单独写一本书也不为过。然而，机器智能或多或少都已经应用于网络运行的特定部分。从更高层次角度看到的可能有意思的事情是那些试图呈现电网整体智能的测量，也就是说，随着智能电网的不断发展（Dupont 等，2010），智能电网的"智能"是如何发展的。这些措施，如果它们是具体的、可衡量的、可获得的、相关的、有时限的，那么它们将驱使智能电网向新的方向发展。

11.3 智能网络的计算模型

人工智能的各个子领域，包括机器学习和计算智能，在"智能电网"这一术语发明之前就已经在电力系统中得到广泛应用。早在 20 世纪 80 年代中期，人工智能一直被研究和应用于电力系统，当人们发现电网发展得如此复杂以致人类操作者无法有效管理，特别是危急情况下（Wollenberg 和 Sakaguchi，1987）。从那以后，机器学习和计算智能已经应用到电网的几乎所有方面，包括潮流优化、状态估计、稳定性、保护、发电、传输，当然还有负荷预测和能源管理系统等。对应用于电力系统中的人工智能技术做一个详细的清单，可能需要一本单独的图书；因此，本章的目标就是简要回顾一些最有用的计算智能和机器学习技术，并关注它们与电网是如何联系的。

计算智能中最简单、最需高度关注的是每一个电力系统装置或智能电子设备都是有感知的，通信和控制装置在电网中无处不在。其结果是信息和控制的大量增加，不仅需要更快的处理器，还要求更高效、更智能计算算法的广泛使用。

除了信息和控制的急速增加，另一个担忧是经典电网中计算算法是否可以处理演变电网的随机性质。比如说间歇控制分布式发电和由于需求响应机制改变用户模式作为简单的例子。然而，增加电网中的随机性，这存在通信的随机性；数据包可能被延迟、丢失、重复，或者到达目的地的顺序混乱。仅这个问题可能会造成近乎经典控制系统的极大破坏。因此，智能网络正寻找处理电网随机性与可能性的所有方面，包括自我治愈能力的计算算法。与经典最佳算法相比，计算智能技术往往不脆弱，具有在改变环境中调整并适应的能力。智能电网计算工具还需要面对的其他问题包括环境的低保真度模型、复杂度、大问题和那些不能简化为简明数学形式的操作者的操作，而不是简单的经验法则。

最早也可能是最直接的技术之一决策分析。决策分析是一个相当宽泛的术语，用于大量的过程和工具中，帮助识别、表示和正式评估决策的重要方面。目标是使"行动公理"使用最大化，即代表行动标准的公理。决策树是一种常见的技术，是决策分析中人们最可能遇到的。然而，这个领域自身是很宽广的。决策树以最简单的形式列出所有可能的决策和结果去组成一棵大树来进行复杂决策。节点代表那些必须做出的决定，分支代表做一个特定的决策。在做决策过程中存在的一个问题是在树的任何一个点都存在不确定的信息。可以通过决策树评估获得更精确信息的结果的影响。也就是说，增加更多传感器，增大带宽。决策分析的其他技术是多重判据信息决策和层次分析规划。多重判据信息决策用于处理包含多重准则的问题。在这种情况下，可能没有唯一的最佳解决方案。

在处理决策过程中的不确定性时，主观逻辑是另一个好的工具。当决定结果的可能性时，主观性逻辑可以明确地将不确定度、信念与怀疑区分开。主观逻辑提供了一个一致的数学框架，从而明确处理不确定度与信念。因此，主观性逻辑适合于为那些涉及不确定度、不完整知识的情况来建模和分析。主观性逻辑中的操作会涉及关于命题的主观观点。二项式观点应用于一个单一的命题，以 β 分布为代表，稍后会做一个简短的解释。主观性逻辑以 4 种值来进行操作：①先验概率 a；②置信度 b；③不信任度 d；④不确定度 u（Jøsang，2012）。先验概率 a 是指在没有信念或者怀疑的情况下命题正确的可能性。换句话说，先验知识与主观经验或者证据无关。置信度是指人主观认为命题是基于经验与证据的程度。相似地，怀疑是指人觉得命题是错误的程度。不确定度是对于一个命题是真是假的无知程度的明确衡量。当这些命题是完整但又相互分离的，可假定这些值作为一个参考框架。

使用主观逻辑最简单的方式就是考虑建立一个存在两种可能性的参考系。这可以看成是 β 分布的结果，β 分布中有两个参数 α 和 β。这些参数可以映射到上述的先念概率、置信度、怀疑以及不确定度中。结果是 β 密度函数，可以为量化和分析主观逻辑提供有效方式。在得知 $\alpha - 1$ 独立事件的概率为 p，$\beta - 1$ 独立事件的概率为 $1 - p$，β 分布可以简单看成带有二项分布参数 p 的后验分布。因此，一个相对较大的参数 α 有较大的命题正确的可能性的倾向，而相当大的数值 β 认为命题错误的可能性很大。假定 p 的先验分布是统一的，最简单的形式是

$$\text{Beta}(\alpha,\beta) = \frac{1}{B(\alpha,\beta)}x^{\alpha-1}(1-x)^{\beta-1} \tag{11.4}$$

在接下来的讨论中，β 是 β 分布中的一个参数；$B()$ 是 β 函数；$\text{Beta}(\alpha,\beta)$ 是 β 分布。β 函数 B 是作为一个归一化常数去确保总概率融合统一，$B(x,y) = \frac{\Gamma(x)\Gamma(x)}{\Gamma(x+y)}$，其中 $\Gamma(n) = (n-1)!$

当参考系中涉及超过两个互相独立的事件，β 分布是狄利克雷（Dirichlet）分布的边缘分布。当参数 $\alpha_1,\cdots,\alpha_K > 1$，其中 $K \geqslant 2$，此时狄利克雷分布有概率密度函数 $f(x_1,\cdots,x_{K-1};\alpha_1,\cdots,\alpha_K) = \frac{1}{B(\alpha)}\Pi_{i=1}^{K}x_i^{\alpha_i-1}$，当 $x_1\cdots x_{K-1} > 0$ 且 $x_1 + \cdots + x_{K-1} < 1$ 时，其中 x_K 是 $1 - x_1 - \cdots - x_{K-1}$ 的缩写。记归一化常数为多项式 β 函数：

$$B(\alpha) = \frac{\Pi_{i=1}^{K}\Gamma(\alpha_i)}{\Gamma(\sum_{i=1}^{K}\alpha_i)}, \alpha = (\alpha_1,\cdots,\alpha_K) \tag{11.5}$$

11.3.1　分析层级规划

经典优化技术，比如线性规划、非线性规划、动态规划和拉格朗日分析方法，如今都在电网中得到应用。然而，像先前讨论那样，关心的问题是它们是否灵活以及足够强大去处理不断发展的智能电网的需求。最简单并且使用范围最广的优化技术之一是线性规划。目标函数即式（11.6），限制条件即式（11.7）：

$$\max c^T x \tag{11.6}$$

$$使得 Ax \leqslant b \tag{11.7}$$

因为问题被认为是线性的，所以约束形成一个凸面体；这形成可以寻求最优值的可行空间，其中最优值是由目标函数指定的。有几种解决线性规划问题的方法，其中单形技术是最受欢迎的。线性规划仅限于静态问题；它不适用于智能电网中面临的非线性、随机问题。

非线性规划设置了类似于线性的优化规划，见式（11.8）和式（11.9）：

$$\max_{x \in X} f(x) \tag{11.8}$$

$$f:R^n \to R, X \subseteq R^n \tag{11.9}$$

库恩塔克（Karush - Kuhn - Tucker）条件为确定最优解提供了充分必要的条件，经常用于寻找最佳方案。在计算方面，非线性规划比线性规划更加繁冗；并且

非线性规划也存在类似问题，即变量必须是静态值。而且解决方案通常是复杂的优化，可能导致不准确的结果。

整数规划是线性规划的另一种变体，表达式如下：

$$\text{最大化} \qquad\qquad P(x) \sum_{j=1}^{n} c_j x_i \qquad\qquad (11.10)$$

$$\text{约束条件为} \qquad\qquad \sum_{j=1}^{m} \left(\sum_{i=1}^{n} a_{ij} x_j \leq b_i \right) \qquad\qquad (11.11)$$

这种优化的关键特性是在纯整数规划或混合整数规划中，只要有部分是整数值，所有的 x_j 都是整数。解决方案技术通常涉及详尽的搜索和相应的大组合探索。同样，整数优化与之前讨论的其他形式的优化一样，也会遇到同样的问题。

11.3.2　动态规划

动态规划是另一种有用的计算型智能优化技术，在通信中很有名——利用 Bellman – ford 算法通过多跳转路径在网络中寻找最短路径传送数据包。

动态规划使用的最优性的必要条件，即贝尔曼（Bellman）方程，允许优化问题采用递归方式解决，递归方式即高效地将复杂问题拆分成一系列简单的小型的优化问题，从而建立最终最优化解决方案。这个方程具体地将最优化问题划分为当下时间的值和剩余时间等待被解决的值。"贝尔曼方程"一词具体指的是离散时间优化问题；对于连续时间优化问题，也有一个对应方程，即 Hamilton – Jacobi – Bellman 方程。我们简单介绍一下离散的贝尔曼方程，以便让读者了解通信如何在概念上支持这种计算技术。

首先考虑一个动态规划优化问题。以这类问题为代表，在离散时间 t 状态下是 x_t。决策过程将在 0 时刻开始，初始状态为 x_0，正如以上提到的，动态规划是一个递归过程；因此，在任何时间，剩余可能操作的集合取决于当前状态，其中 $a_t \in \Gamma(x_t)$。这个动作 a_t 表示一个控制变量的值。当采取行动 a 时，从状态 x 变为状态 $T(x,a)$。采取行动 a 在状态上的"回报"是 $F(x,a)$。还有一个因素 $0 < \beta < 1$ 表示必须尽快找到一个解决方案。直观地说，这个权重的值控制着这个方案是否能够被快速选用而不是等待一个更好的。无限范围的决策问题在下式中表示：

$$V(x_0) = \max_{\{a_t\}_{t=0}^{\infty}} \sum_{t=0}^{\infty} \beta^t F(x_t, a_t)$$

$$\text{约束条件为} \qquad\qquad\qquad\qquad\qquad\qquad\qquad (11.12)$$

$$a_t \in \Gamma(x_t) \ \forall t = 0,1,2,\cdots$$

$$x_{t+1} = T(x_t, a_t) \ \forall t = 0,1,2,\cdots$$

式中，$V(x_0)$ 是目标函数的最优化值，它是初始状态变量在时刻 0 的函数。动态规划方法采用"最优原则"将这个决策问题划分为一个个小的子问题，当最优策略有这样的属性，无论最初状态和最初决策是什么，剩余决策一定与第一个决定所产生的状态共同组成最终的最优策略（Bellman，1952）。

最优策略具有以下属性：无论初始状态和初始决策是什么，其余决策必须针对第一个决策产生的状态制定最优策略。

我们可以以最优原则来看式（11.12），这个方程有两个部分：①最初决策；②所有剩余决策。第一个决策确定之后，就少了一个剩余决策需要去决定。剩余决策同样也可以分为两个部分：①下一个要做的决策；②在这个决策之后的所有剩余决策。这种递归方法一直继续下去直到没有决策剩余，找不到更好的优化值。因此，重新整理式（11.12）使得现在和未来的决策可以区分开：

$$V(x_0) = \max_{a_0}\{F(x_0,a_0) + \beta[\max_{\{a_t\}_{t=1}^{\infty}}\sum_{t=1}^{\infty}\beta^{t-1}F(x_t,a_t)]\}$$

（11.13）

使得 $\quad a_t \in \Gamma(x_t), x_{t+1} = T(x_t,a_t) \forall t = 1,2,\cdots$

约束条件为 $\quad a_0 \in \Gamma(x_0)$ 和 $x_1 = T(x_0,a_0)$

式（11.13）显示了递归过程的第一个步骤，其中 a_0 的最优值已经确定，使得 $x_1 = T(x_0,a_0)$。整个过程可能会随着时间的增加而重复。式（11.13）可以简化后组成贝尔曼方程，通过观察方括号内右边显示的是一个决策问题从状态 $x_1 = T(x_0,a_0)$ 开始的时间。因此，可以将问题重新写成函数值的递归定义：

$$V(x_0) = \max_{a_0}\{F(x_0,a_0) + \beta V(x_1)\}$$

（11.14）

约束条件为 $\quad a_0 \in \Gamma(x_0)$ 和 $x_1 = T(x_0,a_0)$

式（11.15）是更为简化的形式，其中时间指标的下脚被舍弃，下一状态的值被函数 $T(x,a)$ 的值所代替：

$$V(x) = \max_{a \in \Gamma(x)}\{F(x,a) + \beta V(T(x,a))\}$$
（11.15）

通过求解价值函数 $V(x)$，描述作为状态函数最优动作的函数 $a(x)$ 也就随即确定了。

11.3.3 随机规划

一种将线性规划扩展到概率问题领域的技术是随机规划。换言之，随机规划是并入不确定性的最优化框架。目标就是在给定范围内，将随机的参数和变量组合起来，然后确定一个已知参数给定的概率范围内最优可行的解。最优解决方案通常是根据随机变量参数值最大化目标函数的期望值。

不难想象，智能电网的很多方面都是有概率的。可再生能源发电取决于在一段时间内可获得的太阳能和风能的多少；正如我们所知道的，预测天气是一种高概率的活动。负载的数量也是有概率的，特别是与需求响应对应的发电和能量储备（Kristoffersen，2007；Xiao 等，2000）。

两阶线性规划包含了以上随机优化的要求。在两阶线性规划中，优化过程在第一个阶段确定，然后随机事件发生会影响第一个阶段的结果。第二阶段的优化尝试补偿随机事件对第一阶段最优结果的影响。两阶段随机规划的一个关键假设是，利用现有数据进行优化；它不需要等待未来的观察和测量。

更具体地说，它的概念是对于现在发生的事情和之后允许发生的随机事件，选择 x 来确定最优控制；接下来，得知随机事件的结果后，采取一个行动 y 去纠正随机事件的影响。因此，是两个时期或者说两阶。在第一阶段，利用到的数据是确定的，而第二阶段使用的数据是随机的。

第一阶段问题的架构是

$$\min c^{\mathrm{T}}x + E_{\omega}Q(x,\omega)$$

约束条件为

$$Ax = b \tag{11.16}$$

$$x \geqslant 0$$

这里，随机规划是用于使第一时期 $c^{\mathrm{T}}x$ 的已知成本最小化，以及第二——未来——不确定时期的成本 $E_{\omega}Q(x,\omega)$ 和第二时期的追索权决策，在式（11.17）中定义。第一阶段约束是 $Ax = b$。在式（11.17）中，修正或追索成本 $Q(x,\omega)$ 取决于第一阶段优化值 x 和 ω，随机事件可能会改变优化的结果：

$$Q(x,\omega) = \min d(\omega)^{\mathrm{T}}y$$

约束条件为

$$T(\omega)x + W(\omega)y = h(\omega) \tag{11.17}$$

$$y \geqslant 0$$

注意第二阶段优化的结果是 $y(\omega)$。可以看到损失 $d(\omega)^{\mathrm{T}}$ 正在被减小，但是它受到追索函数 $T(\omega)x + W(\omega)y = h(\omega)$ 的限制。这个约束可以解释在第一个阶段中做出一个潜在的非最佳选择所需的任何操作的代价。例如，如果我们正在决定多少能量用于存储给定负载和生产预测时，此时约束将对采购能量的成本做出解释，是在没有以较低价格重新扩充存储能量之后使得之前决定变成非最佳选择后，用于给能源储存系统充电的。这种随机规划利用了"不可预测性"的性质，意味着第一阶段的 x 与第二阶段的 y 是相互独立的，未来是未知的，没有已知的未来的信息可以用于优化初始结果。

需要注意的是，我们并不局限于两个阶段；可能存在多阶随机优化问题。未来可以更清晰地认识到这点，问题可以通过引进唯一的第二阶段的 y 变量，以确定的形式表示：

$$\min c^{\mathrm{T}}x + \sum_{i=1}^{N} p_i d_i^{\mathrm{T}} y_i$$

约束条件为

$$Ax = b$$
$$T_i x + W_i y_i, \; i = 1, \cdots, N \tag{11.18}$$
$$x \geqslant 0$$
$$y_i \geqslant 0, \; i = 1, \cdots, N$$

式中，有 N 阶，p_i 是第 i 阶出现的概率。不可预测性在这里仍然适用；第一阶段优化不能利用任何随后或未来阶段的确定信息。优化在所有可行的 x 和 y_i 上同时进行，在第一阶段，x 必须是在所有未来阶段都是最优的。

11.3.4　拉格朗日松弛

用来帮助解决复杂线性程序的技术被称为拉格朗日（Lagrangian）松弛。这是一个近似解，从某种程度上来说，用精准度换取计算可跟踪度。这个概念是相当简单的，从一个标准线性规划问题 $x \in R^n$ 和 $A \in R^{m,n}$ 开始：

约束条件为

$$\max c^T x$$
$$Ax \leqslant b$$

(11.19)

接下来，松弛部分允许一些灵活性在约束中呈现。A 的约束可以以这样的方式进行分区：$A_1 \in R^{m_1,n}$，$A_2 \in R^{m_2,n}$，$m_1 + m_2 = m$，如下：

$$\max c^T x$$

(11.20)

约束条件为

$$A_1 x \leqslant b_1$$

(11.21)

$$A_2 x \leqslant b_2$$

(11.22)

式（11.22）的约束可以被移动到目标函数中，即

$$\max c^T x + \lambda^T(b_2 - A_2 x)$$

(11.23)

约束条件为

$$A_1 x \leqslant b_1$$

(11.24)

注意到 $\lambda = (\lambda_1, \cdots, \lambda_{m_2})$ 是一个非负权重矢量。既然约束在目标函数中，约束可以被违反；然而，这样的违规会受到惩罚，满足约束条件会受到奖励。接下来的挑战是选择最好的权重 λ。权重可以合并到优化问题中，这样我们选择了权重的同时也尽量使式（11.24）的值最小化。换句话说，权重使最大值最小化时产生了最精确的解决方案。

11.3.5　通信复杂度

正如我们在第 11.2.3 节中学到的活跃网络，最重要且最不确定的争论是通信和计算之间的关系，包括何时何地如何在通信系统中进行计算，以及何时、何地、如何在计算中最有效地利用通信。Kolmogorov 的复杂度解决了信息复杂度的概念，这是一个能产生信息的最小的程序。通信复杂度几乎是相反的：它认为进行计算所需的通信量是最小的。在理想情况下，通信复杂度会产生用最少通信实现目标的系统设计。不幸的是，像 Kolmogorov 复杂度、通信复杂度很难应用在实际系统的通用计算中。然而，它确实提供了对简单、容易分析的场景的观察。

通信复杂度的基本模型可以很简单地看成两个实体，通常被称为爱丽丝（Alice）和鲍勃（Bob），它们各自有仅自己知道的信息。对于爱丽丝和鲍勃来说目标就是共同计算一个函数，需要将它们知道的所有信息作为输入，同时尽可能进行一点交流。这个函数可以被定义为：$f:X \times Y \rightarrow Z$，其中 X 是爱丽丝知道的信息，Y 是鲍勃知道的信息。由于目标是为了减小通信需要的总数目，假设爱丽丝和鲍勃都有无限计算的能力供它们支配。

这里用一些简单的例子来说明这个概念是如何工作的。假设这个函数是为了决定平等的条件是否适用于爱丽丝和鲍勃的信息。换言之，爱丽丝位数等于鲍勃位数么？见式（11.25），函数见式（11.26）：

$$EQ_n : \{0,1\}^n \times \{0,1\}^n \rightarrow \{0,1\}$$

(11.25)

$$EQ_n(x,y) = \begin{cases} 1 & \text{如果 } x = y \\ 0 & \text{其他} \end{cases} \qquad (11.26)$$

对这个（或几乎任何）函数最简单的解决方案是让一方发送它所有信息给另一方。因此，爱丽丝将它所有位数传递给鲍勃，总共占通信 $n+1$ 位，其中 n 是爱丽丝给鲍勃传输的信息，还有一位是鲍勃对结果的回应。当然，如此简单的方案并非通信复杂度的目标。它的目的是在考虑所有可行方案的情况下，找到通信所需的最小数量。

判定奇偶性是一个比较有意思的例子，见下式：

$$PARITY_n(x,y) = \oplus_{i=1}^{n}(x_i \oplus y_i) = \begin{cases} 1 & \text{如果 } \sum_{i=1}^{n}(x_i + y_i) \equiv 1(\bmod 2) \\ 0 & \text{其他} \end{cases}$$

$$(11.27)$$

这里，爱丽丝可以像之前一样将所有位数传输给鲍勃。然而，当替代方案需要较少通信时，从通信的角度来看这是很昂贵的。取而代之，爱丽丝可以发送 $\oplus_{i=1}^{n} x_i$，即只发送代表位异或的单个位。由于 $\oplus_{i=1}^{n}(x_i \oplus y_i) = (\oplus_{i=1}^{n} x_i t) \oplus (\oplus_{i=1}^{n} y_i)$，所以上述做法是可行的。因此，总通信成本只有两位：一个代表爱丽丝的异或位和鲍勃回复给爱丽丝的一位。

希望通过这些简单入门的例子，让大家了解通信复杂度的本质。这里还有很多更高级的例子，有关用于使通信成本最小化的具体函数以及通信复杂度的一般界限。比如，在计算函数时，爱丽丝和鲍勃之间的通信可以用树来表示。树的叶子是互相作用的结果，树的高度代表通信的成本。然而，与其他形式的复杂度一样，对于任何复杂的函数，缺乏单一的易归纳的用于计算通信复杂度的方法，同时妨碍了这个潜在有用的概念的广泛应用。

通信复杂度帮助理解电网中通信与计算之间的权衡，特别是分布式控制和需要低延迟也需要来自广泛分布源的信息的保护系统。

11.4　电网中的机器智能

无论通信量多少，机器智能都是智能电网的一个显著特征。本节介绍了一些典型的机器学习方法。我们从神经网络开始。在所有这些方法中，请记住它们在智能电网中的分布和通信需求。

11.4.1　神经网络

由人工智能派生出来的知名技术是人工神经网络。人工神经网络起源于 1957 年的感知机器，即一个输入、两个可能输出的监督分类算法。它是一个基于线性预测器、结合一系列描述一个已知输入并带特征向量的权重进行预测的分类算法。后来证明，感知器无法通过学习对许多类型的问题进行分类。但是，感知器只是一个单一的前馈网络结构。人工神经网络受到生物中枢神经系统的结构和假定操作的启发，中枢神经系统伴随有许多不同层次的相互复杂连接的神经元。人工神经网络有一个学习阶段，可以调整它自身的结构。一般来说，当它学会正确地分类信息时，可以通过改变其联系的权重来调整结构。人工神经网络在电网中的使用已经被广泛地研究过。我们希望人工神经网络能够学会从复杂的、不精确的或缺少的值的数据中提取意义。事实上，它们应该能够比人类或其他机器学习技术做得更快更好。

人工神经的"正常"（即非学习）模式网络是相对简单的。网络中每一层每一个节点获取来自前一层所有节点的输入。使 X_j 作为当前层节点 j 的输出，使 y_i 作为前一层节点 i 给当前层节点 j 的输入。获取正确结果的关键是每一个输入都被一个值 W_{ij} 加权。这代表神经连接影响当前层当前节点 j 的强度。对所有的加权输入求和，如下：

$$X_j = \sum y_i W_{ij} \tag{11.28}$$

节点 j 的输出是 y_j，X_j 是典型的加权求和的函数。多层感知机函数经常被使用，如下：

$$y_j = \frac{1}{1 + e^{-X_j}} \tag{11.29}$$

如果权重 W_{ij} 设置恰当，最后一层每个节点的输出将对输入序列进行正确分类。然而，设置权重是下一个要考虑的挑战。这可以 通过一个被称为反向传播的训练过程自动完成。在这个过程中，已知的结果会提供输入序列。这种方式可以计算错误并反馈到网络中，从而适当地调整权重。我们知道 y_i 是最后一层节点 i 的输出。由于已知正确结果，对于节点 i，它的值是 d_i。因此，误差 E 是

$$E = \frac{1}{2} \sum_i (y_i - d_i)^2 \tag{11.30}$$

误差导数是衡量输出单位变化时误差变化的速度。误差导数 EA_j 是

$$EA_j = \frac{\partial E}{\partial y_i} = y_i - d_i \tag{11.31}$$

接下来，确定输入变化时的误差的变化率 EI_j：

$$EI_j = \frac{\partial E}{\partial x_j} = \frac{\partial E}{\partial y_j} \times \frac{\partial y_j}{\partial x_j} = EA_j y_j (1 - y_i) \tag{11.32}$$

接下来，确定当单个权重变化时误差的灵敏度 EW_{ij}：

$$EW_{ij} = \frac{\partial E}{\partial W_{ij}} = \frac{\partial E}{\partial x_j} \times \frac{\partial x_j}{\partial W_{ij}} = EI_j y_j \tag{11.33}$$

最后，确定当前一层的一个特殊节点变化时，误差变化的速度：

$$EA_i = \frac{\partial E}{\partial y_i} = \sum_j \frac{\partial E}{\partial x_i} \times \frac{\partial x_i}{\partial y_j} = \sum_j EI_j W_{ij} \tag{11.34}$$

式（11.31）~式（11.34）使我们看到了神经权重对于误差的影响，允许我们适当调整权重以使误差最小化。总之，反向传播的步骤首先使用训练输入序列执行

正常的前向传播，即应用训练输入并读取人工神经网络的输出，确定误差量。然后应用误差的反向传播去调整权重。我们想要以这种方式调整权重来使节点对误差贡献值最小化。由于使用具有已知输出的训练输入，故可以确定误差量和输出增量。可以将输出增量和激活权重梯度的输入相乘。因此，需要通过从权重中减去它的一部分来使权重沿误差梯度的相反方向移动。减去的比例会影响到训练过程的速度和质量，被称为学习速度。网络中每一层的每一个节点都要执行这个过程。训练序列被重复应用，并且反向传播过程一直发生直至误差最小。

11.4.2　专家系统

专家系统是由人工智能开发的一种著名的方法，已经应用到电网的许多方面。第一个专家系统在 20 世纪 80 年代建立起来，20 世纪 90 年代被广泛利用。专家系统利用规则来尝试模仿人类专家做决策的能力。规则是由知识渊博的工程师开发和编码的。然而，实际使用的具体规则和它们使用的顺序完全由当下场景和待解决的问题来决定。专家系统包括两个部分：①推理机，不管是否处在特殊应用中都是固定的；②知识库，由具体到特殊应用的一套规则组成。推理机使用规则推断特殊问题，试图模仿人类回忆和组装规则去推理问题的方式。不像神经网络，专家系统有能力查询它们是如何做出决策的。

规则是使用逻辑的形式来操作的。命题逻辑、预测、认知逻辑、模型逻辑、时间逻辑、模糊逻辑是一些可能的逻辑形式。预测和命题逻辑的使用是最容易理解的，采用如果 – 就（if – then）的形式。通过使用各种逻辑，专家系统能够从知识库和请求的输入数据生成新信息以解决特定问题。

专家系统可以使用正向串行问一些关于使用者的基础问题，在它构建解决方案时。在反向串行中，专家系统会假设一个解决方案，从反向来运行，企图验证这个方案。混合串行也是可行的，是前向与后向串行的结合。高级专家系统能够确定用户输入或知识库中的矛盾，并能对用户的矛盾做出清晰的解释。还有，像之前提及的，问专家系统如何得到特定结果或者向它询问为什么要请求特定的数据都是可行的。

专家系统的一个缺点是针对具体应用的规则需要工程师或多或少地人工编程。知识库会变得极其巨大和难管理，将导致错误和不一致的规则。当专家系统已经发展到可以帮助工程师选择和管理规则的水平时，这个过程将会变得单调且耗时。

11.4.3　模糊逻辑

模糊逻辑允许我们从确定、清晰、观测数据（比如是 – 否或真 – 假）转化为不确定、模棱两可、模糊的数据或结果。然而，辨别真理度和可能性之间微妙的区别是很重要的，这与概率的解释相关联。概率指物理结果，所有可能结果都是已知的，但是每一种结果的可能性都可以被估计出来。然而，概率还可以指证据权重、事情为真的可信度。这是之后对模糊逻辑应用的解释。但是，请注意，概率的两种解释可以以类似的方式运行，利用 0 和 1 之间的概率。换言之，模糊逻辑处理被模糊化现象蒙蔽的真理度；物理概率是对结果一无所知的模型。

图 11.1 展现了模糊逻辑系统的高级体系结构。观测输入通过返回模糊值的模糊器。模糊规则通过模糊逻辑推理机得到应用，导致模糊输出。模糊输出通过解模糊器，产生观测输出。

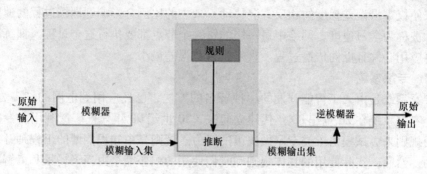

图 11.1　模糊逻辑系统将正常数值（即原始数据）转化成模糊数据。实现模糊逻辑的规则应用在那个数据上。模糊结果被转化为观测数据，是最终的输出。
来源：Mendel，1995，经 IEEE 允许复制

记住这里只有一个简明的介绍，是为了让我们对技术如何工作有一个快速、直观的感受。模糊逻辑已经被应用在各种不同的应用程序中，包括电网和控制系统中。模糊逻辑的关键是来属函数 $\mu_A(x)$，它定义了 x 在 A 中的隶属度。一个元素可以同时有多个结合的隶属关系。行动发生在隶属函数中。一个直观的例子在式 (11.35) 中呈现，其中给出了补集或者补运算：

$$\bar{\mu_A}(x) = 1 - \mu_A(x) \tag{11.35}$$

根据试验：

$$\begin{array}{ll} \text{MAX} & \max\{\mu_A(x), \mu_B(x)\} \\ \text{ACCUMULATED SUM} & \mu_A(x) + \mu_B(x) - \mu_A(x)\mu_B(x) \\ \text{BOUNDED SUM} & \min\{1, \mu_A(x) + \mu_B(x)\} \end{array} \tag{11.36}$$

和

$$\begin{array}{ll} \text{MIN} & \min\{\mu_A(x), \mu_B(x)\} \\ \text{PROD} & \mu_A(x)\mu_B(x) \\ \text{BOUNDED DIFFERENCE} & \max\{0, \mu_A(x) + \mu_B(x) - 1\} \end{array} \tag{11.37}$$

各自展现了最大和最小运算可以应用在模糊逻辑"或"和"与"中。然而，注意还有很多其他可能的方式去定义模糊运算。

多重返回值可能需要以某些方式结合起来推断结果。式 (11.38) 中展现一些表示这些推断的例子：

$$\text{MAXIMUM} \quad \max\{\mu_A(x),\mu_B(x)\},$$

$$\text{BOUNDED SUM} \quad \min\{1,\mu_A(x)+\mu_B(x)\},$$

$$\text{NORMALIZED SUM} \quad \frac{\mu_A(x)+\mu_B(x)}{\max\{1,\max\{\mu_A(x'),\mu_B(x')\}\}} \tag{11.38}$$

最终，结果经常需要被转换成清晰答案，也就是我们习惯处理的数据。式 (11.39) 显示了将模糊答案转换成清晰结果的各种方法，其中 U 是解模糊器的结果，u 是输出变量，p 是单件的数量，μ 是累加之后的隶属函数：

$$\text{重心} \quad U = \frac{\int_{\min}^{\max} u\,\mu(u)\,\mathrm{d}u}{\int_{\min}^{\max} \mu(u)\,\mathrm{d}u}$$

$$\text{单件的重心} \quad \frac{\sum_{i=1}^{p}[u_i\mu_i]}{\sum_{i=1}^{p}[\mu_i]}, \tag{11.39}$$

$$\text{最左边的最大值} \quad U = \inf(u'),\ \mu(u') = \sup(\mu(u))$$

$$\text{最右边的最大值} \quad U = \sup(u'),\ \mu(u') = \sup(\mu(u))$$

11.4.4 进化计算

有一类被称为进化计算的人工智能算法，它有许多解决最优化问题的方法。在这些方法中，共同元素是它们都包含试图朝着最优解成长的种群，或者至少含有这种种群的特定部分。其思想是，这个特定组成部分代表了大量适应性强的潜在的解决方案，一起探索可能的解决方案的整个空间；自然环境对这种方式的运用通常被作为算法灵感的来源。例子包括遗传算法、蚁群优化（ACO）和 PSO。在考虑相关通信过程，这些算法通过优化问题各元素之间的大量通信后都可以轻松地分布化或并行化。这些技术中的变体总是试图限制元素之间互动的数量，从而达到更高的效率。

11.4.4.1 遗传算法

由名称可以看出，遗传算法试图效仿物种种群中的基因变异，优化在不断变化环境中生存的机会。在遗传算法中，有一组染色体，每一个染色体对优化问题都编码一个潜在的解决方案。染色体相互交换遗传物质，试图改善它们的适应能力。注意，使用者需针对特定优化问题，详细说明相应的适应能力。目标是为了使染色体组适应和进化，以提高它们的整体适应性。染色体作为基因型，和它的"基因"材料之间是有区别的，从它所表达的编码方案的角度又被称为表现型。

为避免掉入局部最佳状态，进化通常源于一个随机编码染色体。这个过程被划分为不同时期，即代，不同时期最适应的染色体被选择去经历潜在的基因运算。这些包括重组（基因型的随机交换）、交叉或者变异。运算的结果形成了下一代，这个过程一直重复进行。该过程会继续下去直到某一代没有足够数量通过测试，或者目标适应水平已经满足。

11.4.4.2 粒子群优化

PSO 是另一种进化的利用可行方案的数量，即粒子的计算技术。这些粒子可以移动，同时改变位置和速度，它们以群的形式穿过可行方案空间。在遗传算法中没有遗传物质的交换，取而代之的是，粒子之间有信息交换。这些粒子是由它们以前对当地最佳位置的了解和群中所有粒子总体最佳位置导向的。因此，不是遗传进化为了更好适应社会，而是一个朝向寻找空间中更佳位置的粒子群行为，像是鸟群或鱼群一样。PSO 已经广泛应用于各种各样的应用中，包括电力系统（Del Valle 等，2008）、通信（Kulkarni 和 Venagamoorthy，2011）。和很多先进算法一样，没有办法保证最优解决方案是明确的数学方案，而是利用梯度确保向最优方案靠拢。PSO 的优点是问题不需要是连续或者可微分的，允许潜在的解决方案解决其他棘手问题。因此，对于不规律、有噪声和一直变化的问题很有用。

很多先进计算技术的另一个问题是收敛于局部极小值上。随机化或随机突变经常用于避免这样的极小值。在 PSO 中，局部极小值是通过忽略整体最佳位置和使用子群位置的函数来避免的，即粒子的一个子集。如果粒子被认为是可以互相交流的，那么这样组建的假想网络就是 PSO 的拓扑结构。PSO 技术的变种可以利用不同的拓扑结构决定最佳移动方式。

更确切地说，算法首先创造一群在研究空间中随机分布并以随机速度运动的粒子。正如在遗传算法中，每个粒子的适合度由具体的优化目标决定。每一个粒子 i 会跟踪它的历史最佳位置 pbest_i，它的当前位置是 p_i，粒子群中的最佳粒子是 g。然后，所有粒子会更新它们的位置和速度：

$$\begin{cases} \vec{v_i} \leftarrow \vec{v_i} \, \vec{U}(0,\phi_1) \otimes (\vec{p_i} - \vec{x_i}) + \vec{U}(0,\phi_2) \otimes (\vec{p_g} - \vec{x_i}) \\ \vec{x_i} \leftarrow \vec{x_i} + \vec{v_i} \end{cases} \tag{11.40}$$

$\vec{U}(0,\phi_i)$ 是均匀分布随机数 $[0,\phi]$ 的矢量；$\otimes$ 代表分量形式的乘法。每一个粒子的速度为 $[-V_{max}, +V_{max}]$。因此，我们可以看到每一个粒子倾向于随机移动至由它自身最佳位置和整体最佳位置组合起来的位置。就像在遗传算法中，这个过程会重复给定迭代次数，或者一直重复直到结果足够接近理想值。

我们发现速度在向最优解收敛的效率中起到了重要的作用。如果速度太快，这个群体会超过潜在的解决方案，可能永远不会收敛；然而，如果速度太慢，这个群体会占据大量时间去接近解决方案。PSO 的一个变体使用了一种自适应的速度，如下：

$$\begin{cases} \vec{v_i} \leftarrow \omega \vec{v_i} \, \vec{U}(0,\phi_1) \otimes (\vec{p_i} - \vec{x_i}) + \vec{U}(0,\phi_2) \otimes (\vec{p_g} - \vec{x_i}) \\ \vec{x_i} \leftarrow \vec{x_i} + \vec{v_i} \end{cases} \tag{11.41}$$

这里，速度被 ω 调整，开始会较快，允许一个最初的快速搜索，然后随着时间开始降低，使得群体能够简单地收敛到最优解。PSO 的概念在调优算法上有很大的发展空间，所以，存在很多其他的变体。

11.4.4.3　蚁群优化

在进化计算的概念中，蚁群优化（ACO）是另一个变种。正如名字所暗示的，它从大量蚂蚁的运动中获得灵感，蚂蚁在寻找食物的过程中似乎自发地组织起来。因此，这一概念适用于沿着图形寻找路径，天然可用于通信网络和路由中，也可以应用在旅行商问题中。

蚂蚁们最初似乎是随机漫步直至它们找到食物。当它们将食物带回巢穴时，它们留下了一条信息素组成的轨迹，使得其他蚂蚁可以跟随过来。当其他蚂蚁跟踪这条轨迹时，获得找到食物的奖励，它们也回到巢穴，通过排放更多的信息素来加强这条轨迹。为了抵消不断累加的信息素，信息素随着时间的推移挥发。所以，轨迹是可以随时间改变和调整的。信息素轨迹的挥发是很重要的，因为当它为蚂蚁指引一个特定的方向时，它会减弱以至散失气味的同时随机流失，使得蚂蚁探索更多空间，避免陷入潜在局部小区域。而且，带较少运输量（通信量）的较长的轨迹往往比被加强循迹的较短的轨迹消散信息素更快。因此，较长较少优化的路径被遗忘，较短的优化的轨迹会被加强，最终在网络中产生最优最短的路径。这种利用环境去存储和交流信息（比如，利用信息素）的想法被称为间接通信。

11.4.5　自适应动态规划

注意，我们所回顾的计算以及机器学习的技术都与解决优化问题相关。这对智能电网来说是重要的，因为通信用于传输信息，这些信息最终涉及控制电网或者收集用于状态评估或者发出控制命令的信息。控制系统的稳定性是很重要的；不稳定的控制系统会振荡很大，永远不会收敛到正确的响应。当稳定性是至关重要的时候，一个更加严格的要求是最优控制，即系统以这样的方式回复的能力，从而达到要求的控制动作，同时满足使动作尽可能高效的限制条件。换言之，以这样的方式完成控制，同样也满足优化的目标函数的要求，比如使损耗尽可能小或者使给定的效用最大化。因此，最优控制问题包括作为状态和控制变量的函数的成本。在最优控制中，当完成系统预想的控制时，控制反应应该保证状态和控制变量使损耗最小化。一个简单的例子是汽车的自动调速。该控制系统可以在不同状态下达到想要的速度。比如，它在最小化燃油消耗的同时达到预定速度，或只是为了尽可能快地达到预定速度，亦或当减小加速和猛拉时它也可以通过机械系统和乘客的经验达到预定速度，减少磨损和拉伤。在所有情形中，控制系统试图保持相同的速度，但是这样做的方式可能会有所不同，可以选择在不同情况不同时间选择加速或者减速。很重要的一点是最优控制系统需要保持稳定。

自适应动态规划（ADP）技术允许最佳的有效形式，从而实现稳定的控制。让我们快速直观地了解一下这个概念。回忆最佳性原则，与第一个决策的状态结果有关的剩余决策必须是最优的。

式（11.42）表示离散时间非线性系统，其中 x 是状态矢量，u 是控制动作，F 是系统函数：

$$x(k+1) = F[x(k), u(k), k], \ k = 0, 1, \cdots \tag{11.42}$$

如前所述，可以将控制动作与成本联系起来，如下：

$$J[x(i), i] = \sum_{k=i}^{\infty} \gamma^{k-i} U[x(k), u(k), kt] \tag{11.43}$$

式中，U 是实用函数；γ 是折算系数，即接近最佳的结果会等待更久的代价。

因此，最优控制竭力寻找针对时间 $k = i$，$i+1$，$\cdots$ 的序列 $u(k)$，以使成本 J 最小化。从本章前面可以知道，我们可以以下述形式应用贝尔曼方程：

$$J^*(x(k)) = \min_{u(k)} t\{U(x(k), u(k)) + \gamma J^*(x(k+1))\} \tag{11.44}$$

这里，最优控制决策 $u^*(k)$ 使式（11.44）最小化：

$$u^*(k) = \arg\min_{u(k)} \{U(x(k), u(k)) + \gamma J^*(x(k+1))\} \tag{11.45}$$

这个问题的连续时间表达形式如式（11.46）所示，执行代价如式（11.47）所示：

$$\dot{x}(t) = F[x(t), u(t), t], \ t \geqslant t_0 \tag{11.46}$$

$$J(x(t)) = \int_0^{\infty} U(x(\tau), u(\tau)) \mathrm{d}\tau \tag{11.47}$$

贝尔曼最优原则以相似方式应用在连续时间问题中。这里，最优代价 $J^*(x_0) = \min J(x_0, u(t))$ 采用 Hamilton – Jacobi – Bellman 方程的如下形式：

$$-\frac{\partial J^*(x(t))}{\partial t} = \min_{u \in U} \left\{ U(x(t), u(t), t) + \left(\frac{\partial J^*(x(t))}{\partial x(t)} \right)^{T} \times F(x(t), u(t), t) \right\}$$

$$= U(x(t), u^*(t), t) + \left(\frac{\partial J^*(x(t))}{\partial x(t)} \right)^{T} \times F(x(t), u(t), t) \tag{11.48}$$

作为附注，如果系统是线性的、代价函数是二次的，最优控制采用线性反馈控制系统的形式，这样增益可以通过 Riccati 方程决定。然而，一般控制系统不满足这些条件，采用标准动态规划方法来解决，问题变得很棘手。作为替代方案，基于人工智能的方式正寻找近似最优控制解决方案。其中一种方式是使用人工神经网络去近似代价函数，被称为"批评家"。针对这个概念，有很多不同的名称，包括自适应批评家设计、近似动态规划、渐近动态规划、ADP、启发式动态规划、神经元动态规划、动态神经规划和强化学习。

ADP 的两种具体实现分别是启发式动态规划（HDP）和双重启发式编程介质（DHP）。ADP 的焦点是评估代价函数。然而，找到最优控制决策也要求理解环境。

HDP 通过减小误差，发现对代价 $\hat{J}$ 的评估、式（11.43）对 J 的评估，因此

$$\|E_{\mathrm{h}}\| = \sum_k E_{\mathrm{h}}(k) = \frac{1}{2} \sum_k \left[\hat{J}(k) - U(k) - \gamma \hat{J}(k+1) \right]^2 \tag{11.49}$$

式（11.49）是离散时间方程，因此 $\hat{J}(k) = \hat{J}[x(k), u(k), k, W_\mathrm{C}]$，$W_\mathrm{C}$ 表示批评家（critic）人工神经网络的参数。一旦对 k 的所有误差都趋向于 0，有

$$\hat{J}(k) = \sum_k \left[U(k) + \gamma \hat{J}(k+1)t \right] \tag{11.50}$$

在式（11.51）中对收益有一个小小的重新安排，和式（11.43）一样：

$$\hat{J}(k) = \sum_{i=k}^{\infty} \gamma^{i-k} U(i) \tag{11.51}$$

DHP 评估代价函数的导数或者梯度。注意较小代价函数与在人工神经网络反向传播中减小误差是类似的。为了减小代价函数的梯度，同样采用式（11.49）中定义组成误差测量的方式。梯度的结果误差函数是

$$\| E_\mathrm{D} \| = \sum_k E_\mathrm{D}(k) = \frac{1}{2} \sum_k \left[\frac{\partial \hat{J}(k)}{\partial x(k)} - \frac{\partial U(k)}{\partial x(k)} - \gamma \frac{\partial \hat{J}(k+1)}{\partial x(k)} \right]^2 \tag{11.52}$$

与之前误差测量定义类似，$\dfrac{\partial \hat{J}(k)}{\partial x(k)} = \dfrac{\partial \hat{J}[x(k), u(k), k, W_\mathrm{C}]}{\partial x(k)}$，$W_\mathrm{C}$ 又一次表示批评家人工神经网络的参数。当误差趋向于 0 时，有式（11.53），也可以从式（11.52）中看出：

$$\frac{\partial \hat{J}(k)}{\partial x(k)} = \frac{\partial U(k)}{\partial x(k)} + \gamma \frac{\partial J(k+1)}{\partial x(k)} \tag{11.53}$$

11.4.6　Q – Learning 算法

Q – Learning 是强化学习的一种。强化学习将动态规划和监督学习相结合，以实现"更智能"的控制形式：一种可以学习的控制算法。动态规划（本章之前学习过），在能解决的问题的大小和复杂度上有局限。另一方面，监督学习要求需要培训样本来学习。强化学习试图结合动态规划的效率和监督学习的学习能力。理想上来说，目标是允许代理通过与环境交流以及从实验和错误中学习控制算法。然而，允许实际控制系统自由地从经验中学习是很少有用的。举个例子，通过实际摧毁一架飞机来获取使飞机摧毁的行为。取而代之，实验可以进行仿真。实际上强化学习有三个部分：环境、强化函数和价值函数。正如提及到的，环境通常是模拟的。强化函数是强化结构寻找最大值的函数。强化函数的概念定义了一个学习系统应该完成什么。假定系统被状态和使状态变成另一个状态的动作定义。特定状态的值是强化部分的综合，强化部分从这个状态开始，跟随给定的方针到最后一个状态。价值函数是状态到使用任何函数近似的值的映射。

结果表明动态规划是表示价值函数的好方法。接下来考虑更加详细的说明。假定代理、状态 S、针对每一个状态 A 的一套动作。通过采取行动 $a \in A$，代理可以从一个状态移动至另一个状态。正如提及到的，每一个状态给代理提供报酬，以标量值表示。当然，代理学习动作，这个动作对每一个状态都是最佳的从而使总体报酬最大化。质量（即 Q – Learning 中的字母 Q）是状态与动作的结合：

$$Q: S \times A \to R \tag{11.54}$$

Q 的值是开发者设定的。剩余部分与动态规划十分近似。假定当前值，在新信

息基础上进行校正，如下所式：

$$Q(s_t,a_t) \leftarrow \underbrace{Q(s_t,a_t)}_{\text{旧值}} + \underbrace{\alpha_t(s_t,a_t)}_{\text{学习率}}$$

$$\times [\underbrace{R_{t+1}}_{\text{奖励}} + \overbrace{\underbrace{\gamma}_{\text{折算系数}} \underbrace{\max_{a_{t+1}} Q(s_{t+1},a_{t+1})}_{\text{最大未来值}}}^{\text{学到的值}} - \underbrace{Q(s_t,a_t)}_{\text{旧值}}] \tag{11.55}$$

式中，R_{t+1} 是在 S_t 中执行 a_t 后观察到的奖励；$\alpha_t(s,a)$ 是学习率（$0 \leqslant \alpha \leqslant 1$）。折算系数 γ 假定在 $0 \leqslant \gamma \leqslant 1$ 范围内。接下来，将注意力放在通信的概念上，通信宣称与机器智能合作，看看它们怎样与电网联系。

11.5 智能电网中机对机通信

物联网（IoT）似乎首先是随着射频识别（RFID）的发展而产生的，RFID 设备网络的概念具有唯一的识别任何对象的能力。这一术语由凯文·阿什顿于 1999 年首次提出。在一种观点中，物联网设想了机器对物理世界的感知以及与它的直接交互。因此，它将需要可识别的对象和它们虚拟的表示形式。然而，就像通常使用不精确的术语一样，它可能会获得新的生命，并被解释成许多不同的方式和不同的应用程序。

机器与机器（M2M）通信似乎具有类似的含义，尽管它的起源似乎不太清楚。M2M 通信的一个早期例子是众所周知的 OnStar 系统，它是一种支持自动车辆 - 基础设施通信的产品。该系统的一个关键特性是，车辆可以代表用户进行通信。M2M 和物联网背后的主线是缺乏人工干预：设备知道需要与谁通信并自动处理通信。尽管 M2M 和物联网最有可能被用来表示同样的事情，但因为物联网包含"互联网"这个词，往往意味着设备间通信的网络层方面，而 M2M 则倾向于表明这种通信的较低的物理方面。

显然，不断发展的电网几乎总是有设备直接与设备通信；因此，当人们使用 M2M 和物联网的术语时，重要的是要理解 M2M 和物联网是否为电网提供了独特的新想法，或者仅仅是学术术语。在接下来的讨论中，"M2M"这个词也会被认为包含物联网。

因为 M2M 意味着机器指令的通信，而没有人直接参与到循环中，所以参与的机器需要某种程度的"智能"才能：①"希望"通信；②"决定"与谁进行通信；③启动通信。因此，机器智能和机器学习将在 M2M 通信中发挥更大的作用，这是很自然的。

11.5.1 语义网

"M2M 通信"或"物联网"这一术语很不幸。它们只是简单地表达了机器之间相互通信的概念；有些机器和"东西"已经设计了几十年了。这些术语背后的不明确概念可能是完全由机器构思、发起和控制的通信。换句话说，机器之间互相通信。这涉及许多微妙的点。例如，机器的定义是什么？在什么时候它被认为是在启动它自己的通信？假设一个人在导线两端分别设置两个"机器"，分别测量电流、电流进入导线和电流离开导线。它们进行交流，以比较当前的测量值，当电流测量值大到足以被认为是故障的指示时，它们就会断开电路。这些是"机器"还是仅仅是传感器和执行器？是机器启动了自己的通信，还是这个场景太简单了，不能被认为是机器启动的通信？请注意，刚才描述的场景是电源保护中的一个常见场景，自 19 世纪初开始使用。

人们可能会设想更复杂的场景，机器对其他机器及其组件有"语义"理解，并开始进行通信，以便以一种人类不会考虑的方式实现目标。当然，这可能更接近 M2M 通信和物联网的意图。这意味着机器具有某种形式的推理能力。这个领域的研究正在被一些项目所解决，这些项目将自己与通俗的"语义网"联系在一起。

术语"M2M"和"物联网"仍然是定义不明确的概念；不同的人经常会对这些术语的含义有不同的想法。事实上，它们的定义是不明确的，这两个术语在同一个概念中经常可以互换使用。但这个概念到底是什么呢？当然，它涉及与其他设备自动通信的设备。一个简单直观的场景是，冰箱扫描包装以确定哪些物品丢失或供应不足，并自动为需要的物品提供订单。电网已经有了近一个世纪的通信设备，所以这个概念对于智能电网来说并不新鲜。作为一个具体的例子，微分故障检测要求每条线路两端的电流互感器互相通信，如果电流流量有较大的偏差，就会启动开关或断路器。事实上，电网在很大程度上是一个 M2M 通信环境。所以问题是，M2M 通信或物联网概念到底有什么独特之处？对于传统电信领域的研究人员来说，他们在语音和视频应用上花费了毕生的时间。M2M 通信可能看起来很新奇，因此我们应该尝试找出什么是真正独特的或者新颖的东西，并检查什么是真实的，什么是虚构的。

有时被认为是独特的一个方面是 M2M 通信与人之间通信的大量设备。当然，这在传感器网络的发展中已经有很长一段时间了。自从传感器网络开始以来，无数传感器相互通信的概念和预期的问题一直是研究的焦点。另一个独特的方面是，M2M 网络中的流量模式将会是机器可读数据的爆发，而不是像文本、语音或视频这样的更长时间的人类可解释信息流。传感器网络设计假定传感器数据以机器格式传输，通常以尽可能少的方式传输，以节省电量。最后，假设 M2M 设备无需人工干预、自配置和自动操作，就可以部署。再一次，传感器网络技术一直在沿着这些思路向前推进，并将这些目标牢记于心。

然而，对于电网来说，我们需要记住，有两个操作方面是一致的：M2M 通信系统和电力系统。电力系统的自我配置和自主操作需要更多的关注，因为错误更具有灾难性。

11.5.2　认知无线电

软件定义无线电（SDR）是一种无线电通信系统。在这种系统中，通常在硬件中实现的组件（例如，混合机、过滤器、放大器、调制器/解调器、探测器）是通过个人计算机或嵌入式计算设备上的软件实现的。从理论上讲，这应该提供更大的灵活性和机会，将智能行为嵌入到设备中。

认知无线电建立在特别提款权的概念之上。它是无线通信的一种范例，在这种通信中，网络或无线节点改变其传输或接收参数，以有效地通信，动态地避免对有执照或无执照用户的干扰。这些参数的变化是基于对外部和内部无线电环境中几个因素的主动监测，如 RF 频谱、用户行为和网络状态。特别提款权和认知无线电将网络的主动网络概念从网络引入到硬件中，寻求提高网络的灵活性，并将智能的外观添加到通信系统中。特别提款权、认知无线电和认知网络应用于智能电网的机会，与 6.5.2 节讨论的主动网络的基本概念相同。

11.6 小结

通信和机器智能密切相关。事实上，智力被定义为压缩信息的能力，这使得信息理论、压缩和智能几乎成为同义词。它还表明，无组织的、特别的电力系统组件、通信和计算的集合不会导致"智能"电网的出现。通信技术已经被智能所迷住了；诸如"认知"无线电和"认知"网络这样的术语表达了人们对交流的渴望，被认为是"聪明"或"自我意识"。主动网络被讨论为在网络中启用嵌入式智能的一个主要例子。然而，回到一个事实，即没有明确的或可计算的智力定义，这些网络概念是智能的、智慧的，甚至是有益的，这一说法一直备受争议。同样的道理也同样适用于"智能"电网；在这方面，我们可以从通信和网络中学习到一些很好的经验。如果增加的智力不是直接支持系统的主要功能，那么重新考虑智力的成本是否会超过其收益是明智的。

显然，有许多不同的计算模型适用于电网应用程序。其中大多数是决策支持和优化相关算法，这些算法在通信和电力系统中都能找到通用的应用。然而，在何时何地使用这些算法仍然是挥之不去的问题。关于通信复杂性的讨论至少可以帮助我们以有趣的方式来解决问题。然后，本章回顾了来自人工智能领域的常见技术。

本章以三个相关的主题结束：M2M 通信、语义网和认知无线电。这些主题都是直接尝试将智能嵌入到不同层次的通信中。M2M 通信假定机器足够智能，可以进行直接的、有意义的通信。当然，这在电网中并不是一个新概念，因为 SCADA 和过程控制系统在电网中长期相互作用。语义网已经尝试将语义信息嵌入到互联网的标准部分，目的是使推理更容易实现。一些智能电网标准以类似于语义网标准的方式定义对象。

最后，认知无线电是将认知能力植入通信组件的直接尝试。智能电网是否需要认知变压器、认知电容器组等，这是留给读者的习题。

第 12 章构建了本章介绍的一些优化技术，以实现智能电网的状态评估和稳定性。可观察性和稳定性是控制的关键。在不了解其当前状态的情况下，不可能有效地操作和管理电网。智能电网是如何解决这个问题的？保持电网稳定是关键的要求。电网的稳定性比保持发电机稳定更广泛，因此在与电网相关的最广泛方面更好地确定稳定性非常重要。新型智能电网技术将如何帮助监测和控制稳定性？另外，在前面的章节中介绍了网络控制，在下一章中更详细地解释。状态估计和稳定性是电网控制的基本组成部分，也在通信系统中使用；这两个主题都特别强调了电力系统中的应用。网络控制扩展了对通信网络的电网的控制，并且必须克服通信网络对控制系统的可变性能和可靠性的挑战。当通过集中处理实现状态评估和稳定性时，电网的规模和可靠性要求需要使用分布式处理来实现。因此，分布式状态评估被解释为更具伸缩性和容错的方法。在整个电网中，对稳定的需求是多种形式的。稳定性的一个方面是与分布式发电源的高渗透有关。许多中等或低功率发电机将缺乏单一的、大型的、集中的发电机的稳定动力。另外，也讨论了稳定性的解决方法和相应的通信要求。

11.7　习题

习题 11.1　机器智能

1. Kolmogorov 复杂度是什么？它是如何作为机器智能的衡量标准的？

2. Kolmogorov 复杂度与信息熵有什么关系？

3. Kolmogorov 复杂度和莱文（Levin）的 Kt 复杂度之间的区别是什么？为什么莱文的 Kt 复杂度有用呢？

习题 11.2　机器智能及其对通信的影响

1. 随着机器智能的改进，并在设备和整个电网中嵌入更多的信息，这对通信所需要的传输堵塞有什么影响？

2. 机器智能对通信有什么影响？

习题 11.3　机器学习

1. 机器学习到底是什么？

2. 机器学习算法的三个主要组成部分是什么？

3. 机器学习是如何与算法信息理论相联系的，特别是最小的信息长度？

习题 11.4　机器学习和归纳

1. 机器学习中什么是过度拟合？

2. 什么是"天下没有免费的午餐"定理？它与泛化有什么关系？

3. 如果智能电网机器学习应用程序不能正确地泛化，会发生什么情况？

习题 11.5　通信中的机器学习

1. 端到端原则是什么？

2. 什么是活跃的通信网络？它与端到端原则有什么关系？

3. 在网络中，端到端原则对智能的影响是什么？

4. 认知无线电是如何利用机器智能的？

习题 11.6　主观逻辑

1. 主观逻辑是如何扩展信念和可能性的概念的？

2. 在主观逻辑中定义一个观点的四个定量参数是什么？

3. 在诸如电网等不确定的环境中，主观逻辑是如何帮助操作的？

4. 描述如何在电网状态评估中使用主观逻辑？

5. 主观逻辑如何能帮助不可靠或高延迟的通信？

习题 11.7　机器学习智能电网架构

1. 考虑智能电网的定义。机器智能可能在电网中应用，以满足智能电网的标准？

2. 以上这些对于支持通信有什么意义？

习题 11.8　动态规划

1. 动态规划背后的关键概念是什么？

2. Bellman 方程是什么？

3. 最优性的原则是什么？

4. Bellman - ford 算法是如何利用动态规划的？

5. 动态规划如何解决优化复杂系统的问题？

6. 动态规划如何在速度和准确度之间进行权衡？

习题 11.9　随机规划

1. 随机规划背后的关键概念是什么？

2. 随机规划是如何处理随机事件的？

3. 从 7.3 节开始，随机规划是如何与正向定价和期权定价联系起来的？

习题 11.10　拉格朗日松弛

1. 拉格朗日松弛如何解决简化复杂优化问题的问题？

习题 11.11　通信复杂性

1. 通信复杂性是什么？

2. 通信复杂性如何与算法信息理论相联系？

3. 在电网中，通信复杂性如何与分布式计算相关联？

习题 11.12　粒子群优化

1. PSO 的优点和缺点是什么？

2. 使用 PSO 的电网应用程序的例子有哪些？

3. 如何在电网中使用 PSO 来进行通信？

4. 分布式 PSO 是什么？

5. 分布式 PSO 可以在输电网中通过网络运行吗？

习题 11.13　认知网络

1. 认知无线电和认知网络的区别是什么？

2. 认知网络与智能电网有什么相似之处？

习题 11.14　神经网络

1. 神经网络的优点和缺点是什么？

2. 电网应用程序的例子有哪些？

3. 如何在电网中使用通信？

第12章

状态估计和稳定性

让世界准备的使用家用电器的关键一步是电灯的应用。所以说是电灯连接了世界。人们在连接世界时并没有考虑其他家用电器。实际上，在想——人们不是把电放在家里，而是把灯光放在家里。

——杰夫·贝佐斯

12.1 引言

本章是第三部分"终极目标：智能电网嵌入式和分布式智能"的第2章，重点讨论电力系统中的状态估计和稳定性问题。这两个方面都属于控制的概念，即正确地估计正在被控制的系统的状态，并确保控制器被编程，以在系统发生扰动时使系统的输出保持在所期望的值。这些控制理论的相同方面也适用于通信系统。例如，状态估计用于估计通信信道的质量，稳定性对于通过接入控制机制保持流量平稳流畅至关重要。智能电网的重要组成部分是通信的整合。一个特别具有挑战性的方面是在电网中使用通信来进行控制。这被称为联网控制。使用通信网络远程控制系统会在控制系统中引入可变延迟，从而使诸如电网这样迅速变化的物理系统做出适当的反应变得具有挑战性。我们将介绍如何分析控制系统中的延迟，以及网络控制系统如何尝试应对网络中可变延迟的挑战。状态估计从监测电网获取适当信息开始。因此，讨论了电网中的监控和传感器网络。接下来介绍状态估计的概念。例如，在通信中使用状态估计，估计通信信道的特性，即信道估计，或者在存在噪声的情况下确定接收到的信号。状态估计在观测电网状态方面发挥重要作用，使控制系统能够快速准确地做出反应。接下来，回顾分布状态估计。随着通信网成为电网的组成部分，它开辟了更多的分布式处理的可能性。分布式系统可能更具容错能力和效率。然后我们专注于稳定的话题。在整个电网中需要许多形式的稳定性。一个完全独立的部分专门论述涉及分布式发电的高渗透性的稳定性问题。值得关注的是，许多中等或低功率发电机都缺乏单一、大型、集中式发电机的稳定动力。本章以为读者准备的简要总结和习题结束。

本章探讨了智能电网对维护运行电网的两个基本和相互关联的方面的变化：准确有效地估计状态并保持稳定。保持稳定、健康、高效运行，从快速准确的状态估计中获益。实际上，与通信中的多媒体质量非常相似，存在概念速率－失真曲线，定义了估计状态所需的精度和带宽。在理想情况下，状态估计应连续进行，充分反映电网的实际状况，然而通信和处理延迟使这些做法不可能实现；相反，估计最多每几分钟运行一次，或是由一个重大事件触发。

电网具有许多相互作用的复杂组件，需要进行状态估计。发电机，尤其是发电量特别小，分布式和可再生发电机的功率输出随机波动，负载消耗的功率不断变化，开关可能处于未知状态，电力运输可能会受到天气和环境的随机影响。除非能够通过收集电力所有可能的特殊传感器信息立即观测电网中的所有位置，否则电网的确切状态将无法确定。显然这是不可行的。这就是估计理论变得有意义的地方。估计理论侧重于基于具有随机分量的测量值或经验数据确定参数值。这些参数被假设为描述系统的基础物理性质，使得它们的值影响测量数据的分布。估计器尝试通过测量来近似未知参数，以显示当前状态的估计。

让我们简要地回顾一下状态估计在电网中的作用。发电和输电必须努力满足用户需求，同时尽量降低成本和维护安全，即保持稳定性和可靠性，指出可能的不利情况。如前所述，EMS 负责实现这些目标。电网是复杂的系统，其状态不断变化以满足不同的电力需求。为了有效和高效地控制系统，必须知道其当前状态。过去，由于电网规模大、复杂度高、空间范围大、传感器成本、通信性能差等特点，只能依据相对较少的关键测量量近似得到电网的状态，并且只能较少地确定状态。

然而，在取消公用事业的管制和即将广泛实施需求响应之后，所谓的智能电网将至少从两个方面对状态估计提出重大要求：首先，系统的状态变得越来越复杂，我们将在下面的章节中更详细地讨论更复杂的控制设备；其次，业务交易，如由需求响应启用的业务，可能需要更快的控制响应及更详细和准确的状态信息。可能无法再依靠准静态状态近似。相反，状态估计必须变得更加准确（也就是更加接近于实际状态），并以更高的精度来完成。这必须以更接近实时的速度完成。

人们希望，智能电网的新组件将有助于满足对状态估计的更高要求。首先，利用最新的通信技术和利用更精确、广泛部署的传感机制，可以克服更高要求的状态估计挑战。智能电网时代崛起的新星和显著特征是 PMU 和同步相量测量的使用。同步相量将在第 13 章中进行更详细的讨论。

状态估计过程由两部分组成：基于拓扑结构确定拓扑并估计模拟和离散值。拓扑由电网的初始设计及所有断路器和开关的状态决定，即电力网络中的互联是否打开或关闭。感兴趣的主要值通常是所有母线的电压和相角。然而，可能存在关于许多所需电网参数的状态的不精确数据，例如抽头在抽头变换变压器中的位置，并联电容器和断路器。传统上，已经应用加权最小二乘法来估计最可能的真实状态并过滤潜在的不良数据。然而，由于智能电网中更精确的状态估计所需的日益困难的挑战，可能会带来更多的问题。一个问题是，随着电网变得越来越复杂，变化越来越频繁，状态估计过程可能不会收敛，特别是如果电网内的实际状态比通信系统报告的数据变化更快。另外，如果无论什么原因导致没有传递关键数据，状态估计可能因无法收敛或精度太差而无法使用。然而，如果在状态估计信息中存在足够的冗余，则可以减少这些问题的影响。

只有电网的有限部分能用传感器进行测量；这被称为电网的"可观测"部分。未检测到的部分是"不可观测的"；因此，有可观测区。电网不可观测部分的配置必须从可观测的部分进行建模和推断。"广义"状态估计不仅涉及估计感兴趣的状态值，而且还涉及推断或估计电网的不可观测部分中的拓扑结构及其相关参数的配置。

电网的可观测和不可观测部分之间的区别很重要；电网的可观测部分越大，状态估计的准确性就越高。如果母线部分和开关的配置是已知的，则电网的可观测部分可以通过这些设备进行扩展。状态估计算法可以用所谓的"伪测量"进行馈送。相当简单地说，如果开关闭合但阻抗未知，则开关两端的电压差假设为零，角度在执行状态估计时也假定为零。这是伪测量的一个例子。另一方面，如果开关断开，则假定阻抗为无穷大，并且状态估计过程被告知有功和无功潮流为零。一个更关键的问题是处于未知状态的开关。在这种情况下，开关状态是未知的，希望提供足够的冗余信息，以便状态估计过程将产生正确的结果，如下所述。

通过具有未知阻抗的分支线路进一步扩展将伪测量馈送到状态估计过程的想法是可实现的。假设存在从节点 k 到节点 m 的分支线路阻抗 z_{km}，我们要找到状态变量 $V_k e^{j\theta_k}$ 和 $V_m e^{j\theta_m}$。分支线路复功率流为 $P_{km} + jQ_{km}$ 和 $P_{mk} + jQ_{mk}$，我们也知道通过分支线路的电流满足 $I_{km} + I_{mk} = 0$。然后可以使用以下伪测量：

$$P_{km}V_m + (P_m k\cos\theta_{km} - Q_m k\sin\theta_{km} V_k) = 0$$
$$Q_{km}V_m + (P_m k\sin\theta_{km} - Q_m k\sin\theta_{km} V_k) = 0 \tag{12.1}$$

考虑 z_j 作为第 j 个测量量。让 $\vec{x}$ 成为实际、真实的状态向量。此外，令 $h_j(\cdot)$ 是将第 j 个测量量转换为非线性标量状态函数。由于状态估计器的目的是处理测量误差，所以 e_j 表示测量误差。在这个过程中的假设是，误差将具有零均值和方差 σ^2。最后，有 m 个测量量和 n 个状态变量。显然，m 必须大于 n，以便测量 n 个状态，并具有提供冗余的附加信息，$m > n$。这些值是相关的：

$$z_j = h_j(\vec{x}) + e_j \tag{12.2}$$

简单地说，z_j 是加上测量误差或通信误差的实际测量量。需要注意的是，误差（也称为残差）是 $z_j - h_j(\vec{x})$。

理解状态估计过程的关键在于要找到一种最小误差或残差的解决方案。这正是在式（12.3）中所做的：

最小化 $$J(\vec{x}) = \frac{1}{2}\sum_{j=1}^{m}\frac{r_j^2}{\sigma_j^2} \tag{12.3}$$

约束条件为
$$g_i(\vec{x}) = 0 \text{ 和 } i = 1, n_g$$
$$c_i(\vec{x}) \leqslant 0 \text{ 和 } i = 1, n_c$$

$J(\vec{x})$ 是所有测量量 m 剩余误差的总和，由误差方差归一化。$g_i(\vec{x})$ 和 $c_i(\vec{x})$ 通常是由潮流强加的约束。均衡是目标值，不等式是网络不可观测部分内的约束条件。

现在让我们考虑具体的状态类型和测量值。状态（即我们希望估计的值）通常是典型的节点值，如电压，包括其幅值 V_k 和相位 θ_k。该状态还包括变压器匝数比，包括幅度 t_{km} 和相移角 ϕ_{km}。最后，估计的状态值的关键类型是复潮流，即有功潮流 P_{km} 和 P_{mk} 以及无功潮流 Q_{km} 和 Q_{mk}。

回顾式（12.3），等式约束 $g_i(\vec{x})$ 可以通过简化假设来扩展可观测性，例如闭合开关上的电压差为零。不等式约束 $c_i(\vec{x})$ 可以是限制，如无功限制 Q_k^{lim}、抽头变压器限制或相移限制。限制虽然不是精确的值，但是提供了有助于指导可行解决方案优化的附加信息。

目标函数转换为矩阵形式为

$$J(\vec{x}) = \frac{1}{2}\sum_{j=1}^{m}\frac{r_j^2}{\sigma_j^2} = \frac{1}{2}\vec{r}'\,\vec{R}_z^{-1}\,\vec{r} = \frac{1}{2}\vec{\tilde{r}}'\,\vec{\tilde{r}} \tag{12.4}$$

式中，$\vec{R}_z$ 是测量方差的对角矩阵；$\vec{\tilde{r}} = \vec{R}_z^{-1/2}\,\vec{r}$ 是加权误差或残差的向量。

最佳值必须在临界点，临界点是一阶导数为零的位置。这个条件反映在

$$\frac{\partial J(\vec{x})}{\partial(\vec{x})} = -\sum_{j=1}^{m}\frac{r_j}{\sigma_j^2}\frac{\partial h_j}{\partial(\vec{x})} = 0 \tag{12.5}$$

接下来，介绍 Hessian。注意，Hessian 矩阵经常出现在大规模优化问题中，因为它们是函数局部泰勒展开的二次项的系数。也就是说，$y = f(x + \Delta x) \approx f(x) + J(x)\Delta x + \frac{1}{2}\Delta x^{\mathrm{T}}H(x)\Delta x$，雅可比矩阵 J 是一个向量的标量值函数，即梯度。回想一下，$h_z(\cdot)$ 是将状态值转换为测量量的函数。在式（12.6）中，$\vec{H}$ 表示 m 和 n 列的矩阵，使得 $\frac{\partial h'}{\partial(\vec{x})}$ 是矩阵的第 j 行：

$$-\sum_{j=1}^{m}\frac{r_j}{\sigma_j^2}\frac{\partial h_j}{\partial(\vec{x})} = \vec{H}'\vec{R}_z^{-1}\vec{r} = 0 \tag{12.6}$$

式（12.7）是应用于 J 的泰勒近似：

$$\left.\frac{\partial J}{\partial(\vec{x})}\right|_{(x+\Delta x)} \approx \left.\frac{\partial J}{\partial(\vec{x})}\right|_{(x)} + \left.\frac{\partial^2 J}{\partial(\vec{x}^2)}\right|_{(x)}\Delta\vec{x} \tag{12.7}$$

Hessian 矩阵为

$$\left.\frac{\partial^2 J}{\partial(\vec{x}^2)}\right|_{(x)} \Delta\vec{x} = \sum_{j=1}^{m} \sigma_j^{-2}\frac{\partial h_j}{\partial\vec{x}}\frac{\partial h_j'}{\partial\vec{x}} - \sum_{j=1}^{m}\frac{r_j}{\sigma_j^2}\frac{\partial^2 h_j}{\partial\vec{x}^2} \tag{12.8}$$

式（12.9）实现了（希望）收敛到近似状态的迭代过程：

$$\vec{G}(\vec{x}^v)\Delta\vec{x}^v = \vec{H}'(\vec{x}^v)\vec{R}^{-1}\vec{r}(\vec{x})$$
$$\vec{x}^{v+1} = \vec{x}^v + \Delta\vec{x}^v \tag{12.9}$$

为状态估计选择初始值，以开始该过程。将返回 $\Delta\vec{x}$ 值，指示原始近似所需的变化以实现更好的近似。然后输入更新的近似值，并返回新的 $\Delta\vec{x}$。该过程继续进行，直到 $\Delta\vec{x}$ 变得小于指定值，或者确定该过程不会收敛到较小的 $\Delta\vec{x}$ 值。$\vec{G}=\partial^2 J/\vec{x}^2$ 是一个增益矩阵。在高斯－牛顿法中，$\vec{G}=\vec{H}'\vec{R}_z^{-1}\vec{H}$。这里介绍了基本算法，已经进行了许多研究，以找到调整方程和改善性能的方法。但是，让我们回到智能电网的问题。如前所述，同步相量最近才被部署到电网内的正常运行中。同步相量在 13.2 节中有更详细的讨论；然而，为了本章的目的，只考虑简单方式的电流和电压相量表示，使用采样，所有的值都与绝对时间同步。

PMU 测量电流和电压相量，假设 GPS 或其他精确时序可用于将时间戳与测量量结合。这个想法是，时间戳允许精确地比较在空间上分离的幅值和相位。通信不一定必须是低延迟，因为时间戳允许在任何任意通信延迟之后进行比较。PMU 可以利用多个通道来测量三相系统的每相。PMU 测量正序电压和电流相量。本质上，PMU 允许测量在部署 GPS 卫星之前无法准确和直接测量的电压和电流相位角。

然而，使同步相量成为状态估计的一部分可不是那么简单的。传统的状态估计过程假设只有一个任意选择的母线具有一个事先已知和固定的相位角，这个相位角被假定为零（见 3.3.4 节）。所有其他相位角都参照这个固定相位角得到并与之有一定的差异。任意选择的母线的相位角被排除在状态向量和雅可比矩阵结果这样中。也许对于所有母线而言，如果 PMU 被广泛部署，同步相量的引入将产生精确已知的幅度和相位角。参考相位角将不再保持，固定不变且参考该相位角设定其他相位角。一种解决方案是在不使用参考母线的情况下重新形成状态估计问题，并明确地将雅可比矩阵中所有测量的相位角包括在内，这将使状态向量增加到母线数量的 2 倍（Zhu 和 Abur，2007）。因此，状态估计可以在没有参考母线的情况下进行，并且用较大的矩阵作为结果。相应的额外通信量和计算量将非常重要。

然而，并不是将 PMU 置于任何地方，一个相关问题需要考虑一组有限的最佳位置来放置 PMU。这种方法认为 PMU 具有相关的成本，无论是购买和安装。虽然它们可能在将来普遍存在，但可以认为由于成本限制，只能采用有限的数量，并且以最低成本确定最有效的使用是理想的（Abur，2009）。这对通信和计算也有重要的影响。15.5 节讨论了利用电网中超导组件来帮助解决计算问题的量子计算。

13.4 节讨论了同步相量通信所需的能力。

假设要估计国家的电力系统中有 N 个母线和 L 个分支线路。可以在每个分支线路上放置一个 PMU。然而，在这个优化问题中，目标是最小化购买和安装 PMU 的成本。然后让 PMU 的位置由向量 X 表示，其中如果分支线路上有 PMU，则 x_i 为 1；如果在分支线路 i 上没有安装 PMU，则为 0。让 ρ_i 表示在分支线路机构 i 上安装 PMU 的成本，其中成本不仅可以包括购买和安装成本，而且还可以包括通信成本，例如，通信成本可能是在该分支线路上维护 PMU 信道的成本，在这种情况下，优化可以找到用于通信目的的 PMU 的最佳位置。最后，辅助变量 T_{ij} 表示分支线路 j 是否连通到分支 i；a_1 表示分支线路是连通的，a_0 表示它们是非连通的。请注意，这是一个简单的图表连通矩阵的变体。另一个辅助向量是全 1 向量转置，$\vec{1} = [1\cdots 1]^T$。将所有这些值放在一起，状态估计的 PMU 位置优化问题是

$$最小化 \qquad \sum_i^L \rho_i x_i \tag{12.10}$$
$$使得 \qquad T \cdot X \geqslant \vec{1}$$

优化代表了总成本的最小化，而约束假设 PMU 可以测量每条到母线的分支线路，结果是所有分支线路都将以最低的成本进行计量。

然而，考虑到不同制造商创建的具有不同测量和通信能力的不同 PMU 的事实。特别地，PMU 对独立测量的信道数量可能有限制。如果每个 PMU L 的信道数量足够大，不低于测量母线 k 的邻居数量 N_k，则放置在母线上的单个 PMU 就足以覆盖该母线。然而，如果 $L < N_k$，那么将在母线 k 处发生的分支线路将存在可能信道的 r_k 组合，其中 r_k 是从 N_k 选择的 L 的组合数。因此，可能选择的总数为 $n = \sum r_k$，并且优化问题被修改

$$最小化 \qquad \sum_i^n \rho_i x_i \tag{12.11}$$
$$使得 \qquad T \cdot X \geqslant \vec{1}$$

在这里，r_k 在式（12.12）中明确显示，其中 $^{N_k}C_L = \dfrac{N_k!}{(N_k - L)!\, L!}$：

$$r_k = \begin{cases} ^{N_k}C_L & L < N \\ 1 & L \geqslant N_k \end{cases} \tag{12.12}$$

如上所述，L 是每个 PMU 可用的信道数，N_k 是母线 k 的邻居数，X 是第 n 个元素是 x_i 的大小为 n 的向量，x_i 定义在

$$x_i = \begin{cases} 1 & 选择第\ i\ 个\ PMU\ 进行安装 \\ 0 & 其他 \end{cases} \tag{12.13}$$

如前所述，ρ_i 是第 i 个 PMU 的安装成本。T 与前面的优化问题具有相似的用

途，是一个二进制连通矩阵。然而，它现在总共有 n 行，其中每个母线 k 贡献 r_k 行，并且每行包含 $L+1$ 个非零值。如前述 $\vec{1} = [1\cdots1]^{\mathrm{T}}$ 是全 1 向量转置。考虑到电网的节点度分布趋于相对较小，穷举搜索法求解该优化问题可能是可行的。现在我们讨论了可观测性，让我们在讨论状态估计之前再次考虑联网控制。

12.2　网络控制

8.6 节介绍了网络化控制。在电网中进行控制的通信是一个有趣的挑战。在本节中，该主题进一步发展，目的是将其应用于广域应用中。

图 12.1 展示了一个广域网络控制系统。测量量取自标有"采样"箱中的广域电力系统。控制器在空间上远离采样位置，采样和控制器通过通信网络进行。通信网络可以引入可变延迟，也可丢弃或重新排序数据包。在本应用中，在通信故障发生之前，零级保持（ZOH）用于保持值，目的是在通信问题发生时保持稳定性。注意，采样设备可以包括 PMU。

图 12.1　使用零级保持的广域联网控制系统图通过在延迟的持续时间内保持最后一个
采样值来缓解网络延迟。资料来源：Wang 等，2012，经 IEEE 授权转载

对系统进行抽象建模：

$$\begin{cases} \dot{x} = f[x(t), y(t), u(t)] \\ 0 = g[x(t), y(t)] \end{cases} \qquad (12.14)$$

式中，x 是电力系统状态变量的向量，它可以包含任意一个典型的状态变量，例如电压幅值或角度；y 是电力系统待求变量的向量；u 是电力系统控制变量的向量。

一个简化的方法是创建动态行为的线性近似，如式（12.15）所示，它发生在一个假定的工作点 (x_0, y_0, u_0) 周围：

$$A_{\mathrm{f}} = \left.\frac{\partial f}{\partial x}\right|_{x,y_0,u_0} \qquad A_{\mathrm{g}} = \left.\frac{\partial g}{\partial x}\right|_{x,y_0}$$

$$B_{\mathrm{f}} = \left.\frac{\partial f}{\partial u}\right|_{x,y_0,u_0} \qquad C_{\mathrm{g}} = \left.\frac{\partial g}{\partial y}\right|_{x,y_0} \qquad (12.15)$$

$$C_{\mathrm{f}} = \left.\frac{\partial f}{\partial y}\right|_{x,y_0,u_0}$$

式（12.14）的线性近似是

$$\begin{cases} \dot{x} = A_{\mathrm{f}}\Delta x + C_{\mathrm{f}}\Delta y + B_{\mathrm{f}}\Delta u \\ A_{\mathrm{g}}\Delta x + C_{\mathrm{g}}\Delta y = 0 \end{cases} \qquad (12.16)$$

式中，$\Delta x(t) = x(t) - x_0$，$\Delta y(t) = y(t) - y_0$，$\Delta u(t) = u(t) - u_0$。

如果我们现在忽略网络的影响，则控制输入为 $\Delta u(t) = K\Delta x_k = K(x_k - x_0)$，其中 x_k 是时间 $t = t_k$ 时的系统状态变量。零级保持使 $\Delta u(t) = K\Delta x_k$ 保持，直到下一个数据包到达。这个时间段定义为

$$\tau = t - t_k \geqslant 0 \tag{12.17}$$

利用式（12.17），Δx_k 可以定义为

$$\Delta x_k = \Delta x(t_k) = \Delta x(t - \tau) \tag{12.18}$$

注意，τ 是 t 和 $\mathrm{d}\tau/\mathrm{d}t = 1$ 的函数。

$$\Delta x_k = \Delta x(t_k) = \Delta x(t - \tau) \tag{12.19}$$

参考式（12.16）中的线性方程，可以消掉 Δy，替换 $\Delta u = K\Delta x (t-\tau)$，导致

$$\Delta \dot{x} = (A_\mathrm{f} - C_\mathrm{f} C_\mathrm{g}^{-1} A_\mathrm{g})\Delta x + B_\mathrm{f} K \Delta x(t-\tau) \tag{12.20}$$

将 $A_0 = A_\mathrm{f} - C_\mathrm{f} C_\mathrm{g}^{-1} A_\mathrm{g}$ 和 $A_\tau = B_\mathrm{f} K$ 代入式（12.20）得到

$$\Delta \dot{x} = A_0 \Delta x + A_\tau \Delta x(t-\tau) \tag{12.21}$$

其显示出了线性化 x 如何作为线性化 x 和零阶保持值的函数而变化。

记住，x 是电力系统状态变量的向量，u 是控制变量的向量。x 中的值可能因网络效应而延迟、丢弃或无序。要解决的问题是这些网络效应如何影响给定零级保持的式（12.14）中假设的初始系统描述。如果分组 x_{k+1} 被丢弃，则分组 x_k 的值将被保持，直到分组 x_{k+2} 到达。如果信息包是无序的且值 x_{k+2} 到达 x_{k+1} 之前，则将使用 x_{k+2} 而不是 x_{k+1}。虽然超出了本书的范围，但可以确定系统可以保证稳定的 τ 边界（Wang 等，2010）。现在让我们更详细地考虑电力系统状态估计。

12.3 状态估计

控制中心作为电网的神经中枢，需要尽可能多地了解电力系统的当前状态，以便进行智能控制决策。在控制中心有三种通用的知识类型。第一种是模拟测量值（如有功和无功功率流）、有功和无功功率注入（其中包括母线的流出或注入）和母线电压幅值。第二种是逻辑测量量，例如开关和断路器的状态，以及有载调压变压器位置。最后，还有伪测量量，如预测母线负载和发电。

状态估计是产生电力系统状态描述的数学过程。它计算电力系统状态变量的最佳估计，例如基于噪声数据的电力系统的母线电压和相位角。一旦估计了状态，就应该有足够的信息来获得电力系统的所有相关方面，例如电力线流量。国家估计传统上必须强调"估计"或近似。必须将设备规范用作实际测量的近似值，并且必须推断出许多变量，因为实时测量根本无法实现。然而，智能电网的一个更明显的目标是通过广泛的传感器网络将重点从"估计"转移到实际感知状态。然而，如果不首先理解传统的状态估计，很难理解通信的好处。

假设有 n 个状态变量，$i = 1, \cdots, n$，并且采用 m 个测量值。令 z 为具有 m 个测量值的测量向量。状态向量是 x，ν 是测量中的噪声或近似值。最后，$h(\ )$ 表

示测量和状态之间的映射。得到的测量方程为

$$z_i = h_i(x) + v_i \tag{12.22}$$

如果假定 h 是线性的，即状态的线性组合，则可以表示为矩阵

$$z = Hx + v \tag{12.23}$$

H 更正式称为测量矩阵。找到 x 的最佳估计的方法有很多，这表示为 $\hat{x}$。一个简单而广泛使用的方法是加权最小二乘法（WLS）。该方法的目标是通过测量矩阵来最小化测量值与状态值的对应映射之间的差异。这相当于最小化目标函数

$$J(x) = \sum_1^m k_i [z_i - h_i(x)]^2 \tag{12.24}$$

式中，k_i 是线性常数。

目标是在 $Hx = z$ 中求解 x。要做到这一点，双方乘以 H^T，产生 $H^T Hx = H^T z$。然后将双方乘以 $[H^T H]^{-1}$，得到 $x = [H^T H]^{-1} H^T z$。式（12.25）显示了递归过程：

$$x_{k+1} = x_k + [H_k^T W H_k]^{-1} H_k^T W [z - h(x_k)] \tag{12.25}$$

请注意，式（12.25）将更新的状态值设置为先前值加上一个比率。基于权重和线性映射 H 或测量矩阵，该比率的较低部分将被折算成标量。该比率的较高部分与较低部分相似，不同之处在于包括测量和与状态值的映射之间的差异。随着迭代的进行，当误差变小时，比率应该变小。

在一般情况下，权重 W 可以被设为测量方差的倒数；该假设表明越大的测量方差在该值中表示越少的确定性或置信度。然而，这些权重可以由知道信息的专家明确设定。在理想情况下，方程会收敛到一个解。如果发生这种情况，系统被认为是可观测的。这要求测量的数量是足够的，并且它们均匀地分布在整个网络中。在进行状态估计之前，应该进行一项研究以确定系统可观测的可能性。如果不可能观测到，则需要添加或重新定位更多的仪表或传感器，并可能增加更多的伪测量值。接下来，必须解决电网太大而无法战胜单一的集中式状态估计系统的挑战。相反，必须对部分电网进行管理，并在整个电网中推广该方法。这就是通信发挥关键作用的地方，这是下一节的主题。

12.4　分布状态估计

随着电网规模越来越大，复杂程度越来越高，状态估计变得越来越具有挑战性。解决问题的希望在于智能电网的发展、通信的重要作用。状态估计过程可以并行化和分布化，使计算能够更加紧密地匹配不断发展的电网的分布式特性。然而，随着计算变得更加分散，分布式过程之间的通信对于减少，获得解决方案所需的计算时间变得更为关键。分布式处理器可以专注于只处理其直接、本地区域中的信息，从而有效地划分工作并提高速度。然而，分布式处理器还必须等待相邻处理器共享边界信息，这将在下文中更详细地描述。通信系统设计需要了解电网的计算方

面和架构。

　　并行和分布式处理方法相似。在并行处理中，所有信息被传送到中央计算机，该中央计算机将电力网虚拟地划分为子区域，然后将其分配给集中式计算机内的每个处理器。各个处理器在使用内部处理器通信的处理器之间共享边界信息，这被认为是较快的。在分布式处理方法中，处理器在空间上分布在整个电网中。这些处理器只对其本地子区域执行状态估计，且根据需要与相邻处理器共享边界信息。在这种情况下，进程间通信延迟显得更长、更可变。当然，分配电网进行状态估计的设计目标是减少所需的进程间通信量。为了计算的目的，可以将并行方法视为电网计算的"虚拟"分区，而分布式方法是将电网实际划分为处理区域的方法。最后，请记住，这里讨论的并行和分布式技术是众所周知的成熟状态估计算法的相对增量的扩展；可以应用的完全不同的机器学习算法在第 11 章中进行讨论。

　　回顾式（12.25），其中 n 个测量和雅可比 $H = \partial x / x_i$。在状态估计的分布式和并行计算中，H 被划分为多个子区域 H_i，每个都有 n_i 测量量。第 i 个子区域的增益矩阵是

$$G_i(x) = H_i^{\mathrm{T}}(x) W_i H(x) \qquad i = 1, \cdots, N \qquad (12.26)$$

　　每个处理器可以执行式（12.27）所示的迭代。注意，x 表示整个系统的状态向量；对于特定的子区域，只需要 x_i。

$$G_i(x) \Delta x_i = H_i^{\mathrm{T}}(x) \Delta z_i(x) \qquad i = 1, \cdots, N \qquad (12.27)$$

　　式（12.28）显示与特定子区域相关的增益矩阵，其中 x_i 表示子区域内部的状态变量，$x_{i,\mathrm{b}}$ 表示边界处子区域和相邻子区域之间的状态变量：

$$G_i(x, x_{i,\mathrm{b}}) = H_i^{\mathrm{T}}(x_i, x_{i,\mathrm{b}}) W_i H(x_i, x_{i,\mathrm{b}}) \qquad i = 1, \cdots, N \qquad (12.28)$$

　　因此，式（12.29）显示了单个子区域的详细状态方程：

$$G_i(x_i, x_{i,\mathrm{b}}) \Delta x_i = H_i^{\mathrm{T}}(x_i, x_{i,\mathrm{b}}) \Delta z_i(x_i, x_{i,\mathrm{b}}) \qquad i = 1, \cdots, N \qquad (12.29)$$

　　这里我们看到，每个子区域都需要等待来自相邻子区域的任何处理器的信息的传输，以便 $x_{i,b}$ 被适当地更新。如果个别地区的处理不均衡，则将在等待与相邻子区域同步上花费相当长的时间。

　　所有形式的状态估计，集中式、并行或分布式都需要检查和处理不良数据。最简单、最直接的方法是检查我们希望以目标函数 $J(x)$ 形式最小化的残差或总误差。如果 $J(x)$ 不能被最小化到低于给定的阈值，则表明需要处理的数据不良。对于并行和分布式方法，这是相对简单的。每个子区域可以计算其目标函数的一部分，如式（12.30）所示，并且总计在式（12.31）中。但是，请注意，这通常假定一个特定的处理器作为"协调器"去接收并计算所有其他处理器发过来的数据的总和。

$$J_i(x) = [z_i - h_i(x)]^{\mathrm{T}} W_i [z_i - h_i(x)] \qquad i = 1, \cdots, N \qquad (12.30)$$

$$J_i(x) = \sum_{i=1}^{N} j_i(x) \qquad (12.31)$$

　　另一个相对简单的方法是检查每个残差测量值，如式（12.32）所示。残差越

大，越有可能是错误或不一致的值。

$$\Delta z_i = z_i - h_i(x) \qquad i = 1, \cdots, N \qquad (12.32)$$

所有的子区域可以将其残差发送到协调处理器，这可以形成式（12.33）所示的残差向量，N 是子区域数量：

$$\Delta z_i = \begin{bmatrix} \Delta z_1 \\ \vdots \\ \Delta z_N \end{bmatrix} \qquad (12.33)$$

可以使用归一化值 $d = \sqrt{(\Delta z_1)^2 + \cdots + (\Delta z_N)^2}$ 来获得式（12.34）所示的结果：

$$\Delta z = \begin{bmatrix} \Delta z_1/d \\ \vdots \\ \Delta z_N/d \end{bmatrix} \qquad (12.34)$$

对所有子区域进行归一化，可以对每个子区域的残差做出公平的贡献。该结果允许单独检查每条数据，以确定它是否被认为是不良数据。

现在我们转向分布状态估计，它是分散在电网不同部分的处理器协同工作来执行状态估计的方法。在这里，子区域在概念上不像并行状态估计那样划分；相反，它们实际上是在空间上划分的，需要花时间来进行子区域之间的通信。子区域可以按照 ISO 和 RTO 边界、控制中心或具有 DG 能力的区域等组织边界进行划分。每个区域可以具有其控制的通信网络或 SCADA 系统部分。请记住，每个 SCADA 系统通常会在周期性的基础上扫描更新，因此信息是近乎实时的。

有一个可观测性问题需要考虑。正如对于并行状态估计所讨论的，连接子区域的母线或联络线起着关键作用。如果这样的线路不可观测，即使系统可能被观测到用于顺序（即非并行）、非分布式状态估计，系统可能被分成可观测区或不可观测区。事实上，网络通信中使用的技术适用于确定可观测性。如果有 N 个子区域和 $N-1$ 个联络线连接子区域，则将形成最小生成树，从而允许每个子区域从所有其他子区域，特别是参考母线所在的子区域接收信息以进行流量分析。这对于完整的系统可观测性是充分但并非必要的条件。充分必要条件就是所有子区域必须能够直接或间接通过跨边界连接的信息交换中得到足够的参考信息，如边界母线或联络线。

像在并行方法中，雅可比矩阵 H 被划分为 H_i，那里有 i 个子区域。这是这样一种方式，即在 H_i 以外的区域中的所有状态变量都被假定是常数，因此它们的雅可比值为零。现在需要通过以下方式考虑通信延迟：$x^i(t) = (x_1(\tau_1^i(t)), \cdots, x_N(\tau_N^i(t))$，其中 $x_j(\tau_j^i(t))$ 表示处理器 j 在处理器 i 时间 $\tau_j^i(t)$ 发送到时间 t 的状态信息 x_i。换句话说，$\tau_j^i(t)$ 表示第 j 个分量在 t 时间更新 $x_i(t)$ 可用的时间。时间差 $t - \tau_j^i(t)$ 是通信延迟。然后每个处理器通过迭代执行算法：

$$G_i(x^i(t))\Delta x_i = H_i^{\mathrm{T}}(x^i(t))\Delta z_i(x^i(t)) \qquad i = 1, \cdots, N \qquad (12.35)$$

因此，式（12.35）中考虑了可变通信延迟。只需要交换边界潮流的状态变量。不良数据处理仍然需要一台中央计算机，它能够使用先前针对式（12.30）开始的并行不良数据处理技术来比较所有分区结果。现在我们已经介绍了状态估计，我们考虑使用估计状态来维持电网稳定性的问题，以及智能电网通信如何帮助维持稳定的电力系统。

12.5 稳定性

一般来说，电网的稳定性是指在任何扰动或中断引起初始状态值偏离初始参数值的情况下恢复其初始状态的能力。静态和动态稳定性之间存在区别，即在小扰动和大扰动之后重新建立初始状态的能力。显然，稳定是电网可靠运行所必需的。在稳态下，从外部进入系统的功率由负载 W_1 消耗，还有功率损耗 ΔW。系统干扰的出现导致系统参数 P 的偏差。如果干扰后的功率损耗 $W_1 + \Delta W = \phi(P)$ 大于外部电源可以替代的最大功率 $\Delta W_g = f(P)$，则需要将系统恢复到原来的状态。这种扰动后可以自然恢复到初始运行状态的系统被认为是稳定的。

图 12.2 对不同类型的稳定性进行分类。稳定性的主要类型与维持发电机转子同步、保持恒定的额定交流频率并将电压保持在恒定的正确范围内有关。这些类型的稳定性都有短期和长期的典型体现。显然，短期的不稳定性受到抑制并迅速消失，而长期的不稳定继续振荡。

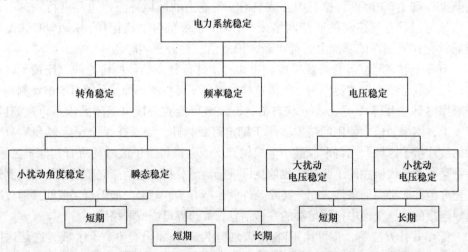

图 12.2 稳定性分为三大类：转角、频率和电压。
来源：Kundur 等，2004。经 IEEE 许可转载

12.5.1 系统性能

下面考虑整个电网的性能。可靠性是衡量性能的一个指标；在这里，它用作衡量系统在消费者需要的时间和地点为其提供电力的能力。传统上，可靠性集中表现

在发电满足人类需求的能力上，因为即使没有过度配置，电能传输和分配都已得到很好地配置。但是，情况已不再如此，输配电系统正在达到其容量限制。

从一代的观点来看，可以通过具有高于最大预期负载的发电容量的储备裕度来确保可靠性。20 世纪 70 年代以前，储备裕度高达 25% 并不罕见。然而，经济状况不再允许这么大的储备裕度，系统必须更接近其极限，事实上，这是当今电力系统和智能电网的一个主题：我们能在多大程度上在接近系统极限的同时安全地从现有系统中尽量获得更多的能量？另一个措施是负载损失概率，是指在一定时间间隔内系统将不能满足需求的概率。这通常表示为相对较长时间的估计天数，如 10 年或系统的寿命。该值通过将负载无法满足需求的所有事件的概率求和来计算。还有一个措施是负载损失预期，是指峰值需求超过发电量的预计天数。还有预期未使用的电量，这可以通过简单地将负载损失的概率与超过发电容量的负载量（MW）相乘来计算。这是为了保持系统运行而需要减少的预期负载量。

如上所述，功率损耗增加的原因不是发电容量的不足，而是大型且老化的输配电系统的缺点所致。可靠性是高度可变的，取决于当地的地形、天气和人口密度。有许多不同的可靠性措施似乎反映了什么构成停电及其影响的不同哲学。人们可能会说，电能质量而不是完全丧失电力是一种"断电"。但是，假如因完全断电造成了停电，则要有若干考虑到频率、故障持续时间和受影响的用户数量的措施。这些都是衡量"智能电网"整体影响的措施。特别地，一个有趣的问题是通信在多大程度上起到了增加或减少这些度量的作用。每个指标的描述如下。

SAIDI 通常用作可靠性指标，代表每个用户服务的平均停机时间

$$SAIDI = \frac{\sum 每次停电持续时间}{供电用户数量} \qquad (12.36)$$

SAIFI 是用户将经历的平均中断次数，定义为

$$SAIFI = \frac{\sum 用户供电中断}{供电用户数量} \qquad (12.37)$$

用户平均中断频率指数（CAIFI）旨在显示电力中断的用户的趋势，并帮助显示受影响用户数量占整个用户群的比例，即

$$CAIFI = \frac{\sum 用户停电持续时间}{所有停电用户的数量} \qquad (12.38)$$

用户总平均中断时间指数（CTAIDI）为

$$CTAIDI = \frac{\sum 用户停电持续时间}{所有停电用户的数量} = \frac{\sum r_i N_i}{CN} \qquad (12.39)$$

式中，CN 为经历过至少一次持续电力中断的用户总数。这表示经历电力中断的用户的平均总断电时间。请注意，这是用户平均电力中断持续时间指数（CAIDI）的混合值，类似的计算方法是，认为经历过多次电力中断的用户只被计算一次。

CAIDI给出了任何给定用户将遇到的平均停机时间，也可以被视为平均恢复时间，有

$$CAIDI = \frac{\sum 用户所有停电次数}{所有停电用户的数量} = \frac{\sum N_i}{CN} \qquad (12.40)$$

MAIFI 是

$$MAIFI = \frac{\sum 所有用户瞬时停电次数}{所有用户的数量} \qquad (12.41)$$

MAIFI 代表用户在特定时期，通常为一年内所经历的平均瞬时停电次数。公用事业可能会以不同的方式定义瞬时停电。有些人可能认为瞬时停电是在持续时间不到1min 的停电，而另一些人则认为瞬时停电是持续时间不到5min 的停电。

瞬时平均停电事件频率指数（$MAIFI_E$）表示瞬时停电事件的平均频率。该指数不包括重合闸装置锁定之前的事件。它被定义为

$$MAIFI_E = \frac{\sum 用户瞬时停电事件总数}{所有用户的数量} \qquad (12.42)$$

经历多次持续中断和瞬时停电事件的用户（$CEMSMI_n$）被定义为

$$CEMSMI_n = \frac{\sum 经历停电次数多于 n 的用户的数量}{所有用户的数量} \qquad (12.43)$$

这是经历超过 n 次持续停电和瞬间停电事件的个体用户与所服务的总用户的比值。目的是帮助确定使用平均值无法观测到的问题。

一些负载比其他负载更为关键，负载可以是特别炎热天气里为老人和病人准备的空调、危险的十字路口的交通信号灯或是让人活着的关键医疗设备。电力公司不可能区分负载；每一个负载都必须被视为同样重要的，我们已经习惯于假设电源应该始终可用。大多数电子设备的设计假设电源将持续可用。一些人认为电力公司为了提供如此高的可靠性而花费了大量资金。从历史上看，电力公司很乐意为用户提供这种服务水平。关键因素是区分哪些用户愿意支付什么水平的服务。过去尝试过不同的方式，然而，使用智能电网，希望需求响应机制能够使公用事业在用户之间进行区分，并为用户提供高分辨率的服务选项。

安全性，不要与网络安全混淆，是与可靠性和系统性能相关的电力系统术语，量化了在达到极限并且电网发生故障之前补偿故障的替代方案剩余的"房间"数量。从相反的角度考虑，电力系统的安全性是系统在发生停电或设备损坏之前可以承受的偶然事件或破坏性事件的数量。通信领域的人们必须意识到，电力系统的安全与网络安全无关，尽管网络安全事件有可能导致电网的损坏，并从电力系统的角度降低总体安全性。意外事故的最简单的例子是电力线路掉电；然后，安全性与可用于继续供电的替代配置或路径的数量相关。因此，安全性是电力系统在事件发生后重新配置并仍然提供所需电力的能力，其中事件可能是从发电机停机到电力线路

掉电的任何事情。安全性是一个高级术语，用于描述可用于解决电力系统中的问题的离散替代配置的数目。然而，从一个配置到另一个配置的实际转换可能涉及系统的突然变化。这些突然变化与稳定性主题密切相关。

对于读者来说，可靠性、安全性和稳定性都可以像描述同一事物的不同的词汇一样。但是，有明显的差异。可靠性是指电力系统长期持续供电的概率。安全性描述了电力系统在不干扰电力向用户供电的情况下面对扰动、故障或意外情况下生存的能力。稳定性是指系统在事件发生后立即从一种配置状态安全地转换到另一种配置状态的能力。为了可靠，系统必须安全，安全意味着有足够的冗余来增加可靠性。为了安全起见，系统不仅要有备用电源来保持电力的流动，而且在替代品之间过渡时也要有稳定性。为了进一步区分这些术语，系统可能是稳定的，已成功地转换到新配置以避免中断；然而，它可能降低了安全性，因为可用的备份配置较少。

多年来，由于拥有高度互联的电力系统，安全性得到了提高。一个很简单的例子可以追溯到径向分布系统。径向电力线上的任何一个故障都会切断馈线下游故障线路上所有剩余用户的电力。环路分配系统使两个或两个以上的径向系统在故障发生时连接，通常是在它们的端点处，这样径向系统可以连接到故障系统，并为由于故障而失去电力的用户提供电力。更高度网络化的配电系统将允许多个连接点，通过通常打开的连接开关，允许更高程度的冗余。在这种情况下，安全性与可用冗余路径数有关。显然，这类似于通信网络中的路由；专用或网状通信网络具有许多可能的冗余通信路径。高度互联的电力系统还允许发电机之间的更大程度的联营。如果一台发电机掉电，可以通过接入另一台相连的发电机来满足需求。这与将打印服务器直接连接到您的计算机，或接入通信网络中与许多此类服务器共享类似。

CA 被用来确定安全度。$(N-1)$ CA 是相当标准的，要求系统在一次应急之后保持运行。安全分析的一个例子是对线路流量限制的分析。请记住，线路流量限制是基于它们的热限值（功率容量）和稳定性极限。线路流量限制分析将计算网络随着线路减少和负载切换线路时的电力传输能力。操作人员从经验中知道最可能发生的意外事件是什么，不仅包括电力线限制因素，还包括峰值负载和影响发电能力的因素。其结果不仅是对电力系统安全性的理解，而且还包括规划所需的额外容量和冗余。

当安全性处理电力系统的离散状态时，是稳定性注重的是在状态之间的连续变化，并确保系统在发生这些变化时不会变得不稳定。稳定性量化了系统保持同步和平衡的能力。角度稳定性是指系统保持电气和机械的所有组件以相同的频率彼此同步运行的能力。电压稳定性是稳定性的另一个相关方面，并且是指保持电压的幅值恒定。我们首先关注角度稳定性，然后关注电压幅值稳定性。

12.5.1.1　角度稳定性

电力系统的稳定性保留了其物理学的含义，即它是指系统在扰动之后恢复到所需运行状态的能力。从概念上讲，圆形碗中的小球无论在何处释放，或在碗内如何被干扰，都会回到碗底的中心。这是一个由质量、重力和碗的凹形结构相互作用的稳定系统的例子，它为弹珠提供了稳定的系统。然而，如果将圆形的碗倒置，并将大理石放置在现在倒置的碗的顶部，除非小球被非常小心地放置和平衡，否则它将从倒置的碗的侧面脱落。这是一个不稳定的系统，这由于放置小球的地形的凹凸性质造成的。在电力系统中，和小球类似的是电压角或功角 δ。回顾前几章，系统的不同部分的功角可能不同，这取决于"出力"发电机是如何相互作用的。更加出力的发电机将具有超前的功角；当更加"出力"工作的发电机带动更多的负载并相对于其他发电机产生更多功率时，循环电流将在发电机之间流动。功角也揭示从系统流入或流出的实际功率的多少。稳定性分析是将功角的连续变化理解为动态变化的变量。

稳定的电力系统是发电机同步运行的系统；它们的电压波形同时起伏，它们在相同的频率和相位下工作。如果发电机不同步，其中一个结果将是导致大的环流，足以跳闸或破坏电源线。只要有一个自然恢复力使发电机恢复同步，系统就会趋于稳定。与碗中小球的示例类似，这种恢复力是与重力类似的。这是电磁反应，增加了对更快发电机的力，并减少了对较慢发电机的力，使它们全部收敛到相同的速度。通过平衡手掌中的长棒来考虑对稳定性的类比。长棒更容易平衡，因为有更多的时间对棒的角度做出反应以保持其直立。保持杆直立就是在保持发电机之间的平衡。功角的小差异类似于长棒，可以相对容易地保持同步。然而，发电机之间的接近其稳定极限的长输电线将像短棒。把棒子竖在手掌上变得越来越困难；突然，需要更大的动作来保持棒的稳定性。当超过稳定极限时，不再可能保持棒子直立。系统不再稳定，并且会在最轻微的扰动下崩溃。

考虑在两端具有发电机和负载的电力线，其中端部由下标 1 和 2 指定。功角 δ 是由该端部和发电机之间的功的相对差异形成的角度。δ_{12} 是线路两端的功角之差。通过线路传输的功率越大，差异越大。式（12.44）显示了跨线路传输的实际功率：

$$P = \frac{V_1 V_2}{X} \sin\delta_{12} \tag{12.44}$$

请注意，一个简化的假设是，该线是无损的。也就是说，它是电阻损耗为零的电力线；只有电抗。这一假设也允许有功和无功功率在功率流分析中解耦和分开处理，如前几章所述。

假设电压幅值和线路阻抗是固定的，传输更多功率的唯一方法是增大功角。另一方面，如果传输线两侧的功角相等，则无论电压幅值有多大或线阻抗有多小，都不会传输功率。功角最大的差异将为 90°，产生正弦值。然而，这个大的功角是不稳定的。随着功角的增加，发电机间环流的反馈减小。

检查式（12.44），如果除功角之外的所有参数都是固定的，则实际功率与功角图仅仅是正弦函数，最大值在 90°。如果功角意外超过 90°，即使是少量也会出现此问题。超过 90°，正弦函数开始减少回零，这意味着功随着功角的持续增加而减小。功率的降低导致发电机之间的循环电流反馈降低，发电机的速度更快，导致功角进一步增加，引起反馈进一步减少。这种恶性循环显然是系统变得不稳定的结果。另外，观察正弦波可以看出，在小功角，曲线很陡；功角的小变化导致实际功率的大幅变化和更强的恢复力。当功角接近正弦波的顶部时，斜率较平坦；在角度较大的差异下，对应于功角变化的反馈功率越小。

另一种可视化大功角在维持稳定性方面无效的方法是设想两个相互关联的发电机，首先具有相对较小的功角。因为功角小，所以每个发电机的电压只能移动一小部分。如主发电机所见，驱动循环电流的电压差将超前系统电压 90°。这是因为我们假设电压大致相同，仅略微偏移，所以它们的差值在最大值和最小值附近都会抵消，当它们接近过零点时最大。由于循环电流驻留的系统几乎完全是感性的，所以电流滞后电压 90°。这实际上将电流转换成与较慢发电机的相位并产生额外的功率输出。它与更快的发电机的不同步，并降低其输出，用于同步引导。然而，随着功角的增加，以及来自每个发电机的电压彼此相位偏移更多，所以循环电流相位倾向于在两个发电机的电压相位之间移动。这导致发电机之间的功率振荡，而不是仅在一个方向上流动，并且稳定力降低。这种振荡也对设备造成损害，产生涡流并引起异常加热。在保持功角较低的情况下传输更多功率的唯一实际方法是降低线路的电抗 X。

前面的讨论是关于稳态稳定性的，即系统如何设计得回到稳定的状态。回到用手掌平衡棒子的类比，稳态稳定性大约是棒子的长度。另一方面，动态稳定性是指我们对一个突然变化的反应有多快——一阵风把它从位置上刮下来——仍然保持稳定。我们可以把实际的分析集中在发电机的核心问题上，即转子和机械能向电能的转换。和以往一样，能量守恒也适用。因此，施加到转子的输入端的机械功率必须等于由转子产生的电能，减去由于低效率引起的任何损失。更具体地，施加到转子的机械转矩等于从电枢绕组产生的电功率加上阻尼功率。阻尼力来自摩擦和励磁机绕组。功率平衡作为功角 δ 的函数，如下所示：

$$M\ddot{\delta} + D\dot{\delta} + P_G(\delta) = P_M^0 \tag{12.45}$$

P_M^0 是机械力，其上标为零表示系统处于平衡状态。$P_G(\delta)$ 是输出的电功率，这显然是功角的函数。回想一下，功角描述内部发电机电压波形与整个电力系统波形之间的相位差。由于波形为正弦波，因此随着功角的增加，功率输出将增加，但只能达到一点。功角的增加正在描述电压相位的变化；超过最大点，相位差或转子的旋转差将会很大，导致领先的转子实际上将出现在其他转子的后面，产生能量的损耗。功角与功率曲线形成非线性凸曲线。在式（12.45）中，$P_G(\delta)$ 是当试图移动到其初始平衡速度以上时，推回到转子上的磁力。如果它向前移动太远，则恢复力将超过其最大值并减小，变为零；或者，如果继续移动太远，则变为负值。D 是由摩擦引起的阻尼力，$D\dot{\delta}$ 是由于摩擦而产生的能耗。对于动量来说，转子的惯性 M 是阻止变速的趋势。$M\ddot{\delta}$ 是转子加速或减速时的功率损耗。

记住上标为零表示平衡条件。当转子运行在平衡时，这意味着 δ 不变，即变化率或派生率为零。在这种情况下，式（12.45）中的阻尼和惯性项为零，方程简化为 $P_G(\delta) = P_M^0$。回想一下，动态稳定性的目标是要理解当 δ 受到扰动时会发生什么，就像突然被阵风吹过，手掌的平衡位置会发生扰动。问题是系统是否能够在扰动之后稳定下来，或者我们是否可以在类比中继续保持平衡，以及在两种情况下可以容忍多少扰动。

考虑当切换事件发生并且负载突然变化时会发生什么。具体来说，考虑在短时间间隔内与所有负载一起断开的传输线。机械功率 P_M^0 继续施加到转子上，就像转子仍然提供原始负载。然而，随着传输线被断开时负载的减少，现在使相同的机械功率加速转子。旋转速度不再恒定，功角 δ 增加，其导数不再为零。转子的频率增加。只要传输线保持断开，式（12.45）中的阻尼和惯性项不再为零。这些术语表示在暂态传输线路中断期间累积的过量能量。如果断开时间短，则发电机可以吸收剩余电量，线路重新连接后系统恢复正常。但是，超过一定的停电时间后，系统在传输线路重新连接后不能吸收多余的能量，系统会变得不稳定。

如果传输线中断的持续时间相对较短，则功角 δ 将在其平衡位置之前移动，然后落在后面，再向前移动，随着振荡的大小和时间的推移而衰减，由于阻尼作用，最终恢复到平衡状态。这类似于我们在阵风后的平衡棒的类比；为了保持平衡，人们将尝试向一个方向移动以进行补偿，但通常会过度补偿，需要向原始位置移动。这些振荡将继续下去，直到长棒再次平衡。

在发电机内部，一旦传输线及其负载重新连接，由于负载突然增加和 δ 值较大，施加在转子上的电磁功率 $P_G(\delta)$ 将变大。负载增大将导致转子减速。然而，由于转子的惯性，当转子继续向前移动一点时，减速将需要时间。最终转子减速到 δ^0，并最终到达比 δ^0 慢的点。在这一点上，机械功率 P_M 导致旋转朝 δ^0 加速，再次可能略微超调。减速和加速的这个循环继续以衰减的方式振荡，直到转子再次达到其稳态平衡速度。

另一方面，如果传输线路中断持续时间太长，则 δ 可能变得太大，如所讨论的那样，恢复功率在 δ 值较大时变弱。在我们的类比中，这类似于阵风的明显加强。这个人很可能会失去稳定性，将无法保持平衡，由于保持平衡直立所需的速度和运动速度的增加。

刚才描述的暂态稳定性的例子可以从势能和动能两方面看出来。假设为简单起见，只有两台发电机并且一台在短时间内脱机。离线发电机通过施加到其转子的机械功率建立动能，其转子加速。另一台发电机现在必须为所有负载供电，其转子减速。当离线发电机重新联机时，会有暂时的不平衡，一台发电机太快，另一台发电机太慢。这将导致发电机之间的能量振荡，通过发电机之间的循环电流发生，直到两个发电机再次达到平衡。

12.5.1.2 电压稳定性

现在考虑电压稳定性的问题。电压幅值和（功率）电压角相关，然而，正如我们在解耦功率流分析中讨论的，它们可以单独考虑。发现电压幅值与无功功率、功角及实际功率有关。回想一下，当负载阻抗下降时，它吸收更多的电流并增加其功耗。但是，这种情况只能持续到功耗小于发电机上限，在超过上限后，过大的耗电量将使电压不能维持在额定值。为了防止电压下降，必须添加无功功率或更多的电压支持，从而允许其吸收更多的功率。

12.6   稳定和高渗透分布式发电

本节介绍了当集中式发电不再占据主导地位并提供公共频率时，电网可能发生的情况。简而言之，同步速度控制是指控制交流电的频率（速度）的原动机调速器速度控制模式。下降速度控制是指原动机调速器速度控制模式，允许多个交流发电机彼此并联运行以对大电力负载供电或"共享"负载。

同步交流发电机的频率（最常用的交流发电型）与旋转电场 $F = PN/120$ 的速度成正比，其中 F 是频率（Hz），P 是旋转电机的磁极数，N 是旋转电场的转速（r/min）。

在同步速度控制模式下，允许进入原动机的能量受到负载变化的非常严格的调节，这将会导致频率（速度）的变化。负载的任何增加都会导致频率降低，但是能量被快速地接纳到原动机以将频率保持在设定值。任何负载的减少都会导致频率增加，但原动机的发电量会迅速降低以将频率保持在设定值。

在降速控制模式下，原动机的调速器不试图控制交流发电机的频率（速度）。术语"共享负载"会引起很多误读，它只是指交流发电机的原动机能够与其他提供电力负载的发电机并联时，顺利地控制转矩的产生。

降速控制，是指根据响应速度（频率）设定点与原动机的实际速度（频率）之间的差异来控制从交流发电机进入原动机的电能。由于速度不能改变（由发电机所连接的电网的频率固定）误差或差值，为了增加发电机的功率输出，操作员增加原动机的转速设定值以增加进入原动机的能量。因此，实际速度被"允许""下降"到低于设定值。

在小型电网中，一台机器通常以同步速度控制模式运行，而连接到电网的任何其他通常较小的发电机都以下降速度控制模式运行。如果在同步速度控制模式下工作的两台原动机连接到同一个电网，通常会"斗争"来控制频率，通常会产生电网频率的杂乱无章的振荡。当多台机组并联运行时，只有一台机器可以使其调速器在等时速度控制模式下工作，以实现电网频率的稳定控制。世界各地都有同步负载共享方案，但并不常见。

在非常大的电网（通常被称为"无限"电网）上，在同步速度控制模式下，没有一台单机能控制电网频率；所有原动机都在下降速度控制模式下运行。但是有这么多的人并且电网如此大，以至于负载变化时，没有一个单元可以使电网频率增加或减少百分之几。

非常大的电网需要系统操作员快速响应负载变化，以便正确控制电网频率，因为没有同步电机这样做。通常，当事情正常运行时，可以预期负载变化，并且可以增加或减去额外的发电以保持严格的频率控制。

许多电网运营商用于控制电网频率的一种方法称为 AGC。在 AGC 中运行的单元具有下降速度控制设定值，可根据来自系统操作员的命令进行远程调整，以维持电网频率。因为这种远程控制是通过通信网络进行的，所以我们已经在本章前面讨论过网络控制。

12.7　小结

状态估计和稳定性是电网管理的重要组成部分。操作控制需要了解电网的状态，并且需要控制以保持稳定。电网正在逐渐融入更广泛部署的传感器集合，包括相量测量装置。因此，从智能电网的角度来看，状态估计涉及确定如何最好地利用从新的和更广泛部署的传感器类型中收集的信息。具体来说，本章讨论了如何处理状态估计中的同步信息数据，以及如何优化同步测量装置（PMU）的部署。如何利用数据以及如何部署传感器将极大地影响通信要求。

接下来，本章介绍了网络控制的主题。这一次，使用零阶保持被认为是处理由于通信网络而导致的消息中断影响的解决方案。接下来，详细解释了典型的 WLS 状态估计方法。该方法采用优化问题的形式，即最小化误差。解释了实现这一点的迭代方法。处理日益增长的状态估计的计算负担的一种方法是对该过程进行分步处理。这将解释它可对分布式组件之间的进程间通信产生的影响。稳定性在电网中呈现出几种不同的形式。尽管它似乎通常与发电机转角稳定性相关联，还有其他一些需要稳定运行的动态特性。当然，集中式发电不再占主导地位的电网问题是一个普遍关注的领域，这在本章结尾处介绍。

第 13 章详细介绍了同步相量及其潜在应用。这包括同步相量压缩和通信网络。同步相量从成功实现保护机制的对称组件和 GPS 所提供的准确时序中成长。解释相量、对称分量和 GPS 的概念。了解同步器及其应用程序可以更好地了解其通信和网络需求，并利用它们的属性来改善通信。同步应用是众多的；距离、频率、延迟公差，以及所需的同步激光器数量可能从一个应用程序到另一个应用程序有很大的不同。相量测量装置和相量数据集中器是同步交流通信的重要组成部分，并被讨论。被动（经典源代码）和主动（主动联网技术）手段同样被说明。为了使应用程序使用同步相量，它们必须以标准方式传输。因此，复查了同步相量的标准。

12.8　习题

习题 12.1　状态估计的基础

1. 定义在电网中的状态估计。为什么需要状态估计？它解决什么问题？
2. 电网状态估计的两个一般部分是什么？
3. 什么是伪测量？
4. 最小描述长度与状态估计有怎样的相似？

习题 12.2　最小二乘法

最小二乘法的变化常用于电网状态估计。

1. 最小二乘法状态估计的关键概念是什么？
2. 最小二乘法假设系统是超过限制条件的。详细说明电网状态估计所需传感器数量以及所需通信的意义。
3. 关于最小二乘法有效性的统计分布类型的假设是什么？

习题 12.3　高斯－牛顿方法

1. 解释迭代在高斯－牛顿方法中的工作原理。

习题 12.4　相量测量装置和估计

作为智能电网的一部分,同步相量受到很多关注。思考它们与状态估计有哪些关联。

1. 最小化成本和利用 PMU 最大化可观测性之间的权衡可以用数学方式表示。导出这个权衡的优化问题。

习题 12.5　通信与估计

1. 可以使用电网实现的状态估计来补偿通信错误吗?

2. 如何在通信中使用状态估计来减少错误?

习题 12.6　分布式状态估计

1. 并行处理和状态估计的分布式处理有什么区别?

2. 为了实现分布式状态估计,需要对状态估计进行哪些修改?

习题 12.7　定义稳定性

1. 电力系统稳定性一般意义上的定义是什么?

2. 稳定性与可靠性有什么关系?列出几种稳定性措施。

习题 12.8　故障检测、隔离和恢复指标

1. 系统平均中断持续时间指数(SAIDI)是什么?如何定义?

2. 系统平均中断频率指数(SAIFI)是什么?如何定义?

3. 瞬时平均中断频率指数(MAIFI)是什么?如何定义?

4. 这些指数如何通过增加通信和控制来改变?这些电力指标如何与通信可靠性措施进行比较和对比?

习题 12.9　稳定性和功角

1. 定义"功角"。

2. 功角差异如何影响稳定性?

习题 12.10　稳定性类型

1. 稳态稳定性与动态稳定性有什么区别?

2. 什么是"阻尼力"?它如何影响功率平衡?

3. 突然的故障如何造成不稳定?是什么条件增加了这种故障对稳定的影响?

4. 用什么技术来测量电网的稳定性?

5. 用什么技术来确保电网的稳定性?

6. 一般来说,电网稳定性如何与维持稳定所必需的通信要求有关?

7. 如何定义电压稳定性?它与电源稳定性有什么不同?

习题 12.11　稳定性和分布式发电

1. 大量分布式发电对稳定的影响是什么?更多的分布式发电需要更多的通信来保持稳定吗?为什么是或者为什么不呢?

2. 如何解决分布式发电和微电网的稳定性问题?

第 13 章

同步相量应用

说某件事不能做的人不应该去妨碍那些正在做这件事的人。

——S. Hickman

13.1 引言

本章是本书第三部分"终极目标:智能电网嵌入式和分布式智能"的第3章。本章的重点是同步相量、它们在电网中的潜在应用以及它们和通信之间的相互作用。尽管之前已介绍过相量,我们还是先准确地解释它们是什么和怎样使用它们,使用它们时通信已成为一个重点。这包括同步相量压缩的讨论。同步相量的即将广泛应用在一些方面令人充满期待,包括新的可能需要它们及时、近实时或实时特性的应用。对于这样的应用,快速高效的传输是一个必要条件。相量测量装置(PMU)进行原始数据的测量和同步相量的构造,所以需要对这些设备进行简要说明。一旦构造完成,同步相量必须传输到需要使用它们的应用中。同步相量的应用很多,不同的应用对所需的同步相量的距离、频率、延迟容忍、数量和速度的要求差异很大。这一部分评论了相关通信网络的注意事项。为了使同步相量能被广泛应用,同步相量必须以标准的方式传输。因此,对同步相量标准进行了概述。接下来,我们考虑了一系列可能的应用,几乎包括电网的所有方面。列出一个详细的清单将是很困难的,因此,我们讨论了应用于电网运行不同方面的一些有代表性的应用。有两个同步相量的应用足够重要,以至于它们分别有自己独立的章节。首先,同步相量是用来评估电网状态的自然度量单元。因此,包含同步相量的状态估计被安排在自己独立的章节进行讨论。此外,电力系统保护是同步相量的另一个广域应用,同样也有一个章节主要对其进行描述。本章最后部分是小结和习题。

13.2 同步相量

简单来说,在电网任何位置进行的同步相量测量必须具有相同、绝对的基准时间进行比较才是有意义的。这是通过给测量数据增加时间戳来实现的,这也提供了一种把来自不同位置的数据关联起来的方法,而这些来自不同位置的数据到达同一采集点需要花费不同时间。这个简单的技术提供了一个工具来更全面地看待电力系统和及时对不同点进行精确比较测量。事实上,这些值可以彼此同步,而这恰好也解释了"同步相量"中"同步"的由来。获取广域电网的精确定时一直是一个挑战，而这也阻碍了同步相量概念的早期发展。GPS 的出现及其提供的精确定时提供了解决方案，这也使同步相量得以广泛部署和全面发展。这是通信技术的另一个例子，它与时间和信息传输密切相关，有助于促进电力系统在电网中的应用。

13.2.1　相量

"同步相量"的后半部分是"相量"。同之前讨论的一样，相量术语中有它自己的起源。相量是正弦函数的恒定矢量表示。假设幅值、频率和相位保持恒定，则相量可以用一个矢量来表示。然后可以利用矢量的线性组合很容易地处理矢量，以解决本来会更复杂的一些问题，涉及三角和线性微分方程。相量之和的一个例子如图 13.1 所示。

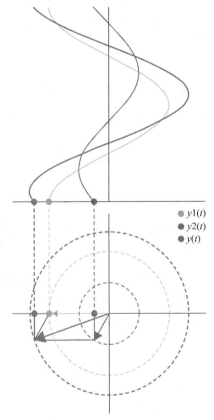

图 13.1　两个正弦曲线 y_1 和 y_2 之和以及与它们的相量表示关系。图中较低部分显示了表示正弦曲线的矢量如何相加产生矢量和。矢量和的正弦曲线如图的上面部分所示。来源：Gonfer（维基百科）[GFDL（http：//www.gnu.org/copyleft/fdl.html）或 CC - BY - SA - 3.0（http：//creativecommons.org/licenses/by - sa/3.0）]，通过维基共享

更具体一些，同步相量的发展源于两种技术的融合：①对称分量用于实现保护

机制；②GPS（Phadke 和 Thorp，2006）提供的精确时间。对称分量法在 1913 年由 Charles Legeyt Fortescue 发现并提出；之后，这种方法成为电力系统许多应用的基础。正如我们将要讨论的一样，技术的发展促进了相量表示的应用。对称分量用于保护机制及其在数字微处理器中的早期实现直接促进了同步相量的发展；因此，同步相量的主要应用就是电力保护。然而，它也已应用于许多其他应用之中。

为理解同步相量，先简要回顾一下对称分量的概念。Fortescue 对称分量的主要思想是：任何不平衡、三相电气参数可以表示为三个平衡矢量分量之和。这简化了三相电力系统分析，特别是促进了更有效的检测和分析不平衡故障。

考虑电流或电压的相量表示，其在复平面的幅值和相位如图 13.2 所示。幅值是对应正弦波形的 RMS（Root Mean Square，方均根值），相位是波形的偏移量，通常认为是波峰和参考点之间的偏移距离。

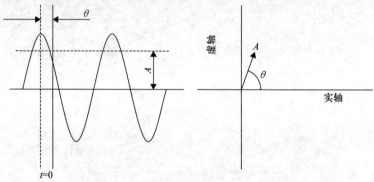

图 13.2　该余弦向左偏移 θ，方均根值为 A。相应相位如右图所示。
来源：Martin 和 Carroll，2008。获得 IEEE 许可复制

显然，就像正常运行的发电机的输出一样，在正确运行的三相系统中，两相峰峰之间相角应该相距 120°。然而，正如在通信系统中，传输介质并不完美，可能存在"噪声"一样。电力故障是噪声的一种灾难性形式，应尽快检测并予以纠正。平衡的 120° 分量被称为正序。另一套可以叠加在它们身上的平衡分量被称为负序。它具有同样的幅值，相角相距也是 120°；然而，矢量却以逆时针顺序出现。假设三相标记为 A、B 和 C。负序的顺序不是 A – B – C，而是 A – C – B。最后，有一组平衡的矢量分量，没有相位，只有同样的幅值，被称为零序。电流的一个例子如式（13.1）所示。运算符 α 代表矢量相移 120°，α^2 代表矢量相移 240°。三相平衡电流用 I_a、I_b 和 I_c 表示，零序、正序和负序电流用 I_0、I_1、I_2 表示。

$$I_a = I_1 + I_2 + I_0$$
$$I_b = \alpha^2 I_1 + \alpha I_2 + I_0 \tag{13.1}$$
$$I_c = \alpha I_1 + \alpha^2 I_2 + I_0$$

相应的对称分量为

$$I_0 = 1/3 \left(I_a + I_b + I_c \right)$$
$$I_1 = 1/3 \left(I_a + \alpha I_b + \alpha^2 I_c \right) \qquad (13.2)$$
$$I_2 = 1/3 \left(I_a + \alpha^2 I_b + \alpha I_c \right)$$

因为叠加原理允许任意三相之间的关系表示为平衡分量之和，所以这应该很容易就会出现。图 13.3 显示了一个平衡系统。

图 13.4 显示了一个单相开路引起的不平衡系统。A 相电流幅值大大减少，电压仍然保持正常。这可能是由 A 相线路开路引起的。

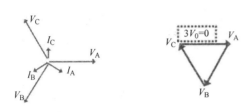

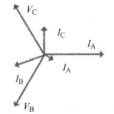

图 13.3　对称分量显示在平衡系统上。Fortescue 确定平衡系统只由正序电流和正序电压组成

图 13.4　由对称分量表示的不平衡系统。电压和电流用固定矢量表示。所有序分量都是非零的。电压平衡且正常，电流异常。A 相线路看起来处于开路状态

图 13.5 显示了一个单相接地故障引起的不平衡系统。A 相电流显著增加，A 相电压有所降低，这恰恰是相短路时产生的状况。这是由 A 相接地并已形成短路引起的。前面的简要回顾和描述应该提供一个直观的感觉，即在同步相量发展之前，相量是如何已被用于保护系统的。

13.2.2　时钟和同步

其实很简单，同步相量就是同步的相量。相量这一主题已在前一节中进行了介绍。为了完成对同步相量这一概念的理解，这一节讨论时钟和同步。正如前面所提到的，提供时钟最依赖的技术是 GPS，且因此而具备同步功能。

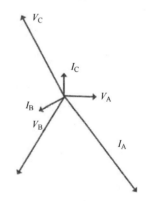

图 13.5　电压和电流的对称分量表示异常。电压和电流被描述为固定矢量。存在负序的电压和电流。一个单相接地故障已经发生，A 相电压减小，A 相电流过大

GPS 在 20 世纪 80 年代早期开始开发；人们很快就发现，这样一个系统提供的时钟无处不在，而且在任何时间和较大距离范围内足以精确到可以作为相量参考，而不只是同一时间的局部比较。PMU 最初是非常昂贵的，部分原因是 GPS 星座内

所有卫星的安装不完整，另外还需要非常精确的时钟记录时间直到下一个卫星视图到来。然而，随着 GPS 星座的完成，精确的时钟现已相对便宜且已使用广泛。GPS 时间信号的精度是 $1\mu s$。这意味着，对于 60Hz 电力系统，允许的最大相位误差为 $0.02°$。这样便于在公差范围内，合理地分析大多数电力系统应用的相位。

接下来，考虑同步相量的标准定义和测量误差的标准方法。这能让我们更好地理解计时误差对整体矢量精度的影响。

首先定义一个矢量

$$x(t) = x_m \cos(\omega t + \phi) \tag{13.3}$$

式中，X_m 是正弦波的幅值；$\omega = 2\pi f$，f 是瞬时频率；ϕ 是正弦波形的初相角。有初相角作参考，可以更好地比较波形。因此，初相角定义了波形的相位。同步相量定义为余弦函数值在 $0°$ 的余弦波形。这清楚地定义了波形的起点。相量表示如下：

$$X = X_m \angle \phi \tag{13.4}$$

X_m 为峰值。然而，周期性信号往往使用方均根值测量。为分析其影响，这里考虑一个正弦电压的方均根值

$$V_{RMS} = \sqrt{\frac{1}{T_2 - T_1} \int_{T_1}^{T_2} (V_p \sin(\omega t))^2 dt} \tag{13.5}$$

式中，t 是时间；ω 是角频率，$\omega = 2\pi/T$，T 为波形周期。由于 v_p 是正常数，故可以进一步化简

$$V_{RMS} = V_p \sqrt{\frac{1}{T_2 - T_1} \int_{T_1}^{T_2} \sin^2(\omega t) dt} \tag{13.6}$$

接下来，一个三角等式可以用来取代正弦项：

$$V_{RMS} = V_p \sqrt{\frac{1}{T_2 - T_1} \int_{T_1}^{T_2} \frac{1 - \cos(2\omega t)}{2} dt} \tag{13.7}$$

然后积分可以变换为

$$V_{RMS} = I_p \sqrt{\frac{1}{T_2 - T_1} \left[\frac{t}{2} - \frac{\sin(2\omega t)}{4\omega} \right]_{T_1}^{T_2}} \tag{13.8}$$

然而，请注意，正弦项抵消了，因为它们是一个完整的周期数：

$$V_{RMS} = V_p \sqrt{\frac{1}{T_2 - T_1} \left[\frac{t}{2} \right]_{T_1}^{T_2}} = V_p \sqrt{\frac{1}{T_2 - T_1} \frac{T_2 - T_1}{2}} = \frac{V_p}{\sqrt{2}} \tag{13.9}$$

结果是，电压峰值 V_p 的方均根值为 $V_p/\sqrt{2}$。因此，添加 $1/\sqrt{2}$ 可以保持峰值和有效值之间的等价性。同步相量定义为

$$X = \frac{X_m}{\sqrt{2}} \angle \phi \tag{13.10}$$

给定绝对时间，同步相量被定义为余弦的大小和角度（相对于一个绝对的时间点）。两个例子如图 13.6 阐述了到目前为止讨论过的要点。图中所示的同步相量

为0°、90°。在通用时间轴（UTC）上，0°点开始于 $x(t)$ 的最大值的第二个翻转时刻。需要注意的是，UTC 为标准官方的时间参考。UTC 定义于 1963 年，由国际无线电咨询委员会 374 推荐，基于添加了闰秒以不规则的间隔来弥补地球自转的速度放缓的国际原子时间（TAI）。同步相量标准参考了一秒一跳时间信号。最后，在图 13.6 中的第二个例子，注意到 –90°相位发生在正与零交叉的 UTC 第二个翻转位置。

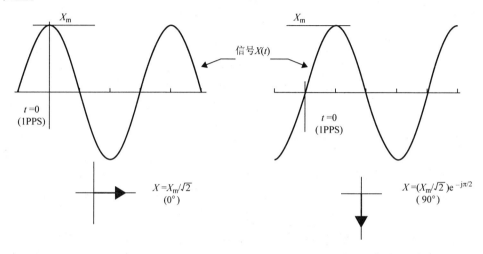

图13.6　假设每秒一个脉冲（PPS），每个波形下方显示同步相量表示
来源：IEEE，2011。复制得到了 IEEE 许可

　　重要的一点是，需要强调同步相量只有在测量的频率值是常数的情况下才有意义。然而，我们知道，电网频率与负载和需求之间的关系有关。当需求上升，供电不能满足需求，频率就会降低。类似地，当供电超过需求，频率将会增加。因此，同步相量测量系统可以报告频率和频率变化率（ROCOF）以及相量值也很重要。同步相量标准中也包括相关内容，具体如式（13.11）和式（13.12）所示（IEEE，2011）：

$$f(t) = \frac{1}{2\pi}\frac{\mathrm{d}\phi}{\mathrm{d}t} \qquad\qquad (13.11)$$

$$\mathrm{ROCOF}(t) = \frac{\mathrm{d}f(t)}{\mathrm{d}t} \qquad\qquad (13.12)$$

　　同步相量测量有很多潜在的误差来源，其中最大的误差来源是计时和频率的变化。考虑一下频率变化会带来什么影响。假设有频率 f，这是实际的频率，可能不是常数；还有频率 $f_{nominal}$，该频率是假定的、正确不变的常数，是操作频率。令 $\overline{X}$ 为相位实际幅值。让 $\delta t = 1/(Nf_{nominal})$，每个循环有 N 个采样值，δt 为采样值之间的时间。考虑到在取样时间周围达到一个合适中心值的必要性，令 k 的值为 1/2。在这些单频分量条件下求解出的向量为

$$x(\delta t(k+1/2)) = \sqrt{2}\mathrm{Real}\left[\overline{X}e^{j(k+1/2)(2\pi/N)(f/f_{\mathrm{nominal}})}\right] \tag{13.13}$$

可以将式（13.13）转换为

$$\hat{X} = A \cdot \overline{X} + B \cdot \overline{X}^* \tag{13.14}$$

$\overline{X}^*$ 为 $\overline{X}$ 的复共轭。具体幅值如下：

$$A = \frac{\sin\left[\pi\left(\dfrac{f}{f_{\mathrm{nominal}}} - 1\right)\right]}{N\sin\left[\dfrac{\pi}{N}\left(\dfrac{f}{f_{\mathrm{nominal}}} - 1\right)\right]} \tag{13.15}$$

$$B = \frac{\sin\left[\pi\left(\dfrac{f}{f_{\mathrm{nominal}}} - 1\right)\right]}{N\sin\left[\dfrac{2\pi}{N} + \dfrac{\pi}{N}\left(\dfrac{f}{f_{\mathrm{nominal}}} - 1\right)\right]}$$

这个练习的价值在于，当频率在额定值附近变化时，$A \cdot \overline{X}$ 和 $B \cdot \overline{X}^*$ 可以显示出误差的大小。当频率是正确的（即恒定在其额定值），则 $A = 1$，$B = 0$，$\hat{X} = \overline{X}$，即没有由于频率的变化引起的误差。然而当频率从额定值开始变化时，A 从 1 开始变化，B 从 0 开始变化。频率增加时，B 值为正，反之为负。用不同的方式对式（13.14）进行处理，可能会形成测量误差以及明显的频率变化引起的失真。

标准的同步相量的性能标准称为总矢量误差（TVE），具体如式（13.16）所示。这里 X_r 和 X_i 分别为理论准确相量的实部和虚部，$X_r(n)$ 和 $X_i(n)$ 是近似相量的实部和虚部。注意，TVE 不仅仅是指误差的大小，更体现出一个对于理论上的正确相量来说的正常量级。从某些角度来看，在标准要求最高的情况下需要 1% 的 TVE：

$$\mathrm{TVE} = \frac{\sqrt{(X_r(n) - X_r)^2 - (X_i(n) - X_i)^2}}{X_r^2 + X_i^2} \times 100 \tag{13.16}$$

13.2.3 同步相量压缩

IEEE C37.118.2 – 2011 标准规定同步相位报告速率为 10 ~ 60 帧/s，其中帧在 IEEE C37.118.2 – 2011 中定义。帧通常在 40 ~ 70B/相量测量单元。接下来，考虑电网的规模和放置 PMU 的位置，可以发现单从同步相量可以得到大量的信息的潜力。因此，不仅需要有效的同步相量通信，而且需要有效的同步相量表示和存储。作为一个例子，田纳西流域管理局（TVA）的超级相量数据集中器，截至 2008 年，有 10 亿个数据测量点（Carroll 等，2008），2012 年有 36 亿个数据测量点。随着同步相量使用越广泛，其数量会迅速增长。

解决同步相量数据和通信问题的一种方法是压缩同步相量样本。一般有两种方法来实现信息压缩：①无损耗的方法，通过删除冗余信息减少信息大小，进而确保信息不丢失；②带损耗的方法，通过删除无价值信息减少信息大小。有损压缩被认为更加实用。我们知道信息需要什么精度，任何额外的精度或准确性信息没有任何附加价值。然而，无损压缩的理由是，我们可能不知道未来会开发什么应用程序；因此，有必要尽可能保留准确性和精度。有人可能会认为这两种都是近似的测量。由于频率变化、采样误差以及测量过程中产生的其他方面的噪声，以同步相量为样本不是完美的测量方法。由于测量方法是不完美的，有损压缩可能并不比现有的噪声更加嘈杂，或者说我们不需要在样本中已经存在的噪声基础上再添加任何额外的噪声。我们可以期待，在未来应用过程中，有损和无损方法的使用将取决于开发人员的想法和特定的实用环境，其中一些将在本章后面进行讨论。

一个简单明了的有损同步相量压缩方法采用了主成分分析（PCA）技术（Dahal 等，2012）。PCA 技术的特殊之处在于，它假定所有数据立即可用，即同步相量数据量被认为是非常巨大的，以至于必须在测量过程中进行实时评估，即同步相量数据相当于流入了系统中。因此，同步相量数据一旦到达，PCA 算法需要马上使用。

首先，简单评估一下 PCA 技术。考虑具有零均值的矩阵 X^T 中定义的数据，其中有 n 行代表不同的测量数据，有 m 列，各列是来自不同同步相量数据。现在注意，X 奇异值分解（SVD）为 $X = WSV^T$，在 $m \times m$ 矩阵 W 中包含协方差矩阵的特征向量 XX^T，矩阵 S 是 $m \times n$ 矩形对角矩阵，对角线为非负实数，$n \times n$ 矩阵 V 是矩阵 XX^T 的特征向量矩阵。现在认为已经知道 X^T，即同步相量数据。矩阵 W 包含 XX^T 的特征向量。然后在式（13.17）中，可以应用奇异值分解得到 Y：

$$Y^T = X^T W = V\Sigma^T W^T W = V\Sigma^T \tag{13.17}$$

Y^T 的第一列产生一个适用于第一个"主要"分量的"分数"，下一个列含有关于"第二个主要"分量的"分数"其余类似。注意，一些研究人员把这些"分数"称为"能量"并把其维数当作隐含变量。主分量的数量将等于或小于描述数据的变量的数量。第一个主分量的方差可能最大，它造成尽可能大的数据变化。每个成功分量在最高的方差约束下正交，而且与前面的分量是不相关的。有损压缩是通过删除数值最低的分量实现的，即被删除的分量对数据的影响最小。假设只有第一个组件 L 需要被保留，这意味着数据 X 将投影到由 L 的第一个奇异向量 W_1 定义的空间上：

$$Y = W_L^T X = \Sigma_L V^T \tag{13.18}$$

式中，$\Sigma_L = I_{L \times m}\Sigma$，其中 $I_{L \times m}$ 是 $L \times m$ 矩形单位矩阵。

X 奇异向量的矩阵 W 与矩阵 W 的特征向量的协方差 $C = XX^T$ 相等：

$$XX^T = W\Sigma\Sigma^T W^T \tag{13.19}$$

在欧几里得空间中给定一组点，第一个主分量对应于一条经过多维均值的直线，并使得这些点到此直线距离的平方和最小。第二个主要分量采用相同的测量方法，不过需要除去与第一个主要分量相关的内容。奇异值（S）是矩阵 XX^T 特征值的平方根。每个特征值与"方差"的一部分成正比（更准确的是距离多维平均值的平方的总和），即与每一个特征向量相关。所有特征值的总和等于其到多维平均值的距离平方和。为了与主要分量保持相关，PCA 基本上在这组点的平均值附近浮动。通过使用正交变换，可以尽可能多地将方差移动到前几个维度。因此，剩余的维度往往规模较小，而且可以保证最少的信息丢失。经常使用这种方式通过PCA 降维。PCA 的特点是通过最优正交变换保持了最大的子空间"方差"。然而，如果比较的话，可以发现这种优势需要付出更大的计算成本，例如，通过离散余弦变换（DCT），特别是 DCT – II（也可简称为"DCT"）。

PCA 对变量的数量非常敏感。如果我们有两个变量，它们具有相同的样本方差，并呈正相关，那么 PCA 将需要旋转 45°，"载荷"相关的两个变量的主成分将是相等的。但是如果我们将所有第一个变量的值乘以 100，那么主分量的值几乎与对应的那个变量一样，而其他变量的作用很小。然而第二个分量几乎与第二个初始变量相同。这意味着不同的变量具有不同的单位（如温度和质量），PCA 是一种有点随意的分析方法。

典型的标准同步相量框架如图 13.7 所示，包含帧同步字、帧字节、用于 PMU的 ID 号、时间戳、第二片段内容、时间质量（具有时钟精度）和 16 位 CRC。

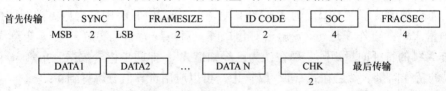

图 13.7 同步相量的 IEEE 标准（IEEE Std C37.118 – 2005）定义了一个帧，内容包括帧同步字、帧字节、PMU 的 ID 号、时间戳、第二片段、时间质量、实际的数据（数据 1，…，数据 N），和 16 位 CRC（分）。资料来源：Martin, 2006 年，复制得到 IEEE 许可

无损同步相量压缩技术来自于图像压缩技术，由 Klump 等（2010）开发出来。位序列压缩技术已经比较成熟，而且有很多已经熟知的相关技术。同步相量压缩技术的好处是压缩的相关性会提高特殊场合的同步相量压缩。完成这个任务的技术被称为松弛参考编码（SRE）（Klump 等，2010）。

假设有一系列测量值 M_i 如下式所示：

$$M_i = \left[M_{i,1} \cdots M_{i,q} \right] \tag{13.20}$$

式中，每个 M_i 是测量值中的长度为 q 的一个矢量。目标是了解 M 与同步相位相关的哪些特性可以增加测量的压缩。有两种提升压缩特性的方法：①一个是频率相关且基于时间特征的；②另一个则是基于空间关系。同步相量的标准是要求以标称系统频率的偶数倍对相量值进行采样。如果系统正常运行，那么数值应该不变。这意味着增量编码可能是理想的，因为在理想的情况下，所有的差异在第一个值后将都是零。当然，正如我们之前所讨论的，有许多的噪声源；在真实系统中，数值不会完全精确到零。

　　第二个特征是空间上的，其与彼此间的电测量距离有关。此外，在一个理想的系统中，如果运行过程、拓扑结构和负载情况保持不变，那么，尽管它们在电气节点特征方面有所不同，也将保持不变。这一点指向一个差分算法，在此算法中只需要相关的角度差异，其余的角度差异将会是零。但是不存在理想的系统，真正的系统是含存在变化的。需要注意的是，正如前一章讨论过的那样，选择一个稳定的节点在功率流分析中是很常见的。

　　SRE 算法非常简单，它将上文描述的两个特征结合到一个算法中，选择一个参考信号，在所有数值中考虑当前测量值和上一个测量值之间的差异，并考虑过去和当前的参考信号的差异。因此，总共计算了两种差异：当前和最后一次测量之间的时差；当前信号和参考信号的电气距离之间的差异。

13.3　相量测量装置

　　PMU 传感器用于检测、生成和报告同步相量值。主要硬件有电流和电压传感器，用于采集电流和电压，它是一个提供绝对准确计时的元件，也是一个生成数据组和处理数据的单元。正如我们所见，PMU 的主要功能是参照一个绝对时间测量波形，进而对波形进行比较。PMU 可能是独立设备或与其他电力系统设备集成。随着技术的发展，PMU 很可能将成为许多电网设备标准的一部分。PMU 采集频率为 50Hz 或 60Hz，电流和电压典型的采样速率为每个采样周期得到 48 个采样值，准确性为 1μs。PMU 的输出是一个标记出时间的同步相量数据流，速度高达 60 个采样点/s。同步相量采样可以使用本地或传输到中心的特定区域的电网数据。同步相量数据在广域内很明显。这是因为没有同步相量，局域测量也可以获得相同的结果。换句话说，可以同时采样的波形，不需要一个共同的时间。然而，在广域内处理相同的信息，必须掌握同步相量的绝对时间，而这些值在传输过程中会有不同的延迟。在某种意义上来说，同步相量是解决变量延迟问题的方法。随着 PMU 变得无处不在，同时高速传输采样值，越来越多的人担心通信网络的超载，特别是在应用程序中，需要使用同步相量进行实时或近实时的控制。

13.3.1　相量数据集中器

　　在前面的小节中，已经描述了通过 PMU 创建同步相量的方法。单个同步相量电流或电压值是在特定空间和时间点的一个瞬时值；它是特定时间的电力网络中一个特定点的单值。通常情况下，一个值只有跟空间和时间上与其同步的相量值进行对比才会变得有意义；也就是说，可以将局域的数值与趋向同一位置或其他地方的同步相量值进行对比。同步相量的聚合和比较发生在另一个硬件单元 PDC。应该指出的是，PDC 不一定是一个独立的设备或软件，而是在任何需要的地方可以进行集成的功能。

　　一个或多个 PMU 将同步相量数据传输给 PDC，多个 PDC 可以相互连接

（IEEE，2011）。PDC 背后的概念是关联多个同步相量输入流并生成一个单一的总输出，以便直接应用于应用程序或与其他数据流进行下一步的聚合。由于输出流是按时间排列的输入流的聚合，且在每个时间点实时增加了电网的广泛视域。也许存在这样的 PDC 层次结构，其局域 PDC 单元直接从电力设备获取数据流，中层 PDC 单元将一定区域内 PDC 单元的数据流进行聚合，并为更高层次的 PDC 单元聚集这些区域数据。高级 PDC 单元被称为超级 PDC，可以包括整个互联电网的同步相量信息。因为其每一层的层次结构包含一个大小不同的区域，也许会在同步相量数据的延迟、范围和质量等方面产生不同的预期。

13.4　网络同步相量信息

各种同步相量通信网络的网络架构一直在研究之中。通信网络必须提供 PMU 流向 PDC 和其他同步相量应用程序的同步相量数据的交互服务。这里有一些通用的方法。一种方法是开发中间层，且软件中间层是建立在通信网络专门处理同步相量数据流的特殊需求的基础上。另一种方法包括在通信网络中"叠加"或"链接" PDC。在这种方法中，PDC 被视为网络的一部分，并且同步相量流量通过 PDC 传输给目的地，这就是 6.5.2 节中介绍的主动网络。另一种方法基于本地 IP 和网络多播。IP 多播是基于订阅的方法，希望收到信息多的节点必须与源节点连接。多播协议被设计为应用 IP、有效控制用户的数量规模和有效地处理多播传输中的错误。

10.6 节讨论涵盖了同步相量的详细标准，有三个通用消息格式被设计用于处理同步相量流量：①IEC 61850 GOOSE；②C37.118 - 2005；③IEC 61850 - 90 - 5 可路由的 GOOSE。首先，IEC 61850 GOOSE 消息通常直接放置在以太网帧中。因此，它们受限于以太网局域网或者潜在的以太网虚拟局域网。它们缺乏一般的 IP 路由能力，因此不能在整个互联网传播。后两个消息格式，即 C37.118 - 2005 和 IEC 61850 - 90 - 5 可路由的 GOOSE，可能是封装在 IP 数据包中，使用 IP 多播传输。

通常，使用 IP 路由的同步相量消息使用 TCP 或 UDP 传输。这些协议是预定义的、点对点传输协议。因此，它们要求消息只被发送到一个目的地节点。然后，正如我们所看到的，目的地 PDC 必须汇聚来自多个传入的数据流同步相量。此操作的一个挑战是 PDC 必须通过来自多个输入流中的每一个的时间来关联同步相量数据。这意味着，如果任何流在提供它们的信息时速度缓慢，PDC 必须延迟处理，直到最慢的消息到来。因为每个 IEEE C37.118 消息有一个时间戳，所以整个消息必须在处理开始之前到达。如果信息的一部分需要处理，然后传播到另一个接收器，这也会导致延迟。换句话说，为了获得所需的时间戳，每个元素的信息必须被完全解析和分解。这些延迟，需要等待最慢的输入和需要完全解析消息，找到它的时间戳，而这可以导致同步相量通过网络时产生高度可变的延迟。

因此，叠加或束缚 PDC 以及中间层转发延迟都增加了整体延迟，还包括随机延迟和可以很容易地使基于同步相量的控制系统不稳定的抖动。另一种结构是利用 IP 多播，正如它在互联网中的使用一般。移动尽可能多的处理元素到网络边缘，比如 PDC 和同步相量的应用，将同步相量消息的每一个处理元素加上目的地，封装在 IP 多播数据包内。在这种情况下，每个 PMU 变成一个多播源。IP 多播处理树状结构的信息，作为用户订阅信息，比如 PDC，订阅消息的 PMU 数据应该流入它。

同步相量网络的持续发展也导致了对一个问题的重复研究，即网络智能化和 11.2.3 节的端到端原则的比较。刚才讨论的方法是一种相对简单的网络和复杂的边缘的方法。相反的方法的一个例子可以在下一个结构中看到（Arya 等，2011）。在这种方法中，智能化被添加到网络中使得聚合在网络中实现，且一个新的三层网络体系结构被提出。底层提供 QoS，中间一层提供广域发布 - 订阅机制，顶层提供网络聚合的分布式处理环境。这种方法的一个优点是，能够仔细考虑应该如何处理网络拥塞。在这种情况下，它使用改善了视频质量的技术以特定于应用程序的方式处理。即提供了一种手段，当拥塞发生时，数据最小值可以被删除，这样可以使得对整个系统质量的影响最小化。

以下是一个例子，主要用来说明这一概念用于维持电压稳定，但重要的是要记住，任何电力应用程序可以以类似的方式实现。为了确定需要做什么来保持整个电网电压在一个健康的水平，电压稳定采用了监控电网的方式。正如我们在其他章节所看到的，电压和无功功率是紧密耦合的，通常无功功率的损失会导致电压崩溃。有许多试图估计电压稳定的指标和算法。同时，值得注意的是，有几种类型的电网稳定性；例如电压稳定与功率流稳定不应被混淆。对于总线 i，电压稳定指数（VSI）的一种形式的定义如下：

$$\text{VSI}_i = \frac{\partial P_i / \partial \delta_i}{\sum_{j=1, j! = i}^{n} B_{ij} V_j} \tag{13.21}$$

在这个定义中，n 是总线数量；P_i 是真正的总线注入有功功率；V_j 是总线电压的幅值；δ_i 是总线电压的相角；B_{ij} 是网络导纳矩阵的元素。基本的想法是，如果真实电网中电压相位角相对于其他总线相位角减小，则总线电压很可能变得不稳定。因此，VSI 的低值表明更大的潜在的不稳定性。应检查系统中每个总线的 VSI，总线最低值是系统的 VSI 值。VSI 大于 0.5 被认为是稳定的，而低于 0.5 的值表示可能的电压崩溃。

正如上面定义，可以从 PMU 获得计算 VSI 所需的信息。简单网络的方法是设计网络使其最多能够传送或多播消息到端点或网络的边缘节点，进而让边缘节点执行所需的计算解决方案。替代方法是提供应用程序的一些知识，并使网络能够决定如何最好地处理信息。例如，QoS 通过允许 PMU 消息优先级的数据可能提高。这是相对简单的并且可以基于电压幅值。电压幅值很小或者源于局域网，且作为电压崩溃的敏感指标，应该优先运输通过网络。如果网络变得非常拥挤，与过去保持不变的数值和影响灵敏度的计算可以删除。从本质上讲，网络是实现形式的源编码或有损压缩信息。

一个更有趣的和复杂的技术来自于主动网络概念。这包括允许网络中的部分计算。例如，不是只发送原始数据，PMU 和其他计算元件在数据发送之前在网络上执行部分计算功能。这涉及能够把主要功能分解成更小的功能，可以通过分布式进行实现。例如，式（13.22）显示了总线 i 部分的总和：

$$\frac{1}{\text{VSI}_i} = \frac{\sum_{j=1,j!=i,j\in A}^{n} B_{ij}V_j}{\partial P_i / \partial \delta_i} + \frac{\sum_{j=1,j!=i,j\in A}^{n} B_{ij}V_j}{\partial P_i / \partial \delta_i} \tag{13.22}$$

式中，A 是总线网络的一个分区。功能可以很容易地分解，电网网络被划分成多个部分，每个部分分别完成各自的功能。在信息传输至网络目的地的过程中，各部分的值可以求和。

13.5 同步相量应用

本节概述了同步相量的应用。应用有很多，包括变电站电压和电流测量、SCADA 验证和备份、广域频率监测、状态估计改善、广域干扰录音、DG 控制、系统黑启动和保护等。由于同步相量被建议使用在几乎所有的网络应用程序中，故列写同步相量应用程序的详尽清单将很棘手。同步相量类似于"大电网系统中的核磁共振（MRI）"（Schweitzer 等，2010）。为了学习如何使用它们，本节主要分析了一些特定的应用。同步相量最初建议用于非实时应用，即从一个广阔电网收集同步相量数据，然后进行事前分析和可视化处理。随着电网通信更为高效，有可能在实时或近实时应用程序中使用同步相量。

继续分析电压稳定的应用，因为电压与无功功率密切相关，一个简单的电压稳定指标是直接测量每条总线的无功功率，以某种方式进行归一化或确定特定系统所需要的边界值。一个例子是增量无功成本（IRPC）

$$\text{IRPC}_j = \sum_{k=1}^{n} \frac{\Delta Q_{\text{gen}_k}}{\Delta Q_{\text{bus}_j}} \tag{13.23}$$

式中，IRPC_j 是总线 j 的电压稳定指标，其中，n 是无功功率源的数量，ΔQ_{gen_k} 是母线无功负载的一个小变化引起的发电机无功功率的输出变化，ΔQ_{bus_j} 是母线无功负载的变化。这个结论对所有的无功功率发电机适用。其结果是母线需要的边际无功功率。IRPC_j 面向特定母线变大，它可能会导致电压接近崩溃。同样，所有这些信息都可以利用 PMU 收集同步相量数据，再发送到控制中心，然后可以进行计算并在必要时采取相应措施。

另一个应用是功率稳定，可以很容易地根据同步相量数据确定，因为其通常用于分析整个电网功率角度的差异和确定分区网络的角度差异，而这很容易导致部分网络变得不稳定。一个应用规模较小的类似方法是在分布式系统中帮助解决孤岛效应问题。考虑越来越多的含有 DG 的配电系统，重要的是要确定孤立的电网是否已经断开连接。这可能不太明显，因为岛上自己提供供电和设备，在岛上可能不会意识到已经从主电网断开。一种对此进行检测的技术是利用同步相量角进行测量。假定 δ_k 为时间 k 时的电压角度。这些值将由位于分布式发电机的 PMU 进行测量。在这种情况下，需要考虑两个电压角度测量位置：可以采集 DG 源附近的自动开关或继电器附近的电压 $\angle V_k^{(1)}$，以及主电网与孤岛接口附近的电压 $\angle V_k^{(2)}$。假设同步相量以 MRATE 速率被采样。然后位置之间的电压差如下所示：

$$\delta_k = \angle V_k^{(1)} - \angle V_k^{(2)} \tag{13.24}$$

较差频率 S_k 的表达式为

$$S_k = (\delta_k - \delta_{k-1})\text{MRATE} \tag{13.25}$$

加速度 A_k

$$A_k = (S_k - S_{k-1})\text{MRATE} \tag{13.26}$$

因此，我们的想法是简单地测量电压的不同角度引起的速度和加速度的变化，这表明显著改变差异导致分离控制。当孤岛连接到电网时一切都是完美的状态，电压差很少或没有，较差频率和加速度为零。然而，有可能有适度的正转差频率，只要有负加速度将其滑回零较差频率即可。同样地，可能会有负较差频率，只要有正的加速度将其滑回零较差频率即可。这个相对稳定的较差频率和加速度之间的关系可以减少孤岛错误的警报。然而，如果转差频率和加速度出现一个或者两者兼有，而且太大，那么这是产生了孤岛效应的一个明显信号。

一种间接方法如式（13.27）所示，其额定值的频率变化 f_{NOM} 作为指标：

$$\text{TE}_k = \text{TE}_{k-1} + \frac{1}{f_{\text{NOM}}}(f_k - f_{\text{NOM}})\Delta t \tag{13.27}$$

式中，TE 为时间测量误差。由于频率是相位的导数，因此该技术间接测量相位差。

如上所述，同步相量在更广阔的区域使测量准确，可能比 GPS 更适用。应该清楚，同步相量将在整个电网许多不同的应用中使用。考虑其将依靠通信的可用性、准确性和低延迟等，可以直接利用同步相量结果作为关键控制信息。

13.6　小结

同步相量独特的方面是它们能够参考一个共同的时间。这允许电网中的相量数据可以直接进行比较和分析。这在过去没有可能，在一般应用中通常不关注相位角度，或者直接填写一个固定值。因此，同步相量应用开发人员正试图开发新的应用，使其可以利用广域通信汇集空间的不同区域的电网相位信息。同步相量应用广泛，本章讨论了几个有代表性的示例。

考虑到同步相量未来的应用需求，同步相量的实时通信则是一个具有挑战性的困难。同步相量通信需要考虑许多方面，包括矢量数据集中、压缩和同步相量通过网络时的主动网络技术等。

第 14 章介绍了电力电子产品。更重要的是，智能电网的性能优劣只会与其底层组件一致，而这些组件在很大程度上是通过大功率电子器件实现的。这些电子技术将把电网数据从模拟转为数字。这对电网的运行和通信基础设施有重要影响。电力电子技术的发展将影响智能电网及其支持的通信技术。大功率固态电子技术与通信技术的进步将使电网运行方式变得更加灵活高效。下一章综述了电力电子方面在柔性交流输电系统和固态变压器方面的研究进展。还重点介绍了先进电力电子技术提高系统可控性和提供先进功能的能力。本章从大功率电子器件的通信需求和支持新通信形式的潜力两个方面探讨了大功率电子器件对通信的影响。超导技术为电网组件提供新的功能，涉及效率、通信和计算技术。因此，第 14 章展望了电力系统和智能电网的未来。

13.7　习题

习题 13.1　相量
1. 什么是相量？
2. 在相量变化过程中，正弦函数的哪三个分量在相量中保持时间不变？
3. 相量的标准定义使用峰值或方均根值吗？

习题 13.2　同步相量
1. 什么是同步相量？
2. 所有同步相量参考的官方绝对时间是什么？
3. 什么时候同步相量角度定义为 0°？
4. 标准同步相量参考的正弦函数是哪一个？

习题 13.3　相量测量装置
1. PMU 的主要组成部分是什么？
2. 使用滑动窗口方法如何帮助稳定相量测量？
3. 根据 60 Hz 系统的标准，PMU 的典型报告率是什么？
4. 典型帧尺寸是多少？

习题 13.4　误差测量
1. 根据标准，同步相量误差如何测量？
2. 使用标准的测量误差方法，什么是同步相量 GPS 定时误差的灵敏性？

习题 13.5　同步相量压缩
1. 本章讨论的同步相量压缩方法的两步通常是什么？如何设计第一步来帮助压缩？
2. 时间和空间相关性如何用于同步相量压缩？

习题 13.6　相量数据集中器
1. 什么是 PDC？
2. PDC 与 PMU 有何不同？
3. PDC 如何减少网络同步相量流量负载？

习题 13.7　实时同步相量网络

尽管同步相量可以离线处理很多事情，但也请在实时同步相量应用中考虑以下问题：

1. 在操作一个实时同步相量网络时，延迟是一个重要的问题。通信网络延迟变化的主要原因有哪些？

习题 13.8　同步相量计时

同延迟时间一样，准确计时是实时同步相量网络一个关键的要求。

1. 解释 IEEE 1588 时间分配协议的操作。

2. IEEE 1588 是否解决了不对称信道问题？

习题 13.9　同步相量网络体系结构

1. 为什么同步相量消息聚合需要 PDC 而不是在网络中应用简单的信息聚合？

2. PMU 的输出格式是什么？

3. 在网络中使用 PDC 而不是边缘节点有什么好处和坏处？它如何将有源网络架构和 11.2.3 节中讨论的端到端网络原则联系起来？

习题 13.10　同步相量与稳定性

1. 当监测转子角使用同步相量增强稳定性时，关于压缩需要假定什么？什么是同步相量测量？参与稳定调节的发电机组件有哪些？

2. 使用本章讨论的同步相量稳定性算法，对同步相量带宽需求有什么影响？

3. 恢复稳定的措施有哪些？

习题 13.11　同步相量和状态估计

1. 常规（非同步相量）状态估计需要使用哪些数值？

2. 传统状态估计需要增加哪些数值才可用于同步相量？

3. 什么是伪测量？

4. 描述将同步相量应用于状态估计中的简单方法。

第 14 章

电力电子

正如牛顿是力的单位一样，安培是电流的单位。

——詹姆斯·克拉克·麦克斯韦

14.1 引言

本章是本书第三部分"终极目标：智能电网嵌入式和分布式智能"的第 4 章，介绍了电力电子技术的进步，这将影响智能电网及其相关的通信。增加与现有电网的通信只能产生有限的效率，因为电网的运行组件本身不灵活且效率有限；随着通信的发展，高功率固态电子技术的进步将使电网以更高效和灵活的方式运行。举一个简单的例子，电力电子可以使可再生能源发电机和电网迅速相互适应，从而可以大大减少老式变压器线圈内的大的电感损耗。

本章首先对电力电子学进行简要介绍，假定没有任何先验知识。在 14.2 节中，所讨论的大功率固态电子器件的第一个应用是柔性交流输电系统（FACTS）。该系统允许控制通过单个传输线路的电力流，这可以实现高效和适应性强的电力传输。14.3 节中的固态变压器也是如此。如前所述，固态变压器消除了许多最糟糕的低效率问题，从更一般的意义上说，固态变压器可以被看作是电源路由器，将中压电网系统与许多低压用户连接起来。然而，固态变压器包含内部直流母线，可以直接连接到可再生能源发电机，如光伏系统。固态变压器内的逆变器可将来自客户可再生能源的直流电转换为其他客户的交流电，多个互连的固态变压器可以形成类似于IP 路由器传输协议数据单元方式的电能路由。固态电力电子器件与经典电感器和电容器有明显不同的工作方式。因此，通过这些设备进行通信以及与这些设备的通信可以反映这种操作上的改变，可能更好地利用它们的原生特性。这方面的一个例子是使用脉宽调制（PWM），不仅用于整形波，还用于通信。相量测量装置在第13 章讨论；然而，在这里我们将专门讨论固态方法。保护机制也将受益于固态电子技术的进步。14.4 节特别关注电流限制，电流限制背后的思想是保护电力系统免受电力故障的影响，而不会完全切断电路的电源并中断整个系统。换句话说，电流只是被限制在安全值。本章最后讨论了超导电力电缆，它是非常低损耗的电力传输电缆。本节开始涉及利用电网独特的量子效应。这个一般性的主题在第 15 章中有更详细的介绍。本章最后以小结和习题结束。

由于本书的重点是电网通信，读者可能会想知道为什么会有一章内容专门介绍电力设备和电力电子技术的发展。原因是通信是不断发展的电网的一部分，随着电网的发展，必须与电网的各个部分互动。电网运行的物理和原理也将随着通信的发展而变化。因此，为了保持相关性和有价值性，通信专家需要预测未来 10～20 年内可能发生的电力电子技术的进步。电力电子直接处理电力的基本操作模式正在从模拟转向数字；潮流控制本身正在朝着可转换、高速且开关操作的方向发展。了解这一趋势将使通信能够更有效地适应这些不断演进的设备组件。本章的目标是提供一个非常简短的电力电子学介绍，以使通信工程师能够预测如何管理电网即将到来的进步。

回想一下，早在智能电网的概念之前，即使在没有明确使用通信设备的情况下，通信在电力系统中也一直是隐含的。电网物理本身被用作通信媒介。电力设备已经被配置为能够检测出局部察觉到的状态变化并对此做出反应，虽然故障根本上是从空间上距离较远的位置引起的。正如我们在前面的章节中已经看到的那样，更多的通信被用来明确地帮助电网的运行，允许在明显的物理扰动通过功率部件之前，检测电网的位置变化并将其发送到其他位置。电力电子技术的进步正在从无源电容和电感功率元件转向更为主动的操作，让人想起通信中的有源网络。这改变了信息监测和控制的性质，也许可能为电网中的新型通信打开大门。一种可能性是利用超导电力电缆和超导量子通信之间的连接。

电力电子技术的进步正在改变通信的使用方式。电力电子设备是离散的，比以前的模拟对应物具有更多的控制维度。换句话说，设备变得更加灵活，能够完成更多的任务。在功率可以控制和转化的层面上，分辨率也在不断提高。这意味着通信带宽需要更大，反应时间必须更快。

电力电子的首要应用之一是功率变换器，它是将交流电转换为直流电或将直流电转换为交流电的设备。这些设备是分布式发电和微电网的重要组成部分之一，因为它们通常将可再生能源连接到电网。将交流电转换成直流电是一种安全、长距离传输大量电力而不中断电网稳定性的手段。所谓的消费者需要越来越多的"高带宽"双向功率变换器，这些消费者既从电网生产和消耗电力，又为能量存储设备供电。变换器也是许多其他电网设备的关键组成部分。固态变压器将改变最普遍的电网组件之一——变压器的运行原理，从而实现更高的效率，减少重量、体积和成本。作为电力电子与通信关系的一个例子，也将对电力线载波的通过产生重大影响。电力电子将使高分辨率的电力控制成为可能，从而可以在电力调节系统（PCS）中严格控制电能质量。电压骤降和闪烁以及谐波可以被消除，从而为数据中心和半导体芯片制造商等对电能质量敏感的消费者提供干净、不间断的电源，并延长重型电动机和其他电子设备的使用寿命。FACTS 是能够控制输电线路中的电力流动的电力电子组件。FACTS 设备因此可以根据需要引导流量，以满足监管和业务需求，并且可以减少回路或循环电流流量。FACTS 设备可以增加现有电力线路的传输容量，从而节省资金。最后，FACTS 设备可以帮助电网稳定并抑制区域间振荡。电力电子还可以提供对无功功率支持的更有效的控制，特别是当发电机受到压力时。电力电子也在电网运行的许多其他方面发挥作用；例如，低电压穿越，由于低电压或明显的故障，可再生能源设备必须从电网取电以继续运行。检测孤岛运行是电力电子的另一个能力。值得注意的是，今天通过通信和控制解决的一些问题可以通过电力电子技术的进步来解决；再次，通信专家对电力电子技术的发展意义重大。由于传输线故障或其他干扰，功率稳定器可用于抑制振荡的影响（电力工程协会，2003；Yang 等，2010）。能量存储装置通常使用直流输入和直流输出，因此功率电子装置需要将交流电转换为交流电。已经提出电力系统稳定器来平滑可再生 DG。电力系统的进步也为配电系统带来了新型故障隔离装置（Vodyakho 等，2011），也就是能够以极高的速度和效率开启和关闭的固态断路器。电力电子技术的进步已经引起了一种新的通信技术的概念：电力电子信号。这个概念解决了如何通过先进的电力电子设备传递通信和控制信号，利用电力电子开关提供新的操作模式（Xu 和 Wang，2010）。最后，电力电子直接用于工业和消费产品，以提高效率并延长设备的使用寿命。很显然，电力电子在当今的电网中扮演着重要的角色，随着新的进展，电力电子的作用将不断增加。

14.2 电力电子介绍

随着电力系统电子技术的进步，更多的电网将由电力电子设备运行。这些都是智能电网通信接口、支持和控制的设备。因此，对它们的演进、运行和未来发展至少有一个粗略的了解是很重要的。正如本书所指出的那样，通信和电力电子在许多方面都比通常假定的更为相似。两者都在运送产品，一种情况下是信息，另一种是电力。这促使通信电路专注于更高的复杂性和降低功耗，以便有效地调制、编码和传输信息。通信信号因此往往是较低的功率和较高的熵。另一方面，电力电子专注于更高效地传输更高的功率，同时保持信号清洁和一致。

对电力电子效率的关注促使其向与数字通信类似的方向发展，即开关、全开或全关操作模式。完全开启或完全关闭的电力设备消耗很少的电力，而部分开启的电力设备消耗通常导致热量累积的功率。因此，功率器件在开、关状态之间快速切换以使得开关状态切换的速率得到一个我们需要的值，而不是制造一系列参数值不同却又类似的电力器件。虽然通信工程师希望信号易于检测并快速切换，但电力工程师则希望将最终结果平均到适当的模拟电压和电流波形。

电力电子技术始于 1901 年，当时彼得·库珀·休伊特（Peter Cooper Hewitt）发明了玻璃泡汞弧整流器（Bose，2009）。从 1930～1947 年这段时期，为了控制电力，发展了含有控制栅格或者将阴极与阳极分开的金属丝网充气管。这包括充气闸流管。

同时，半导体领域也诞生了。在 1930 年的专利中首次公开的场效应原理是通过施加垂直于电阻器长度的电压或电场来调制半导体电阻器的电导率的能力。1947年，Walter H. Brattain 演示晶体管，John Bardeen 与 William Shockley 一起作为见证者。半导体电子学在 1948 年随着双极型晶体管的发明而兴起。

　　直到 1950 年，半导体电力电子才开始使用简单的二极管。1957 年，晶闸管开始研制。这是现代电力电子开始的时间；晶闸管今天仍在使用中。1964 年，功率半导体电子首先开始超越二极管，并采用固态晶体管方法，在 Zuleeg 和 Teszner 的论文中提出了用于电力系统的场效应晶体管（FET）。显而易见的方法是增加 FET 的物理尺寸以处理更大的电流并获得更高的增益。但是这也增加了寄生电容和沟道电阻，限制了高频性能：高寄生电容降低了频率响应，而沟道电阻限制了电流。Zuleeg 称该器件为多通道 FET。到 20 世纪 70 年代，功率 FET 开发正在全球范围内进行，新的进展迅速发生。

　　高功率半导体器件通常用作开关。作为开关，可以通过开关结构以较低的功耗来控制大量的功率。实际上，在一个理想的开关中，当器件处于"开"状态时应该有零压降，当器件处于"关"状态时应该有零漏电，以及从一种状态切换到另一种状态的时间应该是瞬间的。不幸的是，所有实用的电子设备都有一些功率损耗和有限的开关时间。

　　开关器件有三种基本的功率损耗类型：传导损耗、关断损耗和开关损耗。传导损失出现在"开"状态。这种功率损耗简单地取决于器件上的通态电压降和平均输出电流的乘积。这个损耗与开关频率无关。在"关"期间发生关闭损失。这是一个相对较小的功率损失，等于关断状态电压降乘以关断泄漏电流。开关损耗是从导通状态转换到关断状态以及从关断状态转换到导通状态时的功率损耗。这些损耗显然与开关频率成正比。总功率损耗是传导损耗、关断损耗和开关损耗的总和。功率损失意味着热量累积导致恶化的循环，其中热量增加了功率损失，从而进一步升高了温度。结果是设备效率低，寿命缩短。因此，减少传导和开关功率损耗非常重要。

　　图 14.1 给出了功率开关器件的代表性原理图。当开关断开时，电路开路，没有电流流过，但存在一定的泄漏电流。我们称开路 E 上的电压降为电压，并考虑漏电压可以忽略不计。当开关接通并且电路闭合时，我们称当前的电流为 I。为了简化，可以假设在关断状态和导通状态之间的电压和电流转换是线性的。这实际上并不准确，但对于这个入门级讨论来说，是一个合理的近似。

　　瞬时功耗如下：

$$P_{\mathrm{T}}(t) = v(t)i(t) = \frac{E(T_{\mathrm{SW}} - t)}{T_{\mathrm{SW}}} I \frac{t}{T_{\mathrm{SW}}} = \frac{EI}{(T_{\mathrm{SW}})^2}(T_{\mathrm{SW}} - t)t \qquad (14.1)$$

式中，T_{SW} 是开关间隔的持续时间，其中 t 是当前时间；假定时间从开关过程开始时的零开始。式（14.1）假设电压线性下降，电流随时间线性增加。式（14.1）

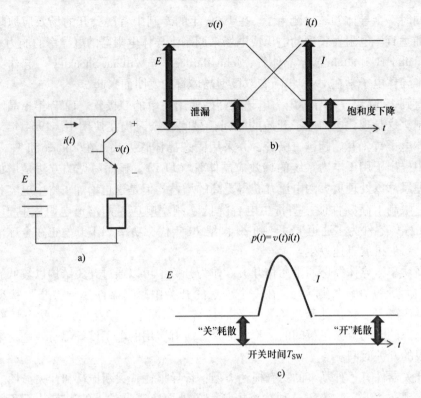

图 14.1 降低开关损耗一直是高功率半导体电子器件面临的挑战之一。a）开关；b）将开关从"关"切换到"开"期间，电压和电流表示为时间的函数；c）开关转换期间消耗的功率。来源：Tzou，2006。电力电子：简介〔网址：http：//pemclab. cn. nctu. edu. tw/peclub/w3cnotes〕

是开关过程中的瞬时功耗。接下来，考虑开关间隔期间的平均功耗。确定平均功耗的第一步是

$$P_{T_{SW}} = \frac{1}{T_{SW}} \int_0^{T_{SW}} v(t) i(t) \, \mathrm{d}t \qquad (14.2)$$

接下来，式（14.3）代入式（14.2）的结果，并求解不定积分：

$$P_{T_{SW}} = \frac{EI}{T_{SW}} \int_0^{T_{SW}} (T_{SW} - t) \, \mathrm{d}t = \frac{EI}{(T_{SW})^3} \left[\frac{(T_{SW})^3}{2} - \frac{(T_{SW})^3}{3} \right] = \frac{EI}{6} \qquad (14.3)$$

现在我们已经确定了开关期间的功耗，还需要添加开态和关态功耗。式（14.4）包括开启 $V_{CE(SAT)} I$ 时的功耗和由于关断状态下的电流泄漏引起的功耗；总开关时间为 T，导通时间为 T_{ON}，关断时间为 T_{OFF}：

$$P_T = \frac{2(EI/6) T_{SW} + (V_{CE(SAT)} I) T_{ON} + (EI_{leakage}) T_{OFF}}{T} \qquad (14.4)$$

接下来，需要考虑换相，即电流停止或被迫采取替代路径的过程。对于晶闸管，需要额外的电路来关闭或停止电流的流动。一旦晶闸管导通，它将一直处于导

通状态，直到施加反向偏压足够长的时间以阻止电流流过晶闸管。首先，必须停止正向电流。它必须保持足够长的时间才能恢复其正向阻断能力。与此同时，电流必须通过一条替代的路径流过设备，直到晶闸管导通。

热特性对于电力电子设备的效率和操作是至关重要的。热阻是定义在电路接合点与设备基部或底座之间的量值，在式（14.5）中用 δT_{j-b} 表示，功耗是 W。

$$T_j - T_b = \delta T_{j-b} = W R_{j-b} \tag{14.5}$$

接下来，令 R_{b-a} 为从基座到环境散热器的热阻。然后式（14.6）量化热量的总增加量

$$T_j - T_a = \delta T_{j-a} = W(R_{j-b} + R_{b-a}) \tag{14.6}$$

现在让我们考虑一下这些设备如何帮助提高电能质量。

14.2.1 提高电能质量的电力电子技术

电力系统设备在解决电能质量问题上发挥着作用。仍然缺乏对电能质量的精确和被广泛接受的定义，但是，判别电能质量的特征是可能的。我们将定义9类电能质量问题。电压跌落或者电压微降是指比方均根电压值减少10%～90%，能持续0.5～1min的周期。这可能是由于电气故障或机器启动等重负载造成的。电压跌落的结果可能会导致IT设备出现故障，导致保护继电器不必要的跳闸。大型电动机也会造成断路或效率损失。

另一个电能质量问题是短期中断。这种中断可以持续几毫秒到几秒。这种问题通常是由自动继电器操作引起的，以防止真实或假定的电气故障。这会导致额外的保护设备跳闸，数据处理中的信息丢失，以及敏感信息技术和工厂处理设备（如调速驱动器、个人计算机和可编程序控制器）的中断。长时间的中断会导致持续时间大于1s或2s。这足以确保所有设备停止运行，并可能是由于永久性的电气故障。

电压尖峰是电压范围从几微秒到几毫秒的快速变化。即使在低压系统中，这种变化也可能达到数千伏。这可能是由于雷击、电源线切换或功率因数校正电容器，或重负载断开造成的。这会导致设备和特别是绝缘材料的破坏，以及数据处理错误和数据丢失以及电磁干扰。

电压骤升是在超过额定公差的相同功率频率下瞬时增加电压，持续时间超过一个周期，通常小于几秒。这可能是由于启动或停止重载，尺寸不佳的电源或调节不当的变压器造成的。其结果可能是信息技术设备中的数据丢失，照明和计算机屏幕闪烁，以及敏感设备停机或损坏。

谐波失真的特点是电压或电流波形呈非正弦形状。波形对应于具有不同的幅度和相位的不同的正弦波的总和，但是频率是电力系统频率的倍数。这可能是由许多来源造成的，从电机到非线性负载，如电力电子设备。其结果很多，包括三相系统谐振概率增加、三相系统中性过载、电缆和设备过热、电机效率损失、通信系统电磁干扰、使用平均读数仪时的测量误差，以及热保护系统的误操作。

电压波动是电压值的振荡，振幅是由频率为 $0 \sim 30\mathrm{Hz}$ 的信号调制的。这可能是由电弧炉、电动机（例如电梯）的频繁起动和停止，以及振荡负载造成的。低电压是常见的后果；例如，照明和屏幕的闪烁。

噪声是电力系统频率波形上高频信号的叠加。这可能是由于赫兹波引起的电磁干扰（如微波和电视波），以及由于重型机械和电子设备引起的辐射以及不正确的接地引起的。结果是敏感的电子设备的干扰，可能会导致数据丢失和数据处理错误。

电压不平衡是三相系统中的变化，其中三个电压幅值或它们之间的相位角差是不相等的。这可能是由大的单相负载，也可能是由三相系统中单相负载的不正确分配引起的。结果可能是不平衡的系统，意味着存在对三相负载有害的负序。三相感应电机可能会受到这种不平衡的影响。

要解决的一个问题是如何实施 PCS 来消除这些电能质量问题。例如，可以考虑创造出完美质量输出的发电机，然后假定电能质量可以保持到达消费者。另一个考虑是将功率调节设备放置在变速箱或配电系统中。或者，功率调节可以放置在用户处所。最后，设备本身可以被设计成包括功率调节作为其操作的固有部分。当然，DG 是智能电网的一个重要方面，可能会加剧或者帮助缓解电能质量问题，取决于它们如何实施。

储能系统可以通过实施穿越能力来帮助缓解电能质量问题；它们在主发电机供电质量不佳的时候提供优质电力。实现存储的设备包括电池、飞轮、超级电容器和SMES。在正常电网运行期间，电池可以保持充满电，并且在电能质量不好的时候供电。飞轮利用电网的动力将动能储存在转子中。当电能质量下降时，来自转子的能量被用于产生流经逆变器的直流电以产生交流电。转子在真空中旋转以消除阻力，通信用于远程监视和控制飞轮。飞轮现在正在构造成在 $60\,000\mathrm{r/min}$ 下运行；存储的能量等于惯性矩和转速的平方。飞轮通常可以提供从 $1 \sim 100\mathrm{s}$ 的穿越时间。

超级电容器具有非常大的电容，这是由于极板之间的距离非常小（约几埃），而且极板面积极大，为 $1500 \sim 2000\mathrm{m^2/g}$。该设备可以在电压骤降期间提供电力。

在 SMES 中，超导线圈中的直流电流产生磁场。该磁场可以以适当的速率在开态和关态之间调制，以输入到逆变器中，从而产生所需的交流电。SMES 通常由液氮冷却；然而，较高温度的超导体可以被液氮冷却。SMES 系统仍然相当大，用于短时间的公用事业开关事件。

当然，可靠的微电网发电机、如柴油发电机、微型燃气轮机和燃料电池，也可以提供缓解电能质量问题所需的短期电力。然而，这些发电机需要一段时间才能上网，因此需要以前的能源储存来源之一来提供电力，直到它们通电。最常见的解决方案是使用柴油发电机进行电池存储；然而，飞轮和柴油发电机也已经流行起来。

其他电力电子设备也可以用来缓解电能质量问题。动态电压恢复器本质上是与负载串联的电压源；在需要时通过功率变换器从存储器注入电力来保持电压不变。

瞬态电压浪涌抑制器将执行注入功率的相反功能以保持恒定电压；它将防止过电压通过钳位电压来损害负载并将任何多余的能量发送到地。有趣的是，过去一直使用恒压变压器来保持恒压通路谐振和变压器铁心饱和——通常避免两个事件。谐振使变压器磁心饱和，在这种状态下变压器保持恒定的电压。但是，这样做效率相对较低，如果使用不当，可能会导致更多的电能质量问题，而不是减轻电能质量问题。

当然，滤波器可以由电容–电感元件产生，以滤除噪声。它们通常用作低通滤波器来消除谐波。滤除噪声的另一种方法是隔离变压器。这种类型的变压器在一次绕组和二次绕组之间有一个接地的非磁性箔片，可以有效地滤除通过二次绕组的谐波。所有这些功率调节和滤波设备都可以影响或消除明确使用电力线载波通信的好处。最后，SVC 是电容器和电抗器（电感器）的组合，旨在将功率因数调整为 1。它们需要以一种快速和自动的方式来响应变化的负载条件。这在 3.4.1 节集成式伏安控制中已经讨论过了。然而，最终的结果是稳定的电压水平，使电压暂降不发生或最小化。最后，还有无源和有源滤波器可以用来消除谐波。无源谐波滤波器为消除谐波提供了低阻抗接地路径，而有源滤波器则注入电流以消除负载产生的谐波。无源滤波器的问题在于它们不能适应不断变化的谐波条件并可能引起谐振。有源谐波滤波器相对昂贵。接下来我们主要考虑电网、变压器的方面。

14.3 电力电子变压器

电网的存在是为了传递电力，并将电力转化为最佳形式。正如我们在前面章节中所看到的那样，典型的转换包括改变电压与电流的比值。变压器是法拉第发明的，目前它的运行概念几乎没有什么变化，正如每个孩子所知道的，它是由一次和二次绕组组成的。几十年前，人们设想将变压器的设计大大改变为固态器件。本节介绍固态变压器的挑战和优势以及它如何影响通信。

变压器历史悠久。1831 年夏天，迈克尔·法拉第（Michael Faraday）首先通过构建第一台电力变压器来演示电磁感应原理。他构建了一个简单的变压器来提高电池的电压，然后他证明，当电路打开和关闭，将导致指南针移动。到 19 世纪 50 年代中期，人们认识到变压器可以用来产生非常高的瞬时电压，可以用来产生火花。在此期间，发现如何改善变压器的元件以改善其运行；例如，增加环形绕组的面积并使用具有高磁导率的铁。到 1888 年，交流电与直流电之间的战争开始了。由于照明和电机使用直流电，托马斯·爱迪生（Thomas Edison）支持直流电的简单性。而且，电池可以直接连接到系统以提供备用电力。当然，正如我们所看到的那样，直流电压不能经济地增加或减少，使得远距离传输是不切实际和昂贵的。交流电的优点恰恰是解决这个问题的方法，它可以根据需要轻松便宜地进行升降，以实现最佳传输。主要问题是特斯拉发明的交流电机当时还没有投入生产。交流电灯的广泛使用进一步鼓励使用交流电。令人惊讶的是，到了 19 世纪末，变压器已经接近100% 的效率。后来的许多改进都集中在变压器的辅助方面，例如改进电源保护或降低变压器的成本。

当变压器在整个电网中无处不在时，变压器还有改进的空间。变压器，仍然基本上使用法拉第的初始设计，必须非常大，以处理通过电网传输的功率量。这也使得它非常沉重。所有这些使变压器变得昂贵。施加在绕组和变压器的其他部件上的机械力可能是显著的，并且导致大的、不利的振动。变压器可能饱和，这意味着施加的磁场不能再增加磁心磁化。这可能导致降低电能质量的输出和加热。振动和加热可能会损坏变压器绕组的绝缘。机械力、振动和热量导致需要定期和昂贵的维护与修理。许多变压器需要高效的冷却系统，这增加了系统的复杂性和成本。而且，变压器的电气特性也不理想。变压器不能提供完美的隔离：变压器一侧的噪声可能通过另一侧，扰乱电源质量。相反，变压器可以有效地过滤电力线载波信号。此外，抽头变换变压器利用调整匝数比的机械手段，以使配电系统中的电压量能够被调整。频繁调整变压器抽头会导致其磨损。

电力电子变压器的目标是使用电力电子设备重新设计变压器。由于变压器的重新设计自 20 世纪 80 年代以来一直在进行，变压器已经采用许多不同的名称，包括电力电子变压器、固态变压器、智能万能变压器、柔性电力电子变压器、有源电力电子变压器等。电力电子变压器正在变成隐喻般的互联网路由器。由于变压器已经过电力电子设备的重新设计，因此获得了更多的功能，其中包括独立的电源端口，通过它可以"路由"电源。

在最简单的层面上，已经有两种减小变压器尺寸和成本以及提高性能的一般方法。一种方法涉及交替地开启和关闭潮流，从而产生可以调节的功率占空比，使得只有精确的功率量被传送通过变压器。另一种方法是增加变压器内的频率，以便减小变压器绕组的尺寸。更高的频率允许更小的绕组转换更大的功率。之后，频率被转换回其额定值。

考虑变压器的频率和尺寸之间的关系。法拉第感应定律有助于我们理解尺寸和频率是如何关联的。式（14.7）显示 V_s、瞬时电压 N_s、变压器二次绕组的匝数，以及通过一匝绕组的磁通 Φ：

$$V_s = N_s \frac{\mathrm{d}\Phi}{\mathrm{d}t} \tag{14.7}$$

通常，假定频率是恒定的，并且变化的值是绕组的匝数。众所周知，变压器的一次绕组和二次绕组遵循相同的规律。磁通量是磁通密度 B 的法向分量与磁通量"切断"或流过的场区 A 的乘积。该区域通常在制造时由变压器铁心的尺寸确定并且保持恒定，而磁场随着流过一次绕组的电流而随时间变化。因此，尽管式（14.7）中的下标"s"指的是二次绕组，但相同的磁通量在相同的频率上变化，也通过一次绕组。因此，比例关系为

$$\frac{V_p}{V_s} = \frac{N_p}{N_s} \tag{14.8}$$

式中，N_s 和 N_p 分别是二次和一次回路的数量。

实际上，变压器是一种非理想器件，因为变压器铁心可以饱和。当来自绕组的磁通量超过变压器磁心的磁化能力时，会发生这种情况。为了避免饱和，必须增大磁心的尺寸。磁饱和会导致励磁电流和变压器发热的大量增加。

现在考虑随着电流频率的增加变压器会发生什么变化。首先，对于给定的核心尺寸，可以在达到饱和之前增加功率通量密度。其次，如式（14.7）所示，绕组匝数较少。这是飞机和许多车辆以 400Hz 运行的原因：减小变压器尺寸。式（14.9）更详细地量化了电压或电动势

$$E_{rms} = \frac{2\pi f N a B_{peak}}{\sqrt{2}} = 4.44 f N a B_{peak} \qquad (14.9)$$

单位为 RMS V；电源频率为 f；匝数为 N；铁心横截面积为 a（m^2）；峰值磁通密度为 B_{peak}（Wb/m^2 或 T）。

由于功率半导体开关的效率不高，漏电流小，因此电力电子变压器设计的典型研究目标是通过检查不同的开关互连拓扑结构来减少开关数量。

8.4 节讨论的关于无线电能传输的谐振概念可以很简单地应用于变压器。电感器 – 电容器电路的谐振频率被用于产生快速变化的磁场，该磁场切穿相邻的绕组，从而在相邻的绕组中感应出电流。绕组的不同决定了电压的变化。正如前面对电力电子变压器的描述一样，相对较高的谐振频率允许在给定绕组直径条件下传输更多的功率。

电力电子变压器被称为电网的"瑞士军刀"；换句话说，它可以做许多不同的事情，超出其原来升高或降低电压的主要目的。对于通信来说，这意味着电力电子变压器正在成为越来越复杂的控制和监测设备。

电力电子变压器已经设计了许多不同类型的逆变器和变换器的方式；我们只会回顾一些最简单的降压和升压变换器。降压变换器是将直流电转化为电压更低的直流电电压。升压变换器类似，并提升电压。

首先回顾图 14.2 所示的降压变换器的工作情况。注意到有一个与负载串联的电感，以及一个交替断开和重新连接负载的开关。降压变换器将直流电转换为输入并产生直流电作为输出。因此，在变压器中使用时，必须先将电力转换为直流电。顺便说一下，偶尔重新使用老型号的电力电子器件并给它们加上直流电，在直流电与对比的电流形式之间进行选择，或者在电网内抉择电流形式，是存在一些优势的。但是，这是一个更广泛的讨论，超出了本节的范围。电感元件抵抗电流的变化并储存能量。当开关最初打开时，没有电流流过。当开关闭合时，电感器由于其阻抗会抵抗增加的电流流动而充电。它通过在其端子上产生反向电压来抵抗电流的增加。这个反向电压降低了负载两端的电压。最终，电流将增加到最大值，反向电压将降到零。电感器将通过在其磁场中储存能量而完全充电。关键的一点是，如果开关在电感器完全充电之前打开，则电感器两端的反向电压将不会变为零，负载将持

续有比电源产生的电压更低的电压。当开关再次打开时,电感器将再次阻碍电流的变化。这次电流正在下降。电感器将通过在其两端产生一个与原始电源提供的电压类似的电压,以电流的形式释放其存储的能量。如果开关在电感器完全放电之前再次闭合,负载将不会经历零电压。

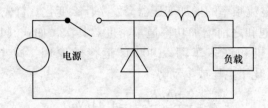

图 14.2 降压变换器由与负载串联的电感器 L 和与二极管并联组成

现在让我们更详细地考虑操作。令 V_L 为电感器两端的电压,V_i 为输入电压,V_o 为输出电压,即负载两端的电压。当开关闭合时,$V_L = V_i - V_o$;当开关打开时,$V_L = -V_o$。开关闭合时的电流是

$$\Delta I_{L_{on}} = \int_0^{t_{on}} \frac{V_L}{L} dt \qquad (14.10)$$

式中, $dt = \frac{(V_i - V_o)}{L} t_{on}$, $t_{on} = DT$。其中 D 是占空比,其值在 0 和 1 之间,表示开关保持关闭的时间比例;T 是一个完整开关周期的持续时间。开关打开时的电流如式 (14.11) 所示,$t_{off} = (1 - D) T$,其中 $1 - D$ 是开关断开和电流断开的时间比例:

$$\Delta I_{L_{off}} = \int_{t_{on}}^{T = t_{on} + t_{off}} \frac{V_L}{L} dt = -\frac{V_o}{L} t_{off} \qquad (14.11)$$

现在我们可以对持续时间为 T 的每个完整周期内的每个分量存储的能量做一个简化的假设。这个假设是每个周期存储的能量相同,因此电感器在开始和结束时的电流在每个周期也是一样的。这体现在

$$\frac{(V_i - V_o)}{L} t_{on} - \frac{V_o}{L} t_{off} = 0 \qquad (14.12)$$

DT 是开关处于关闭状态的持续时间(即"打开"时间),$(1 - D) T$ 是开关处于打开状态的持续时间(即"关闭"时间)。式 (14.13) 显示了工作周期如何通过逆变器影响电压转换:

$$(V_i - V_o)DT - V_o(1 - D)T = 0$$
$$V_o - DV_i = 0 \qquad (14.13)$$
$$D = \frac{V_o}{V_i}$$

D 值为 0~1。输出电压最多可以等于输入电压。然而,D 通常小于 1,其中输

出电压小于输入电压,并且逆变器将电压降为 D 的线性函数。如果负载所需的能量相对较小,则电感器电流在周期的一部分 T 期间变为零。分析与前面描述的类似,不同的是电感器电压的平均值在周期开始和结束时是相同的,即为零。这在式(14.14)中表示,其中 δ 值在式(14.15)中示出:

$$(V_i - V_o)\ DT - V_o\delta T = 0 \tag{14.14}$$

$$\delta = \frac{V_i - V_o}{V_o}D \tag{14.15}$$

显而易见,降压变换器也可以实现阻抗之间的匹配。回顾 8.2.4 节,最大功率点跟踪用于带有光伏电池发电的逆变器。考虑一个任意的电气系统,其中 V_o 是输出电压,I_o 是输出电流,η 是功率效率(范围为 0~1),V_i 是输入电压,I_i 是输入电流。式(14.16)给出了输入功率下的输出功率:

$$V_oI_o = \eta V_iI_i \tag{14.16}$$

现在考虑 Z_o 是输出阻抗,Z_i 是输入阻抗。然后,使用欧姆定律,如式(14.17)和式(14.18)所示,表示输入和输出电流是一件简单的事情:

$$I_o = \frac{V_o}{Z_o} \tag{14.17}$$

$$I_i = \frac{V_i}{Z_i} \tag{14.18}$$

现在通过替换式(14.17)和式(14.18)中的电流,可以将式(14.16)更改为式(14.19):

$$\frac{V_o^2}{Z_o} = \eta\frac{V_i^2}{Z_i} \tag{14.19}$$

现在回想一下,D 是占空比,即电路闭合的时间比例。那么由式(14.13)得

$$V_o = DV_i \tag{14.20}$$

式(14.20)被代入式(14.19)中得到

$$\frac{(DV_i)^2}{Z_o} = \eta\frac{V_i^2}{Z_i} \tag{14.21}$$

从式(14.21)中消去输入电压得到

$$\frac{D^2}{Z_o} = \frac{\eta}{Z_i} \tag{14.22}$$

解决占空比问题得到

$$D = \sqrt{\eta Z_o/Z_i} \tag{14.23}$$

式(14.23)的好处是可以明显看出,改变占空比也会改变阻抗比。在最大功率点追踪等情况下(如8.2.4节所述),最大功率点可能会动态变化,在这种情况下,可以动态调整占空比,以控制阻抗,从而控制最大功率点。

现在我们可以在之前关于降压变换器的讨论的基础上讨论如图14.3所示的升

压变换器。将图 14.3 与图 14.2 中的降压变换器进行比较。临时感应存储元件位于电源附近，开关现在与负载并联，整流器现在与负载串联。这是另一个直流到直流变换系统。然而，与降压变换器的区别在于，它能够增加输出电压：它是升压变压器，而降压变换器是降压变压器。升压变换器的一个有趣的用途是从电池中提取更多的能量。通常情况下，一旦电池的电压降低到阈值以下，就不能再从电池中获取电流。通过提高电池存储系统的电压，剩余能量可以从耗尽的电池中提取。

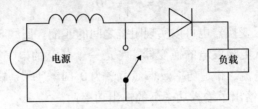

图 14.3　升压变换器有一个与电源串联的电感 L。二极管与负载串联并与开关并联

升压变换器的操作类似于降压变换器：电感元件将存储能量，同时阻止电流的变化。既然电感与电源串联，那么电感实际上将助于电源。开关闭合时，电感器将储存能量。当开关断开时，负载将成为电流的主要路径，而电源和电感器看到的阻抗将会增加。电感器将成为与主电源串联的电源。如果开关速度变化得足够快，电感器将没有时间完全放电，电压将总是比电源单独供电时更大。假设电路刚开始上电，那么当开关闭合时，电感器会经历电流变化，如下所示：

$$\frac{\Delta I_{\mathrm{L}}}{\Delta t} = \frac{V_{\mathrm{i}}}{L} \tag{14.24}$$

式中，V_{i} 是电源电压；I_{L} 是电感器电流；L 是电感；Δt 是开关导通的时间段；ΔI_{L} 是电感器电流的变化。

对 ΔI_{L} 求解式（14.24），可以在开关导通时计算电感器电流的总增加量如下：

$$\Delta I_{L_{\mathrm{on}}} = \frac{1}{L}\int_{0}^{DT} V_{\mathrm{i}}\mathrm{d}t = \frac{DT}{L}V_{\mathrm{i}} \tag{14.25}$$

这里，通过对开关导通时间上的电压进行积分来计算累积电流。开关导通时间由占空比 D 确定，占空比 D 表示开关导通的周期时间 T 的一小部分。因此，开关打开的总时间是 DT。

现在考虑当开关打开时会发生什么。现在电流必须流过较高的阻抗负载，V_{o} 是输出电压，即负载看到的电压。式（14.26）显示了电压降和通过电感器的电流之间的关系：

$$V_{\mathrm{i}} - V_{\mathrm{o}} = L\frac{\mathrm{d}I_{\mathrm{L}}}{\mathrm{d}t} \tag{14.26}$$

回想一下前面解释的占空比的定义，每个周期内开关从 DT 到 T 的持续时间内都是打开的。因为 D 表示周期 T 持续时间的一部分，所以开关打开的时间是（1 –

D）T。解式（14.26）以求电感器电流，因此

$$\Delta I_{L_{\mathrm{off}}} = \int_{DT}^{T} \frac{(V_{\mathrm{i}} - V_{\mathrm{o}})\,\mathrm{d}t}{L} = \frac{(V_{\mathrm{i}} - V_{\mathrm{o}})(1 - D)T}{L} \tag{14.27}$$

使用类似于降压变换器分析的技术，假定系统在稳态条件下正常工作，这意味着在运行期间没有能量被获得或损失，并且在每个周期中每个元件中的能量是相同的。在每个周期 T 的开始和结束时，能量是相同的。电感器中的能量表示为电流的函数：

$$E = \frac{1}{2} L I_{\mathrm{L}}^{2} \tag{14.28}$$

如果假定电流必须在每个周期的开头和结尾相同，则式（14.29）必须保持：

$$\Delta I_{L_{\mathrm{on}}} + \Delta I_{L_{\mathrm{off}}} = 0 \tag{14.29}$$

把前述的值代入式（14.29）中可以得到

$$\Delta I_{L_{\mathrm{on}}} + \Delta I_{L_{\mathrm{off}}} = \frac{V_{\mathrm{i}}DT}{L} + \frac{(V_{\mathrm{i}} - V_{\mathrm{o}})(1 - D)T}{L} = 0 \tag{14.30}$$

稍微化简一下可以得到

$$\frac{V_{\mathrm{o}}}{V_{\mathrm{i}}} = \frac{1}{1 - D} \tag{14.31}$$

求解占空比 D 得

$$D = 1 - \frac{V_{\mathrm{i}}}{V_{\mathrm{o}}} \tag{14.32}$$

式（14.32）表明，对于任何非零值 D，输出电压将大于输入电压。输出电压随着 D 而增加，并且随着 D 接近 1，看起来输出电压向无穷大增加。但是，重要的是要记住，D 是开关导通的持续时间，这意味着在开关导通时流过负载的电流很小。电功率必须保证为恒定值；换句话说，电流和电压的乘积将保持不变。输出电压增加时，输出电流减小。记住这一点也很重要，即假设所有元件都是理想的；在现实中，这些元件的效率不是百分之百的，将会发生能量损失。

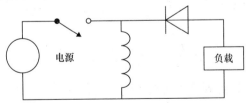

图 14.4　降压 – 升压变换器由电感器 L 与电源和负载并联组成

最后，前两种变换器被称为降压 – 升压变换器。正如可以预料的那样，该变换器可以同时升压和降压。降压 – 升压变换器如图 14.4 所示。降压 – 升压变换器的操作是对以前提到的降压和升压变换器的相对简单的扩展。当降压 – 升压开关闭合

时，电流并联流入电感器和负载。这允许电感器充电。当开关打开时，电感器为负载提供能量。现在考虑如何调节电压以使电压升高或降低。分析方法与前两个变换器类似，因为电感器电流是分析的重点。回想一下，占空比 D 是开关闭合的总周期 T 中的一小部分时间。式（14.33）显示了开关闭合时电感器电流的变化：

$$\frac{dI_L}{dt} = \frac{V_i}{L} \tag{14.33}$$

开关导通时间结束时的电流增加值如下：

$$\Delta I_{L_{on}} = \int_0^{DT} dI_L = \int_0^{DT} \frac{V_i}{L} dt = \frac{V_i DT}{L} \tag{14.34}$$

式中，$I_{L_{on}}$ 是开关导通时间结束时的电感器电流值，即在开关打开之前。回想一下，D 的范围为 $0\sim1$，表示开关闭合的周期时间的一小部分。现在考虑开关打开时会发生什么。来自输入电源的电流被消除，电流从电感器流过负载。此阶段的电感器电流如下：

$$\frac{dI_L}{dt} = \frac{V_o}{L} \tag{14.35}$$

开关打开时电感器的电流变化是

$$\Delta I_{L_{off}} = \int_0^{(1-D)T} dI_L = \int_0^{(1-D)T} \frac{V_o dt}{L} = \frac{V_o(1-D)T}{L} \tag{14.36}$$

现在我们可以使用与前两个变换器分析相同的不变量，即变换器工作在稳态条件下，使得每个分量的能量在持续时间 T 的每个周期的开始和结束时是相同的。电感器能量是

$$E = \frac{1}{2}LI_L^2 \tag{14.37}$$

由于在每个周期的开始和结束时能量是相同的，显然电流也必须是相同的。这在式（14.38）中表示。

$$\Delta I_{L_{on}} + \Delta I_{L_{off}} = 0 \tag{14.38}$$

接下来，如式（14.39）所示，式（14.38）可以被替换为开关电流之和的形式：

$$\Delta I_{L_{on}} + \Delta I_{L_{off}} = \frac{V_i DT}{L} + \frac{V_o(1-D)T}{L} = 0 \tag{14.39}$$

由式（14.39）可以得到输出对输入电压的比率

$$\frac{V_o}{V_i} = \frac{-D}{1-D} \tag{14.40}$$

最后，求解占空比 D，输入和输出电压之间的关系可以确定为

$$D = \frac{V_o}{V_o - V_i} \tag{14.41}$$

由于占空比在 $0\sim1$ 的范围内，输出电压总是负的。而且，基于 D，输出电压

的范围可以从小得多到远大于输入电压，从而使电压下降或上升。

这些电力电子变压器的一个有趣的特点是，它们由开关速率而不是像绕制变压器那样由绕组匝数和匝数比来控制。一个经典的变压器应该在可以调整的绕组的不同位置有调节装置。然而，绕组匝数比存在离散性的变化；刚刚讨论的开关变压器仅仅允许根据开关速率进行连续的电压调整。现在让我们考虑一下电力电子在保护装置方面的进展。

14.4　保护装置和限流器

输配电系统尤其暴露出具有导致大量潜在的电力错误的能力。系统的设计必须能够减轻这种故障造成的损害。前面章节描述的用于减轻电气故障影响的技术使用继电器来检测过电流和开路，从而切断通向故障段的电力。这种方法的问题在于，它也切断了所有发生在故障下游的消费者的电力。理想的解决方案应该检测和减轻由于故障引起的过电流的影响，同时不会干扰正常的电流流向所有的下游用户。故障电流限制器（FCL）或故障电流控制器可以实现这一点。这些装置"吸收"过量的电流，同时允许适量的电流继续流动。在正常的即非故障的运行模式下，FCL不降低功率效率也是重要的。简单的方法是使用电感器，其中电感是 $v = L$（$\mathrm{d}i/\mathrm{d}t$），v 是电压，L 是电感（H），$\mathrm{d}i/\mathrm{d}t$ 是电流变化率。这可以被重新排列以产生 $\mathrm{d}t = (L/v)\,\mathrm{d}i$。电感器两端感应的电压与电流的变化率成正比，阻碍电流的变化，导致电流缓慢增加。电感器可以被认为是这样的一个电阻，即当故障电流试图通过电阻的速度越快，其电阻值越大。这产生的很高的电阻值，对 $\mathrm{d}i/\mathrm{d}t$ 的值具有很大的作用。当然，问题是在正常工作模式下，电感器会降低功率因数和效率。超导FCL在正常工作时没有电阻，不会对潮流产生不利影响。但是，它们仍然相对昂贵并且需要冷却。但是，如果它们的经济性更强，它们将有光明的未来。本章稍后会介绍超导设备。

还有固态FCL，目前有两种主要类型：谐振限制器和阻抗开关限制器。基于谐振的固态器件通过实施"调谐"电感器和电容器电路来工作，以在正常工作期间降低阻抗。当故障发生时，固态器件将从电路中去除电感器或电容器，这增加了阻止过电流所需的阻抗。固态阻抗开关限制器通过使用正常、非故障模式运行的晶闸管来工作，即晶闸管在交替的半个周期内保持连续导通以疏通相关的大阻抗支路。当发生故障时，晶闸管关闭，导致电流流过大阻抗，从而减小电流。这种方法的缺点是正常模式开关操作会导致功率损耗，正如本章前面所讨论的。

DG的问题是它将改变目前保护的运行方式。传统的配电系统中的保护机制假定电力只向一个方向流动。DG和微电网将能够在整个输配电系统中产生电力。已配置为保护电网各个部分的继电器和重合器将由于分布式发电机而看到不同的电流和阻抗值。该问题的解决方案是把FCL放置在所有分布式发电机的输入上。这将允许分布式发电机在故障期间继续提供能源 – 即允许故障穿越—而不需要对现有的预测机制进行重大改变。

14.5 超导技术

超导是一种大规模的量子力学现象，它可以为我们打开一扇门，让我们能够以多种不同的、有趣的方式利用非经典物理学，从电力生成和运输到新的通信和计算形式，从而使电网受益。首先，回顾一下有关超导性质的知识，然后讨论它对电网的潜在好处。在第 15 章中，我们考虑将电网中超导的概念与通信和计算应用结合起来。

超导性的简单定义是由某些材料表现出的现象，即当温度降低到临界值以下时，材料没有电阻，并且在该范围内所有的磁场被消除。消除超导材料内的磁场称为迈斯纳效应。材料变成超导的温度称为临界温度；这个温度通常接近绝对零度。然而，临界温度对于不同的材料是特定的；一个广泛追求的研究目标是找到临界温度尽可能高的材料，以减少超导应用对冷却系统的影响。请注意，超导性不仅仅是受温度的影响，许多通常导电的材料即使在绝对零度下也不会变成超导体，而在室温下的一些导电性差的材料可能在远高于绝对零度的温度下变成超导体。这也是由迈斯纳效应决定的，即在超导状态下超导材料内部没有磁场。

在临界温度的同时，超导体可能暴露在其中并且仍然保持超导的临界磁场强度。如果超过临界磁场强度，超导材料将会结束超导状态。超导体被分类为 I 型和 II 型。I 型超导体暴露于临界值以上的磁场强度时会失去全部超导性。II 型超导体更具弹性，有两个临界磁场强度值。它们在第一个值以下处于超导状态，在第一个和第二个值之间处于混合状态，完全超过第二个值处于失去超导状态。

虽然超导性是于 1911 年被发现的，但超导性如何起作用的问题最早在 1957 年由约翰·巴登（John Bardeen）、莱昂·库珀（Leon Cooper）和罗弗·施里弗（Rover Schrieffer）解释，根据他们的姓氏首字母，此理论被称为 BCS 理论。其概念是流过规则形状的正电荷结构的负电子对超导材料的正核产生轻微的带动。这种带动造成了一个短时间、带正电的梯度，吸引另一个电子跟随已经轻微变形的原始电子。这两个电子继续紧密地彼此跟随，按照上述机理，直到它们的量子波函数相互一致。这导致电子对在一个被称为凝聚态的集体状态中连接起来；它们也被称为 Cooper 对。这是一种低能量形式，并且当形成许多这样的电子对时，材料倾向于保持处于这种低能量状态，电子对高效地流动并且不中断。然而，Cooper 对相对较弱，任何噪声（如热振动）都可能使它们分离。因此，温度和磁场会破坏电子配对。尽管 BCS 理论已经成功地解释和预测了早期的较低温度的超导体，但是较新的、较高温度的超导体（其中一些在室温下是绝缘体）仍然缺乏广泛接受的理论。

超导在电网中的好处可能看起来很明显，超导电力线无阻抗地输送电力的能力将消除损失，电网将成为完美高效的输电系统。但是，至少有两个有趣的原因并不那么简单。首先，建设超导电网面临诸多挑战。其次，在电网中使用超导性的潜在应用虽然很多，但可能并不明显。

电网超导的挑战包括最小化成本；这包括将低温的成本最小化，其中包括能够在较高温度下的超导状态工作。这也包括降低制造坚固可靠的超导导线的制造成本，无论是电力线路还是电力设备的绕组。超导材料应当能够承载高电流密度，具有柔性和化学稳定性，低的交流损耗，并且能够在暴露于强磁场时继续以超导状态工作。这些好处与超导线的高效率和电流密度以及利用它们从超导状态转换到正常状态的能力有关。

超导元件长期以来一直被考虑用于电动机和发电机。为了明白为什么，首先考虑一种简单类型的机器，称为单极机器。这是可以构造的最简单的电动机－发电机类型，将在下文中进行解释。不失一般性，超导技术可应用于其他类型的电动机。

在讨论单极电机之前，回顾2.2节介绍的发电以及2.8节讨论的分布式发电。虽然在这些章节中转动转子的机械力变化很大，但是这些概念总是假定产生同步电机的一些变化电力。还有另一种类型的电机，被称为将电力转换成机械力的单极电机和产生电力的单极感应交流发电机。单极电机是直流电机，其中直流导体位于静磁场内。磁场的洛仑兹力（1.3.5节右手规则）使导体移动。这是最简单的电机之一。不需要换向器，因为为了使电机运行，不需要换向电流。就像在同步电机中一样，根据是否施加电力或机械功率，单极电机可以作为电动机或发电机工作。实际上，术语"单极"用来强调导体的极性和磁场不变。单极电机在实践中很少使用，因为它基本上限制为一圈线圈，即导体是单根导线。这里介绍了单极发电机和电动机，因为它们已经被研究人员视为超导电力的潜在理想实施对象。

考虑影响电机可以产生或产生的功率的参数（Huang 等，1998）。电机的稳态连续工作额定功率 S 为

$$S = \pi^2 n\sigma\beta D^2 L \tag{14.42}$$

式中，n 是转子转速；σ 是每单位周边尺寸的电枢电流负载；β 是气隙磁通密度；D 是气隙直径；L 是电机的有效长度。使用前几章所述的定律，式（14.42）应该是相当显然的。在直观上显而易见的是，增加式（14.42）中的任何值将增加功率输出。电机的功率密度可以通过将额定功率除以电机的总体积来获得，即

$$P_d \propto n\sigma\beta \tag{14.43}$$

提高转子转速 n 的极限会导致机械问题：离心应力会破坏转子。离心应力与 $d^2 n^2$ 成正比，所以式（14.44）和式（14.45）表示电机的总功率输出和转子应力的功率密度：

$$S = \frac{\pi^2 \tau_{cent}\sigma\beta L}{n} \tag{14.44}$$

$$P_d \propto \frac{\sqrt{\tau_{cent}}}{D\sigma\beta} \tag{14.45}$$

除了提高转子速度，可以增加气隙磁通密度 β 和每单位周边尺寸的电枢电流负

载 σ。这些参数都可以通过使用超导材料来增加。

与电网直接相关的超导电机的另一个有趣的应用是用于插入式电动汽车的超导电动机（Sekiguchi 等，2012）。在一个实验中，超导电机的设计符合 2004 年普锐斯发动机的尺寸。被称为高温超导感应同步电机（HTS ISM）的同步感应电机的一次绕组和二次绕组均由超导线制成。强大的超导电机的额外好处之一是可能会消除对传动装置的要求。汽车传动系统是效率低下的主要原因之一。请注意，HTS ISM 的一次绕组虽然是超导的，但却带有交流电；必须特别考虑选择能够通过交流电的超导材料。

显然，高温超导技术还处于新兴阶段。目前正在需要高功率密度的应用领域以及开发成本证明了超导特性的独特之处的特殊应用领域（Hassenzahl 等，2004）为这些技术寻找用处。因此，超导应用有两大类：①用低电阻、低损耗的超导体代替经典的电网组件；②利用超导性获得独特的新电网特性和功能。超导元件虽然起初较为昂贵，但预计它们将超越传统元件，在长期为电网提供收益。

HTS 电缆有两个直接的好处：①较低的电阻损耗；②较大的功率密度，即通过较小直径电缆传输更多功率的能力。通常，电缆安装在地下或特殊管道中。它们保持恒定的电压，并根据需要调节电流，以改变电力负载。超导电力电缆通常有两种类型：①温介质设计和②冷介质设计。在温介质设计中，HTS 电线被包裹在含有液氮的通道内。电缆的外壁在室温下用绝缘体包裹。它使用最少的 HTS 但是具有较高的电感，并且在比冷介质设计更近的间隔处需要更多的冷却站。在冷介质设计中，有两层由冷介质绝缘层隔开的 HTS 导线。冷介质设计的优点是电感较低，电流承载能力较强，交流损耗较小，相对于温介质设计其电磁泄漏较要小。当然，冷介质设计使用更多的高温超导线材，初始成本较高。

HTS 电缆的阻抗是等效非超导电缆阻抗的 $1/6 \sim 1/20$。较低的阻抗和较高的载流量意味着它们不仅通过较小的空间（例如在城市地区）传输更多的功率，而且还通过降低阻抗来缓解电网中的瓶颈，提供电力流动的替代路径，而不是流过已经达到满负载的电力线。

超导电力线和电网中的其他超导组件越来越受到关注，将会产生更高的故障电流。换句话说，电网将能够承受比其他情况更多的电流，并且这会导致比其他情况下更大和更长的故障事件。一个解决方案是加入稳定器，即通过电缆的非超导通路。当故障发生时，电流暂时流过稳定器，超导电力电缆将转变为正常导通状态，从而提高阻抗并限制故障电流。还应该注意的是，在最坏的情况下，用作 HTS 冷却剂的液氮如果意外地释放到空气中是无毒的。另一个复杂的因素是 HTS 系统在连接室温元件时需要仔细考虑。温度的急剧变化可能导致与 HTS 系统接触的材料经受巨大的温度梯度，这会导致材料形状扭曲并失去在室温下通常具有的性能。

回想一下，3.4.4 节讨论了高压直流（HVDC）输电。HTS 电力线可以在交流超高压（EHV）和 HVDC 输电中起作用。超高压交流输电尝试通过减小电流和增

加电压来使 I^2R 功率损失最小化。但是，因为电压较高，所以存在权衡。需要更多的绝缘，传输线必须建在高于地面的地方，变压器必须更大、更昂贵才能实现高电压上升和下降，并且需要更多的变压器。此外，为了保持电压和电流彼此同相，交流电需要无功功率补偿，通常是以在线路上安装电容器的方式。在如此高的电压下，这样的电容器是大而昂贵的。HVDC 输电通过使用直流电而不是交流电来消除一些这样的问题。其只需要两条线路，而不是三条线路（假设三相电源），而且没有无功功率。因为不需要提供无功功率，所以在输送相同的功率的同时，可以降低HVDC 输电系统中的电流。缺点是直流输电线路两端需要交流和直流之间的转换，成本较高。HTS 电缆改善了超高压和 HVDC 输电，但与传统输电相比将产生不同的影响。虽然 HTS 电力线具有较低的阻抗，但它们具有与非 HTS 电力线相似的寄生电容。因此，处理电容而不是电感，可能是 HTS 电力线的一个问题。

如前所述，随着电力用户和发电机数量以及必须传输的电力容量的不断增加，很高的故障电流值是一个日趋严重的担忧。熔丝、断路器和重合器是防止故障的常见电器。它们提供对电流的瞬时且突然无限大的阻抗。这种方法的问题在于，会给用户带来突然的电力中断，对于大型故障，突然的变化会导致电网变得不稳定。另一种方法是，从某种意义上说，通过简单地将电流限制在线路可承受的数值上，可对故障做出更温和的反应。因此，电力不会立即输给用户，也不会因阻抗的突然变化而变得不稳定。相反，故障电流限制方法涉及逐渐提高故障电力线路的阻抗以减少电流流动。超导体提供了实现阻抗变化的理想手段。这些被称为超导故障电流限制器（SCFCL）。

SCFCL 有几种不同类型。纯电阻 SCFCL R_{SC} 与主电流串联工作，并具有与之并联的常规电阻 R_p。因此，电流随 SCFCL 电阻的变化如下：

$$i_{SC}(t) = i_{sc}(t) \frac{R_p}{R_p + R_{SC}(t)} \qquad (14.46)$$

当超导体正常工作时，其接近零电阻，全部输入电流流向输出端。当发生故障时，超导体温度将升高到临界温度以上并开始产生显著的阻值。如式（14.46）所示，随着电阻上升，电流减小。非超导平行电阻被称为是稳定器，它的典型工艺实现方法是在超导体上形成一层薄薄的导电材料。请记住，电力线本身有电感；这意味着随着超导体电阻的增加，电阻上会有临时的电压累积。如果涨得太快，可能会超过安全值。

感应式 SCFCL 更有趣一些。它体现在与变压器类似的设备中。但是，操作的概念与变压器不同。在这个装置中，内部和外部绕组都被供电。外绕组是主电流，内绕组由超导电路组成。只要超导体处于超导状态，电流为变压器的磁轭形成磁屏蔽。这使主电流看到的电感几乎为零。结果是主电流的阻抗很低。但是，由于故障电流会导致超导电阻上升，这就减少了变压器内的屏蔽电流，从而使主电流经过电感。

还有一种桥式 SCFCL。一般而言，桥式电路由从公共点发出的两个分支组成，并且电路元件连接或"桥接"这两个分支。在这种情况下，分支由整流器组成，连接分支的桥是超导线圈。然后分支机构通过附加的整流器连接在一起。正常工作时，主电流流过并联支路，偏置电流通过桥式超导电感。故障电流将导致一对整流器反向偏置并保持闭合，导致主电流直接流过桥中的超导电感器，从而增加故障电流遇到的阻抗。

电网中超导性的另一个用途是超导磁蓄能（SMES）系统。因为超导材料没有电阻，所以电流将无限期地流动，产生相关的磁场。这个领域是储能的一种形式。超导磁蓄能系统的独特之处在于它可以即时储存和释放能量。与电池相比，这需要花费相当长的时间以有限的速度进行充电和释放能量。当需要快速大量的电力时，这使超导磁蓄能系统成为理想选择。这可以包括在必要时注入电力以保持电网稳定，并且在主电力系统中断时维持电能质量并提供电力。

超导磁蓄能系统由超导线圈和功率转换系统组成。功率转换系统是必需的，因为能量以直流电存储，许多应用使用交流电。如上所述，功率存储在由超导线圈的无限循环电流产生的磁场内。如我们所知，存储在电感中的能量是

$$E = \frac{1}{2}LI^2 \tag{14.47}$$

电感 L 是由线圈的几何形状和电线的直径大小确定的：

$$L = \mu_0 N^2 \frac{A}{l} \tag{14.48}$$

式中，μ_0 是磁常数；N 是线圈匝数；A 是横截面面积；l 是线圈的长度。

磁场储能是磁感应强度 B 的函数：

$$E = \oint \frac{B^2}{2\mu_0} \mathrm{d}x\mathrm{d}y\mathrm{d}z \tag{14.49}$$

注意 $B^2/2\mu_0$ 是局部能量密度，必须在磁场的三维空间上积分。请注意，储能基于磁场的平方；因此，增加磁场强度对能量储存有显著的影响。显然，在强磁场的存在下超导体能够保持超导状态是重要的。但是请记住，超导体有一个磁场阈值，超过这个阈值就会失去超导状态。

在大多数存储系统中，例如电池或飞轮，所存储的能量随着尺寸线性增加。但是，超导磁蓄能系统是不同的。考虑螺线管中的磁场如下所示：

$$\vec{B} = \mu_0 N \frac{I}{l} \tag{14.50}$$

式中，I 是流过导体的电流；N 是线圈中导体的匝数；l 是线圈的长度。发现能量与体积 V_{SC} 有关，如下所示：

$$V_{SC} \propto E^{\frac{2}{3}} \tag{14.51}$$

在变压器中构建超导磁蓄能系统的另一个考虑因素是电流和磁场之间的相互作用力。这产生了必须在超导线圈的构造中得到补偿的向外的机械力。

与超导体有关的另一个一般问题是淬火问题。如果磁场变得太强，磁场的变化率太快，或者存在许多异常情况中的任何一种，则可能形成涡流，并且在某些点可能发生电阻加热（也称为焦耳加热）。这种局部加热会提高电阻，进而引起更多的

电阻加热。这就形成了一个恶性循环，在这个循环中，加热提高了阻力，从而导致更多的热量。结果是整个超导体迅速离开超导状态并恢复到其室温电阻状态。这可能是一个严重事件，当磁场中的能量转化为热量并且低温流体沸腾时，会产生爆炸性噪声。电流的突然下降可能会导致超导器件两端的巨大电压降，产生火花和电弧。蒸发的低温流体会导致人窒息。如果发生急冷，稳定器是室温下的导电通路，以使电流绕过超导材料流动。

超导磁蓄能系统还包含一个接口，用于控制何时以及如何在电网和超导磁蓄能系统之间发生电力流动。超导磁蓄能系统通信接口可以接收来自电网的控制信号以及产生关于线圈当前状态的信息。该接口可以允许超导磁蓄能系统在交流电周期的一小部分内改变功率水平；超导磁蓄能系统的独特之处在于它可以快速释放电力，从完全充电变为毫秒级的完全放电。这意味着对超导磁蓄能系统的控制应该具有非常低的通信延迟。

SMES 的效率达到 90%；然而，损耗确实存在。充电和放电过程中会损失能量。但是，一旦器件充电，当电流流经线圈时，不会有能量损失，辅助设备也有能量损失，即低温系统和电力转换系统。

所有先前讨论的 HTS 的优点都可以用于变压器。HTS 变压器的工作方式类似于经典变压器。然而，超导性不会产生电阻损失和更密集的磁场，因此具有提高效率的潜力，且因为不需要变压器油，可减小尺寸并减少对环境的影响。

电力系统研究人员主要利用低电阻和密集磁场来利用超导性。但是，重要的是不要忘记，它也是一个量子力学现象，已经被用于小规模的计算。众所周知，量子计算具有巨大的高性能计算的潜力。虽然量子计算将用于电网优化，在第 11 章中讨论了经典的电网计算，但需要考虑的一个有趣的概念是超导电力和计算应用在电网内的集成。在本节中，我们从考虑超导的量子计算方法开始。电网计算的量子力学在 15.5 节继续讨论。

14.6　小结

电力电子技术正在使电力从模拟形式向数字形式转变。尽管不是没有诸如泄漏电流和谐波噪声这样的问题，它们在功率控制方面催生了新的方向。同时，对电网的运行及其通信要求也产生了重大影响。电力系统的脉宽调制和通信的脉码调制并没有太大的不同。如果通信是在脉宽调制的变体中编码的话，这并不令人惊讶。本章介绍了一组选定的电力电子设备。本章以对超导技术的介绍结束。这些技术有可能使电力系统、通信和计算领域发生革命性的变化。

第 15 章可能是最有趣的，因为它考虑了电网的长远未来。它考虑可能从根本上改变电网、通信和计算的新兴技术。我们知道这一点，因为技术展现出的趋势使我们能够远远超出有限的智能电网视野。一些核心主题是规模较小的电力和能源的生成和管理（包括纳米电网），电力系统信息理论的发展，输电更加容易和灵活（包括无线电能传输），利用地磁风暴的能力，以及量子现象（包括量子通信、计算和能量隐形传态）。电力系统信息理论使得电网内的麦克斯韦妖（Maxwell's demon）开创了电力和能源的新的可能性。纳米级通信网络将在未来的纳米电网中讨论。另一方面，天基发电也在探索之中。因此，第15章将把我们带入智能电网的未来。

14.7 习题

习题 14.1   晶闸管

1. 什么是晶闸管？

2. 什么是锁存电流？

3. 什么是保持电流？

4. 为什么晶闸管在电流之后可以正常工作之前有一个有限的时间延迟已被删除？

5. 电网中晶闸管的典型应用是什么？

习题 14.2   绝缘栅双极型晶体管

1. 什么是 IGBT？

2. IGBT 与晶闸管有什么不同？

习题 14.3   功率 MOSFET

1. 什么是 MOSFET？

2. 它与晶闸管和 IGBT 有什么不同？

3. 功率 MOSFET 与计算机集成电路晶体管有多相似？

习题 14.4   门极可关断晶闸管

1. 门极可关断晶闸管与晶闸管有什么不同？

习题 14.5   功率损耗

1. 电力电子设备中的功率损耗的组成部分是什么？

习题 14.6   超导理论

1. 什么是 Cooper 对？在超导性 BCS 理论中起什么作用？

2. Cooper 对的德布罗意波长是多少？

3. Cooper 对的相干长度是多少？它与固体中原子之间的间距是如何相关的？

4. 什么是直流和交流约瑟夫森效应？

5. 正常和超导状态之间的转换温度有多窄？

6. 超导转变温度与物质的原子质量之间的关系是什么？

习题 14.7   超导通信

1. 解释超导技术在通信中的一些应用。

习题 14.8   超导发生器

1. 什么是发电机功率密度的一般方程？

2. 为什么超导技术被视为风力发电问题的理想解决方案？

习题 14.9   超导故障电流限制器

1. FCL 的一般操作概念是什么？

2. 如何在 FCL 中使用超导材料？

3. 纯阻性、感性和桥式 SCFCL 方法有什么区别？

习题 14.10 超导变电站

1. 在一个变电站内定位所有超导元件至少有一个什么好处？

习题 14.11 超导同步电容器

1. 电容器组和同步电容器在电网中的用途是什么？

2. 电容器组上的同步电容器的优点是什么？

3. 同步电容器和电机有什么区别？

4. 超导同步电容器的优点是什么？每个优点是如何获得的？

14.12 超导磁蓄能

1. 超导磁蓄能的工作概念是什么？

2. 超导磁蓄能的线圈储存了多少能量？

3. 解释在"磁场淬火"过程中发生了什么。

习题 14.13 超导电动机

1. 如何确定电动机的功率密度？

习题 14.14 超导电力线

1. 超导电力线有什么好处？

2. 鉴于 HTS 材料比用于电缆的低温超导材料更昂贵，其优点是什么？

3. HTS 电缆的两种基本类型是什么？它们的一般属性是什么？

4. 与传统电缆相比，HTS 电缆阻抗更低的优缺点是什么？

5. 如何处理超导电力线路的故障？

6. 液氮冷却是否会对环境造成负面影响？

7. 将超导电缆与环境温度连接接口的问题有哪些？

8. 超导线路的电感和电容与环境温度电力线相比如何？

习题 14.15 超导量子计算

正如功率 MOSFET 利用可用于电力系统和计算的集成电路一样，电网中的超导材料可以利用量子计算来实现电力系统和计算目的。

1. 使用超导体的量子计算的基本元素是什么？

2. 量子计算如何用于辅助未来电网的通信和计算？

习题 14.16 DG 设备

1. 为什么电力电子器件被认为是 DG 的关键使能组件？举个具体的例子。

第 15 章

未来智能电网

心灵的能量是生命的本质。

——亚里士多德

15.1 引言

本章探讨了智能电网的演变，超越了 2010 年中期智能电网的发展。本章是一个展望未来的机会，主要展望了未来的发展状况。我们可以推断电力系统和通信中的一些趋势，并从其他领域发生的技术演进中学习。因此，这是一个有风险并且有趣的一章。有许多观点表明，电网将会随着诸如电力和通信等很多不同领域的专家的进步而发展。在本章将要提出的观点中，我们主要考虑以下几个问题。首先，发电和管理将变得越来越普遍和精细，以至于从微电网到纳米电网的规模会发生变化。我们也在考虑，规模较小的电力管理将需要小规模的通信。为了保证发电的普遍性，也考虑增加运输电力的便利性和灵活性，即无线电能传输。将插头插入插座并保持连接到电源线的想法似乎很奇怪，相当不方便，而且很原始。而将长电缆穿过地球的想法看起来也将是同样奇怪、荒谬的。

在详细考虑电网的未来之前，首先考虑一下创新思想的本质和我们可以从其他技术的发展中学到什么。有很多值得学习的东西可以在这里应用。突破性创新通过取代现有的技术会创造新市场。这是创造性的，因为商业和市场并不会预料到新的创新。另一方面，研究了许多技术的演变，技术的进步和传播对于研究这种趋势的人来说显示出一定程度的可预测性。对这种趋势的研究属于创新理论或创新传播的标题。在本章中电网的发展趋势是什么样的呢？我们以虚拟发电厂为例。虚拟发电厂只是一组分布式发电源，通常是异构的，其运行方式就像单一的、较大的集中式发电厂。因为较小的发电机可以更方便地在线和离线以响应不断变化的需求，并且可以使用可再生能源，所以虚拟发电厂的优势是灵活性和高效性。（权衡）是将多台发电机作为单个设备进行管理的复杂性的增加。这种管理越来越多的小型发电机的趋势可以走多远？这导致我们从由许多小型发电机组成的虚拟发电厂向由小型发电机、当地区域内的电力输送和分配系统组成的微电网的方向发展。这种趋势能走多远？因此，引出了纳米电网的概念，即在微观尺度上管理发电和运输。接下来，我们讨论适合纳米发电能力的通信，它是采取纳米级通信网络的形式。然后回顾一下与电力系统相关的新兴科学技术和成功的智能电网的案例。它们包括复杂性理论、网络科学和机器学习的进步。接下来，讨论了新兴器件，包括超导电力电缆和限流器，以及量子通信和量子计算。量子通信和量子计算可以在未来电网中发挥重要的作用。随后将回顾电网诞生的话题，即无线电能传输。本章最后附以小结和习题。

15.1.1　创新理论

电网的发展一直很慢。但是，它应该遵循与许多技术相同的发展趋势。技术发展可以以与生物进化不同的方式进行分析，其中技术是生物体，市场是环境。市场对技术造成压力，使得所有技术倾向于以一般可预测的方式进行调整。

对于智能电网，我们首先需要明确识别该技术的生产者和客户。在初步考虑时，可以说公用事业是生产者，最终用户（例如住宅或业主）是客户。但是，在这种情况下，客户、终极消费者对系统的运行几乎没有直接的投入。公用事业决定了所有最终用户如何发展电网。因此，作为生产者，可以从客户的角度和供应商的供电系统组件的角度，更好地去考虑电网技术的演进。电网及其每个组件的价值被定义为其"特征"与其成本的比值；增加功能和降低成本可以提高价值。

这个值的概念在图 15.1 绘制的"S"曲线中得到，它描述了功能和成本之间关系的技术的生命周期。最初，成本低，特别是竞争激烈的新技术。随着时间的推移，更多的竞争进入市场，技术为了生存而被迫快速增加功能，与此同时成本也可能增加。只要功能的价值超过成本，这便是可行的。最终，当没有其他功能可以增加时，S 曲线到达顶部，在这一点上，只能降低成本。最后，当技术消亡时，功能和成本都会降低，以便利用技术的剩余部分继续保持市场。最后，一种新技术将会出现，出现一个新的 S 曲线，以替代旧的将要消亡的技术。随着技术生命周期遵循 S 曲线的轨迹，有关创新的常见趋势可以用来预测技术将会如何发展。通信技术遵循类似的技术趋势。因此，关键是要了解通信和电力系统技术在电网内将会如何独立或一起发展。

在 1882 年电网刚刚兴起的时候，它是一项很有竞争力的新技术。例如爱迪生和西屋之间的竞争。我们可以这么说，成本是次要的，但开发新功能的竞争力是很强的。然而，随着电力变得越来越普遍，除了开发用于电插头的标准插座之外，从消费者角度认识到的唯一特征是安全性和可用性。减少成本是提高价值的唯一途径。然而，从实用的角度来看，许多功能不断增加，以实现安全性和可用性，并逐渐降低成本。在这方面，电网一直遵循许多可预测的产品趋势之一。在检查智能电网时，谁是生产者、谁是消费者的观点都是可以转移的。例如，对于电网来说，该公用事业是生产电力产品的供应商的技术消费者。基本事实是，在过去个人一直是电能的消费者。而现在，个人可以生产电能、制作应用程序或直接为其他电能消费者服务，因此，生产者－消费者的观点并不是明显的或固定的。

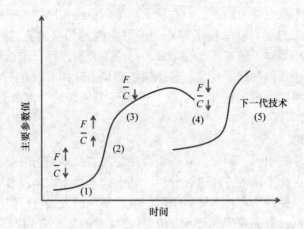

图 15.1　以技术的生命周期作为时间函数，不同的智能电网通信技术将遵循这个生命周期，并沿着这条曲线处于不同的点。价值来自增加功能 F 或降低成本 C。在研究和开发的过程中，（1）实验的初始成本高，功能有所改进；然而，失败的可能很高。（2）随着功能的提高，成本上涨。（3）技术成熟，功能很高且稳定。（4）技术相对于替代技术而言功能下降，而唯一的方法就是降低成本。（5）说明了原始技术的结束和新技术的诞生［资料来源：2005 年卡梅隆（Cameron）改编）］

　　技术进步的一个共同趋势是越来越活跃的，即从静态的、单一的结构向着动态、灵活的方向发展。从很多方面来说，这是很明显的，从直流电转换为交流电，包括变压器、电容器和开关。现在随着电力电子技术的发展，电网的发展也越来越快，例如功率变换器。这使得电力系统变得更加活跃，并且稳定发展。显然，像 DG（分布式发电）和 DR（需求响应）这样的进步使电力系统呈指数发展。因此，如果我们知道在 S 曲线上的哪个位置，就可以预测电网未来的发展。没有任何技术能够完全替代电网，所以我们可以假设在靠近曲线的中间的位置，增加功能和成本，直到功能的价值超过成本。由此，我们可以预测电网将持续变化，通过 S 曲线的中间位置迅速上升。

　　FACTS（柔性交流输电系统）设备是增加电力系统活力的一个很好的例子，它们允许根据需要改变阻抗以优化电网。电网的组成将继续变得更加多元化。当然，当技术发展到物理领域时，便发展到了顶峰。例如，已经小规模实验证明的无线电能传输方式。

　　在评估技术趋势时，我们区分目标系统、电网和通信以及被称为超级系统的环境。一般技术趋势表明，各个电力系统组件将趋向于彼此集成，因为它们彼此互相认为是超级系统，并与电网超级系统合并。例如无处不在的组件，如变压器和功率变换器将承担更多的功能，并与电网中的其他功能合并。

　　技术演进的另一个总体趋势是超级系统的集成。技术的组成部分将演变成与其即时环境（称为超级系统）并行。最终，纳米尺度的生成将是与环境完全整合。

单个光伏（有功功率和电压幅值或光伏）面板包括内置功率变换器和存储设备，它们甚至可以相互融合。电网将与电动汽车融合，使得车辆起到帮助电网作用的功能，例如临时存储或其他辅助支持服务。电网与通信的融合是智能电网的实质。还有很多其他的电网可以集成的基础设施，因为它倾向于与其"超级系统"合并。

电网中明确指出的另一个趋势是提高可控性。系统倾向于开发更多的控制方式。控制水平增加，则可控状态数增加。需求响应是可控性的典型代表，但有更多微妙的可控性形式。如上所述，FACTS 以及电力电子领域的许多其他进步都允许控制更多的尺寸。

组件与它们的超级系统变得更加协调一致。供需平衡是一个显著的协调方式。设计稳定电网是另一回事，准确地知道何时何地融合通信才是电网协调的关键形式之一。

15.2　地磁风暴发电机

1859 年 9 月初，人类最早的大规模技术基础设施之一开始出现奇怪的事件；当时的通信基础设施是电报系统，它极其类似于电网。电报系统开始出现故障，一些电报运营商受到冲击。然后电报塔开始发出火花，电报纸开始燃起火焰。然而，观察到的最有趣的现象之一是，一些电报系统在电源完全断开后继续运行。

这些现象和其他类似的现象被称为卡林顿事件，因为英国天文学家理查德·卡林顿（Richard Carrington）是第一个认识到此事件与 1859 年 8 月到 9 月 1 日发生的日冕物质抛射有关的人。这次事件特别重要，因为他是第一个将 GIC（地磁感应电流）投入到电报系统进行供电的人。回想一下地磁风暴，本书在 3.4.2 节中首次介绍了它。

关于 GIC（地磁感应电流）的细节比较复杂，我们尚未完全了解。太阳通过冠状质量喷射发出大量的等离子体，形成所谓的通过太阳系的太阳风。等离子体，由定义可知是物质的电离状态，等离子体在运行时携带太阳的磁场。当磁场线拓扑重新排列时，会发生被称为"磁重连"的物理过程，这可能释放大量的动能和热能，以及引起粒子加速（Pulkkinen，2007）。位于地球磁层内的地球磁场，有可能与来自太阳风的周围的星际磁层场（IMF）重新进行磁连接。这可以在已被太阳风电离的大气层内部产生电流。太阳风实际上可以推动地球的磁层朝向地球的另一边运动，扭曲其正常的拓扑结构，并发生磁连接，那么电离层内的强电流就可以在导电地球物体内引发电流。然而，引起的电流量取决于许多因素，包括电离层电流和导电地球物体之间的距离，电离层电流和地面物体的取向，以及导电地球物体周围的地面电阻率。如果地面物体是较大的导电网络的一部分，那么导电网络拓扑可能对感应电流量有显著的影响。鉴于大多数参数未知，预测感应电流量的能力是一项极具挑战性的任务。

电离层在电力和通信领域发挥了重要作用。无线电通信长期依赖于电离层的产生，电离层能够将从地面产生的无线电波发射回地面，这使得相对低功耗、高频率的现场通信能够在地球周围长距离传播。来自无线电传输的电磁波使得电离层中的电子以与无线电波相同的频率振荡，能量被吸收，因此在此过程中丧失。然而，这种共振可导能致 RF 被电离层重新反射回地面。

无论是否理解 GIC 现象的原理，电力公司都长期受到 GIC 现象的影响（Kappenman，1996）。变压器和其他设备在受太阳风暴影响较大的地区更频繁地遭到毁坏，而这些设备毁坏的趋势仍然遵循太阳黑子活动周期，虽然大约滞后 3 年。简单地说，GIC 主要是直流偏量，尽管 GIC 是变量，严格来说不是直流电。然而，GIC 的偏移电流使电力变压器每半个周期饱和。饱和时，流过变压器的交流电流失真，那么交流波形的这种失真就导致谐波和其他不良影响通过电网，一旦设备供应商知道了 GIC，GIC 就被认为是世界各地的电网产生中断的原因。例如，1989 年 3 月 13 日的地磁风暴导致魁北克省电网崩溃，因为保护系统开始响应并打开了继电保护装置，导致级联停电事故。

GIC 保护电网的简单步骤包括，增加串联电容器阻止 GIC 的直流分量，并增加大电容器接地，以防止电流从大地进入中性线。然而，如果存在实际的电源故障，接地电容器也会阻塞所需的电流。因此，需要快速可靠的设备将故障电流与 GIC 区分开来，并在电路需要时将电容器切换到电路中。不幸的是，这些方法都价格昂贵，常常很少使用。因此，成本是一个大问题。另一个方法是更好地了解地磁风暴，并预测它们何时会发生，以及它们的强度如何。比起建立永久保障，采取预防措施可能不会那么贵。据估计，观察冠状质量喷射可以给予 GIC 事件 2 ~ 3 天的预先通知，但是，这个时间段是高度变化的，卫星也坐落在距离地球约 100 万 mile[⊖]称为拉格朗日点的固定点，能够监测太阳和地球的磁场。拉格朗日点是卫星相对于太阳和地球呈静止状态的轨道位置。这样就可以让卫星在即将发生的地磁风暴事件 1h 内提供警告。

研究了在地平线上测量的地磁风暴活动、行星际磁场、地球地磁场和 GIC 之间的相关性，以帮助预测和理解 GIC（Trichtchenko 和 Boteler，2006）。显然，当磁场垂直于电力线的方向时，磁场强度最强，并且感应电场与地磁场的变化率成正比。因此，地磁场的变化率通常用作潜在的 GIC 强度的测量。然而，地面电导率也起了重要作用。可以通过电力线和大地形成闭合的回路。地下导电的电气特性路径在感应电流强度方面起着重要的作用。具体来说，如前所述，GIC 不是严格的直流电，而是具有可能受地下深处地质构造的电气特性影响的频率分量。事实证明，GIC 的强度可能与地磁场的导数成正比，或与地磁场本身强度成正比。

GIC 可以通过 Biot - Savart 定律的简化的应用程序进行分析。为了得到回路中的感应电流，考虑由环路面积乘以通过环路的磁通量确定电压，假设可以估计回路

⊖ 1 mile = 1609. 344m。

的电阻，然后使用欧姆定律计算电流（Pirjola，2000）。电压为 $g\pi a^2$，其中 g 为回路上的垂直磁场分量的时间导数（nT/s），a 是回路半径（km），r 是回路电阻（$m\Omega/km$）。假设电源线平行的电场为 E，电源线长度为 L，接地电阻为 S，则

$$GIC = \frac{EL}{S + rL} \tag{15.1}$$

随着 L 变大，也就是说，对于较长的电力线，GIC 增加。此外，对于非常大的 L，GIC 与长度无关。

地磁风暴显然具有巨大的能量，为什么要花费大量资金和努力来减轻、避免和浪费这个能量而不是利用它？其实，正如我们在 1859 年的地磁风暴中看到的那样，实际上是利用了地磁风暴的能量，意外地让电报系统继续工作。事实上，确实有可能利用这种能量（Pulkkinen 等，2009）。

正如我们所看到的，地磁风暴可达到的最大功率是由影响磁层的太阳风决定。据估计，从电磁和动能两方面来看，电能和动能的总功率在 0.1～1TW 之间，周期高达 10TW。然而，高达 100GW 的功率通过焦耳热的形式散发到了电离层，这种能量耗散形式又被叫作电子沉淀。将这种电能与其他形式的电能进行比较，相当于 100TW 的风能和 10 万 TW 的太阳辐射能。需要注意的是，当时被记载的这种发电提供的平均功率为 2TW。因此，虽然地磁风暴能量很有趣，但它不是传统形式的可再生能源发电。虽然我们也要考虑，传统形式的可再生能源发电只能提取出可能的总能量的一部分，这是因为可再生能源发电效率低下，而且无法将可再生能源发电机置于任何地方，以便完全提取所有的能量。

前面的工作已经考虑了采用常规但极大的线圈从地磁风暴中提取能量。注意，在本分析中没有考虑可以提高效率的超导元件。假设线圈由与超高压输电线路中使用的相同的材料组成，这个分析中的假想线圈相当大，假设周长为 4200km，面积达 70 万 km^2，由 50 匝电缆组成，电缆的电阻为 $3 \times 10^{-3} \Omega/km$。为了从线圈获得最大功率，假设负载电阻与线圈电阻匹配用于最大功率传输，负载电阻为 R_L，并且基于电缆的长度和电阻，其线圈的电阻 R_I 为 630Ω。假设 $R = \rho L$，其中 L 是导体的长度，ρ 是单位电阻率。通过假设地磁风暴诱发的电流是直流电，即使实际上它在风暴持续时间内变化也可简化分析。通过使用实际的风暴数据，使分析变得更加现实。分析使用 2000 年 4 月 6～7 日发生的真实地磁风暴数据。

首先，来自地磁风暴 B_Z 的磁场的垂直分量集成在巨型线圈的表面积上：

$$\Phi_S = \int B_Z dS \tag{15.2}$$

由此得出线圈中的电动势所需的总磁通量。需要注意的是地磁场的磁场变化很快。接下来，已知线圈匝数 N 和与线圈表面积正交的磁通 Φ_S，由式（15.2）得出电动势 ε 是

$$\varepsilon = -N \frac{d\Phi_S}{dt} \tag{15.3}$$

最大功率传输定理有助于确定最佳负载源和负载电阻，以得出最大化传输的总功率。当电源电阻和负载电阻相等时，功率最大。这样做并不意味着效率更高。如果负载电阻大于电源电阻，那么效率可能会更高，但传输到负载的总功率将会较低，因为总电阻大于源极和负载电阻都相等时的总电阻。另一方面，如果源电阻大于负载电阻，则在电源内消耗更多的功率，而较少功率达到负载，最佳功率便是在两者相等时产生。如果 V_S 是源电压，R_S 为源电阻，R_L 是负载电阻，则

$$P_L = \frac{1}{2} \frac{V_S^2 R_L}{(R_I + R_L)^2} \tag{15.4}$$

P_L 即为电压和电阻函数的最大传输功率。简化式（15.4），并用电动势代替电压，则

$$P_{\max} = \frac{1}{4} \frac{\varepsilon^2}{R_I} \tag{15.5}$$

式中，R_I 是前面定义的巨型线圈的内阻，峰值电压将在地磁风暴的持续时间内变化。在这个特定的风暴数据中，电压有时会上升到 100kV，功率输出会在这场风暴最强烈的时候上升到 1MW。超导技术的使用可以显著提高电能输出，但应该注意的是，这是一个理想的、简化的分析，可以引入更多的细节，这将要求更实际的分析。

我们应该注意到，电网拓扑结构中已经存在许多大的线圈，这将是一个快速重新配置网络以利用地磁风暴的问题，而通信能力是至关重要的。从概念上讲，我们想要有一个"麦克斯韦妖（Maxwell's demon）"，以至于能够捕获地磁风暴的能量，这有可能成为"智能电网"的新标志。

15.3 未来微电网

正如我们从 5.5.1 节所知，微电网是作为单个实体运行的发电机，它是一个能够存储和负载的本地分组。微电网可以在与电网连接或自动断开的模式下工作。微电网的概念作为一种结构简单、更具弹性的电网架构被提出。在一个理想的情况下，整个电网将由互连的微电网组成，每个电网都作为自主单元运行，每个单元都能够上下移动，对临近的单元影响最小。它们最初设计的时候要求很小，具体的尺寸需要明确的沟通（Lasseter，2002）。可以实施局部感测和控制来管理微电网。电压调节、无功功率控制和频率都可以通过下垂控制来处理，如 5.5.1 节所述。

回到微电网的话题，它们将电网分为小型、可靠、更容易管理的模块。可以将电网划分成更小、更易于管理和潜在的自主运行单元，而不是管理可以达到次大陆规模的整个互联网络，并提供数百千兆瓦的功率。一个很明显的问题是，电网可以缩小到什么单位和多大的规模。

15.3.1 从电网到微电网再到纳米电网：继续削减规模

很明显，大多数电子设备都有自己的电源。我们认为在墙上有电源插座，那就

是电网与电气设备之间的明确界限。通常情况下，假设影响电网和智能电网的一切都发生在墙上插座的外部（即电网侧）。本节提出的问题是如果该界面或障碍破裂会发生什么。换句话说，如果个人设备在电网运行中变得更加活跃怎么办？这就是所谓的"纳米电网"：现在的观念，一般是像电源插座这样的心理上的障碍已经被打破了，电网被分为更小的自主单元。想象一下，诸如笔记本电脑、电视机和烤面包机这样的家用电器，在将来要比写这本书的时候，在电能控制中扮演更积极一点的角色。每个设备可以监控典型的电网运行参数，如频率、电流、电压和相位。这些设备可以调节其各自的占空比，以减少电网的压力。每个设备将根据现有的需求响应范例决定何时根据价格控制来使用电力。最终，每个设备将寻求、甚至可能产生或清除自己的电能。随着通信在设备中的普及，通信和电源之间的集成将会变得更紧密，更多的设备共享相同的电源和通信的物理通道。最终，每个设备将成为自己的小型"微电网"或纳米电网。

由于这种情况，可能要重新考虑对无处不在的交流电的需求。直流电在许多情况下可能更有意义。通过使设备共享直流电流，就像现在许多设备共享信息一样容易，可以减少功率变换器和变压器的数量。每个设备都成为"消费者"，微 - 纳米电网转换可以看作是向群集式电力架构的过度，许多小型设备以简单的本地规则运行，可以在全球实现最佳发电、运输和管理。

但为什么要局限于这样的规模？为什么不自下而上思考，而是自上而下？换句话说，以最小的可能的规模考虑发电和分配，并考虑这样一个真实的纳米电网可能是什么样子，以及它可能需要什么类型的通信（Bush，2013b）。15.3.2 节考虑了纳米级发电和电力采集。

15.3.2 纳米级发电

电力无处不在，无限量地驱动世界上的机械，无需煤、油、天然气或任何其他普通燃料。

——尼古拉·特斯拉

真正的纳米电网的关键要素是纳米发电机。任何发电机都是一个功率变换器，将功率从一种形式转换成另一种形式。例如，热能或机械能到电能。纳米发电机没有什么不同，它们将热能、化学能、电磁能和机械能转换成电能，但规模要小得多，这类似于今天用于小型电子设备的能量收集。能量围绕着我们，发出了我们永远不会使用的连续电能。这些环境电能的范围从小的热梯度到电视台和广播电台的电磁能。有无数的纳米发电机和能源收集装置在运行、开发和提出。虽然提供这些设备的详尽清单将是乏味的，并且总是跳过一些重要的未来设备，实地参观将会更有意义。

可以使用带有压电效应的纳米结构以压电纳米发电机的形式发电。压电效应是当时某些材料施加机械应力时积累的电荷。效果是可逆的，这意味着对压电材料施加电荷将在材料中引起压力并使其形状膨胀。除此之外，这种技术适用于许多应用，包括创建超声波。简单来说，压电效应来自材料中应力引起的压电材料中偶极取向的变化。例如，压电纳米发电机利用压电纳米线中的电荷积累，垂直于纳米线施加的力可以从沿纳米线顶端的电荷分布来提取。另外，当沿着电线的顶部或底部施加压力时，一组垂直生长的纳米线可以产生电流。例如，按下纳米线会在一个方向上产生电流，并且将纳米线向上拉时，会在相反方向产生电流。因此，可以形成纳米尺度的交流发电机。

另一种类型的纳米发电机通过创造和捕获静电将机械能转换为电能，这被称为摩擦效应。而"压电"是指"压力"，"摩擦电"是指摩擦，这是由于将某些不同的材料摩擦在一起而产生电荷。用毛皮摩擦玻璃的古老例子是一个经典的宏观范例。产生的电荷的强度取决于材料、接触面积的粗糙度、温度和应变等。摩擦电发电机将这种概念与纳米尺度的材料结合起来，将两片材料与电极连在一起，以收集电荷。当按压片材时，使得它们彼此接触，在一个方向上产生电流；当压力释放并且片材被分开时，电流沿相反方向流动。因此，该纳米发电机也是交流发电机。

从机械能转换为热能，热电纳米发电机可以利用某些各向异性材料的温度波动自发极化。这不同于依赖贝塞克效应，它依赖于材料的两侧之间的温差以驱动载流子的扩散。相反，热电效应的机理与材料中偶极子的行为有关。当有恒定的温度时，只有少量的自由取向的偶极子摇摆它们的位置，没有电流产生。当温度上升，偶极子在它们的对齐中产生更大的摇摆，产生电荷；当冷却时，偶极子在其正常对准周围摆动较少，变得更加对齐，这也产生与之前情况相反的电流。因此，我们有一个潜在的交流发电机经常发生温度波动。

当然还有许多其他形式的能量收集可以使用在纳米级发电中。如前所述，这包括从无线电波提取周围的电磁能，其中大部分是浪费了。我们已经覆盖了典型的可再生能源，如风和光伏。对于这些，这个概念将是确定这些可再生能源的纳米发电机的版本是否具有优势。例如，更高的效率、更好的功率传递或更大的功率密度，同时导致更低的总成本。

纳米整流天线（Nantenna）是捕捉环境无线电能的有趣方法。回顾8.4节，整流天线被用于在微波波长下接收无线电能。纳米整流天线是纳米尺度整流天线。理论上，光是比无线电波更高频率的电磁辐射，因为足够小的纳米整流天线应该能够以与天线类似的方式接收功率。这个概念是使用大量的天线来将光转化成可用的电流量。纳米整流天线的工作原理与整流天线相同，电磁光波将会在电磁场中产生感应电，因为能产生交流电，天线中的整流器将交流电转换成直流电。因为来自太阳光的光谱范围为 $0.3 \sim 2.0 \mu m$，所以天线应该是数百纳米长，这将使纳米整流天线与光产生最低阻抗的共振。

使用天线比较复杂。例如"趋肤效应"，当高频时电流只在表面附近流过天线，这造成比预期更大的阻力。另一个问题是产生在所需尺寸和频率下有效运行的二极管。使用常规二极管以必要的尺寸和频率产生大的寄生电容。

考虑到上述问题，纳米天线比传统的单结太阳电池具有更高的效率。纳米天线的另一个优点是通过调整其长度，可以更有效地从不同频率的光接收能量。换句话说，可以动态地调整纳米天线对不同光频率的灵敏度。目前单结太阳电池技术难以实现这种自由度。传统的太阳电池技术使用固定的半导体带隙将光子转换成电。改变带隙可能需要改变半导体材料并且难以动态地完成。

纳米级发电的另一种潜在形式是静电或电容。该概念主要是利用类似于带电电容器的结构，它是带相反电荷的板。电荷在板之间施加力，施加在板上的机械力改变了它们的间隔距离并转化为电能。这种方法的缺点是必须存在某些形式的初始电动势，以在板上产生初始电荷。

磁静力纳米发电机在概念上有些类似于常规发电机。静电力纳米发电机是非常小的旋转磁体，因为它们由于振动而摆动，所以会在附近的导体中感应出电流。还有许多其他类型的潜在纳米发电机，包括从生物体内的化学过程中吸取能量而产生电能的生物体。但是，这些超出了本书的范围。

15.3.3 真正的纳米电网

可以将集成半导体计算机芯片中的电源和管理视为现在最真实的纳米电网。然而，半导体芯片是精心设计的、负载小的控制平台，互连是固定的，并且组件是可靠的、能够很好地被控制和理解学习。电力线在半导体内部很少有级联或掉电的情况（除非使用不当或暴露于静电或其他异常情况）。

我们正在研究的纳米电网的类型，是涉及数百万个小型纳米发电机积累足够的电能来运行一个大型设备（如洗衣机）的类型。纳米发电机及其配套电气传输系统或纳米电网不是固定不变的。事实上，纳米发电机可能是移动的，随时调整其位置以便从其环境中提取最大功率。例如，它们应该能够转向太阳或者转向声音和振动，或者简单地转向它们的能量源的更好的位置。这些纳米发电机将具有类似群体节点的能力，遵循简单的规则，只与它们最近的设备沟通。我们已经看到，一些纳米发电机产生交流电和一些直流电。因此，可能需要纳米级功率转换。发电机必须决定如何最佳地路由电能。让我们考虑一下这样一个真正的纳米电网的沟通方式。

15.4 纳米级通信网络

纳米级通信网络提供通常被认为大小在数百纳米级的纳米机器之间的通信信道。IEEE P1906.1 标准工作组目前正在开发纳米级通信网络的构想、定义和框架，这样的网络将是一个非常小的"物联网"或 M2M 通信网络。在真正的纳米电网中，"物品"或机器将是纳米发电机，前面已经讨论过，并且具有潜在的电力互连通道、电力储存设备和纳米负载。解决纳米发电量如何聚集和与人类世界接轨的问题是许多挑战之一。纳米级通信标准明确排除了固定的集成电路互连，它侧重于启用特设的纳米级通信的框架。如图 15.2 所示，物理层包括几种类型的纳米级网络，包括：①分子马达（步行）；②细胞信号传导（流动和扩散）；③碳纳米管（电磁）；④量子纳米级网络。

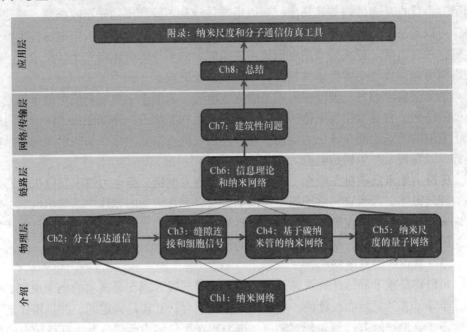

图15.2　纳米级通信网络允许对能量资源进行高分辨率管理，包括纳米发电机和从环境中提取少量能量，它有很多潜在的物理层，IEEE P1906.1标准工作组正在开发纳米级通信网络框架

　　正如开创性概念经常发生的那样，灵感和早期结果来自于自然。纳米级网络的许多早期发展来自观察和了解生物系统中使用的纳米级通信。分子马达和大型一般类型的细胞信号传导机制显然就是这种情况。分子马达是在携带货物时能够"行走"的活细胞中发现的复杂分子结构，它们沿着形成细胞的细胞骨架的小的轨道状结构"行走"，称为微管。微管是长圆柱形结构，略大于碳纳米管。分子马达所携带的货物是另一种分子，通常被视为纳米级通信中的一组信息。生物分子马达的变化已被人为地创建以执行不同的功能，任何能够通过沿着路径行走或主动地弯曲产生自身运动的分子结构，都可以被认为是纳米尺度的通信通道。

　　其他一般的细胞信号传导技术，包括用于纳米级通信的基于流动和扩散的技术，这表示分子没有活性载体的被动机制，例如分子马达。但是被动地依赖于运动的环境，这包括微流体或纳流体介质中的分子，其中存在流体流动和湍流来"携带"表示信息包的分子。信道操作的另一个被动手段，是依靠扩散来提供信息传输。生物有机体中的钙信号是一个典型的例子。

　　在上述类别的纳米级通信渠道机制中，已经提出了用于编码信息的几种不同的方法。一种方法是分子编码，其仅仅是给独特类型的分子或分子结构的变体分配符号，接收者基于检测到的分子的类型来解释符号。另一种方法是基于浓度的编码，在这种方法中，通常具有相同类型的许多小颗粒以不同的浓度或波浪传播，浓度差编码一个值。例如，"1"可以是超过某个阈值的浓度水平值，而"0"是低于阈值的浓度。图 15.3 说明了这一点，其中通道是配体 – 受体纳米通信系统。通道转换矩阵和相互作用的信息显示在图下方，其中 P_A 是配体发射的概率，p_1 是配体成功传递和接收的概率，p_2 是当没有传输时接收器不检测到配体的概率。信道转换矩阵只是一个方阵，其元素是沿着行发送符号的概率，以及跨越列接收符号的概率。因此，信道转换矩阵的对角线是正确发送和接收符号的概率，非对角元素是被混淆的符号。从该矩阵可以确定这种通信信道的互信息 $I(X;Y)$ 和理论信道总容量。确定上述概率的精确值，现实的纳米级通信网络是具有挑战性的一部分。

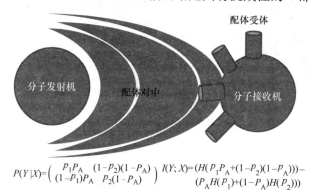

$$P(Y|X) = \begin{pmatrix} P_1 P_A & (1-P_2)(1-P_A) \\ (1-P_1)P_A & P_2(1-P_A) \end{pmatrix} \quad I(Y;X) = (H(P_1 P_A + (1-P_2)(1-P_A))) - (P_A H(P_1) + (1-P_A)H(P_2)))$$

图 15.3　表明了使用配体 – 受体的基于浓度的编码机制。沿图的底部示出了简单的信道转换矩阵和信道容量方程（资料来源：Bush，2011 年。经 Springer 许可转载）

　　还有基于电磁的纳米级通信方法。这些趋势往往受到现有的宏观通信技术的启发，但是可以缩小到几百纳米的数量级。这些技术的实例包括单碳纳米管收音机，其基本上是机械振动的碳纳米管，其振动是由发射的无线电信号引起的。单碳纳米管能够同时提供几种无线电接收机功能，包括天线和解调器。碳纳米管天线也被用于太赫兹波发射和接收，以及随机通信互连。单碳纳米管收音机是具有集成功能与超系统融合技术的一个很好的例子。

　　最后，纳米级通信网络正在探索量子力学现象。当我们达到很小的规模时，物质的波动性就开始显现得更加明显，这可以用来设计全新的通信形式。在这一类纳米级通信中，正在探索的一般概念包括利用量子纠缠和量子叠加以及量子算子在一定距离内传输能量。

　　图 15.4 的左图显示了纳米级通信的一些驱动因素和灵感，以及规模的变化。生物学、纳米生物学、对现有芯片互连的理解，以及物理学的基本观念都指向了一种较小规模的通信形式。图 15.4 的右图提供了纳米级通信涉及的规模的概述。刻度呈螺旋状，表明刻度可以向外朝向无穷大或向内朝向无穷小来延伸。左侧的螺旋显示了为实现纳米级通信渠道而被探索的各种实体，右侧的螺旋显示出与左侧完全

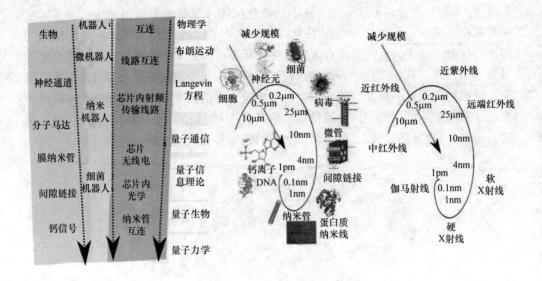

图15.4　传播规模的起源有生物学、纳米机器人、半导体互连和基础物理学，如左图所示。在右图，将纳米级通信网络的组件与电磁波长进行比较（资料来源：Bush, 2011。经 Springer 许可转载）

相同的刻度波长。整个纳米级网络可以适应当今一些典型通信系统的波长范围。纳米级通信网络的几个应用如图15.5所示。实例包括潜在地利用体内互联网的体内生物信号传导机制，其可以用于在单个分子水平上监测和控制生物学功能。配体－受体系统代表了纳米尺度通常不用于通信的物理原理，因此不易受诸如电磁干扰等问题的一般事实。而且，智能材料，一直是理想材料，在这种情况下，纳米通信提供了这种材料的复合元素可以彼此通信的通信机制（Bush 和 Goel，2006）

IEEE P1906.1《纳米级和分子通信框架推荐实践》（http://standards.ieee.org/develop/project/1906.1.html）是由 IEEE 通信社会标准开发委员会主办的标准工作组，其目标是开发纳米级和分子通信的共同框架。该框架旨在通过确定纳米级通信网络的通用定义、目标、用例和框架，来平衡这一新兴技术中的创新空间和进展所需的明确定义。只需提供一些简单的常见定义即可，因为研究人员用许多不同和不兼容的方式来解释意义。由于工作组的研究人员来自各行各业和学术界，在数学建模、工程、物理、经济学和生物科学领域均有，因此需要常用术语和定义。最后，标准工作已经组织和分类了本节中讨论的纳米级通信网络所需的组件。

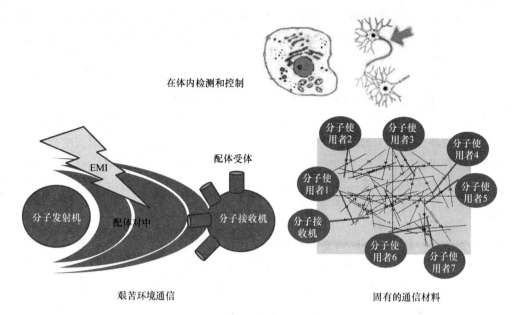

图15.5　三种典型的纳米级通信网络应用：①独特恶劣环境下的通信；②体内纳米通信；③智能材料通信

15.5　新兴技术

我们已经看到，超导性的宏观量子效应通常被用于最大化或最小化相当明显的电网现象中，例如在发电机中产生致密的磁场，降低电阻以得到最小化功率损耗，并且使得能够在 FCL（故障限流器）的情况下用可控电阻控制。然而，超导性的宏观量子现象也可用于在电网内提供辅助支持，例如经典技术用于通信和计算时，可能会改变智能电网的性质。

使用我们刚才讨论过的用于电力系统的超导机制（Devoret 等，2004），量子计算已经能够从单核和电子的原子世界转移到集成电路技术的宏观世界。消除能量耗散的潜力是量子计算的一个要求，因为它能够在足够长的时间间隔内实现量子相干性，从而实现计算。量子相干意味着粒子波函数保持完整，不与环境混合；预先配置的状态的叠加和牵连保持原位，以便进行计算。量子叠加是量子计算的关键要素之一，尽管量子计算的完整讨论将超出本书的范围，但基本思想可以简单说明。虽然经典的二进制计算机只能处于 2^n 个状态之一，但是具有 n 个量子位的量子计算机可以处于多于 2^n 种不同状态的任意叠加状态。不同状态同时进行已经开发了量子运算符，其允许对这些状态的叠加进行概率计算。理想情况下，这意味着每一个量子操作都可以同时影响 2^n 个状态，从而产生非常有效和快速的结果。在 0 和 1 之间叠加的单个量子比特称为量子位。

回到我们的量子集成电路，这是一个宏观元素与典型的量子现象相比，量子电路必须冷却到一个温度，以保持相干性，如前所述，并使热波动的能量小于量子比特量子态之间转换的能量子。

超导隧道结或约瑟夫逊结，作为量子计算机的关键元件，已成为许多研究的目标。它是一种适用于量子位的非线性和无耗散元件，由两层超薄薄膜组成，绝缘层薄到足以使离子电荷穿过绝缘屏障，隧道包含能够穿过隧道屏障的颗粒的波函数。

这里关注的一个关键概念就是电路中的量子现象。例如，电容器中的电荷可以由表示所有可能的电荷构型的波函数表示。一个具体的例子是电荷可以是正和负的叠加，或者循环中的电流可能同时以两个方向叠加地流动。现在的研究致力于在更大规模的系统中展示更多的量子现象。

15.5.1 量子能量传输

长期以来，量子现象一直与信息传输和计算有关。然而，正如我们在本书中所看到的，特别是在6.3节中，信息和电力传输是一样的，在量子领域也是如此。正如信息的传送（例如量子位中的信息）已经被理论化和展示（Lloyd 等，2004），能量也是如此。深入了解将会超出本书的范围，然而，重要的是要注意这个概念以备将来的研究。

信息量子传送的概念是使用基础状态的联系以及常用的本地操作和古典通信来将能量从一个系统传输到另一个系统。它不利用经典能量扩散，可以快得多。就像信息传送一样，它不违反物理学规律，它不允许更快的运输并且既不产生也不消耗能量。

这个概念涉及"海森堡不确定性原理"有关的零点能量波动。因为粒子的速度和动量都不能确切地知道，所以永远不能完全停息；即使在最低的基态下，总能量中总是存在，但通常不可接近的、小的且有限的能量。然而，如果两个系统之间存在基态联系，则有关某些特定的本地零点能量的信息可以传送到远程系统。传送过程中的测量操作实现了能量传输。显然，单个零点能量传输是相当小的，但是像本章中提出的许多想法一样，这种概念的大规模应用是很重要的。

15.6 近太空发电

在尝试创造性地思考技术如何演变时，考虑大规模的变化总是很有趣的。在这种情况下，我们从量子和纳米级过渡到天文，并考虑从太空到地球的发射功率，为此需要无线电能传输。8.4节介绍了无线电能传输。本节将这一概念扩展到天基发电。另外，请注意，8.5节讨论了卫星通信。

空间太阳能发电的前景包括成千上万的千兆瓦卫星发电机，它们聚集在一起，能够产生太瓦电力。采用这种方法的挑战在于降低实施成本，使其接近等效功率容量的地面发电机的成本。这有几个优点：提高功率转换效率、管理未转换的功率和最小化天线尺寸。低功率转换效率需要较大的收集器面积，这增加了卫星的施工成本和运输成本。未转换的功率必须被去除或反射回空间以避免过热，并且天线尺寸随着所收集的能量的高度和波长而增加。

已经提出了这种系统的可行性方程

$$k = \frac{25000 P \eta S}{C} \qquad (15.6)$$

式中，P 是电力的销售价格（美元/kWh）（Komerath 等，2012）；η 是输送到地面的效率；S 是比功率（kW/kg），比功率是在轨道上的每单位质量轨道产生的功率；C 是 LEO（近地球轨道）的发射成本（美元/kg）；因子 25 000 来自建筑分析，并被选择纳入系统自身的规模和假设时间。式（15.6）提供了收益与成本的比率，换句话说，是这个技术的价值。显然，目标是通过降低发射卫星的成本或提高发电效率，或将其传输效率提升到地面来使价值最大化。它假设电力成本 P 由传统的地面发电成本产生。

比功率 S 和输送到地面的效率 η 是关键。如上所述，冷却系统的成本降低了比功率，也增加了发动成本，冷却需要来自于现有的光伏技术。当前的单结半导体技术要求光子在将电子驱动到导带之前必须穿过半导体材料的表面，以产生电能。穿透产生的热量被半导体材料吸收，如果不去除，热量会积累，达到破坏性水平。前面已经提出，热量可以以卫星上的热电联产形式，用于卫星上的燃气轮机产生附加功率，而不是消耗能量来消除这种热量。另一个解决方案是在光入射到半导体表面之前将光过滤到其光谱分量中，然后，只有有效转换的光将接触半导体材料，更多的能量将转化为电能，并且热量较少。

如本节前面所述，LEO 中将有许多卫星。为了提高卫星与地球之间的无线电能传输效率，低轨道是最理想的。为了确保地球上所有地点都有电能，并且考虑到会有很多卫星，这样的卫星将会广泛传播，每个卫星都能够互相传递电能。这类似于纳米电网的概念，许多小型发电机将在其间聚集电能。事实上，在特定的纳米电网和天基发电之间有几个相似之处，这还包括电力和通信网络的特殊性质；节点将是移动的并且形成动态的通道。

为了提高效率和降低成本，可以同时将两种类型的卫星放入轨道。轻量级的镜像卫星将被放置在（HEO）（高地球轨道）上，这些卫星将打开一个灵活的镜面材料，将光线反射到较低轨道，但较重、功率转换和波束成形卫星。这些卫星将携带将光转换成电能并在必要时将其输出所需的电力电子装置。

如前所述，卫星将能够根据需要彼此发射功率，以达到接收地球上累积的功率的目的。然而，还存在一个反向功率信道，其中功率可以从地球上的位置发射到卫星。这将取代地面传输线路，并允许洲际电力传输。例如，在日光下在地球一侧产生的过剩电力可以与地球上的消费者实时共享。在这种情况下，天基系统是辅助电网传输系统。

无论天基系统是用于发电还是运输，都会给通信带来新的挑战。通信和控制必须处理远距离和相对较长的传播时间。此外，考虑到高延迟及无线电能和通信系统之间不应有干扰，无线电能传输系统的控制将是一个有趣的挑战。

光束捕获方程

$$\frac{D_r D_t}{\lambda S} = 2.44 \tag{15.7}$$

说明了在地球和空间之间发射功率的一些挑战，其中有直径 D_t 的发射相控阵列、接收器主波束波瓣直径 D_r、波长 λ 和发射器与接收器之间的距离间隔 s。随着距离或波长的增加，发射机或接收机的大小必须相应增加。考虑到发射机和接收机之间必须存在很大的间隔，为了保持阵列尽可能小，则降低波长。然而，较小的波长和相应的较高频率不能有效地穿透大气。一些工作考虑了低轨道卫星和使用毫米波长作为阵列大小和效率之间的一个很好的折中。

15.7 小结

本书提供了一个关于电网在通信方面演进的独特视角。在最后的总结中，揭示了电网未来的前景，特别是电网通信。如果智能电网通信有助于电力运输的运行，那么通信媒体应该符合电力监控特性所需的要求，这一点是很明显的。通信用于减少或反应电网内的电力熵（热力学函数），这可以采取多种形式，包括减少需求变化的不确定性，通过减少功率角的振荡来应对稳定性，以及应对由于故障引起的突然变化。更简洁地说，通信是电力熵的相等和相反的反应。从通信的角度来看，网络的逻辑分区有四个标准组件。首先，有电力熵。电力熵是电力的"复杂性"变化，它驱动控制电源所需的通信，其中电力熵类似于信息熵来定义。第二，有电力区域密度。这一方面通过传输系统中的大容量功率控制与广泛分布的少量功率来展现。广泛分散的功率监视和控制需要更多的数据路由聚合。第三，当然有功率效率。具体来说，这就是要实现的目标效率，我们认为，所有这些都是相同的，更高的功率效率需要更多的通信来实现任何给定的电信或电力网络架构。最后，第四个组件是电源的数量驱动通信延迟。大的错误的功率流（例如典型的电源故障）需要更低的延迟通信。许多电网通信技术源于这些组件，这些组件包括通信与功率熵相等和相反的反应的原理。图 15.6 说明了时空图上的通信和电力事件，这允许人们看到通信是否满足电源异常所需的要求。

我们已经展示了信息理论在其原始的通信源和信道编码的核心应用中是成熟的理论。信息理论的应用越来越不成熟，是因为它在源和信道编码中的原始核心应用越来越多，并且被应用于图论和机器学习等其他领域。信息理论不仅应用于通信网络的信道优化的核心应用，也适用于智能电网中的新领域。正如我们所看到的，信息理论的基础将允许电力系统和通信之间更紧密的整合，如本书所讨论的。

从应用的角度来看，我们可以看到与信息理论和网络分析相关的未来电网的四个部分。首先未来电网将会有分散化的趋势。电网的控制将变得更加分散，这需要

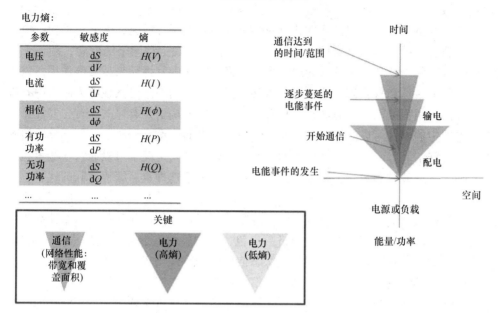

能量熵时空参考模型

电力熵：

参数	敏感度	熵
电压	$\dfrac{dS}{dV}$	$H(V)$
电流	$\dfrac{dS}{dI}$	$H(I)$
相位	$\dfrac{dS}{d\phi}$	$H(\phi)$
有功功率	$\dfrac{dS}{dP}$	$H(P)$
无功功率	$\dfrac{dS}{dQ}$	$H(Q)$
...	...	...

关键

通信
（网络性能：带宽和覆盖面积）

电力
（高熵）

电力
（低熵）

更大的功率熵需要更多的带宽来传输：
- 降低信息的空间/时间传播速度

图 15.6　时空图说明了电力系统中空间和时间异常的扩散。通信必须能够在
空间和时间上"重叠"异常，以便能够管理它

更多的网络科学的知识，如图谱、随机矩阵理论和信息理论。在这些技术中，因为电网结构分为微型和纳米电网，所以大量相对简单的组件收敛到期望的全局架构，实施机器学习和基于代理的方法，并且需要实现代理者之间的通信。电网的核心将是 M2M 通信，通过信息理论可以利用 M2M 通信的方法来提高通信效率。随着电网变得更加分散化，其图形结构将变得更加"复杂"，网络效应将产生更大的影响。

第二，可持续性和复杂性将会持续增加。随着分散化变得越来越普遍，通过添加更多类型的控制系统，电网将变得更加动态和可控。从信息理论的角度分析，将需要市场力量的整合，我们应该将机器通信和机器学习更为紧密地结合［例如（Bush 和 Hughes，2003）］。网络科学相关新兴领域的概念将在此时脱颖而出。集中式发电将产生更多的分散式发电，当更多电力在本地产生和使用时，电网的发电部分将会减少利用。大型原动机将不再设定操作频率。相反，微电网的大规模互联将变得更加普遍。电源保护机制将适应更复杂的双向功率流。伏特－伏安控制将变得更具挑战性。同步相量和逆变器在整个电网中几乎普遍存在。电网将成为独立和干预技术的组合，这是难以置信的。然而，复杂性理论是一个深刻和有争议的话

题。了解和测量复杂性一直是一个难以捉摸的目标，这是另一个有利于智能电网的研究领域。

第三，将会继续增加灵活性和自我修复。随着电网分散化，需要更可控、更复杂、更新、更动态的网络和控制技术。6.5.2 节中提到主动网络的概念，即一个网络码在数据包内承载更为灵活的通信系统，将在电网内发挥越来越大的作用，以实现更大的灵活性和自我修复能力，并将其直接应用于网络。虽然在电力网络中有许多可能的利用积极网络的方法，但是有一些更具体的例子是有序的。首先要注意的是，电网中的硬件可以承担多种功能。例如，继电器、重合器、断路器和分段器基本上是相同的装置，执行非常相似的操作，并且在某些情况下可以通过一些重新编程从一个装置转换到另一个装置。活动分组可以携带这种重新编程所需的代码。另一个例子，功率计可以成为 PMU（相量测量装置），或者电动机可以变成变频变压器。在每种情况下，可以通过具有活动分组的网络来实际地实现部分的重新编程或混合匹配。此外，通过使用活动网络数据包，可以轻松安装新的应用程序。例如，可以通过活动分组在网络内实现分布状态估计或分布式功率流分析。活动分组中的代码将在信息通过网络路由时处理功率信息，为电力系统所需的处理与通信开辟了新的空间。电网的极端灵活性将来自无线电能传输，这在 8.4 节以及 Chowdhary 和 Komerath（2010）及（Garnica 等（2011）中有详细的讨论。也可能存在转发形式的电能传输，诸如交通电网通信等的进步，通过电网通信最终可以达到延迟容量的网络形式的电力布线。

第四，微型和纳米级电网将会高效的进一步发展，普遍的、长期的趋势是变得越来越小而灵活，最终与环境相融合。因此，从长远来看，预计 DG（分布式发电）将继续发展为高功率密度和非常小的尺度。例如，接近分子水平的纳米级网络，即新型的小规模网络（Bush，2011a）。这种小规模的发电方法的例子是能够通过无线电给电池充电，并且是基于石墨烯发电的，在本书中提到了很多这种例子（Dhiman 等，2011；Vyas 等，2011）。这些只是例子；目前还有其他人正在研究，未来还会有更多例子出现。如前所述，无线电能传输是电网与环境融合的另一个例子。人们可以想象一个新的经典和量子"电力系统信息理论"的进步。最后一章，即附录是对如何获得智能电网通信公共领域模拟器的探索。模拟工具正在快速变化和发展，因此，应该注意的是，这些信息虽然对一些研究人员非常有价值，但可能很快会过时，因此被放在附录中。附录介绍了公共模拟的概念，并描述了可自由使用的电力系统和通信网络模拟器。

15.8 习题

习题 15.1 电网演进

1. 根据常见的技术趋势，我们预计电网的发展方式有哪些？
2. 电力系统的超级系统是什么？电网如何与其超级系统结合发展？

习题 15.2　地磁风暴的力量

　　1. 电能如何从地磁风暴中获利？

　　2. 电力线的长度与地磁风暴中引起的电流量有什么关系？

　　3. 智能电网如何增加从地磁风暴中提取的能量？

习题 15.3　未来微电网

　　1. 微电网的深层含义是什么？

　　2. 未来微电网将会如何发展？

习题 15.4　纳米发电

　　1. 描述三种类型的纳米发电机。

　　2. 在使用大量纳米发电机发电时会遇到什么挑战？

　　3. 描述天线及其与通信和发电的关系。

习题 15.5　纳米电网

　　1. 真正的纳米电网如何与当今的电网进行比较？

习题 15.6　纳米通信网络

　　1. 纳米通信网络的三种不同的信息编码机制是什么？

习题 15.7　量子能量传送

　　1. 量子能量传送隐藏的概念是什么？

　　2. 零点能量波动是什么？

习题 15.8　近太空发电

　　1. 近太空发电的收益 – 成本比是什么？

　　2. 近太空发电涉及的一些关键挑战是什么？

　　3. 波长如何影响发射功率？

习题 15.9　未来电网

　　1. 自主、自给自足、互动电网组件如微电网有多小？

　　2. 全球电网能够优化世界电力的能力有多大？

　　3. 什么新的变化可能会扰乱智能电网当前的趋势？

习题 15.10　未来电网的边界

　　纳米技术的新进展是了解和控制材料内部小尺度深度的能源过程。然而，在电力何时何地由电网管理、何时何地在本地管理这个问题上，我们有产生人为偏差的倾向。

　　1. 电力管理的规模有多大？为什么？

　　2. 正如我们在本书中讨论过的，特别是在 6.5.2 节中，电网在运输和管理电力方面正变得越来越“活跃”。通信网络在快速更改和灵活部署新协议的能力方面是否更加活跃？主动智能电网通信的好处和挑战是什么？

附录

智能电网仿真工具

传统的观点是为了保护我们免受痛苦的思考。

——John Kenneth Galbraith

对于新接触智能电网的人而言，尤其是那些具有通信网络背景的人可能很快就会问："我在哪里可以找到智能电网模拟器？"本附录的目标是帮助回答这个问题。因为仿真工具特别是公共领域工具正在迅速发展，所以现在写的任何答案无疑都会在你阅读本书之前过时。电力系统和通信研究人员已经开发了几十年的仿真工具，包括实时和硬件在环仿真工具，每个领域都有无数的工具。问题在于，在智能电网概念出现之前，很少有模拟工具将电网和通信仿真结合在一起；正如这两个领域彼此独立发展，它们的工具也是彼此单独开发的。

然而，联合电力系统和通信仿真工具的发展正在取得进展。请注意以下事项：首先阅读本书并了解基本原理，并在进行任何模拟活动之前进行适当的分析。仅仅依靠模拟来提供解决方案永远不是一个好主意，模拟应该只是一种想法或架构的实验验证形式。

由于以上注意事项，联合电网和通信网络仿真对于验证高度复杂系统的运行是必要和有用的。当与其控制系统的通信性能相结合时，需要研究电网运行的物理特性。通信和控制的物理操作非常复杂，难以预测，所以电网需要具有复杂、连续微分方程解的模拟器。通信网络模拟器倾向于涉及离散的面向分组的计算。因此，每个领域的模拟器的基本性质是非常不同的，使得两者之间的直接结合是一个低效过程。这导致了共模拟的概念，即简单地利用两个领域的工作来开发高级模拟器并将它们连接在一起。

模拟器 OpenDSS

OpenDSS 是由 EPRI（美国电力科学研究院）发布的开放式分布仿真软件，以提供免费的开源分发系统模拟器。它是用于配电系统的电力系统模拟器，并被开发为在 Microsoft Windows 上运行。开源模拟器的目标之一是鼓励用户提供他们开发的模型。OpenDSS 是电力系统的综合工具，它包括对配电规划和分析的支持、一般交流电路分析、DG（分布式发电）互连分析、年负载和发电模拟、风电场模拟和年流量模拟。模拟器可以处理功率流分析、谐波、动力学和故障研究。基本的模拟器不会处理通信；然而，模拟器可以扩展到具有不同级别的保真度的通信，或者模拟器可以用于与通信模拟器的协同仿真。

PowerWorld 模拟器版本 16

PowerWorld 模拟器 16 版本是 PowerWorld 模拟产品的免费软件演示（http：//www. powerworld. com/download – purchase/demo – software）。免费版本限制了可以分析的电网的大小，但包括最佳功率流、*PV/QV* 曲线、瞬态稳定性分析和 GIC（地磁感应电流）分析。显式通信和网络不是模拟器的一部分。

MATPOWER

与 PowerWorld 类似，MATPOWER 也是一个功率流分析包。MATPOWER 是一个免费提供的 MATLAB M 文件包，可以解决潮流问题。同样，通信和网络不在这个包的范围内。

网络模拟器：ns – 2 和 ns – 3

ns – 2 和 ns – 3 中的"ns"表示"网络模拟器"，还有一个 ns – 1，现在已经过时了。这些是一系列用于研究和教学的离散事件网络模拟器，可以根据 GNU GPLv2 许可证免费获得。网络模拟器系列被设计为通信网络研究社区的开放模拟器，有大量的 ns – 2 和越来越多的 ns – 3 模拟模块已经可以共享了。应该指出，这些中的许多模块，主要由研究生在学术界研发，往往没有被完全测试且仅被粗略地记录在案。网络模拟器系列对于那些熟悉通信网络社区的人来说是有用的，用于测试可能在智能电网中使用的各种通信协议。然而，ns – 2 或 ns – 3 开发人员不太可能将重要的电力系统功能纳入模拟器，这意味着网络模拟器系列最多可以用于与电力系统模拟器的协同仿真。

本附录中的几个电网模拟器符合：①公有领域的标准；②并入智能电网元件；③包含或可能包含作为仿真工具一部分的通信。

GridSim

GridSim 模拟器有个不好的名字，因为在不相关的领域中有许多其他工具和模拟器具有相同的名称，导致混淆。虽然 GridSim 在编写时不可用于下载，但该工具具有足够让人感兴趣的独特功能（Anderson 等，2012）。GridSim 似乎受到实验验证通信对使用广域同步相量测量的影响的需求，因此，这个工具直接解决了电网和通信的问题。

GridLab – D

GridLab – D 是专注于配电系统的另一个电力系统模拟器。它采用高斯 – 塞德尔（Gauss – Seidel）方法进行功率流分析，并具有电力和传输线、变压器、稳压器、熔丝、开关、并联电容器组等的详细模型。它可以模拟客户测量，并可以结合重合器、孤岛和 DG 模型，还支持热参数模型。该工具尚未被声明支持通信，但预计在不久的将来会与 ns – 3 集成。

参 考 文 献

Abur, A. (2009), Impact of phasor measurements on state estimation, in *International Conference on Electrical and Electronics Engineering, 2009. ELECO 2009*, IEEE, pp. I3–I7.

Ackermann, T., Andersson, G., and Söder, L. (2001), Distributed generation: a definition, *Electric Power Systems Research*, **57** (3), 195–204, doi:10.1016/S0378-7796(01)00101-8.

Adams, J. (2006), An introduction to IEEE STD 802.15.4, in *2006 IEEE Aerospace Conference*, IEEE, pp. 1–8, doi:10.1109/AERO.2006.1655947.

Ahmed, S. S., Yeong, T. W., and Ahmad, H. (2003), Wireless power transmission and its annexure to the grid system, *IEE Proceedings – Generation, Transmission and Distribution*, **150** (2), 195–199.

Albadi, M. H. and El-Saadany, E. F. (2007), *Demand Response in Electricity Markets: An Overview*, IEEE, doi:10.1109/PES.2007.385728.

Alizadeh, M., Scaglione, A., and Wang, Z. (2010), On the impact of smartgrid metering infrastructure on load forecasting, in *2010 48th Annual Allerton Conference on Communication, Control, and Computing (Allerton)*, IEEE, pp. 1628–1636.

Amin, M. (2004), Balancing market priorities with security issues, *IEEE Power and Energy Magazine*, **2** (4), 30–38.

Anderson, D., Zhao, C., Hauser, C. H. *et al.* (2012), "Intelligent design" real-time simulation for smart grid control and communications design, *IEEE Power and Energy Magazine*, **10** (1), 49–57, doi:10.1109/MPE.2011.943205.

Anderson, R. N., Boulanger, A., and Powell, W. B. (2011), Adaptive stochastic control for the smart grid, *Proceedings of the IEEE*, **99** (6), 1098–1115.

Anwar, A., Roy, N., and Pota, H. (2011), Voltage stability analysis with optimum size and location based synchronous machine DG, in *2011 21st Australasian Universities Power Engineering Conference (AUPEC)*, IEEE, pp. 1–5.

Aravinthan, V., Karimi, B., Namboodiri, V., and Jewell, W. (2011), Wireless communication for smart grid applications at distribution level – feasibility and requirements, in *2011 IEEE Power and Energy Society General Meeting*, IEEE, pp. 1–8.

Arya, V., Hazra, J., Kodeswaran, P. *et al.* (2011), CPS-Net: In-network aggregation for synchrophasor applications, *2011 Third International Conference on Communication Systems and Networks (COMSNETS 2011)*, 1–8, doi:10.1109/COMSNETS.2011.5716510.

Azmy, A. and Erlich, I. (2005), Impact of distributed generation on the stability of electrical power system, in *2005. IEEE Power Engineering Society General Meeting*, IEEE, volume 2, pp. 1056–1063.

Bak, P., Tang, C., and Wiesenfeld, K. (1987), Self-organized criticality: an explanation of the $1/f$ noise, *Physical Review Letters*, **59** (4), 381–384, doi:10.1103/PhysRevLett.59.381.

Barbato, A., Capone, A., Carello, G. *et al.* (2011a), House energy demand optimization in single and multi-user scenarios, in *2011 IEEE International Conference on Smart Grid Communications (SmartGridComm)*, IEEE, pp. 345–350.

Barbato, A., Capone, A., Rodolfi, M., and Tagliaferri, D. (2011b), Forecasting the usage of household appliances through power meter sensors for demand management in the smart grid, in *2011 IEEE International Conference on Smart Grid Communications (SmartGridComm)*, IEEE, pp. 404–409.

Barber, P., Kitroser, I., and Koo, C. (2004), Air interface for fixed and mobile broadband wireless access systems – management PLANe procedures and services, http://www.ieee802.org/16/netman/}Doc16g.

Barron, A., Rissanen, J., and Yu, B. (1998), The minimum description length principle in coding and modeling, *IEEE Transactions on Information Theory*, **44** (6), 2743–2760.

Bastani, S., Yousefi, S., Mazoochi, M., and Ghiamatyoun, A. (2009), Delay and throughput trade-off in WiMAX mesh networks, in *International Conference on Communication Software and Networks, 2009. ICCSN '09*, IEEE, pp. 283–286, doi:10.1109/ICCSN.2009.106.

Beardow, P., Barber, J., Owen, R., and Bell, J. (1993), The application of satellite communications technology to the protection of the rural distribution networks, in *Fifth International Conference on Developments in Power System Protection, 1993*, IEEE, pp. 17–20.

Beer, J. (2007), High efficiency electric power generation: the environmental role, *Progress in Energy and Combustion Science*, 33 (2), 107–134, doi:10.1016/j.pecs.2006.08.002.

Belhomme, R., De Asua, R., Valtorta, G. *et al.* (2008), ADDRESS – active demand for the smart grids of the future, in *SmartGrids for Distribution, 2008. IET-CIRED. CIRED Seminar*, IET, pp. 1–4.

Bellman, R. (1952), On the theory of dynamic programming, *Proceedings of the National Academy of Sciences of*, 38 (8), 716–719.

Benford, J., Swegle, J., and Schamiloglu, E. (2007), *High power microwave applications*, Taylor & Francis Group, LLC, chapter 3, 2nd edition, pp. 43–108, doi:10.1201/9781420012064.ch3.

Benmouyal, G., Meisinger, M Burnworth, J., Elmore, W. *et al.* (1999), IEEE standard inverse-time characteristic equations for overcurrent relays, *IEEE Transactions on Power Delivery*, 14 (3), 868–872.

Bennett, C. H. (2002), Notes on Landauer's principle, reversible computation and Maxwell's demon, http://arxiv.org/abs/physics/0210005.

Bhattacharjee, S., Calvert, K., and Zegura, E. (1997), Active networking and the end-to-end argument, in *1997 International Conference on Network Protocols, 1997. Proceedings.*, IEEE Computer Society, pp. 220–228, doi:10.1109/ICNP.1997.643717.

Blaabjerg, F., Teodorescu, R., Liserre, M., and Timbus, A. (2006), Overview of control and grid synchronization for distributed power generation systems, *IEEE Transactions on Industrial Electronics*, 53 (5), 1398–1409, doi:10.1109/TIE.2006.881997.

Borozan, V., Baran, M., and Novosel, D. (2001), Integrated volt/VAr control in distribution systems, in *IEEE Power Engineering Society Winter Meeting, 2001*, IEEE, volume 3, pp. 1485–1490, doi:10.1109/PESW.2001.917328.

Bose, B. K. (2009), Power electronics and motor drives – recent progress and perspective, *IEEE Transactions on Industrial Electronics*, 56 (2), 581–588.

Brown, L. (2011), ITU-T and smart grid, http://www.smartgrid.com/wp-content/uploads/2011/09/8____Les.pdf.

Brown, W. and Eves, E. (1992), Beamed microwave power transmission and its application to space, *IEEE Transactions on Microwave Theory and Techniques*, 40 (6), 1239–1250.

Brown, W. C. (1984), The history of power transmission by radio waves, *IEEE Transactions on Microwave Theory and Techniques*, 32 (9), 1230–1242, doi:10.1109/TMTT.1984.1132833.

Bu, S., Yu, F., and Liu, P. (2011), A game-theoretical decision-making scheme for electricity retailers in the smart grid with demand-side management, in *2011 IEEE International Conference on Smart Grid Communications (SmartGridComm)*, IEEE, pp. 387–391.

Budimir, D. and Marincic, A. (2006), Research activities and future trends of microwave wireless power transmission, in *Sixth International Symposium Nikola Tesla*, http://ebooks.z0ro.com/ebooks/Nikola_Tesla-2006-Serbian_Symposium-Lecture_Papers/papers/Tesla-Symp06_Budimir.pdf.

Bush, S. and Goel, S. (2006), Graph spectra of carbon nanotube networks, in *1st International Conference on Nano-Networks and Workshops, 2006. NanoNet '06*, IEEE, pp. 1–10.

Bush, S., Mahony, M., and Devarajan, A. (2011a), An analysis of smart grid fault mitigation aided by wireless communication, Technical Report 2011GRC182, February 2011, GE Global Research.

Bush, S., Mahony, M., and Devarajan, A. (2011b), Network theory and smart grid fault detection, isolation, and reconfiguration, Technical Report 2011GRC288, GE Global Research.

Bush, S. F. (2000), Islands of near-perfect self-prediction, in *Proceedings of VWsim'00: Virtual Worlds and Simulation Conference, WMC'00: 2000 SCS Western Multi-Conference, San Diego, SCS*, http://www.research.ge.com/~bushsf/an/vwsim00.pdf.

Bush, S. F. (2002), Active virtual network management prediction: complexity as a framework for prediction, optimization, and assurance, in *Proceedings DARPA Active Networks Conference and Exposition*, Santa Fe Institute, Santa Fe, NM, pp. 534–553, doi:10.1109/DANCE.2002.1003518.

Bush, S. F. (2005), A simple metric for ad hoc network adaptation, *IEEE Journal on Selected Areas in Communications*, 23 (12), 2272–2287, doi:10.1109/JSAC.2005.857204.

Bush, S. F. (2010a), IEEE SmartGridComm 2010 Panel Session, October 5, National Institute of Standards and Technology, Gaithersburg, MD.

Bush, S. F. (2010b), *Nanoscale Communication Networks*, Artech House, ISBN: 978-1608070039.

Bush, S. F. (2011a), Communications for the smart grid. IEEE Distinguished Lecture Tour.

Bush, S. F. (2011b), Toward in vivo nanoscale communication networks: utilizing an active network architecture, *Frontiers of Computer Science in China*, **5** (1), 1–9, doi:10.1007/s11704-011-0116-9.

Bush, S. F. (2013a), Information theory and network science for power systems, in *IEEE Smart Grid Vision for Computing: 2030 and Beyond*, edited by S. Goel, S. F. Bush, and D. Bakken, IEEE, New York, NY, chapter 5, pp. 128–161.

Bush, S. F., Goel, S., and Simard, G. (2013b), IEEE Vision for Smart Grid Communications: 2030 and Beyond Roadmap, ISBN(s):9780738186467, 9780738186474.

Bush, S. F., Hershey, J., and Vosburgh, K. (1999), Brittle system analysis, http://arxiv.org/pdf/cs/9904016.pdf.

Bush, S. F. and Hughes, T. (2003), On the effectiveness of Kolmogorov complexity estimation to discriminate semantic types, http://arxiv.org/ftp/cs/papers/0512/0512089.pdf.

Bush, S. F. and Kulkarni, A. B. (2001), *Active Networks and Active Network Management: A Proactive Management Framework*, Springer.

Bush, S. F. and Kulkarni, A. B. (2007), *Active Networks and Active Network Management: A Proactive Management Framework. Solution Manual*, Kluwer Academic/Plenum, http://www.research.ge.com/~bushsf.

Bush, S. F. and Li, Y. (2006), Network characteristics of carbon nanotubes: a graph eigenspectrum approach and tool using Mathematica, Technical report 2006GRC023, GE Global Research, http://www.research.ge .com/~bushsf/pdfpapers/2006GRC023_Final_ver.pdf.

Bush, S. F. and Smith, N. (2005), The limits of motion prediction support for ad hoc wireless network performance, http://arxiv.org/abs/cs/0512092.

Cameron, G. (2005), Trends of engineering system evolution trends of increasing dynamization, *TRIZ Journal*, (December), 1–10, http://www.triz-journal.com/archives/2005/12/01.pdf.

Candès, E. and Wakin, M. (2008), An introduction to compressive sampling, *IEEE Signal Processing Magazine*, **25** (2), 21–30, doi:10.1109/MSP.2007.914731.

Cao, M., Ma, W., Zhang, Q., and Wang, X. (2007), Analysis of IEEE 802.16 mesh mode scheduler performance, *IEEE Transactions on Wireless Communications*, **6** (4), 1455–1464, doi:10.1109/TWC.2007.348342.

Caron, S. and Kesidis, G. (2010), Incentive-based energy consumption scheduling algorithms for the smart grid, in *2010 First IEEE International Conference on Smart Grid Communications*, IEEE, pp. 391–396, doi:10.1109/SMARTGRID.2010.5622073.

Carpenter, K. H. (2004), The Poynting vector: power and energy in electromagnetic fields, Technical report, Kansas State University.

Carroll, R., Trachian, P., Affare, S. *et al.* (2008), Development of TVA SuperPDC: phasor applications, tools, and event replay, in *2008 IEEE Power and Energy Society General Meeting – Conversion and Delivery of Electrical Energy in the 21st Century*, IEEE, pp. 1–8, doi:10.1109/PES.2008.4596276.

Chang, B.-J., Liang, Y.-H., and Su, S.-S. (2009), Adaptive competitive on-line routing algorithm for IEEE 802.16j WiMAX multi-hop relay networks, in *2009 IEEE 20th International Symposium on Personal, Indoor and Mobile Radio Communications*, IEEE, pp. 2197–2201, doi:10.1109/PIMRC.2009.5450380.

Cheney, R. M., Thorne, J. T., and Hataway, G. (2009), Distribution single-phase tripping and reclosing: overcoming obstacles with programmable recloser controls, in *2009 62nd Annual Conference for Protective Relay Engineers*, IEEE, pp. 214–223, doi:10.1109/CPRE.2009.4982514.

Choi, S., Park, S., Kang, D. *et al.* (2011), A microgrid energy management system for inducing optimal demand response, in *2011 IEEE International Conference on Smart Grid Communications (SmartGridComm)*, pp. 19–24.

Chowdhary, G. and Komerath, N. (2010), Innovations required for retail beamed power transmission over short range, http://www.iiis.org/CDs2010/CD2010SCI/IMETI_2010/PapersPdf/FA664AB.pdf.

Ci, S., Qian, J., Wu, D., and Keyhani, A. (2012), Impact of wireless communication delay on load sharing among distributed generation systems through smart microgrids, *IEEE Wireless Communications*, **19** (3), 24–29.

Cicconetti, C., Akyildiz, I., and Lenzini, L. (2009), WiMsh: a simple and efficient tool for simulating IEEE 802.16 wireless mesh networks in ns-2, in *Proceedings of the Second International ICST Conference on Simulation Tools and Techniques*, ICST, doi:10.4108/ICST.SIMUTOOLS2009.5679.

Cicconetti, C., Mingozzi, E., and Stea, G. (2006), An integrated framework for enabling effective data collection and statistical analysis with ns-2, in *Proceeding from the 2006 Workshop on Ns-2: The IP Network Simulator*, ACM, New York, NY. Article No. 11.

Clancy, C., Hecker, J., Stuntebeck, E., and O'Shea, T. (2007), Applications of machine learning to cognitive radio networks, *IEEE Wireless Communications*, **14** (4), 47–52.

Cleveland, F. (2012), IEC 62351 Security Standards for the Power System Information Infrastructure.

Cohen, R., Erez, K., ben-Avraham, D., and Havlin, S. (2000), Resilience of the internet to random breakdowns, *Physical Review Letters*, **85** (21), 4626–4628, doi:10.1103/PhysRevLett.85.4626.

Committee on Network Science for Future Army Applications (2006), *Network Science*, National Research Council.

Conti, J. (2010), Annual energy outlook 2010: with projections to 2035, http://www.eia.gov/oiaf/aeo/pdf/0383(2010).pdf.

Dagle, J. (2006), Postmortem analysis of power grid blackouts – the role of measurement systems, *IEEE Power and Energy Magazine*, **4** (5), 30–35, doi:10.1109/MPAE.2006.1687815.

Dahal, N., King, R., and Madani, V. (2012), Online dimension reduction of synchrophasor data, in *2012 IEEE PES Transmission and Distribution Conference and Exposition (T&D)*, pp. 1–7.

Damsky, B., Gelman, V., and Frederick, E. (2003), A solid state current limiter, http://www.epa.gov/electricpower-sf6/documents/conf02_damsky_paper.pdf.

Deese, A. (2008), Analog methods for power system analysis and load modeling, PhD, Drexel University, http://144.118.25.24/handle/1860/2822.

Del Valle, Y., Venayagamoorthy, G. K., Mohagheghi, S. *et al.* (2008), Particle swarm optimization: basic concepts, variants and applications in power systems, *IEEE Transactions on Evolutionary Computation*, **12** (2), 171–195, doi:10.1109/TEVC.2007.896686.

Delille, G., Francois, B., and Malarange, G. (2010), Dynamic frequency control support: a virtual inertia provided by distributed energy storage to isolated power systems, in *2010 IEEE PES Innovative Smart Grid Technologies Conference Europe (ISGT Europe)*, IEEE, pp. 1–8, doi:10.1109/ISGTEUROPE.2010.5638887.

Dessanti, B., Komerath, N., and Flournoy, D. (2012), Wireless transfer of power: proposal for a five-nation demonstration by 2020, *Online Journal of Space Communication*, (17), http://spacejournal.ohio.edu/issue17/fivenation.html.

Devoret, M. H., Wallraff, A., and Martinis, J. M. (2004), Superconducting qubits: a short review, http://arxiv.org/abs/cond-mat/0411174.

Dhiman, P., Yavari, F., Mi, X. *et al.* (2011), Harvesting energy from water flow over graphene, *Nano Letters*, **11** (8), 3123–3127, doi:10.1021/nl2001559.

Dierks, T. (2008), The transport layer security (TLS) protocol version 1.2, http://wiki.tools.ietf.org/html/rfc5246.

Dionigi, M. and Mongiardo, M. (2011), CAD of efficient wireless power transmission systems, in *2011 IEEE MTT-S International Microwave Symposium Digest (MTT)*, pp. 1–4, http://ieeexplore.ieee.org/xpls/abs_all.jsp?arnumber=5972606.

Domingos, P. (2012), A few useful things to know about machine learning, *Communications of the ACM*, **55** (10), 78–87.

Driesen, J. and Visscher, K. (2008), Virtual synchronous generators, in *2008 IEEE Power and Energy Society General Meeting – Conversion and Delivery of Electrical Energy in the 21st Century*, IEEE, pp. 1–3, doi:10.1109/PES.2008.4596800.

Drozdovski, N. and Caverly, R. (2002), GaN-based high electron-mobility transistors for microwave and RF control applications, *IEEE Transactions on Microwave Theory and Techniques*, **50** (1), 4–8.

D'Souza, M., Bialkowski, K., Postula, A., and Ros, M. (2007), A wireless sensor node architecture using remote power charging, for interaction applications, in *10th Euromicro Conference on Digital System Design Architectures, Methods and Tools (DSD 2007)*, IEEE, pp. 485–494, doi:10.1109/DSD.2007.4341513.

Dugan, R. and McDermott, T. (2002), Distributed generation, *IEEE Industry Applications Magazine*, **8** (2), 19–25, doi:10.1109/2943.985677.

Dupont, B., Meeus, L., and Belmans, R. (2010), Measuring the "smartness" of the electricity grid, in *2010 7th International Conference on the European Energy Market (EEM)*, IEEE, pp. 1–6, doi:10.1109/EEM.2010.5558673.

Dy-Liacco, T. (2002), Control centers are here to stay, *IEEE Computer Applications in Power*, **15** (4), 18–23.

Edris, A., Adapa, R., Baker, M. *et al.* (1997), Proposed terms and definitions for flexible AC transmission system (FACTS), *IEEE Transactions on Power Delivery*, **12** (4), 1848–1853, doi:10.1109/61.634216.

Elizondo, D., Gentile, T., Candia, H., and Bell, G. (2010), Overview of robotic applications for energized transmission line work – technologies, field projects and future developments, in *2010 1st International Conference on Applied Robotics for the Power Industry (CARPI 2010)*, IEEE, pp. 1–7, doi:10.1109/CARPI.2010.5624478.

Engelberg, S. (2008), Tutorial 15: control theory, part I, *IEEE Instrumentation & Measurement Magazine*, **11** (3), 34–40.

EPRI (2010), Smart grid executive summary.

Faria, P., Vale, Z., Soares, J., and Ferreira, J. (2011), Demand response management in power systems using a particle swarm optimization approach, *IEEE Intelligent Systems*, (99), 1–9, doi:10.1109/MIS.2011.35.

Figueredo, L. F. C., Santana, P. H. R. Q. A., Alves, E. S. *et al.* (2009), Robust stability of networked control systems, in *IEEE International Conference on Control and Automation, 2009. ICCA 2009*, IEEE, pp. 1535–1540.

FitzPatrick, G. J. and Wollman, D. A. (2010), NIST interoperability framework and action plans, in *2010 IEEE Power and Energy Society General Meeting*, IEEE, pp. 1–4, doi:10.1109/PES.2010.5589699.

Freeth, T., Bitsakis, Y., Moussas, X. *et al.* (2006), Decoding the ancient Greek astronomical calculator known as the Antikythera mechanism, *Nature*, **444** (7119), 587–951, doi:10.1038/nature05357.

Garnica, J., Casanova, J., and Lin, J. (2011), High efficiency midrange wireless power transfer system, in *2011 IEEE MTT-S International Microwave Workshop Series on Innovative Wireless Power Transmission: Technologies, Systems, and Applications (IMWS)*, pp. 73–76.

Ge, Y., Tham, C.-k., Kong, P.-y., and Ang, Y.-H. (2008), Capacity estimation for IEEE 802.16 wireless multi-hop mesh networks, in *IEEE Wireless Communications and Networking Conference, 2008. WCNC 2008*, IEEE, pp. 2651–2656, doi:10.1109/WCNC.2008.465.

GE Digital Energy (2007), Protection basics: introduction to symmetrical components, Technical report, http://www.gedigitalenergy.com/smartgrid/Dec07/7-symmetrical.pdf.

General Electric (1977), Distribution system feeder overcurrent protection, Technical report, GE Power Management, Ontario, Canada, http://www.geindustrial.com/publibrary/checkout/GET-6450?TNR=White Papers|GET-6450|generic.

Giacomelli, G. and Patrizii, L. (2003), Magnetic monopole searches, http://arxiv.org/abs/hep-ex/0302011.

Goudarzi, H., Hatami, S., and Pedram, M. (2011), Demand-side load scheduling incentivized by dynamic energy prices, in *2011 IEEE International Conference on Smart Grid Communications (SmartGridComm)*, pp. 351–356.

Grover, P. and Sahai, A. (2010), Shannon meets Tesla: wireless information and power transfer, in *2010 IEEE International Symposium on Information Theory Proceedings (ISIT)*, IEEE, pp. 2363–2367, doi:10.1109/ISIT.2010.5513714.

Gruber, F. K. and Marengo, E. A. (2008), New aspects of electromagnetic information theory for wireless and antenna systems, *IEEE Transactions on Antennas and Propagation*, **56** (11), 3470–3484.

Gundogdu, A. E. and Afacan, E. (2011), Some experiments related to wireless power transmission, in *2011 Cross Strait Quad-Regional Radio Science and Wireless Technology Conference (CSQRWC)*, IEEE, volume 1, pp. 507–509.

Guo, X., Rouil, R., Soin, C. *et al.* (2009), WiMAX system design and evaluation methodology using the ns-2 simulator, in *First International Communication Systems and Networks and Workshops, 2009. COMSNETS 2009*, IEEE, pp. 1–10.

Hassenzahl, W., Hazelton, D., Johnson, B. *et al.* (2004), Electric power applications of superconductivity, *Proceedings of the IEEE*, **92** (10), 1655–1674.

Hataway, G., Warren, T., and Stephens, C. (2006), Implementation of a high-speed distribution network reconfiguration scheme, in *59th Annual Conference for Protective Relay Engineers, 2006*, IEEE, pp. 134–140, doi:10.1109/CPRE.2006.1638697.

Hayajneh, M. and Gadallah, Y. (2008), MAC 25-2 – throughput analysis of WiMAX based wireless networks, in *IEEE Wireless Communications and Networking Conference, 2008. WCNC 2008*, IEEE, pp. 1997–2002, doi:10.1109/WCNC.2008.355.

Hekland, F. (2004), A review of joint source-channel coding, Technical report, Norwegian University of Science and Technology.

Hernández-Orallo, J. and Dowe, D. L. (2010), Measuring universal intelligence: towards an anytime intelligence test, *Artificial Intelligence*, **174** (18), 1508–1539, doi:10.1016/j.artint.2010.09.006.

Hobby, J. (2010), Constructing demand response models for electric power consumption, in *2010 First IEEE International Conference on Smart Grid Communications (SmartGridComm)*, pp. 403–408.

Holbert, K., Heydt, G., and Ni, H. (2005), Use of satellite technologies for power system measurements, command, and control, *Proceedings of the IEEE*, **93** (5), 947–955.

Huang, B. (2006), Stability of distribution systems with a large penetration of distributed generation, Doktor der Ingenieurwissenschaften, Universität Dortmund.

Huang, S., Luo, J., Leonardi, F., and Lipo, T. (1998), A general approach to sizing and power density equations for comparison of electrical machines, *IEEE Transactions on Industry Applications*, **34** (1), 92–97.

Hui Wan, Li, K., and Wong, K. (2005), An multi-agent approach to protection relay coordination with distributed generators in industrial power distribution system, in *Fourtieth IAS Annual Meeting. Conference Record of the 2005 Industry Applications Conference, 2005*, IEEE, volume 2, pp. 830–836, doi:10.1109/IAS.2005.1518431.

IEEE (1995), IEEE Standard for Withstand Capability of Relay Systems to Radiated Electromagnetic Interference from Transceivers.

IEEE (2010), IEEE Standard for Electric Power Systems Communications – Distributed Network Protocol (DNP3), doi:10.1109/IEEESTD.2010.5518537.

IEEE (2011), IEEE Standard for Synchrophasor Data Transfer for Power Systems, doi:10.1109/IEEESTD.2011.6111222.

Ishiba, M., Ishida, J., Komurasaki, K., and Arakawa, Y. (2011), Wireless power transmission using modulated microwave, in *2011 IEEE MTT-S International Microwave Workshop Series on Innovative Wireless Power Transmission: Technologies, Systems, and Applications (IMWS)*, pp. 51–54.

Jain, R. and Al Tamimi, A.-k. (2008), System-level modeling of IEEE 802.16E mobile WiMAX networks: key issues, *IEEE Wireless Communications*, **15** (5), 73–79, doi:10.1109/MWC.2008.4653135.

James, G. C. (2008), Analytical methods for scientific demand response, in *Australasian UniversitiesPower Engineering Conference, 2008. AUPEC '08*, pp. 1–4.

Jiang, Y. (2010), *A Practical Guide to Error-Control Coding Using MATLAB*, Artech House.

Jøsang, A. (2012), Subjective logic, Technical report, University of Oslo, http://persons.unik.no/josang/papers/subjective_logic.pdf.

Joseph, III, M. (2000), Cognitive radio: an integrated agent architecture for software defined radio, Doctor of technology, Royal Institute of Technology (KTH), http://web.it.kth.se/~maguire/jmitola/Mitola_Dissertation8_Integrated.pdf.

Kallitsis, M. G., Michailidis, G., and Devetsikiotis, M. (2011), A decentralized algorithm for optimal resource allocation in smartgrids with communication network externalities, in *2011 IEEE International Conference on Smart Grid Communications (SmartGridComm)*, IEEE, pp. 434–439, doi:10.1109/SmartGridComm.2011.6102361.

Kappenman, J. (1996), Geomagnetic storms and their impact on power systems, *IEEE Power Engineering Review*, **16** (5), 5–8.

Kas, M., Yargicoglu, B., Korpeoglu, I., and Karasan, E. (2010), A survey on scheduling in IEEE 802.16 mesh mode, *IEEE Communications Surveys & Tutorials*, **12** (2), 205–221, doi:10.1109/SURV.2010.021110.00053.

Katti, S., Rahul, H., Katabi, D. *et al.* (2008), XORs in the air: practical wireless network coding, *IEEE/ACM Transactions on Networking*, **16** (3), 497–510, doi:10.1109/TNET.2008.923722.

Kefayati, M. and Baldick, R. (2011), Energy delivery transaction pricing for flexible electrical loads, in *2011 IEEE International Conference on Smart Grid Communications (SmartGridComm)*, IEEE, pp. 363–368, doi:10.1109/SmartGridComm.2011.6102348.

Klump, R., Agarwal, P., Tate, J. E., and Khurana, H. (2010), Lossless compression of synchronized phasor measurements, in *2010 IEEE Power and Energy Society General Meeting*, IEEE, pp. 1–7, doi:10.1109/PES.2010.5590156.

Ko, Y.-S. (2009), A self-isolation method for the HIF zone under the network-based distribution system, *IEEE Transactions on Power Delivery*, **24** (2), 884–891, doi:10.1109/TPWRD.2009.2014482.

Kolmogorov, A. (1965), Three approaches to the definition of the quantity of information, *Problems of Information Transmission*, **1**, 3–11.

Komerath, N. and Chowdhary, G. (2010), Retail beamed power for a micro renewable energy architecture: survey, in *2010 International Symposium on Electronic System Design (ISED)*, pp. 44–49, doi:10.1145/0000000.0000000.

Komerath, N., Dessanti, B., and Shah, S. (2012), A gigawatt-level solar power satellite using intensified efficient conversion architecture, in *2012 IEEE Aerospace Conference*, IEEE, pp. 1–14, doi:10.1109/AERO.2012.6187079.

Komerath, N. and Komerath, P. (2011), Implications of inter-satellite power beaming using a space power grid, in *2011 IEEE Aerospace Conference*, IEEE, pp. 1–11.

Komerath, N., Komerath, P., and Creek, J. (2011), The case for millimeter wave power beaming, in *The 4th International Multi-Conference on Engineering and Technological Innovation: IMETI 2011*.

Komerath, N., Venkat, V., Fernandez, J., and Robertson, G. A. (2009), Near-millimeter wave issues for a space power grid, in *AIP Conference Proceedings*, AIP, volume 1103, pp. 149–156, doi:10.1063/1.3115489.

Koutitas, G. (2012), Control of flexible smart devices in the smart grid, *IEEE Transactions on Smart Grid*, **3** (3), 1333–1343, doi:10.1109/TSG.2012.2204410.

Krauter, S. and Depping, T. (2003), Monitoring of remote PV-systems via satellite, in *Proceedings of 3rd World Conference on Photovoltaic Energy Conversion, 2003*, volume 3, pp. 2202–2205.

Kristoffersen, T. (2007), Stochastic programming with applications to power systems, PhD, University of Aarhus, http://data.imf.au.dk/publications/phd/2007/imf-phd-2007-tkk.pdf.

Kron, G. (1945), Electric circuit models of the Schrödinger equation, *Physical Review*, **67** (1–2), 39–43.

Kroposki, B., Lasseter, R., Ise, T. *et al.* (2008), Making microgrids work, *IEEE Power and Energy Magazine*, **6** (3), 40–53, doi:10.1109/MPE.2008.918718.

Kubo, Y., Shinohara, N., and Mitani, T. (2012), Development of a kW class microwave wireless power supply system to a vehicle roof, in *2012 IEEE MTT-S International Microwave Workshop Series on Innovative Wireless Power Transmission: Technologies, Systems, and Applications (IMWS)*, pp. 205–208.

Kulkarni, R. V. and Venayagamoorthy, G. K. (2011), Particle swarm optimization in wireless-sensor networks: a brief survey, *IEEE Transactions on Systems, Man, and Cybernetics, Part C (Applications and Reviews)*, **41** (2), 262–267, doi:10.1109/TSMCC.2010.2054080.

Kumar, S., Patel, P., Mittal, A., and De, A. (2012), Design, analysis and fabrication of rectenna for wireless power transmission – virtual battery, in *2012 National Conference on Communications (NCC)*, pp. 1–4.

Kundur, P., Paserba, J., Ajjarapu, V. *et al.* (2004), Definition and classification of power system stability – IEEE/CIGRE Joint Task Force on Stability Terms and Definitions, *IEEE Transactions on Power Systems*, **19** (3), 1387–1401, doi:10.1109/TPWRS.2004.825981.

Landauer, R. (1961), Irreversibility and heat generation in the computing process, *IBM Journal of Research and Development*, **5** (3), 183–191.

Langbein, P. (2009), Lessons learned from real-life implementation of demand response management, in *IEEE/PES Power Systems Conference and Exposition, 2009. PSCE '09*, IEEE, p. 1, doi:10.1109/PSCE.2009.4840240.

Lasseter, R. (2002), MicroGrids, in *IEEE Power Engineering Society Winter Meeting, 2002*, IEEE, volume 1, pp. 305–308, doi:10.1109/PESW.2002.985003.

Lee, S.-H. and Lorenz, R. D. (2011), A design methodology for multi-kW, large airgap, MHz frequency, wireless power transfer systems, in *2011 IEEE Energy Conversion Congress and Exposition (ECCE)*, pp. 3503–3510.

Li, B., Qin, Y., Low, C., and Gwee, C. (2007), A survey on mobile WiMAX [wireless broadband access], *IEEE Communications Magazine*, **45** (12), 70–75, doi:10.1109/MCOM.2007.4395368.

Li, H. and Han, Z. (2011), Synchronization of power networks without and with communication infrastructures, in *2011 IEEE International Conference on Smart Grid Communications (SmartGridComm)*, IEEE, pp. 463–468, doi:10.1109/SmartGridComm.2011.6102367.

Li, H. and Qiu, R. (2010), Need-based communication for smart grid: when to inquire power price?, in *2010 IEEE Global Telecommunications Conference (GLOBECOM 2010)*, pp. 1–5.

Li, H., Xu, C., and Banerjee, K. (2010), Carbon nanomaterials: the ideal interconnect technology for next-generation ICs, *IEEE Design & Test of Computers*, **27** (4), 20–31, doi:10.1109/MDT.2010.55.

Li, J.-W. (2011), Wireless power transmission: state-of-the-arts in technologies and potential applications, in *2011 Asia-Pacific Conference Proceedings (APMC)*, pp. 86–89.

Liang, Y. and Campbell, R. H. (2008), Understanding and simulating the IEC 61850 standard, Technical report, University of Illinois at Urbana-Champaign.

Lin, J. (2002), Space solar-power stations, wireless power transmissions, and biological implications, *IEEE Microwave Magazine*, **3** (1), 36–42.

Lisovich, M., Mulligan, D., and Wicker, S. (2010), Inferring personal information from demand-response systems, *IEEE Security & Privacy*, **8** (1), 11–20.

Lloyd, S., Shahriar, M., and Hemmer, P. (2004), Teleportation and the quantum internet, http://lapt.ece.northwestern.edu/files/2000-002.pdf.

Loyka, S. (2005), Information theory and electromagnetism: are they related?, *Microwave Review*, (November), 38–46.

Lu, S., Samaan, N., Diao, R. *et al.* (2011), Centralized and decentralized control for demand response, in *2011 IEEE PES Innovative Smart Grid Technologies (ISGT)*, Ieee, pp. 1–8, doi:10.1109/ISGT.2011.5759191.

Lui, A. (2000), Tutorial on geomagnetic storms and substorms, *IEEE Transactions on Plasma Science*, **28** (6), 1854–1866, doi:10.1109/27.902214.

Maccari, L., Paoli, M., and Fantacci, R. (2007), Security Analysis of IEEE 802.16, in *IEEE International Conference on Communications, 2007. ICC '07*, IEEE, pp. 1160–1165, doi:10.1109/ICC.2007.197.

Mackiewicz, R. (2006), Overview of IEC 61850 and benefits, in *2005/2006 IEEE PES Transmission and Distribution Conference and Exhibition*, IEEE, pp. 376–383, doi:10.1109/TDC.2006.1668522.

Madani, V., Vaccaro, A., Villacci, D., and King, R. L. (2007), Satellite based communication network for large scale power system applications, in *2007 iREP Symposium – Bulk Power System Dynamics and Control – VII. Revitalizing Operational Reliability*, Ieee, pp. 1–7, doi:10.1109/IREP.2007.4410572.

Makarov, Y. V., Reshetov, V. I., Stroev, V. A., and Voropai, N. I. (2005), Blackouts in North America and Europe: analysis and generalization, in *2005 IEEE Russia Power Tech*, IEEE Press, Piscataway, NJ, pp. 1–7.

Marculescu, D., Marculescu, R., and Pedram, M. (1996), Information theoretic measures for power analysis [logic design], *IEEE Transactions on Computer-Aided Design of Integrated Circuits and Systems*, **15** (6), 599–610, doi:10.1109/43.503930.

Marihart, D. (2001), Communications technology guidelines for EMS/SCADA systems, *IEEE Transactions onPower Delivery*, **16** (2), 181–188.

Markushevich, N. and Chan, E. (2009), Integrated voltage, Var control and demand response in distribution systems, in *IEEE/PES Power Systems Conference and Exposition, 2009. PSCE '09*, IEEE, pp. 1–4, doi:10.1109/PSCE.2009.4840256.

Martigne, P. (2011), ITU-T Smart Grid Focus Group Activity, http://docbox.etsi.org/workshop/2011/201104_SMARTGRIDS/02_STANDARDS/ITUTSGFocusGroup_Martigne.pdf.

Martin, K. (2006), IEEE Standard for Synchrophasors for Power Systems, doi:10.1109/IEEESTD.2006.99376.

Martin, K. and Carroll, J. (2008), Phasing in the technology, *IEEE Power and Energy Magazine*, **6** (5), 24–33, doi:10.1109/MPE.2008.927474.

Martin, K. E. (2010), Synchrophasors in the IEEE C37.118 and IEC 61850, in *2010 5th International Conference on Critical Infrastructure (CRIS)*, Ieee, pp. 1–8, doi:10.1109/CRIS.2010.5617573.

Marvel, K. and Agvaanluvsan, U. (2010), Random matrix theory models of electric grid topology, *Physica A*, **389** (24), 5838–5851, doi:10.1016/j.physa.2010.08.009.

Marwali, M., Jung, J., and Keyhani, A. (2007), Stability analysis of load sharing control for distributed generation systems, *IEEE Transactions on Energy Conversion*, **22** (3), 737–745.

Marwali, M. N., Jung, J.-w., and Keyhani, A. (2004), Control of distributed generation systems – part II: load sharing control, *IEEE Transactions on Power Electronics*, **19** (6), 1551–1561.

Massa, N. (2000), Fiber optic telecommunication, http://spie.org/Documents/Publications/00%20STEP%20Module%2008.pdf.

McCann, R., Le, A. T., and Traore, D. (2008), Stochastic sliding mode arbitration for energy management in smart building systems, in *IEEE Industry Applications Society Annual Meeting, 2008. IAS '08*, IEEE, pp. 1–4, doi:10.1109/08IAS.2008.8.

McDonald, J. (2008), Adaptive intelligent power systems: active distribution networks, *Energy Policy*, **36**, 4346–4351, doi:10.1016/j.enpol.2008.09.038.

Medina, J., Muller, N., and Roytelman, I. (2010), Demand response and distribution grid operations: opportunities and challenges, *IEEE Transactions on Smart Grid*, **1** (2), 193–198, doi:10.1109/TSG.2010.2050156.

MEF (2011), Microwave technologies for carrier Ethernet services, Technical Report February, Metro Ethernet Forum, http://metroethernetforum.org/index.php.

Mendel, J. (1995), Fuzzy logic systems for engineering: a tutorial, *Proceedings of the IEEE*, **83** (3), 345–377.

Modbus (2006), MODBUS Application Protocol Specification V1.1b.

Mohagheghi, S., Parkhideh, B., and Bhattacharya, S. (2012), Inductive power transfer for electric vehicles: potential benefits for the distribution grid, in *2012 IEEE International Electric Vehicle Conference (IEVC)*, pp. 1–8.

Mohagheghi, S., Stoupis, J., and Wang, Z. (2009), Communication protocols and networks for power systems-current status and future trends, in *IEEE/PES Power Systems Conference and Exposition, 2009. PSCE '09*, IEEE, pp. 1–9, doi:10.1109/PSCE.2009.4840174.

Mohammed, S. S., Ramasamy, K., and Shanmuganantham, T. (2010), Wireless power transmission – a next generation power transmission system, *International Journal of Computer Applications*, **1** (13), 100–103.

Mohd, A., Ortjohann, E., Schmelter, A. *et al.* (2008), Challenges in integrating distributed energy storage systems into future smart grid, in *IEEE International Symposium on Industrial Electronics, 2008. ISIE 2008*, IEEE, pp. 1627–1632, doi:10.1109/ISIE.2008.4676896.

Mohsenian-Rad, A.-H. and Leon-Garcia, A. (2010), Optimal residential load control with price prediction in real-time electricity pricing environments, *IEEE Transactions on Smart Grid*, **1** (2), 120–133, doi:10.1109/TSG.2010.2055903.

Montambault, S. and Pouliot, N. (2010), About the future of power line robotics, in *2010 1st International Conference on Applied Robotics for the Power Industry (CARPI 2010)*, IEEE, pp. 1–6, doi:10.1109/CARPI.2010.5624466.

Myrda, P. T., Taft, J., and Donner, P. (2012), Recommended approach to a NASPInet architecture, *2012 45th Hawaii International Conference on System Science (HICSS)*, 2072–2081, doi:10.1109/HICSS.2012.496.

Nelson, T. L. and FitzPatrick, G. J. (2010), NIST role in the interoperable smart grid, in *2010 IEEE Power and Energy Society General Meeting*, IEEE, pp. 1–3, doi:10.1109/PES.2010.5589733.

NERC Steering Group (2004), Technical analysis of the August 14, 2003, blackout: what happened, why and what did we learn?, Technical report, North American Electric Reliability Council.

Neves, A., Sousa, D. M., Roque, A., and Terras, J. M. (2011), Analysis of an inductive charging system for a commercial electric vehicle, in *Proceedings of the 2011-14th European Conference on Power Electronics and Applications (EPE 2011)*, IEEE, pp. 1–10.

Nguyen, P. H., Kling, W. L., and Myrzik, J. M. A. (2008), The interconnection in active distribution networks, in *International Conference on Energy Security and Climate Change: Issues, Strategies and Options*.

Nguyen, P. H., Kling, W. L., and Myrzik, J. M. A. (2009), Power flow management in active networks, in *2009 IEEE Bucharest PowerTech*, IEEE, pp. 1–6, doi:10.1109/PTC.2009.5282094.

NIST (2009), NIST framework and roadmap for smart grid interoperability standards, Technical report, NIST, http://www.nist.gov/public_affairs/releases/upload/smartgrid_interoperability_final.pdf.

NIST FIPS (2002), 198: The keyed-hash message authentication code (HMAC).

Niyato, D. and Wang, P. (2012), Cooperative transmission for meter data collection in smart grid, *IEEE Communications Magazine*, **50** (4), 90–97, doi:10.1109/MCOM.2012.6178839.

Nuqui, R. F., Zarghami, M., and Mendik, M. (2010), The impact of optical current and voltage sensors on phasor measurements and applications, in *2010 IEEE PES Transmission and Distribution Conference and Exposition*, IEEE, pp. 1–7, doi:10.1109/TDC.2010.5484271.

Nwankpa, C., Deese, A., Liu, Q. *et al.* (2006), Power system on a chip (PSoC): analog emulation for power system applications, in *IEEE Power Engineering Society General Meeting, 2006*, pp. 1–6.

Nyeng, P. and Ostergaard, J. (2011), Information and communications systems for control-by-price of distributed energy resources and flexible demand, *IEEE Transactions on Smart Grid*, **2** (2), 334–341.

Ondrej, S., Zdenek, B., Petr, F., and Ondrej, H. (2006), ZigBee technology and device design, in *International Conference on Networking, International Conference on Systems and International Conference on Mobile Communications and Learning Technologies, 2006. ICN/ICONS/MCL 2006*, IEEE, p. 129, doi:10.1109/ICNICONSMCL.2006.233.

O'Neill, D., Levorato, M., Goldsmith, A., and Mitra, U. (2010), Residential demand response using reinforcement learning, in *2010 First IEEE International Conference on Smart Grid Communications (SmartGridComm)*, pp. 409–414.

Osepchuk, J. (2010), The magnetron and the microwave oven: a unique and lasting relationship, in *2010 International Conference on the Origins and Evolution of the Cavity Magnetron (CAVMAG)*, pp. 46–51.

Ostendorp, M., Gela, G., and Hirany, A. (1997), Fiber optic cables in overhead transmission corridors: a state-of-the-art review, Technical Report TR-108959, EPRI, http://nocapx2020.info/wp-content/uploads/2010/10/fiber-optic-tr-108959.pdf.

Ott, A. (2010), Evolution of computing requirements in the PJM market: past and future, in *2010 IEEE Power and Energy Society General Meeting*, pp. 1–4.

Palensky, P. and Dietrich, D. (2011), Demand side management: demand response, intelligent energy systems, and smart loads, *IEEE Transactions on Industrial Informatics*, **7** (3), 381–388.

Parvania, M. and Fotuhi-Firuzabad, M. (2010), Demand response scheduling by stochastic SCUC, *IEEE Transactions on Smart Grid*, **1** (1), 89–98, doi:10.1109/TSG.2010.2046430.

Peeters, E., Six, D., Hommelberg, M. *et al.* (2009), The ADDRESS project: an architecture and markets to enable active demand, in *6th International Conference on the European Energy Market, 2009. EEM 2009*, IEEE, pp. 1–5, doi:10.1109/EEM.2009.5207145.

Peirson, G., Pollard, A., and Care, N. (1955), Automatic circuit reclosers, *Proceedings of the IEE Part A: Power Engineering*, **102** (6), 749, doi:10.1049/pi-a.1955.0156.

Phadke, A. and Thorp, J. (2006), History and applications of phasor measurements, in *2006 IEEE PES Power Systems Conference and Exposition, 2006. PSCE '06*, IEEE, pp. 331–335, doi:10.1109/PSCE.2006.296328.

Philipps, H. (1999), Modelling of powerline communication channels, in *Proceedings of the 3rd International Symposium on Power-Line Communications and its Applications*, pp. 14–21.

Pierce, Jr., R. (2012), Primer on demand response and a critique of FERC Order 745, *Journal of Energy and Environmental Law*. GWU Legal Studies Research Paper No. 577.

Pignolet, G., Hawkins, J., Kaya, N. *et al.* (1996), Results of the Grand-Bassin case study in Reunion Island: operational design for a 10 kW microwave beam energy transportation, in *47th International Astronautical Congress, Beijing*, pp. 7–11.

Pipattanasomporn, M., Feroze, H., and Rahman, S. (2009), Multi-agent systems in a distributed smart grid: design and implementation, in *IEEE/PES Power Systems Conference and Exposition, 2009. PSCE '09*, IEEE, pp. 1–8, doi:10.1109/PSCE.2009.4840087.

417

Pirjola, R. (2000), Geomagnetically induced currents during magnetic storms, *IEEE Transactions on Plasma Science*, **28** (6), 1867–1873.

Plenio, M. B. and Vitelli, V. (2001), The physics of forgetting: Landauer's erasure principle and information theory, *Contemporary Physics*, **42** (1), 25–60, doi:10.1080/00107510010018916.

Popović, Z. (2006), Wireless powering for low-power distributed sensors, *Serbian Journal of Electrical Engineering*, **3** (2), 149–162.

Pourmousavi, S. and Nehrir, M. (2011), Demand response for smart microgrid: initial results, in *2011 IEEE PES Innovative Smart Grid Technologies (ISGT)*, pp. 11–16.

Power Engineering Society (2003), Overview of power system stability concepts, in *IEEE Power Engineering Society General Meeting, 2003*, volume 3, doi:10.1109/PES.2003.1267424.

Prokopenko, M., Boschetti, F., and Ryan, A. J. (2009), An information-theoretic primer on complexity, self-organization, and emergence, *Complexity*, **15** (1), 11–28, doi:10.1002/cplx.20249.

Pulkkinen, A., Viljanen, A., and Pirjola, R. (2009), Harnessing celestial batteries, *American Journal of Physics*, **77** (7), 610, doi:10.1119/1.3119172.

Pulkkinen, T. (2007), Space weather: terrestrial perspective, *Living Reviews in Solar Physics*, **4**, 1–60.

Rahimi, F. and Ipakchi, A. (2010), Overview of demand response under the smart grid and market paradigms, in *2010 Innovative Smart Grid Technologies (ISGT)*, IEEE, pp. 1–7, doi:10.1109/ISGT.2010.5434754.

Reid, E., Gerber, S., and Adib, P. (2009), Integration of demand response into wholesale electricity markets, in *IEEE/PES Power Systems Conference and Exposition, 2009*, IEEE, p. 1, doi:10.1109/PSCE.2009.4840219.

Rengaraju, P., Lung, C.-H., Qu, Y., and Srinivasan, A. (2009), Analysis on mobile WiMAX security, in *2009 IEEE Toronto International Conference on Science and Technology for Humanity (TIC-STH)*, IEEE, pp. 439–444, doi:10.1109/TIC-STH.2009.5444459.

Reza, M., Schavemaker, P. H., Slootweg, J. G. *et al.* (2004), Impacts of distributed generation penetration levels on power systems transient stability, in *IEEE Power Engineering Society General Meeting, 2004*, volume 2, pp. 2150–2155.

Roncolatto, R. A., Romanelli, N. W., Hirakawa, A. *et al.* (2010), Robotics applied to work conditions improvement in power distribution lines maintenance, in *2010 1st International Conference on Applied Robotics for the Power Industry (CARPI 2010)*, IEEE, pp. 1–6, doi:10.1109/CARPI.2010.5624436.

Roossien, B., Hommelberg, M., Warmer, C. *et al.* (2008), Virtual power plant field experiment using 10 micro-CHP units at consumer premises, in *CIRED Seminar on SmartGrids for Distribution, 2008. IET-CIRED*, pp. 23–24.

Rosas-Casals, M. (2010), Power grids as complex networks: topology and fragility, in *2010 Complexity in Engineering. COMPENG '10*, IEEE, pp. 21–26, doi:10.1109/COMPENG.2010.23.

Ruff, L. (2002), Economic principles of demand response in electricity, http://content.knowledgeplex.org/ksg-test/cache/documents/484.pdf.

Russell, C. (1956), *The Art and Science of Protective Relaying*, John Wiley & Sons.

Rye, E. (2007), Tales of the unexpected [ferroresonance], in *IEE Colloquium on Warning! Ferroresonance Can Damage Your Plant*, pp. 1/1–1/7.

Saad, W., Han, Z., Poor, H., and Basar, T. (2011), A noncooperative game for double auction-based energy trading between PHEVs and distribution grids, in *2011 IEEE International Conference on Smart Grid Communications (SmartGridComm)*, pp. 267–272.

Saleem, A., Honeth, N., and Nordstrom, L. (2010), A case study of multi-agent interoperability in IEC 61850 environments, in *2010 IEEE PES Innovative Smart Grid Technologies Conference Europe (ISGT Europe)*, pp. 1–8.

Saltzer, J., Reed, D., and Clark, D. (1984), End-to-end arguments in system design, *ACM Transactions on Computer Systems (TOCS)*, **2** (4), 277–288.

Samadi, P., Schober, R., and Wong, V. (2011), Optimal energy consumption scheduling using mechanism design for the future smart grid, in *2011 IEEE International Conference on Smart Grid Communications (SmartGridComm)*, pp. 369–374.

Samardzija, D. (2007), Some analogies between thermodynamics and Shannon theory, in *41st Annual Conference on Information Sciences and Systems, 2007. CISS '07*, IEEE, pp. 166–171.

Sample, A. P., Meyer, D. T., and Smith, J. R. (2010), Analysis, experimental results, and range adaptation of magnetically coupled resonators for wireless power transfer, *IEEE Transactions on Industrial Electronics*, **58** (2), 544–554.

Samuelsson, O., Repo, S., Jessler, R. *et al.* (2010), Active distribution network – demonstration project ADINE, in *2010 IEEE PES Innovative Smart Grid Technologies Conference Europe (ISGT Europe)*, IEEE, pp. 1–8, doi:10.1109/ISGTEUROPE.2010.5638988.

Sanders, M. P. and Ray, R. E. (1996), Power line carrier channel & application considerations for transmission line relaying, Technical Report Pulsar Document Number C045P0597, Pulsar Technologies, Inc., Coral Springs, FL.

Sankar, L., Kar, S., Tandon, R., and Poor, H. V. (2011), Competitive privacy in the smart grid: an information-theoretic approach, http://arxiv.org/abs/1108.2237.

Santillan, V., Baircenas, G., and Capel, G. (2006), Modular design in reclosers, in *IEEE/PES Transmission & Distribution Conference and Exposition: Latin America, 2006. TDC '06*, IEEE, volume 1, pp. 1–6, doi:10.1109/TDCLA.2006.311367.

Sauter, T. (2010), The three generations of field-level networks – evolution and compatibility issues, *IEEE Transactions on Industrial Electronics*, **57** (11), 3585–3595, doi:10.1109/TIE.2010.2062473.

Saxena, D., Singh, S., and Verma, K. (2010), Application of computational intelligence in emerging power systems, *International Journal of Engineering, Science and Technology*, **2** (3), 1–7.

Schwartz, M. (2009), Carrier-wave telephony over power lines: early history [history of communications], *IEEE Communications Magazine*, **47** (1), 14–18, doi:10.1109/MCOM.2009.4752669.

Schweitzer, E. O., Whitehead, D. E., Guzmán, A. *et al.* (2010), Applied synchrophasor solutions and advanced possibilities, in *2010 IEEE PES Transmission and Distribution Conference and Exposition*, pp. 1–8.

Schweppe, F. and Wildes, J. (1970), Power system static-state estimation, part I: exact model, *IEEE Transactions on Power Apparatus and Systems*, **PAS-89** (1), 120–125, doi:10.1109/TPAS.1970.292678.

Sekiguchi, D., Nakamura, T., Misawa, S. *et al.* (2012), Trial test of fully HTS induction/synchronous machine for next generation electric vehicle, *IEEE Transactions on Applied Superconductivity*, **22** (3), 5200904, doi:10.1109/TASC.2011.2176094.

Shahidehpour, M. and Wang, Y. (2003), Special topics in power system information system, in *Communication and Control in Electric Power Systems: Applications of Parallel and Distributed Processing*, Wiley-IEEE Press, chapter 12, pp. 439–475, doi:10.1002/0471462926.ch12.

Shannon, C. (1956), The zero error capacity of a noisy channel, *IRE Transactions on Information Theory*, **2** (3), 8–19.

Shannon, C. (2001), A mathematical theory of communication, *ACM SIGMOBILE Mobile Computing and Communications Review*, **5** (1), 55.

Shannon, C. E. (1948), A mathematical theory of communication, *The Bell System Technical Journal*, **27**, 379–423, 623–656.

Shinohara, N. (2011), Power without wires, *IEEE Microwave Magazine*, **12** (7), S64–S73.

Shinohara, N. (2012), Wireless power transmission for solar power satellite (SPS), http://www.sspi.gatech.edu/wptshinohara.pdf.

Shinohara, N. and Ishikawa, T. (2011), High efficient beam forming with high efficient phased array for microwave power transmission, in *2011 International Conference on Electromagnetics in Advanced Applications (ICEAA)*, volume 1, pp. 729–732.

Siddique, A., Firdaus, A., Lamont, L., and Chaar, L. (2012), Rural electrification using wireless power transmission system, in *2012 2nd International Conference on the Developments in Renewable Energy Technology (ICDRET)*, pp. 7–12.

Siddiqui, O. (2008), The green grid: energy savings and carbon emissions reductions enabled by a smart grid, http://www.smartgridnews.com/artman/uploads/1/SGNR_2009_EPRI_Green_Grid_June_2008.pdf.

Silva, P., Karnouskos, S., and Ilic, D. (2012), A survey towards understanding residential prosumers in smart grid neighbourhoods, in *2012 3rd IEEE PES International Conference and Exhibition on Innovative Smart Grid Technologies (ISGT Europe)*, pp. 1–8.

Simovski, C. and Morits, D. (2013), Enhanced efficiency of light-trapping nanoantenna arrays for thin film solar cells, http://arxiv.org/abs/1301.3290.

Skowyra, R., Lapets, A., Bestavros, A., and Kfoury, A. (2013), Verifiably-safe software-defined networks for CPS, in *HiCoNS '13 2nd ACM International Conference on High Confidence Networked Systems*, pp. 101–110.

Smakhtin, A. and Rybakov, V. (2002), Comparative analysis of wireless systems as alternative to high-voltage power lines for global terrestrial power transmission, in *Proceedings of the 31st Intersociety Energy Conversion Engineering Conference, 1996. IECEC 96*, IEEE, volume 1, pp. 485–488.

So-In, C., Jain, R., and Tamimi, A.-K. (2010), Capacity evaluation for IEEE 802.16e mobile WiMAX, *Journal of Computer Systems, Networks, and Communications*, **2010**, 1–13, doi:10.1155/2010/279807.

Solé, R., Valverde, S., and Sol, R. V. (2004), Information theory of complex networks: on evolution and architectural constraints, *Complex Networks*, **207**, 189–207.

Solé, R. V., Rosas-Casals, M., Corominas-Murtra, B., and Valverde, S. (2007), Robustness of the European power grids under intentional attack, *Physical Review E*, **77** (2), 7, doi:10.1103/PhysRevE.77.026102.

Solomonoff, R. (1964), A formal theory of inductive inference. Part I, *Information and Control*, **7** (1), 1–22.

Spencer, Q. H. (2008), An information-theoretic analysis of electricity consumption data for an AMR system, *2008 IEEE International Symposium on Power Line Communications and Its Applications*, 199–203, doi:10.1109/ISPLC.2008.4510423.

Starr, C. (1986), The Electric Power Research Institute, *Science*, **219**, 1190–1194.

Stragier, J., Hauttekeete, L., and De Marez, L. (2010), Introducing smart grids in residential contexts: consumers' perception of smart household appliances, in *2010 IEEE Conference on Innovative Technologies for an Efficient and Reliable Electricity Supply*, IEEE, pp. 135–142, doi:10.1109/CITRES.2010.5619864.

Su, C. and Kirschen, D. (2009), Quantifying the effect of demand response on electricity markets, *IEEE Transactions on Power Systems*, **24** (3), 1199–1207.

Subedi, L. and Trajković, L. (2010), Spectral analysis of internet topology graphs, in *Proceedings of 2010 IEEE International Symposium on Circuits and Systems (ISCAS)*, pp. 1803–1806.

Sui, H., Wang, H., Lu, M.-s., and Lee, W.-j. (2009), An AMI system for the deregulated electricity markets, *IEEE Transactions on Industry Applications*, **45** (6), 2104–2108, doi:10.1109/TIA.2009.2031848.

Taylor, T., Marshall, M., and Neumann, E. (2001), Developing a reliability improvement strategy for utility distribution systems, in *2001 IEEE/PES Transmission and Distribution Conference and Exposition. Developing New Perspectives*, IEEE, pp. 444–449, doi:10.1109/TDC.2001.971275.

Timbus, A., Liserre, M., Teodorescu, R., and Blaabjerg, F. (2005), Synchronization methods for three phase distributed power generation systems – an overview and evaluation, in *IEEE 36th Power Electronics Specialists Conference, 2005. PESC '05*, IEEE, pp. 2474–2481, doi:10.1109/PESC.2005.1581980.

Tomsovic, K., Bakken, D., Venkatasubramanian, V., and Bose, A. (2005), Designing the next generation of real-time control, communication, and computations for large power systems, *Proceedings of the IEEE*, **93** (5), 965–979.

Trichtchenko, L. and Boteler, D. (2006), Response of power systems to the temporal characteristics of geomagnetic storms, in *Canadian Conference on Electrical and Computer Engineering, 2006. CCECE '06*, pp. 390–393.

Tympas, A. and Dalouka, D. (2008), Metaphorical uses of an electric power network: Early computations of atomic particles and nuclear reactors, http://www.metaphorik.de/sites/www.metaphorik.de/files/journal-pdf/12_2007_tympasdalouka.pdf.

Uluski, R. (2008), Interactions between AMI and distribution management system for efficiency/reliability improvement at a typical utility, in *2008 IEEE Power and Energy Society General Meeting – Conversion and Delivery of Electrical Energy in the 21st Century*, pp. 1–4.

Vaessen, P. (2009), Wireless power transmission, Technical Report September, Leonardo Energy.

Vaughan-Nichols, S. J. (2011), OpenFlow: the next generation of the network?, *Computer*, **44** (8), 13–15.

Verboomen, J., Van Hertem, D., Schavemaker, P. *et al.* (2005), Phase shifting transformers: principles and applications, in *2005 International Conference on Future Power Systems*.

Virk, G. S., Loveday, D. L., and Cheung, J. Y. M. (1990), Model-based controllers for BEMS, in *International Conference on Control, 1994. Control '94*, volume 2, pp. 901–905.

Vodyakho, O., Widener, C., Steurer, M. *et al.* (2011), Development of solid-state fault isolation devices for future power electronics-based distribution systems, in *2011 Twenty-Sixth Annual IEEE Applied Power Electronics Conference and Exposition (APEC)*, pp. 113–118.

Voloh, I. and Johnson, R. (2005), Applying digital line current differential relays over pilot wires, in *2005 58th Annual Conference for Protective Relay Engineers*, IEEE, pp. 287–290.

Von Meier, A. (2006), *Electric Power Systems: A Conceptual Introduction*, Wiley-IEEE Press.

Vos, A. (2009), Effective business models for demand response under the smart grid paradigm, in *IEEE/PES Power Systems Conference and Exposition, 2009. PSCE '09*, IEEE, p. 1, doi:10.1109/PSCE.2009.4840261.

Vu, H. L., Chan, S., and Andrew, L. L. H. (2010), Performance analysis of best-effort service in saturated IEEE 802.16 networks, *IEEE Transactions on Vehicular Technology*, **59** (1), 460–472, doi:10.1109/TVT.2009.2033191.

Vyas, R., Lakafosis, V., Tentzeris, M. *et al.* (2011), A battery-less, wireless mote for scavenging wireless power at UHF (470–570 MHz) frequencies, in *IEEE Antennas and Propagation Society International Symposium*, pp. 1069–1072.

Waffenschmidt, E. and Staring, T. (2009), Limitation of inductive power transfer for consumer applications, in *13th European Conference on Power Electronics and Applications, 2009. EPE '09*, pp. 1–10.

Wall, D. W. (1982), Messages as active agents, in *Proceedings of the 9th ACM SIGPLAN-SIGACT Symposium on Principles of Programming Languages – POPL '82*, ACM Press, New York, NY, pp. 34–39, doi:10.1145/582153.582157.

Walling, R., Saint, R., Dugan, R. *et al.* (2008), Summary of distributed resources impact on power delivery systems, *IEEE Transactions on Power Delivery*, **23** (3), 1636–1644, doi:10.1109/TPWRD.2007.909115.

Wang, B., Han, L., Zhang, H. *et al.* (2009), A flying robotic system for power line corridor inspection, in *2009 IEEE International Conference on Robotics and Biomimetics (ROBIO)*, IEEE, pp. 2468–2473, doi:10.1109/ROBIO.2009.5420421.

Wang, B., Teo, K. H., Nishino, T. *et al.* (2011a), Experiments on wireless power transfer with metamaterials, *Applied Physics Letters*, **98** (25), 254101, doi:10.1063/1.3601927.

Wang, H. (2010), The advantages and disadvantages of using HVDC to interconnect AC networks, in *2010 45th InternationalUniversities Power Engineering Conference (UPEC)*, pp. 4–8.

Wang, J., Biviji, M., and Wang, W. (2011b), Lessons learned from smart grid enabled pricing programs, in *2011 IEEE Power and Energy Conference at Illinois (PECI)*, pp. 1–7.

Wang, S., Meng, X., and Chen, T. (2012), Wide-area control of power systems through delayed network communication, *IEEE Transactions on Control Systems Technology*, **20** (2), 495–503, doi:10.1109/TCST.2011.2116022.

Weaver, W. and Wirth, R. (2004), Science and complexity, *Science*, **6** (3), 65–74.

Webber, G., Warrington, J., Mariethoz, S., and Morari, M. (2011), Communication limitations in iterative real time pricing for power systems, in *2011 IEEE International Conference on Smart Grid Communications (SmartGridComm)*, pp. 463–468.

Wells, J. (2009), Faster than fiber: the future of multi-G/s wireless, *IEEE Microwave Magazine*, **10** (3), 104–112.

Wijetunge, U., Perreau, S., and Pollok, A. (2011), Distributed stochastic routing optimization using expander graph theory, in *2011 Australian Communications Theory Workshop (AusCTW)*, pp. 124–129.

Witte, J., Mendis, S., Bishop, M., and Kischefsky, J. (1992), Computer-aided recloser applications for distribution systems, *IEEE Computer Applications in Power*, **5** (3), 27–32, doi:10.1109/67.143271.

Wollenberg, B. and Sakaguchi, T. (1987), Artificial intelligence in power system operations, *Proceedings of the IEEE*, **75** (12), 1678–1685, doi:10.1109/PROC.1987.13935.

Wollman, D. A., FitzPatrick, G. J., Boynton, P. A., and Nelson, T. L. (2010), NIST coordination of smart grid interoperability standards, in *2010 Conference on Precision Electromagnetic Measurements (CPEM)*, IEEE, pp. 531–532, doi:10.1109/CPEM.2010.5544388.

Wu, F., Moslehi, K., and Bose, A. (2005), Power system control centers: Past, present, and future, *Proceedings of the IEEE*, **93** (11), 1890–1908, doi:10.1109/JPROC.2005.857499.

Wu, F. Y. (2004), Theory of resistor networks: the two-point resistance, *Journal of Physics A: Mathematical and General*, **37**, 6653–6673, doi:10.1088/0305-4470/37/26/004.

Xhafa, A., Kangude, S., and Lu, X. (2005), MAC performance of IEEE 802.16e, in *2005 IEEE 62nd Vehicular Technology Conference, 2005. VTC-2005-Fall*, IEEE, volume 1, pp. 685–689, doi:10.1109/VETECF.2005.1558000.

Xiao, Y., Song, Y., and Sun, Y.-Z. (2000), Application of stochastic programming for available transfer capability enhancement using FACTS devices, in *IEEE Power Engineering Society Summer Meeting, 2000*, volume 1, pp. 508–515.

Xu, W. and Wang, W. (2010), Power electronic signaling technology – a new class of power electronics applications, *IEEE Transactions on Smart Grid*, **1** (3), 332–339.

Yadav, R., Das, S., and Yadava, R. (2011), Rectennas design, development and applications, *International Journal of Engineering Science and Technology*, **3** (10), 7823–7841.

Yamanaka, Y. and Sugiura, A. (2011), Possible EMC regulations for wireless power transmission equipment, in *2011 IEEE MTT-S International Microwave Workshop Series on Innovative Wireless Power Transmission: Technologies, Systems, and Applications (IMWS)*, pp. 97–100.

Yang, H., Raza, A., Park, M. *et al.* (2009), Gigabit Ethernet based substation, *Journal of Power Electronics*, **9** (1), 100–108, http://www.jpe.or.kr/On_line/admin/paper/files/9-12.pdf.

Yang, J.-l., Han, R.-c., Yu, S.-j., and Zhang, Y.-j. (2010), Design of a nonlinear power system stabilizer, in *2010 International Conference on Computational Aspects of Social Networks (CASoN)*, IEEE, pp. 683–686.

Yao, A. C.-C. (1979), Some complexity questions related to distributive computing(preliminary report), in *Proceedings of the Eleventh Annual ACM Symposium on Theory of Computing – STOC '79*, ACM Press, New York, New York, USA, pp. 209–213, doi:10.1145/800135.804414.

Yap, K., Huang, T., Dodson, B. *et al.* (2010), Towards software-friendly networks, in *APSys '10 Proceedings of the First ACM Asia-Pacific Workshop on Systems*.

Yeganeh, S. (2013), On scalability of software-defined networking, *IEEE Communications Magazine*, **51** (2), 136–141.

Yu, Y. and Cioffi, J. (2001), On constant power water-filling, in *IEEE International Conference on Communications, 2001. ICC 2001*, IEEE, volume 6, pp. 1665–1669, doi:10.1109/ICC.2001.937077.

Yue, S., Chen, J., Gu, Y. *et al.* (2011), Dual-pricing policy for controller-side strategies in demand side management, in *2011 IEEE International Conference on Smart Grid Communications (SmartGridComm)*, pp. 375–380.

Zander, J. and Forchheimer, R. (1980), Preliminary specification of a distributed packet radio system using the amateur band, Technical Report LiTH-ISY-I-408, University of Linköping.

Zander, J. and Forchheimer, R. (1983), SOFTNET – an approach to higher level packet radio, in *Proceedings, AMRAD Conference*.

Zhang, J., Huang, Y., and Cao, P. (2012), Harvesting RF energy with rectenna arrays, in *2012 6th European Conference on Antennas and Propagation (EUCAP)*, pp. 365–367.

Zhang, L., Zhao, J., Han, X., and Niu, L. (2005), Day-ahead generation scheduling with demand response, in *2005 IEEE/PES Transmission and Distribution Conference and Exhibition: Asia and Pacific*, pp. 1–4.

Zhang, P., Li, F., and Bhatt, N. (2010), Next-generation monitoring, analysis, and control for the future smart control center, *IEEE Transactions on Smart Grid*, **1** (2), 186–192, doi:10.1109/TSG.2010.2053855.

Zhao, L., Park, K., and Lai, Y.-C. (2004), Attack vulnerability of scale-free networks due to cascading breakdown, *Physical Review E*, **70** (3), 2–5, doi:10.1103/PhysRevE.70.035101.

Zhong, W. X., Lee, C. K., and Hui, S. Y. R. (2011), General analysis on the use of Tesla's resonators in domino forms for wireless power transfer, *IEEE Transactions on Industrial Electronics*, **60** (1), 261–270.

Zhong, Z., Xu, C., Billian, B. *et al.* (2005), Power system frequency monitoring network (FNET) implementation, *IEEE Transactions on Power Systems*, **20** (4), 1914–1921, doi:10.1109/TPWRS.2005.857386, http://ieeexplore.ieee.org/lpdocs/epic03/wrapper.htm?arnumber=1525121.

Zhou, Y. and Fang, Y. (2006), Security of IEEE 802.16 in mesh mode, in *IEEE Military Communications Conference, 2006. MILCOM 2006*, IEEE, pp. 1–6, doi:10.1109/MILCOM.2006.302083.

Zhu, J. and Abur, A. (2007), Effect of phasor measurements on the choice of reference bus for state estimation, in *IEEE Power Engineering Society General Meeting, 2007*, Ieee, pp. 1–5, doi:10.1109/PES.2007.386175.

Zou, Y., Huang, X., Tan, L. *et al.* (2010), Current research situation and developing tendency about wireless power transmission, in *2010 International Conference on Electrical and Control Engineering (ICECE)*, pp. 3507–3511, doi:10.1109/iCECE.2010.853.